# 氣動與電動控制閥解析及應用

徐益雄 著

白象文化

作者感言：

　　自從進入了自動控制這一行之後，發現這一行需要學習的設備知識非常的多，你要設計並串聯整個控制行程，首先你需要知道的設備是，統籌整個工業製程控制的 DCS、PLC 及電力控制中心 SCADA 等的中樞控制中心，其次需要瞭解各個控制樞紐的氣動控制閥、電動馬達閥、安全釋放閥及液壓控制閥等的閥門，再來是溫度、壓力、流量及液位等的各種量度設備，最後必須串聯全部設備來完成整個製程控制包含邏輯控制圖、階梯圖及 SAMA 圖等。

　　歷經了二十多年的歲月，我終於將本書完成。從前想要參考學習有關閥門的知識，但苦於市面上未有任何介紹此設備的中文書籍，有者只是英文書籍或網路文章。但是也沒有任何人精通這種設備來指導如何入門。所以我只有利用閒暇時間，搜集英文書籍及文章，將其翻譯成中文，並參閱廠商目錄及工作上的經驗，及請教好友王建仁和蔡文仲先生相關氣動控制閥及電動馬達閥的知識後才能完成本書。

　　本書的目的是要學習者瞭解閥門的特性、結構、配置方式及相關閥門的各種配件，在建立閥門的應用概念及如何計算驅動閥門的驅動力之後，你就可以瞭解如何應用各個閥門製造商的產品，搭配在你的製程中，可以使你的製程最佳化，降低不當的應用，減少你閥門損壞和製程停機的時間。

　　本書第一章是介紹各種型式的閥門、閥門驅動方式、閥門與管線連接方式、防爆方法、密封方法及洩漏等級。第二章為閥門專門用語的介紹。第三章是應用在閥門上的各種金屬和非金屬。第四章介紹氣動控制閥上管線的配置及各種配件。第五章介紹馬達閥結構、功能、推力的計算及迴路控制的選擇，及馬達閥世界三大廠商 Limitorque、Rotork 和 Auma 廠商的內部結構和設置方式。最後一章則介紹控制閥 Cv 的定義、液體和氣體流量方程式、、孔蝕作用、閃化作用，及消除孔蝕作用的方式。

　　期望藉由這本書可以增進你對閥門的瞭解，縮短你學習的時間，讓你在很短的時間內超越同僚，進一步將時間增進你的其他專業。

　　本書非常適合有關製程控制人員的閱讀，包含儀控設計、製程控制、現場試車和維護保養人員。而儀控設計人員需要更進一步的提升，則工程數學的學習是不可缺的一環。工程數學的發展是由閥門、泵、壓縮機的邏輯控制而形成的一門學問，這些邏輯控制被寫入 DCS 和 PLC 系統來形成整個工廠的運轉。

　　經過了貳十多年來的努力終於完成了這本解析閥門的書籍，雖然書內只談到以壓縮氣體驅動和以電力驅動的閥門，而這兩種閥門是在工業製造上是使用最多種類的閥門。

　　能完成這本著作，最感謝的是提供資料及意見給我的兩個人；互動公司蔡文仲先生和港商基高公司王建仁先生，當我遇到瓶頸時，會請教他們的意見，指出明路給我。但最多的是我大量閱讀國外的書籍、廠商的製造維護手冊，及各種專業人士寫的眾多閥門資料，基本上我這本書是彙整這些資料加上我在儀器控制及邏輯控制領域上二十多年的經驗所成就的著作。

　　我在這裡也感謝我的同學兼益鼎同事的陳鐘誠先生，他在我離開台化公司時幫忙我到核四廠工作，在那裡我大量閱讀馬達驅動器廠商 Rotork 的資料，從而我知道 Rotork 驅動器的優缺點。

先前我花費許多時間閱讀 Limitorque 驅動器資料，基本上馬達閥書寫我是從此 Limitorque 驅動器開始，在核四公司工作後又再次瞭解 Rotork 驅動器，而 Auma 驅動器我是參加中鼎大林電廠後，初步接觸瞭解此驅動器，從此世界三大馬達閥門驅動器廠商的資料都蒐集到這本書內。

　　氣動閥驅動器基本上是沒有馬達閥驅動器那麼複雜，主要是要瞭解閥門上面的各種配備，尤其是各配備的內部結構、功能及作用，如何相互搭配就能得到你需要的控制扭力、時間及速度，這些深入的瞭解可以幫助你在功能測試時，找出問題的端源，提出解決的方案，從而縮短除錯的時間。本書籍有關氣動驅動器都有詳細介紹這些配備，這些都與控制邏輯有關。

　　當我在寫這篇文章時，想到這貳十幾年的努力是一段無窮的艱辛及戰鬥，因為常年在外工作，下班後呆在宿舍上網找資料，然後一段一段的將每個標題項目綜合整理並書寫，碰到需要以圖面解說時，則努力以 Autocad 軟體繪圖，常常一個圖面需要花費幾個晚上的時間才能繪製完成。總算這段時間也已經過去了，這本書的完成也代表我的一生沒有白費，且出版後也能嘉惠後來者，縮短想要從事儀控這方面的人員，並建立對閥門正確的觀念。

　　當你花上一兩個月的時間吸收這本書的知識，基本上你對閥門硬體部分就不會有所疑惑，你可以把更多的時間充實你的其他儀器設備及邏輯控制上，尤其是閥門的邏輯控制，工程數學是閥門邏輯控制必備的要件，也是從閥門及泵的控制演化出來的，當你了解閥門控制邏輯後，邏輯再也不會是你的惡夢，傳統的整體工廠DCDAS控制將會得心應手。

　　我希望我有時間能夠再書寫儀器的四種設備，即是溫度、壓力、流量及液位，這些儀器設備是偵測整個工廠製程的基本設備，是搭配閥門及泵的控制，也是告訴閥門的開度及泵的啟停。我也希望有時間能夠書寫閥門的邏輯控制，這會牽扯到更多的曲線圖面。

　　希望讀者不會重蹈我花費那麼多時間瞭解閥門這個設備。也希望讀者將時間擴展到其他的專業領域，立足在更廣泛的專業上。

# 馬達閥與控制閥內容介紹索引

本書的目的是要學習者瞭解各種閥門的特性、內部結構、配置方式、閥門材料應用及相關閥門上的各種配件,在建立閥門的應用概念及如何計算驅動閥門的驅動力,之後你可以依據計算出的扭矩選擇適當的驅動器。讀完本書並深入研究,搭配現場經歷,你就可以瞭解如何應用各種閥門製造商的產品,搭配在你的製程中,可以使你的製程最佳化,降低不當的應用,減少閥門損壞及停機的時間,節省大量金錢。

## 第一章 種閥門的功能及應用

介紹各式各樣的閥門型式,以外型而言,可分為球體閥、角閥、球閥、蝶閥、閘閥、安全閥、減壓閥....等。以功能而言,可分為快速控制的氣動閥門,扭力及推力較氣動閥門更大的馬達閥,以及利用彈簧控制的安全閥等。以驅動閥門的方式而言,有馬達驅動、壓縮空氣驅動、液壓驅動、彈簧驅動等的分類。

本章節也介紹閥門有關一些基本的規範及法則,從各式各樣的閥門型式到閥門末端連接方式,包含螺牙連接、法蘭連接和焊接。三種有關閥門的防爆方法,耐壓防爆、本安防爆及增壓防爆。密封等級,包含美國的 NEMA 及歐規的 IP 等。以及閥門內閥座的洩漏等級等。這些都是設計及應用閥門最基本的需求,尤其從事於工業上的製程系統是必備的要求。

## 第二章 閥門的專門用語

介紹使用於閥門的專用名詞,以中英對照的方式來說明閥門有關的設備及閥門各種組件的功能。另外以圖面來補充文字敘述的不足,讓學習者可以快速瞭解閥門內各種組件的作用。

## 第三章 閥門的材料

閥門材料的選擇是一個非常複雜的工作,尤其對組合成閥門的各種組配件,在材料上的考慮包括流體性質對材料的影響、溫度提升對材料強度的影響、各種的浸蝕、腐蝕、磨損、表面磨損、剝蝕、孔蝕作用、閃化作用、蠕變、熱處理、硬化表面等等的評估,必須小心的進行來保證各種材料在應用上適當的執行其功能。本章包括應用在閥門各種零件之金屬和非金屬,瞭解這些材料的性質,小心的選擇,可以確保閥門操作的長久及系統順利的運行。

## 第四章 驅動器

驅動器是驅動閥門主要力量的來源,是藉由壓縮空氣、電力或液壓來提供動力的一種設備,本章是以壓縮空氣來驅動閥門為主,詳細說明氣動控制閥驅動器上的迴路設計及搭配的各種組配件。利用驅動器上的空氣過濾調壓器、電磁閥、閉鎖閥、定位器、切換閥、空氣增幅器、快速排放閥、空氣速度控制器及空氣儲存箱等,以 Tube 管線來組合成閥門安全失效和增強閥門推力之功能。

## 第五章 馬達閥

介紹電動馬達閥及計算驅動閥門的閥桿推力和扭矩,利用閘閥的結構來說明閥門的五種力量的負荷,閥瓣和閥桿的重量負荷、封填墊的摩擦負荷、活塞效應的力量、差壓力量和閥瓣閥座的密封力,並詳述這五種力量的計算。另外利用公式來計算閥桿的強度,避免閥桿強度不足,造成閥門的損壞。學習本章五種力量的計算之後,除了球閥及蝶閥之外,可以適用其他所有閥門閥桿推力的計算。

本章也介紹 Limitorque、Rotork 及 Auma 各種型式馬達閥的內部結構、相關的組件、搭配提供能源的電氣盤、電氣盤內的組件、極限開關、扭矩開關等等,以及閥門的各種效應(壓力鎖死、熱變形、中間衝程效應、流動率效應、閥桿推力上的伯努利 Bernoulli 效應)和內部配線來達到安全的要求。

第六章  控制閥

　　本章介紹控制閥 $C_v$ 的由來及定義，控制閥的特性曲線，控制閥的結構和內部各組件的功能，孔蝕作用和閃化作用的現象，利用公式來計算氣體和液體流量方程式，根據計算的結果來定義孔蝕作用的等級。並介紹克服孔蝕作用的各種閥門的設計，利用閥盤內設計流體的各種路徑，來降低或消除孔蝕作用及閃化作用的可能性。

　　這些技術包含有：1.彎彎曲曲的路徑，2.多重降階式的降低壓力，3.擴大流動面積降低壓力，4.鑽不同孔洞形狀的設計，5.氣泡崩潰於液體池，6.閥座坐落和節流口位置的分開，7.串聯兩個閥門，每個閥門都獲得沒有孔蝕作用的壓降，8.注入空氣來緩衝氣泡崩潰的衝擊波等。

# 目錄

圖面

# 第一章 各種閥門的功能及應用

## 1.0 閥門工作溫度和壓力的簡單分類

工業控制系統中最常見的最終控制元件是控制閥，控制閥的工作原理是以限制流體通過管道，來達到控制壓力、溫度、流量和液位。控制閥是閥門的統稱，舉凡可以利用壓縮空氣、馬達、液壓及彈簧等的驅動方式來控制閥門開啟和關閉皆稱為控制閥。控制閥以外型而言，可分為球體閥、角閥、球閥、蝶閥、閘閥、安全閥、減壓閥....等。以功能而言，可分為馬達控制閥、氣動控制閥、減壓閥、背壓閥、止回閥、阻塞閥、針閥...等。以驅動閥門的方式而言，有馬達驅動、壓縮空氣驅動、液壓驅動、彈簧驅動等。這些不同型式及驅動方式，應用到製程上有不同的作用。至於一般常提到的球體閥，是依據其外形來表示，通常是以氣動控制閥或馬達閥居多。

本章節將介紹閥門有關一些基本的規範及法則，從各式各樣的閥門型式到防爆方法、密封等級及洩漏等級等，這些都是瞭解閥門最基本的需求，尤其從事於工業製程系統是必備的要求。

閥門由於需在管線上控制流體的流向，從低溫至高溫高壓，需作耐溫耐壓等級的分類，可依據溫度和壓力來簡單的區分，下列呈現工作溫度及工作壓力的分類：

## 1.1 工作溫度的分類

1. 高溫閥：　　　　　＞ 425°C (800°F)
2. 中溫閥：　　　　120°C ~ 425°C
3. 常溫閥：　　　　-40°C ~ 120°C
4. 低溫閥：　　　　-100°C ~ -40°C
5. 超低溫閥：＜ -100°C

## 1.2 工作壓力的分類

1. 超高壓閥：＞ ASME Class 4500#
2. 高壓閥：　　　　ASME Class 1500#、2500#、4500#
3. 中壓閥：　　　　ASME Class 600#、900#
4. 低壓閥：　　　　ASME Class 150#、300#
5. 真空閥：　　　　＜ 大氣壓力

閥門內部的結構，與閥門承受的溫度和壓力有關，其製造閥門各種組件，材質也與溫度和壓力有相當的密切關係，本書籍第三章說明製造閥門的各種金屬和非金屬材料，及其相關流體的性質，可慎選材質避免使用於不當的製程流體中，造成材料被浸蝕或腐蝕，間接造成閥門的損壞。

本書第二章說明使用於閥門的各種專門用語，瞭解這些用語並配合圖面解說及相對的英文，讓你可以快速知道閥門組件及特性。第四章說明氣動閥門的驅動器，內容主要是說明以壓縮空氣驅動的控制閥，及相關的配管系統，和使用於閥門上配管系統的各種組件。第五章則說明馬達驅動的馬達閥，及計算馬達閥扭力(Torque)的計算公式。最後一章則是說明氣動式控制閥流體在閥門內的流動特性，以不同的閥門結構來解決孔蝕作用(Cavitation)和閃化作用(Flashing)。

下節簡單的說明各種閥門結構及外形，並配合圖面，使初學者可以快速進入學習各種閥門的特性。

## 2.0 閥門種類、外型、結構及功能

為了適應各式各樣製程系統的變化，閥門也發展出多樣化的種類、外型、結構

及功能，來達成製程的需求。下面將簡述各種的閥門，配合實體及結構圖，讓學習者能初步瞭解閥門的種類及應用於不同的製程。

2.1 球體閥(Globe Valves)

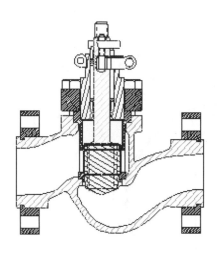

圖 1-1 球體閥的外形及結構

　　球體閥其外形類似球體，製造成本低，並能夠處理各種各樣的液體和氣體。內部結構造成流體由入口到出口，需經過二個 90 度的轉彎，其流體壓力降是大於其他形式的閥門。主要是作為調節流量之用，包含壓力、溫度、流量、和液位，是一個高技術及專門處理流體的閥門，扮演著一個流動流體的管制者。其優點是有最佳的關斷和調節特性，缺點如表 1 所示有最高的阻抗力常數，即最高的水頭壓力損失。

　　閥門如需要獲得迅速的反應及最佳的控制，在所有閥門型式中，球體閥可控制的閥桿長度是所有閥門中最小的，理論上等於閥座直徑的 1/4 或更少。

　　球體閥的選擇傳統上是依據主要基準被決定的，例如壓力及溫度等級、流體流動範圍、及壓力降等，次要的標準包含閥座洩漏、流動特性、黏度、磨損、與腐蝕。作為一個標準球體閥，其高復原閥門能夠滿足製程的條件，但相對的需要考慮孔蝕作用、閃化作用、塞流和環境規定最大允許噪音標準。最後，必須選擇閥門的驅動器，並需要決定閥門的定位器。

表 1.1 各種閥門近似阻抗力(水頭壓力)的常數

| 閥 門 型 式 | 常 數 值 |
|---|---|
| 球體閥(標準型式) | 0.4 |
| 球體閥(直線流動式) | 0.27 |
| Y-型球體閥 | 0.16 |
| 角閥 | 0.16 |
| 蝶閥 | 0.025 ～ 0.04 |
| 阻塞式閥門 | 0.025 |
| 閘閥和球閥 | 0.01 |

註：閥門管徑毫米(mm)等於管線公尺(m)長度的阻抗力(或水頭壓力)。

　　一個球體閥能夠履行其功能，必須依靠放置在閥門上，能夠處理靜態和動態負載同樣好的驅動器，因此，適當的選擇和篩選驅動器是非常重要的，因為驅動器能夠代表全部控制閥價格的重要部份。圖 1-1 描述球體閥的外形及結構，而閥門結構為閥籠式平衡閥。

## 2.2 角閥(Angle Valves)

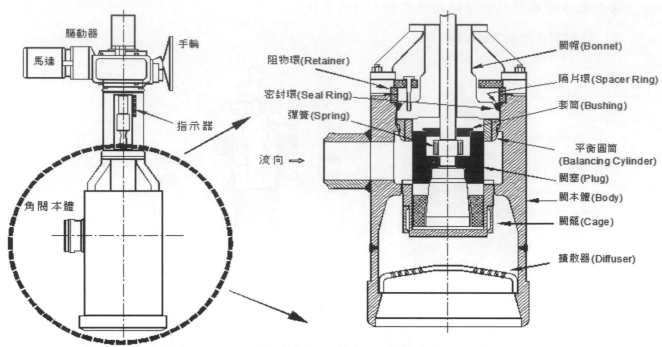

圖 1-2 角閥的外形及結構

　　角閥是一種入口處通口與出口處通口呈現 90 度角度的排列,是屬於球體閥的一種,利用馬達或氣動方式來驅動閥門。其閥體設計的一個特殊優點是,它可以同時作為閥門和管線彎頭的兩種功能。壓力、溫度和流量適中的條件下,類似於普通的球體閥。角閥的排放條件有利於對抗流體動力學和降低侵蝕作用。特別適合應用於必需高溫和大的流動率,例如蒸汽或水。

## 2.3 球閥(Ball Valves)

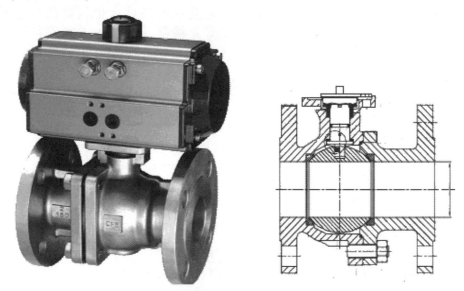

圖 1-3 球閥的外型與結構

　　球閥的外形是由 2 片閥體以螺栓緊鎖在一起,外觀上很容易分辨,就是閥門本身除了與管線連接的法蘭外,其閥瓣(旋轉球)由閥體及法蘭來包覆著,且法蘭偏到一邊,不在閥門的閥體中心。而其內部控制流體的主要是閥瓣(Disk),閥瓣為一個圓球形狀,也稱為閥球(Ball),中間開一個直通的孔口,當閥門打開時,流體就成一直線通過,具有最小的水頭壓力損失,其快速的運作僅需要 90°的轉動,即 1/4 轉。

球閥通常耐壓等級為 150 磅或 300 磅，無法承受高的壓力等級，主要原因為當球體承受壓力時，壓力會將球體推擠到出口處的閥體上，壓力太高會使球體與閥體之間的摩擦力增加，驅動器扭力無法轉動球體，造成無法控制閥門。

　　球閥也屬於迴轉式阻塞閥的一種，為了使閥球容易轉動開啟或關閉，其本身法蘭不能夠鎖太緊，造成轉動不易，也不能夠鎖太鬆，讓其有洩漏的可能性。球閥的缺點是當其快速的開啟時，其動作能導致水錘的發生，其二是在高壓下球體承受著入口的壓力，球體會偏向出口處，隨著時間的推移，洩漏自然而然的就會發生。

　　球閥由於在閥體和閥球之間存在著讓球體轉動的間隙，所以流體不能有小於此間隙的粒子，否則時間長久之後，粒子累積到一定的程度，自然會影響轉動，甚而卡死不動。另外一點要特別注意，即閥門安裝後，閥門前必須要有設計排水的手動閥，需將管線內鐵銹及鐵渣排出，才能測試其功能。

## 2.4 蝶閥(Butterfly Valves)

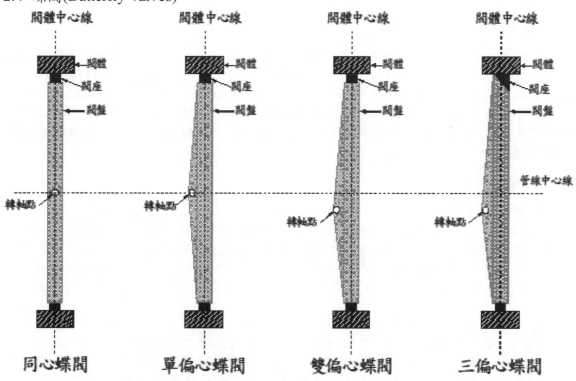

圖 1-4 四種蝶閥全關位置的閥盤偏心位置

　　蝶閥是一種可以用於隔離或調節流量的閥門。其關閉流體的機構是一種盤狀的形式，稱之為閥盤(Disk)。操作方式類似一個球閥，也是利用迴轉式的轉動來阻塞流體。蝶閥一般而言較受喜愛，因為它們與其他閥門設計成本較低，重量更輕，而這意味著需要更少的支架來支撐閥門。蝶閥的閥盤(Disk)被放置在管線的中心，通過閥盤是一根閥桿，連接到閥門的外部的驅動器。旋轉式的驅動器轉動閥盤，平行或垂直於流體的流動。不像球閥，其閥盤總是處於流體之中。

　　迴轉阻塞式的閥門有蝶閥、球閥和旋塞閥(Plug Valve)等三種，它們也被稱為四分之一轉(Quarter-turn)閥門，使用最多的是蝶閥。蝶閥大部分用於大尺寸管線上的流量控制。蝶閥在功能上有三種型式，每一種的應用適合於不同的壓力和不同的用法。1. 彈性蝶閥，或稱為同心蝶閥，它利用橡膠的彈性，使用於最低的壓力等級。2. 高性能蝶閥，也就是雙偏心蝶閥，使用在稍高的壓力系統，特性是在定位閥盤的方式略有偏移閥體中心線和管線中心線，這增加了閥門的密封能力，並降低磨損的傾向。3. 最適合用於高壓系統的是三偏心蝶閥，利用一個金屬閥座，而能夠承受較大的壓力。下面簡述這三種功能性的蝶閥及圖 1-4 四種蝶閥全關位置的偏心位置，單偏心蝶閥很少在市場上找到，不在本節討論範圍，最多採用在市場上偏心型蝶閥是雙偏心式或三偏心式：

同心蝶閥(Concentric Butterfly Valves)：此型式的閥門具有一個彈性橡膠閥座與金屬閥盤。

雙偏心蝶閥(Double-eccentric Butterfly Valves)(高性能蝶閥或雙偏移蝶閥)：閥座和閥盤使用不同型式的材料。

三偏心蝶閥(Triple-eccentric Butterfly Valves)：閥座是層狀或固體金屬閥座的設計。

### 2.4.1 同心蝶閥

　　同心，雙偏心，和三偏心蝶閥之間的差異是什麼。同心蝶閥是一種標準或一般使用的蝶閥。軸桿位於閥盤的中央。在打開或關閉期間，閥盤的某些部分總是在接觸或摩擦閥座。這種安排將使每次操作閥門時，閥座會經歷摩擦。典型應用中，由於其閥座的設計，這種同心蝶閥僅限於壓力等級為 150 磅。

### 2.4.2 雙偏心蝶閥

　　雙偏心式蝶閥與同心蝶閥比較有 2 個偏移。第一個偏移是沒有位在閥盤中心的轉軸，但位於稍微落後的閥盤上，這個偏移將使閥門在閥盤上有一個連續的密封表面。第二個偏移是沒有位於管線的中心線，但稍微位於中心的右側。這個偏移當它是完全打開時，會使閥門一點也不會接觸閥座。這種安排將使閥座經歷比同心蝶閥更少的摩擦，從而可以延長它的壽命。典型應用中，此雙偏心式蝶閥僅限於最高壓力等級 600 磅。

### 2.4.3 三偏心蝶閥

　　與雙偏心蝶閥和同心蝶閥比較，具有 3 個偏移。就像雙偏心式蝶閥已有 2 個偏移，這三偏心也具有相同的偏移，它具有一個額外的偏移，是一個圓錐形的閥座。這個圓錐形閥座將與閥盤相匹配。這種安排將使閥座沒有摩擦，或當關閉或開啟時沒有摩擦。這種安排也將使閥門在高壓應用有一個氣密式緊密，比雙偏心蝶閥有更長的壽命。典型的應用中，就像雙偏心蝶閥，三偏心蝶閥僅限於最高壓力等級為 600 磅。

　　三重偏心由於其獨特的設計，是防止在金屬閥座和金屬閥盤之間產生擦傷(Galling)和刮痕。閥盤與閥座密封接合，唯一時間是相互靠進接觸之時，是完全封閉的重點。三偏心閥一般使用於需要雙向緊密關閉的石油和天然氣之應用，液化天然氣/ NPG 站及儲槽、化學工廠、和造船業。它們也可使用於污穢/沉重之油類，以防止流體被擠出。

　　蝶閥以連接方式而言，也有三種型式，1.夾式(Wafer)，2.多耳式(Lug)，及 3.法蘭式(Flange)，參閱圖 1-5 夾式、多耳式和法蘭式蝶閥的外觀圖。

### 2.4.4 夾式(Wafer)

　　夾式蝶閥是設計來維持一個雙向壓差的密封，以防止單向流體的任何回流。夾式的設計是安裝在兩個管線法蘭之間，閥門保持在適當的位置上，因為管線法蘭被螺栓連接到另一個管線法蘭上，使得應用在尾端或不可能的拆卸管線系統的一端，或不方便維護相鄰的管線上。

### 2.4.5 多耳式(Lug)

　　多耳式閥門在閥體兩側有螺紋式之可插入孔洞。這允許它們被安裝到使用兩套螺栓和螺母的一個系統。閥門安裝在管線兩個法蘭之間，每個法蘭孔使用單獨一組螺栓。這種設置允許拆卸管線任一側，而不會干擾另一側被斷開，當需要修復鄰近一側的管線時，可保持壓力在此側管線內。

### 2.4.6　法蘭式(Flange)

　　法蘭式閥門在閥門本體出口及入口上已經各有焊接一個法蘭，每個法蘭各自與管線法蘭以螺栓連接，因閥門本體已經有法蘭，閥門本身會很重。

　　蝶閥的尺寸從 2"～88"，甚至更高的尺寸，因為閥盤的重量與閥門入口/出口之間的壓力差，要開啟或關閉閥門，使用的驅動器有兩種型式，1.使用儀用壓縮空氣推動的驅動器,利用蘇格蘭閥軛(Scotch Yoke)與閥桿連接來推動閥門的開啟與關閉。2.使用電力為動力源的驅動器,利用齒輪與閥桿連接來旋轉帶動閥盤。前者稱為迴轉式氣動驅動器，後者為馬達電動頭驅動器。

圖 1-5 夾式、多耳式和法蘭式蝶閥的外觀

### 2.5　閘閥(Gate Valves)

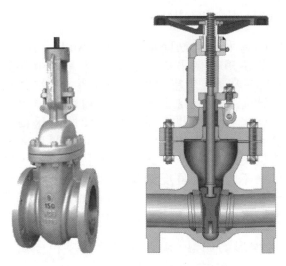

圖 1-6 閘閥的外觀及結構
(圖面取自於 Champion Industrial Equipment & Supplies 及 Velan.Inc)

　　閘閥，也被稱為閘口閥(sluice valves)，是藉由抬起一個圓形或矩形閘門(Gate)/閥楔(Wedge)來打開流體的通路。閘閥的特點是在閘門和閥座之間的密封面是平面或幾乎是平面，所以閘閥通常使用於一個直線和要求最小限制的流體流動，即是壓力降或壓力損失是最小的。閘門密封面可以是楔狀，也可以是平行的。閘閥主要用於允許或阻止液體的流動，但典型上閘閥不應被使用於調節流體的流量，因為局部打開的閘門，傾向於產生流體流動的振動。假如用於調節流量，大部分流量的變化，發生在靠近有相對高的流速之關斷處，造成閥盤和閥座的磨損，最終會導致洩漏。

典型的閘閥被設計成完全開啟或關閉。當全開時，典型上閘閥沒有阻塞流體流動的路徑，所以有非常低的摩擦損失，即水頭壓力損失。

閘閥的形式通常可分為上升式或非上升式閥桿，上升式的閥桿從視覺方面可提供一個指示閥門的位置，閥門的開啟和關閉，隨著閥桿上升或下降，利用附著在閥桿上的指示器，顯示閥門的位置。非上升式閥桿的閥門，可以利用指針螺絲鎖到閥桿的上端部，閥桿的旋轉來指示閥的位置，所以閥閘上或下的行程在於螺紋的轉動，不需要升高或降低閥桿。非上升式閥桿被使用於地面下層或有限的垂直空間。

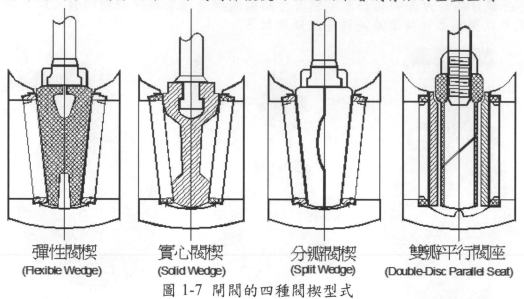

彈性閥楔          實心閥楔          分瓣閥楔          雙瓣平行閥座
(Flexible Wedge)   (Solid Wedge)    (Split Wedge)    (Double-Disc Parallel Seat)

圖 1-7 閘閥的四種閥楔型式

閘閥的閘門通常分為平行和楔形，而延伸出共有四種型式；彈性閥楔(Flexible Wedge)、實心閥楔(Solid Wedge)、分瓣閥楔(Split Wedge)、和雙瓣平行閥座(Double-disc Parallel Seat)。

## 2.5.1 雙瓣平行閥座(Double-disc Parallel Seat)

雙瓣平行閥座，又稱為平行滑動閥閘(Parallel Slide Gate)，平行式閘門有兩個平行的閥座，於上下游之間使用一個平板式閥盤。藉著自由浮動的閥座或閥盤來獲得關斷流體的通路，允許上游壓力，來密封閥座和閥盤，對抗任何不必要的閥座洩漏。一些平行式的閘閥，設計允許閥座藉由一個彈性體加強彈力，運用恆定壓力加到閥盤的閥座面上。在雙閥盤平行式的閥座型式中，閥門是藉由降低閥盤從閥頸部到相等於閥座的高度來關閉。一旦如此定位，安裝在兩個閥盤之間的斜面，轉換向下閥桿力量成為軸向力，並穩定的推動平行式閥盤，靠近閥座，密封兩個開口。這些型式的閥門設計，能夠容納不對稱或角度錯位的閥座。平行式閘閥用於低壓降和低的壓力，緊密關斷不是一個重要的先決條件。刀閥(Knife Valve)是平行式閘閥的一個特定類型。它們在閘門底部有尖銳的邊緣，來剪切輸送的固體顆粒或分開漿狀流體。

下面三種閘閥使用楔形的閥盤，兩個傾斜的閥座和一個稍微不匹配的斜閘門，允許緊密關閉閥門。

## 2.5.2 彈性閥楔(Flexible Wedge)

彈性楔形閘閥通常用於蒸汽系統。閥盤下方是一塊帶有環繞周邊的切口，用以改善匹配誤差的能力或改變閥座之間的角度。不同尺寸，形狀和深度都可採用。例如一個淺短、狹窄的切口，給予一些小彈性但維持閥盤強度。一個更深、更寬的切口在中心和強度變弱的閥盤留下少許材料，但會增加靈活性。彈性的閥楔當閥門處於關閉位置時，防止閥內的閘門黏合在閥座上。此設計當閥座被蒸汽系統中的熱所壓縮時，允許閘門彎曲。缺點是水會傾向聚集在閥體頸部。

### 2.5.3 實心閥楔(Solid Wedge)

實心閥楔是一種單件式結構的固體，因為他們的簡單性和強度。它們可以安裝在任何位置上，適合於幾乎所有流體，並且對擾流是有實效的。

### 2.5.4 分辦閥楔(Split Wedge)

閥盤的撓性對分辦楔形的設計是內在彈性的，這種閥楔型式包含兩片閥座的結構，在閥體中錐形閥座之間坐落。撓性允許分辦閥楔在閥座有角度未對準的情況，更容易地密封，減少了在密封表面之間的黏結，即對閥座兩側是自我調整和自我校直。不匹配的角度也設計有一些自由的移動，當驅動器迫使他們關閉時，允許閥座表面相互匹配。它也是最佳的用於在常溫下處理非冷凝性氣體和液體，特別是腐蝕性液體。壓力加強的彈性插件可以被安裝在一個實心閘門，提供一個緊密的密封。這種型式的閥盤應垂直安裝於管線上。

當一個閘閥開啟時，流動路徑是在一種高度非線性的方式，相對於開口的百分比被擴大。流量隨著閥桿的行程和閥盤在局部打開下，產生不均衡變化，且會引起來自於流體流動的震動。由於這種振動可能導致閥座和閥盤的磨損和造成洩漏，閘閥只應在全開或全關位置上使用，不可使用於節流功能，除非是特別設計作為節流使用。當閥門處於完全打開的位置時，就會發生非常小的流體摩擦損耗。

閘閥的關閉元件是一個可更換的閥盤。打開閥門，閥盤被完全從水流中遠離，並且提供實際上沒有阻力的流體流動。因此，通過開啟的閘閥沒有壓力降。一個全關的閘閥，由於360°閥盤到密封圈的接觸面，提供良好的密封。正確配合的閥盤緊貼到密封環，當閘閥關閉時，確保通過閥盤有很小或沒有洩漏。

閘閥的閥帽提供閥體的防漏封閉。閘閥可以是旋入式、結合式或螺栓鎖入式的閥帽。旋入式閥帽是最簡單的，提供耐用、緊壓密封。結合式閥帽適合需要經常檢查和清洗的應用，此也給閥體增加強度。螺栓鎖入式閥帽使用作為較大的閥門和較高壓力的應用。

閘閥中另一種閥帽結構的型式，是壓力密封閥帽。採用這種結構的閥門是作為高壓的應用，典型上是超過2250 psi(15 Mpa)。關於壓力密封閥帽的獨特之特性是閥體-閥帽兩者結合密封，改進閥門增加內部壓力，而比較其他結構的閥門，內部壓力增加傾向於創造閥體-閥帽連接處的洩漏。

閘閥的應用對漿狀流體是有利的，因為它們的"閘門"可以通過黏漿似的流體來切斷。它們也被使用在涉及黏性液體的應用，例如重油、輕油脂、清漆、糖漿、蜂蜜、奶油和其它不燃性黏性液體。他們採用大尺寸，來更好地處理厚重流體。然而，閘閥有低壓的限制，並且在需要清潔或衛生條件的應用上不是最佳的。他們使用在任何需要關斷閥門的地方是極佳的。

閘閥被用於許多工業的應用，包括石油和天然氣工業、製藥、製造業、汽車和船舶。

非上升型閥桿的閘閥在船舶上、在地下空間、或在垂直空間有限的應用上是非常受歡迎的，因為他們不佔用額外的空間。閘閥可以在苛刻環境如高溫和高壓環境下使用。它們通常出現在發電廠、水處理廠、採礦和海上的應用。

### 2.6 旋塞閥(Plug Valves)

旋塞閥是一種與球閥和蝶閥同為四分之一轉的閥門，用來簡單的關斷或開啟流體的流動。名稱是由閥盤(Disc)的形狀而來，它類似於一個塞子，稱之為閥塞(Plug)。閥塞是連接入口處通道和出口處通道的一種組件，流體通過閥塞中間通道的形狀，可以是圓柱形或錐形，並有多種通口的型式，例如二通口三通道(3 Way-2 Port)閥門、三通口三通道(3 Way-3 Port)閥門及四通口四通道(4 Way-4 Port)閥門，是最簡單和最早期的閥門設計，木製旋塞閥是已在古羅馬的配水系統中使用。

旋塞閥相對於傳統的球體閥(Globe Valve)而言，它的優點包括有較低的成本和重量、較高的流動容量(當沒有特性化時，是球體閥的兩到三倍)、緊密關斷、防火安全設計，以及低的閥桿洩漏(這使得它更容易符合OSHA和EPA的要求)；同樣地，它們中的一些，比如其特性化的旋塞閥，提供了一種自我清潔流動模式，這也降低噪音和孔蝕作用(Cavitation)。除了其優越的閥桿密封能力之外，旋塞閥也適用於腐蝕性的應用如氯、光氣、氫氟酸和鹽酸、漿狀流體、含有大於 2% 的懸浮顆粒的液體、纖維性的材料，這些應用主要發生在化學製品及紙漿和造紙等行業。旋塞閥廣泛用於致命的和有毒的應用上，藉由使用 Grafoil 封填墊，可製成防火安全，並符合 API 607 限制的外部洩漏要求。

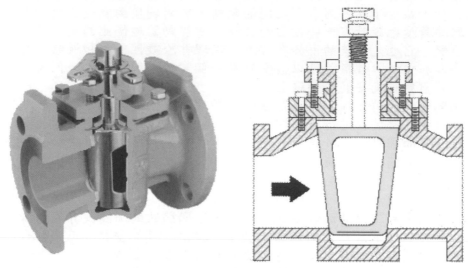

圖 1-8 旋塞閥的外觀和內部結構
(圖面取自於 Flowserve Corporation 及 Integrated Publishing, Inc. 公司)

## 2.6.1 旋塞閥的類型

旋塞閥可分類為潤滑式(lubricated)或無潤滑式(non-lubricated)的設計，將說明於下。

### 2.6.1.1 無潤滑式旋塞閥(Non-lubricated plug valves)

無潤滑式旋塞閥包含一個聚合體襯套或一個套筒，安裝在閥體的腔室內。錐形和被拋光的閥塞扮演像一個楔子，壓迫套筒靠近閥體。非金屬套筒在閥塞和閥體之間降低了摩擦。像軟閥座的球閥一樣，無潤滑式旋塞閥被溫度和使用非金屬材料的化學相容性所限制。無潤滑式旋塞閥用來取代潤滑式旋塞閥，其中維護保養的需求被維持在最低限度。它們可以使用在特殊的應用(例如硫和氟化氫)，因為當切換時，它們在開啟連通的流動中沒有閥體的腔室，污垢的液體可能被腔室捕獲或固化，從而可能堵塞閥門。這種閥門沒有閥座坐落的扭矩力。

### 2.6.1.2 潤滑式旋塞閥(Lubricated Plug Valves)

潤滑式旋塞閥僅有反壓平衡式(Inverted pressure balance type)，假如流體製程的產品允許的話，應使用潤滑劑。潤滑劑應包含基礎油和像無定形或氣相二氧化矽的黏度改進劑。他們在流體攜帶適度的研磨顆粒之製程中表現良好。閥塞和閥體的錐形孔是匹配在一起，形成一個相對寬的閥座面積。閥塞孔通常是逐漸縮小的，但是全通口可用於含有高固體含量的漿狀流體之應用，這些閥門特別比其他型式更適合。全通口閥門是比逐漸縮小的通口相對昂貴的，通常不在油氣應用中使用。

密封劑或潤滑劑確立了閥塞和閥體之間的密封，防止閥座面的腐蝕，並扮演一種潤滑作用，因此降低了用於打開或關閉閥所需的扭力。密封膠經過二十次操作之後，或長時間沒有操作時，需定期性的注射。也可以提供自動潤滑設備。潤滑的失效可能導致閥門無法操作。在大多數設計中，閥塞可經由拉張螺絲的手動調整從閥座上提起。固體粒子可能成為被困在閥塞和閥座之間，在插入閥塞之後，可能損傷可靠性的關斷功能。損傷的閥座有時在應用中使用密封劑設備可以被恢復。

潤滑式旋塞閥典型上使用於污穢的上游流體之應用中，製程流體被污染不是關注的原因。無論如何該閥門是較重且較球閥更加昂貴。他們也廣泛用於天然氣管線系統，當作旁通閥門到主管線的球閥，在閥門配置站和噴射器閥門上當作排放閥。它們可以使用特殊材料交貨，例如雙相不銹鋼和鉻鎳鐵合金包覆。

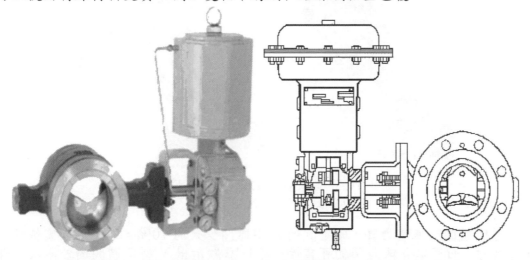

圖 1-9 弧形閥的外觀和內部結構(實體圖取自 Mascot 閥門)

旋塞閥的結構設計型式有，作為緊密關斷的半球形閥塞結構的設計型式(Semi-spherical Plugs)、擴展閥座金屬板(Expanding Seat Plate)結構的設計、偏心軸(Eccentric Shaft)結構的設計、伸縮自如的閥座型式(Retractable Seat Type)、過行程閥座坐落的設計(Overtravel Seating Design)等，這些不同的結構，可以滿足多種的應用。

## 2.7 弧型閥(Segment Valves)

弧形閥的作動方式與球閥一樣，皆是利用迴轉方式來開啟和關閉閥門，唯一差別的是閥瓣的形狀，球閥是一個球體的形狀，而弧形閥則是一個 V 形狀或半月形之整塊閥瓣設計，也被稱為 V 型通口控制閥(V-Port Control Valve)。當閥門開啟時，流體成一直線的通過閥門，具有最小水頭壓力的損失，同樣的當其快速開啟時，也會導致管線上水錘的發生。

弧形閥主要用於流體具有粉狀固體粒子或粉狀流體的控制閥門，其旋轉式閥門的設計，允許在 V 形閥瓣和閥座之間切割含固體粒子的流體，使流體以不會被阻礙順暢地通過閥門。V 形閥瓣能承受粉粒的衝擊，而不至於損傷，唯一要評估的是粉狀粒子的硬度及閥瓣的硬度，避免粒子的硬度高於閥瓣而將閥瓣磨損，從而造成洩漏。例如 SS316 不鏽鋼在 Rockwell 硬度等級為 95，是一種很軟的材質，碰到堅硬的氧化鎂顆粒，自然會被磨損。

此種閥門應用於漿料和黏性流體、粉末和有顆粒的流體、芯片和纖維的製漿造紙製程、氣體和液體的流量及壓力的控制、煉油、化工和石化工業。V 形閥瓣與軟閥座的組合，可達到 ANSI Class VI 閥座洩漏等級(最高等級)，可使用於真空環境的關斷閥。與金屬閥座組合，可達到 ANSI Class IV 閥座洩漏等級(第 4 級)。

## 2.8 Y-型球體閥(Y-globe Valves)

Y-型球體閥的閥體設計，是對傳統的球體閥(也稱為 Z-型球體閥，稱呼是由於流體路徑呈現 Z 字形)有產生高壓力降之缺陷的一種補救方法。其閥座和閥桿是大約呈現 45 度的角度。此種角度在閥門全開時，產生一個更直線的流動路徑，並提供閥桿、閥帽、和封填墊一個相對抗壓的密封結構。Y-型球體閥的閥體，由於結構簡單，是最適合作為高溫高壓和其他嚴苛的製程系統之應用。Y-型球體閥從流體流動孔口的中心線,到手輪頂部的閥門高度,比較 Z-型球體閥有更小的高度,這使得 Y-型球體閥有給予簡潔的空間,在管線空間受限的情況下使用是有益的。

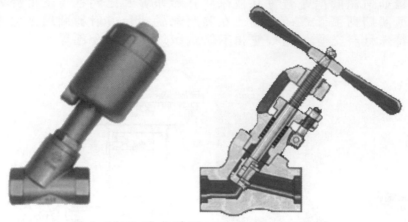

圖 1-10 Y-型球體閥的外觀及內部結構
(圖面內部結構取自 NACB LLC 公司)

　　Y-型球體閥的低壓力降,比垂直的 Z-型體閥少大約 70％。這使得無需犧牲理想的管線尺寸,而可以有球體閥的可靠性。圖 1-10 顯示出 Y-型球體閥的外觀及內部結構。表 1.1 也顯示閥門近似阻抗力(水頭壓力)的常數,Y-型球體閥的常數值比傳統球體閥少一半以上。

## 2.9 隔膜閥(Diaphragm Valves)

　　隔膜閥的名稱由來是由於它們有一個撓性的閥盤,此閥盤是由隔膜片組成的。隔膜片是由撓性塑膠類製成,具有伸縮的性能,藉著閥桿和壓縮器(Compressor)隨著線性運動的效應被拉緊,直到碰觸到閥體的底部而關閉或關斷一個開口的控制裝置。

　　隔膜閥有兩種基本形式:堰型(Weir type)或鞍座型(Saddle Type),和直通型(Straightway types 或 Straight Through Type)。兩種閥門的基本結構除了閥體和隔膜之外,基本上是相似的。參閱圖 1-11 堰型及直通型隔膜閥的內部構造。

### 2.9.1 堰型隔膜閥(Weir type Diaphragm valves)

　　堰型的設計是隔膜閥最流行的型式,它是最適合一般用途的應用或棘手的腐蝕性和磨蝕性的應用,是最佳使用於控制小流量。堰型的閥體有凸起的唇狀物,隔膜可與其接觸。堰型的閥門使用一個較小的隔膜,因為這種材料不需要盡量的伸展。材料可以是較重的,如此閥門可以使用於高壓和真空的應用。閥堰(Weir)的設計是由兩片壓縮器元件組成。為了建立一個相對較小的開口,以通過閥門的中心,閥桿行程第一個增加是升起內部的壓縮器。當閥門開啟時,僅僅造成隔膜中央部分升起,取代整個隔膜升離閥堰。一旦開啟內部壓縮器時,壓縮器外部的組件沿著內部壓縮器被升起,而附加的節流類似於其它閥門的節流功能。堰型閥體建議使用於處理危險的液體或氣體之閥帽組件,因為假如隔膜失效,危險的流體將不會被釋放到周圍系統。也推薦使用於食品加工的應用,因為襯套和隔膜會隔離流體,不會造成接液組件的腐蝕。

### 2.9.2 直通型隔膜閥(Straightway types diaphragm valves)

　　直通型隔膜閥可以使用在系統內流體流動方向變化的狀況中。這種設計的閥體有一個平坦的底部,平行於流體的流動。這允許流體沒有阻礙的移動,通過閥門沒有主要的障礙。隔膜需要一種撓性的材料,其伸長能夠到達閥體的底部,這可能縮短隔膜的使用壽命。它們是極佳使用於泥漿、漿狀液體和其它黏性流體，但它們不適用於高溫流體。

　　隔膜可以由各種材料製成。材料的選擇是根據所處理流體的本質、溫度、壓力、和操作的頻率。彈性隔膜材料對化學品在高溫下具有高的抗拒力。無論如何，彈性體材料的機械特性將是在較高的溫度下被削弱(高於 150°F)。高壓力也可以摧毀隔膜。影響隔膜片功能的另一個因素是它將處理的介質(流體)濃度。對腐蝕性溶液到一個特定的濃度和/或溫度，隔膜材料可顯示出令人滿意的耐蝕性。隔膜材料及其規格可以在表 1.2 中發現。

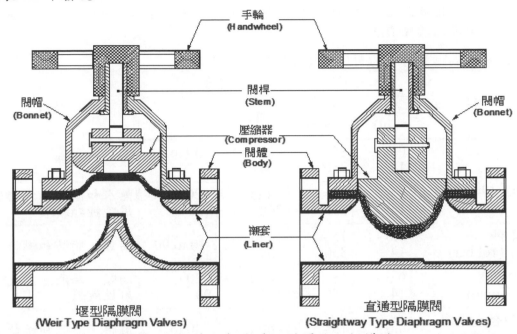

圖 1-11 堰型及直通型隔膜閥的內部構造

　　隔膜閥特別適合用於處理必須保持不受污染的腐蝕性流體、纖維漿、放射性流體、或其它流體。因為閥體不與流體的介質接觸，閥門能夠被使用於黏性或黏稠的液體，其它類型的閥門裝置可能卡住或堵塞。

　　隔膜閥的閥體可由塑料襯裡、橡膠襯裡、玻璃襯裡、各種固體金屬和合金，以及固體塑膠之各種材料製成。隔膜閥是不太昂貴的，因為只在閥體和隔膜需要與系統介質作化學的相容，因為閥門組件的其餘部分被來自於隔膜的密封，隔離於製程流體之外。

　　由於隔膜閥有最小的接觸面，且被認為是最清潔的閥門(最不容易造成污染)，他們已經找到可以廣泛使用在醫藥、食品加工、水處理等行業。隔膜閥也被用於電子工業、紙漿和造紙工業、電力工業，及高純度水系統中。

## 2.10 減壓閥(Pressure-reducing Valves)

　　減壓閥是一種自動反饋控制的機械結構，設計是經由流體流動的方法來維持一個恆定的下游壓力。功能是降低上游流體的壓力，達到預設的下游需求壓力。常見方式是藉由控制流體通過閥門通口的大小來降低壓力，一般又稱為壓力調節器(Pressure Regulators)。減壓閥可以提供一個全自動、自保持操作、不需要外部任何能源型式的動力，可以控制流體的壓力至預定的設定壓力。它可以藉由立即感測和基於下游的壓力調整，提供極其快速回應的動作。其中這些壓力的自動調整，是入口壓力和一個調整彈簧之間力量的平衡。

　　減壓閥主要是由三種元件組成－限制元件、測量元件和負載元件。
限制元件(Restricting Element)：允許流體在減壓下流過閥門的一個限制組件，來符合下游壓力的需求。在大多數情況下，這是由一個彈性閥座(閥塞)和一個閥門入口的銳角孔口或閥座與閥塞之間節流口所組成。

測量元件(Measuring Element)：一種設備，可以連續檢測下游壓力的變化，依據下游需求的變化，傳送一個信號來開啟或關閉相應的限制元件。這通常是一個彈性隔膜或是一個活塞。檢測信號的元件，可以是外部的檢測管(Tubing)或閥門體內上游或下游的檢測通口。一般減壓閥是檢測下游壓力，而檢測閥門上游的壓力稱為背壓閥(Backpressure valve)或持壓閥(Pressure Maintaining Valve)或過壓閥(Pressure Surplussing Valve)等端視其功能有不同的稱呼。

負載元件(Loading Element)：可調節的力量，藉由測量元件連續的比較下游壓力，來決定甚麼信號(打開/關閉)傳送給限制元件。導向式減壓閥中的負載元件是流體的壓力。

表 1.2 各種隔膜片材料的耐用溫度及應用的流體

| 材料 | 尺寸 | | 溫度 | | 應用 |
|---|---|---|---|---|---|
| | 英吋 (in) | 公分 (mm) | ℉ | ℃ | |
| 丁基橡膠 (Butyl rubber) | 0.6 - 14 | 15 - 350 | - 22 to 134 | - 30 to 90 | 酸類和鹼類 |
| | 0.6 - 14 | 15 - 350 | - 4 to 248 | - 20 to 120 | 熱水和間歇蒸汽的應用，糖類精製。 |
| 腈橡膠 (Nitril rubber) | 0.6 - 14 | 15 - 350 | 14 to 134 | -10 to 90 | 油類、脂肪和燃料 |
| 氯丁橡膠 (Neoprene) | 0.6 - 14 | 15 - 350 | - 4 to 134 | - 20 to 90 | 油類、油脂、空氣和放射性液體 |
| 自然/合成橡膠 (Natural/synthetic rubber) | 0.6 - 14 | 15 - 350 | - 40 to 134 | - 40 to 90 | 磨料、釀酒和稀釋的無機酸 |
| 白色自然橡膠 (White natural rubber) | 0.6 - 5 | 15 - 125 | - 31 to 134 | - 35 to 90 | 食物及藥物 |
| 白色丁基橡膠 (White butyl) | 0.6 - 6 | 15 - 150 | - 22 to 212 | - 30 to 100 | 自然染料、食物、塑膠類和藥物 |
| 氟橡膠 (Viton) | 0.6 - 14 | 15 - 350 | 41 to 284 | 5 to 140 | 碳氫化合物酸類、硫酸及氯的應用 |
| Hypalon | 0.6 - 14 | 15 - 350 | 32 to 134 | 0 to 90 | 抗酸和臭氧 |

註：本表取自於 IHS GlobalSpec 公司的資料

減壓閥又稱下游壓力控制閥(Downstream Pressure Control Valve)，為自身操作式降低壓力的閥門。這個自身動作控制閥保持流體流過閥門的出口有一個恆量的壓力，且相對於入口壓力的變化。

2.10.1 減壓閥的工作原理

減壓閥的工作原理可以簡單的解釋為入口壓力+出口壓力=彈簧力，藉由通過控制減壓閥內部節流口的開度大小，來控制出口處的壓力，開度越小，流體通過節流口的阻力越大，壓力損失越大，出口壓力就越小，反之則出口壓力越大。可由下列方程式來表示：

$$F_s = F_i + F_o = P_1 * S_1 + P_2 * S_2 \qquad \text{方程式(1-1)}$$

此處符號代表：

$F_s$ = 彈簧力

$F_i$ = 入口力量

$F_o$ = 出口力量

$P_1$ = 入口壓力

$P_2$ = 出口壓力

$S_1$ = 入口壓力的作用面積

$S_2$ = 出口壓力的作用面積

當力量達到平衡時，則：$F_s = F_i + F_o = P_1*S_1 + P_2*S_2$

當入口處的壓力出現波動，假設彈簧力不變時：

$$F_s = F_i + F_o = (P_1 + \triangle P_1)*S_1 + (P_2 + \triangle P_2)*S_2$$

△表示壓力的波動。

當達到新的平衡時：

$\triangle P_1 \times S_1 + \triangle P_2 \times S_2 = 0$

$\triangle P_2 = -\triangle P_1 \times S_1 / S_2$

　　其中負號是指入口壓力的波動跟出口壓力的波動正好相反。入口壓力如果變大，出口壓力就變小。如果 $S_1$ 比 $S_2$ 小很多，則 $\triangle P_2$ 也比 $\triangle P_1$ 要小的多，即出口壓力的波動比入口壓力的波動小很多。

圖 1-12　直動式減壓閥的外觀及內部結構
(Watts Water Technologies Company)

## 2.10.2 減壓閥的型式

　　減壓閥主要的型式可分為兩種，直動式減壓閥和導向式減壓閥。直動式也稱為彈簧負載式(Spring-loaded Type)，是藉由彈簧的力量來平衡入口壓力的變動，維持出口壓力在既定的壓力值。導向操作式則利用一個導向閥，間接控制主閥門節流孔的開度，維持出口一定的壓力，下面介紹此兩種型式的功能及作用方式。

　　直動式減壓閥中，閥門開度是被調整彈簧的位移量直接決定的。假如彈簧被壓縮時，它產生一個在閥門向上增加流量的開啟力量。當壓力建立在下游時，壓力均衡發生在供給下游壓力到調整彈簧的下側(通常是對抗伸縮囊或隔膜或另一個彈簧)，其中它的向上的力量反向平衡克服彈簧的壓縮。開啟閥門的彈簧壓縮力，是有限來允許足夠的彈簧靈敏度，均衡下游壓力的變化。最後的結果是通過一個閥門的孔口之擴大或收縮，來簡單的控制流體壓力，但此種閥門的高流動率可引起壓力的下垂現象，參閱圖 1-13 流動率曲線的說明。

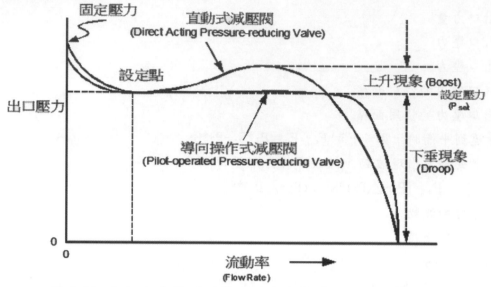

圖 1-13 直動式減壓閥及導向操作式減壓閥的流動率特性

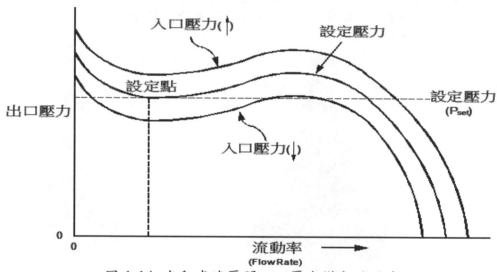

圖 1-14 直動式減壓閥入口壓力變動的效應

### 2.10.2.1 直動式減壓閥(Direct Acting Pressure-reducing Valve)

　　壓力下垂現象的效應，是直動式減壓閥性能中一直存在的問題，此問題源自於(1)彈簧力的線性關係(虎克 Hooke 定律)，及(2)隔膜有效面積的變化，隨著閥門的行程而變化，此種是彈簧負載式減壓閥的特性。

　　彈簧和隔膜兩者同時作用的效應，可能導致一個相當大的下垂增長。為了防止這種性能的缺陷，需要升高出口壓力來進行補償。上升是一種利用在高流速下流體流速的方法，來建立一個隔膜相對於下游壓力之下的低壓力。這個更低"被感測"的壓力，有助於隔膜的降低，引起閥門開啟和升高出口壓力。下垂現象不是影響出口壓力逆向的唯一因素。入口壓力變化可以是同樣一個麻煩事情。

　　減壓閥平衡的作用中，力量之一是入口壓力經由孔口的開口，作用在閥盤上。當入口壓力下降時，試圖推開閥門的力量也隨之下降，使閥盤重新定位，更接近孔口，從而減少流動率和下游壓力。此種障礙在機械上的優點可以回答這個難題。這個優點稱為功率比，直接與隔膜尺寸和聯動率(Linkage Ratio)，或隔膜相對於閥盤的行程數值有關。較大的隔膜在一個給予的壓力上提供了更大的力量，並結合槓桿比率將調整出口壓力超過一個變動的入口壓力之範圍。

圖 1-14 顯示出一個入口壓力變動效應之典型的例子。從設定壓力提高入口壓力(曲線"↑")傾向於增加出口壓力(曲線"↑")。入口壓力的減少在底部曲線("↓")被觀察到。直動式減壓閥的精確度典型上是下游設定點的±10%。

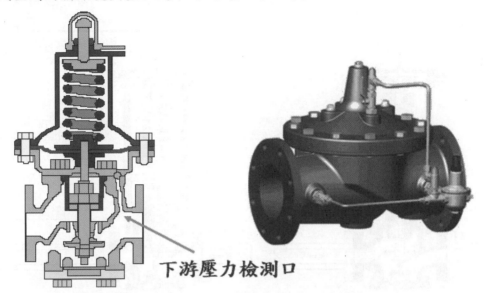

下游壓力檢測口

圖 1-15 內導向式減壓閥及外導向式減壓閥
(Integrated Publishing, Inc 和 Mather & Sons Pump Service, Inc.)

### 2.10.2.2 導向操作式減壓閥(Pilot-operated Pressure-reducing valve)

導向操作式減壓閥是在一個主閥門上格外增加一個小型的閥門，來作為間接偵測主閥門下游的壓力，此間接作用的閥門稱之為導向閥(Pilot Valve)。導向閥具有類似直動式閥門的設計，可包含在主閥門內，或外掛在主閥門上。

當導向閥被驅動時，它提供的開度使流體流向至更大的主閥，主閥比導向閥本身可以提供較顯著的高流速。然後導向閥藉由二次壓力，調整相對應控制流向主閥的開度。

導向操作式減壓閥中，導向閥使用一種負載的活塞或隔膜，增加用於打開一個更大的主閥的向下力量。這使得主閥帶有一個較低壓力的偏移(下垂)及較大的流動容量。控制導向閥的開啟和關閉，是藉由調節彈簧和二次壓力之間的力平衡，即一個直接作用於閥門操作之相同方式。然而，在一個導向式減壓閥中，導向閥的這種開啟和關閉，特意提供傳遞壓力到主閥的活塞或隔膜。這種導向流動壓力，造成一個向下力量，藉由活塞或隔膜的面積放大，使主閥的開口更大，反過來提供非常高的流動率的能力。

因為向下的力量，通過使用一個活塞或隔膜來放大，導向閥開度的一個小變化，會導致通過主閥中的流量和下游壓力有較大的變化。

導向操作式減壓閥對快速關閉或"衝波"的負載有不良的回應。閥門設計的本質導致對負荷突然下降反應遲緩。當主閥被要求快速切斷流體的流動，對於這個壓力差而言是需要時間來通過主閥門中的排放孔傳達給導向閥。導向閥依靠隔膜中的一個排放孔來檢測壓力，且因此不能直接檢測並回應到下游壓力。

導向操作式減壓閥依據閥門結構的型式，可分為內導向式(Internally Piloted Type)和外導向式(Externally Piloted Type)。差異之處是導向閥內建在主閥之內，或以小管線連接外加到主閥之外。圖 1-15 顯示此兩種閥門結構上的配置。使用導向操作式減壓閥，其精確度較直動式減壓閥更佳，內導向操作式其精確度可達到 5%，而外導向操作式可達 1%的精確度。

### 2.10.2.3 減壓閥管線配置方式

另一種偵測主管線壓力的外導向隔膜式減壓閥,其管線配置方式如圖 1-16 所示。而主閥門的安裝方式於主管線上可正裝或倒裝,可依據液態或蒸氣及高溫氣體有冷凝水產生者,避免檢測壓力管及隔膜腔室內因含有氣體和液體共存而影響壓力不穩定,宜採倒裝方式。

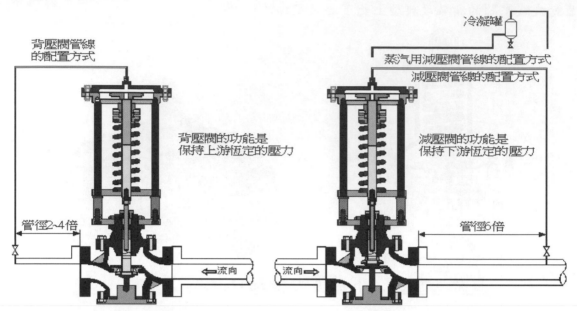

圖 1-16 減壓閥與背壓閥的結構與管線配置方式

## 2.11 安全釋放閥(Safety Relief Valves)

安全閥(Safety Valves)是一種製程系統的安全裝置,主要目的是對生命,財產設備和環境的保護。其功能是釋放來自於容器和設備過剩的壓力,在已經恢復正常狀態之後重新關閉,防止進一步釋放出流體。

### 2.11.1 安全閥的法規

"安全閥"或"安全釋放閥(Safety Relief Valves)"是通用的專門名詞,用來描述各種的壓力釋放裝置,是依據應用和性能需求的標準為基礎來定義安全閥需遵循的法規。美國和歐洲對安全閥有不同的定義,其使用"安全閥"此種專門名詞之間的幾個顯著的差異,其中最重要的差異是,此種閥門在歐洲被稱為一個"安全閥", 在美國被稱為"安全釋放閥"或"壓力釋放閥"。此外,在美國"安全閥"的專門名詞,通常專指在歐洲使用的全揚程安全閥型式。

另外一種不同的差異是,閥門開啟的遮蔽裝置,歐洲使用具有固定的防護罩排列的一個更簡單的結構。美國閥門則使用一個更複雜的設計,包括一個或兩個可調節的控制環。這些環的位置可以被用來微調閥門的過壓和排放值。下列是美國及歐洲安全閥專門名詞的定義:

#### 2.11.1.1 美國安全閥的定義

ASME/ANSI PTC25.3 標準可應用到美國定義為下列一般專門名詞,而壓力釋放閥(Pressure Relief Valves)是一個總稱,它包括安全閥(Safety Valve)、釋放閥(Relief Valve)和安全釋放閥(Safety Relief Valve)。

彈簧負載的壓力釋放閥,其被設計成開啟來釋放過量的壓力,並在製程系統恢復正常狀態下重新關閉,防止製程流體更進一步流出。它的特性是快速開啟的"彈出"動作,或是在超過開啟的設定壓力之後,與增加的壓力大致成比例的開啟。它可以使用於任何可壓縮或不可壓縮的流體，這取決於設計、調節、或應用。下列簡述這些美國定義的閥門的特性：

安全閥(Safety Valve)：依據入口的靜壓力來驅動閥門，特性是快速打開或彈出動作(Pop Action)。主要用於可壓縮的氣體，特別是對於水蒸汽和空氣的應用。

釋放閥(Relief Valve)：藉由入口靜壓逐步揚升的一種被驅動壓力釋放裝置，在壓力超過開啟壓力時，依增加的壓力比例開啟閥門的開度。通常使用在液體系統中，特別是對於低容量和熱膨脹的應用。

安全釋放閥(Safety Relief Valve)：特性是快速打開或彈出動作，或壓力超過開啟壓力時，閥門開度成比例的增加，這取決於製程系統需求的應用，並且可被使用於液體或可壓縮性流體(氣體)。一般情況下，當使用在一個可壓縮氣體系統時，安全釋放閥將當作一個安全閥來執行，但當使用在液體系統時，它會對過壓比例的開啟，當作一個釋放閥來執行。

### 2.11.1.2 歐洲安全閥的定義

標準安全閥(Standard Safety Valve)：可自動的作動且無需與流體有關以外任何動力幫助的一種閥門，釋放出過量的流體在不超過10%的壓力上升下被排放，為了防止超過預定的安全壓力被釋放，它被設計在恢復正常壓力條件之後重新關閉，防止液體更進一步的流出。閥門的特點是一個彈出式的動作，有時也被稱為高揚程安全閥。

全揚程安全閥(Full Lift Safety Valve)：安全閥在揚升開始之後，迅速開啟了一個5%以內壓力的上升，依據設計的限制上升到全揚程。揚程上升到快速開啟(比例範圍)的數值不得超過20%。

表 1.3 美歐安全閥相對於過壓、應用流體及排放值的標準

| 標準 | 過壓 | 流體 | 排放 |
|---|---|---|---|
| A.D.Merkblatt A2<br>(德國) | 標準 10% 全揚程 5% | 蒸汽 | 10% |
| | 標準 10% 全揚程 5% | 空氣或氣體 | 10% |
| | 10% | 液體 | 20% |
| ASME I<br>(美國) | 3% | 蒸汽 | 2 – 6% |
| ASME VIII<br>(美國) | 10% | 蒸汽 | 7% |
| | 10% | 空氣或氣體 | 7% |
| | 10% (參閱註 2) | 液體 | |
| EN ISO 4126<br>(歐洲) | 依據製造商說明的數值，但不超過設定壓力的 10% 或 0.1 bar 選大者。 | 可壓縮 | 最小 2%<br>最大 15%或 0.3 bar 選大者。 |
| | | 不可壓縮 | 最小 2.5%<br>最大 20%或 0.6 bar 選大者。 |

註：
1. 顯示的 ASME 排放值是對可調整排放的閥門。
2. 25%通常使用於無證明的篩選計算，而20%能夠使用於儲存容器的防火保護。
3. 本表資料取自於 Flowstar valve co.公司。

### 2.11.1.3 美歐安全閥的法規標準

安全閥有一個廣泛的範圍可採用，來滿足許多不同的應用和不同工業要求的性能標準。此外，國家標準定義了許多不同類型的安全閥。表 1.3 為美國和歐洲安全閥相對於過壓(Overpressure)、應用的流體及排放值，訂定了一個標準來遵循。表 1.4 是各國安全閥應用的法規號碼及說明。

## 2.11.2 安全閥的型式

壓力釋放裝置基本上分為兩種類型，第一類型為重閉式壓力釋放裝置(Reclosing Pressure Relief Valves)，第二類型為非重閉式壓力釋放裝置(Non Reclosing Pressure Relief Valves)。重閉式壓力釋放裝置即是當壓力釋放後，閥盤可重新坐落閥座或噴嘴上，此種型式又可區分為四種基本的型式；重物負載式壓力釋放閥、傳統式壓力釋放閥、平衡式壓力釋放閥和導向操作式釋放閥。而非重閉式壓力釋放裝置即是壓力釋放後，流體完全排出，系統需要停止，待重新更換新的裝置後才能開始運轉，此種裝置只有一種，即破裂盤(Rupture Disk)。下面將分別就功能及圖面來簡單敘述此五種安全裝置。

表 1.4 各國安全閥的法規及性能簡述

| 國家 | 標準編號 | 說明 |
|---|---|---|
| 澳洲 (Australia) | SAA AS1217 | 鍋爐及不燃壓力容器的安全閥、其他閥門、液位錶和其他配件。 |
| 歐洲經濟區域 (European Economic Area) | EN ISO 4126 | 保護抗過壓的安全裝置。 |
| | | EN ISO 4126 是歐洲一致的標準，並已經取代許多國家標準，例如英國標準 BS 6759 和法國標準 AFNOR NFE-E 29-411 to 416 及 421。 |
| 德國 (Germany) | AD-Merkblatt A2 | 抗過多壓力的壓力容器設備安全裝置 － 安全閥 |
| | TRD 421 | 抗過量壓力的蒸汽鍋爐防護技術性專門設備 － 族群 I, III, IV 蒸汽鍋爐的安全閥。 |
| | TRD 721 | 抗過量壓力的蒸汽鍋爐防護技術性專門設備 － 族群 II 蒸汽鍋爐的安全閥。 |
| 日本 (Japan) | JIS B 8210 | 蒸汽鍋爐和壓力容器 － 彈簧負載安全閥。 |
| 韓國 (Korea) | KS B 6216 | 蒸汽鍋爐和壓力容器之彈簧負載安全閥。 |
| 美國 (USA) | ASME I | 鍋爐應用 |
| | ASME III | 核能應用 |
| | ASME VIII | 不燃壓力鍋爐應用 |
| | ANSI/ASME PTC 25.3 | 安全閥和釋放閥 － 性能測試法規 |
| | API RP 520 | 精煉廠中壓力釋放裝置的篩選和安裝。 |
| | | Part 1 設計 |
| | | Part 2 安裝 |
| | API RP 521 | 壓力釋放和去壓系統的導則 |
| | API STD 526 | 法蘭連接鋼材壓力釋放閥 |
| | API STD 527 | 閥座緊密的壓力釋放閥 |

註：本表資料取自於 Flowstar valve co.公司。

## 2.11.2.1 重物負載式壓力釋放閥(Weight Loaded Pressure Relief Valves)

重物負載的壓力釋放閥是最簡單的和最不複雜壓力釋放閥的型式之一。它是一種直動式閥門(Direct Acting Valves)，因為閥門的內部移動組件是以重量維持著閥門的關閉，直至槽體的壓力等於這個重量。這些閥通常被稱為重物托盤閥(Weighted Pallet Valves)，因為設定的壓力能夠藉由一個在頂部稱為托盤(Pallet)的調整構件之加入或移除此重物而變化。

這些重物托盤閥也被稱為呼吸閥或呼吸孔。這是因為，這些設備的主要用途之一是保護低壓儲槽被固定在槽頂。這些儲存槽通常是依據 API Standard 620 或 650 被設計，及壓力在英寸水柱[毫巴]範圍之極低壓的設計。由於設計壓力是非常低的，槽體內的流體簡單的以泵抽入/抽出，或增加環境溫度皆能夠升高槽體內的蒸汽壓力，並導致這些重物負載閥"呼吸"來排出或吸入，以維持槽體內的壓力。

　　重物托盤閥的優點之一是它有能力被設定成每平方英寸低至 0.5 盎司[0.865 英寸水柱]來開啟。這僅僅是每平方英寸一磅的 1/32 或剛剛超過 2 mbar。為了安裝這些設備到存儲槽，噴嘴、托盤和重物被包含在閥體內。閥體和內部結構的材料可以是許多的型式，用來提供與儲存槽的相容性。除了展性鐵、鋁、碳鋼和不銹鋼，這些設備可以從強化玻璃纖維的塑料組件來製造。設備的簡單性在許多應用中適合於成為一個良好的經濟選擇。

　　圖1-17中，你會注意到一個托盤為過壓保護(Overpressure Protection)，而另一個托盤則是真空保護(Vacuum Protection)。這些設備常見的應用是安裝在低設計壓力的儲存槽，由於泵的抽入或抽出，或溫度的變化，產生過壓或真空的條件，如此儲存槽可能承受向外膨脹或向內塌陷，利用此種壓力釋放閥可防止儲存槽的損壞。

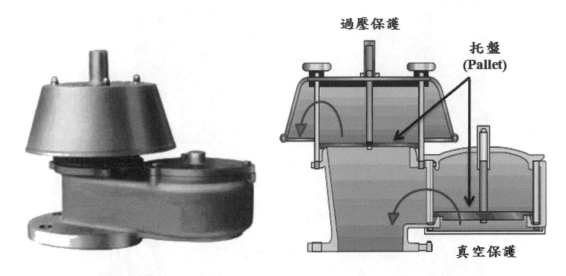

圖 1-17 重物負載式壓力釋放閥(呼吸閥)
(圖面取自於 MRM Technical Service Ltd 及 Pentair 公司)

### 2.11.2.2 傳統式壓力釋放閥(Conventional Pressure Relief Valves)

　　此種壓力釋放閥的型式通常使用於煉油廠和化學處理廠。主要的是由負載彈簧、頂部導引、高揚程、噴嘴型式等所組成的壓力釋放閥，這些都歸類為傳統式釋放閥。

　　彈簧負載的壓力釋放閥之基本元件包括一個入口噴嘴連接到被保護的容器，可移動的閥盤來控制流體通過噴嘴，而彈簧，它控制閥盤的位置。傳統釋放閥的工作原理是在入口壓力到閥帽之間藉由一個彈簧力直接對抗。彈簧張力被設定為保持在閥關閉時的正常工作壓力。設定的壓力是閥盤與製程流體正常壓力之力量保持平衡，當容器或製程壓力繼續上升到超過設定壓力時，閥盤開始抬起且會微微抬起，則開始在閥座和閥盤之間洩漏，或稱為"徐徐沸騰"現象，通常發生在大約 95％的設定壓力。但是，根據閥門的保養維護、閥座的型式、及狀況，徐徐沸騰(simmer)的現象可能在高達 98％的設定壓力發生。在"突然動作"打開閥門之前，"徐徐沸騰"現象通常發生在氣體或蒸汽應用的壓力釋放閥。

　　圖 1-18 顯示傳統式壓力釋放閥的外觀及結構，它是一個力量的平衡裝置，當入口壓力低於其設定壓力時，藉由一個彈簧來保持關閉。當達到設定的壓力時，向上的力量克服了彈簧力，閥門開啟。當入口壓力降到低於設定壓力一定的百分比，這個差值被稱為排放壓力(blowdown)，閥門重新關閉。彈簧的殼體有排氣孔，可釋放壓力到大氣或閥門的出口，依據排出流體的性質而定。

液體釋放應用上的壓力釋放閥，其操作不同於蒸汽或氣體的釋放閥，主要的差異是它不具有"彈出動作(Pop Action)"。這是因為在液體的應用上，揚升閥盤的力量是藉由反作用力產生(流動的液體流在閥盤保持器上的衝擊)，來達到全揚程。最初的 2～4％的過壓期間，這些反作用力慢慢的建立，之後，閥門突然激增到全揚程。

　　液體應用上的釋放值(依據入口壓力必須下降低於閥門關閉的設定壓力之百分比率)是比氣體應用大得多，約在 20％附近。

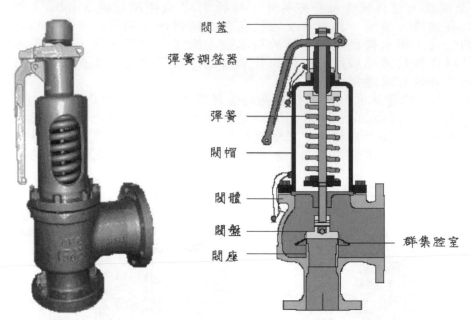

圖 1-18 傳統式壓力釋放閥的外觀和結構
(圖面取自於 China Yongjia Goole Valve Co., Ltd.及 spirax sarco 公司)

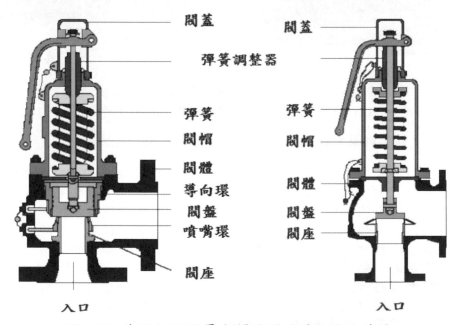

圖 1-19 美規和歐規壓力釋放閥結構設計的差異
(圖面取自於 spirax sarco 公司)

2.11.2.2.1 歐規及美規傳統式壓力釋放閥結構設計的差異

　　歐美在傳統式壓力釋放閥結構設計上的差異顯示在圖 1-19 上，此兩種閥門主要原理是相似的，在設計的細節可以有很大的不同。在一般情況下，歐洲型式的閥門(左側)傾向於使用一個更簡單的結構具有固定的防護罩的排列，而美國型式閥門(右側)

使用具有一個更複雜的設計，包括一個或兩個可調節的控制環。這些環的位置可以被用來微調閥門的過壓和排放壓力值，此兩個環分別被稱為噴嘴環(Nozzle Ring)和導向環(Guide Ring)。

　　噴嘴環是當入口壓力超過閥門彈簧施加的壓力時，閥盤移離噴嘴，並逸出蒸汽建立向上的力量，經由噴嘴環被引導到閥盤表面，來將徐徐沸騰壓力與設定壓力之間的擴張降至最低。噴嘴環位置的控制被限制在群集腔室(huddling chamber)中的閥盤和環之間流體流動。這兩個組件之間的間隙越小，則膨脹力越高，在徐徐沸騰壓力與設定壓力之間集結在群集腔室的擴張降至最小。這種更高的膨脹力提供在可壓縮應用的流體一個快速發生彈出動作，但此力量維持閥盤高的開度，在容器到閥座重新坐落閥門中需要降低壓力就更多的(即更長的排放壓力)。因此，噴嘴環能夠降低在閥盤和環之間的開度。這增加了徐徐沸騰壓力與設定壓力之間的差，但縮短了排放壓力。就 ASME Section VIII 安全閥設計而言，噴嘴環的位置越高，徐徐沸騰現象或洩漏發生在閥盤揚升之前就越少。

　　導向環的功能是更精確的調校群集腔室，當揚升繼續時，蒸汽開始撞擊導向環，提供更多的揚升力，為了符合 ASME Section I 有足夠的揚升來達到 3％的過壓。導向環的位置決定了排放壓力的設定值。導向環的位置越低，藉由流動的蒸汽傳送的開口力量就越高。這導致排放壓力值增加。為了降低排放壓力值，導向環被升起。

　　當要通過 ASME Section I 安全閥臨時認證期間的需求，需證明不超過 4％的排放壓力值。這種閥門的性能標準，以及最小的過壓，必須有兩個環組件的設計。

　　液體應用的釋放閥也有一個控制環，即是噴嘴環。該環有助於提供向上的反作用力，來幫助閥門開啟，無論如何當閥門將閥盤重新坐落閥座時，環的位置不被用來決定排放壓力值。這些釋放閥有一個固定的排放壓力值，這將允許設備在低於設定壓力約 10％至 15％時重新關閉。

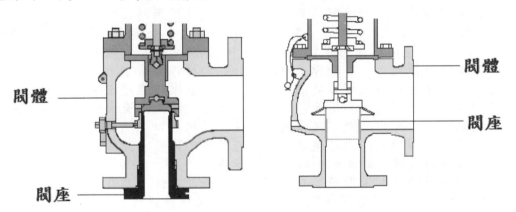

圖1-20 全噴嘴與半噴嘴壓力釋放閥的差異
(圖面取自於spirax sarco公司)

2.11.2.2.2 傳統式閥門全噴嘴及半噴嘴型式的結構及功能

　　閥門入口(或入口通道)的設計可以是一種全噴嘴型式(左側)或是一種半噴嘴型式(右側)。一個全噴嘴設計有整個"接液"的入口區域，是來自於一整塊金屬製成。除了閥盤之外，入口通道在操作期間，是唯一暴露於工作流體的安全閥組件。全噴嘴通常合併在安全閥設計中，作為製程和高壓的應用，特別是當流體是腐蝕性時。

　　相反的，半噴嘴設計包括一個閥座環嵌入閥體內，閥門的閥座在噴嘴頂部形成。這種配置的優點在於閥座能夠很容易地更換，而無需更換整個入口。圖 1-20 顯示全噴嘴和半噴嘴型式的差異。

2.11.2.2.3 開放式閥帽和封閉式閥帽(Open Bonnet and Closed Bonnet)

　　閥門的閥帽可以是一個開放式或封閉式的設計，參閱圖 1-21。封閉式閥帽提供隔離周圍環境的條件。當閥門被要求釋放壓力時，應用的流體不僅僅是被規定從出口處釋放法蘭的路線排出，而且它也暴露所有內部的組件到製程流體。當所有壓力釋放閥的調整構件之組件暴露於應用流體時，它可以被稱為一種傳統式直接操作彈簧壓力釋放閥。封閉式閥帽則是直接包封這種應用流體，並防止環境和人員暴露到一個可能危險情況。

圖 1-21 開放式閥帽和封閉式閥帽
(圖面取自於 W&O 及 JOHNSON Valves 公司)

傳統式直接彈簧壓力釋放閥的另一種閥帽型式是使用所謂的一種開放式彈簧閥帽。這種閥帽結構的型式，大部分通常被發現在鍋爐的安全閥中，製造來符合 ASME Section I，但是它們也能夠使用在製程的應用中。開放式彈簧閥帽暴露彈簧到環境，將允許熱量從彈簧釋放出。各種彈簧材料在升高的操作溫度下，能夠允許現場設定壓力轉變到比測試台的設定壓力更低的數值，這是在環境溫度下完成。開放式閥帽有助於冷卻彈簧，將對高溫應用流體造成設定壓力的效應降至最低。開放式閥帽壓力釋放閥的缺點是，應用流體不僅僅被排出閥門的排出口，而且也從開放式閥帽離開。這些開放式閥帽的閥門應該遠離人員可能存在的地區。開放式閥帽的閥門可放置在戶外，可採用氣候遮蔽罩來保護暴露的彈簧。

開放式彈簧閥帽幫助消散積聚在可移動調整構件組件上的背壓。因此，開放式閥帽 ASME Section I 安全閥僅僅有 3％的過壓來進行操作，當建成背壓(built-up backpressure)超過 3％時，就能夠保持它的穩定性。對於一些開放式閥帽 ASME Section I 的設計，一些製造商會允許 20％建成背壓或更高。

2.11.2.2.4 背壓(Backpressure)

傳統式壓力釋放閥的壓力釋放是受到背壓的影響，而背壓有兩種，分別為疊加背壓(superimposed backpressure)和建成背壓(built-up backpressure)。

疊加背壓是以靜壓狀態下存在於已關閉的閥門出口，這個背壓可以是閥門被連接到一個正常的加壓系統或者可以藉由其他的壓力釋放閥釋放到一個共同的主管線所引起閥門出口產生的結果。疊加背壓的補償是恆定的，可以藉由降低彈簧力來提供。在這種狀態下，彈簧的彈力加背壓作用在閥盤上，就等於入口設定壓力作用來開啟閥盤的力量。然而，必須牢記的是設定壓力值將直接隨著背壓力的任何變化而變化。

建成背壓會發生在閥門開啟和流體流動之後，也被稱為動態背壓。這種背壓的型式是藉由來自於壓力釋放閥通過下游側管線系統的流體流動所引起的。建成背壓不會影響閥門的開啟壓力，但可能對閥門揚程和流量有影響。

傳統的安全閥中，只有疊加背壓的壓力會影響開啟的特性和設定值，但合併的此兩種背壓，將改變排放(Blowdown)特性和閥盤重新坐落閥座值。

### 2.11.2.2.5 壓力釋放閥的洩漏標準

壓力釋放閥的洩漏標準是依據 API Standard 527 要求，閥座在正常 90％的設定壓力下測試的密封性。

壓力釋放閥的正常操作條件是關閉的，其中一個重要的考慮是閥門的能力來保持緊密的密封。閥盤到噴嘴介面是最常見的金屬對金屬。金屬對金屬密封的優點，與製程流體的化學和溫度相容性是廣泛的範圍。對高壓和高溫蒸汽鼓(steam drum)和過熱器的安全閥，這是特別重要的，可以發現在 Section I 的應用中。

ASME Section I 閥門金屬閥座的設計，往往能夠允許超過 90％設定壓力稍高的工作壓力。這些閥門的洩漏測試是以蒸汽來執行，而不可見的蒸汽洩漏是允許的。當製程條件保證時，一個軟的閥座，例如彈性體或塑性材料可能取代金屬對金屬的設計。這種閥座的優點是，API 527 不允許在閥門設定壓力的 90％有任何洩漏。事實上，一些軟閥座閥門的設計，允許操作壓力處於高達 95％的設定點。

### 2.11.2.3 平衡式壓力釋放閥(Balanced Pressure Relief Valves)

平衡式壓力釋放閥是一種彈簧負載的壓力釋放閥，包括伸縮囊式及活塞式來平衡閥盤，主要是將壓力釋放閥的背壓作用降至最低。典型的平衡式壓力釋放閥，利用伸縮囊或活塞的有效壓力面積等於閥盤在閥座上的面積來設計。閥帽有排氣口來排出流體，以確保伸縮囊或活塞的壓力面積將始終暴露到大氣壓力，並提供一種警示信號在伸縮囊或活塞應該已開始洩漏。因此，背壓的變化，在設定壓力上沒有任何影響。但是，背壓可能會影響流量。

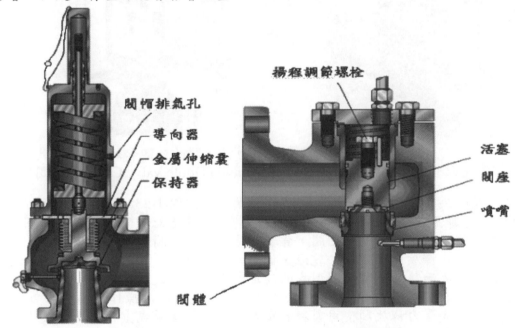

圖1-22　伸縮囊及活塞平衡式壓力釋放閥
(圖面取自於 Pentair 公司)

平衡式壓力釋放閥在顯示圖1-22中。根據API RP 520平衡式壓力釋放閥對克服背壓的影響的說明，當一個疊積的背壓施加到閥門的出口，一個壓力的力量被施加到彈簧力量的閥盤。這個增加的力量，增強了壓力在一個不平衡的壓力釋放閥的開度。假如疊積背壓是變量，然後閥門開度隨壓力會發生變化。

平衡式伸縮囊壓力釋放閥中，伸縮囊是附著在帶有一個壓力面積的閥盤支架，大約等於閥盤坐落閥座(噴嘴)的面積。這個隔離閥盤上的一個區域，大約等於盤座區域。對於伸縮囊而言，壓力釋放閥的設定壓力將保持恆定，無視背壓的變化。注意在一個平衡式伸縮囊彈簧負載的壓力釋放閥，伸縮囊的內部面積是被歸因到閥帽的大氣壓。伸縮囊的內部必須通過閥帽腔室排出到大氣。一個直徑8分之3到四分之三排放孔為這個目的被提供在閥帽中。因此，任何伸縮囊的失效或洩漏，會允許製程流體從伸縮囊孔口，通過排放口被釋放到下游管線或經由通到閥帽的孔口，排放到大氣。

平衡式活塞壓力釋放閥的優點是，它通常可以容納更高的背壓，因為沒有伸縮囊破裂的問題。作為一個平衡式伸縮囊閥門，平衡式活塞壓力釋放閥有一個排氣口在彈簧閥帽，來提供指示背壓已經進入了壓力釋放閥的彈簧區。缺點是在導向器密封件和主軸密封件通常是彈性體或塑料，這樣應用流體的溫度和化學相容性需要被考慮。

## 2.11.2.4 導向操作式釋放閥(Pilot-operated Relief Valve)

平衡式釋放閥解決了傳統式釋放閥的背壓問題，但不是完整的解決方案。因為平衡式釋放閥流動性能在背壓超過的釋放閥設定值30％時越來越有影響，且對在設定點彈出動作的能力也有影響。

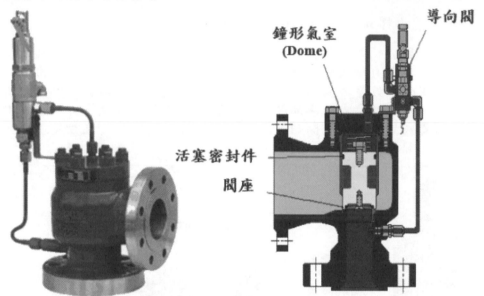

圖 1-23 導向操作式壓力釋放閥的外觀和結構
(圖面取自 Valve Types Selection 及 Yongjia Goole Valve Co., Ltd.公司)

另一種解決背壓問題是導向操作式釋放閥，參閱圖 1-23，此種閥門通常不受背壓影響。背壓對釋放閥的性能之效應也微乎其微，主要是此種閥門通常有兩個閥門，主閥及導向閥。導向閥是控制主閥，背壓則是作用於主閥上。

導向操作式釋放閥通常用於乾淨、低壓力的應用上，且應用在需要高設定壓力下的一個大釋放面積。這種閥門型式的設定壓力可以接近到操作壓力。當工作壓力在 5％的設定壓力和需要一個緊密的公差時，經常選擇導向操作式閥門。

導向操作式壓力釋放閥使用製程的壓力，而不是彈簧或重物，在低於設定壓力下維持它的主閥的閥盤關閉。

活塞被稱為"不平衡"組件，因為在活塞密封件中對製程壓力有一個較大的暴露面積，大於閥座面積。由於力量等於壓力乘以作用其上的面積，越高的製程壓力或操作壓力，主閥的閥座變得越來越緊。這個特色是完全和直接彈簧閥相反，其中最小的閥座力剛好是閥門必須開啟之前。導向操作式壓力釋放閥的好處是，它可以操作在一個更靠近閥門設定壓力的系統中，而沒有洩漏或不想要的開啟循環。大部分導向操作式壓力釋放閥的設計，會允許操作壓力達到設定壓力 95％而沒有製程流體的洩漏。一些導向閥的設計甚至允許操作壓力高達98％的設定壓力。這增加了操作壓力可以最佳化設備的設計，並允許最大製程的容量。

### 2.11.2.5 破裂盤(Rupture Disc)

　　破裂盤的結構是由兩個法蘭之間夾著一個膜片所組成的，參閱圖 1-24。這是一種由爆裂一個承壓盤釋放壓力的功能設備。這個組件包括一個薄的、圓形薄膜，通常由金屬、塑料或石墨製造，被牢牢地夾在盤架或法蘭中。當製程達到破裂盤的爆裂壓力時，破裂盤破裂並釋放出壓力。

　　破裂盤可單獨使用或與其它類型的裝置組合安裝。一旦被壓力吹破，破裂盤不會再重新復原;因此，上游製程設備的全部流量將被排放出。破裂盤常串聯一個釋放閥，以防止腐蝕性流體接觸閥門的金屬部分。此外，這種組合也是一個重新閉合系統。指定的破裂盤溫度上爆裂壓力公差不得超過±2 psi，碎裂壓力包括 40 psi 及超過 40 psi 碎裂壓力±5%。

圖 1-24 破裂盤
(圖面取自於 INDUSTRIE 公司及上海華理安全裝備公司)

　　破裂盤可使用在任何應用中，它可以使用單個，多個，並與其它壓力釋放閥(或者安裝在壓力釋放閥的入口/出口)組合使用。破裂盤被安裝在壓力釋放閥的入口時，提供用於壓力釋放閥的防腐蝕保護，並降低閥門的維護。當它安裝在壓力釋放閥的出口時，它的作用是保護大氣或下游側流體的閥門。當使用在高腐蝕性流體時，需要安裝兩個在一起的破裂片。它可以使用於具有高黏度流體的製程，包括非研磨漿狀流體。

### 2.12 止回閥(Check valves)

　　止回閥或稱為防回閥(Non-return Valves)、翼門閥(Clack Valve)、或單向閥(One-way Valve)，是藉由上游的壓力來自我本身觸發的安全機制之閥門，安裝在管線系統中，僅允許流體在一個方向流動，目的是防止系統中製程流體的逆流，此逆流可能會損壞設備或擾亂製程。它們是依據對管線內流體流動的反應而被操作，因此不需要任何外部的驅動。使用止回閥有許多原因，包括:

1. 保護可受到流體逆流影響的任何設備，例如流量計，過濾器和控制閥。
2. 消除壓力波動相關的液壓力量，例如，水錘。這些液壓力量可能會導致壓力波在管線上下的運行，直至能量消耗為止。
3. 預防溢流。
4. 防止系統停機後的逆流。
5. 防止在重力作用下流體的流動。
6. 真空狀態的釋放。

### 2.12.1 止回閥的型式

　　止回閥的選擇，除了閥門內基本力量和條件必須考慮之外，還需考慮流體的溫度、壓力、和來自於外面材料的因素。開啟止回閥的力量來自流體本身的上游壓力。

突如其來閥門的應用或壓力的不足和脈動的流體流動能夠引起的麻煩。當閥門開啟時，流體的擾流和漩渦能夠產生振動或旋轉閥門內部組件來磨損和破壞它們。這種磨損可以遠遠超過上千次開啟和關閉週期所產生的磨損更嚴重，因此實驗室止回閥的試驗無法回答閥門會"持續多久"？最後，逆流和突然關閉可能產生水錘，甚至破壞閥門。

　　止回閥的選擇和應用是比以往任何一種閥門更多，包括有許多不同的設計型式和結構，每種型式適合於特定的應用，這些止回閥的型式有：

1. 旋臂式止回閥(Swing Check Valves)
2. 揚升式止回閥(Lift check valves)
3. 蝶式止回閥(Butterfly Check Valves)
4. 圓片旋臂式止回閥(Wafer Type Swing Check Valves)
5. 圓盤式止回閥(Disc Check Valves)
6. 傾斜圓盤式止回閥(Tilting Disk Check Valves)
7. 鴨嘴式止回閥(Duckbill Check Valves)
8. 球型止回閥(Ball Check Valves)
9. 隔膜式止回閥(Diaphragm Check Valves)
10. 傘式止回閥(Umbrella Check Valves)
11. 阻斷式止回閥(Stop Check Valves)
12. 鐘瓣式止回閥(Clapper Check Valves)
13. 擋板式止回閥(Flapper Check Valves)
14. 足式閥(Foot Valves)
15. 錐芯式止回閥(Poppet Check Valves)

　　我們將於下列一一說明和分析其功能、應用並圖示閥門外型和結構，以方便瞭解此種閥門。

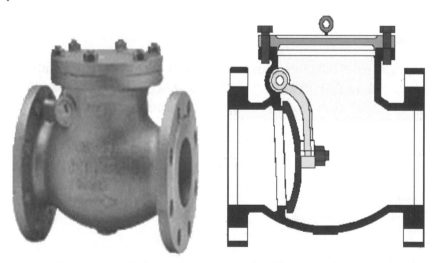

圖 1-25 旋臂式止回閥 (閥門實體圖取自於 KITZ)

2.12.1.1 旋臂式止回閥(Swing Check Valves)

　　旋臂式止回閥的外形及內部結構如圖 1-25 所示，是由一個閥體、閥盤和連接閥盤的鉸鏈所組成的，閥體是包覆流體的金屬結構，而閥盤藉由鉸鏈插銷的連接將其固定，當流體通過閥門時，閥盤受流體的推升而懸浮在閥體的頂部。當流體停止流動時，閥盤是藉由重力坐落在閥座上，將閥門關閉，並阻止下游流體逆流。由於閥盤的重量，在開啟的位置上對流體流動產生相對高的阻力。此外，它們創造擾流，因為閥盤"漂浮"在流體流動的路線中。

閥盤坐落閥座的角度有廣泛的變化，極限是約 0 度及 45 度。最常見的角度是 5-15 度，在管線上這是足以利用重力來關閉，可能略微向下傾斜，但不足以擾亂基本上流體流動直通的路徑。

基本的旋臂式止回閥傾向於當關閉時，在閥座上砰然被閥盤猛擊，所以不建議在脈動的流體流動中應用，即不可使用於壓縮機和往復式泵的設備，但可使用於迴旋式泵的應用。此外，假如開啟的閥盤，流體停止時閥座被重重的衝擊，在鉸鏈固定銷的擺動運動也可能引起磨損，特別是在不良潤滑的流體中。

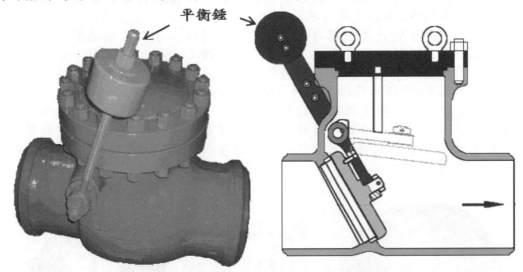

圖 1-26 平衡錘旋臂式止回閥 (閥門實體圖取自於 American Standard)

旋臂式止回閥由於流體停止流動及重力而突然關閉，並產生壓力波動造成衝擊波。這些高的壓力波在管線系統上引起猛烈的應力。這個衝擊波的問題可以藉由安裝一個平衡錘被降低至最小，如圖 1-26 平衡錘旋臂式止回閥，也稱為防猛擊止回閥 (Non-slam Check Valves)。防猛擊止回閥不依靠重力。當流體的上游速度減慢時，利用平衡錘或彈簧幫助閥門開始關閉閥盤，但不致於迅速關閉閥門。到上游速度成為 0 的時刻時，閥盤完全被關閉而消除逆流，並且在閥門的任一側上產生水錘所需要的力量被大大減小。

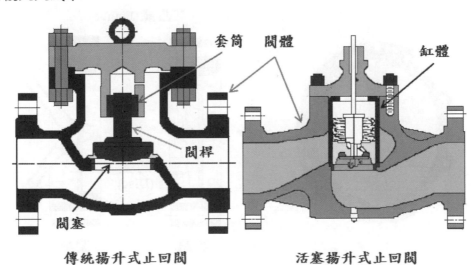

傳統揚升式止回閥　　　　　活塞揚升式止回閥

圖 1-27 傳統及活塞揚升式止回閥 (圖面取自於 Linkwithin 公司)

旋臂式止回閥採用的尺寸可高達到 48 英寸，由於通口的直徑可與管線直徑相同，流體通過時壓降是非常低。常見應用於油、氣體、水、煉油、電力及化工應用的液體。金屬對金屬的密封件允許閥門採取高達 1945 lb/1200°F 的壓力和溫度。

2.12.1.2 揚升式止回閥(Lift check valves)

揚升式止回閥在結構上類似球體閥,不同之處在於閥盤或閥塞是自動操作。入口和出口的通口是藉由一個錐形或弧形的閥塞被分離,安置在一個典型金屬的閥座上。在某些閥門上,閥塞可能使用一個彈簧維持在它的閥座上。當流體流入閥門時,流體的壓力推升閥塞離開閥座,打開閥門。對於逆向流動,閥塞返回到它的閥座位置,被逆流的壓力保持在關閉位置。

揚升式止回閥依據結構有兩種不同的型式,第一種型式是傳統式止回閥,利用導向裝置稱為套筒(Sleeve)或導向器的結構,限制閥桿只能在套筒內移動。第二種型式為活塞式止回閥,它是傳統揚升式止回閥的一種改良,以一個活塞形狀的塞頭取代錐形或弧形的閥塞,整個閥塞或活塞在一個缸體(Cylinder)內活動,類似一個阻尼器被應用於此機械結構。阻尼器在操作期間產生減振效應,因此消除造成閥門頻繁操作的損壞。圖 1-27 顯示此兩種揚升式止回閥的不同結構。

揚升式止回閥的主要優點在於它的簡單化,而閥塞是唯一的運動部件,閥門是粗壯的,幾乎不需要保養維護。另外,一個金屬座的使用限制閥座的磨損量。揚升式止回閥有一個主要的限制,它被設計僅用於安裝在水平管線上,流體必須從閥座下進入來推升閥塞。

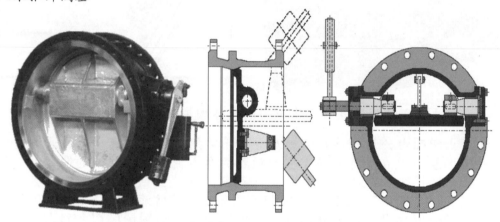

圖 1-28 蝶閥式止回閥的外觀及結構
(華通閥門公司閥門實體圖及 MIV 公司閥門結構)

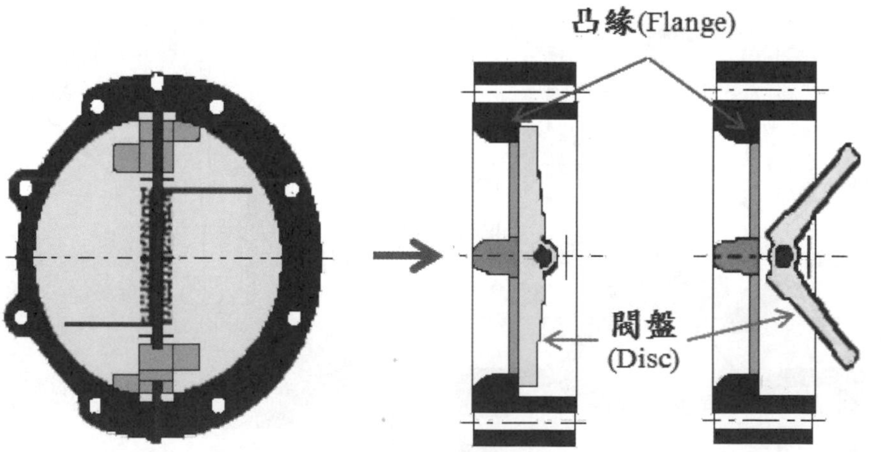

圖 1-29 蝴蝶式止回閥的結構及動作
(圖面取自於 Chemical & Process Technology 公司的資料)

由於閥門直線、短距離的移動,揚升式止回閥對脈動的應用適應很好,揚升式止回閥流體流動路徑至少有兩個直角流過它，所以通過它的壓力損失是比旋臂式止回閥更高。它們是高阻抗的閥門，可用於運送脈動的水、氣體和蒸氣，常用於壓縮機和往復式泵的出口。

## 2.12.1.3 蝶式止回閥(Butterfly Check Valves)

蝶式止回閥有兩種不同的結構，一種為類似蝶閥的結構，另一種開啟和關閉的動作類似蝴蝶振翅飛翔的動作。圖 1-28 為前者的外觀及結構，而圖 1-29 為後者之外觀及動作。前者止回閥實際上類似蝶閥，但功能在某些方面不同是受兩種型式的閥門影響。就像其他型式的止回閥，蝶式止回閥被用來引導流體在一個方向流動，並防止反向流動。但是可以知道，蝶式止回閥相當頻繁使用在與使用蝶閥的系統中。或者它可以說是蝶式止回閥已取得蝶閥和止回閥兩者的優點。

此種閥門結構簡單，與蝶閥相似，但與蝶閥不同之處有二。其一是在於轉動閥盤的轉軸，大部分蝶閥其轉軸為上下垂直於閥盤的中心，而蝶式止回閥則橫架在閥盤上。第二是支撐閥盤的轉軸，蝶閥是位在閥盤中間，而蝶式止回閥則偏向閥盤上方，將閥盤分隔成不同的重量，利用下方重量大於上方重量，使閥盤因重力而自動關閉。蝶式止回閥有一般型及具有平衡錘型兩種，平衡錘型有防閥盤猛擊閥座的功能。

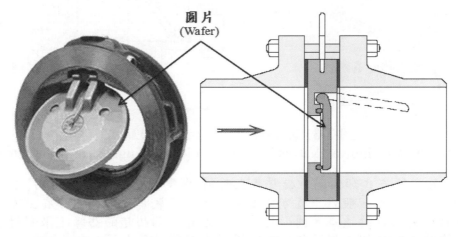

圖 1-30 圓片旋臂式止回閥的外觀和內部結構 (圖面取自於 Piping Info 資料)

另一種蝶式止回閥的結構，與第一類大大的不同，利用兩個圓盤板，中間藉由一個扭矩彈簧安裝鉸鏈維持在閥座上。閥門通常是關閉的，而圓盤板藉由扭矩彈簧保持關閉。當流體向前方流動時，流體的壓力造成圓盤板鉸鏈開啟，從而允許流體流動。只要流動停止則在任何逆流發生之前藉由彈簧關閉閥門。

此種蝶式止回閥又稱為雙圓盤止回閥(Double Disc Check Valve)、分瓣圓盤式止回閥(Split Disc Check Valve)、雙板式止回閥(Dual Plate Check Valve)等多種名稱，它是屬於圓片式止回閥(Wafer Check Valve)中的一種，閥盤形狀是一個圓形，但卻是由兩個半圓形組合而成，不似圓片旋臂式止回閥、圓盤式止回閥或擺動式止回閥等由一個圓形閥盤組成。閥門開啟時相對閥體以 45° 或 90° 角度的開度讓流體通過，從全開轉到全關的短距離，阻止了止回閥的"猛擊"動作，它也被稱為無聲止回閥。

由於它們相對安靜的操作，應用於加熱、通風和空調系統中。而設計簡潔也允許他們有大直徑的結構-可以高達 72 英寸。

為了保持鉸鏈在流動通道的中心，可以使用安裝在外部的保持器固定銷。這些保持器固定銷是閥門洩漏的的常見來源。一種改良的設計保證在鉸鏈的內部，並且作為閥機械結構是閥體內完全密封，洩漏到大氣中被阻止。

通過此種止回閥的壓力降比通過其他型式有顯著的更低。它們是能夠使用在更低的開啟壓力，能夠安裝在任何位置上，包括垂直管線。但不能夠使用於清潔或消毒的應用，因為閥門不容易被清洗。污垢可能造成閥盤上的過度磨損，而對脈動流體流動，由於頻繁的開關，可能損傷閥座，且易受水錘影響。

## 2.12.1.4 圓片旋臂式止回閥(Wafer Type Swing Check Valves)

　　這是類似於標準旋臂式止回閥,但不具有整個閥體的結構,以一個圓形片來取代寶蓋形旋臂式止回閥的閥盤,當閥門開啟時,圓形封蓋被壓入管線的頂部。其次,封蓋必須比管線有較小的直徑。

　　它們是專門開發作為應用一個低壓力損失是不可少的。閥門的開啟和關閉將發生在通過閥盤非常低的壓力差下。偏心閥盤的轉軸具有閥盤閥座的組合,保證回流的流體正向關閉通口。由於其簡潔的設計和相對較低的成本,圓片式止回閥成為大多數應用中止回閥的優選型式。適合水平和垂直安裝,安裝空間的需求降至最低、容易安裝、重量更輕、免保養。尺寸範圍:1 到 42 英吋。壓力等級:150#。可適用於在焊頸法蘭或滑套法蘭之間不同的標準型式配對法蘭之安裝。圖 1-30 為圓片旋臂式止回閥的外觀及內部結構。

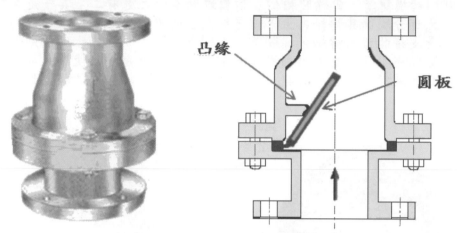

圖 1-31 擺動式止回閥的外觀和結構
(圖面取自於 Floway Valves Pvt. Ltd 及 Flosteer Engineerings Pvt. Ltd)

　　另外一種安裝方式類似圓片旋臂式止回閥,參閱圖 1-31,稱為擺動式止回閥(Flap Type Check Valve),一般以垂直方式安裝,水平安裝時需注意圓板在上方,無流體時利用重力封閉入口的通口。圓形封蓋的上方有一個凸起的凸緣,限制封蓋揚昇的角度,其餘結構皆類似,但不似圓片旋臂式止回閥簡單。

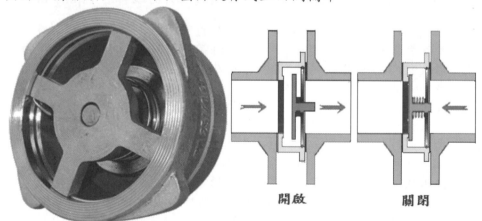

圖 1-32 圓盤式止回閥的外觀和動作
(圖面取自於 Flosteer Engineers Pvt. Ltd.和 Piping Info 資料)

## 2.12.1.5 圓盤式止回閥(Disc Check Valves)

　　圓盤式止回閥是由四個主要部分組成:閥體,圓盤,彈簧和彈簧保持器,參閱圖 1-32。圓盤在一個平面內移動,對流體的流動成直角,藉由彈簧來抵抗流體,而彈簧被保持器保持在原處。閥體被設計扮演一個容易安裝整體的定圓心柱環。零洩漏的密封是必需的,可以包含一個軟閥座。

　　當流體力量施加在圓盤上時,藉由上游壓力大於彈簧施加的力量、圓盤的重量和任何下游壓力,圓盤被迫抬起離開閥座,允許流體通過閥門。當通過閥門的壓力差減小時,彈簧迫使圓盤再返回到閥座上,在逆流發生前關閉閥門。彈簧的存在使圓盤式止回閥能夠安裝在任何方向。

　　需要壓力差來開啟止回閥,主要是藉由使用彈簧的型式來決定。除了標準的彈簧外,有幾個可用的彈簧選項:

無彈簧－使用在通過閥門的壓力差是小的。

尼莫尼克彈簧(Nimonic spring) - 使用於高溫的應用。

重型彈簧(Heavy-duty spring) -重型彈簧增加了需要開啟的壓力。當安裝在鍋爐飼水管線時,它們不加壓時,可以用來防止蒸汽鍋爐溢流。

　　圓盤止回閥的尺寸是由相關的管線尺寸來決定。這通常確保了閥門是正確的尺寸,但是在某些情況下,閥門篩選可能會過大或過小。

　　一個篩選計算過大的止回閥通常是發生當閥門只是部分開啟時,閥門連續的震顫,這是閥門的重複開啟和關閉的現象。它事實是當閥門開啟時,存在於上游壓力下降所引起的;假如這個壓力降是指通過閥門的壓差降到需要開啟壓力之下時,閥門將猛然關閉。只要閥門關閉後,壓力又開始再次建立,然後閥門開啟,循環將重複著。

　　尺寸過大,通常可以藉由選擇較小的閥門加以糾正,但應注意的是,這將增加任何一個流體通過閥門的壓降。假如這不能接受的,它可以藉由降低圓盤上的閉合力以克服振顫的效應。這甚至能夠利用一個標準彈簧取代重型彈簧,或藉由完全除去彈簧來完成。另一種替代方法是使用一個軟閥座;這並不會防止振顫而是降低了噪音。無論如何必須注意,因為這可能導致在閥座過度的磨損。

　　尺寸不足導致通過閥門的壓降過大的結果,在極端情況下,甚至可能阻止流體流動。解決的辦法是用一個較大的更換較小的閥門。

　　圓盤式止回閥比揚升式和標準旋臂式止回閥更小及更輕,後面成本更低。一個圓盤式止回閥的尺寸被限制於 125 mm (6"),在此之上,設計變得複雜。典型上,如此一種設計將包括一個錐形圓盤和一個小直徑的彈簧,被保留並沿錐體的中心線引導,這是更加困難和昂貴的製造。即便如此,這樣的設計仍然可達到 250 mm (12")的尺寸。

　　標準圓盤式止回閥不應使用在有嚴重脈衝流動的應用中,例如,在一個往復式空氣壓縮機或泵的出口處,由於圓盤的反覆衝擊可導致彈簧保持器的失效及彈簧高應力的強度。但專門設計的護圈可用於此類的應用。這些設計典型上降低圓盤的行程量,有效地增加了流動阻力,因此增加了通過閥門壓力降。

　　圓盤式止回閥的設計允許它們能夠安裝在任何位置,包括流體向下流動的垂直管線上。

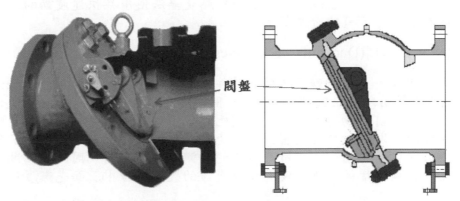

閥盤

圖 1-33 傾斜閥盤式止回閥外觀和結構圖

(圖面取自於 ALLAGASH International Inc.,外觀及 Piping Info 結構)

32

## 2.12.1.6 傾斜閥盤式止回閥(Tilting Disk Check Valves)

傾斜閥盤式止回閥(參閱圖 1-33)類似的旋臂式止回閥,在它的壓力中心帶有轉動樞軸的封蓋(閥盤),擔任著一個常閉的位置。當流體向前流動時,閥盤揚升及"漂浮"在流體中,提供最小的流動阻力。平衡的閥盤是為了當流量降低時,它將轉動樞軸朝向其閉合位置,在逆流實際上開始之前關閉。大多數情況下操作是平穩的且安靜的。由於傾斜閥盤式止回閥的設計,它被限制在只有使用於液體的應用。

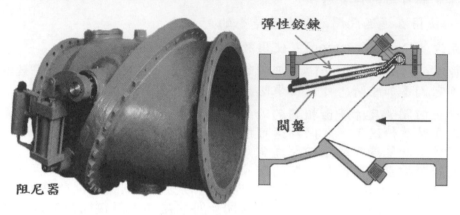

圖 1-34 阻尼器和彈性鉸鍊之傾斜閥盤式止回閥
(圖面取自於 ALLAGASH International Inc.,外觀及 Arabia 結構)

傾斜閥盤式止回閥最適用於需要快速響應的應用,而免除閥盤與閥座之間的膠黏是必不可少的。快速反應是可能的,因為在閥盤質量的中心靠近樞軸。當完全打開時,顯示出該閥門有一個低的壓力降。

傾斜閥盤式止回閥具有高性能的特徵,流體的通口等於管線公稱尺寸的140%。閥門的超大通口和翼形型式的閥盤提供止回閥最低水頭壓力損失。計算水頭壓力損失是重要的,因為它直接關係到泵輸送成本,以及燃料經濟性在目前市場上的優先權。

傾斜閥盤式止回閥也可以配備有油阻尼器,來控制閥盤的操作速度,及泵輸送流體時的波動,參閱圖 1-34 左圖。頂部油阻尼器連接閥盤到一個高壓油缸,和獨立地控制開啟和關閉的速度在 5 至 30 秒的範圍內。底部油阻尼器是相似的,但只控制盤關閉最後的 10%在 2 至 5 秒的範圍內,以防止止回閥在最苛刻應用中的猛擊。

另一種傾斜閥盤式止回閥配備有彈性鉸鏈的閥盤,類似傳統的旋臂式止回閥,參閱圖 1-34 右圖。它具有 100%的流動面積的通口(寬大的頭部空間),有一個短的衝程和良好的防猛擊特性(安全性)。彈性鉸鏈閥門在整個閥盤上可以配備一個閥盤加速器或彈簧,給予閥門防猛擊特性,類似一種無聲止回閥。

傾斜閥盤式止回閥的優點是有非常低的壓降,快速關閉,在污穢的系統中不會發生"膠黏",閥盤猛擊現象降至最低。而缺點是無法使用在快速波動的流體流動,閥座密封性在低差壓下可能會降低。

## 2.12.1.7 鴨嘴式止回閥(Duckbill Check Valves)

鴨嘴式止回閥,是由一種獨特的、單件式的、彈性式組成的元件,扮演防回流裝置,功能類似單向閥或止回閥。他們有一個鴨嘴形的彈性唇瓣,能防止流體倒流,並且只允許流體向前流動。鴨嘴式止回閥比其他型式單向閥的主要優點是鴨嘴閥是自我控制的閥門,即是最重要的密封功能是一件彈性體元件為一個主要的部分,其中密封元件必須以一種內表面平滑可接合的唇瓣來形成密封。因此鴨嘴閥很容易地結合並組裝成各種各樣的設備,沒有配合複雜的裝配過程中表面光潔度材質相關的爭論或問題。

鴨嘴式止回閥彈性唇瓣的材質包含如下,但不限定下列材質:
腈橡膠 (Nitrile Rubber,NBR)

氟矽膠 (Fluorosilicone Rubber，FVMQ)
乙丙橡膠 (Ethylene-Propylene Rubber)
矽膠 (Silicone Rubber，VMQ、MQ、PVMQ)
氫化丁腈橡膠 (Hydrogenated Nitrile Rubber，HNBR)
丁基橡膠 (Butyl Rubber，IIR)
碳氟橡膠 (Fluorocarbon Rubber，FKM)
環氧氯丙烷 (Epichlorohydrin，CO/ECO)
氯平橡膠 (Chloroprene Rubber，CR)
聚胺基甲酸酯橡膠 (Polyurethane Rubber，AU/EU)
苯乙烯丁二烯橡膠 (Styrene-butadiene Rubber，SBR)
聚丙烯酸酯丙烯酸橡膠 (Polyacrylate Acrylic Rubber，ACM/AEM/ANM)

　　鴨嘴式止回閥的尺寸範圍可以從使用於管線內小至 2.5 mm (0.1 英吋)到應用於水壩的巨型止回閥 2550 mm (102 英吋)，參閱圖 1-35。它可容納小顆粒的固體通過，巨型的鴨嘴閥更可以通過大顆粒的鵝卵石，而不會堵塞水道。

圖 1-35　鴨嘴式止回閥 (圖面取自於 Althon Limited 及 TUBOSIDER 公司的資料)

## 2.12.1.8 球型止回閥(Ball Check Valves)

　　球型止回閥是一種利用一個可移動的圓形球體來阻塞流體的流動，此圓形球體稱之為閥球(Ball)。當上游壓力施加在閥球上時，它沿著導軌被移動離開閥座，允許流體通過入口。當流體壓力下降時，閥球滑動回到閥座入口的位置。

　　球型止回閥通常有兩種結構，一種類似球體閥(Globe Valve)的外型，閥體(Body)內有一個導向槽溝，當上游壓力增加時，將閥球推向閥體上方，當壓力消失時，閥球掉落下來封閉入口，參閱圖 1-36 右圖。另一種為管內式(In-line)，閥球沿著管線作直線運動，上游壓力增加，將閥球推向出口，流體由閥球旁的空隙流出，參閱圖 1-36 左圖。此種型式可以使用一個輕彈性的彈簧，在零壓力差下來保持閥門靠在閥座上。

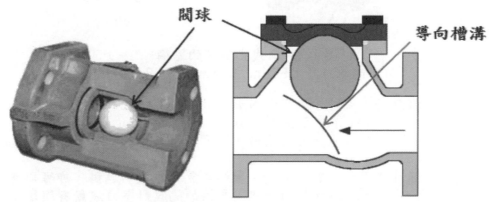

圖 1-36　球型止回閥的兩種結構 (圖面取自於 Nil-Cor LLC 及 Arabia 資料)

對黏性流體而言，一個球型止回閥是一種常見的選擇。閥球在球型止回閥不斷轉動會引起磨損，但黏性液體的速度通常較低，因此很少有傾向旋轉閥球。

球型止回閥由於機械的結構，使得應用閥球很困難獲得一個緊密的密封。球型止回閥通常使用在低壓的流體中，當使用在高的壓力或動力時，由於閥球的高慣性長衝程，可能會導致嚴重的猛擊而損傷閥球或閥座，進而使洩漏增加。

球型止回閥是一種簡單而且價格便宜的閥門，工作在水和污水處理的應用是很好的，常用於小型泵和低水頭壓力的系統中，也常用於液體或凝膠微型泵分配器的放液嘴、噴霧設備、空氣泵、手動空氣泵和一些其他的泵，和可再填充的分配注射器。

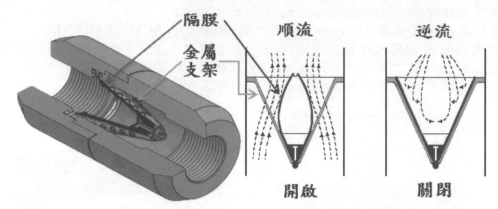

圖 1-37 隔膜式止回閥的剖面及作動方式
（圖面取自於 Northvale Korting Ltd 及 spirax sarco 資料)

## 2.12.1.9 隔膜式止回閥(Diaphragm Check Valves)

隔膜式止回閥使用兩個基本組件的一種簡單結構，一個不鏽鋼網狀或多孔錐體的金屬支架和一個撓性的橡膠隔膜。隔膜位於內錐體，是藉由一個固定螺栓來拴住，參閱圖 1-37 隔膜式止回閥的剖面及作動方式。

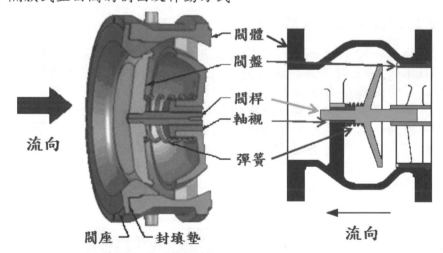

圖 1-38 傘式止回閥的結構
(圖面取自於 DFT Inc.及 Arabia 公司資料)

當流體向前流動時，偏轉了隔膜向內形成橢圓形狀，允許流體自由通過錐體的孔道。當沒有流體流動或有背壓存在時，隔膜返回到其原始位置，關閉閥門。注意：隔膜材料通常限制了隔膜式止回閥的應用，通常應用於低於 180°C和 16 Bar 的流體。

隔模式止回閥可適用於液體、蒸汽、壓縮空氣和氣體的應用，亦可以應用於生物技術和製藥的行業。具有防猛擊的功能，柔性的隔膜對壓力波動有緩衝效應。的優先。

## 2.12.1.10 傘式止回閥(Umbrella Check Valves)

傘式止回閥又稱為無聲止回閥,是一種彈簧輔助、中心導向、管內、法蘭連接的止回閥,參閱圖 1-38 結構圖。閥門是由閥體、閥座、彈簧、帶有閥桿的閥盤和導向器組合而成的。

閥門的動作是簡單地壓入一個孔洞,且能夠被設計在指定的壓力範圍內工作。傘的名稱是來自設備的一般形狀。

它是常常被使用於短行程的,高水頭壓力的系統,例如高層建築,其中猛擊是不可接受的。傘式止回閥是最快速關閉的閥門,因為它的短衝程和強力彈簧。由於高層建築無法忽視有很高的水頭壓力,傘式止回閥規範不考慮能源消耗

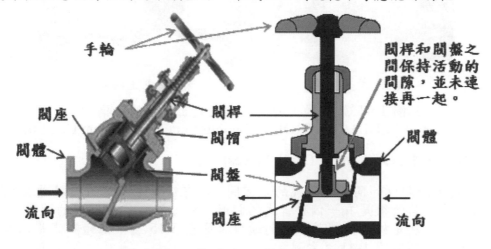

圖 1-39 阻斷式止回閥的型式和結構
(圖面取自 CRANE 公司及 enggcyclopedia)

## 2.12.1.11 阻斷式止回閥(Stop Check Valves)

阻斷式止回閥是屬於揚升式止回閥和球體閥的組合結構,其閥體型式包括有直型和 Y 型兩種,顯示在圖 1-39。它有一個閥桿,當閥門關閉時,防止閥盤離開閥座並提供一個緊密的密封(類似球體閥)。當上游壓力增加時,閥桿被推升到開啟的位置,閥門的作動如同一個揚升式止回閥。閥桿沒有連接到閥盤上,在閥桿和閥盤之間保持一個活動的間隙,可上下活動。閥桿的作用是緊緊的關閉閥門或限制在開啟方向閥盤的行程。

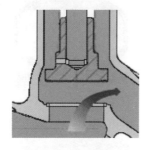 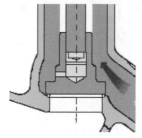 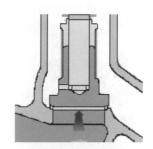

閥桿在開啟的位置;閥盤在頂部,介質在流動的方向流動。

閥桿在開啟的位置;閥盤在流體逆流情況下關閉。

閥桿在關閉的位置;閥盤緊密的密封閥座。

圖 1-40 阻斷式止回閥的作動方式 (圖面取自於 WTA 公司資料)

阻斷式止回閥操作模式顯示在圖 1-40。左圖及中間圖面是閥桿處於開啟位置(手輪在上部位置)時,閥門的工作原理類似於揚升式止回閥,流體壓力增加,閥盤上升(左圖),當無壓力或發生逆流時,閥盤回落閥座上關閉閥門(中間圖面)。如果以手輪

緊鎖閥桿時(右圖)，閥門的工作方式類似一個傳統的阻斷閥；閥塞維持關閉來自於任何方向的流體。

圖 1-41 鐘瓣式止回閥及擋板式止回閥的結構
(圖面取自於 FLUID CONTROL 及 Beijing Joint Flow System Co., Ltd.)

### 2.12.1.12 鐘瓣式止回閥(Clapper Check Valves)

鐘瓣式止回閥也如同其他形式的止回閥，只有讓管線上游的液體通過，阻止下游的液體回流。其特徵是有一個寶蓋式的閥瓣，類似旋臂式止回閥的閥瓣，功能是相同的。唯一差別是旋臂式覆蓋入口的通口角度是 5-15 度，但鐘瓣式是以 90 度掉落來覆蓋通口，參閱圖 1-41 之左圖。

鐘瓣式止回閥的閥瓣採用高強度鋼製造，並塗以一層塗層或優良耐磨損和耐強酸的塗層，可在具有腐蝕性流體的應用中給予更長的工作壽命。其塗層包括有丁腈橡膠塗層，溶劑的氟橡膠及高耐磨性的聚氨酯塗層。

鐘瓣式止回閥通常使用於衛生排水系統及 Haynesville 頁岩氣井坑等惡劣的泵抽取作業之應用，其流體具有強酸、顆粒等腐蝕性和磨耗性。

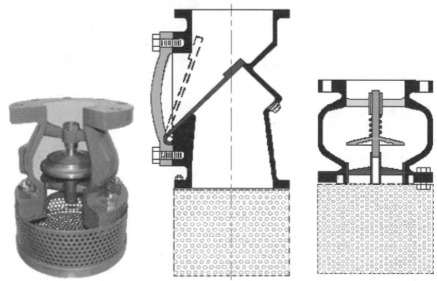

圖 1-42 足式閥的外觀和結構
(圖面取自於 CLA-VAL Company 及 Sure Flow Equipment Inc.)

### 2.12.1.13 擋板式止回閥(Flapper Check Valves)

擋板式止回閥(參閱圖 1-41 右圖)與鐘瓣式止回閥有相同應用的功能，皆使用於衛生排水系統及井坑的服務。擋板的材質一般為耐化學品的合成橡膠材質，丁腈橡膠(Buna-N)或具有耐磨的羧基丁腈(Carboxylated Nitrile)，承受壓力大約在 175 psi 的工作壓力。擋板如果採用不銹鋼製造，在 2"和 3"尺寸的止回閥，工作壓力可達到 10000 lb 到 15000 lb。

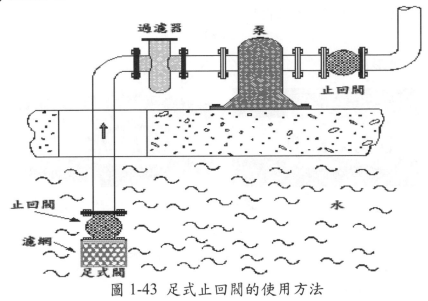

圖 1-43 足式止回閥的使用方法

### 2.12.1.14 足式閥(Foot Valves)

足式閥基本上是由一個止回閥和一個濾網所組成的，參閱圖 1-41。它是被放置在離心泵上游端管線的入口側，浸入在流體中，不像其他的止回閥被放置在泵的出口位置，作為阻止液體回流至泵。

足式閥主要的功能是維持泵上游側管線液體滿管的壓力，安置在井坑、水坑、水池、湖泊或海水中，使用泵來抽取排放坑內的水或作為冷卻製程系統之用，參閱圖 1-42。假如水被允許排出管線，空氣最終停留在管線和泵中，將需要再次灌注水來排除空氣，保持管線滿管。由於足式閥頻繁的浸沒在濕井，不容易接近檢查或維修，所以選擇一個高品質長時間套用結構之足式閥是非常重要的。

足式閥基本上是由 4 種組件組成的，此 4 種組件為濾網(Screen)、閥體、閥座和閥盤。濾網可以阻擋從泵管線的吸入端上來的任何碎片或沉積物。這些濾網通常是由不容易腐蝕的塑料、不銹鋼和黃銅的材料製造成。即使這只是一個簡單的濾網，它在閥門的效率和壽命有非常重要的作用。塑料濾網通常用於像小箱槽的輕型負載，而重型負載是由不銹鋼或黃銅的材料製成。

閥體是最重要的部分，因為所有閥門的機械結構是容納在閥體內。通常用於閥體的材料是鑄鐵和黃銅，作為那些重負載閥門之用。具有這些性質的閥體之閥門，也被用於高壓和重型負載，並且可以是大於 10 英寸的直徑，較小的閥門大多是由硬塑料、PVC 或不銹鋼製造。這些閥門用於更低壓力和更輕的負載。

閥座也是一個足式閥的重要的組件，因為閥座是當泵被關斷時，閥座關閉閥門。閥座是閥體的一個整體部分，而這是包含防止洩漏的 O 形環，無論是由橡膠或矽樹脂製造，被放置來避免當閥門關閉時的洩漏。由於流體總是通過閥座和環，這是閥門組件之一，可能磨損速度比裝置的其餘組件快。

閥盤基本上是閥門的門路或通路。一旦泵被開啟並且水開始流向閥門，閥盤升高，使得水或任何流體通過。閥盤最常使用重級金屬如青銅、黃銅或鋼來製造，比塑料或不銹鋼具有更長的壽命。

足式閥的止回閥部分，可為球型止回閥、圓片旋臂式止回閥、傘式止回閥、擋板式止回閥或擺動式止回閥，其止回閥的內部組件必須能夠長時間浸末在水中，避免磨損而時常更換。

### 2.12.1.15 錐芯式止回閥(Poppet Check Valves)

錐芯式止回閥是一種小型、低壓力差的止回閥，閥芯是一個圓盤、圓錐體或球體組成的密封裝置，藉由一個彈簧壓緊閥芯在閥座表面來緊密關斷，防止流體回流到上游。錐芯式止回閥可以在垂直和水平管線上安裝，廣泛應用於液壓及氣壓。結構參閱圖 1-44 錐芯式止回閥的剖面圖。

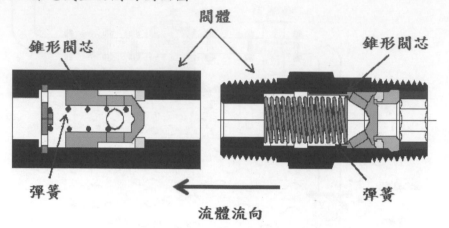

圖 1-44 錐芯式止回閥的剖面圖

## 2.13 針閥(Needle Valves)

針閥是一種在閥桿頂端具有細長的錐形尖頭，利用螺紋轉動旋塞方式來手動開啟和關閉的閥門，閥桿下降通過閥座來限制或阻止流體流動，參閱圖 1-45。流體轉90 度流過一個帶有錐形尖端的針形閥桿，並通過閥座的一個孔口。

針閥被廣泛使用於低流速的流體，準確調節液體和氣體通過閥門。閥桿的細螺紋和大的閥座面積允許作為對流體流動的精確阻力。針閥可以被用於控制流入的流體可能是被流體壓力作用下突然增加而損壞之靈敏錶計。針閥還使用在流體必須逐漸停止流動的情況下，而在其他方面，流量的精確調整是必要的或期望一個小的流動率。它們可以作為開/關的閥門及作為節流的應用。

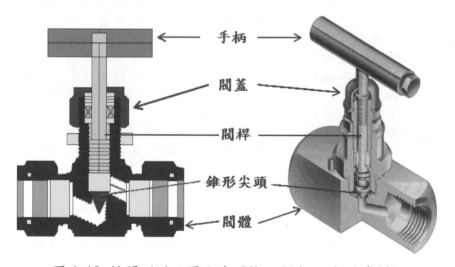

圖 1-45 針閥 (剖面圖取自 Oliver Valves 公司資料)

針閥通常設計成具有一個金屬的針形閥桿(通常是黃銅、青銅、鋼或不銹鋼或其它合金)和一個彈性閥座(一般為聚氯乙烯、氯化聚氯乙烯、聚四氟乙烯、或一種廣泛商標的塑料和熱塑性塑料)。雖然這是最常見的形式，閥門可採用具有金屬-金屬、塑料-塑料、或塑料-金屬的針桿和閥座。這些變化通常是在設計時考慮到特定的應用，特別是在腐蝕、高溫或低溫，或可能廣泛磨損的情況下使用。

針閥被使用於幾乎令人難以置信廣泛應用的所有產業中，任何的控制或需要計量的蒸汽、空氣、氣體、油、水或其它非黏性液體。他們可以發現在每一個行業，從航空到動物學學科，從氣體和液體管理到儀錶控制和發電廠冷卻的每一種應用。

然而，針閥應避免使用在介質是黏性、或漿狀流體分配的應用。小的流量孔口可以很容易捕獲濃厚的材料或固體，並變成阻塞管線的設備。

針閥可以使用於電廠的取樣系統中，為了分析來自於高壓的水蒸汽，必須降溫降壓，則將會使用一個特殊的高壓減壓針閥來降低壓力。在高壓管線上，兩個排氣閥門中的一個應使用針閥，才不會因為手動球體閥或閘閥的洩漏等級不足而造成管線洩漏。

針閥可以僅利用手指抓緊的力量來打開或關閉閥門，當關閉時，很容易過度轉動而損害轉軸和閥座，尤其是由黃銅製造的。針閥它是不容易從檢查手柄位置，來知道閥門是否打開或關閉。

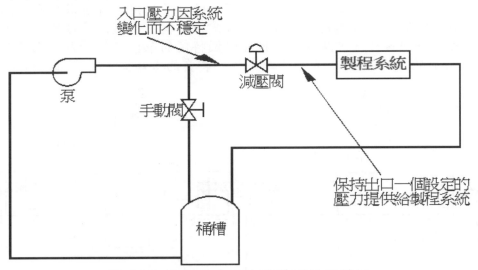

圖 1-46 使用於系統中減壓閥的架構圖

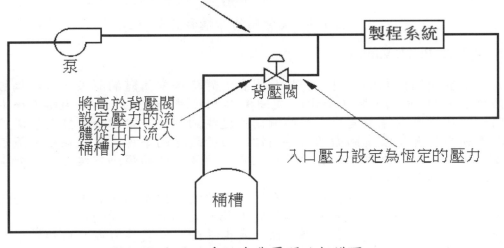

圖 1-47 使用於系統中背壓閥的架構圖

## 2.14 背壓閥(Back-pressure Valves)

減壓閥、背壓閥及安全釋放閥是相同使用機械結構來控制壓力降的設備，而此機械結構就是彈簧。

減壓閥又稱下游壓力控制閥(Downstream Pressure Control Valve)，為自身操作壓力減少的調節設備。這個自身作動控制閥，保持流體流過閥門相對於入口壓力的變化，出口有一個恆定的壓力，參閱圖 1-46。

背壓閥的功能類似安全閥，但不同於安全閥，背壓閥是維持管線在一個設定的恆定壓力，保護系統免除上游流體壓力波動的影響，即是有一個恆定的上游壓力。背壓閥又稱上游流體壓力控制閥(Upstream Pressure Control Valve)，這種閥門在一個設定的恆定壓力下，下游比例於入口壓力的上升而開啟閥塞，讓流體通過閥門，維持管線於恆定的壓力，參閱圖 1-47。閥門利用機械(彈簧)來控制出口壓力，為了在閥門入口保持一個相對的恆定壓力。

背壓閥與減壓閥在結構上最大的區別是閥塞的位置，參閱圖 1-16 減壓閥與背壓閥的結構與管線配置方式。減壓閥的閥塞位置是在閥座上方，而背壓閥是在閥座下方。流體流動方向背壓閥是閥座上方流過流體(Overseat Flow)，減壓閥是閥座下方流過流體(Underseat Flow)。

背壓閥可應用於離心式泵、再生渦輪式泵、往復式泵或旋轉式泵的旁通閥。就液體應用而言，可作為在燃油系統中的壓縮機導向控制，許多中小型泵站系統旁路工作的旁通調節閥，且非常適合於在低溫領域的許多應用。可應用於水、油、其他液體和輕型燃料油。不可應用於蒸汽。設計是來限制在機械工具母機液壓系統、燃油設備、打樁用的撞槌、沖床、升降機等一個特定的泵出口的壓力。化學領域中的許多應用(廢棄物處理脫鹽)和自動洗車系統、農業的噴霧器、噴水池的噴水器等。

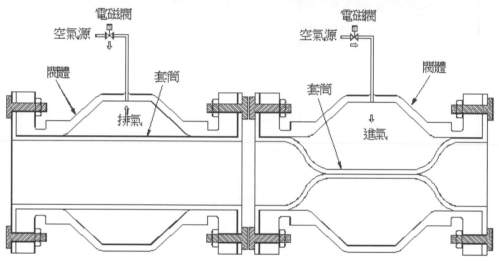

圖 1-48 夾管閥的結構和作動方式

## 2.15 夾管閥(Pinch Valves)

大多數閥門控制的設計依賴於放置在流體路徑中固體的隔板。這種隔板通常是一個金屬閘門(Gate)、閥球(Ball)、或閥楔(Wedge)所組成的，其在流路上逐漸下降來關閉一個孔徑或在彈簧壓力下突然關閉。這些閥門是非常適合於控制清潔流體，也能處理那些具有高濃度細微的懸浮固體，由於這樣的事實，粒狀顆粒的流體傾向於堵塞隔板。在這些應用中，夾管閥進入它自己最有效的解決方案之一，對潔淨水和漿狀流體懸浮液兩者。

夾管閥是一種全通口孔徑或完全通口式的流體控制閥，利用收縮流體流路的原則，來減少或切斷流體的通道，參閱圖 1-48。大部分夾管閥的設計包括一個高彈性套管，插入在閥體內或以套管為閥體，藉由手動、空氣壓力或利用機械干預擠壓來逐漸收縮並關閉。這種閥門關閉的方法用於控制清潔流體不僅是有效的，但也可以良好地用於含高濃度懸浮固體的漿狀流體。

夾管閥適用於開關和調節的應用。然而，有效的節流範圍通常在額定容量的10％和95％之間。夾管閥主要優點是，流動通道是直通的，沒有任何裂縫或阻礙，並且沒有內部移動組件。與流體直接接觸的接液組件(Wetted Parts)是套筒(Sleeve)，是由天然橡膠和合成橡膠以及與流體具有相容性的各種合成聚合物製造的，具有良好的耐磨性之特性。由於套筒是一種合成聚合物模鑄成形，一般的最高的操作溫度是250°F(121°C)，最高操作壓力為 1"閥門的 100 psig 到 12"閥門的 15 psig，特殊夾管閥可採用-100°F至 550°F的溫度範圍和 300 psig 的操作壓力。

夾管閥有兩種型式，一種為塑料纖維強化的模鑄閥體，閥體是由套管組成。另一種型式是完全封閉在一個金屬閥體內的套管。這種型式控制流量帶有傳統的手輪和螺絲夾持器，以液壓或氣動為動力，具有金屬殼內液體或氣體的壓力，迫使套筒壁聚在一起切斷流體的流動。大多數暴露套筒的閥門(第一種)都受到真空應用的限制，因為當施加真空時，套筒的傾向塌陷。某些包覆的閥門能夠使用於真空的應用，藉由施加一個真空在金屬外殼內，因此防止套筒的塌陷。

夾管閥的操作原理是建構在包圍套筒的腔室，利用壓縮空氣通過電磁閥和接頭被引入到腔室；當壓力建立在腔室時，它收縮套管，直到它被完全關閉。當閥門需要打開時，反轉此循環，空氣被抽出，從而允許套筒返回到它的全通口尺寸。由於套筒高彈性的性質和逐漸收縮運行在它上面，夾管閥的設計很適合於流量控制應用，此需要在大的流速範圍內精確的調整。

夾管閥最主要的組件是套筒，套筒是由具有可撓性的材質製成的，特別適合於處理漿狀流體、液體、大量的懸浮固體及腐蝕性的流體。其材質有天然橡膠(Natural Rubber)、三元乙丙橡膠(EPDM)、丁腈橡膠(Nitrile)、氟橡膠(Viton)、氯丁橡膠(Neoprene)和丁基橡膠(Butyl)。而閥體由金屬組成的，可採用鋁、塑料和不銹鋼。

夾管閥廣泛應用於許多不同的工業，大量和固體處理行業，包含水泥工業、污水工業、化學工業、食品業、飲料工業、陶瓷、玻纖、塑料工業及顆粒劑、散劑、丸劑的製藥行業。也可以應用於醫療儀器，臨床或化學分析儀，以及廣泛的實驗室設備。是一種廣泛應用的閥門，唯一的限制是耐溫和耐壓的限制。

## 2.16 梭閥(Shuttle Valves)

梭閥是一種安裝在管線上的小型閥門，它允許兩個不同的流體輸入，然後流至一個共同的輸出端或個自的輸出端。壓力較高的入口流經閥門，並移動金屬球來封閉相對的另一個入口。這種閥門在製造或工業製程中，可被用於混合或交替兩個獨立的流體之間。假如在緊急情況下第一輸入源失效時，梭閥也可使用來提供另一個輸入源的備用流體。它們是最常使用有關於液壓流體或在氣動系統中使用於壓縮空氣的設備。

每個梭閥中包括有兩個輸入端和一個輸出端或二個輸出端的一個正方形或長方形的結構，及一個自由浮動的金屬球(Ball)或梭子(Shuttle)，而金屬球根據在兩個入口的相對壓力來回穿梭。參閱圖 1-49 梭閥兩種不同的結構。正常操作期間，有一端的輸入口沒有流體或空氣可以進入閥門，而另一端流體可以自由進入，並通過出口離開。當第一輸入口失效或阻塞時，閥門內的壓力變化置換了內部的球體或梭子的位置，它切斷第一輸入口並打開了第二輸入口。閥門只有一個輸入口打開，很少有回流到源頭的風險。

圖 1-49 梭閥兩種不同的結構
(圖面取自於 KEPNER PRODUCTS COMPANY 及 ESG Valves)

不同型式的梭閥可以藉由內部機械結構來識別。最常見梭閥的特徵是有一個圓筒形柱塞，或梭子，反向滑動並迫使來關閉輸入端之一。其他的型式可能會使用一種活塞或閥球，使用彈簧動力來操作。不論這些設備被使用時，柱塞或活塞必須精確地符合梭體內，以便完全阻斷輸入。

梭閥可以被發現使用在各種的應用中，包括汽車或卡車中控制電力煞車或傳輸系統內的流體。假如這個系統出現失效，梭閥自動從第二來源提供流體來保持安全操作。這些閥門可以使用在大型設備或機械相同的範圍，在那裡他們經常是作為緊急制動系統的一部分使用。梭閥也使用在啤酒與飲料灌裝機械、紡織印染、天然氣工業、化學工業、消毒設備、發泡設備、水/污水處理、製藥和醫療設備及橡膠機械設備。梭閥結構緊湊，具有不銹鋼的閥體，可安裝任何位置，操作速度快、流量大、低壓力損失及完美的密封。

## 3.0 閥門的驅動方式

驅動閥門的驅動器在它最廣泛的定義中是一種設備，來自於在控制源的作用下產生線性或旋轉運動的動力源設備。驅動器採用流體、電力或其他的動力來源，並通過一個馬達、活塞或其它設備，將其轉換成執行的工作。基本的驅動器是用來移動閥門來完全開啟或完全關閉的位置上。而作為控制或位置調節閥門的驅動器，是給予一個定位信號，帶有一種高精度的等級來移動閥門到任何中間的位置。雖然最常見和重要用途的驅動器是開啟和關閉閥門，當前的驅動器設計遠遠超越基本啟閉功能。閥門驅動器可以與位置檢測設備、扭矩傳感器、馬達保護器、邏輯控制、數字通信能力，甚至 PID 控制包裹在一起，全部在一個緊密環境保護的箱體內。

因此，當技術隨著時間增加時，為了容易使用驅動器，也有很多的修正發生。現代工業中，自動化工作的需要發生了。所以代替了使用簡單的閥門，它們被自動的提高效率，較少使用人力和時間。所以，驅動器與閥門被一起引入，在驅動器的幫助下，閥門被操作，根據使用的要求下，來執行不同的功能。

驅動閥門的方式共有 5 種，手動、機械驅動、壓縮空氣驅動、電動驅動和液壓驅動。下列將這 5 種方式簡單的敘述：

## 3.1 手動

手動閥門的方法在工廠的現場中是最常見的方式，需要有人到現場使用一個直接連接到閥桿或齒輪傳動的機構來調整它們。即是利用手來移動閥門的手輪或槓桿來開啟或關閉閥門。在大型的閥門上，由於系統製程的高壓力，必須利用具有轉換齒輪比的手輪，才能輕易的轉動手輪，所以齒輪比的計算及手輪輪框的大小，有一個計算方式，這個計算方式顯示在第五章計算馬達閥最大的手動操作力量。

## 3.2 機械驅動

機械驅動方式是利用儲存在閥門組件的能量壓縮或釋放來驅動閥門，而這個預先儲存能量的組件是彈簧(Spring)和隔膜(Diaphragm)。

彈簧是在閥門或驅動器內廣泛使用的一種組件，利用系統製程、壓縮空氣或液壓的壓力等壓縮彈簧來儲存能量，當儲存的能量被釋放時，閥門就回復到初始的位置。最常使用彈簧的閥門是與安全有關的閥門，即是安全釋放閥。當系統脫離製程條件時，為了避免損壞系統或設備，啟動了安全機制來迫使閥門關閉或開啟，從而保護了生命財產或設備的安全。

隔膜也是常見於驅動器的內部，它是利用彈性的合成橡膠，被製成一片具有厚度的圓形橡膠。當系統壓力或空氣壓力強加於其表面時，它將擠壓圍繞它邊緣兩側之間的氣缸或腔室，允許製程或空氣壓力進入任一側推動橡膠片向一個方向或另一個方向。再利用一個連桿連接到隔膜的中心上，使得它因被施加的壓力而移動。連桿然後連接到一個閥桿，它允許閥體經歷直線運動，因此開啟或關閉閥門。

## 3.3 壓縮空氣驅動

壓縮空氣(或其它氣體)的壓力是氣動閥門驅動器的動力來源。它們被使用於線性或四分之一旋轉的閥門上。空氣壓力作用在活塞、彈簧或伸縮囊的隔膜上時，在閥桿上產生線性力量來驅動閥門。一個四分之一轉的驅動器產生的扭矩，提供旋轉運動來操作一個四分之一轉的閥門。氣動驅動器可以被安置成被彈簧關閉或彈簧開啟，利用空氣壓力克服彈簧來提供的移動。一個"雙作動"驅動器利用空氣應用於不同的入口，來移動閥門在開啟或關閉的方向。中樞空氣壓縮系統可以提供清潔、乾燥、所需的壓縮空氣作為氣動驅動器的來源。在某些的型式中，例如，壓縮氣體的調節器，提供壓力來自於製程流體，而廢氣則排到空氣或傾倒入較低壓力的製程管線。

## 3.4 電動驅動

電動驅動器是使用了一個電動馬達，提供轉矩來操作一個閥門。使用單相或三相交流(AC)或直流(DC)電源的馬達來驅動齒輪組，產生期望的扭矩強度。當氣動驅動器在安裝空間限制下，無法產生較大的推力來推動閥門時，使用電動驅動器變成合理的選擇。

電動驅動器驅動閥門是利用齒輪傳動組(Gear Train)、蝸輪(Worm Gear)、蝸桿(Worm)等來傳動馬達輸出的功率，轉換到驅動螺帽(Stem Nut)來帶動閥桿(Stem)，進行閥門的開啟和關閉，此在第五章會有詳盡的說明。通常而言，電動馬達驅動器內的馬達，不會像一般連續性運轉的馬達，用於連續性的操作，因為馬達連續的操作在密閉的環境下，會聚積過多的熱量，熱量累積會損壞驅動器內部傳送信號的電線，因而造成驅動器停止運轉。

## 3.5 液壓驅動

通常使用到液壓驅動的閥門，是因為氣動驅動器和電動驅動器已無法提供精確快速且扭矩更大的驅動力量，所以液壓驅動器是綜合了氣動驅動器的快速反應，和電動驅動器的大扭矩之優點。

液壓驅動可分為電液壓驅動器和液壓驅動器，前者是利用電能轉換成液壓的單一設備來驅動閥門，後者是利用整套液壓系統的迴路，提供多個閥門的驅動，此液壓系統常見於發電廠利用蒸汽轉換成電力的汽輪機上，或石油探勘的設備上。

液壓驅動器的功能類似於氣動驅動器，推動直線式或四分之一轉的閥門。液壓驅動器大多數的型式可以是提供具有失效安全功能，在緊急情況下來關閉或開啟閥門。

國際組織標準(ISO)平行牙　　美國標準管牙(NPT)　　國際組織標準(ISO)7/1牙(P.T)

[International Organization of Standardization　(American Standard Pipe Thread NPT)　[International Organization of Standardization
(ISO) Parallel Thread]　　　　　　　　　　　　　　　　　　　　　　　　(ISO) 7/1 Thread (P.T.)]

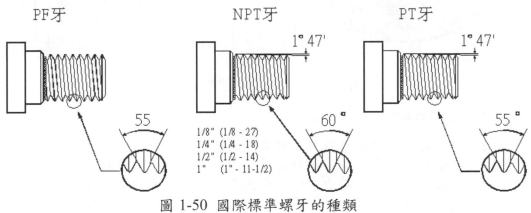

圖 1-50　國際標準螺牙的種類

## 4.0 閥門與管線的連接方式

一個閥門連接到其相關聯管線系統的末端連接之選擇，取決於工作流體的壓力和溫度和拆卸管線或從管線移除閥門的頻率。閥門可以有各種的型式的末端連接。根據被使用閥門的應用型式，你可以選擇正確末端連接的型式。閥門的末端連接的一般可分為螺牙連接、法蘭連接、套焊及對焊等四種。下列將敘述這四種的末端連接。

## 4.1 閥門螺牙末端連接(Valves Threaded or Screwed End Connections)

螺牙閥門的末端連接，一般大部分使用於小管徑設備的連接，通常局限於 150mm (6")及更小的管線尺寸。而螺牙形式分為平行螺牙和錐形螺牙，與管線連接是以公螺牙與母螺牙互相搭配結合，兩者之間的壓力密封是藉由軟密封帶纏繞在牙口上，當鎖入時，擠壓密封帶填補螺牙與螺牙之間的間隙來形成壓力密封。另一種壓力密封是藉由一個穿孔的墊片，放置在閥門與管線之間，鎖入時擠壓墊片即可形成密封。

螺牙連接的螺牙形式依據美國及國際的規範分為 PF 牙、NPT 牙和 PT 牙等三種，圖 1-50 顯示國際標準螺牙的不同種類。

螺牙連接一般被廣泛使用於青銅閥，較少使用在鋼製的閥門。

## 4.2 閥門法蘭末端連接(Valves Flanged End Connections)

這種閥門末端連接方式是從管線上安裝或卸載閥門最簡單的連接之一，也是目前最常用的末端連接之一，組裝或拆卸它們是快速和容易。法蘭尺寸通常是從 15 毫米起採用的尺寸，使用幾個螺栓來固定，而螺栓的多寡是依據法蘭的尺寸及承壓等級而定。螺栓固定在配對的管線法蘭上，為了確保緊密的密封，墊片通常裝配在法蘭的加工面之間。墊片的型式，可以是非金屬的、金屬的或兩者的組合，取決於工作條件及依據使用法蘭面的型式。青銅和鋼鐵製的閥門通常提供帶有平面的、凸起的或凸面的鋼製閥門，同樣的，管線採用是凹面、榫槽、或環型接頭型式的法蘭。

閥門法蘭末端連接共有六種不同的法蘭型式，依據 ASME B16.5 有：焊頸法蘭，滑套法蘭或帶頸法蘭，套焊法蘭，疊套法蘭，螺紋法蘭和盲法蘭。下面將會有一個簡短描述及定義每種型式。

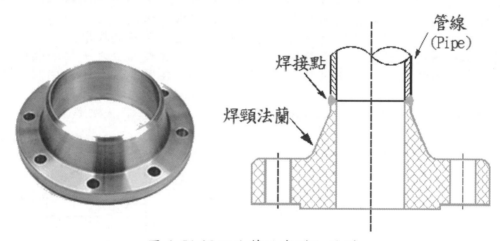

圖 1-51 焊頸法蘭的實體和結構

### 4.2.1 焊頸法蘭(Welding Neck Flange)

焊頸法蘭常用於高壓的應用中，用來降低應力的集中，這種法蘭的型式有一個可焊接到管線基座的頸套，從法蘭頸套厚度到管線或管件壁厚藉由圓錐效應的平穩轉換，反覆彎曲的條件下，藉由管線的膨脹或其他變量的力量來降低應力，而錐形頸套提供了極佳的應力分佈，並很容易以射線來發現裂縫。是高壓系統最流行的選擇之一。

這種法蘭型式會被焊接到管線上，以一個全滲透、V 形焊接(對焊)的方式焊接到管線，參閱圖 1-51 焊頸法蘭的實體和結構。焊接時，管線和法蘭之間的一個初始根部間隙之間距應為 1/16"到 1/8"。第一個輪緣焊接必須均勻穿透到組合件的內壁，從而確保一個強大的接合。最後輪緣的焊接應建立超過管線的外徑大約 1/16"上。

優先選擇這種型式是作為嚴苛環境的應用，因為它提供了最大的安全因素和疲勞強度。這些特徵使這種法蘭的型式適合於所有的壓力和溫度，作為如此額定的法蘭。焊接不能引起法蘭面的變形。

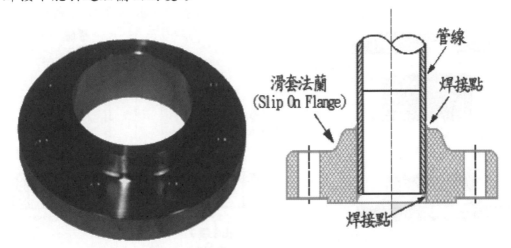

圖 1-52 滑套法蘭的實體和結構

4.2.2 滑套法蘭或帶頸法蘭(Slip-On Flange or Hubbed Flange)

　　滑套法蘭或帶頸法蘭,這種法蘭的型式,如它們的名稱所暗示,具有一個比管線稍大的直徑,以便它可以滑過管線緊密地貼合,參閱圖 1-52。雖然他們比其他大多數法蘭更薄,他們是堅固的、可靠的和具有成本效益的。

　　從滑套法蘭在內部壓力下計算強度是焊頸法蘭 2/3 的等級,且在疲勞測試下它們的壽命大約後者的 1/3。與管線的連接處以 2 圓角焊接來完成,法蘭的內側也與外側一樣。

　　此種法蘭的一個缺點是管線必須被焊接,焊接之後需要重修平面,因此降低了經濟優勢,這種型式法蘭的選擇已經超過焊頸法蘭型式,因為它的低初始成本和被廣泛使用,它在切割管線長度中需要較低的準確度,並且允許螺栓孔的對準和法蘭面成直角較不困難。對歪曲重修平面或焊接飛濺物的傷害可以藉由顯示在這裡結構,在焊接時小心的使用被清除。滑套法蘭唯一標準是 150 lb 和 300 lb 等級,因此不推薦用於 750°F 以上溫度的應用。

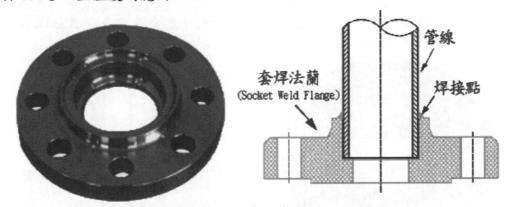

圖 1-53 套焊法蘭的實體及結構圖

4.2.3 套焊法蘭(Socket Weld flanges)

　　套焊法蘭最初開發使用於小尺寸高壓管線。它們的靜態強度等於滑套法蘭的強度,但疲勞強度比雙面焊接的滑套法蘭大 50％。與管線的連接是在法蘭的外側用圓角焊完成。但在焊接之前,空間必須在法蘭或管件和管線之間產生。焊接前組件的接合點,管線或 tube 管應插入管座到最大深度,然後抽出約 1/16" (1.6 mm),遠離管線末端與管座的肩部之間的接觸。套焊底部的間隙目的,通常是為了減少在焊縫根部殘餘的應力,可能發生在焊接金屬的凝固期間。此種法蘭的結構,使用在 4"或更小的尺寸,壓力等級應為 150 lb 及 300 lb。

套焊法蘭與滑套法蘭的差異處是它有容納管線的法蘭座,只焊接管線與法蘭的接觸之處,而滑套法蘭無法蘭座,管線可以直通過法蘭,且必須以圓角焊兩處。

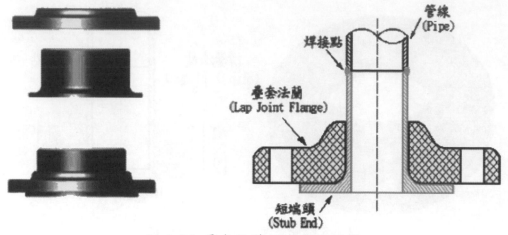

圖 1-54　疊套法蘭的實體和結構

### 4.2.4 疊套法蘭或鬆套法蘭(Lap Joint Flange or Loose Flange)

　　疊套法蘭是由 2 個組件組成的,短端頭(Stub End)及可在短端頭上自由轉動的法蘭,參閱圖 1-54 疊套法蘭的實體及結構圖。此兩種組件可由不同的材質組合,因為只有短端頭焊接在管線上,接觸製程流體,而法蘭沒有接觸製程流體,往往允許採用帶有耐腐蝕管材廉價的碳鋼法蘭,且當使用稀有金屬時,也是有利於縮減費用的應用中。疊套法蘭有一定的特殊優勢,管線的周圍可自由旋轉,有利於使法蘭螺栓孔面對面的排成一列。

　　疊套法蘭都有相同的通用尺寸,但是它沒有一個凸面。壓力保持能力是很少的,假如有的話,比滑套法蘭好,而組件的疲勞壽命只有焊頸法蘭的十分之一。它們可以用在所有的壓力上,並且可採用在一個全尺寸的範圍內。螺栓鎖入的壓力,藉由法蘭搭疊管線背面(短端頭)的壓力被傳遞到密封墊上。

　　這種法蘭連接被應用在低壓和非重要的應用中,並且是法蘭連接中便宜的方法。不銹鋼管的系統中,例如可以適用於碳鋼法蘭,因為它們不與管線中的產品接觸。短端頭可被採用於幾乎所有的管線直徑。尺寸和尺寸之公差定義在 ASME B.16.9 的標準。重量輕,耐腐蝕的短端頭(配件),定義在 MSS SP43。

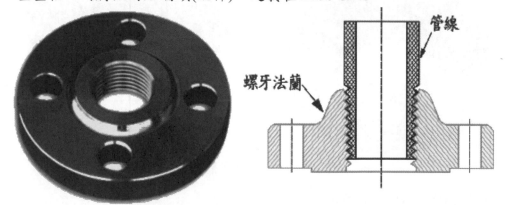

圖 1-55　螺牙法蘭的實體及結構圖

### 4.2.5 螺牙法蘭(Threaded Flange)

　　螺牙法蘭是在法蘭的內緣以機械方式車削成錐形或平行的內螺牙,搭配外螺牙的管線來連接在一起,參閱圖 1-55 螺牙法蘭的實體及結構圖。它主要的優點是在高度易燃的區域直接鎖入管線,不需要危險的焊接。

　　螺牙法蘭或配件不適合帶有薄壁厚的配管系統,因為在配管上切削螺紋是不可能的,因此,必須選擇較厚的管壁厚度,厚度至少等於 ASME B36.10 的 Schdule 80,

且必須是無縫管。螺牙連接通常局限於 150mm (6")或更小的管線尺寸上。

外螺牙與內螺牙連接的壓力密封接頭是在螺牙上形成的。平行-對-平行的連接中,壓力密閉接頭是藉由壓縮一個墊圈(Grommet)或墊片抗衡閥門的末端面形成的。錐形-對-錐形的連接,則以螺牙密封劑或以 PTFE(聚四氟乙烯)螺牙密封帶纏繞管線上,至少纏繞三圈,連接擠壓時,密封帶可深入牙縫內填補空隙。

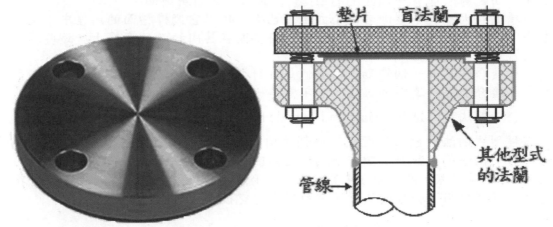

圖 1-56 盲法蘭的實體及結構圖

### 4.2.6 盲法蘭(Blind Flange)

盲法蘭的製造是沒有讓任何流體出入的通道,是用於封堵管線、閥門、壓力容器的開口,參閱圖 1-56 盲法蘭的實體及結構圖。在管線壓力測試時,可利用盲法蘭封閉待試的管線來測試壓力。

從內壓和螺栓負載的觀點考慮,盲法蘭特別是在較大的尺寸,是使用有高應力的法蘭型式。然而,大多數的這些應力集中在靠近中心被彎曲的表面,並且由於沒有標準的內徑,這些法蘭適合於較高的壓力溫度的應用。

### 4.2.7 法蘭面的形式(The Type of Flange Face)

不同型式的法蘭面被用來坐落密封墊片材料的接觸表面。ASME B16.5 和 B16.47 定義法蘭面的各種型式,包括凸面法蘭、平面法蘭、環型接合面法蘭、榫舌和凹槽面法蘭及公母面法蘭,參閱圖 1-57 五種法蘭面的型式及結構。一般最常使用的法蘭面為凸面及平面的法蘭兩種。下面將簡述各種法蘭面型式及特性。

### 4.2.7.1 凸面法蘭(RF,Raised Face Flanges)

凸面是最常用的法蘭面,其密封設計帶有一個平面的墊片,安裝在兩個配對法蘭(兩者具有凸面)凸面之間。凸面有一個規定的紋理,來增加在這個平墊片的夾持和保持力,有些用戶指定需使用纏繞式墊片。所謂的凸面是因為法蘭與墊片的接合,凸起於螺栓圓面的上方 1/16"和 1/4",1/16"使用於 300 lb 的壓力等級,1/4"使用於 400 lb、600 lb、900 lb、1500 lb 和 2500 lb 的壓力等級。

一個凸面法蘭的目的是為了更集中更多的壓力在更小的墊片面積,從而增加接合處的壓力密封性能。直徑和高度是藉由壓力等級定義在 ASME B16.5。法蘭的壓力額定等級決定凸起面的高度。

### 4.2.7.2 平面法蘭(FF,Flat Flanges)

使用平面法蘭的應用是頻繁的,它有一個在同一平面上的墊片表面當作螺栓圓面。壓縮墊圈的扭矩會損壞法蘭本體。它們可以被發現在 150 lb 和 300 lb 的額定等級。其主要用途是與 125#和 250#鑄鐵法蘭進行個別的連接。那些配對的法蘭或法蘭接頭是由鑄件製成。

### 4.2.7.3 環型接合面法蘭(RJF,Ring Joint Facing Flanges)

環型接合法蘭通常使用於 600 lb 和更高的額定壓力等級(5000 lb),及 800°F (427℃) 以上的高溫應用。他們有凹槽使用鋼環墊圈切入他們的平面內。法蘭的密封是當鎖緊螺栓時，將墊圈壓入在法蘭之間進入溝槽，使墊圈變形，使在溝槽內緊密接觸，形成金屬對金屬的密封。

### 4.2.7.4 榫舌和凹槽面法蘭(T&G，Tongue-and-Groove Facing Flanges)

這種法蘭的榫舌和凹槽面必須相互配對。一個法蘭面有一個凸起環(舌)加工到法蘭面，而配對法蘭有一個匹配的凹陷(槽)加工成它的法蘭面。

榫槽面在大型和小型兩者的型式上皆已標準化。它們榫槽面的內徑中不同於公母型式，不會延伸到法蘭的基底，因此保持墊圈在其內和外的直徑上。這些通常發現在泵蓋和閥門閥帽上。

榫槽接合還具有一個優點，即它們是自對準並扮演一個貯槽的黏合劑。楔面接合在管線接合上保持填料的軸線，且不需要一個主要加工操作。

### 4.2.7.5 公母面法蘭(M&F，Male-and-Female Facing Flanges)

這種型式的法蘭也必須匹配。一個法蘭面有延伸超出正常法蘭面凸出(公型)的面積。另一個法蘭或配對法蘭有一個匹配的凹陷(母型)加工成它的面。

凹面是 3/16 英吋深，凸面是 1/4 英吋高，且兩者都是光滑般的磨光。凹面的外徑用來定位和保持墊圈。公母面法蘭通常發現在熱交換器殼體上。

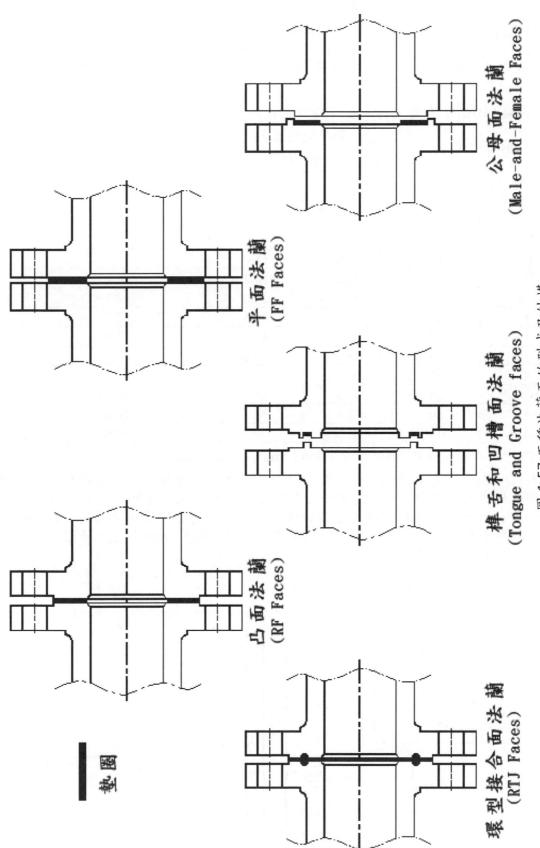

平面法蘭
(FF Faces)

公母面法蘭
(Male-and-Female Faces)

凸面法蘭
(RF Faces)

榫舌和凹槽面法蘭
(Tongue and Groove faces)

墊圈

環型接合面法蘭
(RTJ Faces)

圖 1-57 五種法蘭面的型式及結構

50

4.3 閥門套焊末端連接(Valves Socket Weld End Connections)

套焊是一個管線被插入閥門、配件或法蘭的管座區域，再使用圓角型密封焊接方式將兩個組件焊接在一起。此種焊接形式主要使用於小管徑的管線上，一般用在管線的公稱直徑為 2"或更小，但最高可達到 4"的管線直徑。下表是依據 ANSI 或 ASME B16.11 列出套焊的公稱管線尺寸、套焊通口直徑和套口最小的深度。

它們被使用於輸送易燃、有毒或昂貴材料的管線上，可以允許在管線上不會洩漏，而對於蒸汽的輸送可達到 300 psi 至 600 psi 的壓力。套焊的耐疲勞性比對焊結構低，最常見使用於 Tube 的小管線及組件上，在閥門的應用上僅僅被使用於鋼製閥門。

表 1.5 ANSI B16.11 套焊尺寸、套焊通口直徑和套口最小的深度

| 公稱管線尺寸 | | 套焊通口直徑 (mm) | | 套口最小的深度 (mm) |
|---|---|---|---|---|
| 英吋 (inches) | 公厘 (mm) | 最小 | 最大 | |
| 1/8 | 6 | 10.8 | 11.2 | 9.5 |
| 1/4 | 8 | 14.2 | 14.6 | 9.5 |
| 3/8 | 10 | 17.6 | 18.0 | 9.5 |
| 1/2 | 15 | 21.8 | 22.2 | 9.5 |
| 3/4 | 20 | 27.2 | 27.6 | 12.5 |
| 1 | 25 | 33.9 | 34.3 | 12.5 |
| 1-1/4 | 32 | 42.7 | 43.1 | 12.5 |
| 1-1/2 | 40 | 48.8 | 49.2 | 12.7 |
| 2 | 50 | 61.2 | 61.7 | 16.0 |
| 2-1/2 | 65 | 73.9 | 74.4 | 16.0 |
| 3 | 80 | 89.8 | 90.3 | 16.0 |
| 4 | 100 | 115.2 | 115.7 | 19.0 |

4.4 閥門對焊末端連接(Valves Butt Weld End Connections)

大尺寸或高壓力的閥門，一般都使用對焊的方式來連接管線，連接技術上可達到 4500 LB 或更高等級的壓力，實際上常常在高壓及高溫下使用。2" 以下小管線使用套焊方式，其他則使用對焊來連接管線。為了保證與管線接口的品質，閥門的接口就必須特別要求其剖口的形狀，一般工業用剖口形狀可分為 U 型、V 型、雙 V 型三種，呈現在下列的圖示。

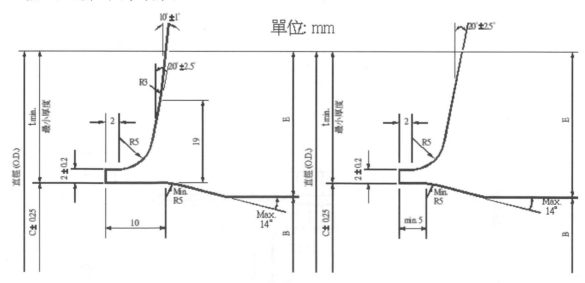

圖 1-58 對焊的 U 型剖口

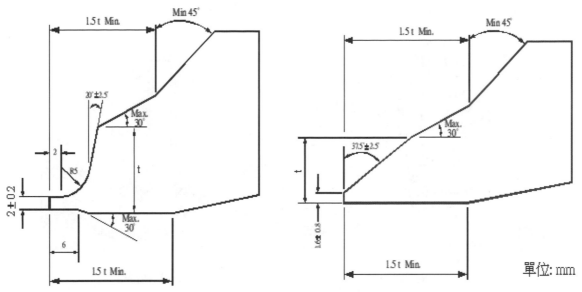

圖 1-59 對焊的 V 型剖口

剖口的型式是根據管壁的厚度來選取，薄管壁使用 V 型剖口即可，厚管壁使用雙 V 型剖口，介於厚及薄管壁之間使用 U 型剖口，但此只是通常的原則，並無強制性，端視 RT 的結果，厚管壁如果使用 V 型剖口，則 RT 較難過關。參閱附錄 3-1 閥門對焊之末端部分，有關雙 V 型剖口的形狀及厚度計算。

單位: mm

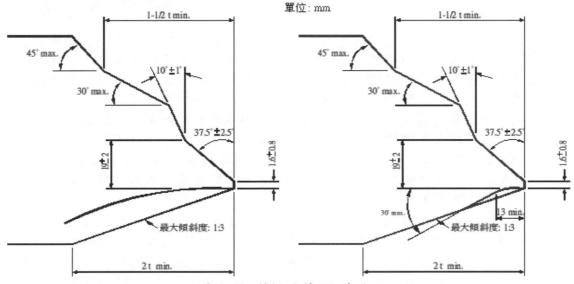

圖 1-60 對焊的雙 V 型剖口

## 5.0 平衡閥與不平衡閥

平衡閥與不平衡閥的差異在於調整構件(Trim)的不同，即平衡閥的調整構件包含閥瓣(或閥塞)、閥籠、閥座及密封件的接液組件，而不平衡閥只有單獨的閥瓣與閥座相配對。

平衡閥上的閥塞必定有流通孔(Disk Vent Holes)，利用這些流通孔使閥門腔室(閥塞上方的空間)壓力與閥塞下游的壓力平衡(相等)，開啟閥門時不需要克服閥門入口與出口之間的壓力差，可以使閥門很輕易的開啟。

平衡閥在關閉狀態下，由於腔室內的壓力與下游的壓力相同，是以必須防止上游流體經由腔室洩漏至下游管線上，在閥套上有密封組件的設計，即閥套密封是由一圈軟金屬材料緊密貼在閥瓣上。洩漏等級的定義是流體由入口至出口之間的洩漏量，洩漏越少等級越高，平衡閥就洩漏方面而言，有兩處需要密封，一是閥瓣與閥套之間的密封，另一是閥瓣與閥座之間的密封，尤其是閥瓣與閥套之間的密封，由於常處在作動的狀態下，密封圈將因頻繁的摩擦而損耗，自然在一段操作期間後就會發生洩漏。所以平衡閥的閥座洩漏等級一般設定為 Class III 級。

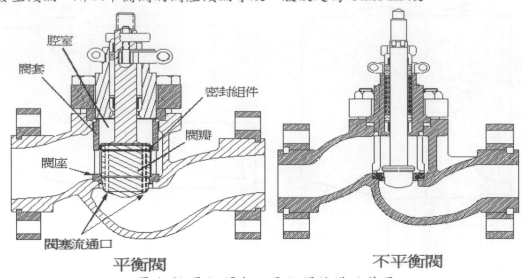

圖 1-61 平衡閥與不平衡閥結構的差異

　　不平衡閥只有閥瓣和閥座的密封，僅在關閉時才會有接觸的機會，其磨損將大大少於平衡閥，其閥座洩漏等級一般為 Class IV 級，閥瓣與閥座接觸面的磨光度及閥座有特殊處理，洩漏等級可達到 Class V 級。參閱圖 1-61 平衡閥與不平衡閥結構的差異。

6.0 閥門的防爆方法

　　電氣設備有時必須安裝在可能存在可燃蒸氣和氣體的區域中。這些通常被稱為"危險場所"。當設備必須安裝在危險場所時，安裝施工有嚴格的要求，包括材料和設計要求。為了防止可燃氣體和蒸氣被電氣設備無意的點火產生爆炸，有三種基本型式防護的概念來防止爆炸，這三種即是爆炸過制、隔離和預防。

爆炸過制：允許爆炸發生，但它被限制在一個明確定義的範圍內，因而將避免傳播到周圍大氣中的唯一方法。防爆箱體是根基於此種的方法。

隔離：試圖以物理隔離或分離電子組件或來自於爆炸性混合物高溫表面的一種方法。此方法包括各種的技術，有安全增防爆、增壓防爆、油入防爆、充填防爆、模注耐壓防爆等。

預防：使用限制能源的方法，包含電氣和熱能兩者，安全能量等級在正常運行時和故障情況下的方法。本質安全防爆是這種方法最有代表性的技術。

　　對於每一種方法，一個或多個特定技術是現在存在的，並轉化成為實用的基本理念，至少有兩個獨立的故障必須發生在同一個地方，並在同一時間，來點燃爆炸。一個電路或系統中的故障是隨後導致另一個電路或系統的故障，是被視為單一故障。當然，也有在考慮故障或某些事件的限制。例如，地震或其他災難性行動的後果可能不被考慮，因為在這些特定的事件期間所引起保護系統故障的損傷，當比較主原因產生的損害時，變得微不足道。

　　首先，裝置的正常運作必須加以考慮。其次，裝置由於故障元件可能發生的機能失效必須是另一個考慮因素。最後，所有這些可能會意外發生的條件，例如短路、開路、接地和連接電纜的錯誤配線，必須被評估。

　　具體保護方法的選擇取決於對危險位置型式的考慮所需要的安全度，有足夠的能量來源和空氣與氣體混合物的危險濃度，以這樣的方式有最低可能同時存在的程度。

　　根據上面三種防爆的概念，再分類成十種防爆的方法，即是耐壓防爆、本質安全防爆、增壓防爆、安全增防爆、油入防爆、粉末充填防爆、模注耐壓防爆、密封防爆、特殊防爆和混合防爆等十種。但與閥門有關的防爆等級只有耐壓防爆和本質安全防爆兩種。下面將敘述這十種方式，而耐壓防爆與本質安全防爆會有詳細說明，並配合圖形來表示。

## 6.1 耐壓防爆 (Explosion-Proof protection)

這種保護方法是一種基於爆炸遏制概念的唯一之一個。在這種情況下,能量源被允許進入與危險空氣或氣體的混合物接觸。因此,爆炸是被允許發生,但它必須留在有限的圍體(箱體)內,建立由內部爆炸產生多餘壓力的抵抗,如此來阻止傳播到周圍的大氣。

支持這種方法的理論是,當箱體內爆炸反應的氣體噴射,通過箱體的熱傳導和擴張,及熱氣在較冷的外部大氣稀釋,而迅速冷卻。假如箱體開口的空隙有足夠小的尺寸,這是唯一可能會發生的。

基本上,防爆箱體需求的特性包括一個堅固的機械構造,在箱蓋和主體結構之間的接觸表面,及在箱體任何其它開口的尺寸,參閱圖 1-62 耐壓防爆的原理和方法。

大的開口是不被允許的,但小的開口在匯合處是不可避免的。箱體被氣密是沒有必要的。密封匯合處是唯一增加保護朝向腐蝕性大氣條件的程度,而不是來消除空隙。特定匯合處型式允許的最大開口,取決於爆炸性混合物和鄰接表面寬度(匯合處長度)的性質。

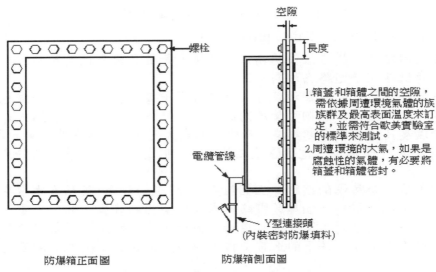

圖 1-62 耐壓防爆的原理和方法

箱體的分類是基於氣體的群組和最高表面溫度,必須比現在它們安裝位置氣體的燃點溫度更低。用於構建防爆外殼的材料一般是金屬。可使用於外殼的塑料或非金屬材料具有小的內部體積(<3 立方分米)。

設計一個防爆箱體,以現行的標準,要安裝箱體必須諮詢認證單位。在北美(美國和加拿大),每個測試實驗室(如 FM,UL,CSA)都有自己的標準,而在歐洲授權實驗室的批准是基於標準 EN50.018。北美的做法是以安全限界測試箱體的原型,而不是要求產品模型來額外的測試。歐洲的實際測試是具有低得多安全限界的箱體原型;然而,實際的產品模型額外測試是必需的。

電纜入口需要一個特別的佈置,包括電纜減量、電纜夾、導管、金屬包覆電纜和密封,並且在某些情況下,這些項目可以表示比箱體本身成本更高。而一個特別潮濕的大氣中,冷凝可能會在箱體內或導管內產生,造成水聚積在箱體內。防爆箱體的安全性是完全基於機械完整性,因此需要定期檢查。箱體的開啟不允許設備在正常運行中進行,這可能使維護和檢查操作變得複雜的。通常情況下,系統製程必須關閉,且檢查只是為了執行日常的維護。防爆箱體是很難移開箱蓋,需要一種特殊工具或有時必須旋開 30～40 顆螺栓。移開箱蓋之後,重新啟動系統之前,確保接頭的完整性是重要的。

這種保護方法是使用最廣泛的之一,並適用於位在危險場所的電氣設備,那裡需要高強度的動力,例如用於馬達、變壓器、燈、開關、電磁閥、驅動器等,以及用於可能產生火花的所有組件。另一方面，實際的問題，例如高維護保養和校準成本，使得使用這種方法比本質安全防爆的成本效益性更低。

耐壓防爆的箱體體通常由鑄鋁、青銅、鑄鐵、焊接鋼或不銹鋼製造的，並有足夠的質量和強度，使易燃氣體或蒸氣穿透箱體和內部電子或電纜線的通道所引起一個著火點，能安全的包容一個爆炸。

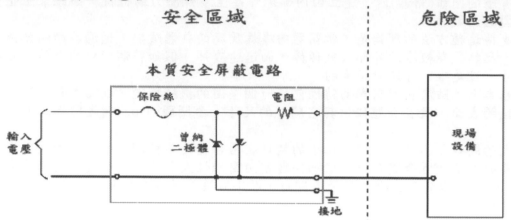

圖 1-63 本質安全防爆屏蔽電路概念圖

## 6.2 本質全安防爆 (Intrinsic Safety protection)

本質安全防爆的保護方法簡稱為本安防爆，是最具代表性的預防概念，並且基於限制能量存儲在電子迴路為原則。

一個本質安全防爆的分類和設計，意味著電子電路和它的電纜佈線也不會造成任何火花或電弧，並且不能夠存儲足夠的能量來點燃一個可燃性氣體或蒸氣，且不能產生表面溫度高到足以引起燃燒。對於一個永久安裝，這種安裝可能包括一個"本質安全屏蔽電路"，那是位於危險區域之外，並限制電源的使用量到位於危險區域的設備。

所有的本質安全防爆的迴路有三個組成部分：現場設備,被稱為本質安全設備，能量限制裝置，也被稱為一個屏蔽電路或本質安全相關裝置，和現場電纜配線。當設計一個本質安全電路時，開始進行現場設備分析。這將決定屏蔽電路的型式，可用於使電路在正常工作條件下的正常工作，但仍然是在故障條件下的安全裝置。

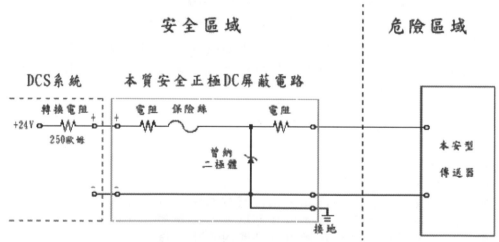

圖 1-64 本質安全防爆正極 DC 屏蔽電路

一個本質安全的裝置(現場設備)被分類為單純的或非單純的設備。單純的裝置是被定義在 ANSI/ ISA-RP12.6-1987 的 3.12 段，當任何設備既不產生也不存儲超過 1.2 伏、0.1 安培、25 毫瓦或 20μJ。實例是單純的接觸，熱電偶、RTD、發光二極體、無感應電位計、以及電阻，這些單純的設備不需要被認證為本質安全。假如它們被連接到一個經認證的本質安全相關聯的裝置(屏蔽電路)，電路被認為是本質安全。

一個非單純的設備可以建立或儲存能量超過上面所列的強度。典型的例子是傳送器、轉換器、電磁閥、和繼電器。當這些設備被認證為本質安全時，根據本質的概念下，它們具有下列本質的參數：Vmax(最大允許的電壓); Imax(最大允許的電流); Ci(內部的電容);和 Li(內部的電感)。

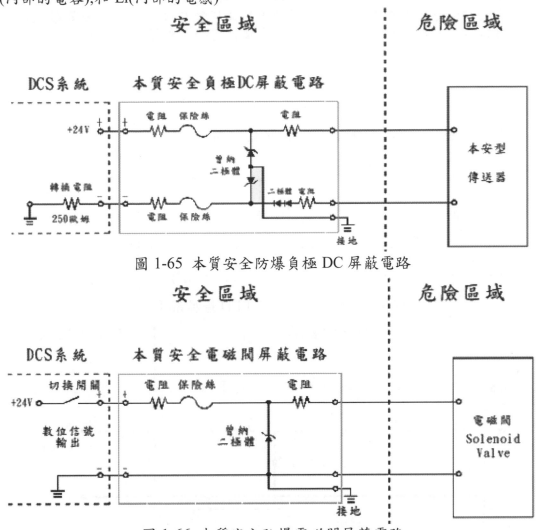

圖 1-65 本質安全防爆負極 DC 屏蔽電路

圖 1-66 本質安全防爆電磁閥屏蔽電路

　　Vmax 和 Imax 的值是明確的。在故障條件下，過電壓或過電流可以被傳輸到本質安全設備(現場設備)。假如電壓或電流超過設備的 Vmax 或 Imax，該設備可以向上繼續加熱或產生火花，並點燃危險區域的氣體。Ci 和 Li 值敘述設備的能力來儲存內部電容和內部電感形式的能量。

　　為了保護在危險區域的本質安全設備，必須安裝一個能量限制設備。這通常被稱為本質安全相關裝置或屏蔽電路。在正常條件下，裝置是被動的，且允許本質安全裝置正常的工作。在故障條件下，它保護了現場電路來防止過量的電壓和電流到達危險區域。本質安全屏蔽的基本電路圖如圖 1-63。

　　本質安全保護的方法作為製程儀錶的應用，需要低電源與低能源。一般情況下，當危險位置的裝置在故障條件下需要小於 30 伏和 100mA，本質安全是最有效的、可靠的和經濟的保護方法。是以本質安全所供應的電源為 DC +24V。

　　本質安全系統允許兩個獨立的故障。這意味著，兩個不同的和不相關的失效可能發生，例如現場佈線的短路及組件的失效，系統將仍然是安全的。

　　與本質安全有關的現場設備包含傳送器、轉換器、電磁閥、繼電器、熱電阻、熱電偶、切換開關(近接開關、極限開關和扭矩開關)、負荷元件、電位計和 LED 燈。與閥門有關現場設備包含傳送器、I/P 轉換器、電磁閥、繼電器、極限開關、扭矩開關和 LED 燈等。

設計一個本質安全屏蔽電路,有三種元件形成一個屏蔽電路來限制電流和電壓。包含電阻器,至少兩個曾納二極體和保險絲。電阻器限制電流到一個特定值,被稱為短路電流 Isc。曾納二極體限制電壓到一個電壓值,稱為開路電壓 Voc。當二極體被貫穿時,保險絲會熔斷。這種中斷電路,從而防止二極體燃燒及允許過量電壓到達危險區域。總是會存在至少兩個並聯的曾納二極體在每個本質安全屏蔽電路上。假如一個二極體出現故障,另一個會工作來提供完全的保護。表 1-6 為計算屏蔽電路相關裝置的限制值。

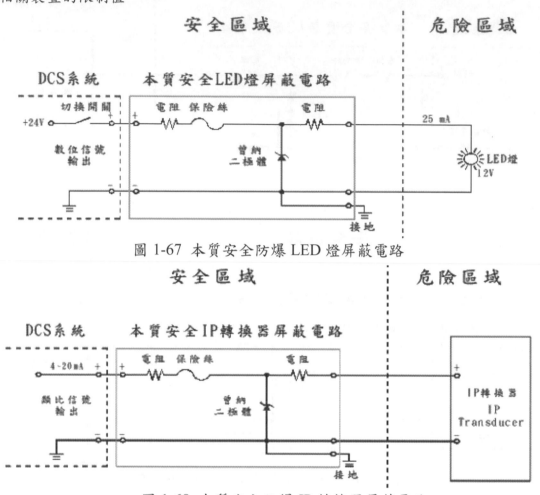

圖 1-67 本質安全防爆 LED 燈屏蔽電路

圖 1-68 本質安全防爆 IP 轉換器屏蔽電路

圖 1-64～1-68 為有關閥門使用到相關設備的本質安全屏蔽電路,電路上的電阻值、曾納二極體、二極體等相關參數值,需經由計算來得到。此處只顯示出屏蔽的電路圖。

表 1-6 屏蔽電路相關聯的限制值

| 電路的參數 | 現場設備屏蔽電路的限制值 |
|---|---|
| 開路電壓 Voc | ≦ Vmax (最大電壓值) |
| 短路電流 Isc | ≦ Imax (最大電流值) |
| 允許的電容 Ca | ≧ Ci (內部電容) |
| 允許的電感 La | ≧ Li (內部電感) |

系統中使用的安全屏蔽電路以單獨接地或分離接地來設計。分離接地的屏蔽電路通常是更大、更昂貴,並且不需要為了安全而單獨接地。單獨接地安全屏蔽電路積較小、較便宜的,但需要一個分流過量能量的接地。接地本質安全系統的主要規則是:接地路徑必須具有小於 1 歐姆的電阻從最遠的屏蔽到主接地電極。接地導體必須至少 12 AWG。

本質安全保護的方法是保護裝置和相關電纜配置在危險地點的唯一方法,包括電纜斷裂、短路或連接電纜意外接地。安裝大大簡化，因為沒有金屬包覆電纜、導管或特殊設備的需要。另外，維護和檢查程序能夠藉由稱職人員執行，縱使電路已供電及工廠已在運行中。

## 6.3 增壓防爆 (pressurization protection)

增壓防爆或稱為內壓防爆，是基於隔離概念的一種保護方法。這種方法不允許危險的空氣和氣體混合物滲入可能產生火花或危險溫度的電氣元件中。利用一種保護氣體--空氣或惰性氣體--帶有壓力略大於外部大氣中的箱體內。

內部的過壓保持恆定，含有或不含有保護性氣體的連續流動。箱體必須有一定程度的緊度；但是，沒有特別的機械要求，因為支撐的壓力不是很高。

為了避免壓力損失，在操作期間保護氣體的供給必須能夠補償，作為密封和人員進入的洩漏，此處是允許的(使用兩個互鎖的門是傳統的解決方法)。

因為它是有可能危險的混合氣體在加壓系統已被關閉後仍保持在箱體內，有必要藉由重新啟動的電氣設備之前，循環供應保護氣體一定的數量，以排出剩餘氣體。

增壓方法是不依賴可燃氣體的分類。相反地，箱體被保持在比外部危險氣體高的壓力下，防止可燃性混合氣體進入電氣元件和熱表面的接觸。

增壓防爆需要安全裝置來觸發警報或關斷電源(壓力感測器、流量計、延遲繼電器等)，且必須是防爆或本質安全的，因為在一般規則下，它們在箱體外側或內側驅逐原存留氣體階段期間或壓力損失期間所接觸的是危險混合物。

使用在大的電氣裝置或控制室的情況下，它的尺寸和高能量等級，使得使用防爆箱體或能量限制方法讓它不實際的原因，內部的增壓保護方法通常是唯一的答案。

增壓防爆的使用對設備的保護是有限制的，不包含易燃混合氣體的來源。對於這種型式的設備，例如氣體分析儀，必須使用連續稀釋技術。這種技術始終保持保護氣體--空氣或惰性氣體--的數量，使得可燃混合氣體的濃度不會超過的氣體存在爆炸下限的 25%。

對於連續稀釋技術的安全裝置是類似於使用增壓的方法，不同的是基於保護氣體流的數量，以警報或電源取代內部壓力。

## 6.4 安全增防爆 (Increased Safety Protection)

這種保護方法是基於預防概念。測量時必須應用到電氣設備，例如為了預防，帶有一種升高安全係數，在正常運作期間，有過溫的可能性，或內部和外部裝置產生電弧或火花的可能性。

安全增的保護方法被開發在德國，在歐洲藉由 CENELEC EN 50.019 標準被認識。這種方法不被採用於美國或加拿大。安全增防爆的技術是適用於 Zone 1 和 2。這種技術可用於接線端接點、電氣連接、燈插座和鼠籠計電動機的保護，且通常是混合使用其他保護的方法。

根據標準，規定結構的方法，必須以這樣的方式在正常運轉期間，製造來獲得升高的安全係數。允許可能發生過載的一種情況下，關於連接器、電纜線、元件、空氣中的距離，及在表面上、絕緣體、機械衝擊和振動抵抗力，箱體的防護程度等結構必須符合非常具體的標準。對那些裝置的組件必須給予特別注意，這可能是對溫度的變化，如馬達繞組是敏感的。

## 6.5 油入防爆 (Oil-Immersion Protection)

根據該保護方法，所有的電子組件被浸沒在任何一種不燃性或低易燃性的油類中，防止外部大氣接觸電氣元件。油類通常也當作一種冷卻劑。

最常見的應用是使用於靜態電氣設備，諸如變壓器，或使用在運動部件，諸如火箭發射機。這種方法不適合作為製程儀器或需要頻繁維護或檢查的裝置。

## 6.6 粉末充填防爆 (Powder-Filling protection)

這種保護方法類似於油入保護的方法，除了以填充粉末狀材料使箱體完全隔離之外，如此箱體內產生的電弧不會造成危險氣體的點燃。

填充保護必須以此種的方式來防止在大容量的箱體中造成有空洞的空間。通常使用的填充材料是石英粉，其顆粒度必須符合標準。

## 6.7 模注耐壓防爆 (Encapsulation Protection)

模注耐壓防爆或稱包封保護防爆的方法，是以隔離這些電氣元件為根基，將可能在火花或加熱的存在下，引起危險混合氣體的燃燒，藉由灌封樹脂對抗特定的環境條件。這種保護方法是不被所有標準認可的。

包封方法保證一種良好的機械保護，並且非常有效的防止與爆炸性混合物接觸。一般而言，它是被使用來保護電路，但不包含運動組件，除非這些零件，(例如簧片繼電器)已經在圍體內部，阻止樹脂的流入。這種技術通常被用來當作對其他保護方法的一種補充。

本質安全防爆需要某些電氣組件必須有足夠的機械保護，以防止意外的短路。在這種情況下，用樹脂灌封是非常有效的。曾納二極體的屏蔽電路，通常被灌封樹脂當作標準的要求。

## 6.8 密封防爆 (Sealing Protection)

密封防爆是利用密封、限制通氣和防塵保護作為防爆的方法。基於隔離的概念，這種技術沒有一個特定的標準，但它們經常被用來當作對其他保護方法的一種補充。

這些技術原理的目的，是要確保一個包有電子組件或熱表面的箱體是有足夠緊密，用來限制氣體或易燃蒸氣的進入，如此累積的氣體或蒸氣在一段期間比一個相對於假定外部大氣中危險混合氣體存在還長。

因此，該箱體必須具有一定程度的保護(密封保護指數 IP 65 或 NEMA 4 抗拒固體物質和水的輸入)，對預期使用需求箱體的型式不是次等的。

與採用一個帶有緊密密封防爆箱體的混淆不是重要的。通常防爆箱體，由於其性質，也是緊密的，但一個緊密的密封箱體，即使具有非常高的保護指數，也不是防爆的。

## 6.9 特殊防爆 (Special Protection)

起源於德國和在英國標準化，這種保護方法是不屬於任何 CENELEC 和 IEC 標準，不被北美認可。它的開發是為了允許未根據任何現有的保護方法開發的裝置認證，但對一個特定的危險場所可以被認為是安全。這種位置必須經過適當的測試或一個設計的詳細分析。

## 6.10 混合保護防爆 (Mixed Protection)

製程儀器領域中，使用幾種保護方法應用到相同的裝置是一種常見的做法。例如，對於本質安全輸入的電路可被安裝在增壓保護或防爆箱體中或以模注包封電子元件的方法。

一般而言，假如每個保護方法適當的使用，並符合相應的標準，這種混合系統不存在安裝困難。

## 7.0 閥門接線箱的密封等級

接線箱的密封等級可分為歐洲的 IP 法規及美國的 NEMA 法規，兩者皆規範接線箱體的密封要求。圖 1-69 為歐規 IP 接線箱保護指數的分類，表 1-7 為美規 NEMA 的密封等級，比較歐規 IP 及美規 NEMA 的密封法規，得出表 1-8 此兩種法規相對應的等級。

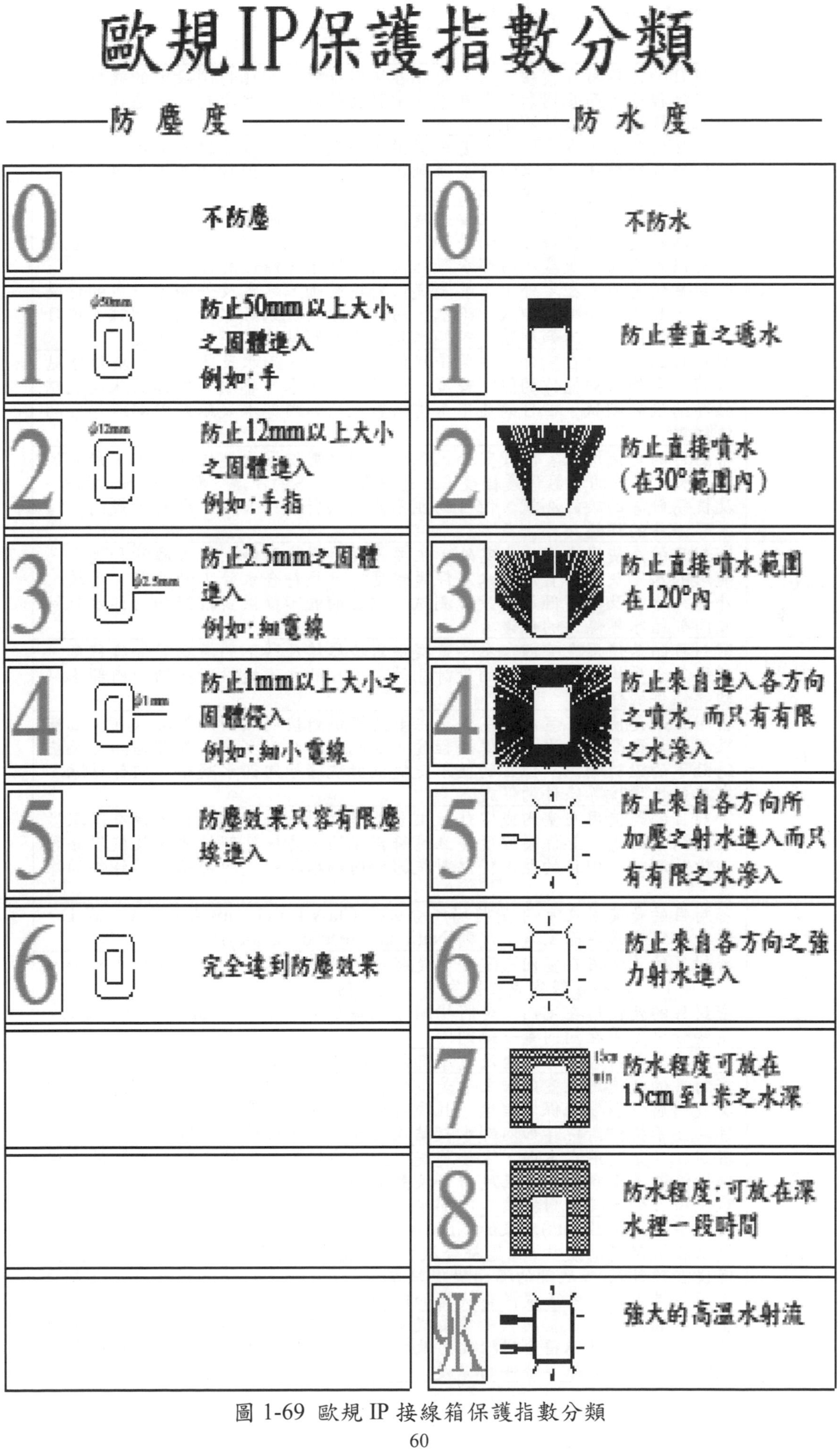

# 歐規IP保護指數分類

## ──防塵度──

| | | |
|---|---|---|
| 0 | | 不防塵 |
| 1 | φ50mm | 防止50mm以上大小之固體進入 例如:手 |
| 2 | φ12mm | 防止12mm以上大小之固體進入 例如:手指 |
| 3 | φ2.5mm | 防止2.5mm之固體進入 例如:細電線 |
| 4 | φ1mm | 防止1mm以上大小之固體侵入 例如:細小電線 |
| 5 | | 防塵效果只容有限塵埃進入 |
| 6 | | 完全達到防塵效果 |

## ──防水度──

| | | |
|---|---|---|
| 0 | | 不防水 |
| 1 | | 防止垂直之滴水 |
| 2 | | 防止直接噴水 (在30°範圍內) |
| 3 | | 防止直接噴水範圍在120°內 |
| 4 | | 防止來自進入各方向之噴水,而只有有限之水滲入 |
| 5 | | 防止來自各方向所加壓之射水進入而只有有限之水滲入 |
| 6 | | 防止來自各方向之強力射水進入 |
| 7 | 15cm min | 防水程度可放在15cm至1米之水深 |
| 8 | | 防水程度:可放在深水裡一段時間 |
| 9K | | 強大的高溫水射流 |

圖 1-69 歐規 IP 接線箱保護指數分類

60

表 1-7 美國 NEMA 接線箱密封法規

| NEMA | 法規定義 |
|---|---|
| 1 | 密封目的是使用在室內，主要是在各場所提供一個已封閉設備的接觸狀態之保護程度，而此場所不存在不尋常服務的條件。此密封條件應符合細桿伸入及抗銹蝕的設計測試。 |
| 2 | 密封目的是使用在室內，主要是提供有限數量水及塵埃進入的保護程度，且應符合細桿伸入，水滴及抗銹蝕等的設計測試。但目的並不提供對抗諸如灰塵或內部水凝結等條件的保護。 |
| 3 | 密封目的是使用在室外，主要是提供對抗風沙、雨水、冰雹及外部冰形成的保護程度，且應符合下雨外部結冰和抗銹蝕等的設計測試。但目的並不是提供對抗諸如灰塵，內部水凝結或內部結冰等條件的保護。 |
| 3R | 密封目的是使用在室外，主要是提供對抗落雨、冰雹及外部冰形成的保護程度，且應符合細桿伸入、雨水、內部結冰及抗銹蝕等的設計測試。但目的並不提供對抗諸如塵埃，內部水凝結或內部結冰等條件的保護。 |
| 3S | 密封目的是使用在室外，主要是提供對抗風沙、雨水及冰雹，並提供當結冰時，室外機械操作的保護程度，且應符合雨水、塵埃、外部結冰及抗銹蝕等的設計測試。但目的並不是提供對抗諸如內部水凝結或內部冰等條的件保護。 |
| 4 | 密封目的是使用在室內或室外，主要是提供對抗風吹塵埃和雨水、飛濺的水、水管直沖的水等保護程度，且應符合水管下的沖灑、塵埃、外部結冰、及抗銹蝕等的設計測試。但目的並不是提供對抗諸如內部水凝結或內部結冰等條件的保護。 |
| 4X | 密封目的是使用在室內或室外，主要是提供對抗腐蝕、風吹塵沙和雨水、飛濺的水、及水管直沖的水等保護程度，且應符合水管下的沖灑、塵埃、外部結冰、及抗腐蝕等的設計測試。但目的並不提供對抗諸如內部水凝結或內部結冰等條件的保護。 |
| 5 | 密封目的是使用在室內，主要是提供對抗塵埃及落下的污物等保護程度，且應符合塵埃及抗銹蝕等的設計測試。但目的並不提供對抗諸如內部水凝結等條件的保護。 |
| 6 | 密封目的是使用在室內或室外，主要是提供對抗偶然而短暫沉入在一個有限深度之期間水的進入等保護程度，且應符合沉入水中、外部結冰、及抗銹蝕等的設計測試。但目的並不是提供對抗諸如內部水凝結、內部結冰、或腐蝕性環境等條件的保護。 |
| 6P | 密封目的是使用在室內或室外，主要是提供對抗長期沉入在一個有限深度之期間水的進入等保護程度，且應符合風的壓力、外部結冰、及抗腐蝕等的設計測試。但目的並不提供對抗諸如內部水凝結或內部結冰等條件的保護。 |
| 7 | 密封目的是使用在室內,是將場所分級為 Class I，Groups A、B、C、或 D，這些分級定義在國家電子規則(National Electrical Code)內。 |
| 8 | 密封目的是使用在室內或室外，是將場所分級為 Class I，Groups A、 B、C、或 D，這些分級定義在國家電子規則內。 |
| 9 | 密封目的是使用在室內，是將場所分級為 Class II，Groups E、F、或 G，這些分級定義在國內電子規則內。 |
| 10 | 密封應能夠符合採礦安全及健康部門 30 C.F.R., Part 18 (1978)的要求。 |
| 11 | 密封目的是使用在室內，主要是提供在沉浸入油中的密封設備，對抗液體及氣體腐蝕影響的保護程度，且應符合水滴入和抗腐蝕等的設計測試。但目的並不提供對抗諸如內部水凝結或內部結冰等條件的保護。 |
| 12 | 密封目的是使用在室內，主要是提供對抗塵埃、落下的污物、滴落的非腐蝕性液體等保護程度，且應符合液體的滴落、塵埃、及抗銹蝕等的設計測試。但目的不提供對抗諸如內部水凝結等條件的保護。 |
| 12K | 具有敲擊(Knockouts)現象的 NEMA 12K 密封，目的是使用在室內，主要是提供在敲擊時的差異，且應符合液體的滴落、塵埃及抗銹蝕等的設計測試。僅僅在頂部及/或底部的牆面提供敲擊。安裝之後，敲擊區域應符合上表的環境特性。但目的不提供對抗諸如內部水凝結等條件的保護。 |
| 13 | 密封目的是使用在室內，主要是提供對抗塵埃、噴灑的水、油、及非腐蝕性的冷卻劑，且應符合排除油污及抗銹蝕等的設計測試。但目的不提供對抗諸如內部水凝結等條件的保護。 |

NEMA 7~10 屬於防爆方面的規範，較少使用這些法規，建議以第 6 節的方法來規範防爆的需求。

表 1-8 IP 對應 NEMA 的密封等級

| 歐洲 IP 法規密封等級 | 滿足 IP 法規最低 NEMA 額定密封等級 |
|---|---|
| IP 21 | NEMA 1 |
| IP 54 | NEMA 3 |
| IP 55 | NEMA 12 |
| IP 65 | NEMA 4 |
| IP 66 | NEMA 4X |
| IP 67 | NEMA 6 |
| IP 69 | NEMA 6P |

8.0 閥門閥座的洩漏等級

閥門閥座的洩漏等級是依據美國國家標準 ANSI/FCI 70-2-1991 或依據 ANSI B16.104-1976 測試程序來定義控制閥閥座的洩漏，此處的控制閥泛指由信號或機械式來控制的各式各樣閥門，非只指單獨的直動式作動的控制閥，所以從迴轉式作動的閥門到彈簧式作動的閥門皆包含在內。

表 1-9 為 ANSI B16.104-1976 測試洩漏的程序。表 1-10 為 Class VI 級閥座允許的洩漏率。

表 1-9 為 ANSI B16.104-1976 測試洩漏的程序

| 洩漏等級符號表示 | 最大允許洩漏量 | 測試介質 | 測試壓力 | 作為建立等級需要的測試程序 |
|---|---|---|---|---|
| I | --- | --- | --- | 不需要提供測試給使用者和供應商來同意。 |
| II | 0.5%的額定容量 | 在 50 到 125 ℉ (10 至 52℃) 的水或空氣 | 45 到 60 psi (3.1 至 4.1 bar)或最大操作差壓，取其最低者 | 壓力作用在閥門的入口，出口開口到大氣或連接到一個低壓損耗的測量裝置，由驅動器提供正常的全關推力。 |
| III | 0.1%的額定容量 | 同上 | 同上 | 同上 |
| IV | 0.01%的額定容量 | 同上 | 同上 | 同上 |
| V | 0.0005% ml /分鐘的水 / inch (mm)通口直徑/ psi (bar)差壓 | 在 50 到 125 ℉ (10 至 52℃)的水 | 通過閥塞的最大工作壓力降，不超過 ANSI 閥體額定值。[100 psi (6.9 bar)最小壓力降] | 水充滿閥體全部空腔及連接的管線之後，壓力作用在閥門的入口，沖程閥塞關閉。使用淨額定最大驅動器推力，但不需更大推力，甚至假使在測試期間被採用。允許洩漏流到穩定器的時間。 |
| VI | 不超過顯示於下表的數量，依據通口(孔口)直徑為基礎 | 在 50 到 125 ℉ (10 至 52℃) 的空氣或氮氣 | 50 psig (3.4 bar)或通過閥塞最大的額定差壓，取其最低者。 | 驅動器應被調整到操作狀態，以正常規定的全關推力作用到閥塞座上。允許洩漏流到穩定的時間，及使用適合的測量裝置。 |

註：

1. 壓力作用在閥門的入口，出口開口到大氣或連接到一個低壓損耗的測量裝置，由驅動器提供正常的全關推力。

2. 水充滿閥體全部空腔及連接的管線之後，壓力作用在閥門的入口，沖程閥塞關閉。使用淨額定最大驅動器推力，但不需更大推力，甚至假使在測試期間被採用。允許洩漏流到穩定器的時間。

3. 驅動器應被調整到操作狀態，以正常規定的全關推力作用到閥塞座上。允許洩漏流到穩定的時間，及使用適合的測量裝置。

表 1-10 為第六級閥座允許的洩漏率

| 公稱的通口直徑 | | 洩漏率 | |
|---|---|---|---|
| 英吋 | mm | 每分鐘 ml | 每分鐘氣泡數 [1] |
| 1 | 25 | 0.15 | 1 |
| 1-1/2 | 38 | 0.30 | 2 |
| 2 | 51 | 0.45 | 3 |
| 2-1/2 | 64 | 0.60 | 4 |
| 3 | 76 | 0.90 | 6 |
| 4 | 102 | 1.70 | 11 |
| 6 | 152 | 4.00 | 27 |
| 8 | 203 | 6.75 | 45 |
| 1. 如表列出的每分鐘氣泡數是一個很容易測量，建議選擇是根據一個適當已校正的測量裝置，譬如一根 1/4" 外徑 x 0.032" 壁厚的導壓管沈入到 1/8" 至 1/4" 深度的水中。導壓管的終端應被切成正方形，平滑無槽或無黏附物，且導壓管管軸應垂直到水的表面。其他的儀器可能被建造，每分鐘的氣泡數目可能從上表改變，只要時間夠長，他們可以正確的指示出每分鐘 ml 的流量。 | | | |

# 第二章 閥門的專門用語

準確度(Accuracy)：儀器或設備本身的系統性誤差與實際值的差異。

愛克姆螺牙(Acme)：Acme 螺牙是一種方形螺牙修改後的形式，且有容易被切割的優點，更堅固並更容易鬆脫。它被用來傳送動力，使用在多轉式閥桿上升型閥門和水閘中佔主導地位的螺牙。在閥門閥桿和驅動器驅動螺帽之間的接觸主要是滑動，造成相對低的效率，且磨損率比例於使用時間的長短。Acme 螺牙在退後傳動的模式中是自動閉鎖的。通常閥桿是鋼製品，而驅動器的驅動螺帽正常為青銅材料。螺牙側面之間的角度，測量軸向平面通常是 29 度。Acme 螺牙詳述在 ANSI B-5-1977。

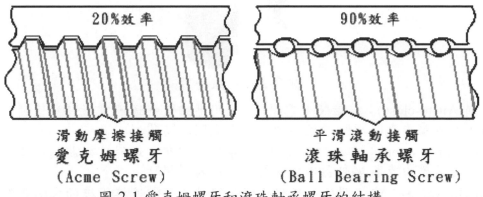

圖 2-1 愛克姆螺牙和滾珠軸承螺牙的結構

愛克姆螺牙的閥桿因數(Acme Stem Factor)：一個愛克姆螺牙專有閥桿的推力-對-扭矩之轉換因數。愛克姆螺牙閥桿因數利用閥桿外徑、閥桿節距、閥桿導程和摩擦係數來計算。

扭矩 ＝ 推力 x (k) 愛克姆螺牙閥桿因數　　　　　　　(方程式 2-1)

驅動器(Actuator)：驅動器是一種控制閥門的流體動力(液壓油或壓縮空氣)或電力裝置，對一個閥門的關斷構件提供力量和移動。驅動器的原動力可以是電氣的、壓縮空氣的、彈簧、手動、或是一個綜合體。閥門全部的行程或移動，被位置、扭矩、推力及這些限制開關的組合裝置所限定。

驅動器有效面積(Actuator Effective Area)：活塞、伸縮囊、或膜片的淨面積，藉著流體的壓力作用到產生驅動器輸出的推力。依據驅動器的設計，隨著相對衝程的位置而改變。

驅動器環境(Actuator Environment)：包含大氣環繞的溫度、壓力、濕度、放射能和腐蝕，另外，通過配管傳導到驅動器的機械和地震的振動，或從閥門閥體朝向驅動器的熱輻射。

驅動器桿(Actuator Stem)：驅動器內將推力轉換成扭力或直接接受膜片推力的構件，利用連結機構與閥門的閥桿連接，控制閥門的開啟與關閉。

黏著磨損(Adhesive Wear)：又稱為表面磨損(Galling)，在兩個零件表面凹凸不平之間發生摩擦熱和接觸壓力，引起局部熔接，而零件之間的相對運動，引起重複的熔接和局部區域的破裂，依次引起零件之間材料的轉移，進而造成表面粗糙的機械作用之結果。

老化(Aging)：材料性質在暴露一種環境並經由一定時間的間隔，產生不可逆的變化。

空氣儲存器(Air Receiver)：一個容器，內部在壓力下儲存著氣體，作為一個壓縮空氣流體動力的來源。

空氣組合器(Air Set)：一個裝置，被用來控制供應空氣壓力到閥門的驅動器和它的輔助設備，包含空氣調節器(Air Regulator)及壓力錶二種設備或是包含空氣調節器、壓力錶和空氣過濾器(Air Filter)三種設備。

圖 2-2 空氣組合器

進氣關閉(Air-to-close)：電磁閥受電開啟，儀用壓縮空氣通過電磁閥到達閥門的驅動器，空氣壓力克服驅動器內的彈簧，造成閥門關閉。

進氣開啟(Air-to-open)：電磁閥受電開啟，儀用壓縮空氣通過電磁閥到達閥門的驅動器，空氣壓力克服驅動器內的彈簧，造成閥門開啟。

角閥(Angle Valve)：球體閥的一種變化體，閥體的兩個連接管線的末端是互相成為直角。

退火(Annealing)：在材料上利用從一個熱狀態下控制冷卻，來防止或移除不受歡迎應力的過程。

美國國家標準協會(ANSI)：American National Standards Institute 的縮寫。

抗孔蝕作用調整構件(Anti-cavitation Trim)：一個閥塞和閥座環或閥塞和閥籠的組合，依據其形狀允許無孔蝕作用的操作或減低產生孔蝕作用的傾向，因此對閥門的零件及下游水流的配管，將損傷減至最低。

抗噪音調整構件(Anti-noise Trim)：一個閥塞或閥塞和閥籠的組合，依據其形狀降低流體通過閥門所產生的噪音。

美國石油協會(API)：API 是 American Petroleum Institute 的縮寫。

美國機械工程師協會(ASME)：ASME 是 American Society of Mechanical Engineers 的縮寫。

美國測試和材料協會(ASTM)：American Society for Testing and Materials 的縮寫。

附屬設備(Attached Equipment)：需要被安置在閥門或驅動器上的輔助設備。

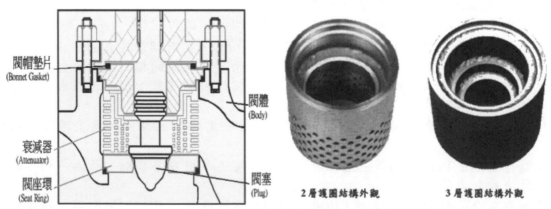

圖 2-3 衰減器(Attenuator)
(圖面資料取自於 Valtek 公司)

衰減器(Attenuator)：閥門內部的一個零組件，位於閥門內的開口處，包圍著閥桿及閥塞的圓形結構，具有 2 層到 7 層穿孔的渠道牆，每道牆將流動的氣體分散成許多道微小的流體，各層渠道牆的孔洞交互相錯，形成彎曲的流道，降低流速從而減少氣體的噪音。

回流功能(Backflow Function)：控制閥組件儀用空氣過濾器內部通道的一個分支通道，位於過濾器的出口處，其結構類似止回閥的功能，當正常供氣時，此分支通道關閉，當供氣來源斷氣時，此通道因過濾器出口壓力大於入口壓力而開啟，是為了能將儀用空氣快速從此處排放，以符合閥門安全失效的功能。

閥後座(Back Seat)：在閥帽區域的一個座面，與關斷構件或在末端開位置的閥桿配對，來提供閥桿密封的壓力隔離。

背壓(Back Pressure)：閥門閥座逆流側的壓力或閥門下游側的壓力。

平衡式調整構件(Balanced Trim)：一個流通口和閥塞的搭配，或是閥塞、閥籠、密封件和流通口的組合，傾向於使閥塞上下側壓力相等，使作用在沿著球體閥閥桿軸的淨靜態和動態流體流動力量減至最小。

平衡閥(Balance Valve)：閥門調整構件(Trim)具有閥塞(或閥瓣)、閥籠、閥套及閥座環等的零件，利用閥塞上的流通孔使閥門下游的壓力與閥套內的壓力相等。當閥門開啟時，不需要克服閥門入口與出口之間的壓力差，只需要克服填封墊(Packing)的摩擦力。

閥球(Ball)：閥門內的一個圓形組件，利用圓表面的部分或一個內部的路徑，以迴轉移動來改變流體的流動速率。

滾珠螺桿(Ball Screw)：滾珠螺桿是一種強力推動和轉移運動的裝置，屬於一種動力傳送螺桿的族群。滾珠螺桿組合體以軸承滾珠的滾動，取代傳統愛克姆螺牙閥桿的滑動摩擦。軸承滾珠在螺牙和螺母中，利用螺旋凹槽形成的硬化鋼軌道來回循環。在螺牙和螺母之間全部來反應負荷，藉由軸承滾珠來攜帶，這些滾珠的成員之間為提供唯一的接觸。當螺牙和螺母彼此相互的轉動，軸承滾珠從一端轉向，利用滾珠導引回歸管運送到滾珠環路的反向端。這個再循環允許與螺母有關的螺牙，無限制的移動。

圖 2-4 滾珠螺桿
(圖面取自於 En Kon System inc.公司)

**滾珠螺桿的優點**

- 高效率，近乎 90%
- 更小的電動馬達驅動器
- 預期的長平均壽命
- 高可靠性

• 位置可重複性

**退後傳動**

一個滾珠螺桿組合體是可忽視螺牙導程，且無自動器閉鎖的功能。EIM 閥門驅動器被設計具有不可逆自動閉鎖渦輪的驅動，來防止閥門的移動。

**90%效率的設計優點**

滾珠軸承螺桿因滾珠軸承的滾動接觸，與相對一個傳統愛克姆螺牙無效率的滑動摩擦來比較，造成高機械效率的結果。

球閥(Ball Valve)：一個閥門具有可轉動移動的關斷構件，能夠變更流體流動率，是一個具有一個內部通道的球體，或一個球狀表面的弧段。

軸承(Bearings)：在兩個表面之間允許平滑低摩擦旋轉或直線移動。軸承使用一個滑行或滾轉的動作。提供潤滑目的是保持軸承表面，利用一層油膜來分隔。

圖 2-5 Belleville 彈簧

Belleville 彈簧：具有小彈簧撓曲成一個大彈力為特徵。自從巴黎 Julien F. Belleville 發明以來已經超過一個世紀，在"Belleville"閥瓣彈簧上，得到公認的法國專利。Belleville 名稱仍然被公認和保留，指出這種特殊型式的彈簧。通常被使用另一種敘述的專門名詞是"錐形彈簧"，因為 Belleville 彈簧很像一個圓錐形。科學上的表示，它可以被稱為一個截去圓錐體頂端的外殼。當然，無論使用任何名稱，不影響這獨一無二的特性和 Belleville 彈簧的優點。被使用作為一個線性回歸力的特性。長的壽命是由於高品質材料及使用它們在額定範圍內良好的超尺寸彈簧。全部的彈簧，為了避免在它們工作壽命期間的一個遲緩的調節，是逐個預設的。

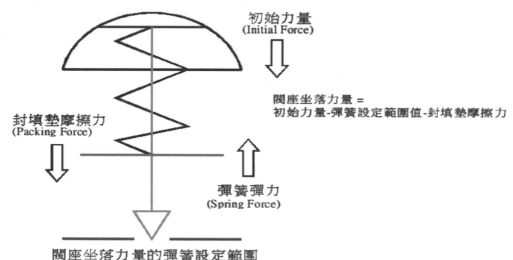

閥座坐落力量的彈簧設定範圍

圖 2-6 閥門彈簧設定範圍(Bench Set)

伸縮囊閥桿密封件(Bellows Stem Seal)：一個薄的隔間壁，盤旋狀的、可伸縮的構件，在閥桿和閥帽或閥體之間形成一個密封，允許閥桿移動而維持一個正向密封。

伸縮囊型式(Bellows Type)：一個流體的密封裝置，在此處流體作用在一個柔韌旋繞形的構件上，即伸縮囊，來提供線性移動到驅動器桿。

彈簧設定範圍(Bench Set)：彈簧設定範圍是一個彈簧原始壓縮量的高與低數值的範圍，位在驅動器的彈簧上，帶有一個彈簧調整器。對於進氣開啟的閥門而言，彈簧設定的下限決定可採用閥座負載力的數值和所需的壓力來開始閥門開啟的行程。對於進氣關閉的閥門而言，彈簧設定範圍的下限，決定了閥門開始關閉所需壓力數值。閥座坐落力是由施加的壓力減去彈簧設定範圍值，再減去由於行程產生的彈簧壓縮力。彈簧設定範圍也用來計算應用中流體製程所需的壓力。

雙金屬片(Bimetal Strip)：溫度調整或指示的裝置，工作原理為具有不相等膨脹率的兩個不同金屬焊接在一起，將因為溫度變化而彎曲。彎曲的構件有一個電接觸組合，閉合或斷開一個控制迴路。

閥體(Body)：閥門的組件，是壓力的主要界限，閥體也提供管線連接末端，流體通過的路徑，及能夠支撐閥座面和閥門的關斷構件。

螺栓(Bolt)：螺栓是一個有頭狀物和表面上有螺紋的機械零件，從一個鎖、桿或線材製成，設計作為通過孔洞插入裝配組件，與一個螺帽配對，通常目的是藉由扭轉螺帽來旋緊或放鬆。

閥帽(Bonnet)：閥門維持壓力界限的一部分，其能夠導引閥桿、容納封填墊盒(Packing Box)及閥桿的密封，對閥體的腔室也提供原則性的開口，作為內部組件的組合，是閥體的一個整體部分，它也提供驅動器對閥體的連結。

閥帽螺栓拴住(Bonnet Bolting)：固定閥帽到閥體的一種方法，包含帶有螺帽的大螺釘，作為法蘭式閥帽的連接，大螺釘以螺紋旋入閥體內閥帽的頸部，或以螺栓穿過閥帽法蘭。

閥帽凸緣(Bonnet Flange)：一個零件，接近一個閥體的開口相對於閥帽的開口，包含一個導引軸襯和/或伺服機構來允許閥門的反轉動作。在三通道閥門中提供較低流體的連接和閥座。

閥帽墊片(Bonnet Gasket)：一個可變形的密封元件，配對在閥體的表面和閥帽之間，經由壓縮力或經由閥體內流體壓力供給的能量而變形。

閥帽型式(Bonnet Type)：典型的閥帽是用螺栓拴住、螺紋旋緊、或使用焊接方式連接、與閥體形成一體的。

上升現象(Boost)：彈簧負載式減壓閥的壓力，在設定點位置隨著流體流動率的增加而增加，當達到最高點之後即降至設定點位置，此段上升的效應，稱之為上升現象，請參閱圖 2-8 說明。

建成背壓(Build-up Back Pressure)：安全閥在管線上排放出額外的壓力時，產生在出口側的壓力。

軸襯(Bushing)：一個固定的零件，支撐著和/或控制著關斷構件，即閥門閥桿和/或驅動器桿。軸襯在這些部件上支撐著無軸的負荷，且承受多個零件的相對移動。

蝶閥(Butterfly Valve)：一個具有弧形閥體的閥門和一個旋轉移動閥瓣的關斷構件，由它的閥桿支撐繞著樞軸旋轉，利用樞軸轉動，大約在它的垂直中心線轉動 1/4 轉來開啟或關閉的閥門。

對焊(Butt Weld)：連接閥門和管線的一種方式，管線和閥門兩相結合之前，即未焊接前通常呈現類似 V 形的缺口，利用焊料高溫填滿此缺口即可連接閥門和管線。

閥籠(Cage)：在球體閥內圍繞著關斷構件的一個零件，提供對準成一直線和幫助閥門調整構件其他零件的組合。閥籠對球體閥也提供流動特性和/或一個閥座面，及作為某些阻塞閥門的流動特性。

閥籠導桿(Cage Guide)：一種閥塞，緊密的套入閥籠內徑，來使閥塞與閥座成一直線。

容量(Capacity)：在規定的測試條件下，通過一個閥門的流動率。

孔蝕作用(Cavitation)：液體流動的一種 2 個階段的現象，第一階段是在液體系統內形成氣體的空泡或空腔；第二階段空泡瓦解或向內破裂，回復進入一個全液體的狀態。

孔蝕作用的損傷(Cavitation Damage)：當汽泡在壓力回復的期間向內破裂，產生的衝擊波所引起固體界面的損傷。

止回閥(Check Valve)：一個流體單向流動的閥門，藉由流體限制一個方向的開啟，當流體停止流動或逆向時，自動的關閉。

額定等級(Class Rating)：依據 ASME B16.34，分類閥門的法蘭連接、螺紋連接及焊接等壓力-溫度之額定值，是最廣泛使用於連接兩設備的標準之一，涵蓋 Class 150，300，400，600，900，1500，2500，和 4500 的連接等級。

間隙流(Clearance Flow)：流體在閥塞和閥籠之間的間隙流動，是由於閥籠的開口處或閥座表面因摩擦或流體浸蝕造成無法緊密的關斷，產生的流體細微的流動。

關斷構件(Closure Member)：一個閥門可移動的零件，被定位在流通的路徑上，來改變通過閥門的流動速率。

膨脹係數(Coefficient of Expansion)：尺寸上由於溫度的變化而改變，以 $in^2/°C$ 或 °F 來表示。

摩擦係數(Coefficient of Friction)：橫向切力之比，在兩個表面之間需要開始或維持均勻的相對運動，垂直力量在接觸點上控制著兩個接觸表面。

常溫流動(Cold Flow)：PTFE 材料因為壓力的負荷，在常溫時造成材料類似液體般的流動或是蠕變，而無法恢復其原狀。

螺線頸環半徑(Collar Radius)：動力螺絲上的螺線，表面互相摩擦，可承受負荷的半徑。

共同通口(Common Port)：一個三通道閥門的通口，連接其他兩個流動路徑。

壓縮性(Compressibility)：一個流體的單位量，當遭受到一個壓力的單位變化，容易產生體積上的變化。

連續運行(Continuous Duty)：馬達在一個不確定長的時間，負荷實質上不會變化的運行。

控制器(Controller)：一種設備或設備組，以某些預定的方式來提供電力管理(電壓或安培)，傳遞到連接的機構。同樣地，使用電或壓縮空氣設備來控制製程實際的壓力、溫度或液位。比較測量變數對實際狀態的一組設定點，然後送出一個儀器信號到控制閥，修正不平衡的狀態。

控制閥(Control Valve)：一個動力驅動的裝置，在一個製程控制系統中，能調整流體流動的速率，包含連接到一個驅動器機械裝置的閥門，在閥門上能夠改變一個流動控制元件的位置，回應從控制系統中的一個信號。

控制閥增益(Control Valve Gain)：流動率的變化作為閥門行程變化的一個函數，它是安裝或先天性閥門流動特性曲線的斜率，且必須是被指定當作安裝的流動特性曲線或先天性的流動特性曲線。

控制閥側部安裝(Control Valve Side-Mounted)：鐘形曲柄槓桿型式，安裝在控制閥閥軛外側，它們能夠提供一個限制，即在一個閥門閥桿的範圍，只能行進在任一個方向，但不能行進在兩個方向。

控制閥頂部安裝(Control Valve Top Mounted)：控制閥手輪安裝方式。手輪是安裝在閥門驅動器箱的頂部，這個手輪的型式沒有一個離合器，而通常被用來限制閥門閥桿僅能在一個方向移動。

腐蝕(Corrosion)：腐蝕是一種金屬藉由直接的化學侵蝕或電流(電化學)反應，漸漸消失或改變。

開裂負荷(Cracking Load)：閥瓣脫開閥座的負荷，必須克服靜摩擦及閥瓣與閥座殘餘的密封負荷，也稱為楔離負荷。

蠕變(Creep)：一個材料在一個常數的應力連續地變形不如維持一個常數的應變，即應力對應變不是成比例的增加，應變隨著時間緩慢的增加。

臨界流(Critical Flow)：氣體通過一個節流口時，在節流口下游的縮流上達到音速，氣體在超過音速時，不能夠正常的流動，達到了一個流量限制的條件，稱為臨界流。

流量係數(Cv)：一加侖的水，在 1 psi 的差壓下，以 1 分鐘的流量，流過一個孔口的數值。

靜滯帶(Dead Band)：經過一個輸入的改變，而沒有開始一個可觀察回應的動作，即是信號的改變而沒有引起任何移動的現象。

隔膜式(Diaphragm Type)：一個流體動力裝置，在此處流體作用在一個柔韌的零件上，即膜片，來提供線性移動到驅動器桿。

隔膜閥(Diaphragm Valve)：一個雙向閥門，對其機械方面包含一個專屬的彈性構件，可能應用壓縮空氣或是流體力量，引起變形並因此中斷流體。

差壓(Differential Pressure)ΔP：對閥門而言，是指跨過一個關閉的閥門壓力，在閥門出口可以是為通大氣的 0 壓力，或是具有一定壓力的背壓，而在閥門入口是系統壓力。這個壓力在公式中被考慮作為決定開啟閥門或水門所需要的推力，簡言之，是閥門入口壓力與出口背壓之間的壓力差。另一方面對流體通過閥門內孔口(Orifice)而言，是指流體因為壓力降低，流速加快，再回復到接近原來的入口壓力之差壓力，這個差壓力是因為壓力和流速的變動，所產生的壓力損失。

閥瓣(Disk)：安裝在流體流入位置的關斷構件，允許流出或阻斷流體的流動(取決於關閉的位置)，以線性移動或迴轉移動來改變流動速率。閘閥上通常是指閥楔，球體閥是指閥塞。

雙作動(Double Acting)：一個驅動器，在其上的動力供應作用在伸展和縮收兩個方向的驅動器桿。

雙作動定位器(Double Acting Positioner)：假如一個定位器有 2 個輸出，它是雙作動定位器，一個具有"直接"動作，和另一個具有"反向"動作。

傳動襯套(Drive Bushing)：可移動外部方栓式或鍵型外徑的鋼插入物。襯套被鑽孔和可鍵入來與閥軸相配，並將配備滑入驅動器 2 片式傳動套筒或蝸輪傳動裝置。

雙瓣平行閥座面閥楔(Double-Disc Parallel Seat Wedge)：閥楔的兩個座面互相平行，而整個閥楔由 4 片組合而成，即是 2 個閥瓣，一個上擴展片(Upper Spreader)，一個下擴展片(Lower Spreader)。閥門關閉時，上擴展片於閥楔定位後，接受閥桿的壓力而向兩側撐開閥瓣，使其與閥座環完全密合。

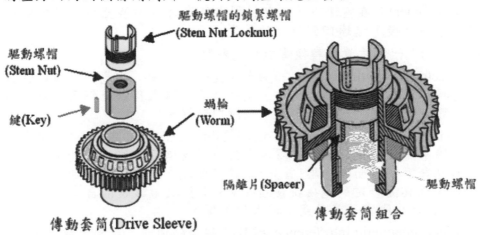

圖 2-7 傳動套筒

傳動套筒(Drive Sleeve)：傳動套筒是驅動器的輸出傳動元件，帶著有愛克姆螺牙的驅動螺帽，或被鑽孔及可鍵入的襯套，附屬在閥門。對於多轉式閥門或部份轉動式的水門而言，傳動套筒可以是具有 2 片式可移動青銅驅動螺帽的蝸輪或鋼製傳動套管。閥門是利用方栓來連接傳動套管。傳動套筒可以是 2 片式或 1 片式設計。1 片式傳動套筒擁有愛克姆閥桿螺牙或閥軸，接受鑽孔和鍵，直接使用機械加工進入驅動器輸出的蝸輪傳動裝置。

下垂現象(Droop)：彈簧負載式減壓閥的壓力，其流動率在設定點時先升後降，當低於設定點時，隨著流體流動率的增加而急速下降，此段的下降範圍稱為下垂現象，參閱圖 2-8。

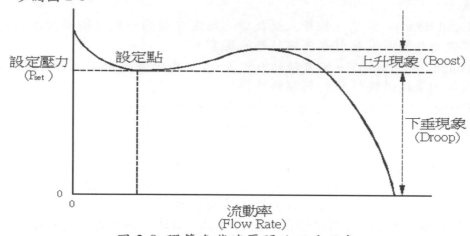

圖 2-8 彈簧負載減壓閥的下垂現象

工作額定值(Duty Ratings)：規範機械負荷和運行時間的細節，必須精確下定義來選擇驅動器馬達和齒輪箱，是為了馬達或齒輪的過熱將不會發生。

動態不平衡(Dynamic Unbalance)：淨力量產生在任何給予開位置的閥門閥桿上，利用流體壓力作用在關斷構件和閥桿。在壓力維持界限內，具有一個指定開度和指定流動條件的關斷構件。

效率(Efficienccy)：輸出對輸入的比率。

彈性係數(Elastic Modulus)：在金屬材料上，應力比例於應變，其三者之間的相對關係以方程式來表示如下：

$$S = Ee$$ (方程式 2-2)

    S：應力

    E：彈性係數

    e：應變

彈性物質(Elastomer)：在室溫下，一個材料在低應力下伸展至少兩倍它的的長度，而在應力釋放後，迅速回到原來的長度。

電動的(Electric)：一個裝置能轉換電能成為移動。

電液壓式(Electro Hydraulic Type)：一個自身控制的裝置，回應一個電的信號，定位一個電操作液壓導向閥門，允許加壓的液態流體來移動一個可驅動的活塞、伸縮囊、膜片或流體馬達，及定位一個閥門閥桿。

電磁兼容性(EMC，Electro Magnetic Compatibility)：EMC 其定義為"設備和系統在其電磁環境中能正常工作且不對環境中任何事物構成不能承受的電磁干擾之能力"該定義包含兩個方面的意思，首先，該設備應能在一定的電磁環境下正常工作，即該設備應具備一定的電磁抗擾度(EMS)；其次，該設備自身產生的電磁干擾(EMI)不能對其他電子產品產生過大的影響。

電磁干擾(Electromagnetic Interference, EMI)：耦合的通道，包含天線-對-電纜、電場-對-電纜、共接地阻抗耦合及電力總電源上的電子傳導發射。

電磁敏感性(Electro Magnetic Susceptibility, EMS)：是指由於電子設備受到外界的電

磁能量，造成自身性能下降的容易程度。檢驗項目有 1.靜電放電抗擾度；2.輻射電磁場(80MHz～1000 MHz)抗擾度；3.電快速瞬變/脈衝群抗擾度；4.突波(雷擊)抗擾度；5.注入電流(150kHz～230MHz)抗擾度；6.電壓暫降和短時中斷抗擾度。

電-機械式(Electro-mechanical Type)：一種裝置，利用一個電的操作馬達來轉動齒輪傳動鏈或是螺絲般旋轉來定位驅動器桿。如此的驅動器能對回應類比或數位電子信號起作用。電-機械驅動器也是被適用當作一個馬達齒輪傳動鏈驅動器。

電動勢(Electromotive Force, EMF)：一個電迴路中電壓的電力，引起電流(自由電子)的流動或移動。量度的單位是伏特。

末端連接(End Connection)：提供外形來建立一個壓力緊密連接到管線的連接，管線攜帶被控制的流體。

等百分比特性(Equal Percentage Characteristic)：先天性的流動特性，按額定行程同等的增加，將理想地給予存在的流動係數($C_v$)等百分比的改變。

浸蝕(Erosion)：在流體介質中，由高速流體的侵入或研磨顆粒的撞擊所引起的機械性損傷。

抗浸蝕調整構件(Erosion Resistant Trim)：閥門的調整構件，其表面已經具有非常硬的材料或製造非常硬的材料，來抗拒流體流動的浸蝕效應。

延伸式閥帽(Extension Bonnet)：具有一個填封盒的閥帽，被延長到閥體的閥帽連接處之上，為了維持填封墊的溫度高於或低於製程流體的溫度，延伸式閥帽的長度是依據流體溫度和填封墊設計溫度限制之間而不同，與閥體材質的設計上相同。

面-到-面的尺寸(Face-to-Face Dimension)：一個閥門或配件，從入口通口面到出口通口面的尺寸。

失效保持現狀(Fail-as-it)：閥門當電源中斷或失去儀用空氣時，閥桿處在當時的位置不動，以保證製程的安全。

失效關閉(Fail-close)：閥門當電源中斷或失去儀用空氣時，閥門利用驅動器先天性的特性或使用配管系統，將閥門的關斷構件移向關閉位置的一種條件。

失效保持當處(Fail-in-place)：同失效保持現狀一樣的意義。

失效鎖住(Fail-lock)：閥門當電源中斷或失去儀用空氣時，閥桿需要利用一個閉鎖閥(Lock-up Valve)來將空氣鎖定不使其洩漏或失去，以保持閥門在當時的位置。

失效開啟(Fail-open)：閥門當電源中斷或失去儀用空氣時，閥門利用驅動器先天性的特性或使用配管系統，將閥門的關斷構件移向開啟位置的一種條件。

失效安全(Fail-safe)：一個獨特閥門和其驅動器的特性，當失去驅動力量供應時，將引起閥門關斷構件全關、全開或仍然在當處的位置，失效安全動作可能伴隨著連接到驅動器輔助控制的使用。

疲勞(Fatigue)：重複循環承受應力之下，一個金屬破裂的趨勢，相當大的低於最高抗拉強度。

疲勞強度(Fatigue Strength)：一個具體的循環數量能夠持續而不會失效的最大應力，除非另外情況下說明，應力在每一個循環的範圍內是完全的相反。

反饋(Feedback)：從一個設備的輸出電路，轉移能量回到它的輸入之過程。任何時候具有同步的反饋電位計，被嚙合到閥門位置，不管是否被馬達或手輪操作。反饋電位計轉換機械位置成為電器信號，和實際的閥門位置成比例。

Fieldbus：數位通訊網路協定標準，允許多個廠商的現場設備相互交換信號。幾個 Fieldbus 標準已經被不同的組織提出建議。這些典型的建議標準是 ISA-S50.02/IEC1158，"使用在工業控制系統的 Fieldbus 標準"。

法蘭末端(Flanged Ends)：閥門與法蘭合併的末端連接，允許壓力密封與配管上一致的法蘭配對。

法蘭加工面(Flange Facing)：具有法蘭或無法蘭的閥門在末端連接墊片表面上的磨光。

無法蘭控制閥(Flangeless Control Valve)：一個沒有完整管線法蘭的閥門，利用螺栓安裝在同式法蘭之間，具有一組螺栓或大釘，通常延伸穿過同式的法蘭。

流動特性(Flow Characteristic)：使用具有等百分比、線性、快開、雙曲線等特性，描述經由閥門相對關斷構件行程(提升或旋轉)的流體輸送。當繪製成平面圖時，組成的流動特性曲線，將近似前面提到的種類之一。

流動係數(Flow Coefficient)：60°F 每分鐘美國單位加侖水的數量，在確定的壓力條件和百分比額定行程下，流過具有 1 psi 壓力降的一個閥門。也稱做閥門的 $C_v$ 值。此 $C_v$ 值，與閥門的形狀有關聯，對於一個給予的閥門開度，能夠被用來預測流動率。

流動控制孔口(Flow Control Orifice)：流動通道的重要部份，偕同關斷構件改變流動速率來通過閥門，孔口可能以一個閥座面被提供，接觸或緊緊相合到關斷構件，來提供緊密的關斷或是有限制的洩漏。

流量的量程範圍(Flow Rangeability)：流量在最大和最小之間可控制的比率，即是在這範圍內，流量變化的比率。

流動率(Flow Rate)：流體的容量、質量、或重量經過任一的傳導體。

碳氟橡膠(Fluorocarbon, FKM)：碳氟合成橡膠在 Viton™ 名稱下，被 E.I.duPont de Nemours 公司銷售，而 Kel-K™ 被認為由 3M 公司製造。碳氟橡膠擁有一個被認為在-15 到+400°F 工作溫度的範圍，但短時間溫度程承受可高達 600°F。碳氟橡膠製成的 O 型環在飛機、汽車和其它的設備對具有許多機能的流體有最大需要的抗拒力，被考慮作為密封使用。

頻率(Frequency)：測定一個交流電在一秒內重複它的循環的數量。赫(Hz)是作為頻率 AC 電壓的量度。

頻率響應(Fsequency Response)：一個系統是如何快速或如何完善的標準化測量，它可以跟隨上一個變動的輸入信號。技術上的用語，它是一個系統或設備對一著常數振幅正弦曲線輸入信號的響應。輸出的振幅和相位的移動在不同的頻率上被觀察和被繪成一個輸入信號頻率的函數。頻率響應的資料，通常以振幅率和相位移動相對頻率的圖表來呈現。時常也以頻率來表示，那就是系統輸出在那個頻率上，降低 6 dB(同一低頻振幅的 50%)和相對的相位移動。

摩擦(Friction)：一個物體在一個外力作用下，移動的抵抗力。

全雙向(Full Duplex)：4 線式系統，訊號在相同的時間被傳送和接收，2 線作為傳送2 線作為接收。

測量儀錶(Gage)：用來測量、指示、或比較一個物理特性的一種儀器或設備。

錶壓(Gage Pressure)：超過或低於大氣壓力的壓力差，以儀錶來顯示其差異。

表面磨損(Galling)：同黏著磨損。

電腐蝕(電化學)Galvanic Corrosion (Electrochemical)：所有的金屬擁有一個特有的相對電位勢。當不同電位勢的金屬，例如鋼和青銅，在濕氣(電解液)的存在中接觸，一個低能量電流從擁有較高電位的金屬流到較低電位的金屬。這種稱為電位差腐蝕作用。結果是具有加速較高的電位(在我們的例子是鋼)金屬的腐蝕。腐蝕可以被認為是一個副產品，當木頭燃燒時，若干類似灰的形成。

事實上，機械作用是一個陽極反應、一個陰極反應、電子通過金屬形式從陽極到陰極的傳導、及離子通過電解質溶液傳導。腐蝕發生在陽極區域，而陰極區域受到保護。

瞭解來自於兩種的金屬存在著電流的流動是很重要的。電位序圖提供一個相對比較的基準。腐蝕效應能夠利用電鍍到緊固物的應用來放慢速度，並且在金屬凸緣之間起潤滑作用。

腐蝕的許多不同型式已經被認出。在大自然中大部分是電化學的形式。因此隙縫或晶胞腐蝕、應力或疲勞腐蝕、沉澱和衝擊腐蝕及晶間腐蝕全部是電腐蝕的形式，由局部的不同位勢電晶胞造成的。

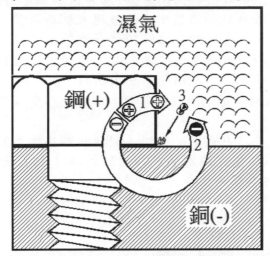

鋼,銅和濕氣的接觸,鐵原子分裂.
1. 金屬的正粒子在濕氣中溶解,吸收氧和氫,變成亞鐵離子.
2. 負電荷電子從鋼流過進入濕氣,在這裡結合氧和水,成為氫氧基離子.
3. 氫氧基離子結合亞鐵離子,產生氧化鐵(鐵鏽),腐蝕的產物.

圖 2-9 電腐蝕的過程

電位序(Galvanic Series)：不同金屬具有代表性的樣本，就電腐蝕來說明相對的電位。廣泛的分開在圖表上的配對金屬，最可能是造成腐蝕。

**+ 腐蝕作用端(陽極的)的次高貴金屬**

⬇ 鎂及合金 (Magnesium and Alloys)
⬇ 鋅 (Zinc)
⬇ 鋁 (Aluminum)
⬇ 鎘 (Cadmium)
⬇ 鋁 2024-T4 (Aluminum 2024-T4)
⬇ 鋼或鑄鐵 (Steel or Cast Iron)
⬇ 鉻-鐵(活性的) (Chromium-Iron (active))
⬇ 鎳銅鉻耐蝕鑄鐵(Ni-Resist)
⬇ 不鏽鋼 18-8(活性 304 型式) (Stainless 18-8 (Type 304 active))
⬇ 不鏽鋼(活性 316 型式) (Stainless (Type 316 active))
⬇ 鉛-錫焊料 (Lead-Tin Solders)
⬇ 鉛 (Lead)
⬇ 錫 (Tin)
⬇ 鎳(活性的) (Nickel (active))
⬇ Inconel (活性的)
⬇ 黃銅 (Brasses)
⬇ 銅 (Copper)
⬇ 青銅 (Bronges)
⬇ 銅-鎳合金 (Copper-Nickel Alloys)
⬇ Monel
⬇ 銀焊料 (Silver Solder)
⬇ 鎳(惰性的) (Nickel (passive))
⬇ Inconel (惰性的)
⬇ 不鏽鋼 18-8(惰性 304 型式) (Stainless 18-8 (Type 304 passive))
⬇ 不鏽鋼 (惰性 316 型式) (Stainless (Type 316 passive))
⬇ 銀 (Silver)
⬇ 鈦 (Titanium)

⬇ 石墨 (Graphite)
⬇ 金 (Gold)
⬇ 鉑 (Platinum)

**- 腐蝕作用端(陰極的)的更高貴金屬**

氣體式孔蝕作用(Gaseous Cavitation)：溶解在液體內的氣體，因液體局部壓力的降低，達到釋放氣體的壓力而釋放氣體於系統的流體中，此種現象稱為氣體式孔蝕作用。流體壓力回復或甚至增加之後，氣體的氣泡持續存在系統中。

墊圈(Gaskets)：一種組件，目的是在兩個大組件之間接合處的密封，比被密封接合處的表面更軟，且通常是被螺栓拴住的方式擠壓來產生密封。

閘門(Gate)：一個扁平或楔形滑動的元件，通過流動的路徑，以線性移動來改變流動速率。

閘閥(Gate Valve)：具有一個從流動水流提升出來的楔型或閘狀關斷構件之閥門。閥桿不旋轉，具有單或雙導程精確的愛克姆螺牙。推力計算以(1)閥座面積，(2)差壓，(3)閥門因數，和(4)閥桿封填墊為基礎。

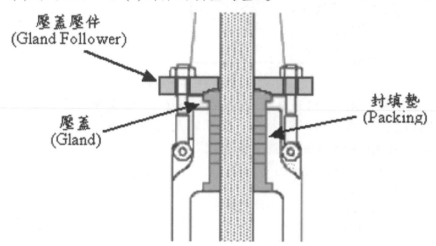

圖 2-10 壓蓋和壓蓋壓件(Gland and Gland Follower)

壓蓋(Gland)：一個封填墊上的壓力座。壓蓋是利用 Belleville 彈簧或扭轉螺帽來加壓到封填墊上，使封填墊緊緊密合閥體和閥桿，防止流體從此孔腔中洩漏。

壓蓋壓件(Gland Follower)：施壓於壓蓋上的一個組件。

球體閥(Globe Valve)：一個閥門，擁有一個線性移動的關斷構件，一個或更多的通口及由一個環繞通口的周圍，球形洞所區隔的閥體。

球體閥閥塞導桿(Globe Valve Plug Guides)：使閥塞與閥座成一直線的方法，且在它的行程始終保持穩定，閥桿嚴密的被保持在閥體內或閥帽內。

球體閥調整構件(Globe Valve Trim)：閥門內部的零件，在流動接觸中具有控制流體，例如閥塞、閥座環、閥籠、閥桿及用來使閥桿附屬在閥塞的零件。閥體、閥帽、末端法蘭、墊片等不考慮當作調整構件的零件。

石墨化(Graphitization)：含有碳的金屬合金內石墨的沉積，形成不穩定的碳化物之化學化合物，在工作溫度和應力的長期作用下，會使碳化物分解成游離的石墨，此稱之為石墨化。石墨化的速率隨著溫度的上升而增加，以及隨著最初的硬化、變形、及放射而增加。

半雙向(Half Duplex)：2 線式系統，訊號在同一對的導線被傳送，然後接收。

錘擊(Hammer-Blow)：錘擊是一種無效移動的裝置，允許馬達在嚙合齒輪之前的撞擊來獲得全速。

手輪(Handwheel)：一個手動優先控制的裝置，是當動力驅動源失去時，輔助一個閥門開關或限制它的行程。

手輪輪圈的拉力(Handwheel Rim Pull)：在一個驅動器手輪的輪圈上，需要手動的力量來開啟或關閉一個閥門、閘門、或擋板。

硬度(Hardness)：硬度被定義一個材料對穿透、刻痕、或刮痕的抗拒力。在金屬內，測量通常利用裝在一個硬度計壓頭進入材料內，並測量穿透的深度或刻痕的表面積，穿透越深或刻痕的表面積越大，硬度越低。

HART：HART 高速可尋址遠程傳感器是 Highway Addressable Remote Transducer 的縮寫，是由一個 4-20mA 的類比信號轉換成數位信號的一種通信協定。

水頭或主管線(Header)：使用在儀器方面稱之為水頭，例如靜水壓頭。使用在機械方面稱之為主管線，一般大管線上有許多進或出的小管線，此主管線可以容許泵抽出製程流體而不會造成主管的水壓有大的波動。

水頭壓力(Head Pressure)：泵能夠在管線系統中施加的最大壓力，通常以水柱英尺的單位表示。意義在於閥門最大程度來自於泵必須關閉對抗泵水頭壓力的全部力量。英尺-水柱 ＝ psi x 2.309。

重載閥桿(Heavy-duty Stem)：能夠承受重負荷而不會彎曲的閥桿。

液壓的(Hydraulic)：一個流體動力裝置，轉換一個不可壓縮流體的能量成為移動。

液壓閉鎖(Hydraulic Lock-up)：此種現象發生在具有彈簧匣(Spring Pack)的驅動器中，當彈簧匣腔室中 Belleville 彈簧墊圈間的空隙注滿了油脂，假如油脂在彈簧壓縮期間，不能夠脫離，造成彈簧常數增加，引起一個更高的輸出扭矩而不能夠跳脫扭矩開關，將造成閥門馬達的熱過載或燒毀馬達。

氫脆化(Hydrogen embrittlement)：又稱氫應力裂化或氫誘導裂化，是因為鋼鐵在電鍍、酸洗或清洗的操作期間，氫被吸收產生化學反應而脆化。

氫誘導裂化(Hydrogen-induced cracking)：同氫脆化。

氫應力裂化(Hydrogen stress cracking)：同氫脆化。

磁滯現象(Hysteresis)：一個內部的磨擦，反應一個物體改變影響它的力量而表現出滯後現象。

吋動(Inching)：一種控制功能，提供作為電動驅動器的瞬間運作，實現閥門一個小的移動為目的。

固有的流動特性(Inherent Flow Characteristic)：通過一個閥門流動率和關斷構件行程之間的關係，當關斷構件從關閉位置，隨著一個恆量的壓力降通過閥門，被移動到額定的行程。

固有的量程範圍(Inherent Rangeability)：來自於不超過指定限制的規定先天性流動特性之偏差的範圍內，最大流動係數($C_v$)對最小流動係數($C_v$)的比率。

入口(Inlet)：流體進入閥門閥體前端的通路。

安裝的流動特性(Installed Flow Characteristic)：通過一個閥門的流動率和關斷構件的行程之間的關係，當關斷構件從關閉位置移動到額定的行程，閥門已經安裝，通過閥門的壓力降被系統影響而改變。

整體式閥座(Integral Seat)：一個流量控制孔口和閥座之組合，是閥體的整體零件或閥籠材料或可能從材料構成加入到閥體或閥籠。

間歇運行(Intermittent Duty)：馬達在負載和無負載，負載和停止，或負載、無負載、及停止等的交替時間間隔之運行。

轉換器(Inverter)：改變 D.C.電壓到 AC 電壓的一種設備。

觸動(Jog)：同吋動。

層流(Laminas Flow)：一種流體流動的狀況，在此流體以平行的薄層或成層狀移動。

燈籠環(Lantern Ring)：一個固定式的隔離片，與填封墊組合在填封墊盒內。填封墊通常在上方和下方，設計上允許填封墊的潤滑、冷卻或是利用一個隔離洩漏的連接。

導程(Lead)：軸向前進一轉的一個螺牙距離。在單導程上，導程和節距是相同的，雙導程上導程是兩倍的節距。

洩漏(Leakage)：當閥門在全關的位置，在規定的關閉力量下，而壓力差和溫度符合規定之流體通過一個閥門的數量。洩漏通常表示在全額定行程下閥門容量洩漏的一個百分比。

槓桿(Lever)：閥門的手柄式操作裝置。

線性(Linearity)：近似一直線終了的一個曲線。

線性的流動特性(Linear Flow Characteristic)：一個先天性的流動特性，在流動係數($C_v$)對百分額定行程的矩形圖表，能夠以一直線來表達。因此，在恆量壓力降下，行程同等的增加提供流動係數($C_v$)同等的增加。

液體壓力回復因數(Liquid Pressure Recovery Factor)：以縮流壓力降為基礎的閥門流動係數($C_v$)之比率。在非汽化的應用上，對於一般閥門流動係數($C_v$)是根基在通過閥門的所有壓力降。這些係數與孔口流出量的計量係數作比較，作為個別的縮流活嘴和管線活嘴。

動負荷(Live Load)：利用彈簧的彈力來維持一個近乎恆量的負荷，加壓於欲加壓之物，而彈簧具有活動的本質，隨著封填墊的熱膨脹、老化和硬化維持一定壓力的密封。

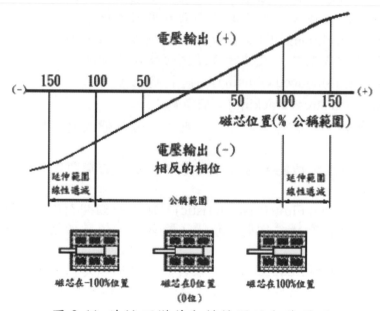

圖 2-11 線性可變差動轉換器的動作原理

線性可變差動轉換器(LVDT)：LVDT(Linear Variable Differential Transformer)是一種電動式機械的轉換器，產生電子的輸出，直接比例於一個獨立可移動磁芯的位移，磁芯是被內部線圈通電而改變位置。

十字軸線的抑制(Cross-Axis Rejection)：一個 LVDT 對磁芯軸向移動的效應是顯著的靈敏，而對磁芯輻射移動，相對的不靈敏。這種方法的 LVDT，在應用上能夠使用於磁芯在完全直線中不移動；例如，當可移動磁芯被連接到一個閥桿或滾珠螺絲的末端，用來測量閥門位置。

無限的機械壽命(Infinte Mechanical Life)：無磨擦運作結合感應原理，依據那些 LVDT 功能給予真正無限的解析。LVDT 能夠對平面的最細微磁芯移動作回應，並引起一個輸出。外部電子信號的易讀性代表在解析上唯一的限制。

極端的耐久性(Extreme Ruggedness)：使用一個 LVDT 材料的組合，和使用來裝配它們的技術，造成一個極耐用轉換器的結果。這個堅固的結構允許 LVDT

持續產生功能，甚至暴露到實際的衝擊負荷和經常在工作環境中遭遇的高振動強度。

環境的相容性(Exvironmental Compatibility)：LVDT 是能夠操作在各種各樣不利環境的少數幾種轉換器之一。例如，密封的 LVDT，以不鏽鋼材料被製造，能夠暴露於腐蝕的液體或蒸汽。

LVDT 如何的工作

LVDT 由初級線圈和兩個次級線圈，在柱體形狀上對稱的空間中組成。自由移動、桿狀的磁芯、內部繞線組合體，提供一條磁通的路徑來連接線圈。呈現出 LVDT 的橫截面和它操作特性的平面圖。

當初級線圈被一個外在 AC 電源激磁，電壓被感應在兩個次級線圈中。為了兩個電壓有相對極性，這些被反向串連的連接。因此，轉換器的淨輸出在這些電壓之間有差異，當磁芯在中間或零位時則為零。當磁芯從零位被移動，磁芯朝線圈移動，感應電壓增加，當移動到相反的線圈，感應電壓減少。這個動作產生一個差壓的輸出，隨著磁芯位置的改變而呈線性變化。當磁芯從零位的一邊移動到另一邊，這輸出電壓相位以 180°變化。

歧管(Manifold)：提供多個連接通口的裝置。

手動優先控制(Manual Override)：一個裝置，手動加入移動一個或二個方向到閥門的閥桿，它可能被用來當成一個界限的中止。通常是指手輪。

機械的界限制動器(Mechanical Limit Stop)：一個機械裝置，限制閥門閥桿的行程。

介穩狀態(Metastable State)：通常指物質在各種條件下，介於穩定和不穩定之間的一種化學狀態。在能量上雖然不是真正的穩定狀態，但在向穩定狀態轉移時，需要較長時間。

移動轉換機械裝置(Motion Conversion Mechanism)：一個位於閥門和驅動器動力單元之間的機械裝置，來轉換線性和迴轉之間的移動，能夠從線性驅動器動作轉換成迴轉閥門的操作，或從迴轉驅動器動作轉換成線性閥門的操作。

馬達(Motor)：一個設備，轉變電、壓縮空氣、或流體動力成為機械力量，然後運行。一般是指將電轉換成機械的裝置，通常提供旋轉式的機械運動。

馬達絕緣分類(Motor Insulation System)：絕緣分類是一種絕緣的材料與導體關係的組合體，並維持一個馬達的結構零件。絕緣分類的歸類等級，依據分類的耐熱力作為溫度額定值的用途。使用在馬達的絕緣分類是 A、B、F、和 H 等級。這些等級依據 IEEE 標準已經被確立。

馬達過載電驛(Motor Overload Relay)：與可逆接觸器聯合成為馬達的保護裝置，當達到高安培數值的條件，斷開控制迴路。由於間歇的開啟-停止和高牽出負荷，通常不完全可以來保護驅動器馬達。馬達過載電驛的標準是馬達的熱保護裝置繞捲進入馬達的定子。增加過載電驛，提供最佳保護的可能性。

多迴轉驅動器(Multi-turn Actuator)：多迴轉驅動器是指閥門的閥桿在提升或降低閥楔(Wedge)或閥瓣(Disc)時，驅動螺帽(Stem Nut)的旋轉超過一圈的次數。一般使用於閘閥(Gate Valve)、球體閥(Globe Valve)及角閥(angle Valve)。

氯丁橡膠(Neoprenes)：氯丁橡膠是更早期合成橡膠之一。氯丁橡膠可以被合成應用於-65 到+300°F (-54 到+149°C)。大部分的合成橡膠對於暴露到石油潤滑劑或氧(臭氧)之任一種，具有抵抗力。氯丁橡膠是與眾不同的，對於兩者擁有限度的抗拒力，且在許多密封的應用上，具有廣泛的溫度範圍，使它成為符合期望者。氯丁橡膠最初是一個 DuPont 商品名稱，現在工業界以聚氯丁烯作為廣泛的通用術語。

腈橡膠(丁鈉橡膠 N) (Nitrile Rubber, Buna N)：最通常使用於 O 型環的合成橡膠，因為它對石油流體的抵抗力，良好的物理特性和有用的溫度範圍。

雜訊(Noise)：　不期望的干擾信號。

控制閥的雜訊能夠由下列引起的：
1) 液體的擾流
2) 氣體動力的流動
3) 液體孔蝕作用的流動
4) 機械的振動

常閉閥門(Normally Closed Valve)：一種閥門，在不需要驅動器供應動力時，移動到和/或保持著它關閉的位置。

常開閥門(Normally-open Valve)：一種閥門，在不需要驅動器供應動力時，移動到和/或保持著它開啟的位置。

螺帽(Nut)：螺帽是一個穿孔的零件，具有一個內螺牙，目的為了使用在一個具有外螺牙的零件上，例如，在一定的相對位置中，作為扭緊或保持兩個或更多物體為目的的螺栓。

總齒輪比(Overall Ratio, OAR)：馬達轉動對驅動螺帽轉動的比率，或是螺旋齒輪比乘以蝸輪齒輪比。

氧化磨損(Oxidative Wear)：相似於黏著磨損，但不同的是摩擦熱引起粗糙處的氧化，通常會產生一種纖細粉狀的磨耗產物。

臭氧(Ozone)：氧的形式，產生電子的釋放進入空氣中。一種活躍的氧分子，會攻擊 Buna N 或電線絕緣：在空氣中利用日冕產生。

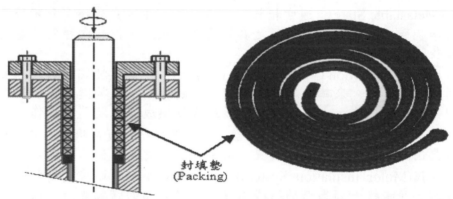

圖 2-12 封填墊 (Packing) (圖面取自於 Bright Hub Inc.公司)

封填墊(Packing)：一種密封方式，包含一個或多個配對可變形的材料，可變形的元件裝入一個封填盒內，有一個可調整的壓縮方式來獲得或維持一個有效的壓力密封。

封填墊盒(Packing Box)：在閥帽和閥桿之間的腔室，圍繞在閥桿四周，容納封填墊和其他閥桿密封組件。

封填墊壓件(Packing Follower)：一種組件，從封填墊法蘭或螺帽轉移機械負荷到封填墊。

部分迴動驅動器(Part-turn Actuator)：同 1/4 轉驅動器說明。

活塞型式(Piston Type)：一種流體動力裝置，在此處流體作用在一個可移動的圓筒構件，即活塞，來提供線性移動到驅動器桿。

閥塞(Plug)：一個圓柱狀的構件，以線性移動方式移入流動的水流來改變流動速率，可能有或可能沒有外形部分來提供流動特性，也可能是一個圓柱狀或圓錐體逐漸變細的組件，可能有一個內部流動路徑，以迴轉移動來改變流動速率。

逆流制動(Plugging)：一種控制功能，利用逆轉馬達線路電壓極性或相位順序來提供制動力，以便馬達形成一個反扭矩力，施加一個減速的力量。

阻塞閥(Plug Valve)：一個具有關斷構件的閥門，其關斷構件在形狀上可能是圓柱狀的圓錐體的或一個球體的部分，它從開啟到關閉是可定位的，具有迴轉的移動。

氣動的(Pneumatic)：一個裝置能轉換一個可壓縮流體的能量成為移動力，流體通常
　　為空氣。

聚四氟乙烯(Polytetrafluoroethylene, PTFE)：一種熱穩絕緣(-90 到+250°C)，甚至在
　　高頻率條件下，擁有良好的電氣和物理特性。

通口(Port)：控制閥流體流動控制的孔口，被用來表示一個閥門入口或出口的開口。

通口導桿(Port Guide)：具有翼片或裙緣的一種閥塞，緊密地套入閥座環孔口。

定位器(Positioner)：一個閥門位置控制器，接受一個電子、液壓或壓縮空氣信號的
　　裝置，比較閥桿位置，並轉換電子信號成為液壓或空氣壓力送到驅動器。

定位器型式(Positioner Types)：定位器依據其輸入和輸出的特性，被採用有下列的型
　　式：

　　a)　氣動-氣動定位器
　　b)　電動-氣動定位器
　　c)　電動-液壓定位器
　　d)　電動-電動定位器

位置指示器(Position Indicator)：能指示關斷構件的位置，例如指針和刻度。

位置開關(Position Switch)：位置開關是一種氣動、液壓或電子的設備，此設備連結
　　到閥門的閥桿，來偵測一個單一的、預先調整的閥桿位置。

位置傳送器(Position Transmitter)：位置傳送器是一種設備，以機械方式連接到閥門
　　的閥桿，產生及傳送一個氣動或電子信號，指出閥門閥桿的位置。

柱狀導桿(Post Guide)：導桿襯套或襯套，緊密套入柱子、或是大於閥桿的擴張部分，
　　與閥座成一直線。

電位計(Potentiometer, Pot)：利用整個或部分平衡方式來測量一個未知的電壓或電位
　　差的設備，在一個已知電子常數的電路網中，藉由已知電流的流量，產生一個
　　已知的電位差。用來提供閥門位置的指示。電位計僅僅是一種兩個接點之間具
　　有一個與移動構件連接到第三接點的阻抗，此構件與軸的機械位置成比例。

　　所有的電位計是在相同的原理上操作。電壓梯度橫跨在一個電阻元件上被建立。
　　一個移動式的感測器，藉由軸的轉動來驅動，沿著電阻元件移動，並形成一個
　　軸位置精確相似體的輸出信號。最普通的電阻元件是導線捲繞。已經被發展的
　　輔助電阻元件，例如一個撓性傳導塑料薄膜，此被放置在一個高溫的基底上。
　　傳導塑料薄膜是由精密分隔高傳導性碳粒子組成的，被均勻分散在一個樹脂黏
　　合劑中。傳導薄膜層和絕緣基底是在高溫下烘烤，形成橫向偶合並固化傳導塗
　　層。傳導塑料有一個光滑的表面，此表面非常的堅硬，且對傳感器的磨損有抵
　　抗力。平均壽命在可變精密電位計型式中間有廣泛變化。導線捲繞設備典型上
　　從 100,000 到 1,000,000 循環的額定值。傳導塑料設備典型的額定值從 10-20
　　百萬循環。
　　電位計的線性是對轉換機械式閥門位置能力的測量，來獲得期望的電子信號輸
　　出。傳導塑料典型的線性是 0.5％到 1.0％，在增加的成本上，採用具有更精密
　　的公差。

電源供應(Power Supply)：一種裝置，傳遞正確的電壓到一個控制設備。

動力裝置(Power Unit)：驅動器的一部分，能轉換流體、電或機械能進入閥桿移動發
　　展為推力或扭矩。

精確度(Precision)：儀器可測得的最小量測單位。

壓力(Pressure)：單位面積上一個能量的衝擊；力量或推力作用在一個規定的表面面
　　積；通常以每磅/平方英吋(psi)或 $kg/cm^2$ 為單位。

壓降(Pressure Drop )：一個控制閥中，入口和出口壓力之間的差異。

壓力施加閥桿密封(Pressure Energized Stem Seal)：一個零件和/或可變形的填封墊材料，被流體施加的壓力使材料緊靠閥桿來形成一個緊固的密封。

壓力頭(Pressure Head)：以線性單位來表示高於一個給予點的柱高或流體的本體。壓力頭經常被用來指示測量壓力。壓力等於高度乘以流體密度。

壓力鎖死(Pressure Locking)：高壓流體在閥門操作期間，陷入在一個閥門關閉的閥帽腔室內，隨著管線壓力減壓或腔室內流體溫度的改變，使手動或驅動器都無法開啟閥門，此現象只發生在閘閥上。

壓力-溫度額定值(Pressure-Temperature Ratings)：指定的溫度下最大允許的工作壓力。

牽引效率(Pullout Efficiency)：參閱起動效率(Starting Efficiency)說明。

牽引扭矩(Pullout Torque, ft-lb)：最大的扭矩，驅動器在閥門任一行程期間必要的傳遞。一般情況下發生來自於關斷位置未坐落閥座的閘閥、球體閥、或水閘門。牽引扭矩通常是佔閥門行程的短小比例。

牽引扭矩 ＝ 牽引推力 x 閥桿因數

1/4 迴轉驅動器(Quarter-turn Actuator)：1/4 迴轉驅動器是指當閥門從全開到全關或全關到全開的行程中，僅僅需要旋轉 1/4 圈閥桿即可關閉或打開閥門。常使用於球閥(Ball Valve)、蝶閥(Butterfly Valve)及擋板(Damper)等的設備。

快開流動特性(Quick Opening Flow Characteristic)：一個先天性的流動特性，在此有一個最大的流動量同時有最小的行程。

凸面(Raised Face，RF)：法蘭面的凸起面積，是配對法蘭之間墊片的密封面。定義在 ASME B16.5。壓力等級 150 和 300 閥門有 0.06″凸面和壓力等級 600 以上有一個 0.25″的凸面。

量程範圍(Rangeability)：在影響流量通過閥門控制之前，其最大流量與最小流量之比。換言之，我們能夠經由閥門適當的控制全部流量的範圍。量程範圍是非常重要，能決定閥門的型式來作為所需要的控制。自身控制(Self-control)閥門，有 10~20：1 的量程比(Turndown Ratio)範圍，此數據皆依據閥門製造廠商。導向控制式(Pilot Control)閥門為 35~50：1 的範圍，而控制器操作(Controller Operated)閥則高達 200：1 或更高。對於特殊應用的閥門，正確規範的關鍵，在於最大流量和最小流量所需要的控制時間之週期。

額定的流動係數(Rated Flow Coefficient)：在額定行程下閥門的流動係數($C_v$)。

額定行程(Rated Travel)：閥門關斷構件從關位置到額定全開位置的移動量。

縮減通口(Reduced port)：一個閥門通口的開口處是小於管線尺寸或閥門末端連接尺寸。

雙重保護系統(Redundant System)：備用產品、開關、或信號連鎖等的使用，履行相同的功能，作為改善可靠性跟安全性為目的。

相對的流動係數(Relative Flow Coefficient)：一個指定行程流動係數($C_v$)對額定行程流動係數($C_v$)的比率。

相對行程(Relative Travel)：在一個給予的開度到額定行程的行程比率。

再現性(Repeatability)：對於相同操作條件下輸入相同值，從相同的方向接近，橫越全部的範圍，其測量結果與實際值之間的差異性。

再複製性(Reproducibility)：從兩個方向輸入相同的值，在相同條件下，超過一個時間的週期，重覆的輸出測量之間有一致的結果。包含磁滯現象、靜帶區、漂移和重覆性。

解析度(Resolution)：在兩個鄰近個別的細節，能夠區別彼此的最小距離。

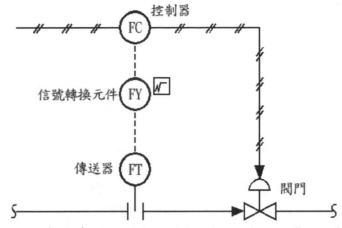

圖 2-13 合成串級配置(Resulting Cascade Configuration)

合成串級配置(Resulting Cascade Configuration)：串聯著傳送器、信號轉換元件和控
　制器，形成一個控制迴路的結構。例如一個流量傳送器、一個平方根開方元件，
　轉換非線性信號成為線性信號，以及接收電子信號轉換成空氣信號的控制器。

護圈(Retainer)：一個金屬圓環，安置在閥門的流體通道上，是閥座環(Seat Ring)的
　另一種稱呼。

可逆接觸器(Reversing Contactor)：是一種可逆轉電源的接觸器，能開關電源電壓到
　驅動器的馬達，在閥門的開或關方向造成轉動。可逆接觸器是機械方面的連鎖
　作用，保證僅僅只有一個線圈能夠同時被通電。使用電連鎖的開和關線圈迴路，
　在每一接觸器上具有常關(NC)輔助接點，串聯反向轉動接器的線圈，為了控制
　電壓能夠同時被連接到唯一的一個線圈。可選常關(NC)和常開(NO)的連鎖接點，
　作為特殊的控制。

　　每一線圈上的三個電極接點，就開或關的轉動上，對馬達逆轉 3 相電源電壓的
　　相位。

環型接合面(Ring type joint，RTJ)：使用特殊形狀的軟金屬環作為墊片法蘭連接。一
　般用於高壓閥門。可能是閥體與閥蓋的連接和/或末端法蘭的連接。

運轉扭矩(Run Torque, ft-lb)：均等扭矩驅動器在閥門被拉離閥座後必要的傳送。就
　閥門行程而言，平均運轉扭矩正常是牽出扭矩的 10%到 30%。

　　運轉扭矩=運轉推力 x 閥桿因數　　　　　　　　　　　　　　　　　(方程式 2-3)

監控和數位收集系統(SCADA, Supervisory Control and Data Acquisition)：電源管理控
　制和資料搜集系統，作為電廠操作員控制和監視遠距離閥門驅動器與其他的控
　制和測量設備。系統包含一種聯繫遠距離設備的方法，一般情況下是處於一個
　局部區域。大部分以電氣盤的信號傳輸和控制為主，不同於以整廠儀控信號為
　主的 DCS 系統。

管厚表(Schedule)：指示出管線壁厚的系統。已確定管線尺寸的數目越高，壁厚越厚。

蘇格蘭閥軛(Scotch Yoke)：連接活塞彈簧驅動器及閥門的連接機構，用來安置驅動
　並保護驅動器桿與閥桿的連接處。

螺牙(Screw)：一個有頭狀和外表有螺牙的機械組件，擁有允許被插入的孔洞來裝配
　組件，與一個預成型的內螺牙或本身成形的螺牙來配對，藉由扭轉它的頭部來
　扭緊或鬆開。

密封件(Seal)：用來防止流體(氣體或液體)經過的一種配件。典型上是一個 O 型環、
　唇形密封或墊圈。

密封式焊接閥帽(Seal Welded Bonnet)：一個閥帽焊接到閥體，此種組合提供一個零
　洩漏的連接，此結構包含一個低強度焊接，保持閥帽在閥體內為了抗拒閥體壓

力負荷作用到閥帽區域。

閥座(Seat)：閥門的一部分，利用接觸關閉來迫使閥門達到一個有效的密封。

閥座連接處(Seat Joint)：在關斷構件和閥座之間的接觸區域，此處建立密封的機能。

閥座洩漏等級(Seat Leakage Classifications)：指閥門關閉時，入口至出口之間流體流動的洩漏量，為美國國家標準，共分6級，最高等級為第6級。

閥座負荷(Seat Load)：在關斷構件和閥座之間具有規定的靜態條件下，全部的淨接觸力量。

閥座環(Seat Ring)：一個在閥體內組合的零件，能提供流動控制孔口的零件，閥座環可能有特殊材料性質及為關斷構件提供接觸的表面。

靈敏度(Sensitivity)：輸出大小變化比率對穩定狀態已經達成之後引起輸入的變化。

關斷閥(Shutoff Valve)：操作在全開或全關的一種閥門。

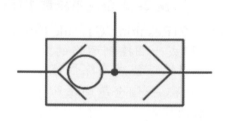

圖 2-14 梭閥的結構及符號表示

(左圖圖面取自於 KEPNER PRODUCTS COMPANY 公司)

梭閥(Shuttle Valve)：梭閥是一種閥門的型式，允許流體從兩個來源中的一個流過此閥門。通常梭閥是使用在氣動控制系統，有時也被發現使用在液壓控制系統。

信號增幅器繼電器(Signal Booster Relay)：一個氣動繼電器，在氣動迴路上，依據擁有高容量和/或高壓力輸出的再生氣動信號，來減少控制時間的滯後，這些繼電器可能為容量增幅器、放大氣動信號或者是兩者的結合。

單作動(Single Acting)：一個驅動器，在其上的動力供應作用在唯一的一個方向，例如一個彈簧和膜片驅動器，彈簧作用在一個隔膜推力的相反方向，單作動彈簧和隔膜驅動器，有關於增加流體壓力在閥桿移動的方向，或許更進一步分類：a) 進氣伸展驅動器桿，b) 進氣縮收驅動器桿。

單作動定位器(Single Acting Positioner)：一個定位器有一個單一的輸出，它是單作動定位器。

滑動磨損(Sliding Wear)：2 個互動的零件，相互的相對移動所引起的損傷，包含許多不同的機械作用。閥門上遭遇滑動磨損的 2 種機械作用是黏著磨損和氧化磨損。

智慧式放氣(Smart Bleed)：功能同同流功能(Backflow Function)，是 Fisher 控制閥的專門名稱。

套焊末端(Socket weld end，SWE)：閥門的末端連接適當的準備套焊到一個連接管線。

空間加熱器(Space Heater)：佔有空間的一個加熱器。閥門驅動器的空間加熱器被安置在電氣箱，防止濕氣的冷凝。

線軸(Spool)：一個可以被機器加工製造出凸緣和凹槽的鋼製圓棒，此圓棒可以在中空的圓筒內前後滑動。

滑軸閥(Spool Valve)：控制液壓流體流動方向的一種閥門。在液壓系統中，一個滑軸閥包含著交替阻斷凸緣和開通凹槽的圓筒狀線軸。

彈簧率(Spring Rate)：在長度上每單位變化的力量變化，通常以磅/英吋或牛頓/毫米來表示。

正齒輪(Spur Gear)：最簡單的齒輪，在一組齒輪組內，小齒輪和齒圈是在平行軸上對齊。可以加入到另一個齒輪來操作，更進一步增加藉著齒輪提供的機械利益。

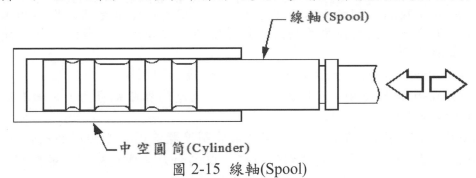

圖 2-15 線軸(Spool)

失速效率(Stall Efficiency)：一個經驗為依據所決定，推斷馬達失速期間齒輪傳動組的效率。

起動效率(Starting Efficiency)：起動效率又稱牽引效率(Pullout Efficiency)，是馬達在起動狀態的期間，齒輪傳動組的效率。

靜態不平衡(Static Unbalance)：淨力量產生在閥門閥桿上，利用流體的壓力作用在關斷構件上，且閥桿在壓力維持界限之內，具有靜止的流體和指定的壓力條件。

閥桿(Stem)：連桿、轉軸或軸，連接閥門驅動器和關斷構件。

閥桿連接器(Stem Connector)：此裝置連接驅動器桿到閥門的閥桿。

閥桿因數(Stem Factor)：計算驅動器輸出推力/扭矩的一個數值，是閥桿扭矩對閥桿推力的比率，也能以閥桿螺牙有效半徑與閥桿螺牙機械效率的乘積來表達。

閥桿導桿(Stem Guide)：一個導桿襯套，緊密的套入閥桿，與閥門形成一直線。

閥桿密封墊(Stem Seals)：零件或多個零件，需要促成在閥桿四周緊固的壓力密封，且能允許閥桿的移動。

應變(Strain)：長度上的變化除以初始長度。

應力(Stress)：應力是一種內部力量作用在一個可變形物體內部的量度。以負荷除以面積來表示。

應力腐蝕(Stress Corrosion)：應力腐蝕是一種腐蝕的型式，在一個腐蝕環境中，結合由於冷作的內部應力之作用，和由於持續高張力效應的外在應力來影響金屬。它在零件上能夠導致碎化失效，而零件在正常情況下，塑性般屈服而不是裂開。不同的金屬對應力腐蝕有不同的敏感性，而就一個已知的金屬，敏感性隨著應力的大小、零件的形狀、它的表面條件、及腐蝕環境的本質而改變。通常的應力消除、退火、扭轉、及冷作，全部能夠在降低應力腐蝕上扮演一部分。

衝程(Stroke)：閥門閥桿及閥瓣從開啟閥門讓流體通過到閥門全開的行程，或從閥門全開位置到切斷流體流量的全關位置之行程。

衝程循環(Stroke Cycle)：關斷構件的行程，從關位置到額定行程的開度，並回到關位置。

衝程時間(Stroke Time)：在規定的條件下，一半衝程循環所需要的時間，即是從關到開或開到關的時間。

填料匣(Stuffing Box)：密封系統中環繞一個閥門的閥桿提供環狀腔室進入放置可變形的封填墊。有時也被稱為封填墊腔室。

疊加背壓(Superimposed back pressure)：靜態壓力存在於一個已關閉安全閥的出口側。

抗拉強度(Tensile Strength)：抗拉強度是引起金屬破裂的所需要應力，是量度金屬扭力的一種物理性質。測量金屬抗拒壓力的強度，其數值越高，代表抗拒力越強。

螺牙末端(Threaded Ends)：閥門末端連接以螺牙方式結合，公螺牙或母螺牙兩者中的一種。

熱變形(Thermal Binding)：閥瓣為楔形的閘閥，在系統管線高溫的條件下，當閥門以扭矩的方式關閉，閥瓣坐落閥座之後，由於閥體和閥瓣之間熱膨脹的不同，閥座夾緊了閥楔，無論使用手動或驅動器重新操作閥門，都無法重新打開閥門，此現象稱之為熱變形。

三通閥(Three-way Valve)：一個具備三個末端連接的控制閥。

門檻應力(Threshold Stress)：因刺激而足以產生反應的界限點應力，又稱為屈服應力(Yield Stress)。

節流(Throttling)：利用限制閥門孔口開度來管制流體流過一個閥門的動作。

推力(Thrust)：藉由驅動器驅動螺帽的扭矩，以軸向力量傳送到閥門的閥桿。

扭矩(Torque )：扭矩被定義當作傾向於引起轉動的一個扭轉力。扭矩表示如同力量乘槓桿臂。一般以 ft-lb 表示。

扭矩預負荷(Torque Preload)：利用壓蓋、螺栓和螺帽來加壓於欲加壓之物，加壓時扭轉螺帽，使壓蓋壓入欲加之物，此通常指封填墊。

韌度(Toughness)：材料對破碎的抗拒力，傳統上是利用如 Charpy 和 Izod 撞擊試驗來測量韌度，方式是在一個材料尖銳裂縫的尖端測量應力。

轉換器(Transducer)：一個裝置，轉換一種信號形式到另一種形式。

行程(Travel)：關斷構件從關位置到一個中間或額定全開位置的移動長度。

行程特性(Travel Characteristic)：信號輸入和行程之間的關係。

行程指示器(Travel Indicator)：典型上依據開度的百分比或開度，顯示一個外部關斷構件位置的方法。能夠靠肉眼觀察的一個指示器，位在閥門中或上，或是利用傳送器或近似連鎖的遠端指示裝置。

行程指示器刻度(Travel Indicator Scale)：一個刻度或銘牌固定到閥門上，具有刻度的標示來指示閥門開度的位置。

調整構件(Trim)：一個閥門內部的組件，在流動接觸上具有控制流體的流動。通常包括閥座環密封面、關斷元件密封面，閥桿和後閥座。規範調整構件材料號碼被定義在 API 600 和 API 602 中。

跳脫點(Trip Point)：控制裝置壓力下降低於預先設定的彈簧壓力，引起閥塞組件動作，切斷從控制裝置到驅動器的正常壓力，從而鎖住驅動器的壓力，此點稱之為跳脫點。控制裝置一般是指閉鎖閥，跳脫點是可利用調整螺絲來設定調整。

擾流(Turbulent Flow)：一種流體流動的狀況，在此流體粒子以一種任意的方式移動。

量程比(Turndown Ratio)：同量程範圍(Rangeability)。最大輸出與最小輸出之比。

二通閥門(Two-way Valve)：一個閥門，具有一個入口處的通口和出口處的通口。

不平衡閥(Unbalance Valve)：閥門調整構件具有閥塞(或閥瓣)和閥座環的組件，閥門開啟時不但需要克服填封墊的摩擦力，還需要克服閥門入口與出口之間的壓力差。

楔離負荷(Unwedging Load)：參閱開裂負荷說明。

楔離推力(Unwedging Thrust)：楔形閥瓣離開閥座的推力，又稱為未坐落閥座的推力，此力量除了要克服與閥座界面的摩擦力量之外，也包含需要克服閥楔離開閥座的活塞效應力量。

閥門(Valve)：閥門是用來控制流體流動的一個裝置，包含一個維持流體的組件，一個或多個在末端開口之間的組件，和一個可移動的關閉構件，這些組件能夠打開、限制或關閉通口。

閥門隔膜(Valve Diaphragm)：一個柔韌的構件，此構件被移入閥體的流體流動通道，來改變通過閥門的流動率。

閥門增益(Valve Gain)：通過閥門的流體，其最大流量除以閥門衝程的百分比。

蒸汽式孔蝕作用(Vaporous Cavitation)：液體通過一個節流口，建立了一個低壓區域，當低壓點達到了液體的蒸汽壓或在蒸汽壓之下，液體汽化開始了。當壓力回復之後，蒸汽再次冷凝成液體，此種現象稱為蒸汽式孔蝕作用。

速度頭(Velocity Head)：等效壓力頭，在整個液體中必須落到一個給予的速度。數學上等於速度的平方(英呎)除以每秒 64.4 呎平方。

縮流(Vena Contracta)：流動水流最小橫斷面的位置。縮流通常剛好發生在一個控制閥實際自然限流口的下游水流。

揮發性有機化合物封填墊(VOC Packing)：鎳絲插入石墨編織的封填墊，加強閥門閥桿及閥帽之間高壓力及高溫度下的密封性能。應用於蒸汽、水、氣體、熱媒油、烴類、有機溶劑、揮發性有機化合物、液化天然氣(LNG)、極低溫的流體等。溶出氯化物含量典型為 50PPM，碳含量(C-571)98.8％，灰分(C-561)2％，具有低摩擦係數、機械黏結性(沒有黏合劑、填料與樹脂)、耐化學性、防腐性、抗放射性、耐高溫高壓及低蠕變鬆弛，且具有低應力消除特性，消除可能來自各種振動。

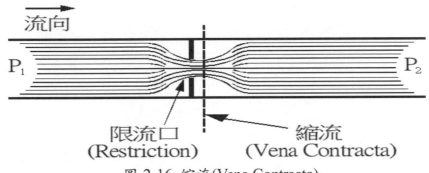

圖 2-16 縮流(Vena Contracta)

夾式閥體(Wafer Body)：一個閥體，它的末端表面與管線法蘭配對，它被設置並被夾緊在配管法蘭之間，利用長螺栓從一個管線法蘭延伸到另一個管線法蘭。一個夾式閥體也被稱為無法蘭閥體。

磨損(Wear)：磨損是一個專用語，用於許多有關聯的機械作用，涉及材料的移除或損傷。閥門上的磨損種類有滑動磨損、浸蝕和孔蝕作用的損傷。

焊接末端(Weld Ends)：閥門末端連接處，此處已經準備焊接到管線或其他的配件，可能是對焊(Butt-weld)或套焊(Socket Weld)。

線流(Wire Drawing)：線流是流體在閥座和閥塞之間的界面，切割一條條超過閥座表面的線所引起的，這種損傷是因為孔蝕作用、浸蝕、腐蝕、表面磨損、外來的固體顆粒落入其間、閥座負荷太低或是閥座表面不適當的匹配所引起的。

工作壓力(Work Pressure)：一個閥門被設計來操作的壓力(磅/每平方英吋)。

蝸輪(Worm)：馬達-齒輪驅動器軸桿上的一個齒輪，咬合在蝸桿上，利用馬達的轉動來傳動蝸桿。

蝸桿(Worm Gear)：安置在馬達閥閥桿的上部，接受馬達-齒輪驅動器內蝸輪傳來的扭力來推動閥門的開啟與關閉，與蝸輪相互咬合。

屈服強度(Yield Strength)：屈服強度是引起一個 0.2％永久變形的所需要應力，主要是測量當鋼材在遭受到溫度及壓力變動時，其所產生的應力，造成鋼材永久變形所承受之值，用於帶有負荷的閥門壓力構件，譬如閥桿、閥塞、閥瓣、閥籠、閥座環及需要螺栓拴住等的組件。

屈服應力(Yield Stress)：同門檻應力(Threshold Stress)。

閥軛(Yoke)：以剛性金屬架連接驅動器動力裝置到閥門的結構。閥軛是帶有驅動機構來連接到閥體或閥帽。閥軛的頂部夾著一個閥軛螺母、閥桿螺母、或閥軛襯套，而閥桿從中間通過它。閥軛通常具有開口來允許通道通到填料箱、驅動器連桿等。就結構上而言，閥軛必須足夠堅固，來承受由驅動器產生的力量、力矩、和扭矩。

# 第三章 閥門的材料

## 1.0 材料的性質

閥門材料的選擇是一個非常複雜的工作，尤其對組合成閥門的各種組件，在材料上的考慮、流體性質對材料的影響、溫度提升對材料強度的影響、各種的浸蝕、腐蝕、磨損、表面磨損、剝蝕、孔蝕作用、閃化作用、蠕變、熱處理、硬化表面等等的評估，必須小心的進行來保證各種材料在應用上適當的執行其功能，而這些因素可劃入 2 個範圍。

1. 材料機械功能的合適性。
2. 材料在環境上的相容性。

這些範圍的選擇上，許多實例上是互相矛盾的，且很困難的建立它，也不可能以單一的材料來滿足所有的考慮，最佳的折衷處理是利用測試來證明其可行性。

## 1.1 機械上和物理上的性質

當選擇材料時，機械上和物理上的性質必須依據組成成分多樣化的考慮，選擇一個閥體的材料，絕對不同於選擇調整構件(Trim)的材料，使用上的性質及功能是很重要的。當選擇材料時，下列材料的性質必須瞭解並仔細的評估。

### 1.1.1 抗拉強度(Tensile strength)

抗拉強度是材料引起破裂所需要的應力。常使用在閥門閥桿強度的計算，由於閥瓣或閥塞承受流體的壓力及驅動器的扭力，在操作中使閥桿受壓而可能變形扭曲。而使用於閥桿直徑強度的計算，其抗拉強度因材料的不同而異。閥桿直徑強度的計算請參閱第五章馬達閥 4.5 節。

### 1.1.2 屈服強度(Yield strength)

一個材料的屈服強度由於應力而造成 0.2%的永久變形，這個參數是大量地利用在承擔負荷的壓力件設計上，譬如閥桿、閥籠、閥座環及需要螺栓栓緊的零件，此值通常選擇材料是一個被考慮的臨界因數。

### 1.1.3 硬度(Hardness)

硬度定義為一種材料對穿透、刻痕或刮痕的抵抗力。這是對材料性質完全瞭解中最難懂之一。在金屬材料方面，測量硬度通常利用裝一個硬度計壓頭壓迫在金屬表面上，測量穿透的深度或刻痕的表面積，穿透越深或刻痕的表面積越大，硬度越低。因此，用這種方法測量硬度，是許多其他性質中的一種功能，譬如屈服強度、加工硬化率、彈性係數等等。硬度常常用來預估一個材料滑動磨損的抵抗力及抗浸蝕或剝蝕。

有一種通常的感覺，即是硬度是直接與調整構件組成成分的使用壽命有關聯，即兩種材料硬度的程度能夠用來比較它們的硬度值，評估其對製程流體強加於其上的各種損傷之抗拒程度。

硬度的使用當作一個耐磨損、抗浸蝕、抗孔蝕作用或抗表面磨損的標準規格，但這僅是第一級的概算。有許多其他材料的特性能夠提供抵抗那些磨損的形式。那些材料的組成物和晶體結構有強烈的關係，能夠比實際的硬度有一個更大的效應，那就是加鈷的緣故來加硬表面，在大部分磨損情況下是卓越的，它們的硬度甚至與堅硬的不鏽鋼比較是相同的。鈷基合金 6 的材料，已經顯示在磨損的應用中有極佳的性能。探究其理由是它的軟基相結晶結構，不是它的平均硬度或它非常堅硬的碳化物相。

附錄 3-4 轉換表介紹了關於布氏硬度(Brinell Hardness)、洛氏硬度(Rockwell Hardness)與抗拉強度的相對關係。附錄 3-5 比較布氏(Brinell)硬度、洛氏(Rockwell)硬度、維氏(Vickers)硬度與表面洛氏(Rockwell Superficial)硬度之對照表。

### 1.1.4 韌度(Toughness)

韌度是一種材料對破碎的抵抗力。韌度在傳統上已經是利用撞擊試驗來測量，例如利用 Charpy 和 Izod 試驗，這兩種測量能量的數值，其單位通常為呎-磅(foot-pound)或焦耳(Joules)，使用一個應力提升器來破碎一個樣品。近來此項破碎機械學的科學引進新的方法，此方法既可決定一個材料對破碎的抗拒力，又能評估材料的缺陷對破碎結構的敏感性。在破碎機械學的領域內，韌度的測量被稱為破碎韌度。那是在一個銳利裂縫的尖端測量應力，而此裂縫在一個特別的材料內足夠引起嚴重的失效。

許多使用於閥門上的材料，其破碎韌度值，即使 Charpy 和 Izod 的衝擊-韌度值也是很困難去發現材料失效的問題。在許多的實例上，甚至更困難來表示閥門操作的條件與破碎韌度值之間相互的關係。作為這些理由，時常檢查其他機械性能來代替得到一個韌度的表示。一般而言，一個堅韌的材料比一個易碎的材料有更高的伸長率百分比或是面積變形的百分比。同樣地，一個堅韌的材料比一個易碎的材料，在屈服強度和最終的抗拉強度或是一個更高的加工硬化率有更高的值。最後奧氏體材料，例如 300 系列的不鏽鋼和鎳基合金，通常比鐵素體材料，例如碳鋼、合金鋼及 400 系列不鏽鋼，有更高的韌度。

### 1.1.5 彈性係數(Elastic modulus)

金屬材料上應力(S ＝ 負荷除以面積)是比例於應變(e ＝ 長度上的改變除以最初長度)。當應力低於一個門檻應力(Threshold Stress)，或稱為屈服應力(Yield Stress)，此處是永久變形開始發生，彈性係數(E)相對於應力與應變的方程式如下：

$$S = Ee$$

(方程式 3-1)

彈性係數基本上僅僅依據材料的組成成分和溫度來測量材料的堅硬度或彈性率。彈性係數隨著溫度的增加而減少，意思材料變得不堅硬，這能夠影響閥門上的許多組成的零件。

### 1.1.6 熱膨脹係數(Coefficient of thermal Expansion)

當金屬材料被加熱(或被冷卻)，它們在一個可預測和可重複的方法中膨脹(縮收)。每一種材料有它自己的特性，即熱膨脹-對-溫度的曲線，依據此曲線，當它們被加熱時，能夠預測被加熱時尺寸的改變。一般而言，相關聯的材料有相似的熱膨脹性質，且能夠根據此性質來分類。碳鋼、合金鋼和 400 系列的不鏽鋼有相當低的熱膨脹係數。反之，300 系列不鏽鋼有非常高的膨脹率。鎳合金則坐落在此兩者之間。

當一個閥門使用於低溫或升高溫度的狀態下選擇材料時，熱膨脹的不同必須計算並納入考慮。例如閥塞和閥籠之間的熱膨脹，在製程溫度下可能引起整個堵塞或過度的鬆弛。同樣地，閥體-閥帽-閥籠-閥座環這相互關聯的體系上，不同的熱膨脹可能引起墊片喪失負荷，造成洩漏的結果。當一個閥門預定被用在比周遭有顯著的不同溫度時，熱膨脹的不同必須利用選擇相似的材料來消除，或根據選擇適當尺寸的組件來計算在內。

### 1.1.7 蠕變現象(Creep)

蠕變是金屬材料因為溫度迅速的提升開始起作用的現象，其涉及非彈性行為，即應力對應變不是成比例的，不類似彈性係數的應力與應變成比例改變。蠕變在材料的某一點上，恆量應力連續的變形不如維持一個恆量的應變。應變將隨著時間緩慢的增加(因此稱為"蠕變")。在某些實例中，設計一個可使用的閥門，蠕變成為一個重大的因素。依據材料的成分和材料的條件，需要的溫度引起了蠕變。蠕變的形成通常呈現在圖表或表格的形式，依據溫度的作用展示需要的應力，引起一個永久變形的確實數量。

### 1.1.8 下垂效應(Droop Effect)

下垂效應通常發生在自我操作式(Self-operated)和導向操作式(Piloted-operated)

的調節器(Regulators)上，是調節器的一種固有的特性。當調節器從最小流量位置到全流量位置進行的行程時，它表達壓力來自於設定值的偏差，即是初始的壓力至調節器全開時的壓力已掉落至一個偏移值。圖3-1說明調節器之綠色點線與紅色實線，在初始流量到全流量下的壓力偏差。圖 3-1 的曲線說明出口壓力與流動率顯示出的下垂效應。

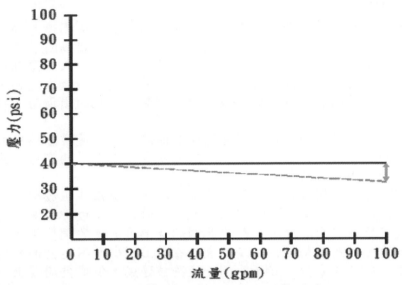

圖 3-1 調節器 Regulator 的下垂效應

## 1.2 金屬材料因機械作用產生損傷的性質

磨損是一個專門用語，在與機械作用上許多材料的移除或損傷有所關聯，包含著浸蝕、滑動磨損、孔蝕作用等的損傷。

### 1.2.1 滑動磨損(Sliding wear)

滑動磨損歸因於 2 個互動的零件，相互相對的移動到另一個零件的上面所引起的損傷。最常在閥門金屬組成部分遭遇的 2 種機械作用的損傷是黏著磨損和氧化磨損。

#### 1.2.1.1 黏著磨損或表面磨損(Adhesive wear or galling)

黏著磨損通常稱為表面磨損或擦傷，事件發生是當摩擦熱和接觸壓力在兩個零件表面凹凸不平之間引起足夠高的局部熔接，且零件之間的相對運動引起重複的密合熔接和局部區域的破碎，依次引起零件之間材料的轉移。兩個零件的表面變成粗糙，在大部分的案例上使狀況更惡化。零件之間的粗糙減少了機械的效率，甚至能夠引起兩個零件的材料，完全的互相補捉。

#### 1.2.1.2 氧化磨損(Oxidative wear)

除了摩擦熱引起粗糙部分的氧化外，氧化磨損相似於黏著磨損。氧化磨損通常會產生一種纖細粉狀的磨耗產物，此可能會或可能不會引起對金屬零件造成研磨損傷。

滑動磨損不論是黏著磨損還是氧化磨損，事實上是依據許多的因素，包括磨損配對的材料、接觸壓力和環境。表面磨損更可能發生在惰性氣體內，反之，氧化磨損更像快速反應朝向促成金屬混合成合金的環境。

通常而言，下列的幾個指導方針是依據觀察所得最佳的抗滑動磨損方式：

• 使用有不同元素成分的配對材料，在兩個材料接觸之間的磨損界面，或有可能造成更少材料之間的密合熔接。

• 使用具有不同表面硬度的材料。

• 盡可能使用潤滑劑，潤滑劑減少摩擦熱和在界面上材料的干涉。

前兩項有時候可利用電鍍、擴散塗層或重疊熔接來達成。在大部分的案例上，許多因素如腐蝕、浸蝕或是材料的強度將限制候選材料的數量及來自於防止那些磨損的指標，而下列那些舉例及說明，你必須決定那種成分的材料提供最佳性能的組合。

### 1.2.2 浸蝕(Erosion)

浸蝕是機械上的損傷，是因為製程流體內的媒介質，由高速入侵、剝蝕的顆粒撞擊或浸蝕-腐蝕的聯合作用所引起的。通常而言，浸蝕的損傷隨著流速的平方而增加。高速流體衝擊的浸蝕現象，通常與高壓力降結合及不令人滿意閥門調整構件的形狀有關係。高速噴流經由閥座區域逐漸產生，時常是浸蝕流模式的結果，此模式允許流體直接衝擊閥門調整構件的組成部分或閥體，如此的損傷時常被限制在閥門的特殊區域內。

一個蒸汽流的液體微滴也能夠引起衝擊般的浸蝕，但通常會擴散成一個較大區域。在高壓閥門上浸蝕的損傷，外觀上具有凹狀磨損或平滑的刻槽，此平滑的刻槽稱之為"線流(Wire Drawing)"。

另一個浸蝕方式是剝蝕性的浸蝕，是發生於比調整構件組成部分表面更堅硬的固態粒子，被流體以足夠的速度攜帶通過，此種浸蝕被比喻成一種洗刷作用的形式，類似以銼刀或研磨器將金屬磨去。解決此問題是使用更硬的調整構件、流線般的流通型式和降低流速。然而剝蝕性的浸蝕僅能在量上減少而不能全部被消除。良好的閥門和調整構件的工作壽命，在某些例子能夠被達成，但嚴重問題上應考慮其他的選擇。

### 1.2.3 浸蝕-腐蝕(Erosion-Corrosion)

浸蝕-腐蝕是一種材料遷移的形式，是涉及流體浸蝕和腐蝕的合併及協同作用效應，其遷移率是依據許多的因素，包含流體的腐蝕本性、入侵的角度、載運固體顆粒的大小和形狀分布、及金屬的機械性質。閥門中的浸蝕或浸蝕-腐蝕形成的最通常形式是"線流"，此是對閥座表面或閥籠孔洞局部性的損害。

使用於腐蝕應用的大部分金屬，在表面上形成一層保護層或鈍態的薄膜，任何浸蝕無論如何的輕柔，將連續移走這些表面薄膜，而允許腐蝕的加速攻擊。這是一個複雜的現象，正確的方式應利用經驗決定可能需要如何聯合外部的金屬或合金，及調整構件的結構，給予最佳的應用，而調整構件的組成部分比閥體更常暴露到更高局部性流體的流動速度衝擊，它們時常必須從材料上來製造，而材料比閥體更能抗拒腐蝕，以避免浸蝕-腐蝕的問題。

### 1.2.4 孔蝕作用(Cavitation)

孔蝕作用只發生在液態流體高壓力差的閥門中，當流體通過閥門通口時，因壓力的變動接近液體的蒸氣壓力，使液體內部產生氣泡，當此氣泡在壓力回復期間破裂，因破裂產生局部的衝擊波和液體的微射流(microjet)，假如這個衝擊力在泵、閥門或管線鄰近的金屬表面上，嚴重的凹陷和浸蝕損害將會發生，造成閥門構件的損傷，此種損傷的形成將於控制閥第 7.1.1 節內有詳細的說明，不再於此敘述。孔蝕作用產生大量的噪音和振動，必須從流體的速度、金屬材料及調整構件的形狀來解決。

### 1.2.5 閃化作用(Flashing)

閃化作用是一種汽化的過程，相似於孔蝕作用。然而，閃化作用不同於孔蝕作用，汽相持續存在並延伸至閥門出口下游的水流，因為下游水流壓力仍然處在流體的蒸氣壓或低於流體的蒸氣壓。高流速和液氣混合相態的流體，藉由液體產生的膨脹形成蒸氣，蒸汽的破裂引起金屬表面的浸蝕和使金屬壓力邊界的壁厚變薄。閃化作用產生的噪音，通常比嚴重的孔蝕作用少得多。閃化作用可以引起過大的振動，與高速流動有關。降低流速及使用抗浸蝕的材料，是有效的設計策略，能把閃化作用的損傷降至最低限度。

## 1.3 金屬材料因環境關係產生失效的性質

　　環境促進材料的失效是用來描述在特殊的環境中，引起敏感性材料嚴重失效的許多過程。環境促進材料失效包含許多特定的失效模式，包括一般性的腐蝕、應力腐蝕裂化、氫脆化、氫攻擊、氫泡、液態金屬脆化、固態誘導金屬脆化、縫隙腐蝕、點蝕、晶間腐蝕、電蝕及選擇性的濾出金屬，下面將一一敘述這些性質。

### 1.3.1 腐蝕(Corrosion)

　　大部分的閥門是以碳鋼閥體來銷售，此表示它們只需要從事最小的腐蝕防護來應用。儘管如此，腐蝕常常是一個需要考慮的事情。許多材料能夠完成抗腐蝕的性質，是經由在材料表面上發展出一層鈍態層。大部分抗腐蝕材料含有鉻和/或鉬，在這些合金上，鉻和鉬將與氧結合，在表面形成一層堅韌的、可附著的氧化層，此層可以抗拒許多環境的攻擊。

　　製程流體與閥門接液部材料的相容性是必須小心的選擇，避免材料和製程流體產生化學反應而腐蝕，造成閥門重大的失效。表 3-1 提供材料與化學液體在溫度及濃度上的選擇。表 3-2 提供在周圍溫度下各種化學流體建議選擇的材料。這些資料不可能是絕對的，因為濃度、溫度、流體的不純度、壓力和其他的狀態，可能改變特有材料的合適性。另外也有經濟上的考慮，可能影響材料的選擇，表 3-1 和表 3-2 應僅僅當作一個準則。

　　通常而言，當閥門預定作為一個腐蝕的應用，最理想的是利用定量的腐蝕資料，當作材料選擇的基本原則，利用製造商提供腐蝕表的形式或等腐蝕圖表的定量資料，通常採自主要材料的生產者，作為抗腐蝕資料的公布。表或圖提供腐蝕率的資料，通常以密爾(mil)/年作為單位，當作一個濃度和溫度的函數。每年 1 密爾相等於暴露一年的期間，從暴露部分的表面喪失 0.001 英吋。有些來源不是完全定量的，但提供性能的範圍。例如"少於 1 密爾/年""3~5 密爾/年""20~60 密爾/年"等。假如可能的話，一般最佳的是從材料中製造調整構件，在經驗上有非常低的腐蝕率。但閥體的製造有時候來自於材料，因為它的連續工作，那將遭受到稍微多的腐蝕，甚至有不可忽視的腐蝕已經發生了。

### 1.3.2 應力腐蝕裂化(Stress Corrosion Cracking)

　　NACE 標準 MR0175 "對於石油領域設備的抗硫化物應力腐蝕裂化之金屬材料(Sulfide Stress Corrosion Cracking Resistant Metallic Materials for Oil Field Equipment"是廣泛應用於全世界，此標準詳載著適當的材料、熱處理條件和強度標準，在酸性氣體和石油環境上需要提供好的工作壽命。NACE(美國腐蝕工程協會，National Association of Corrosion Engineers)是一個世界性的技術組織，研究在煉製廠、化學工廠、水系統和其他工業系統可能造成損壞結果各式各樣的腐蝕方式。

　　MR0175 僅僅只打算使用在存在著 $H_2S$ 石油領域的設備上，所以只有硫化物應力裂化被編入，但工業界已經採納 MR0175 且應用在許多其他的範圍，而這些的應用能夠幫助防止硫化物應力裂化，無論 $H_2S$ 是否存在。

　　MR0175 各種章節涵蓋著材料與合金系統等通常採用的形式，對於每一個材料形式的熱處理、硬度標準、機械加工條件、焊接後熱處理等需要被編入，而製造技術、螺栓固定、電鍍和塗層也是被處理的。

　　應力腐蝕裂化是環境促成的，在一個特別的環境中，一個敏感性材料嚴重失效的現象是產生裂化，正好在材料額定的抗拉強度之下。通常失效顯示的方式，但不是時常，產生樹枝狀的龜裂。影響應力腐蝕裂化的主要因素，包含材料的條件、環境的組成物、溫度及應力的程度，將在隨後的節段中討論。

### 1.3.3 硫化應力裂化(Sulfide Stress Cracking)

　　硫化應力裂化的原理是硫化物在水溶液中發展成材料上的一個腐蝕形式，氫離子在許多腐蝕過程中是一種產品，這些離子從鹽基材料撿起電子產生氫原子，在此階段 2 個氫原子可能合併形成一個氫分子，大部分的分子最終將會聚集形成氫氣泡，無害的飄離。但某些百分比的氫原子將擴散進入鹽基金屬，脆化晶體結構。當氫濃度達到臨界，而抗拉應力超過界限點標準，硫化應力裂化發生了。H₂S 不是很活耀的參與硫化應力裂化的反應，硫化促進氫原子進入鹽基材料中。

金屬在硫化物中特別是在含有水、二氧化碳和氧的情況下會發生腐蝕，即硫化應力裂化，而鋼中的鎳易與硫生成低熔點(約 780°C)的化合物 NiS，它比鎳的共晶點更低(645°C)，故高鎳鋼的抗硫性能較差。

在許多案例中，特別是在碳鋼和低合金鋼之間，裂化將沿著粒子的界限開始及增加，此時稱為晶間應力裂化(Intergranular Stress Cracking)。在其他合金體素或特定條件下，裂化將通過晶粒繁殖，此時稱為穿晶應力腐蝕裂化(Transgranular Stress Corrosion Cracking)。

硫化應力裂解在周遭溫度-7°C~49°C (20°F~120°F)是最劇烈的，在-7°C (20°F)以下氫的擴散率是如此的慢，以致於臨界濃度決不會到達。在 49°C (120°F)以上擴散率非常的快，以致於以快速方式通過材料，臨界濃度也不會到達。應力腐蝕裂解發生在 49°C (120°F)或有可能輕柔的，當選擇材料時必須小心的考慮，大部分的案例上應力腐蝕裂解將不是硫化應力裂化而是一些其他的形式，但某些其他的形式，當大部分超過 149°C (300°F)容納足夠的氯化程度，氯化應力腐蝕裂化(Chloride Stress Corrosion Cracking)可能發生在深層酸性井中。
材料對硫化應力裂化的敏感性直接與其強度或硬度程度有關聯，對碳鋼、不鏽鋼和鎳基合金是確切的。當碳鋼或合金鋼被熱處理漸進到更高硬度程度，作為給予的應力標準，時間的失敗迅速減少。多年現場經驗已經顯示，在碳鋼和低合金鋼好的抗硫化應力裂化是低於洛氏硬度 22 HRC 之下獲得，硫化應力裂化在低於 22 HRC 之下仍然發生，但材料失效的可能性已經大大的降低。

## 1.3.4 氫脆化(Hydrogen embrittlement)

氫脆化是屬於氫傷害的一種，也稱為氫應力裂化(hydrogen Stress Cracking)或氫誘導裂化(Hydrogen-induced Cracking)，是因為金屬中一個低延展性的條件，造成氫吸收的結果。氫脆化在大於 90Ksi 最大抗拉強度的鋼鐵中是一個主要的問題，儘管許多添加的合金是容許的。大部分氫脆化失效的發生，是產生在電鍍、酸洗、或清洗操作的期間造成氫吸收的結果。然而，氫的襲擊也可能發生在工作中，特別在因為腐蝕而產生氫的例子上。氫脆化失效發生在應力低於屈服強度之下，且顯現單一、無樹枝狀的裂縫，通常視為延遲、毀滅性的失效。在硫化氫環境下材料的裂化，通常稱為硫化應力裂化或濕 H₂S 裂化，是一個氫脆化的特殊例子，在那一點上水的存在，使 H₂S 分解成為氫和硫化離子，硫化離子催化氫的吸收，進入容易接受的材料。

H₂S 環境下材料的選擇，通常依據 NACE 標準 MR0175 為基礎，許多閥門的銷售被建立在下列 NACE MR0175 的必要條件中。

## 1.3.5 氫泡(Hydrogen blistering)

氫泡是在鋼鐵中，水泡包含著氫氣而形成。這個發生是當原子氫經過鋼鐵擴散，且合併進入內部缺陷的氫分子(H₂)，例如空隙、薄片、和非金屬含有物。新近形成的氫分子，不能夠經過鋼鐵擴散出來，所以氫分子的累積造成內部缺陷孔洞壓力增加的結果，最後引起材料產生水泡。脫氧鋼(Killed steels)常常被指定作為氫抑制的製程，因為它們對氫泡比沸騰鋼(Rimmed Steel)或半沸騰鋼(Semirimmed steel)有更多的抗拒力，這是因為內部的空隙相對的缺乏。

## 1.3.6 可液化金屬的脆化(Liquid-Metal Embrittlement)

可液化金屬脆化的發生是當一個標準展性金屬在張力中裂化，與另一個金屬直接接觸，那就是液化的形成。此具有應力腐蝕裂化是常有的事，特別是金屬與可液化金屬連接成對，那是顯示眾所知曉可液化金屬脆化。影響可液化金屬脆化的主要因素包含溫度、材料強度的程度、和應用/殘餘應力的程度。可液化金屬的脆化在應力低於屈服強度下，視為重大的失效。可液化金屬的脆化通常包含具有被液化金屬完全覆蓋的一個單一的裂縫，造成表面破裂。

### 1.3.7 固態誘導金屬脆化(Solid Metal-Induced Embrittlement)

固態金屬誘導脆化發生在低於低熔點的低熔點材料,當金屬-金屬連接成對時,顯示脆化。在經驗上連接成對的材料,固態金屬誘導脆化也顯示可液化金屬的脆化,但不是全部連接成對的可液化金屬,將有固態金屬誘導脆化相同的經驗。影響固態金屬誘導脆化包含溫度、材料強度的程度、和應用/殘餘應力的程度。固態金屬誘導脆化的破裂通常包含多樣的、晶粒最初的裂縫,具有存在可延展的最終破裂。

### 1.3.8 裂縫腐蝕(Crevice Corrosion)

在製程流體的流動中,閥門閥體和調整構件組成的零件及其他那些能夠引起不流動或侷限的區域中,腐蝕離子漸漸集中在這些組件的縫隙或材料的縫隙內引起腐蝕。縫隙腐蝕在氯化物環境中是一個主要的問題,因為在縫隙內氯離子會破壞保護金屬的氧化層。一般而言,鋼中的鉻和鉬含量越高,或鋼中氮的存在能夠顯著提高耐縫隙腐蝕的能力。

### 1.3.9 點蝕(Pitting)

點蝕是一種從縫隙腐蝕自發的形成,這是在金屬中引起一個極端局部性攻擊的小孔洞。點蝕在不鏽鋼氧化保護層上,開始發起於薄或脆弱的區域,如同縫隙腐蝕般利用鉻、鉬和氮來提高耐腐蝕的能力。

### 1.3.10 晶間腐蝕(Intergranular Corrosion)

晶間腐蝕是最初發生在晶粒界線的腐蝕,主要的是母體內鉻的喪失降低其抗腐蝕的能力,而腐蝕來自於碳化鉻沉澱的結果或是在晶粒界限內活化,毗連到晶粒的界限。腐蝕的程序環繞在晶粒間,引起它們的脫落,全部材料的喪失會以非常高的速率發生。防止的方式是降低材料內碳的含量。晶間腐蝕在不鏽鋼焊接熱影響的區域是最常見的。

### 1.3.11 電蝕(Galvanic Corrosion)

當兩個相似的金屬在電解質(例如製程流體)存在時相互接觸。一個金屬變成正極,另一個成為負極,腐蝕發生在正極的金屬上。例如鋼閥閥體安裝在一個不鏽鋼配管系統中,鋼閥閥體成了正極,腐蝕也從此開始了。

### 1.3.12 選擇性的濾出金屬(Selective Leaching)

這種腐蝕模式是涉及利用化學作用從一個合金金屬中,選擇性的移除一種金屬的成分。通常的例子是從黃銅中濾出鋅(脫鋅)及從鑄鐵中濾出鐵(石墨化)。

### 1.4 溫度對金屬材料的效應

來自於製程流體及周遭環境的溫度,造成材料性質改變的結果,此將影響閥門的性能。一些普遍性的效應於下列說明其物理及機械上的性質。

表 3-1 材料與化學液體的選擇

| 腐蝕性溶液 | 溫度 °C | 溫度 °F | 濃度 | 建議材質 |
|---|---|---|---|---|
| Acetic Acid (醋酸) | 100 | 212 | All | Monel |
| Acetic Anhydride (無水醋酸) | 150 | 300 | | Nickel |
| Acetone (丙酮) | 100 | 212 | All | 304 SS |
| Acetylene (乙炔) | 200 | 400 | | 304 SS |
| Alcohols (酒精) | 100 | 212 | All | 304 SS |
| Alum (Potassium or Sodium) [明礬 (鉀或鈉)] | 150 | 300 | All | Hast. C |
| Aluminum Chloride (氯化鋁) | 100 | 212 | All | Hast. B |
| Aluminum Sulfate (硫酸鋁) | 100 | 212 | All | 316 SS |
| Ammonia, Dry (氨,無水) | 100 | 212 | All | 304/316 SS |
| Ammonium Chloride (氯化銨) | 150 | 300 | 50% | Monel |
| Ammonium Hydroxide (Ammonia,Aqua) [氫氧化銨 (氨,溶液)] | 100 | 212 | All | 304/316 SS |
| Ammonium Nitrate (硝酸銨) | 150 | 300 | All | 304 SS |
| Ammonium Sulfate (硫酸銨) | 100 | 212 | All | 316 SS |
| Amyl Acetate (醋酸戊酯) | 150 | 300 | All | 304 SS |
| Aniline (苯胺) | 4 | 25 | All | Monel |
| Asphalt (柏油,瀝青) | 121 | 250 | | 304 SS |
| Atmosphere (大氣) | - | - | | 304 SS |
| Barium Compounds (鋇化物) | 參閱 Calcium (鈣) | | | |
| Beer (啤酒) | 21 | 70 | | 304 SS |
| Benzene (Benzol) [苯苯] | 100 | 212 | | Steel |
| Benzoic Acid (安息香酸) | 100 | 212 | All | 316 SS |
| Bleaching Powder (漂白粉) | 21 | 70 | 15% | Monel |
| Borax (硼砂) | 100 | 212 | All | Brass |
| Bordeaux Mixture [波爾多液 (殺菌劑)] | 93 | 200 | All | 304 SS |
| Boric Acid (硼酸) | 204 | 400 | All | 316 SS |
| Bromine (溴) | 52 | 125 | Dry | Monel |

| 腐蝕性溶液 | 溫度 °C | 溫度 °F | 濃度 | 建議材質 |
|---|---|---|---|---|
| Butane (丁烷) | 200 | 400 | All | Steel |
| Butyl Alcohol (丁醇) | 參閱 Alcohols (酒精) | | | |
| Butyric Acid (酪酸) | 100 | 212 | | Hast. C |
| Calcium Bisulphite (亞硫酸氫鈣) | 24 | 75 | All | Hast. C |
| Calcium Chloride (氯化鈣) | 100 | 212 | All | Hast. C |
| Calcium Hydroxide (氫氧化鈣) | 150 | 300 | 20% | Hast. C |
| Calcium Hypochlorite (次氯酸鈣) | See Bleaching Powder (漂白粉) | | | |
| Carbolic Acid (石碳酸) | See Phenol (酚) | | | |
| Carbon Dioxide, Dry (二氧化碳,乾) | 427 | 800 | All | Brass |
| Carbonated Beverages (碳酸飲料) | 100 | 212 | | 304 SS |
| Carbonated Water (碳酸水) | 100 | 212 | All | 304 SS |
| Carbon Disulphide (二硫化碳) | 93 | 200 | | 304 SS |
| Carbon Tetrachloride (四氯化碳) | 52 | 125 | All | Monel |
| Chlorine, Dry (氯,乾) | 38 | 100 | | Monel |
| Chlorine, Moist (氯,濕) | 38 | 100 | All | Monel |
| Chloracetic Acid (氯化醋酸) | 100 | 212 | All | Monel |
| Chloroform, Dry (哥羅芳,乾) | 100 | 212 | All | Monel |
| Chloromethane (氯甲烷) | 參閱 Chloroform (哥羅芳) | | | |
| Chromic Acid (鉻酸) | 150 | 300 | All | Hast. C |
| Cider (果酒) | 150 | 300 | All | 304 SS |
| Citric Acid (檸檬酸) | 100 | 212 | All | Hast. C |
| Copper(10) Chloride (氯化銅) | 100 | 212 | All | Hast. C |
| Copper(10) Nitrite (硝酸銅) | 150 | 300 | All | 316 SS |
| Copper(10) Sulfate (硫酸銅) | 150 | 300 | All | 316 SS |
| Copper Plating Solution (Acid) (鍍銅溶液) | 24 | 75 | | 304 SS |
| Copper Plating Solution (Cyanide) [鍍銅溶液 (氰化物)] | 82 | 180 | | 304 SS |
| Corm Oil (玉米油) | 93 | 200 | | 304 SS |

| 腐蝕性溶液 | 溫度 °C | 溫度 °F | 濃度 | 建議材質 |
|---|---|---|---|---|
| Creosote (木餾油) | 93 | 200 | All | 304 SS |
| Crude Oil (原油) | 150 | 300 | | Monel |
| Ethanol (乙醇, 酒精) | See Alcohols (酒精) | | | |
| Ethyl Acetate (乙酸乙酯) | See Lacquer Thinner (油漆&溶劑) | | | |
| Ethyl Chloride, Dry (氯乙烷) | 260 | 500 | All | Steel |
| Ethylene Glycol (Uninhibited) (乙二醇) | 100 | 212 | All | 304 SS |
| Ethylene Oxide (環氧乙烷) | 24 | 75 | | Steel |
| Fatty Acids (脂肪酸) | 260 | 500 | All | 316 SS |
| Ferric Chloride (氯化鎂) | 24 | 75 | All | Hast. C |
| Ferric Sulfate (硫酸鐵) | 150 | 300 | All | 304 SS |
| Fluorine, Anhydrous (氟, 乾) | 38 | 100 | | 304.SS |
| Formaldehyde (甲醛) | 100 | 212 | 40% | 316 SS |
| Formic Acid (蟻酸) | 150 | 300 | All | 316 SS |
| Freon (冷凍劑) | 150 | 300 | | Steel |
| Furfural (糠醛) | 232 | 450 | | 316 SS |
| Gasoline (汽油) | 150 | 300 | | Steel |
| Glucose (葡萄糖) | 150 | 300 | | 304 SS |
| Glue pH 6-8 (膠料 pH 6-8) | 150 | 300 | All | 304 SS |
| Glycerin (甘油, 丙三醇) | 100 | 212 | All | Brass |
| Hydrobromic Acid (氫溴酸) | 100 | 212 | All | Hast. C |
| Hydrochloric Acid (37-38%) (鹽酸) | 107 | 225 | All | Hast. B |
| Hydrochloric Acid (鹽酸) | All | All | All | Ti-Mo Alloy |
| Hydrogen Chloride (氯化氫) | 260 | 500 | All | 304 SS |
| Hydrocyanic Acid (氰酸) | 100 | 212 | All | 304 SS |

| 腐蝕性溶液 | 溫度 °C | 溫度 °F | 濃度 | 建議材質 |
|---|---|---|---|---|
| Hydrofluosilicic Acid (氫氟矽酸) | 100 | 212 | 40% | Monel |
| Hydrofluoric Acid (氫氫酸) | 100 | 212 | 60% | Monel |
| Hydrogen Fluoride Dry (氟氫氫, 乾) | 80 | 175 | | Steel |
| Hydrogen Peroxide (雙氧水, 過氧化氫) | 52 | 125 | 10-100% | 304 SS |
| Kerosene (煤油) | 150 | 300 | All | Steel |
| Lacquers & Thinners (油漆 & 溶劑) | 150 | 300 | All | 304 SS |
| Lactic Acid (乳酸) | 150 | 300 | All | 316 SS |
| Lime (石灰) | 100 | 212 | All | 316 SS |
| Linseed Oil (亞麻仁油) | 24 | 75 | | Steel |
| Magnesium Chloride (氯化鎂) | 100 | 212 | 50% | Nickel |
| Magnesium Hydroxide (or Oxide) (氫氧化鎂 或 氧化鎂) | 24 | 75 | All | 304 SS |
| Magnesium Sulfate (硫酸鎂) | 100 | 212 | 40% | 304 SS |
| Mercuric Chloride (氯化汞) | 24 | 75 | 10% | Hast. C |
| Mercury (水銀, 汞) | 370 | 700 | 100% | Steel |
| Methyl Chloride, Dry (氯甲烷, 乾) | 24 | 75 | | Steel |
| Methylene Chloride (二氯甲烷) | 100 | 212 | All | 304 SS |
| Milk, fresh or sour (牛奶, 新鮮或酸的) | 82 | 180 | | 304 SS |
| Molasses (糖蜜) | 參閱 Glucose (葡萄糖) | | | |
| Natural Gas (天然氣) | 21 | 70 | All | 304 SS |
| Nitric Acid (硝酸) | 24 | 75 | All | 304 SS |
| Nitric Acid (硝酸) | 150 | 300 | All | 316 SS |

| 腐蝕性溶液 | 溫度 °C | °F | 濃度 | 建議材質 |
|---|---|---|---|---|
| Oleic Acid (油酸) | 參閱 Fatty Acids (脂肪酸) | | | |
| Oxalic Acid (草酸) | 100 | 212 | All | Monel |
| Oxygen (氧) | 24 | 75 | All | Steel |
| Palmitic Acid (棕櫚酸) | 參閱 Fatty Acids (脂肪酸) | | | |
| Phenol (酚, 石碳酸) | 100 | 212 | All | 316 SS |
| Phosphoric Acid (磷酸) | 100 | 212 | All | 316 SS |
| Photographic Bleaching (照相漂液) | 38 | 100 | All | 304 SS |
| Potassium Compounds | 參閱 Sodium Compound(鈉化合物) | | | |
| Propane (丙烷) | 150 | 300 | | Steel |
| Rosin (松香) | 370 | 700 | 100% | 316 SS |
| Salt or Brine [鹽或滷(鹽水)] | 參閱 Sodium Chloride (氯化鈉) | | | |
| Sea Water (海水) | 24 | 75 | | Monel |
| Soap & Detergents (肥皂 & 清潔劑) | 100 | 212 | All | 304 SS |
| Sodium Bicarbonate (重碳酸鈉) | 100 | 212 | 20% | 316 SS |
| Sodium Bisulphate (硫酸氫鈉) | 100 | 212 | 20% | 304 SS |
| Sodium Bisulphite (亞硫酸氫鈉) | 100 | 212 | 20% | 304 SS |
| Sodium Carbonate (碳酸鈉) | 100 | 212 | 40% | 316 SS |
| Sodium Chloride (氯化鈉) | 150 | 300 | 30% | Monel |
| Sodium Chromate (鉻酸鈉) | 100 | 212 | All | 316 SS |
| Sodium Nitrite (亞硝酸鈉) | 24 | 75 | 20% | 316 SS |
| Sodium Phosphate (磷酸鈉) | 100 | 212 | 10% | Steel |
| Sodium Silicate (矽酸鈉) | 100 | 212 | 10% | Steel |
| Sodium Sulfate (硫酸鈉) | 100 | 212 | 30% | 304 SS |
| Sodium Sulfide (硫化鈉) | 100 | 212 | 30% | 316 SS |
| Sodium Sulfite (亞硫酸鈉) | 100 | 212 | 10% | 316 SS |
| Sodium Thiosulfate (硫代硫酸鈉) | 100 | 212 | All | 304 SS |

| 腐蝕性溶液 | 溫度 °C | °F | 濃度 | 建議材質 |
|---|---|---|---|---|
| Sodium Cyanide (氰化鈉) | 100 | 212 | All | 304 SS |
| Sodium Hydroxide (氫氧化鈉) | 100 | 212 | 30% | 316 SS |
| Sodium Hypochlorite (次氯酸鈉) | 24 | 75 | 10% | Hast. C |
| Sodium Nitrate (硝酸鈉) | 100 | 212 | 40% | 304 SS |
| Steam (蒸汽) | | | | 304 SS |
| Stearic Acid (硬脂酸) | See Fatty Acids (脂肪酸) | | | |
| Sugar Solution (糖溶液) | See Glucose (葡萄糖) | | | |
| Sulfur (硫) | 260 | 500 | | 304 SS |
| Sulfur Chloride (氯化硫) | 24 | 75 | Dry | 316 SS |
| Sulfur Dioxide (二氧化硫) | 260 | 500 | Dry | 316 SS |
| Sulfur Trioxide (三氧化硫) | 260 | 500 | Dry | 316 SS |
| Sulfuric Acid (硫酸) | 100 | 212 | 10% | 316 SS |
| Sulfuric Acid (硫酸) | 100 | 212 | 10-90% | Hast.B |
| Sulfuric Acid (硫酸) | 100 | 212 | 90-100% | Hast.B |
| Sulfuric Acid, Fuming (發煙硫酸) | 80 | 175 | | Carp.20 |
| Sulfurous Acid (亞硫酸) | 24 | 75 | 20% | 316 SS |
| Tannic Acid (鞣酸) | 24 | 75 | 40% | Hast.B |
| Titanium Tetrachloride (四氯化鈦) | 24 | 75 | All | 316 SS |
| Toluene (甲苯) | 24 | 75 | | Steel |
| Trichloroacetic Acid (三氯乙酸) | 24 | 75 | All | Hast.B |
| Trichloroethylene (三氯乙烯) | 150 | 300 | Dry | Monel |
| Turpentine oil (松節油) | 24 | 75 | | 316 SS |
| Varnish (清漆) | 65 | 150 | All | Steel |
| Zinc Chloride (氯化鋅) | 100 | 212 | All | Hast.B |
| Zinc Sulfate (硫酸鋅) | 100 | 212 | All | 316 SS |

## 3-2 材料在各種流體的建議

| 流體 | 鋁 | 黃銅 | 鑄鐵碳鋼 | 416&440C | 17-4 SST | 304 SST | 316 SST | Duplex SST | 254 SMO | Alloy 20 | Alloy 400 | Alloy C276 | Alloy B2 | Alloy 6 | 鈦 | 鋯 |
|---|---|---|---|---|---|---|---|---|---|---|---|---|---|---|---|---|
| Acetaldehyde(乙醛) | A | A | C | A | A | A | A | A | A | A | A | A | A | A | A | A |
| Acetic Acid, Air free(醋酸，無空氣) | C | C | C | C | C | C | A | A | A | A | A | A | A | A | A | A |
| Acetic Acid, Aerated(醋酸，暴露於空氣) | C | C | C | C | B | B | A | A | A | A | C | A | A | A | A | A |
| Acetone(丙酮) | B | A | A | A | A | A | A | A | A | A | A | A | A | A | A | A |
| Acetylene(乙炔) | A | A | A | A | A | A | A | A | A | A | A | A | A | A | A | A |
| Alcohols(酒精) | A | A | A | A | A | A | A | A | A | A | A | A | A | A | A | A |
| Aluminum Sulfate(硫酸鋁) | C | C | C | C | B | A | A | A | A | A | A | A | A | A | A | A |
| Ammonia(氨) | A | C | A | A | A | A | A | A | A | A | A | A | A | A | A | A |
| Ammonium Chloride(氯化銨) | C | C | C | C | C | C | B | A | A | A | B | A | A | B | A | A |
| Ammonium Hydroxide(氫氧化銨) | A | C | A | A | A | A | A | A | A | A | C | A | A | A | C | B |
| Ammonium Nitrate(硝酸銨) | B | C | B | B | A | A | A | A | A | A | C | A | A | A | A | A |
| Ammonium Phosphate (Mono-Basic)(磷銨) | B | B | C | B | B | B | A | A | A | A | B | A | A | A | A | A |
| Ammonium Sulfate(硫酸銨) | C | C | C | C | B | A | A | A | A | A | A | A | A | C | A | A |
| Ammonium Sulfite(亞硫酸銨) | C | C | C | C | A | A | A | A | A | A | C | A | A | A | A | A |
| Asphalt(瀝青) | A | A | A | A | A | A | A | A | A | A | A | A | A | A | A | A |
| Beer(啤酒) | A | A | B | B | A | A | A | A | A | A | A | A | A | A | A | A |
| Benzene (Benzol) 苯(苯) | A | A | A | A | A | A | A | A | A | A | A | A | A | A | A | A |
| Benzoic Acid(安息香酸) | A | A | C | C | A | A | A | A | A | A | A | A | A | A | A | A |
| Boric Acid(硼酸) | C | B | C | C | A | A | A | A | A | A | B | A | A | A | A | A |
| Bromine, Dry(溴，乾) | C | C | C | C | B | B | B | B | A | A | A | A | A | A | C | C |
| Bromine, Wet(溴，濕) | C | C | C | C | C | C | C | C | C | C | A | A | A | C | C | C |
| Butane(丁烷) | A | A | A | A | A | A | A | A | A | A | A | A | A | A | A | A |
| Calcium Chloride 氯化鈣 | C | C | B | C | C | B | B | A | A | A | A | A | A | A | A | A |
| Calcium Hypochlorite 次氯酸鈣 | C | C | C | C | C | C | C | A | A | A | C | A | B | B | A | A |
| Carbon Dioxide, Dry 二氧化碳(乾) | A | A | A | A | A | A | A | A | A | A | A | A | A | A | A | A |
| Carbon Dioxide, Wet 二氧化碳(濕) | A | B | C | C | A | A | A | A | A | A | A | A | A | A | A | A |
| Carbon Disulfide(二硫化碳) | C | C | A | B | B | A | A | A | C | A | B | A | A | C | A | A |
| Carbon Acid(碳酸) | A | B | C | C | A | A | A | A | A | A | A | A | A | A | A | A |
| Carbon Tetrachloride(四氯化碳) | A | A | B | B | A | A | A | A | A | A | A | A | A | A | A | A |

表 3-2 材料在各種流體的建議(續)

| 流體 | 鋁 | 黃銅 | 鑄鐵碳鋼 | 416&440C | 17-4 SST | 304 SST | 316 SST | Duplex SST | 254 SMO | Alloy 20 | Alloy 400 | Alloy C276 | Alloy B2 | Alloy 6 | 鈦 | 鋯 |
|---|---|---|---|---|---|---|---|---|---|---|---|---|---|---|---|---|
| Caustic Potash(苛性鉀) | C | C | B | B | A | A | A | A | A | A | A | A | A | A | A | A |
| Caustic Soda(苛性鈉) | C | C | A | B | B | B | A | A | A | A | A | A | A | A | A | A |
| Chlorine, Dry(氯氣乾) | C | C | A | C | B | B | B | A | A | A | A | A | A | A | C | A |
| Chlorine, Wet(氯氣濕) | C | C | C | C | C | C | C | C | C | C | B | B | B | C | A | A |
| Chromic Acid(鉻酸) | C | C | C | C | C | C | C | B | A | C | C | A | B | C | A | A |
| Citric Acid(檸檬酸) | B | C | C | C | B | B | A | A | A | A | A | A | A | A | A | A |
| Coke Oven Acid(焦爐酸) | C | B | A | A | A | A | A | A | A | A | B | A | A | A | A | A |
| Copper Sulfate(硫酸銅) | C | C | C | C | C | C | B | A | A | A | C | A | A | C | A | A |
| Cottonseed Oil(棉籽油) | A | A | A | A | A | A | A | A | A | A | A | A | A | A | A | A |
| Creosote(木餾油) | C | C | A | A | A | A | A | A | A | A | A | A | A | A | A | A |
| Dowtherm(聯苯) | A | A | A | A | A | A | A | A | A | A | A | A | A | A | A | A |
| Ethane(乙烷) | A | A | A | A | A | A | A | A | A | A | A | A | A | A | A | A |
| Ether(乙醚) | A | A | B | A | A | A | A | A | A | A | A | A | A | A | A | A |
| Ethyl Chloride(氯乙烷) | C | B | C | C | B | B | B | A | A | A | A | A | A | A | A | A |
| Ethylene(乙烯) | A | A | A | A | A | A | A | A | A | A | A | A | A | A | A | A |
| Ethylene Glycol(乙二醇) | A | A | A | A | A | A | A | A | A | A | A | A | A | A | A | A |
| Ferric Chloride(氯化鐵) | C | C | C | C | C | C | C | C | B | C | C | A | C | C | A | A |
| Fluorine, Dry[氟，(乾的)] | B | B | A | C | B | B | B | A | A | A | A | A | A | A | C | C |
| Fluorine, Wet[氟，(濕的)] | C | C | C | C | C | C | C | C | C | C | B | B | B | B | C | C |
| Formaldehyde(甲醛) | A | A | B | A | A | A | A | A | A | A | A | A | A | A | A | A |
| Formic Acid(蟻酸) | B | C | C | C | C | C | B | A | A | A | C | A | B | B | B | A |
| Freon, Wet[氟里昂，(濕的)] | C | C | B | B | B | B | A | A | A | A | A | A | A | A | A | A |
| Freon, Dry[氟里昂，(乾的)] | A | A | B | C | A | A | A | A | A | A | A | A | A | A | A | A |
| Furfural(糠醛) | A | A | A | A | A | A | A | A | A | A | A | A | A | A | A | A |
| Gasoline, Refined(精煉汽油) | A | A | A | B | A | A | A | A | A | A | A | A | A | A | A | A |
| Glucose(葡萄糖) | A | A | A | A | A | A | A | A | A | A | A | A | A | A | A | A |
| Hydrochloric Acid (Aerated) [鹽酸，(充氣)] | C | C | C | C | C | C | C | C | C | C | C | B | A | C | C | A |
| Hydrochloric Acid (Air Free) [鹽酸，(無氣)] | C | C | C | C | C | C | C | C | C | C | C | B | A | C | C | A |
| Hydrofluoric Acid (Aerated) [氫氟酸(充氣)] | C | C | C | C | C | C | C | C | C | C | B | B | B | B | C | C |
| Hydrofluoric Acid (Air Free)[氫氟酸(無氣)] | C | C | C | C | C | C | C | C | C | C | A | B | B | B | C | C |

表 3-2 材料在各種流體的建議(續)

| 流體 | 鋁 | 黃銅 | 鑄鐵碳鋼 | 416&440C | 17-4 SST | 304 SST | 316 SST | Duplex SST | 254 SMO | Alloy 20 | Alloy 400 | Alloy C276 | Alloy B2 | Alloy 6 | 鈦 | 鋯 |
|---|---|---|---|---|---|---|---|---|---|---|---|---|---|---|---|---|
| Hydrogen(氫) | A | A | A | C | B | A | A | A | A | A | A | A | A | A | C | A |
| Hydrogen Peroxide(過氧化氫) | A | C | C | C | B | A | A | A | A | A | C | A | C | A | A | A |
| Hydrogen Sulfide(硫化氫) | C | C | C | C | C | A | A | A | A | A | A | A | A | A | A | A |
| Iodine(碘) | C | C | C | C | A | A | A | A | A | A | C | A | A | A | C | B |
| Magnesium Hydroxide(氫氧化鎂) | B | B | A | A | A | A | A | A | A | A | A | A | A | A | A | A |
| Mercury(水銀) | C | C | A | A | A | A | A | A | A | A | B | A | A | A | C | A |
| Methanol(甲醇) | A | A | A | A | A | A | A | A | A | A | A | A | A | A | A | A |
| Methyl Ethyl Ketone(甲乙酮) | A | A | A | A | A | A | A | A | A | A | A | A | A | A | A | A |
| Milk(牛奶) | A | A | C | A | A | A | A | A | A | A | A | A | A | A | A | A |
| Natural Gas(天然氣) | A | A | A | A | A | A | A | A | A | A | C | B | C | C | A | A |
| Nitric Acid(硝酸) | C | C | C | C | B | B | A | A | A | A | A | A | A | A | A | A |
| Oleic Acid(油酸) | C | C | C | B | B | B | B | A | A | A | B | A | A | B | A | A |
| Oxalic Acid(草酸) | C | C | A | C | B | B | B | B | B | B | A | B | B | B | C | C |
| Oxygen(氧) | A | A | A | C | B | B | A | A | A | A | A | A | B | A | C | A |
| Petroleum Oils, Refined(精煉石油) | A | A | C | A | A | A | A | A | A | A | C | A | A | A | A | A |
| Phosphoric Acid (Aerated) [磷酸(充氣)] | C | C | C | C | B | B | B | A | A | A | B | B | A | A | C | C |
| Phosphoric Acid (Air Free) [磷酸(無氣)] | C | C | C | C | B | B | B | A | A | A | C | A | A | B | C | A |
| Picric Acid(苦味酸) | C | C | C | C | B | B | A | A | A | A | A | A | A | A | A | A |
| Potash(鉀肥)(同 Potassium Carbonate) | C | C | B | B | A | A | A | A | A | A | A | A | A | A | A | A |
| Potassium Carbonate(碳酸鉀) | C | C | B | B | A | B | B | A | A | A | A | A | A | A | A | A |
| Potassium Chloride(氯化鉀) | C | C | B | C | C | A | A | A | A | A | A | A | A | A | A | A |
| Potassium Hydroxide(氫氧化鉀) | C | C | B | B | A | A | A | A | A | A | A | A | A | A | A | A |
| Propane(丙烷) | A | A | A | A | A | A | A | A | A | A | A | A | A | A | A | A |
| Rosin(松香) | A | A | B | A | A | A | A | A | A | A | C | A | A | A | A | A |
| Silver Nitrate(硝酸銀) | C | C | C | C | B | A | A | A | A | A | A | A | A | A | A | A |
| Soda Ash(純碱) | C | C | A | B | A | B | A | A | A | A | A | A | A | A | A | A |
| Sodium Acetate(醋酸鈉) | A | A | A | A | A | A | A | A | A | A | A | A | A | A | A | A |
| Sodium Carbonate(碳酸鈉) | C | C | A | B | A | A | A | A | A | A | A | A | A | A | A | A |
| Sodium Chloride(氯化鈉) | C | A | C | C | B | B | B | A | A | A | A | A | A | A | A | A |
| Sodium Chromate(鉻酸鈉) | A | A | A | A | A | A | A | A | A | A | A | A | A | A | A | A |

表 3-2 材料在各種流體的建議(續)

| 流體 | 鋁 | 黃銅 | 鑄鐵碳鋼 | 416&440C | 17-4 SST | 304 SST | 316 SST | Duplex SST | 254 SMO | Alloy 20 | Alloy 400 | Alloy C276 | Alloy B2 | Alloy 6 | 鈦 | 鋯 |
|---|---|---|---|---|---|---|---|---|---|---|---|---|---|---|---|---|
| Sodium Hydroxide(氫氧化鈉) | C | C | A | B | B | B | A | A | A | A | A | A | A | A | A | A |
| Sodium Hypochlorite(次氯酸鈉) | C | C | C | C | C | C | C | C | C | C | C | A | B | C | A | A |
| Sodium Thiosulfate(硫代硫酸鈉) | C | C | C | C | B | B | A | C | A | A | A | A | A | A | A | A |
| Stannous Chloride(氯化亞錫) | C | C | C | C | C | C | B | A | A | A | C | A | A | B | A | A |
| Steam(蒸汽) | A | A | A | A | A | A | A | A | A | A | A | A | A | A | A | A |
| Stearic Acid(硬脂酸) | C | B | B | B | B | A | A | A | A | A | A | A | A | B | A | A |
| Sulfate Liquor (Black) [硫酸酒，(黑)] | C | C | A | C | C | B | A | A | A | A | A | A | A | A | A | A |
| Sulfur(硫) | A | B | A | A | A | A | A | A | A | A | A | A | A | A | A | A |
| Sulfur Dioxide, Dry[二氧化硫(乾的)] | C | C | C | C | C | C | B | A | A | A | C | A | A | B | A | A |
| Sulfur Trioxide, Dry[三氧化硫(乾的)] | C | C | C | C | C | C | B | A | A | A | B | A | A | B | A | A |
| Sulfuric Acid (Aerated) [硫酸，(充氣)] | C | C | C | C | C | C | C | A | A | A | C | A | C | B | C | A |
| Sulfuric Acid (Air Free) [硫酸，(無氣)] | C | C | C | C | C | C | C | A | A | A | B | A | A | B | C | A |
| Sulfurous Acid(亞硫酸) | C | C | C | C | C | B | B | A | A | A | C | A | A | B | A | A |
| Tar(焦油) | A | A | A | A | A | A | A | A | A | A | A | A | A | A | A | A |
| Trichloroethylene(三氯乙烯) | B | B | B | B | B | B | A | A | A | A | A | A | A | A | A | A |
| Turpentine(松節油) | A | A | B | A | A | A | A | A | A | A | A | A | A | A | A | A |
| Vinegar(醋) | B | B | C | C | A | A | A | A | A | A | A | A | A | A | A | A |
| Water, Boiler feed, Amine Treated(胺處理鍋爐水) | A | A | A | A | A | A | A | A | A | A | A | A | A | C | A | A |
| Water, Distilled(蒸餾水) | A | A | C | C | A | A | A | A | A | A | A | A | A | A | A | A |
| Water, Sea(海水) | C | A | C | C | C | C | B | A | A | A | A | A | A | A | A | A |
| Whiskey and Wines(威士忌和葡萄酒) | A | A | C | C | A | A | A | A | A | A | A | A | A | A | A | A |
| Zinc Chloride(氯化鋅) | C | C | C | C | C | C | C | B | B | B | A | A | A | B | A | A |
| Zinc Sulfate(硫酸鋅) | C | C | C | C | A | A | A | A | A | A | A | A | A | A | A | A |

A – 極小腐蝕；B – 輕微至中度影響，小心進行。；C – 不滿意

Al............ 鋁(Aluminum)
Br............ 黃銅(Brass)
Steel........ 碳鋼(Carbon steel), WCB, WCC, LCB, LCC, WC9 和 C5
CI............ 鑄鐵(Cast iron)
416&440C... 也包含 410, CA15 和 CA6NM
17-4........... 包含 17-4 PH®, CBCu-1 和 CB7Cu-2
304........... 包含 304L, CF3 和 CF8

316......... 包含 316L, CF3M, CF8M, 317 和 CG8M
Duplex..... 包含 2205, CD3MN, Ferralium®255,CD7MCuN, CD4Mcu 和 others
254 SMO... 包含 S31254 (Avesta®254 SMO) 和 CK3MCuN
20............ 包含 Carpenter 20Cb-3® 和 CN7M
400.......... 包含 Monel® 400, R405, M35-1, K500
C276........ 包含 Hastelloy®C276, CW2M, C22 和 C4
B2............ 包含 Hastelloy®B2 和 N7M
6.............. 鈷基(Cobalt-base)Stellite® Alloy 6 和 CoCr-A
Ti............. 鈦(Titanium)
Zr............ 鋯(Zirconium)
註：本材料表取自於 ISA Material for Control Valves

### 1.4.1 提升溫度在冶金穩定性上的效應

　　大部分的金屬在自然界有存在亞穩狀態(Metastable State)的結構，當它們被放置在一個提升溫度的環境中，它們傾向於轉換到其穩定的結構，此反應的發生能夠影響許多的特性，在閥門的應用上是很重要的。

　　例如，使用在閥體的碳鋼材料，擁有一個兩相的微結構，是由亞鐵(本質上是純鐵)和碳化鐵組成的。長期的暴露在超過 427°C (800°F)的溫度，引起碳化鐵分解成為鐵和石墨，降低了材料的強度和韌度，此現象稱為"石墨化"。含有鉻和鉬的鋼合金，因為它們有更穩定的碳化物相，可使用於超過 427°C (800°F)。

　　高溫上冶金穩定性的問題，影響其他的材料及計算上限工作溫度的範圍。下列例子說明一些材料因溫度的提升而限制的穩定性問題。

- 當使用溫度高於 316°C (600°F)，S17400 和相關聯的沉澱硬化不鏽鋼喪失了韌度。因為溫度從 600 到 800°F (316～427°C)使韌度降低到最小。這些材料有時使用於 427°C (800°F)，而此處的應力通常被壓縮的，且沒有撞擊負荷。
- 超過 427°C (800°F)，冷加工 300 系列不鏽鋼喪失了它們的冷作效應。
- 使用在淬火狀態的條件或低溫下被回火(小於 427°C，800°F)的馬氏體不鏽鋼(400系列)，假如溫度高於 427°C(800°F)，將喪失它們的硬度。此外，假如使用或回火溫度在 475～550°C (885～1025°F)範圍，它們有可能遭受脆化。因此，假如操作溫度將超過 427°C(800°F)，建議 400 系列不鏽鋼材料最小在 593°C(1100°F)回火。
- 雙煉不鏽鋼脆化，因為溫度高於 288°C (550°F)，$\alpha$-相的形成。

### 1.4.2 提升溫度在屈服強度的效應

　　金屬合金屈服強度是一種晶體結構缺陷強有力的穩固功能，這些缺陷有目的經過熱處理、冷加工及加入其他元素形成合金來強化材料。提升溫度減少那些機械作用的效能，有效的降低屈服強度。每一種材料依據成分和材料的條件，有它自己的屈服強度-對-溫度的分布圖。

### 1.4.3 提升溫度在彈性係數上的效應

　　彈性係數隨著溫度的增加而減少，其意指材料變成更不"堅硬"。這個在閥門上能夠影響許多組成部分，例如，假定扭轉一個閥帽螺栓來提供一個特定的負荷，這個負荷實際上符合在螺栓扭矩限制中一個給予的應變量。閥門其後被安置在一個溫度升高的應用中，引起螺栓材料彈性係數的降低。既然應變仍然是常數(假定組合體的所有零件有相同的熱膨脹係數)，在螺栓(像這樣負荷)上的應力依據相同的比例減少。每一種材料有它自己的彈性係數-對-溫度的分布，能夠被用來幫助材料最佳化的選擇，作為閥門的組成部分。

### 1.4.4 低溫在韌度上的效應

　　一些材料，大部分為非奧氏體鋼，例如碳鋼、合金鋼、和馬氏體不鏽鋼，在低溫下顯示韌度的降低。假如在給予這些型式的材料上作各種溫度的衝擊試驗，得到S 形狀曲線的結果。此曲線在低溫下包含一個低"局部"活動力，和在提升的溫度下包含一個高"局部"活動力，擁有一個陡峭傾斜的轉變，環繞在延展-到-脆化的轉變溫度(Ductile-to-Brittle Transition Temperature，DBTT)周圍為中心。當一個這種型式的鋼預定使用在低溫上，慣例在最小應用溫度(或一個甚至更低標準溫度)上規定衝擊測試，來顯示材料已經適當地執行程序，以符合最小的標準衝擊能量值。

　　奧氏體鋼、銅合金和一些其他合金族群，因為它們的晶體結構通常不會顯示一個延展-到-脆化的轉變。這些材料普遍地利用作為低溫的應用。

### 1.4.5 提升溫度下的蠕變

　　在高的溫度上升中，一個稱為蠕變(Creep)的現象進入行動，解釋蠕變首先需要解釋彈性，一個典型金屬材料在周溫下顯示彈性行為，即應力線性般的比例於變形，而與時間無關，一個負荷一定應力的樣品，其變形也是一定的量，此變形將保持常數，直到負荷改變。

　　無論如何，假如溫度足夠的高，其行為變成非彈性，變形將慢慢的隨著時間而增加(因此稱為"蠕變")，在某些應用上，蠕變在設計一個可操作的閥門上，變成一個足夠的因素，引起蠕變所需要的溫度，依據材料成分和材料條件，蠕變資料通常存在於圖面或表格的形式上，顯示在引起一定數量的永久變形之應力上，此變成為溫度的函數，在溫度上，蠕變是活躍的，而屈服強度變成不相干的。

## 2.0 金屬材料和非金屬材料在環境上的考慮和限制

### 2.1 金屬材料的性質

　　在各種環境及應用的流體下，各種材料的性質必須詳加考慮在應用上的限制，避免使用不適當的材料，以致於遭受重大的失效或縮短工作上的壽命，本節敘述一般使用於閥門金屬及橡膠類材料的性質。

### 2.1.1 灰鑄鐵和它的變異

- 對熱和機械衝擊缺乏延展性和靈敏度。
- 白色鑄鐵不能被用作任何承受壓力的組件。

### 2.1.2 碳鋼與合金鋼(Carbon and Alloy Steels)

- 低溫應用上，需要衝擊-韌度的確認。
- 與鹼或強苛性流體的接觸，在碳鋼上有脆化的可能性。
- 長時間暴露在超過 427°C (800°F)的溫度，碳鋼、碳錳鋼、鎳鋼、錳釩鋼及碳矽鋼的碳化物可能轉變成石墨(稱為"石墨化")。而碳鉬鋼、錳鉬釩鋼和鉻釩鋼等，當長時間暴露在超過 468°C (875°F)的溫度，造成強度和延展性降低的結果。
- 氫泡和/或氫攻擊的潛在性。起因於氫氣暴露在提升的溫度中，大約 204°C (400°F)，引起強度和延展性的惡化。
- 暴露到氰化物、酸類、酸鹽類或濕硫化氫，有應力腐蝕裂化或氫脆化的可能性。
- 對於抗硫化應力裂化，其硬度必須少於 22 HRC，假如執行焊接或重要的冷作，應力解除是需要的。縱使其硬度低於 22 HRC，加熱影響區域的面積將變得更硬，焊接後熱處理將消除這些過度堅硬的區域。

### 2.1.3 不鏽鋼(Stainless Steels)

- 奧氏體不鏽鋼不適合在氯化物和其他鹵化物(氰化物、溴化物、碘化物)的環境中使用，因為有較高的應力腐蝕裂化的敏感性和點蝕傾向。
- 奧氏體不鏽鋼晶粒間腐蝕的潛在性。暴露到 427°C ~871°C (800°F ~1600°F)範圍的溫度之後，已經被活化。一個有關聯的現象是暴露到多硫磺酸(Polythionic Acid)之後，活化奧氏體不鏽鋼的晶粒間應力腐蝕裂化。多硫磺酸常常形成在當水和含硫的碳氫化合物於設備停機的期間，被冷卻到室溫時。
- 奧氏體不鏽鋼被可液化金屬晶粒間攻擊的可能性，包括鋅、鋁、鎘、錫、鉛、及鉍。
- 高純鐵素體不鏽鋼對氯化物應力腐蝕裂化不敏感，由於含有較高的鉻和鉬，對耐點蝕和縫隙腐蝕性能亦佳，可廣泛用作熱交換設備及海水設備等。
- 高純鐵素體不鏽鋼中鉻的質量超過 16%時，存在天生的加熱脆性(特別是高鉻鉬鋼在 475°C 附近加熱出現"475°C 回火脆性"。850°C 附近加熱時由於 $\sigma$ 相的析出及高溫晶粒長大造成的脆性。
- 馬氏體不鏽鋼應避免在 370°C ~560°C 範圍內進行回火，因為在該範圍內回火時會出現回火脆性。
- 雙相不鏽鋼因高鉻和鉬的含量及雙相結構特徵，使其有優良的耐應力腐蝕、晶間腐蝕、點蝕和縫隙腐蝕的性能。

- 雙相不鏽鋼的脆化是因為 $\alpha$-相和/或 $\alpha'$-相長時間暴露在升高溫度期間的沉澱。短期間暴露在溫度 $593°C \sim 927°C$ ($1100°F \sim 1700°F$)的範圍，也能夠產生相同機械作用的脆化。

### 2.1.4 鎳合金(Nickel Alloys)

- 純鎳和無鉻的鎳合金當暴露到溫度高於 $316°C$ ($600°F$)的硫磺中，有晶界腐蝕的可能性。
- 鎳合金在高於 $593°C$($1100°F$)的還原條件和高於 $760°C$($1400°F$)的氧化條件下，有晶界攻擊(Grain Boundary Attack)的可能性。
- 鎳銅合金的 Monel 合金是迄今為止耐氫氟酸腐蝕最好的材料之一，此外在磷酸、硫酸、鹽酸、有機酸和鹽溶液亦比鎳或銅更好的耐蝕性。
- 鎳鉬合金的 Hastelloy B 對鹽酸具有非常良好的耐蝕性。在常壓下可用於任意濃度、任意溫度的鹽酸介質中。在硫酸、磷酸及氫氟酸等還原性酸中亦有良好的耐蝕性。
- 鎳鉻鉬合金的 Hastelloy C 不僅在氧化性介質中，而且在還原性介質中均有良好的耐蝕性，特別是在含有 $F^-$ 和 $Cl^-$ 等離子的氧化性酸，在有氧或氧化劑存在的還原性酸中，以及在氧化性酸和還原性酸共存的混酸中，在濕氯和含氯氣的水溶液中，均具有其他耐蝕合金無法與之相比的獨特耐蝕性。
- 鎳鉻鉬合金 Hastelloy C-276 合金改進了晶間腐蝕的傾向，對各種氯化物介質、含各種氧化性鹽的硫酸、亞硫酸、磷酸、有機酸、高溫氫氟酸等介質，均有優異的耐均勻腐蝕和局部腐蝕的性能

### 2.1.5 銅合金(Copper Alloys)

- 青銅一般應用大約為 $280°C$ 的溫度，應用的流體包含蒸汽、水、油、空氣和瓦斯管線，也被用在閥瓣和閥體上作為極低溫度的應用，例如液態甲烷、氧和氮氣。
- 銅鋅材料有脫鋅的潛在性。
- 氨或氨化合物存在中，銅合金對應力腐蝕裂化有敏感性。

## 2.2 非金屬材料的化學相容性

本節說明通常使用於閥門的合成橡膠、塑膠、和其他非金屬材料的特性及化學相容性，而這些材料當暴露在特別的環境，會遭受許多的變化，引起的現象如溶脹(Swelling)、熱套(Shrinkage)、溶解作用(Dissolution)、斷鏈作用(Chain Scission)、硬度改變、機械性質的喪失等等。預測這些反應實際上是不可能的，必須執行品質相容性的測試，才能尋求出最適合的材料。大部分相容性測試是經由浸泡測試來實行，可依據 ASTM D471 或一個相似的方法來執行。質量、容量、硬度、抗拉強度及伸長率的改變是評估的通常指標。明顯地，暴露之後極小的改變，暗示與環境或製程流體的相容性。

下列敘述非金屬彈性材料的化學名稱及用途。表 3-3 列出合成橡膠性質的一覽表，此表是根據合成橡膠製造廠商所公佈的文獻資料為基礎。一個合成橡膠與流體的一致性可能不適合涵蓋它溫度能力的全部範圍。一般而言，化學相容性隨著應用溫度的增加而減少。

### 2.2.1 天然橡膠 NR

一般以 NR 來表示，是由橡樹的樹皮所採取的膠乳，主要成分是異戊二烯的聚合物。可溶於苯、溶劑汽油、二硫化碳、四氯化碳、氯仿、松節油等，所以不建議使用於石油產品。不溶於乙醇和丙酮。溫度範圍為 $-60°C \sim +82°C$ ($-80°F \sim 180°F$)。

### 2.2.2 丁腈橡膠 NBR (Nitrile Rubber 或 Buna-N)

也被稱為 Buna-N。是丁二烯和丙烯腈的共聚體，丁腈橡膠被推荐作為一般目的

的密封、石油及其液體、水、矽氧油脂及潤滑油、二酯為基底的潤滑劑(例如 MIL-L-7808)，及乙烯乙二醇為基底的流體(Hydrolubes)。不推荐使用在鹵化烴、硝烴(例如硝基苯和苯胺)、磷酸鹽酯液壓流體(Skydrol, Cellulube, Pydraul)、酮(MEK, 丙酮)、強酸、臭氧、及汽車剎車油等，雖然其包括超過一種成分，其溫度範圍是-60 °F ~ +225°F (-51°C ~ +107°C)。

### 2.2.3 乙丙橡膠 EPDM、EPM (Ethylenepropylene rubber)

一般以 EPDM 及 EPM 來表示。是由乙烯和丙烯單體共聚而得的合成橡膠。EPM 是乙烯和丙烯的共聚體，而 EPDM 包含一些小數量的第三單體(二烯類)在熱化過程中所促成的。被推薦用於磷酸鹽酯為基底的液壓流體、204°C (400°F)內的蒸汽、水、矽氧油脂及潤滑油、弱酸、弱鹼、酮、酒精及汽車剎車油等。不建議用於石油、二酯為基底的潤滑劑。溫度範圍為-51°C ~ +260°C (-60°F ~ +500°F)。

### 2.2.4 Viton (FKM)

一般以 FKM 來表示，Viton 和 Fluorel 是最普通的商業名稱，是一種聚亞甲基的氟合成橡膠，在聚合鏈上有氟和全氟烷基或全氟烷氧基族群的取代基。最初的發展是用來處理碳化氫液體，譬如噴射機燃油、汽油等這些對 Buna-N 通常會引起有害的膨脹。被推薦用於石油、二酯為基底的潤滑劑、矽酸鹽酯類為基底的潤滑劑、矽氧流體和油脂、及某些酸類。不建議用於酮、胺類、無水氨、低分子重量的酯和醚、熱氫氟酸和氯磺酸。溫度範圍為-29°C ~ +232°C (-20°F ~ +450°F)。

### 2.2.5 氯平橡膠 CR (Chloroprene)

一般以 CR 來表示，又稱為氯丁橡膠，為氯平(氯丁二烯)的均聚體。主要應用於冷凍工業方面外部的密封，被建議用於氟里昂、氨的冷凍劑、高苯氨的石油、弱酸、矽酸鹽二酯的流體。不建議用於磷酸鹽二酯流體和酮。溫度範圍為-51°C ~ +93°C (-60°F ~ +200°F)。

### 2.2.6 聚四氟乙烯橡膠 PTFE (FXM)

通常以 PTFE 的名稱使用於工業界，其化學名稱為聚四氟乙烯 (Polytetrafluoroethylene)，是對所有的化學物質皆具有抗力，實際上是一種不會被任何流體侵襲的材料，為四氟乙烯和丙烯的共聚體，常常被用於需要抗碳化氫和熱水之處。PTFE 具有冷流(Cold flow)的特性，即常溫時因超負荷造成它的流動，此性質特別在氣體上會造成不預期的洩漏。溫度範圍為-7°C ~ +232°C (+20°F ~ +450°F)。

### 2.2.7 Hydrin 橡膠 CO、ECO

以 CO 或 ECO 來表示，通常被稱為 Hydrin 橡膠。CO 是環氧氯丙烷均聚體的名稱，ECO 是環氧乙烷和氯甲基環氧乙烷共聚體的名稱(環氧氯丙烷共聚體)。ETER 是作為環氧氯丙烷、環氧乙烷和一個不飽和單體的三元共聚體的名稱。均聚體(CO)的氣密性極好，為丁基橡膠的三倍，具有耐熱、耐油、耐臭氧、耐燃燒、耐鹼和有機溶劑的特性。共聚體具有高的彈性和良好的耐寒性，其他性能比均聚體稍差。其典型的操作溫度 CO 是-29°C ~ +163°C (-20°F ~ +325°F)。ECO 及 ETER 是-48°C ~ +149°C (-55°F ~ +300°F)。

### 2.2.8 全氟化橡膠 FFKM

以 FFKM 來表示。聚亞甲基形式的全氟化橡膠在氟、全氟烷基、或全氟化烷氧族群的聚合鏈上有全部的取代基族群，因此產生的聚合體有優良的化學抵抗力和熱溫度的抵抗力。此合成橡膠是極高價的，且應使用於當全部替代品皆失敗時。溫度範圍為-18°C ~ +260°C (0°F ~ +500°F)某些材料能夠用於 316°C(600°F)。

### 2.2.9 矽氧橡膠 MQ、PMQ、PVMQ、VMQ

以 MQ、PMQ、PVMQ 和 VMQ 來表示。在聚合鏈中含有矽及氧的任何橡膠，其中 M、P 及 V 在聚合物鏈上代表甲基、苯基及乙烯基的取代基族群，是一種重要的合成橡膠，對高溫及低溫都有耐受力，性能比天然橡膠佳，能耐臭氧、陽光、油類和水的浸蝕。由於機械性能差，僅能用於靜態的密封。溫度範圍為-54°C～+232°C (-65°F～+450°F)。

### 2.2.10 氟矽氧橡膠 FVMQ (Fluorosilicone rubber)

以 FVMQ 來表示，是一種合成橡膠，由於機械性能差通常用於靜態的密封。此橡膠有良好的低溫及高溫抵抗力，由於氟化作用，對於油和燃油有適度的抵抗力。因成本的因素，僅被認定為特殊性的使用。溫度範圍為-62°C～+177°C (-80°F～+350°F)。

### 2.2.11 丁基橡膠 HR

以 HR 來表示，為烯屬烴與二烯屬烴的聚合體。能耐醇、酯、酮和動植物油、耐氧和臭氧、酸、鹼及耐寒性，對熱和氣候有良好的抵抗力，但是機械強度不很大，且彈性也低，可代替天然橡膠。溫度範圍為 0°C～+93°C。

### 2.2.12 聚胺基甲酸酯橡膠 AU、EU

一般以 AU、EU 來表示。由聚異氰酸與含氫氧基線型聚酯或聚醚反應而成的彈性體。有高度的耐磨性，強度、硬度、溶劑耐蝕性、柔性、彈性均佳。耐寒性低、耐熱性不高、耐水和耐腐蝕性都較差。溫度範圍為-20°C～+130°C。

### 2.2.13 超高分子量聚乙烯 UHMWPE

聚乙烯分子量高達 150 萬以上稱之為超高分子量聚乙烯(UHMWPE，Ultra-high-molecular-weight Polyethylene)，物理力學性能優於其他工程塑料，被工程界廣泛的採用。其耐磨性為碳鋼的 1/7，黃銅的 1/27。耐衝擊強度為 PC 的 2 倍，ABS 的 5 倍。有極低的摩擦因數(0.05～0.11)。且具有優良的耐化學品性能，除強氧化性酸液及有機介質的茶溶劑外，在一定溫度和濃度範圍內，能耐各種酸、鹼、鹽的腐蝕介質。也具有耐低溫性，在液態氫的間度 (-269°C) 下仍具有延展性。有高達 3～3.5 Gpa 的拉伸強度，是無可匹敵的超高拉伸強度。

表 3-3 彈性材料的一般性質

| 性質 | | 天然橡膠 (Natural rubber) | 丁腈橡膠 (Buna-N) | 腈橡膠 (Nitrile) | 氯丁橡膠 (Neoprene) | 丁基橡膠 (Butyl) | 硫構橡膠 (Thiokol) | 矽氧橡膠 (Silicone) | Hypalon | Viton [1,2] | 聚胺基甲酸酯橡膠 [2] (Polyurethane) | 聚丙烯橡膠 [1] (Polyacrylic) | 乙丙橡膠 [3] (Ethylene-propylene) |
|---|---|---|---|---|---|---|---|---|---|---|---|---|---|
| 抗拉強度 Psi (Bar) | 純膠 | 3000(207) | 400(28) | 600(41) | 3500(241) | 3000(207) | 300(21) | 200~450(14~31) | 4000(276) | --- | --- | 100(7) | --- |
| | 補強膠 | 4500(310) | 3000(207) | 4000(276) | 3500(241) | 3000(207) | 1500(103) | 1100(76) | 4400(303) | 2300(159) | 6500(448) | 1800(124) | 2500(172) |
| 抗斷裂 | | 極佳 | 差-平-平 | 平-平 | 好 | 好-平 | 平-平 | 差-平-平 | 極佳 | 好 | 極佳 | 平-平 | 差 |
| 抗剝蝕 | | 極佳 | 好 | 好 | 極佳 | 極佳 | 差 | 好 | 極佳 | 非常好 | 極佳 | 好 | 好 |
| 抗老化：陽光 | | 差 | 差-平 | 差-平 | 極佳 | 極佳 | 好 | 好 | 極佳 | 極佳 | 極佳 | 極佳 | 好 |
| 抗老化：氧化 | | 好 | 平-平 | 平-平 | 好 | 好 | 好 | 非常好 | 非常好 | 極佳 | 極佳 | 極佳 | 好 |
| 耐溫（最高溫度） | | 200°F(93°C) | 200°F(93°C) | 250°F(121°C) | 200°F(93°C) | 200°F(93°C) | 140°F(60°C) | 450°F(232°C) | 300°F(149°C) | 400°F(204°C) | 200°F(93°C) | 350°F(177°C) | 350°F(177°C) |
| 靜電干擾(保持) | | 好 | 好 | 好 | 非常好 | 好 | 平-平 | 好 | 好 | --- | --- | 好 | 好 |
| 抗伸縮斷裂 | | 極佳 | 好 | 好 | 極佳 | 極佳 | 平-平 | 平-平 | 極佳 | --- | 極佳 | 好 | --- |
| 抗壓縮變形 | | 好 | 好 | 非常好 | 極佳 | 平-平 | 差 | 好 | 差 | 差 | 好 | 好 | 平-平 |
| 抗溶劑：脂肪烴類 | | 非常好 | 非常好 | 好 | 平-平 | 差 | 極佳 | 差 | 平-平 | 極佳 | 非常好 | 好 | 差 |
| 抗溶劑：芳香烴 | | 非常好 | 非常好 | 平-平 | 差 | 非常好 | 好 | 非常好 | 差 | 非常好 | 平-平 | 差 | 平-平 |
| 抗溶劑：氧化溶劑 | | 好 | 好 | 差 | 平-平 | 好 | 平-平 | 差 | 差 | 好 | 差 | 差 | --- |
| 抗溶劑：鹵化溶劑 | | 非常好 | 非常好 | 非常好 | 非常好 | 差 | 差 | 非常好 | 非常差 | --- | --- | 差 | 差 |
| 抗油性：低苯胺礦物油 | | 非常差 | 非常差 | 極佳 | 平-平 | 非常差 | 極佳 | 差 | 平-平 | 極佳 | --- | 極佳 | 差 |
| 抗油性：高苯胺礦物油 | | 非常差 | 非常差 | 極佳 | 好 | 非常差 | 極佳 | 好 | 好 | 極佳 | --- | 極佳 | 差 |
| 抗油性：合成潤滑劑 | | 非常差 | 非常差 | 平-平 | 非常好 | 非常差 | 差 | 平-平 | 差 | --- | --- | 平-平 | 差 |
| 抗油性：有機磷酸鹽 | | 非常差 | 非常差 | 非常好 | 差 | 好 | 差 | 差 | 非常好 | 差 | 差 | 差 | 非常好 |
| 抗汽油：芳香族 | | 非常差 | 非常差 | 好 | 差 | 非常差 | 極佳 | 差 | 差 | 好 | 平-平 | 平-平 | 平-平 |
| 抗汽油：非芳香族 | | 非常差 | 非常差 | 極佳 | 好 | 非常差 | 極佳 | 好 | 平-平 | 非常好 | 好 | 差 | 差 |
| 抗酸：稀釋(在10%以下) | | 好 Fair | 好 | 好 | 平-平 | 好 | 差 | 平-平 | 好 | 極佳 | 平-平 | 差 | 非常好 |
| 抗酸：濃縮 [4] | | 差 | 差 | 差 | 平-平 | 平-平 | 非常差 | 差 | 好 | 非常好 | 差 | 差 | 非常好 |

表 3-3 彈性材料的一般性質（續）

| 性質 | 天然橡膠 (Natural rubber) | 丁腈橡膠 (Buna-N) | 腈橡膠 (Nitrile) | 氯丁橡膠 (Neoprene) | 丁基橡膠 (Butyl) | 硫構橡膠 (Thiolol) | 矽氧橡膠 (Silicone) | Hypalon | Viton (1,2) | 聚胺基甲酸酯橡膠(2) (Polyurethane) | 聚丙烯橡膠(1) (Polyacrylic) | 乙丙橡膠(3) (Ethylene-propylene) |
|---|---|---|---|---|---|---|---|---|---|---|---|---|
| 抗拉強度 Psi(Bar) 純膠 | 3000(207) | 400(28) | 600(41) | 3500(241) | 3000(207) | 300(21) | 200~450(14~31) | 4000(276) | --- | --- | 100(7) | --- |
| 抗拉強度 Psi(Bar) 補強膠 | 4500(310) | 3000(207) | 4000(276) | 3500(241) | 3000(207) | 1500(103) | 1100(76) | 4400(303) | 2300(159) | 6500(448) | 1800(124) | 2500(172) |
| 低溫伸縮性 (最低溫度) | -65°F(-54°C) | -50°F(-46°C) | -40°F(-40°C) | -40°F(-40°C) | -40°F(-40°C) | -40°F(-40°C) | -100°F(-73°C) | -20°F(-29°C) | -30°F(-34°C) | -40°F(-40°C) | -10°F(-23°C) | -50°F(-45°C) |
| 對氣體的滲透性 | 平平 | 平平 | 非常好 | 非常好 | 非常好 | 好 | 平平 | 非常好 | 好 | 好 | 好 | 好 |
| 抗水性 | 好 | 非常好 | 好 | 平平 | 非常好 | 平平 | 平平 | 平平 | 極佳 | 平平 | 平平 | 非常好 |
| 抗嚴性 | 好 | 好 | 平平 | 好 | 非常好 | 差 | 平平 | 好 | 極佳 | 平平 | 差 | 極佳 |
| 稀釋 (在10%以下) 濃縮性 | 平平 | 平平 | 平平 | 好 | 非常好 | 差 | 差 | 好 | 非常好 | 差 | 差 | 好 |
| 彈性 | 非常好 | 平平 | 平平 | 非常好 | 非常好 | 差 | 好 | 好 | 好 | 平平 | 非常差 | 非常好 |
| 伸長率 (最大) | 700% | 500% | 500% | 500% | 700% | 400% | 300% | 300% | 425% | 625% | 200% | 500% |

註：
1. 不要使用於蒸汽。
2. 不要使用於氨氣。
3. 不要使用以石油為基底的液體，使用以酯為基底之非易燃的液壓油，及應用於 300°F(149°C) 的低壓蒸汽，除了硝酸和硫酸。

3.0 閥門製造遵循的規格、規範和標準

　　閥門的製造包含材料的選擇、配管連接的方式、溫度-壓力額定值、材料的浸蝕和腐蝕的問題等等,必須依循一定的規格、規範和標準才能使閥門得到最佳的應用。下面列出這些規格和標準並簡述之:

- ASME Boiler and Pressure Vessel Code-1995
- ANSI/ASME-B16.25-1992 "BUTT-Welding Ends"
- ANSI/ASME-B16.34-1988 "Valves : Flanged, threaded, and Welding End"
- ANSI/ASME-B31.1-1955 "Power Piping"
- ANSI/ASME-B31.3-1996 "Chemical Plant and Petroleum Refinery Piping Code"
- ANSI/ASME-B31.5-1992 "Refrigeration Piping Code"
- ASME-B16.1-1989 "Cast Iron Pipe Flanges and Flanged Fittings"
- ASME-B16.42-1987 "Ductile Iron Pipe Flanges and Flanged Fittings Classes 150 and 300"
- MR0175-1997 "Sulfide Stress Cracking Resistant Metallic Materials for Oilfield Equipment"
- API-600 "Steel TE Valves-Flanged and BUTT-Welding Ends"
- BS-1414 "Steel Wedge Gate Valves for the Petroleum, Petrochemical and Allied Industries"
- BS-1868 "Steel Check Valves for the Petroleum, Petrochemical and Allied Industries"
- BS-1873 "Steel Globe and Globe Stop and Check Valves for the Petroleum, Petrochemical and Allied Industries"

3.1 ASME 鍋爐和壓力容器法規(ASME Boiler and Pressure Vessel Code)

　　ASME 是美國機械工程協會(American Society of Mechanical Engineers)的縮寫,鍋爐和壓力容器規格(Boiler and Pressure Vessel Code)提及材料-環境的互相影響是製程控制設備的潛在性問題。這個規格列出包含允許的應力、溫度的限制、焊接的必要條件和設計方程式,利用這些規格來實踐作為閥門製造設計的必要條件和指導方針。

3.2 ASME-B16.25 "BUTT-Welding Ends"

　　"對焊的末端部分"是提供閥門和管線焊接的標準公稱尺寸、內外徑及壁厚(參閱 3-1 附錄),除了這些標準外閥門與管線在對焊時的剖口形式也需要特別的要求。剖口的形式可分為 U 形、V 形及雙 V 形三種,如圖 1-58、圖 1-59 及圖 1-60。剖口型式是根據管壁的厚度來選取,薄管壁使用 V 型剖口即可,厚管壁使用雙 V 型剖口,介於厚管壁及薄管壁之間,使用 U 型剖口,但這只是通常的原則,並無強制性,端視 RT 的結果。厚管壁使用 V 型剖口,則 RT 較難過關。

3.3 ASME/ANSI-B16.34 "Valves : Flanged, Threaded, and Welding End"

　　ASME/ANSI-B16.34 "閥門:法蘭、螺紋、及焊接末端" 是用於閥門與管線連接的基本標準。那些可能被用來建構閥門承受壓力部分的材料被列表在標準內。雖然材料被列表在 ASTM 的規範,但有一個一致的 ASME 版列表在 B16.34。閥門連接方式已詳細說明於第一章的 4.0 章節上。

3.4 ASME/ANSI-B31.1 "Power Pinping"、ASME/ANSI-B31.3 "Chemical Plant and Petroleum Refinery Piping Code"、 ASME/ANSI-B31.5 "Refrigeration Piping Code"

　　ASME/ANSI-B31.1 "動力配管"、ASME/ANSI-B31.3 "化學工廠和石油煉製廠配管規格" 及 ASME/ANSI-B31.5 "冷凍配管規格",閥門依據這些規格被製造,通常要滿足 B16.34 必要條件，而以 B31.1 和 B31.3 的立場，製造的焊接必須取得資格的焊接工人和焊接程序來執行，且需要更嚴格的非破壞性的測試，例如 X-射線(RT)的檢查。B31.3 及 B31.5 提供遵循一個未列表材料允許使用的規範，涵蓋成分、機械性質、製造方法和程序、熱處理及品質控制。

## 3.5 ASME B16.1 "Cast Iron Pipe Flanges and Flanged Fittings"，ASME B16.42 "Ductile Iron Pipe Flanges and Flanged Fittings Classes 150 and 300"

ASME B16.1 "鑄鐵管件法蘭和法蘭的配件" 是用於灰鑄鐵閥門的基本標準。B16.42 "展性鐵管件法蘭和法蘭的件" 是用於展性鐵閥門的基本標準。雖然這些標準分別被寫入，作為各自的灰鑄鐵和展性鐵的管件法蘭和法蘭配件，它們大部分用來作為閥體和閥帽的標準，並不涵蓋在 B16.34。

## 3.6 NACE MR0175 "Sulfide Stress Corrosion Cracking Resistant Metallic Materials for Oil Field Equipment"

NACE 標準 MR0175 "對於石油領域設備的硫化物應力腐蝕裂化抗拒的金屬材料" 是應用於有 $H_2S$ 存在的地方，涵蓋著對於每一個材料與合金形式的熱處理、硬度標準、機械加工條件、焊接後熱處理、製造技術、螺栓固定、電鍍及塗層等都有詳細的標準。這是作為閥門與製程流體接觸應考慮的條件。

## 4.0 閥門壓力界限零件的標準材料規範和組成成分

ASTM 和 ASME 兩種材料組群用於閥門的標準規範，全部的 ASME 規範是以 ASTM 規範為基礎制定的，那就是假如有一個 ASME 規範，將有一個一致的 ASTM 規範，其表示方式例如 ASME 規範材料表示 SA105，ASTM 則表示為 A105。但反過來說不一定是正確的，ASME 版通常依據 ASME 規範需要焊接，但 ASTM 版則參照 ASTM 版更換。ASME 版也稍微不同於 ASTM 版，即它需要證明書。

所有的 ASME 材料規範在 "鍋爐和壓力容器規格" 第 2 節內可以找到。第 2 節被歸類成 4 部分：A 部為鐵類，B 部為非鐵類，C 部為焊接材料，D 部為允許的應力值。溫度的限制和允許的應力，列表在材料冶金限制和機械性能對溫度採用的資料為基礎，溫度限制的建立是因為冶金限制而無法延伸，建立的限制是由於缺乏資料，假如有適當的資訊提供則可能會被延伸。

來自於其他標準組織的標準和規格，有時候被引用在閥門的工業，這些包含 DIN(Deutsches Institut für Normung e.V., 或德國標準協會)，JIS(日本工業標準)，ISO(國際標準化組織)，BS(英國標準)，和 CEN(歐洲標準化委員會)。在許多實例中，包含被這些組織公佈的標準材料，是相似於 ASTM 或 ASME 材料。無論如何，在大部分實例上，化學和機械性質重疊在一起，但不直接同時發生。

表 3-4 列出閥門共通的承壓材料，這是閥門常用的材料，分為三類、鍛件、鑄件和板材。其中鍛件和鑄件的差異在於鍛件是將胚料利用衝擊或靜壓方式達到預期的形狀。鑄件是將鋼水注入鋼模內，待凝固後脫模而成。鑄件本身易產生離析作用及多孔性，所以需要使用焊接來提昇品質，以便符合令人信服的品質要求。鍛件的成本高於鑄件，雖然其優良性超過鑄件，但在大型的閥體上一般都使用鑄件。鍛件和鑄件的差異請參閱本章附錄 3-2。表 3-5 說明閥門材料壓力鑄件的物理性質。表 3-7 為閥門材料壓力鑄件的成分及溫度範圍。附錄 3-3 為使用於閥門的各種碳鋼及合金鋼在不同壓力等級的溫度-壓力額定值。

## 4.1 承壓組件的材料

閥門閥體和閥帽的材料一般被選擇來概略配合著管線材料，無論如何，利用更多的抗浸蝕-腐蝕的材料，使用於閥門內流體的流速，通常都會超過那些接續的配管。一般共同的習慣都會遵循著國家的標準，作為所有承壓組件的材料。但當終端使用者需要一個不列在國家標準的非規範材料作為腐蝕的應用，就完全沒有滿足規格承認的材料。當非規範材料被用來作為承壓的組件時，正確的工程慣例是執行決定最小和最大允許溫度和壓力額定值的測試。

一個承壓的組件，通常包括閥體、閥帽及閥體-對-閥帽的螺栓，某些閥門可能包含其他被定義當作承壓的組件。下面各節是使用於閥門的各種材料和溫度-壓力額定值，小心的使用這些表內的數值，作為判斷材料使用的合適性。

表 3-4 各種不同形式中閥門共通的承受壓力之材料

| 公稱的成分 | 鍛件 | 鑄件 | 板材 |
|---|---|---|---|
| 碳-錳-矽，低溫，-50℉(-46℃) | A350 級別 LF1 和 LF2 | A352 LCB 和 LCC | A537 具有衝擊測試 |
| 碳-錳-矽 | A105 | A216 WCC 和 WCB | A515 級別 70 和 A516 級別 70 |
| 2¼ 鉻-1 鉬 | A182 級別 F22 | A217 WC9 | A387 級別 22 class 1 And 2 |
| 5 鉻-½ 鉬 | A182 級別 F5 和 F5a (501 SST) | A217 C5 | A387 級別 5 class 1 |
| 304L | A182 F304L (S30403) | A351 CF3 | A240 S30403 |
| 316 | A182 F316 (S31600) | A351 CF8M | A240 S31600 |
| 317 | A182 F317 (S31700) | A351 CG8M | A240 S31700 |
| 347 | A182 F347 (S34700) | A351 CF8C | A240 S34700 |
| 254 SMO® | A182 F44 (S31254) | A351 CK3MCuN | A240 S31254 |
| Carpenter 20Cb-3® | B462 N08020 | A351 CN7M | B463 N08020 |
| Nickel 200 (鎳 200) | B564 N02200 | A494 CZ100 | B162 N02200 |
| Monel® 400 (鎳銅鋼) | B564 N04400 | A494 M35-1 | B127 N04400 |
| Inconel® 600 (鎳鉻鋼) | B564 N06600 | A494 CY40 | B168 N06600 |
| Hastelloy® B2 (鎳鉬鋼) | B335 N10665 | A494 N7M | B333 N10665 |
| Hastelloy® C (鎳鉻鉬鋼) | B574 N10276 | A494 CW2M | B575 N10276 |
| 鈦，Gr. 2 | B348 R50400 | B367 C2 | B348 R50400 |
| 鈦，Gr. 3 | B550 R60702 | B367 C3 | B348 R50550 |
| 鋯，Gr. 702 | B550 R60702 | B752 702C | B550 R60702 |
| 鋯，Gr. 705 | B550 R60705 | B752 705C | B550 R60705 |
| 11% 鋁青銅 | -- | B148 C95400 | -- |

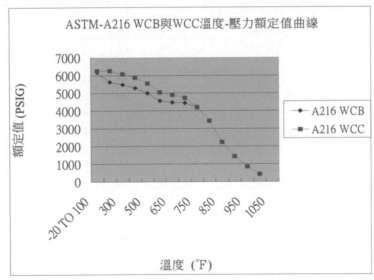

圖 3-2 WCB 和 WCC 於 2500 psig 溫度-壓力額定值曲線

### 4.1.1 灰鑄鐵(Gray Cast Iron)

　　用於閥門的灰鑄鐵，由於它們缺乏能夠被容許作為低壓應用的韌度，某些規格包含能夠使用灰鑄鐵應用形式的限制。當灰鑄鐵用作法蘭式閥門，緊鎖法蘭螺栓時，必須小心的完成，避免過度的彎曲應力。灰鑄鐵的溫度-壓力額定值列表在表 3-6。

表 3-5 閥門材料壓力鑄件之物理性質

| | 材料法規和說明 | | 最小物理性質 | | | | 70°F 彈性係數 (PSI x 10⁶) | 約略 Brinell 硬度 |
|---|---|---|---|---|---|---|---|---|
| | | | 抗拉強度 (Ksi) | 屈服強度 ≧ (Ksi) | 在 2" 之伸長率 ≧(%) | 斷面縮收率 ≧(%) | | |
| 1 | Carbon Steel | ASTM A216 Grade WCA | 60~85 | 30 | 24 | 35 | | |
| 2 | Carbon Steel | ASTM A216 Grade WCB | 70~95 | 36 | 22 | 35 | 27.9 | 137~187 |
| 3 | Carbon Steel | ASTM A216 Grade WCC | 70~95 | 40 | 22 | 35 | | |
| 4 | Carbon Steel | ASTM A352 Grade LCB | 65 | 35 | 24 | 35 | 27.9 | 137~187 |
| 5 | Chrome Moly Steel | ASTM A217 Grade C5 | 90 | 60 | 18 | 35 | 27.4 | 241 Max. |
| 6 | Carbon Moly Steel | ASTM A217 Grade WC1 | 65 | 35 | 24 | 35 | 29.9 | 215 Max. |
| 7 | Chrome Moly Steel | ASTM A217 Grade WC6 | 70 | 40 | 20 | 35 | 29.9 | 215 Max. |
| 8 | Chrome Moly Steel | ASTM A217 Grade WC9 | 70 | 40 | 20 | 35 | 29.9 | 241 Max. |
| 9 | 3½% Nickel Steel | ASTM A352 Grade LC3 | 65 | 40 | 24 | 35 | 27.9 | 137 |
| 10 | Chrome Moly Steel | ASTM A217 Grade C12 | 90 | 60 | 18 | 35 | 27.4 | 180~240 |
| 11 | Type 304 S.S. | ASTM A351 Grade CF-8 | 65 | 28 | 35 | --- | 28.0 | 140 |
| 12 | Type 316 S.S. | ASTM A351 Grade CF-8M | 70 | 30 | 30 | --- | 28.3 | 156~170 |
| 13 | Cast Iron | ASTM A126 Class B | 31 | --- | --- | --- | --- | 160~220 |
| 14 | Cast Iron | ASTM A126 Class C | 41 | --- | --- | --- | --- | 160~220 |
| 15 | Ductile Iron | ASTM A395 Type 60-45-15 | 60 | 45 | 15 | --- | 23~26 | 143~207 |
| 16 | Ductile Ni-Resist Iron* | ASTM A439 Type D-2B | 58 | 30 | 7 | --- | --- | 148~211 |
| 17 | Standard Valve Bronze | ASTM B62 | 30 | 14 | 20 | 17 | 13.5 | 55~65 |
| 18 | Tin Bronze | ASTM B143 Alloy 1A | 40 | 18 | 20 | 20 | 15 | 75~85 |
| 19 | Manganese Bronze | ASTM B147 Alloy 8A | 65 | 25 | 20 | 20 | 15.4 | 98 |
| 20 | Aluminum Bronze | ASTM B148 Alloy 9C | 75 | 30 | 12 min. | 12 | 17 | 150 |
| 21 | Mondel Alloy 411 | (Weldable Grade) | 65 | 32.5 | 25 | --- | 23 | 120~170 |
| 22 | Nickel-Moly Alloy B | ASTM A494 (Hastelloy B) | 72 | 46 | 6 | --- | --- | --- |
| 23 | Ni-Moly-Chrome Alloy C | ASTM A494 (Hastelloy C) | 72 | 46 | 4 | --- | --- | --- |
| 24 | Cobalt-base Alloy No.6 | Stellite No.6 | 121 | 64 | 1~2 | --- | 30.4 | --- |
| 25 | Aluminum Bar | ASTM B211 Alloy 20911-T3 | 44 | 36 | 15 | --- | 10.2 | 95 |
| 26 | Yellow Brass Bar | ASTM B16-1/2 Hard | 45 | 15 | 7 | 50 | 14 | --- |
| 27 | Naval Brass Bar | ASTM B21 Alloy 464 | 60 | 27 | 22 | 55 | --- | --- |
| 28 | Leaded Steel Bar | AISI 12L14 | 79 | 71 | 16 | 52 | --- | 163 |
| 29 | Carbon Steel Bar | ASTM A108 Grade 1018 | 60 | 48 | 38 | 62 | --- | 143 |
| 30 | AISI 4140 Cr-Mo Steel | ASTM A193 Gr. B7 | 135 | 115 | 22 | 63 | 29.9 | 255 |
| 31 | Type 302 S.S. | ASTM A276 Type 302 | 85 | 35 | 60 | 70 | 28 | 150 |
| 32 | Type 304 S.S. | ASTM A276 Type 304 | 85 | 35 | 60 | 70 | --- | 149 |
| 33 | Type 316 S.S. | ASTM A276 Type 316 | 80 | 30 | 60 | 70 | 28 | 149 |
| 34 | Type 316L S.S. | ASTM A276 Type 316L | 81 | 34 | 55 | --- | --- | 146 |
| 35 | Type 410 S.S. | ASTM A276 Tyle 410 | 75 | 40 | 35 | 70 | 29 | 155 |
| 36 | Type 17-4PH S.S. | ASTM A461 Grade 630 | 135 | 105 | 16 | 50 | 29 | 275~345 |
| 37 | Ni-Copper Alloy Bar | Alloy K500 (K Monel) | 100 | 70 | 35 | --- | 26 | 175~260 |
| 38 | Ni-Moly Alloy B Bar | ASTM B335 (Hastelloy B) | 100 | 46 | 30 | --- | --- | --- |
| 39 | Ni-Moly Alloy c Bar | ASTM B336 (Hastelloy C) | 100 | 46 | 20 | --- | --- | --- |
| 40 | Carbon Steel | ASMT A105 | 70 | 36 | 30 | 30 | | 187 |

註：1. *500kg 負重
2. Ksi = 1,000 Psi

## 4.1.2 展性鑄鐵(Ductile Cast Iron)

ASTM-A395 展性鑄鐵被派上用場是當盼望一個比灰鑄鐵更強更堅固的材料，但不需要碳鋼般的強度和韌度。某些規格包含能夠使用展性鑄鐵閥體和閥帽，在應用型式上的限制。展性鑄鐵壓力-溫度額定值列在表 3-8。

113

### 4.1.3 碳鋼(Carbon Steels)

因為它的低成本和可信賴的性能，碳鋼被用來作為大多數閥門的應用。ASTM-A216 等級 WCC 和 WCB 是作為鑄件碳鋼閥門的標準材料。許多閥門供應者由 WCB 轉變為 WCC，因為 ASME-B16.34 溫度-壓力額定值 WCC 優於 WCB，且在客戶和供應者兩者之間漸漸增加 WCC 的喜愛。當遭遇到確定規則的限制，也可能使用鍛件、板材、及金屬棒材。各種 ASME 規格不允許法蘭或法蘭配件(例如閥帽)，從熱軋或冷軋金屬棒材原料被製造，因為有不受喜愛的晶粒方向，雖然它們給與允許鍛造金屬棒材的使用，提供執行一些額外非破壞的檢驗，例如液體的穿透或磁粒子。作為襯套法蘭和法蘭構件是鑄件和鍛件唯一可接受的，例如可分離的法蘭和閥帽。盲法蘭可能來自於鑄件、鍛件或板件材料來製造。一些碳鋼的壓力-溫度額定值列在表 3-9。

表 3-6　ASTM-A126 灰鑄鐵的額定值

| 溫度 °F | 分類的標準等級工作壓力， psig | | | | | | | | | | |
|---|---|---|---|---|---|---|---|---|---|---|---|
| | 等級 25 (參閱註) | | 等級 125 (參閱註) | | | | 等級 250 (參閱註) | | | | 等級 800 (參閱註) |
| | A126 CI.A | | A126 CI.A | A126 CI.B | | | A126 CI.A | A126 CI.B | | | A126 CI.B |
| | NPS 4-36 | NPS 42-96 | NPS 1-12 | NPS 1-12 | NPS 14-24 | NPS 30-48 | NPS 1-12 | NPS 1-12 | NPS 14-24 | NPS 30-48 | NPS 2-12 |
| -20 to 150 | 45 | 25 | 175 | 200 | 150 | 150 | 400 | 500 | 300 | 300 | 800 |
| 200 | 40 | 25 | 165 | 190 | 135 | 115 | 370 | 460 | 280 | 250 | — |
| 225 | 35 | 25 | 155 | 180 | 130 | 100 | 355 | 440 | 270 | 225 | — |
| 250 | 30 | 25 | 150 | 175 | 125 | 85 | 340 | 415 | 260 | 200 | — |
| 275 | 25 | 25 | 145 | 170 | 120 | 65 | 325 | 395 | 250 | 175 | — |
| 300 | — | — | 140 | 165 | 110 | 50 | 310 | 375 | 240 | 150 | |
| 325 | — | — | 130 | 155 | 105 | — | 295 | 355 | 230 | 125 | |
| 353 | — | — | 125 | 150 | 100 | — | 280 | 335 | 220 | 100 | |
| 375 | — | — | — | 145 | — | — | 265 | 290 | 200 | | |
| 406 | — | — | — | 140 | — | — | 250 | 290 | 200 | | |
| 425 | — | — | — | 130 | — | — | 270 | | | | |
| 450 | — | — | — | 125 | — | — | 250 | | | | |

註：等級 25 ：當等級 25 鑄鐵法蘭和法欄的配件使用於氣體的應用時，最大壓力應限制在 25 psig。表列出等級 25 鑄鐵法蘭和法蘭配件的壓力-溫度額定值，僅應用於無衝擊的水壓應用。

等級 250：當作為流體的應用，在 NPS 14 及更大的列表壓力-溫度額定值，僅適用於等級 250 法蘭，不適用於等級 250 配件。

等級 800：列表的額定值不是一個蒸汽額定值，僅應用於無衝擊性的水壓。

ASTM-A216 等級 WCB 和 WCC 作為碳鋼閥門的標準材料，其中兩者的差異可從溫度-壓力額定值的圖表可了解。圖 3-2 為 WCB 和 WCC 在 2500 psig 壓力等級的額定值曲線，從圖上可瞭解 WCC 從常溫到 400°C 之間，其值皆比 WCB 高，即 WCC 優於 WCB 之處。

在低溫下碳鋼相對變成易脆的，所以規格限制它們使用到 -29°C (-20°F)。溫度昇高時，碳鋼經歷一個稱為石墨化的過程，所以它們的使用被限制最高到 427°C(800°F)。關於低溫衝擊測試，採用相同的基本材料如 ASTM-A352 等級 LCB 和 LCC，使用至 -46°C(-50°F)。與 WCB 和 WCC 一樣是常有的事，LCC 已經變成新的設計標準，因為它的更高強度和更高壓力-溫度限制。LCB 和 LCC 溫度的上限分別是 343°C(650°F)和 371°C(700°F)，因為這些等級為了保證抗衝擊，通常是被淬火和回火。圖 3-3 為 LCB 與 LCC 溫度-壓力額定值曲線，從圖上可以了解轉變的原因。

表 3-8 ASTM A395 的額定值(展性鑄鐵)

| 分類的標準等級工作壓力, psig | | |
|---|---|---|
| 溫度,°F | 等級 150 | 等級 300 |
| -20 to 100 | 250 | 640 |
| 200 | 235 | 600 |
| 300 | 215 | 565 |
| 400 | 200 | 525 |
| 500 | 170 | 495 |
| 600 | 140 | 465 |
| 650 | 125 | 450 |

註:
額定值是最大允許的無衝擊性工作壓力。

### 4.1.4 合金鋼(Alloy Steels)

當涉及更高溫度和壓力時,合金鋼時常被規定作為閥體和閥帽。有大數量的合金鋼材料,製造廠商作為這些的應用,已經供應超過許多年。大部分的鋼材是加入鉻和/或鉬,來加強它們對回火和提升溫度石墨化的強度和抗拒力。鉬和鉻的加入也增加在閃化作用的應用中,例如對浸蝕-腐蝕的抵抗力。最受喜愛的材料是ASTM-A217 等級 WC9。

在過去,ASTM-A217 等級 C5(5%Cr, 1/2%Mo)是共通規定作為鉻-鉬鋼鑄件應用的需要。然而,這個材料是很難去鑄造,而當焊接時傾向形成裂縫。假如在機器加工期間遭遇到鑄件的缺陷,焊接修補是非常的困難,且閥體有時候由於裂縫的擴散,必須被丟棄和重新訂購。由於這個理由,供應者規格化 WC9(2-1/4% Cr, 1% Mo)當作標準的鉻-鉬鋼鑄件。鑄造工廠比較喜愛 WC9,且比 C5 更容易用機器加工和焊接。經驗上顯示 WC9 和 C5 在本質上對閃化作用的損傷,有相同的抵抗力,CF8M和 316 甚至更佳。一些合金鋼壓力-溫度額定值列在表 3-10。

對於溫度低於-46°C(-50°F),一些具有 1%~9%鎳的低合金鋼被採用。這些應用鋼材的衝擊測試,在溫度上可低到-115°C(-175°F),且典型上只被特別的訂單採用。一些鎳鋼壓力-溫度額定值列在表 3-9,表 3-14 序號 7、8、9 為鎳鋼的法規號碼。

### 4.1.5 鐵素體不鏽鋼(Ferritic Stainless Steels)

鐵素體不鏽鋼很少使用作為控制閥閥體和閥帽,主要理由是鐵素體不鏽鋼有不能被鑄造引人注目的性質。鐵素體不鏽鋼可能使用來自於鍛造材料作為閥門的製造,例如板材的蝶閥閥體或製造角形閥體。對所有的鐵素體不鏽鋼,最低的溫度是-29°C(-20°F),最高溫度範圍從 316°C(600°F)到 649°C(1200°F)。

### 4.1.6 馬氏體不鏽鋼(Martensitic Stainless Steels)

氏體不鏽鋼不是很廣泛使用作為控制閥閥體和閥帽,它們主要的使用是作為水源和煉製廠的應用。最高的溫度依據合金來改變,但全部被限制到一個-29°C(-20°F)的最低溫度。

410 型式不鏽鋼金屬棒材、管線和空氣管;ASTM-A182 等級 F6a 鍛件;和ASTM-A217 等級 CA15 被額定在 649°C(1200°F),但高於 482°C(900°F)長期可用的強度是非常低。一些供應者建議限制它的使用,最高為 427°C(800°F)。

大部分 CA15 鑄件已經被更新的材料等級 CANM 取代,這是一個已改造的馬氏體不鏽鋼,已經改良鑄件性質和優秀的腐蝕抵抗力及韌度。CA6NM 有一個稍微低的碳含量和更多的鎳和鉬。鍛造版的 F6NM 是不列在規格內。這些材料的購買是在淬火和回火或標準化和回火的條件。CA6NM 一般限制到一個 427°C(800°F)的最高溫度。

表 3-7 閥門材料壓力鑄件之成份及溫度範圍

| | 材料 | C max. | Mn max. | P max. | S max. | Si max. | Cr max. | Ni | Mo | Cu | Sn max. | Pb max. | Zn | Fe | Al | 其他 | 溫度範圍 (°F) | 溫度範圍 (°C) |
|---|---|---|---|---|---|---|---|---|---|---|---|---|---|---|---|---|---|---|
| 1 | ASTM A216 Grade WCA | 0.25 | 0.70 | 0.04 | 0.045 | 0.60 | 0.50 | 0.50 | 0.20 | 0.30 | | | | | | V: 0.03 | | |
| 2 | ASTM A216 Grade WCB | 0.30 | 1.00 | 0.04 | 0.045 | 0.60 | 0.50 | 0.50 | 0.20 | 0.30 | | | | | | V: 0.03 | -20~800 | -29~427 |
| 3 | ASTM A216 Grade WCC | 0.25 | 1.20 | 0.04 | 0.045 | 0.60 | 0.50 | 0.50 | 0.20 | 0.30 | | | | | | V: 0.03 | | |
| 4 | ASTM A352 Grade LCB | 0.30 | 1.00 | 0.05 | 0.06 | 0.60 | | | | | | | | | | | -50~650 | -46~343 |
| 5 | ASTM A217 Grade C5 | 0.20 | 0.40~0.70 | 0.05 | 0.06 | 0.75 | 4.00~6.50 | | 0.45~0.65 | | | | | | | | -20~1100 | -29~593 |
| 6 | ASTM A217 Grade WC1 | 0.25 | 0.50~0.80 | 0.05 | 0.06 | 0.60 | | | 0.45~0.65 | | | | | | | | -20~850 | -29~454 |
| 7 | ASTM A217 Grade WC6 | 0.20 | 0.50~0.80 | 0.05 | 0.06 | 0.60 | 1.00~1.50 | | 0.45~0.65 | | | | | | | | -20~1000 | -29~532 |
| 8 | ASTM A217 Grade WC9 | 0.18 | 0.40~0.70 | 0.05 | 0.06 | 0.60 | 2.00~2.75 | | 0.90~1.20 | | | | | | | | -20~1050 | -29~567 |
| 9 | ASTM A352 Grade LC3 | 0.15 | 0.50~0.80 | 0.05 | 0.05 | 0.60 | | 3.00~4.00 | | | | | | | | | -150~650 | -101~343 |
| 10 | ASTM A217 Grade C12 | 0.20 | 0.35~0.65 | 0.05 | 0.06 | 1.00 | 8.00~10.00 | | 0.90~1.20 | | | | | | | | -20~1100 | -29~593 |
| 11 | ASTM A351 Grade CF-8 | 0.08 | 1.50 | 0.04 | 0.04 | 2.00 | 18.00~21.00 | 8.00~11.00 | | | | | | | | | -450~1500 | -268~816 |
| 12 | ASTM A351 Grade CF-8M | 0.08 | 1.50 | 0.04 | 0.04 | 2.00 | 18.00~21.00 | 9.00~12.00 | 2.00~3.00 | | | | | | | | -425~1500 | -254~816 |
| 13 | ASTM A126 Class B | | | 0.75 | 0.12 | | | | | | | | | | | | -150~450 | -101~232 |
| 14 | ASTM A126 Class C | | | 0.75 | 0.12 | | | | | | | | | | | | -150~450 | -101~232 |
| 15 | ASTM A395 Type 60-45-15 | 3.00min. | | 0.08 | | 2.75 | | | | | | | | | | | -20~650 | -29~343 |
| 16 | ASTM A439 Type D-2B | 3.00 | 0.70~1.25 | 0.08 | | 1.50~3.00 | 2.75~4.00 | 18.00~22.00 | | | | | | | | | -20~750 | -29~399 |
| 17 | ASTM B62 | | | 0.05 | | | | 1.00 | | 84.0~86.0 | 4.00~6.00 | 4.00~6.00 | 4.00~6.00 | 0.30 max. | | | -325~450 | -198~232 |
| 18 | ASTM B143 Alloy 1A | | | 0.05 | | | | 1.00 | | 86.0~89.0 | 9.00~11.00 | 0.30 | 1.00~3.00 | 0.15 max. | | | -325~400 | -198~204 |
| 19 | ASTM B147 Alloy 8A | | 1.50 | | | | | 0.50 | | 55.0~60.0 | 1.00 | 0.40 | 餘 | 0.40~2.00 | 0.50~1.50 | | -325~350 | -198~177 |
| 20 | ASTM B148 Alloy 9C | | 0.50 | | | | | 2.50 | | 83.00 min. | | | | 3.00~5.00 | 10.00~11.50 | | -325~500 | -198~260 |
| 21 | Monel Alloy 411 | 0.30 | 1.50 | 0.015 | | 1.00~2.00 | | 60.00 min. | | 26.0~33.0 | | | | 3.50 max. | | Nb:1.00~3.00 | -325~900 | -198~482 |
| 22 | ASTM A494 (Hastelloy B) | 0.12 | 1.00 | 0.04 | 0.03 | 1.00 | 1.00 | 餘 | 26.00~30.00 | | | | | 4.00~6.00 | | Co:2.50 max. V:0.20~0.60 | -325~700 | -198~371 |
| 23 | ASTM A494 (Hastelloy C) | 0.12 | 1.00 | 0.04 | 0.03 | 1.00 | 15.50~17.50 | 餘 | 16.00~18.00 | | | | | 4.50~7.50 | | W:3.75~5.25 Co:2.50 max. V:0.20~0.40 | -325~1000 | -198~532 |
| 24 | Stellite No.6 | 0.90~1.40 | 1.00 | | | 1.00 | 26.00~32.00 | 3.00 | 1.00 | | | | | 3.00 | | W:3.00~6.00 Se:0.40~2.00 Co: 餘 | -425~1500 | -254~816 |

116

表 3-7 閥門材料壓力鑄件之成份及溫度範圍(續)

| | 材料 | 成分 (%) | | | | | | | | | | | | | | 溫度範圍 (°F) | 溫度範圍 (°C) |
|---|---|---|---|---|---|---|---|---|---|---|---|---|---|---|---|---|---|---|
| | | C max. | Mn max. | P max. | S max. | Si max. | Cr max. | Ni | Mo | Cu | Sn max. | Pb max. | Zn | Fe | Al | 其他 | | |
| 25 | ASTM B211 Alloy 20911-T3 | | | | | 0.40 | | | | 5.00-6.00 | | 0.20-0.60 | 0.30 | 0.70 | 餘 | Bi:0.20-0.60 其他元素：0.15max. | | |
| 26 | ASTM B16-1/2 Hard | | | | | | | | | 60.0-63.0 | | 2.50-3.70 | 餘 | 0.35 max. | | | | |
| 27 | ASTM B21 Alloy 464 | | | | | | | | | 59.0-62.0 | 0.50-1.00 | 0.20 | 餘 | | | | | |
| 28 | AISI 12L14 | 0.15 | 0.80-1.20 | 0.04-0.09 | 0.25-0.35 | | | | | | | 0.15-0.35 | | | | | | |
| 29 | ASTM A108 Grade 1018 | 0.15-0.20 | 0.60-0.90 | 0.04 | 0.05 | | | | | | | | | | | | | |
| 30 | AISI 12L14 | 0.38-0.43 | 0.75-1.00 | 0.035 | 0.04 | 0.20-0.35 | 0.80-1.10 | | 0.15-0.25 | | | | | 餘 | | | | |
| 31 | ASTM A276 Type 302 | 0.15 | 2.00 | 0.045 | 0.030 | 1.00 | 17.00-19.00 | 8.00-10.00 | | | | | | | | | | |
| 32 | ASTM A276 Type 304 | 0.08 | 2.00 | 0.045 | 0.030 | 1.00 | 18.00-20.00 | 8.00-10.50 | | | | | | | | | | |
| 33 | ASTM A276 Type 316 | 0.08 | 2.00 | 0.045 | 0.030 | 1.00 | 16.00-18.00 | 10.00-14.00 | 2.00-3.00 | | | | | | | | | |
| 34 | ASTM A276 Type 316L | 0.03 | 2.00 | 0.045 | 0.030 | 1.00 | 16.00-18.00 | 10.00-14.00 | 2.00-3.00 | | | | | | | | | |
| 35 | ASTM A276 Tyle 410 | 0.15 | 1.00 | 0.040 | 0.030 | 1.00 | 11.50-13.50 | | | | | | | | 0.10-0.30 | | | |
| 36 | ASTM A461 Grade 630 (Type 17-4 PH S.S.) | 0.07 | 1.00 | 0.04 | 0.03 | 1.00 | 15.50-17.50 | 3.00-5.00 | | 3.00-5.00 | | | | 餘 | | Nb:0.05-0.45 | -40-800 | -40-427 |
| 37 | Alloy K500 (K Monel) | 0.25 | 1.50 | | 0.01 | 1.00 | | 63.00-70.00 | | 餘 | | | | 2.00 max. | 2.00-4.00 | Ti:0.25-1.00 | -325-900 | -199-482 |
| 38 | ASTMB335 (Hastelloy B) | 0.04 | 1.00 | 0.025 | 0.030 | 1.00 | 1.00 | 餘 | 26.00~30.00 | | | | | 4.00-6.00 | | Co:2.50 max. V:0.20-0.40 | -325-700 | -198-371 |
| 39 | ASTM B336 (Hastelloy C) | 0.08 | 1.00 | 0.04 | 0.03 | 1.00 | 14.50-16.50 | 餘 | 15.00~17.00 | | | | | 4.00-7.00 | | W:3.00-4.50 Co:2.50 max. V:0.35 max. | -325-1000 | -198-532 |
| 40 | ASTM A105 | 0.35 | 0.60-1.05 | 0.035 | 0.040 | 0.10-0.35 | 0.30 | 0.40 | 0.12 | 0.40 | | | | | | Nb:0.02 V:0.05 | | |

註：Al：Aluminum (鋁)、Bi：Bismuth (鉍)、C：Carbon (碳)、Co：Cobalt (鈷)、Cr：Chromium (鉻)、Cu：Cuprum (=Copper, 銅)、Fe：Ferrum (=Iron, 鐵)、Mn：Manganese (錳)、
Mo：Molybdenum (鉬)、Nb：Niobium (鈮)、Ni：Nickel (鎳)、P：Phosphorus (磷)、Pb：Plumbum (=Lead, 鉛)、S：Sulfur (硫)、Se：Selenium (硒)、Si：Silicon (矽)、
Sn：Stannum (=Tin, 錫)、Ti：Titanium (鈦)、V：Vanadium (釩)、W：Wolfram (=Tungsten, 鎢)、Zn：Zinc (鋅)

表 3-9 碳鋼和鎳鋼材料族群的額定值

| 溫度 °F | A203 B (a) LCC (e) A203 E (a) (f) | A216 WCC (a) A350 LF3 (d) | A352 LC2 (d) A352 LC3 (d) | A352 A106 C | | | | |
|---|---|---|---|---|---|---|---|---|
| | 標準等級 | | | | | | | |
| | 150 | 300 | 400 | 600 | 900 | 1500 | 2500 | 4500 |
| | 分類的工作壓力，psig | | | | | | | |
| -20 to 100 | 290 | 750 | 1000 | 1500 | 2250 | 3750 | 6250 | 11250 |
| 200 | 260 | 750 | 1000 | 1500 | 2250 | 3750 | 6250 | 11250 |
| 300 | 230 | 730 | 970 | 1455 | 2185 | 3640 | 6070 | 10925 |
| 400 | 200 | 705 | 940 | 1410 | 2115 | 3530 | 5880 | 10585 |
| 500 | 170 | 665 | 885 | 1330 | 1995 | 3325 | 5540 | 9965 |
| 600 | 140 | 605 | 805 | 1210 | 1815 | 3025 | 5040 | 9070 |
| 650 | 125 | 590 | 785 | 1175 | 1765 | 2940 | 4905 | 8825 |
| 700 | 110 | 570 | 755 | 1135 | 1705 | 2840 | 4730 | 8515 |
| 750 | 95 | 505 | 670 | 1010 | 1510 | 2520 | 4200 | 7560 |
| 800 | 80 | 410 | 550 | 825 | 1235 | 2060 | 3430 | 6170 |
| 850 | 65 | 270 | 355 | 535 | 805 | 1340 | 2230 | 4010 |
| 900 | 50 | 170 | 230 | 345 | 515 | 860 | 1430 | 2570 |
| 950 | 35 | 105 | 140 | 205 | 310 | 515 | 860 | 1545 |
| 1000 | 20 | 50 | 70 | 105 | 155 | 260 | 430 | 770 |

註：(a) 允許，但不建議作為長期使用高於大約 800°F。(d) 不要使用於超過 650°F。
(e) 不要使用於超過 700°F。(f) 不要使用於超過 800°F。

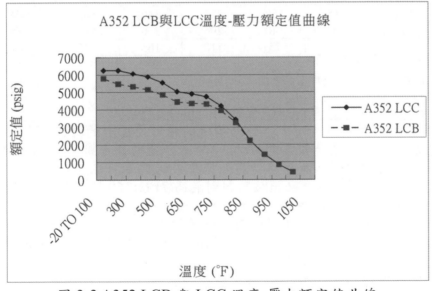

圖 3-3 A352 LCB 與 LCC 溫度-壓力額定值曲線

### 4.1.7 奧氏體不鏽鋼(Austenitic Stainless Steels)

傳統上奧氏體不鏽鋼基本上是 300 系列的合金。閥門工業標準作為不鏽鋼閥體和閥帽是 ASTM-A351 Gr.CF8M(316 的鑄件版)。具有公稱 19% Cr, 10% Ni, 2%Mo 的成分，Gr.CF8M 具有極佳的低溫和高溫性質及對腐蝕有極好的抵抗力，在一個廣泛變化的環境中，是一個相對低成本的材料。316 型式的鍛件、板材、管線也被使用。

低於-46℃(-50°F)的溫度，應使用奧氏體不鏽鋼。無論如何，長期的領導時期和低容量的生產，使奧氏體不鏽鋼成為更實際。Gr.CF8M 和 316 能夠使用在-198℃(-325

℉)同樣低的溫度，沒有衝擊測試的要求。Gr.CF8 和 304 能夠使用在-255℃(-425℉)同樣低的溫度。

　　A351 Gr.CF8M 擁有高鉻和鉬的含量，給予它比 WC9 或 C5 材料在閃化作用的應用中，對浸蝕甚至有更好的抵抗力。CF8M 和其他的奧氏體不鏽鋼也被使用在許多的應用中，作為它們高溫壓力的額定值。然而，因為它們相對高的熱膨脹率，奧氏體不鏽鋼在應用中涉及高溫熱循環，比碳鋼及合金鋼對熱疲勞更易受影響的。

表 3-10 使用於閥門合金鋼的溫度-壓力額定值

| 溫度 ℉ | A182 F22 ©<br>B22(c) | | | A217 WC9 (j) | | A387 22 Cl.2(c) | | A739 |
|---|---|---|---|---|---|---|---|---|
| | 標準等級 | | | | | | | |
| | 150 | 300 | 400 | 600 | 900 | 1500 | 2500 | 4500 |
| | 分類的工作壓力，psig | | | | | | | |
| -20 to 100 | 290 | 750 | 1000 | 1500 | 2250 | 3750 | 6250 | 11250 |
| 200 | 260 | 715 | 955 | 1430 | 2150 | 3580 | 5965 | 10740 |
| 300 | 230 | 675 | 905 | 1355 | 2030 | 3385 | 5640 | 10150 |
| 400 | 200 | 650 | 865 | 1295 | 1945 | 3240 | 5400 | 9720 |
| 500 | 170 | 640 | 855 | 1280 | 1920 | 3200 | 5330 | 9595 |
| 600 | 140 | 605 | 805 | 1210 | 1815 | 3025 | 5040 | 9070 |
| 650 | 125 | 590 | 785 | 1175 | 1765 | 2940 | 4905 | 8825 |
| 700 | 110 | 570 | 755 | 1135 | 1705 | 2840 | 4730 | 8515 |
| 750 | 95 | 530 | 710 | 1065 | 1595 | 2660 | 4430 | 7970 |
| 800 | 80 | 510 | 675 | 1015 | 1525 | 2540 | 4230 | 7610 |
| 850 | 65 | 485 | 650 | 975 | 1460 | 2435 | 4060 | 7305 |
| 900 | 50 | 450 | 600 | 900 | 1350 | 2245 | 3745 | 6740 |
| 950 | 35 | 380 | 505 | 755 | 1130 | 1885 | 3145 | 5660 |
| 1000 | 20 | 270 | 355 | 535 | 805 | 1340 | 2230 | 4010 |
| 1050 | 20 (1) | 200 | 265 | 400 | 595 | 995 | 1660 | 2985 |
| 1100 | 20 (1) | 115 | 150 | 225 | 340 | 565 | 945 | 1700 |
| 1150 | 20 (1) | 105 | 140 | 205 | 310 | 515 | 860 | 1545 |
| 1200 | 20 (1) | 55 | 75 | 110 | 165 | 275 | 460 | 825 |

註：
(c) 允許，但不建議作為長期使用高於大約 1100℉。
(j) 不要使用於超過 1100℉。
(l) 僅作為焊接末端的閥門。法蘭末端額定值限制在 1100℉。

　　304L 及它的鑄件形式 Gr.CF3，作為硝酸的應用是標準的材料。317 和 Gr.CG8M 兩者作為紙漿和造紙工業是較喜愛的材料。漸增合金的含量對 316 和 CF8M 作比較，在許多含有氯化物的環境，提供格外腐蝕抵抗力的需要。在含有氯化物環境中，任何傳統奧氏體不鏽鋼的使用，必須被限制到最高 71℃(160℉)的溫度，來防止氯化應力腐蝕裂化。甚至更低的最高溫度，應在低 pH 水準上被觀察。

　　A182 Gr.F347 和 A351 Gr.CF8C 兩者通常被限制在需要一個穩定等級的特殊應用來防止活化，例如在高溫含硫碳氫化合物的應用。鈳(鈮的舊稱)含量與 316/CF8M 比較，在提升溫度上也稍微提供高的壓力額定值。

　　一些奧氏體不鏽鋼的壓力-溫度額定值被列在表 3-11。

低碳等級：奧氏體不鏽鋼低碳版(例如 316L 和它的同等鑄件 CF3M)，含有一個降低的碳含量(通常最高為 0.03%)，是為了避免在焊接期間熱影響區域的活化。證明使用這些等級作為用在腐蝕應用的套焊末端閥體，因為安裝中的焊接將全部滲透，而焊接後熱處理來解決是不可能的。對於法蘭閥體，製造業的經驗已經顯示奧氏體不鏽鋼的低碳等級是很少需要的。少許的活化發生在較小鑄件缺陷的焊接修補，唯一引起的問題是在應用中在材料上產生足夠的腐蝕。低熱輸入的焊接程序和低碳等級的焊接填充材料，甚至更進一步將活化的憂慮降至最小。在解決熱處理過程之前，主要的修繕應由鑄造工廠來執行。

高溫等級：作為高溫的應用，ASME B&PV Code 要求 CF8、CF8M 和 CF8C 碳含量是在碳含量範圍上限一半或 0.04 到 0.08% 作為應用，其溫度大於 538℃(1000℉)。高溫等級被規定為 304、316、347 等等的鍛造形式。高溫等級擁有 0.04 ～ 0.10% 的碳含量。

表 3-11 使用於閥門奧氏體不鏽鋼材料的額定值

| 溫度 ℉ | A182 F316 316 A182 F316H 316H A240 316 | | A240 317 A240 316H A351 CF3A (d) | | A351 CF3M(g) A351 CF8A (d) A351 CF8M | A479 A479 | | |
|---|---|---|---|---|---|---|---|---|
| | 標準等級 | | | | | | | |
| | 150 | 300 | 400 | 600 | 900 | 1500 | 2500 | 4500 |
| | 分類的工作壓力，psig | | | | | | | |
| -20 to 100 | 275 | 720 | 960 | 1440 | 2160 | 3600 | 6000 | 10800 |
| 200 | 240 | 620 | 825 | 1240 | 1860 | 3095 | 5160 | 9290 |
| 300 | 215 | 560 | 745 | 1120 | 1680 | 2795 | 4660 | 8390 |
| 400 | 195 | 515 | 685 | 1030 | 1540 | 2570 | 4280 | 7705 |
| 500 | 170 | 480 | 635 | 955 | 1435 | 2390 | 3980 | 7165 |
| 600 | 140 | 450 | 600 | 905 | 1355 | 2255 | 3760 | 6770 |
| 650 | 125 | 445 | 590 | 890 | 1330 | 2220 | 3700 | 6660 |
| 700 | 110 | 430 | 575 | 865 | 1295 | 2160 | 3600 | 6480 |
| 750 | 95 | 425 | 565 | 845 | 1270 | 2110 | 3520 | 6335 |
| 800 | 80 | 415 | 555 | 830 | 1245 | 2075 | 3460 | 6230 |
| 850 | 65 | 405 | 540 | 810 | 1215 | 2030 | 3380 | 6085 |
| 900 | 50 | 395 | 525 | 790 | 1180 | 1970 | 3280 | 5905 |
| 950 | 35 | 385 | 515 | 775 | 1160 | 1930 | 3220 | 5795 |
| 1000 | 20 | 365 | 485 | 725 | 1090 | 1820 | 3030 | 5450 |
| 1050 | 20(1) | 360 | 480 | 720 | 1080 | 1800 | 3000 | 5400 |
| 1100 | 20(1) | 325 | 430 | 645 | 965 | 1610 | 2685 | 4835 |
| 1150 | 20(1) | 275 | 365 | 550 | 825 | 1370 | 2285 | 4115 |
| 1200 | 20(1) | 205 | 275 | 410 | 620 | 1030 | 1715 | 3085 |
| 1250 | 20(1) | 180 | 245 | 365 | 545 | 910 | 1515 | 2725 |
| 1300 | 20(1) | 140 | 185 | 275 | 410 | 685 | 1145 | 2060 |
| 1350 | 20(1) | 105 | 140 | 205 | 310 | 515 | 860 | 1545 |
| 1400 | 20(1) | 75 | 100 | 150 | 225 | 380 | 630 | 1130 |
| 1450 | 20(1) | 60 | 80 | 115 | 175 | 290 | 485 | 875 |
| 1500 | 15(1) | 40 | 55 | 85 | 125 | 205 | 345 | 620 |

註：
(d)使用不超過 650℉。
(g)使用不超過 850℉。
(1)僅作為焊接末端的閥門，法蘭末端額定值限制在 1100℉。

### 4.1.8 17-7PH 不鏽鋼

17-4 PH 鉻-鎳-銅沉澱硬化不鏽鋼 ASTM A693 grade 630，是應用於需要高強度和一個中等等級耐腐蝕之馬氏體結構，有相當高的屈服強度(Yield Strength)，可高達 1100 ～ 1300 MPa (160 ～ 190 Ksi)，其強度可在 316℃(600℉) 以下維持，不適合在 316℃ 以上及相當低的溫度下操作。使用於具有氣體腐蝕以及在稀釋酸或鹽類中有阻抗能力，其耐蝕能力優於 304 或 430 等 400 系列的不鏽鋼。17-4 沉澱硬化合金在峰端強度(Peak Strength)下更容易受到應力腐蝕而開裂，所以在應用中，可能受氯化物應力腐蝕而破裂。17-4 不鏽鋼合金的抗氧化性優於 12% 的鉻合金，例如 410 型，但略遜於 430 型。沉澱硬化會產生表面氧化。

### 4.1.9 超級奧氏體不鏽鋼(Super-austenitic Stainless Steels)

ANSI/ASME-B16.34 沒有列出任何最新的超級奧氏體不鏽鋼；不過列出一些從前的合金。ASME B&PV Code 列出許多最新超級奧氏體合金的允許應力值，其中數個被發現漸漸增加作為控制閥閥體材料的使用。UNS S31254(Avesta 254 SMO®)是最廣泛使用的超級奧氏體等級，有時候稱 "6 鉬" 材料，由於它們最低鉬含量為 6%，具有抗海水腐蝕的功能。ASTM-A351 等級 CK3MCuN 供應鑄件。CK3MCuN 鑄件可能需要格外的規範來保證此鑄件將有足夠的完整性、可焊性、及腐蝕的抵抗力。鍛造產品在正規 ASTM/ASME 規範之下當作 UNS S31254 被購買。

### 4.1.10 雙相不鏽鋼(Duplex Stainless Steels)

雙相不鏽鋼通常定義為不鏽鋼，其包含大約 40～60%的奧斯田鐵和 60～40%的鐵素體。雙相不鏽鋼材料對窄而深裂縫的腐蝕和在含氯化物環境的點蝕，比傳統的奧氏體不鏽鋼及成本上低於那些超級奧氏體的材料，提供最佳的抵抗力。這些材料通常使用作為海水的應用，而有時候甚至用來防止暴露在鹽霧閥門外部的腐蝕。ANSI/ASME-B16.34 未列出任何的雙相不鏽鋼。ASME B&PV Code 列出 CD4MCu、S32550(鍛造的 Ferralium® 255)、S31803(鍛造 2205)、鍛造 S32404(Uranus® 50)和 S32750(wrought SAF® 2507)的允許應力值。特別提及 CD4MCu 是唯一鑄件雙相不鏽鋼列在 ASME B&PV Code 上。許多控制閥生產者供應鑄件 2205(ASTM-A890 等級 4A 或 CD3MN)和鑄件 Ferralium® 255 (CD7MCuN)。這些等級無承認的規格，且必須被生產者評價。

因為在提升的溫度上 $\sigma$-相的形成，雙相不鏽鋼被限制在一個 500～600°F(260～316℃)的最高應用溫度。$\sigma$-相的形成不幸地影響材料的韌度和腐蝕抵抗力兩者。焊接雙相合金也是有點困難，因為在冷卻上形成 $\sigma$-相的可能性。

表 3-12 鎳基合金的物理性質和用途

| | 材料 | 抗拉強度（Mpa） | 屈服強度 ≧（Mpa） | 在 2" 之伸長率 ≧(%) | 斷面縮收率 ≧(%) | 硬度 | 用途 |
|---|---|---|---|---|---|---|---|
| 1 | 鎳銅合金 (Monel 400) | 516~620 | 170~345 | 35~60 | | 60~80 HRB | 廣泛用於石油化工及海洋開發 |
| 2 | 鎳銅鈦合金(Monel K500) | 1135 | 820 | 22 | | 32 HRC | 廣泛用於石油化工及海洋開發 |
| 3 | 鎳鉻合金 (Inconel 600) | 550~690 | 175~345 | 35~55 | | 65~85 HRB | 用於熱交換及反應堆結構 |
| 4 | 鎳鉬合金(Hastelloy B) | 902 | 388 | 50 | | 92 HRB | 用於耐鹽酸、硫酸、醛酸、甲酸等 |
| 5 | 鎳鉬合金(Hastelloy B2) | 902 | 407 | 61 | | 94 HRB | 同 Hastelloy B，主要用於有焊接要求的部件 |
| 6 | 鎳鉬鉻合金 (Hastelloy C) | ≧686 | ≧343 | ≧25 | 45 | | 用於還原或氧化酸中 |
| 7 | 鎳鉬鉻合金 (Hastelloy C-276) | ≧686 | ≧343 | ≧25 | 45 | | 同上，但對腐蝕性和耐晶間腐蝕更進一步提高 |
| 8 | 鎳鉬鉻銅合金 (Illium R) | 776 | 290 | 45 | | 162 HRB | 耐硫酸和磷酸特別好 |

### 4.1.11 鎳合金(Nickel Alloys)

鎳基合金主要的用途是耐各種酸和鹼的腐蝕，而廣泛用於工業界。表 3-12 介紹一般鎳基合金的物理性質和用途。表 3-13 是這些鎳基合金的組成成分。

這些合金唯一鑄件版列出 N12MV(Hastelloy® B)和 CW12MW (Hastelloy® C)。N12MV 和 CW12MW 兩者已經被具有超級鑄造性、腐蝕抵抗力、可焊性等更新的鑄件合金所取代，包括的合金例如 CW2M、CW6M、和 N7M。因為它們的高成本，鎳合金通常僅用來作為那些無法由不鏽鋼鋼處理，嚴重腐蝕的環境。

表 3-13 鎳基合金的組成成分

| | | 碳 | 錳 | 矽 | 鉻 | 氮 | 鉬 | 銅 | 其他 |
|---|---|---|---|---|---|---|---|---|---|
| 1 | 鎳銅合金(Monel 400) | ≦0.16 | ≦1.25 | ≦0.5 | | ≧63 | | 28~34 | 鐵:1.0~2.5 |
| 2 | 鎳銅鈦合金 (Monel K500) | ≦0.25 | ≦1.25 | ≦1.0 | | ≧63 | | 27~34 | 鋁:2.0~4.0, 鈦:0.3~1.0 鐵:0.5~2.5 |
| 3 | 鎳鉻合金(Inconel 600) | ≦0.10 | ≦1.0 | ≦0.5 | 14~17 | 其餘 | | | 鐵:6.0~10.0 |
| 4 | 鎳鉬合金(Hastelloy B) | ≦0.05 | ≦1.0 | ≦1.0 | | 其餘 | 28~30 | | 鐵:4~6, 釩:≦0.35 |
| 5 | 鎳鉬合金 (Hastelloy B2) | ≦0.02 | ≦1.0 | ≦0.10 | | 其餘 | 28~30 | | 鐵:≦2.0 |
| 6 | 鎳鉬鉻合金(Hastelloy C) | ≦0.03 | ≦1.0 | ≦0.7 | 15~17 | 其餘 | 16~18 | | 鎢:3.0~4.4, 鐵:4~7 |
| 7 | 鎳鉬鉻合金(Hastelloy C-276) | ≦0.02 | ≦1.0 | ≦0.08 | 14.5~16.5 | 其餘 | 15~17 | | 鎢:3.0~4.4, 鐵:4~7 |
| 8 | 鎳鉬鉻銅合金(Illium R) | 0.05 | ≦1.25 | 0.7 | 21 | 68 | 3.0 | | 鐵:1.0 |

### 4.1.12 Inconel 600

Inconel 600 是一種奧氏體鎳-鉻超級合金,設計使用於從低溫至 1093°C (2000°F)範圍內的溫度,由於合金有高的鎳含量,在還原環境下能保持有相當大的抵抗力,在許多有機酸,例如乙酸,甲酸,硬脂酸,和無機化合物中具有抗腐蝕性,對氯氣或氯化氫之氯離子應力腐蝕裂化(Stress Corrosion Cracking)有優異抵抗力,並且也提供了對鹼性溶液優良的抵抗力。

它的鉻含量在硫化合物及各種氧化環境下有優良的抵抗力,可抵抗大多數中性溶液和鹼性溶液,對於蒸汽和水蒸汽混合物,及空氣和二氧化碳的混合物,也具有抵抗力。惟對強氧化性的溶液,例如熱濃硝酸,抗拒力是很差。

### 4.1.13 鈦、鋯和鉭(Titanium, Zirconium, and Tantalum)

鈦和鈦合金的耐腐蝕大部分是依賴表面氧化膜的存在,而這層氧化膜自愈的能力非常強。鈦在各種濃度的含水硝酸、濕氯或含氯化物溶液(特別是海水)是目前最好的耐蝕材料之一。ASME 有列出三個鍛造和兩個鑄造等級的鈦,這些全部使用在閥門上。

鈦和鋯因為它們與氧和氮的反應能力,難熔化的合金是很困難製造的,特別在鑄件形式。鈦比鎳合金更昂貴,而通常用在那些無法由不鏽鋼或鎳合金來處理,非常具有侵略性含氯化物的環境,鋯甚至比鈦更昂貴,它也被用在一些非常嚴重的腐蝕環境。

ASME 列出兩個鍛造鋯的等級。鑄造鋯沒有列在這規格內,所以供應者必須使用 ASME 程序來決定額定值。

鉭是一種非常不起化學作用的材料,對許多不能被任何其他材料處理的環境是有抗拒力的。不幸的是,它非常昂貴,很難製造,且有非常差的機械強度。因此,當利用它時,通常供應作為一個鋼閥內的裡襯。在這些例子中,閥體通常基於結構閥體的材料被評價。

### 4.1.14 銅合金(Copper Alloys)

ASME"鍋爐和壓力容器規格"和一些其他的規格,列出一個合金(參閱表 3-4, 11% 鋁青銅)。最高溫度依據合金而改變,但被限制在一個-198℃(-325°F)的最低溫度。

### 4.1.15 Stellite 合金

Stellite 合金是一種能夠承受各種各類形式磨損和腐蝕,以及高溫氧化的高硬度合金,由美國人 Elwood Hayness 於 1907 年發明。Stellite 合金是以鈷作為主要成分,含有相當數量的鎳、鉻、鎢和少量的鉬、鈮、鉭、鈦、鑭、鈷、鎳、鋁、硼、碳、錳、磷、硫、矽等合金元素,偶爾也還含有鐵的一類合金。主要是設計使用於高的耐磨性和在惡劣的環境中優異的化學和防鏽性能的合金。

Stellite 合金是一種完全非磁性和耐腐蝕之各種成分鈷基合金的族群，其合成種類很多，已經被最佳化來做為不同用途。Stellite 合金顯示驚人的硬度和韌性，並且也通常對腐蝕非常有抗拒性。它是如此硬以至於它們都很難使用機器車削，因此非常昂貴。典型上，Stellite 組件是精密鑄造，因此極少有加工是必要的。Stellite 合金更經常通過研磨，而不是由切削來加工。該合金由於有鈷和鉻的含量，也傾向有非常高的熔點。

Stellite 合金使用於控制閥門內的零組件，一般用於閥座或閥桿上，貼合一層 Steliite 合金，利用其表面硬化，防止製程的流體浸蝕表面來保護閥座或閥桿。

## 5.0 閥門材料的表面保護

### 5.1 塗層(Coatings)

塗層通常使用在碳鋼及低合金鋼上，防止腐蝕或來自於任何材料有剝蝕作用的流體磨損，普通使用的方式有無電鍍鎳、鋁化、硼化、噴霧塗層等，將描述於下面的章節中。

### 5.1.1 無電鍍鎳(Electroless Nickel Coating)

無電鍍鎳能夠用來保護閥體和閥帽以免受腐蝕的危害。通常使用在海水、酸氣、和石油中。一個典型無電鍍鎳塗層厚度將是 0.25 mm (0.010 英吋)。

作為全部實用的目的，無電鍍鎳將包含一些針孔，像所有實施塗層一樣。只有通過非常廣泛的檢查與測試，能夠是一個合理的安慰，那就是無電鍍鎳是無針孔的。然而一旦實際應用時，在運輸過程或安裝過程，無電鍍鎳可能變成已經磨損或機械的損傷或可能蒙受化學作用的攻擊，暴露出底部金屬。

### 5.1.2 鋁化(Aluminizing)

鋁化是一種高溫的、氣體擴散的過程，作為保護鋼和不鏽鋼，避免來自於高溫的腐蝕。含有鋁的複合層形成在表面上，特別能抗拒硫化物的攻擊。鋁化鋼使用在煉製廠是一種非常經濟的材料，那裡遭受硫化物的攻擊是一個共通的問題。鋁化鐵素體和奧氏體不鏽鋼，對滲碳作用提供極佳的抗拒力。

### 5.1.3 硼化(Boronizing)

硼化物擴散塗層被用來防止閥門內部的表面、調整構件零件、和/或閥體的浸蝕。根據在熔爐大氣內底部的金屬和其他現存的種類，形成幾種不同的合成物。典型的合成物包含碳化硼、氮化硼和矽化硼、與鉻及鈦的硼化物。在奧氏體不鏽鋼上，厚度通常是小於 0.01 mm (0.0005 英吋)，在鋼和馬氏體不鏽鋼上接近 0.25 mm (0.010 英吋)。在不鏽鋼上硼化的應用，在基本材料的腐蝕抵抗力上，被製程的逆效應所限制。

### 5.1.4 噴霧塗層(Sprayed Coatings)

等離子、火焰噴灑、及高速含氧燃料(HVOF)塗層能夠被應用來改善磨損抵抗力，以及，在一些實例中，腐蝕的抵抗力。然而，因為噴塗程序的性質，限制有關於內徑和複雜內外部形狀的塗層。因為這個理由，噴塗程序通常被用來塗層蝶閥的孔徑和球閥閥體及在各種閥門樣式中調整構件零件的磨損表面。塗層材料包含氧化鉻、碳化鎢、碳化鉻、鈷-鉻-鎢(Stellite®)合金、鈷-鉻-鉬-矽(Tribaloy®)合金、鎳-鉻-硼(Colmonoy®)合金、和許多其他抗磨損的材料。

不類似焊接覆蓋方法，此是冶金般的黏合到基底材料，噴霧塗層是由機械般接合的黏貼，在衝擊和局部負荷的狀態下，噴霧塗層由於碎裂而遭受失敗。再者，雖然噴霧塗層的耐腐蝕無法與覆蓋焊接匹敵，因為在應用期間合金粉的氧化。此外，塗層總是包含某些多孔性的程度，此使它們保護無抵抗力的基底金屬成為無效。

表 3-14 閥體鋼材的性質

| 序號 | 鋼材名稱 | ASTM 材料法規 | 製造方式 | 溫度效應 | 最小物理性質 | | | | Brinell 約略硬度 |
|---|---|---|---|---|---|---|---|---|---|
| | | | | | 抗拉強度 ≧ksi | 屈服強度 ≧ksi | 2"時的伸長率 ≧% | 斷面縮收率 ≧% | |
| 1 | 碳鋼 | A216Gr. WCB | 鑄造 | 使用於 425℃ (800℉)以下的溫度 | 70~95 | 36 | 22 | 35 | 137~187 |
| 2 | 碳鋼 | A216Gr. WCC | 鑄造 | 使用於 425℃ (800℉)以下的溫度 | 70~95 | 40 | 22 | 35 | |
| 3 | 碳鋼 | A352 Gr. LCB | 鑄造 | 使用於 345℃ (650℉)以下的溫度 | 65~90 | 35 | 24 | 35 | 137~187 |
| 4 | 碳鋼 | A352 Gr. LCC | 鑄造 | 使用於 370℃ (700℉)以下的溫度 | 70~95 | 40 | 22 | 35 | |
| 5 | 碳鋼 | A105 | 鍛造 | 使用於 425℃ (800℉)以下的溫度 | 70 | 36 | 30 | 30 | 187 |
| 6 | 碳鋼 | A350 Gr.LF2 | 鍛造 | 使用於 345℃ (650℉)以下的溫度 | 70~95 | 36 | 30 | 30 | ≦197 |
| 7 | 鎳鋼 | A352 Gr.LC2 | 鑄造 | 使用於 345℃ (650℉)以下的溫度 | 70~95 | 40 | 24 | 35 | |
| 8 | 鎳鋼 | A352 Gr. LC3 | 鑄造 | 使用於 345℃ (650℉)以下的溫度 | 70~95 | 40 | 24 | 35 | 137 |
| 9 | 鎳鋼 | A350 Gr.LF3 | 鍛造 | 使用於 345℃ (650℉)以下的溫度 | 70~95 | 37.5 | 30 | 35 | ≦197 |
| 10 | 碳鉬鋼 | A217Gr. WC1 | 鑄造 | 使用於 470℃ (875℉)以下的溫度 | 65 | 35 | 24 | 35 | 215max. |
| 11 | 碳鉬鋼 | A352 Gr.LC1 | 鑄造 | 使用於 345℃ (650℉)以下的溫度 | 65~90 | 35 | 24 | 35 | |
| 12 | 碳鉬鋼 | A182 Gr.F1 | 鍛造 | 使用於 595℃ (1100℉)以下的溫度 | 70 | 40 | 20 | 30 | 143~192 |
| 13 | 鉻鉬鋼 | A217Gr. WC6 | 鑄造 | 使用於 470℃ (875℉)以下的溫度 | 70 | 40 | 20 | 35 | 215max. |
| 14 | 鉻鉬鋼 | A182 Gr.F11 Class 1 | 鍛造 | 使用於 595℃ (1100℉)以下的溫度 | 60 | 30 | 20 | 45 | 127~174 |
| | | A182 Gr.F11 Class 2 | 鍛造 | 使用於 595℃ (1100℉)以下的溫度 | 70 | 40 | 20 | 30 | 143~207 |
| | | A182 Gr.F11 Class 3 | 鍛造 | 使用於 595℃ (1100℉)以下的溫度 | 75 | 45 | 20 | 30 | 156~207 |
| 15 | 鉻鉬鋼 | A182 Gr.F12 Class 1 | 鍛造 | 使用於 595℃ (1100℉)以下的溫度 | 60 | 32 | 20 | 30 | 121~174 |
| | | A182 Gr.F12 Class 2 | 鍛造 | 使用於 595℃ (1100℉)以下的溫度 | 70 | 40 | 20 | 30 | 143~207 |
| 16 | 鉻鉬鋼 | A217 Gr. WC9 | 鑄造 | 使用於 595℃ (1100℉)以下的溫度 | 70 | 40 | 20 | 35 | 215max. |
| 17 | 鉻鉬鋼 | A182 Gr.F22 Class 1 | 鍛造 | 使用於 595℃ (1100℉)以下的溫度 | 60 | 30 | 20 | 35 | ≦170 |
| | | A182 Gr.F22 Class 3 | 鍛造 | 使用於 595℃ (1100℉)以下的溫度 | 75 | 45 | 20 | 30 | 156~207 |
| 18 | 鉻鉬鋼 | A217 Gr. C5 | 鑄造 | 使用於 425℃ (800℉)以下的溫度 | 90 | 60 | 18 | 35 | 137~187 |
| 19 | 鉻鉬鋼 | A182 Gr. F5a | 鍛造 | 使用於 425℃ (800℉)以下的溫度 | 90 | 65 | 22 | 50 | 187~248 |
| 20 | 鉻鉬鋼 | A182 Gr. F5 | 鍛造 | 使用於 425℃ (800℉)以下的溫度 | 70 | 40 | 20 | 35 | 143~217 |
| 21 | 鉻鉬鋼 | A217 Gr. C12 | 鑄造 | | 90 | 60 | 18 | 35 | 180~240 |
| 22 | 鉻鉬鋼 | A182 Gr. F9 | 鍛造 | | 85 | 55 | 20 | 40 | 179~217 |
| 23 | 鉻鎳鋼 | A351 Gr. CF8 | 鑄造 | 使用於 540℃ (1000℉)以下的溫度 | 65 | 28 | 35 | --- | 140 |
| 24 | 鉻鎳鋼 | A351 Gr.CF3 | 鑄造 | 使用於 425℃ (800℉)以下的溫度 | 70 | 30 | 35 | --- | |
| 25 | 鉻鎳鋼 | A182 Gr.F304 | 鍛造 | 使用於 540℃ (1000℉)以下的溫度 | 75 | 30 | 30 | 50 | --- |
| 26 | 鉻鎳鋼 | A182 Gr.F304L | 鍛造 | 使用於 425℃ (800℉)以下的溫度 | 70 | 25 | 30 | 50 | --- |
| 27 | 鉻鎳鉬鋼 | A182 Gr.F316 | 鍛造 | 使用於 540℃ (1000℉)以下的溫度 | 75 | 30 | 30 | 50 | --- |

表 3-14 閥體鋼材的性質(續)

| 序號 | 鋼材名稱 | ASTM 材料法規 | 製造方式 | 溫度效應 | 最小物理性質 | | | | Brinell 約略硬度 |
|---|---|---|---|---|---|---|---|---|---|
| | | | | | 抗拉強度 ≧ksi | 屈服強度 ≧ksi | 2"時的伸長率 ≧% | 斷面縮收率 ≧% | |
| 28 | 鉻鎳鉬鋼 | A351 Gr.CF3M | 鑄造 | 使用於 455℃ (850℉)以下的溫度 | 70 | 30 | 30 | --- | |
| 29 | 鉻鎳鉬鋼 | A351 Gr.CF8M | 鑄造 | 使用於 540℃ (1000℉)以下的溫度 | 70 | 30 | 30 | --- | 156~170 |
| 30 | 鉻鎳鉬鋼 | A182 Gr.F316L | 鍛造 | 使用於 425℃ (800℉)以下的溫度 | 70 | 25 | 30 | 50 | --- |
| 31 | 鉻鎳鈦鋼 | A182 Gr.F321 | 鍛造 | 使用於 540℃ (1000℉)以下的溫度 | 75 | 30 | 30 | 50 | --- |
| 32 | 鉻鎳鈮鋼 | A182 Gr.F347 | 鍛造 | 使用於 540℃ (1000℉)以下的溫度 | 75 | 30 | 30 | 50 | --- |
| 33 | 鉻鎳鐵鉬銅鈮鋼 | A351 Gr.CN7M | 鑄造 | --- | 62 | 25 | 35 | --- | |
| 34 | 鉻鎳鐵鉬銅鈮鋼 | B462 | 鍛造 | --- | | | | | |
| 35 | 鉻鎳鈮鋼 | A351 Gr.CF8C | 鑄造 | 使用於 540℃ (1000℉)以下的溫度 | 70 | 30 | 30 | --- | |

## 5.2 聚合體襯裡 (Polymeric Liners)

耐化學作用合金閥門的高成本,已經創造一個適當的位置,作為在低成本鋼閥抵抗化學品特殊襯裡的材料。這些構造需要合成物,那是運用鋼的結構強度來維持製程壓力,而襯裡提供一個閥門閥體保護性的腐蝕阻隔。蝶閥、球閥、閘閥、阻塞閥和球體閥全部以塑膠襯裡來製造。大部分耐化學作用的襯裡材料是氟聚合體、PTFE (聚四氟乙烯)、FEP (氟化乙烯-丙烷)、PFA (可溶性聚四氟乙烯)和 PVDF (聚偏二氟乙烯)。這些襯裡幾乎普遍具有全氟聚合體(PTFE、FEP 及 PFA)的化學抵抗力,給予它們一個超越 PVDF 的明確優勢。塑造程序的多樣性,例如旋轉模塑(Rotomolding)、噴射或壓縮模塑,能夠根據何種聚合體預定被塑造以及閥體的外形來使用。為了減少製程流體的滲透和閥體內壁交互作用的比率,襯裡傾向於加厚。當其他人使用以機械連結到襯裡密封的成分,一些設計使用襯裡當作實際的密封表面。

熱固的橡膠也被使用作為閥門的襯裡,特別是蝶閥和夾管閥(Pinch Valves)。橡膠襯裡是典型壓縮塑造進入鋼或鑄鐵閥門的閥體。襯裡的使用作為結合著化學相容性、抗剝蝕、及緊密關斷。各種的橡膠材料根據製程來運用。抗碳氫化合物的合成橡膠,例如橡膠和氟合成橡膠,被使用在液體和氣體的燃料。耐水和耐蒸汽的合成橡膠一定包括乙丙橡膠和四氟乙烯/丙烯共聚體橡膠。極耐剝蝕的橡膠例如聚胺基甲酸酯橡膠和天然橡膠,被使用到漿狀流體的應用,漿狀流體內的高固體含量,能夠在幾個小時內侵蝕穿過鋼閥。柔軟的橡膠襯裡傾向於吸收衝擊能量,並提供比那些金屬更長磨損的壽命等級。

一些鋼製閥門內部使用噴霧或毛刷來塗敷特別的有機體塗層,這些塗層通常是環氧基樹脂或酚基,且打算添加格外的阻隔,抗拒柔性腐蝕的環境,例如海水。

## 6.0 閥門材料的選擇

### 6.1 閥體(Body)

閥體是閥門中維持壓力及與管線連接的一個重要組件,且必須具有耐腐蝕及抗浸蝕的性能。通常閥體鋼材的選擇可分鑄造閥體和鍛造閥體,鍛造閥體絕對優於鑄造的閥體,但鍛造閥體有一項缺點,即是成本太高,尤其使用在大尺寸的閥門,根本無法與鑄造閥門競爭,是以一般大尺寸的閥門幾乎都是鑄造閥體。

閥門閥體的鋼材與製程流體的溫度、壓力及性質有關,但主要是與溫度及壓力有較大的關聯,而流體的性質則選擇不會與其產生化學反應即可。至於溫度與壓力,則根據 ANSI 閥門溫度-壓力額定值來慎選閥體的鋼材。可參閱表附錄 3-3。表 3-14 各種閥體常用的鋼材。

閥體的選擇必須符合下列一些要求：

- 為了適應閥體不規則的形狀，它們必須使用鑄造方式來製造。
- 它們必須是已知的機械和物理性質，且在足夠的規格和標準下製造和銷售，以保證閥門的性能。
- 在操作的溫度和壓力下，必須有足夠的機械性質。
- 在其所處的環境內，它們必須能夠抗腐蝕、抗氧化和其他有害的影響而仍然保留原來的狀態。

### 6.1.1 碳鋼閥體

碳鋼的閥體基本上是 ASTM-A216 等級 WCB 和 WCC，從圖 3-2 的溫度-壓力額定值即可瞭解 WCC 優於 WCB，是以碳鋼閥體漸漸以 WCC 為主。

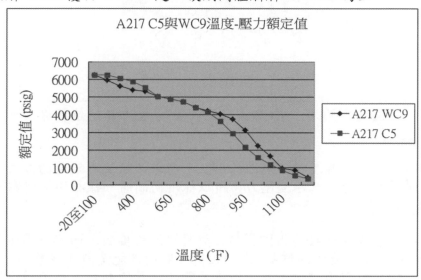

圖 3-4 C5 與 WC9 溫度-壓力額定值曲線

### 6.1.2 合金鋼閥體

當較高的溫度和/或壓力被介入時，合金鋼時常被規定作為閥體的材料，這些材料大部分是加入鉻和/或鉬的成分，在昇高溫度的應用中，加強對柔和化和石墨化的抗拒。鉻和鉬的加入在沖蝕時也增加對浸蝕的抵抗力。ASME/ASTM-A217 C5、WC6 和 WC9 是受大眾喜愛的鋼材。

在過去需要應用鉻-鉬鋼時，通常規定 C5。但此材料較難鑄造，焊接時易於裂開，假如在鑄造期間無法覆蓋缺陷時，焊接修復是非常的困難。由於會產生裂痕的增生，閥體有時必須被廢棄並重新訂購。

WC9 已經被建立作為鉻-鉬鋼的標準材料，而取代 C5 供應於使用者。圖 3-4 為 C5 與 WC9 溫度-壓力額定值曲線，在 399℃(750℉)其耐溫壓性能優於 C5。

### 6.1.3 不鏽鋼閥體

標準的材料是 CF8M，它是 316 鑄造的版本，其組成的公稱成分是 19%鉻、10% 鎳、2%鉬(參閱表 3-7)。在一個廣泛變化的環境中，CF8M 相對於低成本的材料，卻帶有好的高溫特性和極佳的抗腐蝕性能。

高鉻和鉬成分的 CF8M，比 WC9 材料在沖蝕的應用上有最佳的抗浸蝕能力，有時候被用於當鉻鉬鋼無法提供足夠性能之處，有時也使用於高溫度的許多應用，當使用於溫度高於 538℃(1000℉)時，規定碳最小含量為 0.04%以保證足夠的高溫強度。

使用於閥門 A105 的 WCB、WCC、WC1、WC6、WC9、C5、CF8 及 CF8M 等材料群中，從溫度-壓力額定值上能夠建立三個族群的材料組織。首先從周溫到 370℃(700℉)，WCC 在此族群材料中有最高的溫度-壓力的額定值；從 510℃(950℉)以上，CF8M 有最高的額定值(參閱圖 3-5)，從這些範圍內可慎選需要的材料於製程流體上。

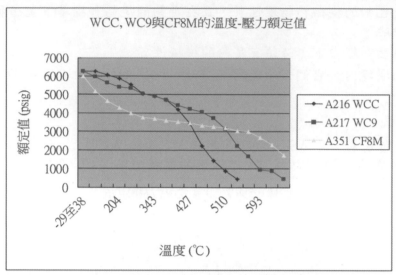

圖 3-5 WCC、WC9 及 CF8M 溫度-壓力額定值曲線

## 6.2 閥帽(Bonnet)

閥帽和閥體一樣，都屬於不規則的形狀，所以必須使用鑄造的方式來製造，它的作用也是同閥體一樣用來承受壓力，所以採用同閥體一樣相同的材料。

## 6.3 調整構件(Trim)

閥門上的調整構件一般是指控制閥上與製程流體接觸，而與承壓組件無關的零件，調整構件直接提供流量的控制，它們相對於閥門性能是非常重要的。一般而言，調整構件的材料在製程流體中，為了保持足夠的流量控制和機械的穩定性，必須對腐蝕有極佳的阻抗。依據閥門的設計和應用，每個各別的組成部件必須擁有可靠的性能。

任何控制閥的心臟是調整構件的組件，假如調整構件作為任何理由適當執行失敗，閥門將不再能夠適當的控制製程流體。許多因素必須被考慮，以保證調整構件將如所需的執行。這些因素首先落入兩個範圍。

1. 材料的環境相容性，包括環境促進裂化一般的腐蝕抗拒力等等。
2. 材料機械的合適性，包括強度和磨損的抗拒力。

在許多例子中，這些範圍的不相容把事情弄得困難。以單一的材料滿足所有的考慮，成為它的困難或不可能。在這些事例中，最佳的妥協必須是被證明的。

當選擇調整構件的材料時，腐蝕是第一項應再被考量的，所有的腐蝕形式，例如普遍性的腐蝕、局部腐蝕(點蝕和裂縫腐蝕)、應力腐蝕裂化等等應被考慮。其次，其他環境的因素，例如溫度的限制應該再考量的。這個調查的結果應是一個具有可接受環境相容性的材料表。以這個表為基礎，對特殊的閥門和/或調整構件的樣式，可能需要限制閥門選擇程序的剩下部分，因為一些材料本身由於機械性能的限制，不會提供滿意的特別設計。

當選擇材料時，根據調整構件的組成部分和閥門設計，機械和物理性質必須考慮能夠非常的不同。很明顯的，當選擇一個使用那些閥塞材料不同於選擇一個閥籠的材料，這些性質是很重要的。

"調整構件" 是一個集合的名稱，一般是指控制閥除了閥體和閥帽之外與製程流體接觸的零組件。而控制閥可分為 2 種型式，即平衡式控制閥和不平衡式控制閥，是以調整構件所包含的組件就有所差異，下面列出每種型式的調整構件：

## 6.3.1 閥瓣或閥塞(Disc or Plug)

閥門閥瓣在球體閥中提供調節控制及關斷的功能，且直接侵入流動的水流中。閥瓣上閥座的表面必須能夠經得起需要關斷的閥座負荷，也必須經受得住從已經鑽出的孔、長孔及其他彎曲路徑的調整構件或低提升調節閥瓣的期間，經由流體噴射產生的浸蝕力量。在閥籠導桿式的閥門中，當閥塞導桿的表面對著閥籠材料滑動時，必須抗拒表面磨損和過度的磨耗，且它們必須耐得住閥塞和閥籠之間引起間隙流的浸蝕作用。在後導桿式或通口導桿式的結構中，閥塞材料必須提供表面磨損良好的抗拒力，個別的連結著襯套或閥座環材料。

## 6.3.2 閥座環(Seat Ring)

在球體閥中閥座環與閥塞是從事於提供關斷的工作，它們必須能夠經得起關斷需要的閥座負荷，同樣的在低提升調節閥瓣的期間可能遭遇到由高流體速度引起的浸蝕力量。在一些設計中，閥座環是一個閥籠不可缺的零件，在可信任的閥座環設計中，閥座環必須很堅固，足夠經得起被一個閥籠、一個閥座環護圈、和/或一個閥塞/閥座負荷強加於上的彎曲負荷。通口導桿式閥門的設計中，閥座環材料連結閥塞材料，必須提供良好的抗表面磨損和滑動磨損。

## 6.3.3 閥籠(Cage)

依據閥門的設計，控制閥上閥籠能夠貢獻許多功能，大部分的控制閥閥籠提供閥塞的導引，且介入流量的控制，這些設計的某些例子，閥籠移轉一部分閥帽螺栓的負荷到閥座環，來保持閥籠在應有的地方和維持墊片的負荷。依據閥門內流體流動的經驗，閥籠提供一部分的壓力降，因此閥籠或許需要耐受由閥帽螺栓加入負載的軸向壓縮負荷，以及由於壓力差橫過其本身的輻射壓縮負荷。閥籠與閥塞材料必須共同提供良好的滑動磨損性能，在某些設計上更必須提供良好的浸蝕阻抗，尤其在高流體速度低提升節流時所遭遇的浸蝕力量。

閥籠材料從熱膨脹的觀點而言，為了防止在閥籠和閥體中墊片的負荷，經過溫度變化而變質，也必須與閥體材料一致的。

懸吊式閥籠的設計中，閥籠被一個整體凸緣維持在適當的位置，此凸緣被夾在閥體和閥帽之間。許多懸吊式閥籠包含一個整體的閥座，這些閥籠必須來自於一個材料來製造，此材料能夠傳遞張力負荷，引起的閥座力量與被夾住整體凸緣上壓縮應力一樣。它們也可能蒙受高振動力量，在這種事例中，材料必須能抗拒疲勞。

閥籠導桿式的設計中，閥籠遭受一個發生在閥門重大壓力降的部分，且必須耐得住由通過閥籠壁的壓力差所引起環繞四周的負荷(向上流動的應用是張力，向下流動的應用是壓縮)。

所有閥籠連結著閥塞的材料，必須提供良好的滑動磨損性能。在一些應用中，閥籠材料需要提供良好的浸蝕抵抗力，在彎曲路徑的設計中，這是格外的事實，那裡液體和閥籠表面之間有一個大量的交互作用。

## 6.3.4 閥門調整構件的材料

使用在調整構件上的材料有不同的組合，根據製程流體的不同而有所變化，下面是一個簡短的概括說明，某些使用在調整構件上最頻繁的材料。

### 6.3.4.1 青銅(Bronze)

用於閥瓣和閥座，與不鏽鋼閥桿一起作為極低溫度的應用，例如用於液態甲烷、氧和氮氣。

### 6.3.4.2 鐵(Iron)

閥門除了閥桿外全部採用鐵來製作，即閥瓣和閥座環為鐵，而閥桿為具有鉬含量的不鏽鋼，使用於處理濃硫酸或帶有碳氫化合物的混合酸。

### 6.3.4.3 12%鉻不鏽鋼

廣泛地使用於閥桿、閥座環和閥瓣上，此材料對於磨損、表面磨損、腐蝕及某些等級潤滑液體的浸蝕，有高的抵抗力，而最成功的是應用在油及溫度高達 600℃ 的蒸汽管線上。

### 6.3.4.4 鎳合金

鎳合金閥座環和 12%鉻不鏽鋼閥瓣的組合，特別適用於無潤滑作用及相對無腐蝕的氣體和液體。其他工作的應用包含過熱或飽和蒸汽、天然氣、燃料油、石油和低黏度油類。溫度的限制，蒸汽為 450℃，其他應用為 260℃。

### 6.3.4.5 奧氏體不鏽鋼

18-8 鉻鎳型包含 304L、304L 氮化法加硬、321(加鈦)和 347(加鈮)等的奧氏體不鏽鋼也廣泛用作閥門的調整構件。

### 6.3.4.6 特殊不鏽鋼

Incoloy825、Carpenter20Cb3 也是最常用在閥門的調整構件，是製造閥門的標準不鏽鋼。

### 6.3.4.7 Monel 合金

鎳基合金的 Monel 400 或 Monel K500 作為一個調整構件的材料，大部分用在處理含氯化物的海水、鹽溶液等。

### 6.3.4.8 Hastelloy 合金

鎳基合金的 Hastelloy 通常用來製作包含調整構件的全部金屬閥門。Hastelloy B 用在處理硫酸或稀鹽酸，而 Hastelloy C 典型上被用在特殊含氯的閥門和處理混合酸的閥門。

表 3-15 閥門調整構件的材料

| 調整構件材料 | 硬度(Rockwell C) | 抗腐蝕能力 |
|---|---|---|
| 316 SS | 8 | 極佳 |
| Stellite No. 6 | 44 | 好～極佳 |
| 416 SS | 40 | 差 |
| 440C SS | 56 | 差 |
| 17-4 PH | 40 | 極佳 |
| Colmonoy | 45～50 | 差～好 |
| Tungsten Carbide | 72 | 鹽基 - 好<br>酸基 - 差 |

### 6.3.5 調整構件的硬化面

硬化面是提高磨損的抵抗力。調整構件在提升溫度的應用中，為了改變表面磨損的抗拒力，閥塞和閥座環時常以鈷基和鎳基來做表面加硬，也時常以鍍鉻、特殊鍍鉻、無電鍍鎳和氮化法來表面加硬。而這些硬化面必須達到某一溫度才有效果，下列為使用於硬化面材料的溫度。

- 鍍鉻：　　　　　至少需要 316°C (600°F)
- 特殊鍍鉻：　　　高達 593°C (1100°F)才有用。
- 無電鍍鎳：　　　大約 343°C (650°F)才有用。
- 氮化法：　　　　良好的要超過 593°C (1100°F)。

### 6.3.5.1 合金 6

鈷鉻合金 6 已經使用於調整構件硬化面已經有許多年了，它已經很成功的用在非腐蝕或輕微腐蝕的應用。合金6一般稱為 Stellite 6，它分類為幾個形式被採用，鑄件材料稱為 UNS R30006，硬化面材料稱為 AWS CoCr-A，鍛件材料稱為合金6B，但通常稱呼為 Haynes 合金6B。

## 6.4 軸襯(Bushing)

在後導桿式結構中，一個軸襯擔任一個導桿表面作為閥塞或直接在閥塞上閥桿的頂部，軸襯連結閥塞或閥桿的材料，必須能抗拒表面磨損。

## 6.5 閥桿(Stem)

球體閥閥桿連接閥塞與穿過閥帽封填墊盒的閥門驅動器。閥桿必須能抵抗一般的腐蝕及點蝕兩者，因此對封填墊的洩漏和/或損傷將不會發生。閥桿必須是堅固的，足夠承受驅動器負荷而不會扭曲或彎曲。在可信任的設計中，閥桿必須提供連結一個或更多的導桿軸襯良好的滑動磨損性能。最後、閥桿和閥塞之間的連接，必須能夠經得起所有的操作負荷，包括那些強加於坐落閥座和/或未坐落閥座的閥塞(特別是在向下流動、不平衡的應用)，改變閥桿力量的等級，及流動引起的振動，沒有鬆動和/或斷裂。閥桿強度的計算可參閱第五章4.5節。

## 6.6 導桿或壓蓋壓件(Guide or Follower)

位於封填墊最上層金屬組件，承受壓蓋法蘭(Gland Flange)向下的力量，緊密封填墊防止製程流體從此處逸出。不同的製造商有各種的稱呼，例如上壓蓋(Upper Gland)、上閥桿導桿(Upper Stem Guide)、導桿(Guide)或壓蓋壓件(Follower)。一般使用的材質為 316 SS 或青銅，也有使用 Grafoil 內襯不鏽鋼、玻璃纖維 Teflon 內襯不鏽鋼或純 Stellite。

表 3-16 ASTM 螺栓、螺帽及墊圈的配置

| 螺栓等級 | 螺帽 | 墊圈 |
|---|---|---|
| B7 | A194 Grade 2H | F436 |
| B8 Gr. 1 | A194 Grade 8 | SS304 |
| B8M Gr. 1 | A194 Grade 8M | SS316 |
| B8 Gr. 2 | A194 Grade 8 | SS304 |
| B8M Gr. 2 | A194 Grade 8M | SS316 |

## 6.7 螺栓和螺帽 (Bolts and Nuts)

螺栓材料有許多不同的等級，而它們等級的名稱不同於那些用在其他的產品。有大量的材料具有稍微不同的成分、熱處理、及來自於機械的特性的結果，大部分的需要只有少數的材料等級能夠符合。

使用在控制閥中最普遍的螺栓材料是 ASTM-A193 Gr.B7、Gr.B7M、Gr.B8M、和 Gr.B16。對應的螺帽材料列在 ASTM-A194。使用最普通的螺帽材料級別是 Gr.2H、Gr.2HM、和 Gr.7。作為低溫應用的螺栓被涵蓋在 ASTM-A320，A320 中的級別是相似於那些在 A193 中的螺栓和螺帽。

## 6.7.1 A193 Gr.B7 和 A320 Gr.L7 螺栓及 A194 Gr.2H 和 Gr.7 螺帽

ASTM-A193 Gr.B7 螺栓，實際上是一個 AISI 4140 或相似的鉻-鉬合金鋼，那已經被熱處理來提供可靠的機械性質。Gr.B7 是標準的螺栓材料，供應佔控制閥非常大的多數，且提供極好的強度，涵蓋一個大的溫度範圍，熱膨脹率緊密符合那些 WCB、WCC、和 WC9，有極佳的採用性，及合理的成本。Gr.B7 能夠使用於從-46℃~538℃(-50℉~1000℉)，縱然超過371℃(700℉)，它的允許應力低於 Gr.B16。Gr.B7 螺栓通常使用在與 ASTM-A194 Gr.2H 的螺帽結合，那些螺帽是被淬火和回火的中碳鋼。在一些例子中，A194 Gr.7 的螺帽，在化學上和機械上相等於能夠被使用的 Gr.B7 螺帽。

ASTM-A320 Gr.L7 螺栓，實際上是 A193 Gr.B7，已經衝擊測試證明其韌度可承受-101℃(-150℉)的溫度。A320 Gr.L7 螺栓通常與 A194 Gr.7 的螺帽一起使用，且已經過-101℃(-150℉)溫度的衝擊測試。

表 3-17 螺栓鎖緊的溫度限制(取自於 Valtek 公司資料)

| 閥體材料<br>(Body Material) | 溫度 (℉)<br>(Temperature) | 螺栓材料<br>(Bolting Material) | 螺帽材料<br>(Nut Material) |
|---|---|---|---|
| Carbon Steel (Grade WCB) | -20 ~ 800 | ASTM A193 Gr.B7 | ASTM A194 Gr.2H |
| Carbon Steel (Grade LCB) | -50 ~ 650 | ASTM A193 Gr.B7 | ASTM A194 Gr.2H |
| Carbon Moly (Grade WC1) | -20 ~ 800 | ASTM A193 Gr.B7 | ASTM A194 Gr.2H |
| | 801 ~ 850 | ASTM A193 Gr.B7 | ASTM A194 Gr.7 |
| 1¼ Cr - ½ Mo(Grade WC6) | -20 ~ 800 | ASTM A193 Gr.B7 | ASTM A194 Gr.2H |
| | 801 ~ 1000 | ASTM A193 Gr.B7 | ASTM A194 Gr.7 |
| 2¼ Cr – 1 Mo (Grade WC9) | -20 ~ 800 | ASTM A193 Gr.B7 | ASTM A194 Gr.2H |
| | 801 ~ 1000 | ASTM A193 Gr.B7 | ASTM A194 Gr.7 |
| | 1001 ~ 1050 | ASTM A193 Gr.B16 | ASTM A194 Gr.7 |
| 5 Cr - ½ Mo (Grade C5) | -20 ~ 800 | ASTM A193 Gr.B7 | ASTM A194 Gr.2H |
| | 801 ~ 1000 | ASTM A193 Gr.B7 | ASTM A194 Gr.7 |
| | 1001 ~ 1100 | ASTM A193 Gr.B16 | ASTM A194 Gr.4 |
| 9 Cr – 1 Mo (Grade C12) | -20 ~ 800 | ASTM A193 Gr.B7 | ASTM A194 Gr.2H |
| | 801 ~ 1000 | ASTM A193 Gr.B7 | ASTM A194 Gr.7 |
| | 1001 ~ 1100 | ASTM A193 Gr.B16 | ASTM A194 Gr.4 |
| Type 304 (Grade CF8) | -425 ~ 100 | ASTM A320 Gr.B8 | ASTM A194 Gr.8 |
| | 100 ~ 1500 | *ASTM A193 Gr.B8 | *ASTM A194 Gr.8 |
| Type 347 (Grade CF8C) | -425 ~ 100 | ASTM A320 Gr.B8 | ASTM A194 Gr.8 |
| | 100 ~ 1500 | *ASTM A193 Gr.B8 | *ASTM A194 Gr.8 |
| Type 316 (Grade CF8M) | -325 ~ 100 | ASTM A320 Gr.B8 | ASTM A194 Gr.8 |
| | 100 ~ 1500 | *ASTM A193 Gr.B8M | *ASTM A194 Gr.8M |
| 3½ Ni (Grade LC3) | -150 ~ -50 | ASTM A320 Gr.L7 | ASTM A194 Gr.4 w/Charpy Test 或 8M |
| | -50 ~ 650 | ASTM A193 Gr.B7 | ASTM A194 Gr.2H |

### 6.7.2 A193 Gr.B16 螺栓

ASTM-A193 Gr.B16 是一個修正的 G41400 材料，釩的加入和額外的鉬給予它有卓越的高溫性質。它也符合 WCB、WCC、和 WC9 的熱膨脹性質。主要用在超過700℉溫度，與合金鋼閥體和閥帽的連結。通常與 A194 Gr.7 螺帽一起使用。

### 6.7.3 A193 Gr.B8M 螺栓

ASTM-A193 Gr.B8M 螺栓是 S31600 不鏽鋼，Gr.B8M 使用在高或低溫的應用或配合 CF8M 閥體和閥帽的熱膨脹特性。Gr.B8M 在 2 個強度等級上被採用，Class 1 和 Class 2。Gr.B8M Class 1 的製造來自於退火金屬棒材原料，反之，Gr.B8M Class 2 是來自於應變硬化的金屬棒材原料製造的。允許應力的水準列出 Gr.B8M Class 1 螺栓高達 816℃，而在 538℃(1000℉)以上，它的允許應力值大於 B16。Gr.B8M Class 2 螺栓因為應變硬化，有更高的允許應力值達到 427℃(800℉)以上。然而，超過 427℃(800℉)應變硬化效應，依據溫度效應被降低。根據這個理由，Gr.B8M Class 2 的允許應力等於那些從 454℃~538℃(850℉~1000℉)的 Gr.B8M Class 1，且它的使用不允許超過 538℃。相對應的螺帽級別 ASTM-A194 Gr.8M，它僅在退火狀態下被採用。標準的 ASTM-A193 Gr.B8M 螺栓和 A194 Gr.8M 螺帽，能夠使用到-198℃(-325℉)，不需要衝擊測試。

### 6.7.4 螺栓和螺帽的材料配置及溫度限制

表 3-16 為螺栓、螺帽及墊圈的配置及表 3-17 為螺栓鎖緊的溫度限制。

### 6.8 封填墊(Packing)

封填墊的位置是在閥桿和閥帽之間，主要是沿著閥桿來密封，不使製程流體由閥桿間隙洩漏出去。

封填墊的材料在最近的歷史已經大大的被 2 個事件影響。第一個事件在 1980
年代早期衝擊著石綿。石綿已經享受閥門封填墊材料市場最大的部分有十年，一直
到被分類為一個致癌物質，而其後反對它當作一個工業材料來使用。從那時起，各
種的纖維，例如碳、玻璃、聚醯胺纖維(Polyaramid)、PTFE、和聚苯駢咪唑
(Polybenzimidazole)已經使用取代石綿成為多樣化的好結果。但石綿獨特的化學作用
和耐熱性質，在某些環境中使它成為不能替換的組件。

第二事件是在 1990 年中通過環境保護署的清潔空氣行動。這個立法部分戲劇性
的降低由製程工業允許來自閥門閥桿洩漏的數量，並開始在架構和封填墊材料的結
構上創造新的要求。

封填墊材料在內容和結構中大大地改變，主要架構材料包含石綿、石墨、聚四
氟乙烯(PTFE)、玻璃纖維、聚醯胺纖維、 聚苯駢咪唑、及合成橡膠。這些材料能夠
更進一步分類成為不同的形態，例如編織纖維、模塑環、薄板、和這些任何組合。

作為新的控制閥門封填墊需要的大小，由二個封填墊型式來滿足：(1) PTFE V
型環和(2)石墨。石墨封填墊能夠更進一步細分為薄板狀、帶狀和編織單纖維封填墊。
下面各節將簡單說明各種封填墊的性能。

### 6.8.1 PTFE 封填墊

這種封填墊由模塑 PTFE(聚四氟乙烯)固體環組成。一般而言，在一個給予封填
墊一組中有 2 個或更多具有一個 "V" 型截面的封填墊環，一個公接合環和一個母
接合環。封填墊通常使用遍及一個低溫和 232℃(450°F)之間的溫度範圍，且使用在
所有的化學製品上，除了熔解的鹼金屬和某種程度的氟合成物(即氣態氟或液態氟、
三氟化氯、二氟化氧、等等)。另外，這種封填墊不應使用在輻射程度超過 1 x 104 rads
核能的應用。

PTFE 封填墊的選擇作為絕大部分普遍性的化學相容性、低的保養、低的洩漏
率和最小的成本。這種封填墊能夠與一個彈簧(動負荷的)一起使用，或當作壓緊式
封填墊。壓緊式封填墊需要調整壓蓋，以便於在封填墊的壽命期間彌補磨損和鬆弛。
閥桿摩擦相對是低的，但這種封填墊相對需要平滑的磨光閥桿(在 2~4 Ra 等級)。雖
然更粗糙的閥桿磨光成功地用在一些應用中，格外的粗糙能夠提供一個方法來 "泵
出" 製程的流體通過封填墊。這能夠造成洩漏的結果，且在一些例子中，閥桿腐蝕
是由於暴露在富含空氣的溶液。PTFE 封填墊是作為大部分閥門應用較喜愛的封填
墊。

### 6.8.2 石墨/碳封填墊

石墨和/碳封填墊系統主要作為溫度超過 232℃(450°F)，對 PTFE 封填墊最高溫
度閥門的使用。石墨和碳之間的不同是形態。碳基本上是無結晶性，意思它的原子
是任意排列的。石墨是由結晶體形成的，意思是它的原子是一個精密的排列，重複
的方式形成結晶。比較 PTFE，石墨和碳有一個較高的初期成本，需要更多的保養，
及當需要足夠的負荷來符合低洩漏要求時，產生大得多的閥桿摩擦。但作為高溫或
防火應用，它們是獲得密封能力和忽略閥桿磨損的選擇材料。石墨通常有一個在-18
℃(0°F)和 538℃(1000°F)之間無氧化應用的溫度範圍。材料能夠保證含量小於 50
ppm 的可濾去氯化物和鹵素，且能夠被使用在放射性核能應用，可高達 1.5 x 109 rads
總伽瑪輻射。

石墨封填墊在許多形式上被採用，包含編織單纖維(Braided Filaments)、撓性石
墨薄片(Flexible Graphite Sheet Laminate)、或帶狀捲繞衝壓模塑環(Ribbon-wound
Die-molded Rings)與固態碳/石墨環一樣。這些材料典型的被用在一些組合，當作一
個合成物組。石墨薄板環(Graphite Laminate Rings)通常是從撓性石墨薄片的薄層上
模切成型，黏合及塑化，然後緊密成一個硬膜，壓縮它們並提供精確的尺寸。帶狀
捲繞封填墊有相似的製造方法，除了一個薄條帶是捲繞在一個心軸上，模塑封填墊
成一個硬膜。

石墨或碳纖維封填墊來自於一個具有編織結構的纖維線製成的 。有時候應用一

個 PTFE 塗層在編織期間促成架構，並在工作中提供潤滑。在昇高的溫度上，超過 316℃(600℉)這種 PTFE 塗層昇華了，但其後它的百分比容積相對地小了，封填墊的壓蓋負荷以無法測定般的減少。纖維環常被用來當成末端環，結合薄板的或帶狀捲繞環是為了增加柔軟性去堆疊並充當海綿。碳和/或石墨編織纖維也是自身用來當作封填墊。編織封填墊比其他固體架構更是柔軟，當閥門閥桿表面已經受機械損傷或來自於腐蝕的損傷，更寬容的當作一個保養的封填墊；無論如何，它可能無法像固體環密封般一樣好。堅硬的碳環也是被用來當作末端環來充當海綿及抗擠壓的阻擋層。

　　不鏽鋼閥桿的點蝕在這範圍中已經有經驗，此處它們與石墨封填墊接觸，在流體靜力測試期間或儲放在會凝結的環境中造成閥門潮濕的。點蝕的發生是依據化學作用產生電流腐蝕的機械作用。碳和石墨在材料化學作用產生電流的系列上比幾乎所有的金屬是更 "高貴的" 或更陰極的。實驗室測試已經顯示，所有的不鏽鋼及甚至一些高鎳合金，是容易受到點蝕攻擊的這種型式。對點蝕有抵抗力的金屬是 N06625、N10276、N06022、鈦和鋯。為保護其他閥桿的材料，一個薄犧牲鋅墊圈有時候使用在每一個石墨薄板環之下，具有保護閥桿目的免於腐蝕。鋅墊圈無法完全預防點蝕，但它已經顯示有幫助的。另外，腐蝕抑制劑能夠加入到撓性的石墨，更老的版本使用重金屬基底的抑制劑，例如鉬酸鋇(Barium Molybdate)。最新的材料結合環境更安全無機的、非金屬、不易起化學變化的腐蝕抑制劑。

　　為了避免電化學的腐蝕，一些閥門製造廠商流體靜力測試閥門組件的單獨組成部分，安裝石墨封填墊之前允許它們充分乾燥，因為石墨標準用在令人滿意提升的工作溫度是在高於露點，濕氣不是提供來允許電化學腐蝕的開始。在工作中閥門連續不斷的衝擊也降低腐蝕的可能性。

## 6.9 墊片(Gasket)

　　墊片的材料架構太眾多而不能一一計算，但主要的提供將描述在此章節中。最普通的平薄墊片包含各種的材料，例如有或沒有纖維強化的合成橡膠、PTFE、石綿、醯胺纖維/橡膠、金屬和撓性石墨。螺旋狀捲繞墊片是依據閥門漸增的規定。最普通的架構是 PTFE、撓性石墨、或一個無機礦物薄片製造，那是捲繞進入具有一個金屬環的螺旋薄片，包裹內部和外部的直徑。每一個材料有它自己應用的適當位置，那是一些在工作性質和成本之間的交換。關鍵的工作性能包含溫度的抗拒力、製程流體的抵抗力、密封能力、蠕變鬆弛、壓縮係數、回復、和抗拉強度。

### 6.9.1 合成橡膠墊片(Elastomeric Gaskets)

　　合成橡膠或人造橡膠墊片需要非常少的法蘭負荷達成一個密封。它們有非常低的滲透率，甚至小分子的介質。它們有彈性且能夠拉長超過一個突出物，在安裝期間不會斷裂。合成橡膠墊片是以一個各式各樣的合成物被採用，例如橡膠、氯丁橡膠、氟合成橡膠、矽橡膠、和乙丙橡膠。

### 6.9.2 PTFE 墊片

　　聚四氟乙烯(PTFE)或稱為鐵氟龍(Teflon)是最常應用作為極佳的耐化學作用。它是比較軟的塑膠，很容易順應到法蘭表面，且容易達到密封。PTFE 比大部分更能滲入密合表面，但主要的缺點是它的低蠕變強度。PTFE 墊片傾向於蠕變或全程的常溫流動(Cold Flow)，對設計和維持法蘭的負荷需要小心的證明，不要超負荷。

### 6.9.3 石綿墊片(Asbestos Gaskets)

　　石綿是普遍選擇的墊片材料已經有數十年了，直到它的纖維涉及一個呼吸的疾病稱為石綿入肺病。工作安全和健康條例制定了工作規章的法律，在 1980 年代早期停止石綿的使用。從那時起，石綿墊片的使用已經幾乎全無。有一些環境仍然視它的使用為正常，例如高溫氧化劑。作為絕大部分全部蒸汽、碳氫化合物、和一大整列的化學製品的應用，石綿是極佳的。它能夠對付高法蘭負荷而不會蠕變鬆弛且生產費用不高。石綿墊片通常是金屬矽酸鹽無機物組成的，稱為纖鐵鈉閃石(Crocidolite)

或纖蛇紋石(Chrysotile)或是兩者的組成，具有一個彈性般的黏合劑，與製程無矛盾的。

### 6.9.4 醯胺纖維墊片(Aramid Gaskets)

具有各式各樣彈性黏合劑的醯胺纖維纖維墊片，在 1980 年代成為石綿替代品材料的選擇。醯胺纖維是特殊高溫芳香聚玩胺，那是優秀強度-對-重量的比率及有異常高的柔韌模組化。強化的醯胺纖維纖維像石綿一般，被綑綁在一起成為撓性薄板墊片，具有一個合成橡膠的類別，必須被規範來抗拒製程流體。這些墊片通常比替換的石綿有更好的密封，但它們有較少的抗化學作用和耐高溫抵抗力。

### 6.9.5 撓性石墨墊片(Flexible Graphite Gaskets)

撓性石墨墊片是一個獨特的材料，控制著高溫墊片的市場。它是由全碳石墨組成的，且具有非常少污染的東西，撓性石墨對全部化學作用有極佳的抗拒力，但除了強氧化劑。它有極佳的順從性和密封能力，具有從低到高的螺栓負荷。它能夠以薄不鏽鋼隔片製成一個薄片來獲得，在組合之前來改善它可以處理的粗糙程度，或當作純石墨來消除化學作用相容性的憂慮。它也被採用在各種等級中具有特別低的鹵素、硫、硝酸鹽、和低熔點金屬，遵循核能工業規範。石墨除了強氧化合物之外，也幾乎具有一般的耐化學作用。

### 6.9.6 金屬墊片(Metal Gaskets)

金屬墊片絕對有密封的能力，需要高螺栓負荷，但它們需要極平的、光滑法蘭表面達到一個密封。完全退火韌化的薄板材料當坐墊片的使用。常見的合金是 UNS S31600 和 N04400，鍍銀在墊片兩邊也是規定去改善密封能力和避免裂縫的腐蝕。

### 6.10 O 型環密封(O-ring Seals)

一個 O 型環是一個超環面形狀的物體，通常來自於一個橡膠製造，那是利用機械壓入一個襯片內部或緊緊密合凹槽尺寸，達到作為一個圓形洩漏路徑的密封。O 型環也是來自於塑膠或金屬製造來作為特殊的應用；無論如何，合成橡膠在變形之後彈性般的復原，造成它們特別的應用。它們也能夠被製成非圓截面作為特殊的應用。例如方形或 "T" 截面環，有時候用來在提升溫度上當作動態的密封，以便它們不易滾動和遭受 "成螺旋般" 的失效。

O 型環提供一個低成本的方法、極佳緊密洩漏的密封。O 型環通常是用來當作直徑密封(即在一個配對活塞和圓筒之間的間隙)或面密封(即 2 個平的平行表面之間的間隙)。它們能夠被用來當作具有多樣化要求的靜態或動態密封，根據壓力作為壓縮預負荷及介質的合成物來密封。因為它們的對稱，O 型環能夠被用來當作兩個方向的密封，那就是，壓力差能夠交替的從 O 型環的一邊到另一邊。

被模塑的 O 型環材料來自於必須小心的選擇與介質是一致來被密封，及具有溫度的應用。有時候在它工作的介質流體，稍微膨脹能夠用來改善密封特性，而不需要設計利用大壓力預負荷的閥門壓蓋。其他的考慮事情包含在 O 型環的無壓力端，暴露在介質的流體，例如，一些耐油合成橡膠，像腈橡膠般在空氣中沒有良好的氣候抗拒力。同樣地，在高壓力應用中壓力比率被減少，引起 O 型環的減壓，這個現象是當氣體或流體介質在高壓條件下，已經滲透 O 型環材料，當壓力減少時介質正快速退出材料，引起 O 型環像機械般的撕裂。

### 6.11 外部塗層

當已安裝的閥門看得見各式各樣的應用條件，從良好控制的室內環境到化學作用是連續暴露極具侵略性的工業環境。為了這個理由，各種外部塗層被使用來保護閥門的外觀和配件。

大部分金屬在塗層之前需要預先處理。預處理包括一些清潔的形式和塗層之前的轉換塗層。金屬可能單純的被溶劑或清潔劑清潔，但假使鋼的塗層已經被製造商或鑄造工廠儲存在室外，他們將需要在浸液或噴灑清潔之前執行研磨砂粒的吹掃。

同樣地，鐵素體材料通常是磷酸鹽轉換處理塗層，接著是鉻酸鹽轉換處理塗層，用來添加轉換處理保護和提供一個具有"相咬合"的表面，允許相同目的之塗層有良好的附著。

### 6.11.1 醇酸樹脂(Alkyds)

對於輕工業環境，大部分閥門設備以醇酸樹脂(人造樹脂)塗層來供應，塗層有包含底漆或無底漆。醇酸樹脂有好的光澤和顏色的維持，好的濕潤和穿透特性，及好的戶外天候特性。它們是最常噴灑應用，而且一點也沒有限制耐溶劑、水和鹼。

### 6.11.2 壓克力乳液(Acrylic Latex)

在一般工業環境，對閥門、驅動器和安裝配件例如定位器和空氣調節器等的通常塗層是一種壓克力乳液。壓克力乳液能夠被噴灑應用，有良好的附著力，且具有一般化學作用的抵抗力。這種塗層也是非可燃性及符合揮發性有機化合物的法規。

含有鋅的底漆不但提供像任何其他塗層的屏蔽抗拒力，也提供塗層被貫穿時的陽極保護。鋅比鋼在電化學系列更陽極，因此對鋼為基底的金屬優先腐蝕，像這樣鋅提供犧牲的腐蝕保護。壓克力乳液作為改善耐腐蝕性質是與富含鋅的底漆是一致的。

### 6.11.3 環氧基樹脂和聚酯(Epoxies and Polyesters)

對於大部分有侵略性的環境，那裡有連續的化學蒸汽及偶而在閥門設備發生的化學水氣，通常使用聚酯或環氧基樹脂塗層。在市場上有各種各樣可採用的環氧基樹脂。能夠與碳氫基胺或聚珖胺起觸媒作用，或它們是煤焦油環氧基樹脂，此兩者大部分共同與閥門有關。環氧基樹脂通常是 2 種成分，主要構造的塗層能夠以液態噴灑應用或以乾粉塗層並熱塑化。環氧基樹脂有極佳的溶劑、水和鹼的抵抗力。無論如何，它們受衝擊時傾向脆化，且暴露在紫外線下時也會白堊化。

乾粉塗層和熱塑化聚酯比照環氧基樹脂時，放棄非常小的溶劑抵抗力，且在鹽類噴灑測試有更好性能的優點，並有許多更好的紫外線抗拒力。聚酯也更柔韌和當遭受衝擊時，傾向出現缺口或碎裂更少得多。粉狀塗層能夠有非常高品質的塗層，提供一個主要構造(厚度)，濃密和連續的塗層。粉狀塗層有額外的製程優點，解除沒有揮發性有機化合物進入環境和創造出從過度噴灑到處理沒有塗層的污物。

# 附錄 3-1 ASME B16.25-1992 閥門對焊的末端部分

## (BUTT-WELDING ENDS)
## (ASME B16.25 –1992)

| 公稱管徑尺寸 | Sch. No.或壁厚碼 | 外徑 A | | 公稱內徑 B | | 機械內徑 C | | 公稱壁厚 t | |
|---|---|---|---|---|---|---|---|---|---|
| | | inch | mm | inch | mm | inch | mm | inch | mm |
| 2½ | 40 | 2.88 | 73.0 | 2.469 | 62.6 | 2.479 | 62.97 | 0.203 | 5.2 |
| | 80 | | | 2.323 | 59.0 | 2.351 | 59.72 | 0.276 | 7.0 |
| | 160 | | | 2.125 | 54.0 | 2.178 | 55.32 | 0.375 | 9.5 |
| | XXS | | | 1.771 | 45.0 | 1.868 | 47.45 | 0.552 | 14.0 |
| 3 | 40 | 3.50 | 88.9 | 3.068 | 77.9 | 3.081 | 78.26 | 0.216 | 5.5 |
| | 80 | | | 2.900 | 73.7 | 2.934 | 74.52 | 0.300 | 7.6 |
| | 160 | | | 2.624 | 66.7 | 2.692 | 68.38 | 0.438 | 11.1 |
| | XXS | | | 2.300 | 58.5 | 2.409 | 61.19 | 0.600 | 15.2 |
| 3½ | 40 | 4.00 | 101.6 | 3.548 | 90.2 | 3.564 | 90.53 | 0.226 | 5.7 |
| | 80 | | | 3.364 | 85.4 | 3.402 | 86.41 | 0.318 | 8.1 |
| 4 | 40 | 4.50 | 114.3 | 4.026 | 102.3 | 4.044 | 102.72 | 0.237 | 6.0 |
| | 80 | | | 3.826 | 97.1 | 3.869 | 98.27 | 0.337 | 8.6 |
| | 120 | | | 3.624 | 92.1 | 3.692 | 93.78 | 0.438 | 11.1 |
| | 160 | | | 3.438 | 87.3 | 3.530 | 89.66 | 0.531 | 13.5 |
| | XXS | | | 3.152 | 80.1 | 3.279 | 83.29 | 0.674 | 17.1 |
| 5 | 40 | 5.56 | 141.3 | 5.047 | 128.1 | 5.070 | 128.78 | 0.258 | 6.6 |
| | 80 | | | 4.813 | 122.3 | 4.866 | 123.60 | 0.375 | 9.5 |
| | 120 | | | 4.563 | 115.9 | 4.647 | 118.03 | 0.500 | 12.7 |
| | 160 | | | 4.313 | 109.5 | 4.428 | 112.47 | 0.625 | 15.9 |
| | XXS | | | 4.063 | 103.3 | 4.209 | 106.91 | 0.750 | 19.0 |
| 6 | 40 | 6.62 | 168.3 | 6.065 | 154.1 | 6.094 | 154.79 | 0.280 | 7.1 |
| | 80 | | | 5.761 | 146.3 | 5.828 | 148.03 | 0.432 | 11.0 |
| | 120 | | | 5.501 | 139.7 | 5.600 | 142.24 | 0.562 | 14.3 |
| | 160 | | | 5.187 | 131.7 | 5.326 | 135.28 | 0.719 | 18.3 |
| | XXS | | | 4.897 | 124.5 | 5.072 | 128.83 | 0.864 | 21.9 |
| 8 | 40 | 8.62 | 219.1 | 7.981 | 202.7 | 8.020 | 203.71 | 0.322 | 8.2 |
| | 60 | | | 7.813 | 198.5 | 7.873 | 199.97 | 0.406 | 10.3 |
| | 80 | | | 7.625 | 193.7 | 7.709 | 195.81 | 0.500 | 12.7 |
| | 100 | | | 7.437 | 188.9 | 7.544 | 191.62 | 0.594 | 15.1 |
| | 120 | | | 7.187 | 182.5 | 7.326 | 186.08 | 0.719 | 18.3 |
| | 140 | | | 7.001 | 177.9 | 7.163 | 181.94 | 0.812 | 20.6 |
| | XXS | | | 6.875 | 174.7 | 7.053 | 179.15 | 0.875 | 22.2 |
| | 160 | | | 6.813 | 173.1 | 6.998 | 177.75 | 0.906 | 23.0 |
| 10 | 40 | 10.75 | 273 | 10.020 | 254.4 | 10.070 | 255.78 | 0.365 | 9.3 |
| | 60 | | | 9.750 | 247.6 | 9.834 | 249.78 | 0.500 | 12.7 |
| | 80 | | | 9.562 | 242.8 | 9.670 | 245.62 | 0.594 | 15.1 |
| | 100 | | | 9.312 | 236.4 | 9.451 | 240.06 | 0.719 | 18.3 |
| | 120 | | | 9.062 | 230.2 | 9.232 | 234.49 | 0.844 | 21.4 |
| | 140 | | | 8.750 | 222.2 | 8.959 | 227.56 | 1.000 | 25.4 |
| | 160 | | | 8.500 | 215.8 | 8.740 | 222.00 | 1.125 | 28.6 |
| 12 | STD | 12.75 | 323.8 | 12.000 | 304.8 | 12.053 | 306.15 | 0.375 | 9.5 |
| | 40 | | | 11.938 | 303.2 | 11.999 | 304.77 | 0.406 | 10.3 |
| | XS | | | 11.750 | 298.4 | 11.834 | 300.58 | 0.500 | 12.7 |
| | 60 | | | 11.626 | 295.2 | 11.725 | 297.82 | 0.562 | 14.3 |
| | 80 | | | 11.374 | 288.8 | 11.505 | 292.23 | 0.688 | 17.5 |
| | 100 | | | 11.062 | 281.0 | 11.232 | 285.29 | 0.844 | 21.4 |
| | 120 | | | 10.750 | 273.0 | 10.959 | 278.36 | 1.000 | 25.4 |
| | 140 | | | 10.500 | 266.6 | 10.740 | 272.80 | 1.125 | 28.6 |
| | 160 | | | 10.126 | 257.2 | 10.413 | 264.49 | 1.312 | 33.3 |

| 公稱管徑尺寸 | Sch. No. 或 壁厚碼 | 外徑 A | | 公稱內徑 B | | 機械內徑 C | | 公稱壁厚 t | |
|---|---|---|---|---|---|---|---|---|---|
| | | inch | mm | inch | mm | inch | mm | inch | mm |
| 14 | STD | 14.00 | 355.6 | 13.250 | 336.6 | 13.303 | 337.90 | 0.375 | 9.5 |
| | 40 | | | 13.124 | 333.4 | 13.192 | 335.08 | 0.438 | 11.1 |
| | XS | | | 13.000 | 330.2 | 13.084 | 332.33 | 0.500 | 12.7 |
| | 60 | | | 12.812 | 325.4 | 12.920 | 328.17 | 0.594 | 15.1 |
| | 80 | | | 12.500 | 317.6 | 12.646 | 321.21 | 0.750 | 19.0 |
| | 100 | | | 12.124 | 308.0 | 12.318 | 312.88 | 0.938 | 23.8 |
| | 120 | | | 11.812 | 300.0 | 12.044 | 305.92 | 1.094 | 27.8 |
| | 140 | | | 11.500 | 292.0 | 11.771 | 298.98 | 1.250 | 31.8 |
| | 160 | | | 11.188 | 284.2 | 11.498 | 292.05 | 1.406 | 35.7 |
| 16 | STD | 16.00 | 406.4 | 15.250 | 387.4 | 15.303 | 388.70 | 0.375 | 9.5 |
| | 40 | | | 15.000 | 381.0 | 15.084 | 383.13 | 0.500 | 12.7 |
| | 60 | | | 14.688 | 373.0 | 14.811 | 376.20 | 0.656 | 16.7 |
| | 80 | | | 14.312 | 363.6 | 14.482 | 367.84 | 0.844 | 21.4 |
| | 100 | | | 13.938 | 354.0 | 14.155 | 359.54 | 1.031 | 26.2 |
| | 120 | | | 13.562 | 344.4 | 13.826 | 351.18 | 1.219 | 31.0 |
| | 140 | | | 13.124 | 333.4 | 13.442 | 341.43 | 1.438 | 36.5 |
| | 160 | | | 12.812 | 325.4 | 13.170 | 334.52 | 1.594 | 40.5 |
| 18 | STD | 18.00 | 457.2 | 17.250 | 438.2 | 17.303 | 439.50 | 0.375 | 9.5 |
| | XS | | | 17.000 | 431.8 | 17.084 | 433.93 | 0.500 | 12.7 |
| | 40 | | | 16.876 | 428.6 | 16.975 | 431.17 | 0.562 | 14.3 |
| | 60 | | | 16.500 | 419.2 | 16.646 | 422.81 | 0.750 | 19.0 |
| | 80 | | | 16.124 | 409.6 | 16.318 | 414.48 | 0.938 | 23.8 |
| | 100 | | | 15.688 | 398.4 | 15.936 | 404.77 | 1.156 | 29.4 |
| | 120 | | | 15.250 | 387.4 | 15.553 | 395.05 | 1.375 | 34.9 |
| | 140 | | | 14.876 | 377.8 | 15.225 | 386.72 | 1.562 | 39.7 |
| | 160 | | | 14.438 | 366.8 | 14.842 | 376.99 | 1.781 | 45.2 |
| 20 | STD | 20.0 | 508.0 | 19.250 | 489.0 | 19.303 | 490.30 | 0.375 | 9.5 |
| | XS | | | 19.000 | 482.6 | 19.084 | 484.73 | 0.500 | 12.7 |
| | 40 | | | 18.812 | 477.8 | 18.920 | 480.57 | 0.594 | 15.1 |
| | 60 | | | 18.376 | 466.8 | 18.538 | 470.87 | 0.812 | 20.6 |
| | 80 | | | 17.938 | 455.6 | 18.155 | 461.14 | 1.031 | 26.2 |
| | 100 | | | 17.438 | 443.0 | 17.717 | 450.01 | 1.281 | 32.5 |
| | 120 | | | 17.000 | 431.8 | 17.334 | 440.28 | 1.500 | 38.1 |
| | 140 | | | 16.500 | 419.2 | 16.896 | 429.16 | 1.750 | 44.4 |
| | 160 | | | 16.062 | 408.0 | 16.513 | 419.43 | 1.969 | 50.0 |
| 22 | STD | 22.0 | 558.8 | 21.250 | 539.8 | 21.303 | 541.10 | 0.375 | 9.5 |
| | XS | | | 21.000 | 533.4 | 21.084 | 535.53 | 0.500 | 12.7 |
| | 60 | | | 20.250 | 514.4 | 20.428 | 518.87 | 0.875 | 22.2 |
| | 80 | | | 19.750 | 501.6 | 19.990 | 507.75 | 1.125 | 28.6 |
| | 100 | | | 19.250 | 488.8 | 19.553 | 496.65 | 1.375 | 35.0 |
| | 120 | | | 18.750 | 476.2 | 19.115 | 485.52 | 1.625 | 41.3 |
| | 140 | | | 18.250 | 463.6 | 18.678 | 474.42 | 1.875 | 47.6 |
| | 160 | | | 17.750 | 450.8 | 18.240 | 463.30 | 2.125 | 54.0 |
| 24 | STD | 24.00 | 609.6 | 23.250 | 590.6 | 23.303 | 591.90 | 0.375 | 9.5 |
| | XS | | | 23.000 | 584.2 | 23.084 | 586.33 | 0.500 | 12.7 |
| | 30 | | | 22.876 | 581.0 | 22.975 | 583.57 | 0.562 | 14.3 |
| | 40 | | | 22.624 | 574.6 | 22.755 | 577.98 | 0.688 | 17.5 |
| | 60 | | | 22.062 | 560.4 | 22.263 | 565.48 | 0.969 | 24.6 |
| | 80 | | | 21.562 | 547.6 | 21.826 | 554.38 | 1.219 | 31.0 |
| | 100 | | | 20.938 | 531.8 | 21.280 | 540.51 | 1.531 | 38.9 |
| | 120 | | | 20.376 | 517.6 | 20.788 | 528.02 | 1.812 | 46.0 |
| | 140 | | | 19.876 | 504.8 | 20.350 | 516.89 | 2.062 | 52.4 |
| | 160 | | | 19.312 | 490.6 | 19.857 | 504.37 | 2.344 | 59.5 |

## 附錄 3-2 閥體鍛造與鑄造的差異

閥体或配件等鑄造之品質會因金屬流動及固体化後的問題而減弱。在固体化的過程中，鑄造本身易於產生離析作用(Segregation)及多孔性,所以需要使用焊接來提昇品質，以便符合令人信服的品質要求，是以需要 NDT 。

熔化的金屬產生離析或化學分離,引起結晶体驅向模鑄壁上,降低合金的含量。多孔性是在冷卻過程中捕捉到氣体而引起的，其他的缺點譬如裂痕及淚滴狀金屬球也被析出，並以焊接來修復。

鍛造的閥体在溫度變動中，對金屬疲勞的抗力，即表面應力(Surface Stress)，其優良性超過鑄造的 3 倍。

下列公式是在溫度變動頻繁中, 計算鍛造及鑄造的表面應力:

$$S = (K_s K_n) \frac{E\,a}{1-\upsilon} (T_m - T_f) \qquad (方程式\ 3\text{-}2)$$

S=(表面應力, Surface Stress) psi

E=(彈性係數,Modulus of Elasticity)$28.8 \times 10^8$psi

a=(熱膨脹係數,Coefficient of Thermal Expansion)

　$7.65 \times 10^{-6}$ in/in. °F

　$T_m - T_f$ =100°F (金屬在衝繫之前的溫度減因衝擊引起的流動溫度)

　$K_s$ =(表面最終應力之強化率)

　　　=4.0(非機械性水路之鑄造, Castings with non-machined waterway)

　　=1.2(機械性水路之鑄造, Forged machined waterway)

$K_n$ =1(刻痕應力強化因子,假設在應力區域無尖銳邊緣)

$T_m$ =400°F 之 F22 及 WC9 在 100°F 的熱衝擊下,其平均值是:

鍛造的表面應力= 37,769 psi

鑄造的表面應力= 125,897 psi

# 附錄 3-3

## 閥門溫度—壓力額定值

### (ANSI B16.34 – 1988)
### CLASS 150

壓力單位：psig

| 材料 / 溫度 | | 碳鋼 (Carbon Steel) | | | Carbon --½Mo | 1¼Cr --½Mo | 2¼Cr --1Mo | 5Cr --½Mo | 18Cr --8Ni | 18Cr --9Ni --2Mo | 18Cr --10Ni Ti | 18Cr --10Ni --Cb |
|---|---|---|---|---|---|---|---|---|---|---|---|---|
| | | A216 WCB | A216 WCC | | A217 WC1 | A217 WC6 | A217 WC9 | A217 C5 | A351 CF8 | A351 CF8M | | A351 CF8C |
| | | A105 | A352 LCC | A352 LCB | A182 F1 | A182 F11 | A182 F22 | A182 F5, F5a | A182 F304 | A182 F316 | A182 F321 | A182 F347 |
| | | A350 LF2 | A352 LC2, LC3 | | A352 LC1 | | | | | | | |
| °F | °C | A350 LF3 | | | | | | | | | | |
| -20 to 100 | -29 to 38 | 285 | 290 | 265 | 265 | 290 | 290 | 290 | 275 | 275 | 275 | 275 |
| 200 | 93 | 260 | 260 | 250 | 260 | 260 | 260 | 260 | 235 | 240 | 235 | 245 |
| 300 | 149 | 230 | 230 | 230 | 230 | 230 | 230 | 230 | 205 | 215 | 210 | 225 |
| 400 | 204 | 200 | 200 | 200 | 200 | 200 | 200 | 200 | 180 | 195 | 190 | 200 |
| 500 | 260 | 170 | 170 | 170 | 170 | 170 | 170 | 170 | 170 | 170 | 170 | 170 |
| 600 | 316 | 140 | 140 | 140 | 140 | 140 | 140 | 140 | 140 | 140 | 140 | 140 |
| 650 | 343 | 125 | 125 | 125 | 125 | 125 | 125 | 125 | 125 | 125 | 125 | 125 |
| 700 | 371 | 110 | 110 | 110 | 110 | 110 | 110 | 110 | 110 | 110 | 110 | 110 |
| 750 | 399 | 95 | 95 | 95 | 95 | 95 | 95 | 95 | 95 | 95 | 95 | 95 |
| 800 | 427 | 80 | 80 | 80 | 80 | 80 | 80 | 80 | 80 | 80 | 80 | 80 |
| 850 | 454 | 65 | 65 | 65 | 65 | 65 | 65 | 65 | 65 | 65 | 65 | 65 |
| 900 | 482 | 50 | 50 | 50 | 50 | 50 | 50 | 50 | 50 | 50 | 50 | 50 |
| 950 | 510 | 35 | 35 | 35 | 35 | 35 | 35 | 35 | 35 | 35 | 35 | 35 |
| 1000 | 538 | 20 | 20 | 20 | 20 | 20 | 20 | 20 | 20 | 20 | 20 | 20 |
| 1050 | 565 | | | | | 20(1) | 20(1) | 20(1) | 20(1) | 20(1) | 20(1) | 20(1) |
| 1100 | 593 | | | | | 20(1) | 20(1) | 20(1) | 20(1) | 20(1) | 20(1) | 20(1) |
| 1150 | 621 | | | | | 20(1) | 20(1) | 20(1) | 20(1) | 20(1) | 20(1) | 20(1) |
| 1200 | 649 | | | | | 15(1) | 20(1) | 20(1) | 20(1) | 20(1) | 20(1) | 20(1) |
| 1250 | 677 | | | | | | | | 20(1) | 20(1) | 20(1) | 20(1) |
| 1300 | 704 | | | | | | | | 20(1) | 20(1) | 20(1) | 20(1) |
| 1350 | 732 | | | | | | | | 20(1) | 20(1) | 20(1) | 20(1) |
| 1400 | 760 | | | | | | | | 20(1) | 20(1) | 20(1) | 20(1) |
| 1450 | 788 | | | | | | | | 15(1) | 20(1) | 20(1) | 20(1) |
| 1500 | 816 | | | | | | | | 10(1) | 15(1) | 20(1) | 15(1) |
| 靜水壓殼測試壓力 (Hydrostatic Shell Test Press.) | | 450 | 450 | 400 | 400 | 450 | 450 | 450 | 425 | 425 | 425 | 425 |
| 靜水壓閥座測試壓力 (Hydrostatic Seat Test Press.) | | 314 | 319 | 292 | 292 | 319 | 319 | 319 | 303 | 303 | 303 | 303 |
| 風壓閥座測試壓力 (Pneumatic Seat Test Press.) | | 80 | | | | | | | | | | |

註：
1. 僅僅用於焊接端(Welding end)之閥門。法蘭端(Flanged end)額定值溫度在 1000°F (540°C)。
2. 本頁壓力-溫度額定值表應該應用於法蘭端和對焊端型式的標準級閥門(STANDARD CLASS VALVES)。
3. 有關於對於每一項閥門材質和其他條件，其工作溫度的限制請參考"閥門鋼材規範表"。

# 閥門溫度—壓力額定值

## (ANSI B16.34 – 1988)
## CLASS 300

壓力單位：psig

| 材料 | 碳鋼 (Carbon Steel) | | | Carbon --½Mo | 1¼Cr --½Mo | 2¼Cr --1Mo | 5Cr --½Mo | 18Cr --8Ni | 18Cr --9Ni --2Mo | 18Cr --10Ni Ti | 18Cr --10Ni --Cb |
|---|---|---|---|---|---|---|---|---|---|---|---|
| | A216 WCB | A216 WCC | | A217 WC1 | A217 WC6 | A217 WC9 | A217 C5 | A351 CF8 | A351 CF8M | | A351 CF8C |
| | A105 | A352 LCC | A352 LCB | A182 F1 | A182 F11 | A182 F22 | A182 F5, F5a | A182 F304 | A182 F316 | A182 F321 | A182 F347 |
| | A350 LF2 | A352 LC2, LC3 | | A352 LC1 | | | | | | | |
| 溫度 | | A350 LF3 | | | | | | | | | |
| °F / ℃ | | | | | | | | | | | |
| -20 TO 100 / -29 to 38 | 740 | 750 | 695 | 695 | 750 | 750 | 750 | 720 | 720 | 720 | 720 |
| 200 / 93 | 675 | 750 | 655 | 680 | 710 | 715 | 750 | 600 | 620 | 610 | 635 |
| 300 / 149 | 655 | 730 | 640 | 655 | 675 | 675 | 730 | 530 | 560 | 545 | 590 |
| 400 / 204 | 635 | 705 | 620 | 640 | 660 | 650 | 705 | 470 | 515 | 495 | 555 |
| 500 / 260 | 600 | 665 | 585 | 620 | 640 | 640 | 665 | 435 | 480 | 460 | 520 |
| 600 / 316 | 550 | 605 | 535 | 605 | 605 | 605 | 605 | 415 | 450 | 435 | 490 |
| 650 / 343 | 535 | 590 | 525 | 590 | 590 | 590 | 590 | 410 | 445 | 430 | 480 |
| 700 / 371 | 535 | 570 | 520 | 570 | 570 | 570 | 570 | 405 | 430 | 420 | 470 |
| 750 / 399 | 505 | 505 | 475 | 530 | 530 | 530 | 530 | 400 | 425 | 415 | 460 |
| 800 / 427 | 410 | 410 | 390 | 510 | 510 | 590 | 500 | 395 | 415 | 415 | 455 |
| 850 / 454 | 270 | 270 | 270 | 485 | 485 | 570 | 440 | 390 | 405 | 410 | 445 |
| 900 / 482 | 170 | 170 | 170 | 450 | 450 | 530 | 355 | 385 | 395 | 405 | 430 |
| 950 / 510 | 105 | 105 | 105 | 280 | 380 | 380 | 260 | 375 | 385 | 385 | 385 |
| 1000 / 538 | 50 | 50 | 50 | 165 | 225 | 270 | 190 | 325 | 365 | 355 | 365 |
| 1050 / 565 | | | | | 140 | 200 | 140 | 310 | 360 | 345 | 360 |
| 1100 / 593 | | | | | 95 | 115 | 105 | 260 | 325 | 300 | 325 |
| 1150 / 621 | | | | | 50 | 105 | 70 | 195 | 275 | 235 | 275 |
| 1200 / 649 | | | | | 35 | 55 | 45 | 155 | 205 | 180 | 170 |
| 1250 / 677 | | | | | | | | 110 | 180 | 140 | 125 |
| 1300 / 704 | | | | | | | | 85 | 140 | 105 | 95 |
| 1350 / 732 | | | | | | | | 60 | 105 | 80 | 70 |
| 1400 / 760 | | | | | | | | 50 | 75 | 60 | 50 |
| 1450 / 788 | | | | | | | | 35 | 60 | 50 | 40 |
| 1500 / 816 | | | | | | | | 25 | 40 | 40 | 35 |
| 靜水壓殼測試壓力 (Hydrostatic Shell Test Press.) | 1125 | 1125 | 1050 | 1050 | 1125 | 1125 | 1125 | 1100 | 1100 | 1100 | 1100 |
| 靜水壓閥座測試壓力 (Hydrostatic Seat Test Press.) | 814 | 825 | 765 | 765 | 825 | 825 | 825 | 792 | 792 | 792 | 792 |
| 風壓閥座測試壓力 (Pneumatic Seat Test Press.) | 80 | | | | | | | | | | |

註：
1. 本頁壓力-溫度額定值表應該應用於法蘭端和對焊端型式的標準級閥門(STANDARD CLASS VALVES)。
2. 有關於對於每一項閥門材質和其他條件，其工作溫度的限制請參考"閥門鋼材規範表"。

# 閥門溫度─壓力額定值
## (ANSI  B16.34 – 1988)
## CLASS 600

壓力單位：psig

| 材料<br>溫度 | | 碳鋼<br>(Carbon Steel) | | | Carbon<br>--½Mo | 1¼Cr<br>--½Mo | 2¼Cr<br>--1Mo | 5Cr<br>--½Mo | 18Cr<br>--8Ni | 18Cr<br>--9Ni<br>--2Mo | 18Cr<br>--10Ni<br>Ti | 18Cr<br>--10Ni<br>--Cb |
|---|---|---|---|---|---|---|---|---|---|---|---|---|
| | | A216<br>WCB | A216<br>WCC | | A217<br>WC1 | A217<br>WC6 | A217<br>WC9 | A217<br>C5 | A351<br>CF8 | A351<br>CF8M | | A351<br>CF8C |
| | | A105 | A352<br>LCC | A352<br>LCB | A182<br>F1 | A182<br>F11 | A182<br>F22 | A182<br>F5, F5a | A182<br>F304 | A182<br>F316 | A182<br>F321 | A182<br>F347 |
| | | A350<br>LF2 | A352<br>LC2, LC3 | | A352<br>LC1 | | | | | | | |
| °F | °C | | A350<br>LF3 | | | | | | | | | |
| -20 TO 100 | -29 to 38 | 1480 | 1500 | 1390 | 1390 | 1500 | 1500 | 1500 | 1440 | 1440 | 1440 | 1440 |
| 200 | 93 | 1350 | 1500 | 1315 | 1360 | 1425 | 1430 | 1500 | 1200 | 1240 | 1220 | 1270 |
| 300 | 149 | 1315 | 1455 | 1275 | 1305 | 1345 | 1355 | 1455 | 1055 | 1120 | 1090 | 1175 |
| 400 | 204 | 1270 | 1410 | 1235 | 1280 | 1315 | 1295 | 1410 | 940 | 1030 | 990 | 1110 |
| 500 | 260 | 1200 | 1330 | 1165 | 1245 | 1285 | 1280 | 1330 | 875 | 955 | 915 | 1035 |
| 600 | 316 | 1095 | 1210 | 1065 | 1210 | 1210 | 1210 | 1210 | 830 | 905 | 875 | 985 |
| 650 | 343 | 1075 | 1175 | 1045 | 1175 | 1175 | 1175 | 1175 | 815 | 890 | 855 | 960 |
| 700 | 371 | 1065 | 1135 | 1035 | 1135 | 1135 | 1135 | 1135 | 805 | 865 | 840 | 935 |
| 750 | 399 | 1010 | 1010 | 945 | 1065 | 1065 | 1065 | 1065 | 795 | 845 | 830 | 920 |
| 800 | 427 | 825 | 825 | 780 | 1015 | 1015 | 1015 | 995 | 790 | 830 | 825 | 910 |
| 850 | 454 | 535 | 535 | 535 | 975 | 975 | 975 | 880 | 780 | 810 | 815 | 890 |
| 900 | 482 | 345 | 345 | 345 | 900 | 900 | 900 | 705 | 770 | 790 | 810 | 865 |
| 950 | 510 | 205 | 205 | 205 | 560 | 755 | 755 | 520 | 750 | 775 | 775 | 775 |
| 1000 | 538 | 105 | 105 | 105 | 330 | 445 | 535 | 385 | 645 | 725 | 715 | 725 |
| 1050 | 565 | | | | | 275 | 400 | 280 | 620 | 720 | 695 | 720 |
| 1100 | 593 | | | | | 190 | 225 | 205 | 515 | 645 | 605 | 645 |
| 1150 | 621 | | | | | 105 | 205 | 140 | 390 | 550 | 475 | 550 |
| 1200 | 649 | | | | | 70 | 110 | 90 | 310 | 410 | 365 | 345 |
| 1250 | 677 | | | | | | | | 220 | 365 | 280 | 245 |
| 1300 | 704 | | | | | | | | 165 | 275 | 210 | 185 |
| 1350 | 732 | | | | | | | | 125 | 205 | 165 | 135 |
| 1400 | 760 | | | | | | | | 95 | 150 | 125 | 105 |
| 1450 | 788 | | | | | | | | 70 | 115 | 95 | 80 |
| 1500 | 816 | | | | | | | | 50 | 85 | 75 | 70 |
| 靜水壓殼測試壓力<br>(Hydrostatic Shell Test Press.) | | 2225 | 2250 | 2100 | 2100 | 2250 | 2250 | 2250 | 2175 | 2175 | 2175 | 2175 |
| 靜水壓閥座測試壓力<br>(Hydrostatic Seat Test Press.) | | 1628 | 1650 | 1529 | 1529 | 1650 | 1650 | 1650 | 1584 | 1584 | 1584 | 1584 |
| 風壓閥座測試壓力<br>(Pneumatic Seat Test Press.) | | 80 | | | | | | | | | | |

註：
1. 本頁壓力-溫度額定值表應該應用於法蘭端和對焊端型式的標準級閥門(STANDARD CLASS VALVES)。
2. 有關於對於每一項閥門材質和其他條件，其工作溫度的限制請參考"閥門鋼材規範表"。

# 閥門溫度—壓力額定值
## (ANSI B16.34 – 1988)
## CLASS 900

壓力單位：psig

| 材料 / 溫度 | | 碳鋼 (Carbon Steel) | | | Carbon --½Mo | 1¼Cr --½Mo | 2¼Cr --1Mo | 5Cr --½Mo | 18Cr --8Ni | 18Cr --9Ni --2Mo | 18Cr --10Ni Ti | 18Cr --10Ni --Cb |
|---|---|---|---|---|---|---|---|---|---|---|---|---|
| | | A216 WCB | A216 WCC | A352 LCB | A217 WC1 | A217 WC6 | A217 WC9 | A217 C5 | A351 CF8 | A351 CF8M | | A351 CF8C |
| | | A105 | A352 LCC | | A182 F1 | A182 F11 | A182 F22 | A182 F5, F5a | A182 F304 | A182 F316 | A182 F321 | A182 F347 |
| | | A350 LF2 | A352 LC2, LC3 | | A352 LC1 | | | | | | | |
| °F | °C | | A350 LF3 | | | | | | | | | |
| -20 TO 100 | -29 to 38 | 2220 | 2250 | 2085 | 2085 | 2250 | 2250 | 2250 | 2160 | 2160 | 2160 | 2160 |
| 200 | 93 | 2025 | 2250 | 1970 | 2035 | 2135 | 2150 | 2250 | 1800 | 1860 | 1830 | 1910 |
| 300 | 149 | 1970 | 2185 | 1915 | 1955 | 2020 | 2030 | 2185 | 1585 | 1680 | 1635 | 1765 |
| 400 | 204 | 1900 | 2115 | 1850 | 1920 | 1975 | 1945 | 2115 | 1410 | 1540 | 1485 | 1665 |
| 500 | 260 | 1795 | 1995 | 1745 | 1865 | 1925 | 1920 | 1995 | 1310 | 1435 | 1375 | 1555 |
| 600 | 316 | 1640 | 1815 | 1600 | 1815 | 1815 | 1815 | 1815 | 1245 | 1355 | 1310 | 1475 |
| 650 | 343 | 1610 | 1765 | 1570 | 1765 | 1765 | 1765 | 1765 | 1225 | 1330 | 1280 | 1440 |
| 700 | 371 | 1600 | 1705 | 1555 | 1705 | 1705 | 1705 | 1705 | 1210 | 1295 | 1260 | 1405 |
| 750 | 399 | 1510 | 1510 | 1420 | 1595 | 1595 | 1595 | 1595 | 1195 | 1270 | 1245 | 1385 |
| 800 | 427 | 1235 | 1235 | 1175 | 1525 | 1525 | 1525 | 1490 | 1180 | 1245 | 1240 | 1370 |
| 850 | 454 | 805 | 805 | 805 | 1460 | 1460 | 1460 | 1315 | 1165 | 1215 | 1225 | 1330 |
| 900 | 482 | 515 | 515 | 515 | 1350 | 1350 | 1350 | 1060 | 1150 | 1180 | 1215 | 1295 |
| 950 | 510 | 310 | 310 | 310 | 845 | 1130 | 1130 | 780 | 1125 | 1160 | 1160 | 1160 |
| 1000 | 538 | 155 | 155 | 155 | 495 | 670 | 805 | 575 | 965 | 1090 | 1070 | 1090 |
| 1050 | 565 | | | | | 410 | 595 | 420 | 925 | 1080 | 1040 | 1080 |
| 1100 | 593 | | | | | 290 | 340 | 310 | 770 | 965 | 905 | 965 |
| 1150 | 621 | | | | | 155 | 310 | 205 | 585 | 825 | 710 | 825 |
| 1200 | 649 | | | | | 105 | 165 | 135 | 465 | 620 | 545 | 515 |
| 1250 | 677 | | | | | | | | 330 | 545 | 420 | 370 |
| 1300 | 704 | | | | | | | | 245 | 410 | 320 | 280 |
| 1350 | 732 | | | | | | | | 185 | 310 | 245 | 205 |
| 1400 | 760 | | | | | | | | 145 | 225 | 185 | 155 |
| 1450 | 788 | | | | | | | | 105 | 175 | 145 | 125 |
| 1500 | 816 | | | | | | | | 70 | 125 | 115 | 105 |
| 靜水壓殼測試壓力 (Hydrostatic Shell Test Press.) | | 3350 | 3375 | 3150 | 3150 | 3375 | 3375 | 3375 | 3250 | 3250 | 3250 | 3250 |
| 靜水壓閥座測試壓力 (Hydrostatic Seat Test Press.) | | 2442 | 2475 | 2294 | 2294 | 2475 | 2475 | 2475 | 2376 | 2376 | 2376 | 2376 |
| 風壓閥座測試壓力 (Pneumatic Seat Test Press.) | | 80 | | | | | | | | | | |

註：
1. 本頁壓力-溫度額定值表應該應用於法蘭端和對焊端型式的標準級閥門(STANDARD CLASS VALVES)。
2. 有關於對於每一項閥門材質和其他條件，其工作溫度的限制請參考"閥門鋼材規範表"。

# 閥門溫度—壓力額定值
## (ANSI B16.34 – 1988)
## CLASS 1500

壓力單位：psig

| 材料 | 碳鋼 (Carbon Steel) | | | Carbon --½Mo | 1¼Cr --½Mo | 2¼Cr --1Mo | 5Cr --½Mo | 18Cr --8Ni | 18Cr --9Ni --2Mo | 18Cr --10Ni Ti | 18Cr --10Ni --Cb |
|---|---|---|---|---|---|---|---|---|---|---|---|
| | A216 WCB | A216 WCC | | A217 WC1 | A217 WC6 | A217 WC9 | A217 C5 | A351 CF8 | A351 CF8M | | A351 CF8C |
| | A105 | A352 LCC | A352 LCB | A182 F1 | A182 F11 | A182 F22 | A182 F5, F5a | A182 F304 | A182 F316 | A182 F321 | A182 F347 |
| | A350 LF2 | A352 LC2, LC3 | | A352 LC1 | | | | | | | |
| | | A350 LF3 | | | | | | | | | |
| 溫度 °F / °C | | | | | | | | | | | |
| -20 TO 100 / -29 to 38 | 3705 | 3750 | 3470 | 3470 | 3750 | 3750 | 3750 | 3600 | 3600 | 3600 | 3600 |
| 200 / 93 | 3375 | 3750 | 3280 | 3395 | 3560 | 3580 | 3750 | 3000 | 3095 | 3050 | 3180 |
| 300 / 149 | 3280 | 3640 | 3190 | 3260 | 3365 | 3385 | 3640 | 2640 | 2795 | 2725 | 2940 |
| 400 / 204 | 3170 | 3530 | 3085 | 3200 | 3290 | 3240 | 3530 | 2350 | 2570 | 2470 | 2770 |
| 500 / 260 | 2995 | 3325 | 2910 | 3105 | 3210 | 3200 | 3325 | 2185 | 2390 | 2290 | 2590 |
| 600 / 316 | 2735 | 3025 | 2665 | 3025 | 3025 | 3025 | 3025 | 2075 | 2255 | 2185 | 2460 |
| 650 / 343 | 2685 | 2940 | 2615 | 2940 | 2940 | 2940 | 2940 | 2040 | 2220 | 2135 | 2400 |
| 700 / 371 | 2665 | 2840 | 2590 | 2840 | 2840 | 2840 | 2840 | 2015 | 2160 | 2100 | 2340 |
| 750 / 399 | 2520 | 2520 | 2365 | 2660 | 2660 | 2660 | 2660 | 1990 | 2110 | 2075 | 2305 |
| 800 / 427 | 2060 | 2060 | 1995 | 2540 | 2540 | 2540 | 2485 | 1970 | 2075 | 2065 | 2280 |
| 850 / 454 | 1340 | 1340 | 1340 | 2435 | 2435 | 2435 | 2195 | 1945 | 2030 | 2040 | 2220 |
| 900 / 482 | 860 | 860 | 860 | 2245 | 2245 | 2245 | 1765 | 1920 | 1970 | 2030 | 2160 |
| 950 / 510 | 515 | 515 | 515 | 1405 | 1885 | 1885 | 1305 | 1870 | 1930 | 1930 | 1930 |
| 1000 / 538 | 260 | 260 | 260 | 825 | 1115 | 1340 | 960 | 1610 | 1820 | 1785 | 1820 |
| 1050 / 565 | | | | | 685 | 995 | 705 | 1545 | 1800 | 1730 | 1800 |
| 1100 / 593 | | | | | 480 | 565 | 515 | 1285 | 1610 | 1510 | 1610 |
| 1150 / 621 | | | | | 260 | 515 | 345 | 980 | 1370 | 1185 | 1370 |
| 1200 / 649 | | | | | 170 | 275 | 225 | 770 | 1030 | 910 | 855 |
| 1250 / 677 | | | | | | | | 550 | 910 | 705 | 615 |
| 1300 / 704 | | | | | | | | 410 | 685 | 530 | 465 |
| 1350 / 732 | | | | | | | | 310 | 515 | 410 | 345 |
| 1400 / 760 | | | | | | | | 240 | 380 | 310 | 255 |
| 1450 / 788 | | | | | | | | 170 | 290 | 240 | 205 |
| 1500 / 816 | | | | | | | | 120 | 205 | 190 | 170 |
| 静水壓殼測試壓力 (Hydrostatic Shell Test Press.) | 5575 | 5625 | 5225 | 5225 | 5625 | 5625 | 5625 | 5400 | 5400 | 5400 | 5400 |
| 静水壓閥座測試壓力 (Hydrostatic Seat Test Press.) | 4078 | 4125 | 3817 | 3817 | 4125 | 4125 | 4125 | 3960 | 3960 | 3960 | 3960 |
| 風壓閥座測試壓力 (Pneumatic Seat Test Press.) | 80 | | | | | | | | | | |

註：
1. 本頁壓力-溫度額定值表應該應用於法蘭端和對焊端型式的標準級閥門(STANDARD CLASS VALVES)。
2. 有關於對於每一項閥門材質和其他條件，其工作溫度的限制請參考"閥門鋼材規範表"。

143

# 閥門溫度—壓力額定值
## (ANSI B16.34 – 1988)
### CLASS 2500

壓力單位：psig

| 材料 溫度 °F | ℃ | 碳鋼 (Carbon Steel) A216 WCB / A105 / A350 LF2 | A216 WCC / A352 LCC / A352 LC2, LC3 / A350 LF3 | A352 LCB | Carbon --½Mo A217 WC1 / A182 F1 / A352 LC1 | 1¼Cr --½Mo A217 WC6 / A182 F11 | 2¼Cr --1Mo A217 WC9 / A182 F22 | 5Cr --½Mo A217 C5 / A182 F5, F5a | 18Cr --8Ni A351 CF8 / A182 F304 | 18Cr --9Ni --2Mo A351 CF8M / A182 F316 | 18Cr --10Ni Ti A182 F321 | 18Cr --10Ni --Cb A351 CF8C / A182 F347 |
|---|---|---|---|---|---|---|---|---|---|---|---|---|
| -20 TO 100 | -29 to 38 | 6170 | 6250 | 5785 | 5785 | 6250 | 6250 | 6250 | 6000 | 6000 | 6000 | 6000 |
| 200 | 93 | 5625 | 6250 | 5470 | 5660 | 5930 | 5965 | 6250 | 5000 | 5160 | 5080 | 5300 |
| 300 | 149 | 5470 | 6070 | 5315 | 5435 | 5605 | 5640 | 6070 | 4400 | 4660 | 4540 | 4900 |
| 400 | 204 | 5280 | 5880 | 5145 | 5330 | 5485 | 5400 | 5880 | 3920 | 4280 | 4120 | 4620 |
| 500 | 260 | 4990 | 5540 | 4850 | 5180 | 5350 | 5330 | 5540 | 3640 | 3980 | 3820 | 4320 |
| 600 | 316 | 4560 | 5040 | 4440 | 5040 | 5040 | 5040 | 5040 | 3460 | 3760 | 3640 | 4100 |
| 650 | 343 | 4475 | 4905 | 4355 | 4905 | 4905 | 4905 | 4905 | 3400 | 3700 | 3560 | 4000 |
| 700 | 371 | 4440 | 4730 | 4320 | 4730 | 4730 | 4730 | 4730 | 3360 | 3600 | 3500 | 3900 |
| 750 | 399 | 4200 | 4200 | 3945 | 4430 | 4430 | 4430 | 4430 | 3320 | 3520 | 3460 | 3840 |
| 800 | 427 | 3430 | 3430 | 3260 | 4230 | 4230 | 4230 | 4145 | 3280 | 3460 | 3440 | 3800 |
| 850 | 454 | 2230 | 2230 | 2230 | 4060 | 4060 | 4060 | 3660 | 3240 | 3320 | 3400 | 3700 |
| 900 | 482 | 1430 | 1430 | 1430 | 3745 | 3745 | 3745 | 2945 | 3200 | 3280 | 3380 | 3600 |
| 950 | 510 | 860 | 860 | 860 | 2345 | 3145 | 3145 | 2170 | 3120 | 3220 | 3220 | 3220 |
| 1000 | 538 | 430 | 430 | 430 | 1370 | 1860 | 2230 | 1600 | 2685 | 3030 | 2970 | 3030 |
| 1050 | 565 |  |  |  |  | 1145 | 1660 | 1170 | 2570 | 3000 | 2885 | 3000 |
| 1100 | 593 |  |  |  |  | 800 | 945 | 860 | 2145 | 2685 | 2515 | 2685 |
| 1150 | 621 |  |  |  |  | 430 | 860 | 570 | 1630 | 2285 | 1970 | 2285 |
| 1200 | 649 |  |  |  |  | 285 | 460 | 370 | 1285 | 1715 | 1515 | 1430 |
| 1250 | 677 |  |  |  |  |  |  |  | 915 | 1515 | 1170 | 1030 |
| 1300 | 704 |  |  |  |  |  |  |  | 685 | 1145 | 885 | 770 |
| 1350 | 732 |  |  |  |  |  |  |  | 515 | 860 | 685 | 570 |
| 1400 | 760 |  |  |  |  |  |  |  | 400 | 630 | 515 | 430 |
| 1450 | 788 |  |  |  |  |  |  |  | 285 | 485 | 400 | 345 |
| 1500 | 816 |  |  |  |  |  |  |  | 200 | 345 | 315 | 285 |
| 靜水壓殼測試壓力 (Hydrostatic Shell Test Press.) | | 9275 | 9375 | 8700 | 8700 | 9375 | 9375 | 9375 | 9000 | 9000 | 9000 | 9000 |
| 靜水壓閥座測試壓力 (Hydrostatic Seat Test Press.) | | 6787 | 6875 | 6364 | 6364 | 6875 | 6875 | 6875 | 6600 | 6600 | 6600 | 6600 |
| 風壓閥座測試壓力 (Pneumatic Seat Test Press.) | | 80 | | | | | | | | | | |

註：1. 本頁壓力-溫度額定值表應該應用於法蘭端和對焊端型式的標準級閥門(STANDARD CLASS VALVES)。有關於對於每一項閥門材質和其他條件，其工作溫度的限制請參考"閥門鋼材規範表"。

附錄 3-4

布氏(Brinell)硬度、洛氏硬度(Rockwell)與抗拉強度(Tensile Strength)之對照表

| Brinell 硬度 | Rockwell 硬度 | | | 抗拉強度<br>(近似值) |
|---|---|---|---|---|
| 3000KG 碳化鎢球<br>(Tungsten Carbide Ball<br>3000KG) | A Scale<br>60KG | B Scale<br>100KG | C Scale<br>150KG | |
| - | 85.6 | - | 68.0 | - |
| - | 85.3 | - | 67.5 | - |
| - | 85.0 | - | 67.0 | - |
| 767 | 84.7 | - | 66.4 | - |
| 757 | 84.4 | - | 65.9 | - |
| 745 | 84.1 | - | 65.3 | - |
| 733 | 63.8 | - | 64.7 | - |
| 722 | 83.4 | - | 64.0 | - |
| 712 | - | - | - | - |
| 710 | 83.0 | - | 63.3 | - |
| 698 | 82.6 | - | 62.5 | - |
| 684 | 82.2 | - | 61.8 | - |
| 682 | 82.2 | - | 61.7 | - |
| 670 | 81.8 | - | 61.0 | - |
| 656 | 81.3 | - | 60.1 | - |
| 653 | 81.2 | - | 60.0 | - |
| 647 | 81.1 | - | 59.7 | - |
| 638 | 80.8 | - | 59.2 | 329,000 |
| 630 | 80.6 | - | 58.8 | 324,000 |
| 627 | 80.5 | - | 58.7 | 323,000 |
| 601 | 79.8 | - | 57.3 | 309,000 |
| 578 | 79.1 | - | 56.0 | 297,000 |
| 555 | 78.4 | - | 54.7 | 285,000 |
| 534 | 77.8 | - | 53.5 | 274,000 |
| 514 | 76.9 | - | 52.1 | 263,000 |
| 495 | 76.3 | - | 51.0 | 253,000 |
| 477 | 75.6 | - | 49.6 | 243,000 |
| 461 | 74.9 | - | 48.5 | 235,000 |
| 444 | 74.2 | - | 47.1 | 225,000 |
| 429 | 73.4 | - | 45.7 | 217,000 |
| 415 | 72.8 | - | 44.5 | 210,000 |
| 401 | 72.0 | - | 43.1 | 202,000 |
| 388 | 71.4 | - | 41.8 | 195,000 |
| 375 | 70.6 | - | 40.4 | 188,000 |
| 363 | 70.0 | - | 39.1 | 182,000 |
| 352 | 69.3 | - | 37.9 | 176,000 |
| 341 | 68.7 | - | 36.6 | 170,000 |
| 331 | 68.1 | - | 35.5 | 166,000 |
| 321 | 67.5 | - | 34.3 | 160,000 |
| 311 | 66.9 | - | 33.1 | 155,000 |
| 302 | 66.3 | - | 32.1 | 150,000 |
| 293 | 65.7 | - | 30.9 | 145,000 |
| 285 | 65.3 | - | 29.9 | 141,000 |
| 277 | 64.6 | - | 28.8 | 137,000 |
| 269 | 64.1 | - | 27.6 | 133,000 |
| 262 | 63.6 | - | 26.6 | 129,000 |
| 255 | 63.0 | - | 25.4 | 126,000 |

| Brinell 硬度 | Rockwell 硬度 | | | 抗拉強度 (近似值) |
|---|---|---|---|---|
| 3000KG 碳化鎢球 (Tungsten Carbide Ball 3000KG) | A Scale 60KG | B Scale 100KG | C Scale 150KG | |
| 248 | 62.5 | - | 24.2 | 122,000 |
| 241 | 61.8 | 100.0 | 22.8 | 118,000 |
| 235 | 61.4 | 99.0 | 21.7 | 115,000 |
| 229 | 60.8 | 98.2 | 20.5 | 111,000 |
| 223 | - | 97.3 | 20.0 | - |
| 217 | - | 96.4 | 18.0 | 105,000 |
| 212 | - | 95.5 | 17.0 | 102,000 |
| 207 | - | 94.6 | 16.0 | 100,000 |
| 201 | - | 93.8 | 15.0 | 98,000 |
| 197 | - | 92.8 | - | 95,000 |
| 192 | - | 91.9 | - | 93,000 |
| 187 | - | 90.7 | - | 90,000 |
| 183 | - | 90.0 | - | 89,000 |
| 179 | - | 89.0 | - | 87,000 |
| 174 | - | 87.8 | - | 85,000 |
| 170 | - | 86.8 | - | 83,000 |
| 167 | - | 86.0 | - | 81,000 |
| 163 | - | 85.0 | - | 79,000 |
| 156 | - | 82.9 | - | 76,000 |
| 149 | - | 80.8 | - | 73,000 |
| 143 | - | 78.7 | - | 71,000 |
| 137 | - | 76.4 | - | 67,000 |
| 131 | - | 74.0 | - | 65,000 |
| 126 | - | 72.0 | - | 63,000 |
| 121 | - | 69.8 | - | 60,000 |
| 116 | - | 67.6 | - | 58,000 |
| 111 | - | 65.7 | - | 56,000 |

## 附錄 3-5 硬度對照表

### 布氏硬度、洛氏硬度、維氏硬度與表面洛氏硬度之對照表

| Rockwell | | | | | | Rockwell Superficial | | | | Brinell | | Vickers | Shore |
|---|---|---|---|---|---|---|---|---|---|---|---|---|---|
| A | B | C | D | E | F | 15-N | 30-N | 45-N | 30-T | 3000kg | 500kg | 136 | |
| 60kg Brale | 100kg 1/16" Ball | 150kg Brale | 100kg Brale | 100kg 1/8" Ball | 60kg 1/16" Ball | 15kg Brale | 30kg Brale | 45kg Brale | 30kg 1/16" Ball | 10mm Ball Steel | 10mm Ball Steel | Diamond Pyramid | Sciero-scope |
| 86.5 | --- | 70 | 78.5 | --- | --- | 94.0 | 86.0 | 77.6 | --- | --- | --- | 1076 | 101 |
| 86.0 | --- | 69 | 77.7 | --- | --- | 93.5 | 85.0 | 76.5 | --- | --- | --- | 1044 | 99 |
| 85.6 | --- | 68 | 76.9 | --- | --- | 93.2 | 84.4 | 75.4 | --- | --- | --- | 940 | 97 |
| 85.0 | --- | 67 | 76.1 | --- | --- | 92.9 | 83.6 | 74.2 | --- | --- | --- | 900 | 95 |
| 84.5 | --- | 66 | 75.4 | --- | --- | 92.5 | 82.8 | 73.2 | --- | --- | --- | 865 | 92 |
| 83.9 | --- | 65 | 74.5 | --- | --- | 92.2 | 81.9 | 72.0 | --- | 739 | --- | 832 | 91 |
| 83.4 | --- | 64 | 73.8 | --- | --- | 91.8 | 81.1 | 71.0 | --- | 722 | --- | 800 | 88 |
| 82.8 | --- | 63 | 73.0 | --- | --- | 91.4 | 80.1 | 69.9 | --- | 705 | --- | 772 | 87 |
| 82.3 | --- | 62 | 72.2 | --- | --- | 91.1 | 79.3 | 68.8 | --- | 688 | --- | 746 | 85 |
| 81.8 | --- | 61 | 71.5 | --- | --- | 90.7 | 78.4 | 67.7 | --- | 670 | --- | 720 | 83 |
| 81.2 | --- | 60 | 70.7 | --- | --- | 90.2 | 77.5 | 66.6 | --- | 654 | --- | 697 | 81 |
| 80.7 | --- | 59 | 69.9 | --- | --- | 89.8 | 76.6 | 65.5 | --- | 634 | --- | 674 | 80 |
| 80.1 | --- | 58 | 69.2 | --- | --- | 89.3 | 75.7 | 64.3 | --- | 615 | --- | 653 | 78 |
| 79.6 | --- | 57 | 68.5 | --- | --- | 88.9 | 74.8 | 63.2 | --- | 595 | --- | 633 | 76 |
| 79.0 | --- | 56 | 67.7 | --- | --- | 88.3 | 73.9 | 62.0 | --- | 577 | --- | 613 | 75 |
| 78.5 | 120 | 55 | 66.9 | --- | --- | 87.9 | 73.0 | 60.9 | --- | 560 | --- | 595 | 74 |
| 78.0 | 120 | 54 | 66.1 | --- | --- | 87.4 | 72.0 | 59.8 | --- | 543 | --- | 577 | 72 |
| 77.4 | 119 | 53 | 65.4 | --- | --- | 86.9 | 71.2 | 58.6 | --- | 525 | --- | 560 | 71 |
| 76.8 | 119 | 52 | 64.6 | --- | --- | 86.4 | 70.2 | 57.4 | --- | 500 | --- | 544 | 69 |
| 76.3 | 118 | 51 | 63.8 | --- | --- | 85.9 | 69.4 | 56.1 | --- | 487 | --- | 528 | 68 |
| 75.9 | 117 | 50 | 63.1 | --- | --- | 85.5 | 68.5 | 55.0 | --- | 475 | --- | 513 | 67 |
| 75.2 | 117 | 49 | 62.1 | --- | --- | 85.0 | 67.6 | 53.8 | --- | 464 | --- | 498 | 66 |
| 74.7 | 116 | 48 | 61.4 | --- | --- | 84.5 | 66.7 | 52.5 | --- | 451 | --- | 484 | 64 |
| 74.1 | 116 | 47 | 60.8 | --- | --- | 83.9 | 65.8 | 51.4 | --- | 442 | --- | 471 | 63 |
| 73.6 | 115 | 46 | 60.0 | --- | --- | 83.5 | 64.8 | 50.3 | --- | 432 | --- | 458 | 62 |
| 73.1 | 115 | 45 | 59.2 | --- | --- | 83.0 | 64.0 | 49.0 | --- | 421 | --- | 446 | 60 |
| 72.5 | 114 | 44 | 58.5 | --- | --- | 82.5 | 63.1 | 47.8 | --- | 409 | --- | 434 | 58 |
| 72.0 | 113 | 43 | 57.7 | --- | --- | 82.0 | 62.2 | 46.7 | --- | 400 | --- | 423 | 57 |
| 71.5 | 113 | 42 | 56.9 | --- | --- | 81.5 | 61.3 | 45.5 | --- | 390 | --- | 412 | 56 |
| 70.9 | 112 | 41 | 56.2 | --- | --- | 80.9 | 60.4 | 44.3 | --- | 381 | --- | 402 | 55 |
| 70.4 | 112 | 40 | 55.4 | --- | --- | 80.4 | 59.5 | 43.1 | --- | 371 | --- | 392 | 54 |
| 69.9 | 111 | 39 | 54.6 | --- | --- | 79.9 | 58.6 | 41.9 | --- | 362 | --- | 382 | 52 |
| 69.4 | 110 | 38 | 53.8 | --- | --- | 79.4 | 57.7 | 40.8 | --- | 353 | --- | 372 | 51 |
| 68.9 | 110 | 37 | 53.1 | --- | --- | 78.8 | 56.8 | 39.6 | --- | 344 | --- | 363 | 50 |
| 68.4 | 109 | 36 | 52.3 | --- | --- | 78.3 | 55.9 | 38.4 | --- | 336 | --- | 354 | 49 |
| 67.9 | 109 | 35 | 51.5 | --- | --- | 77.7 | 55.0 | 37.2 | --- | 327 | --- | 345 | 48 |
| 67.4 | 108 | 34 | 50.8 | --- | --- | 77.2 | 54.2 | 36.1 | --- | 319 | --- | 336 | 47 |
| 66.8 | 108 | 33 | 50.0 | --- | --- | 76.6 | 53.3 | 34.9 | --- | 311 | --- | 327 | 46 |
| 66.3 | 107 | 32 | 49.2 | --- | --- | 76.1 | 52.1 | 33.7 | --- | 301 | --- | 318 | 44 |
| 65.8 | 106 | 31 | 48.4 | --- | --- | 75.6 | 51.3 | 32.5 | --- | 294 | --- | 310 | 43 |
| 65.3 | 105 | 30 | 47.7 | --- | --- | 75.0 | 50.4 | 31.3 | --- | 286 | --- | 302 | 42 |
| 64.7 | 104 | 29 | 47.0 | --- | --- | 74.5 | 49.5 | 30.1 | --- | 279 | --- | 294 | 41 |
| 64.3 | 104 | 28 | 46.1 | --- | --- | 73.9 | 48.6 | 28.9 | --- | 271 | --- | 286 | 41 |
| 63.8 | 103 | 27 | 45.2 | --- | --- | 73.3 | 47.7 | 27.8 | --- | 264 | --- | 279 | 40 |
| 63.3 | 103 | 26 | 44.6 | --- | --- | 72.8 | 46.8 | 26.7 | --- | 258 | --- | 272 | 39 |
| 62.8 | 102 | 25 | 43.8 | --- | --- | 72.2 | 45.9 | 25.5 | --- | 253 | --- | 266 | 38 |

| Rockwell | | | | | | Rockwell Superficial | | | | Brinell | | Vickers | Shore |
|---|---|---|---|---|---|---|---|---|---|---|---|---|---|
| A | B | C | D | E | F | 15-N | 30-N | 45-N | 30-T | 3000kg | 500kg | 136 | |
| 60kg Brale | 100kg 1/16" Ball | 150kg Brale | 100kg Brale | 100kg 1/8" Ball | 60kg 1/16" Ball | 15kg Brale | 30kg Brale | 45kg Brale | 30kg 1/16" Ball | 10mm Ball Steel | 10mm Ball Steel | Diamond Pyramid | Sciero-scope |
| 62.4 | 101 | 24 | 43.1 | --- | --- | 71.6 | 45.0 | 24.3 | --- | 247 | --- | 260 | 37 |
| 62.0 | 100 | 23 | 42.1 | --- | --- | 71.0 | 44.0 | 23.1 | 82.0 | 240 | 201 | 254 | 36 |
| 61.5 | 99 | 22 | 41.6 | --- | --- | 70.5 | 43.2 | 22.0 | 81.5 | 234 | 195 | 248 | 35 |
| 61.0 | 98 | 21 | 40.9 | --- | --- | 69.9 | 42.3 | 20.7 | 81.0 | 228 | 189 | 243 | 35 |
| 60.5 | 97 | 20 | 40.1 | --- | --- | 69.4 | 41.5 | 19.6 | 80.5 | 222 | 184 | 238 | 34 |
| 59.0 | 96 | 18 | --- | --- | --- | --- | --- | --- | 80.0 | 216 | 179 | 230 | 33 |
| 58.0 | 95 | 16 | --- | --- | --- | --- | --- | --- | 79.0 | 210 | 175 | 222 | 32 |
| 57.5 | 94 | 15 | --- | --- | --- | --- | --- | --- | 78.5 | 205 | 171 | 213 | 31 |
| 57.0 | 93 | 13 | --- | --- | --- | --- | --- | --- | 78.0 | 200 | 167 | 208 | 30 |
| 56.5 | 92 | 12 | --- | --- | --- | --- | --- | --- | 77.5 | 195 | 163 | 204 | 29 |
| 56.0 | 91 | 10 | --- | --- | --- | --- | --- | --- | 77.0 | 190 | 160 | 196 | 28 |
| 55.5 | 90 | 9 | --- | --- | --- | --- | --- | --- | 76.0 | 185 | 157 | 192 | 27 |
| 55.0 | 89 | 8 | --- | --- | --- | --- | --- | --- | 75.5 | 180 | 154 | 188 | 26 |
| 54.0 | 88 | 7 | --- | --- | --- | --- | --- | --- | 75.0 | 176 | 151 | 184 | 26 |
| 53.5 | 87 | 6 | --- | --- | --- | --- | --- | --- | 74.5 | 172 | 148 | 180 | 26 |
| 53.0 | 86 | 5 | --- | --- | --- | --- | --- | --- | 74.0 | 169 | 145 | 176 | 25 |
| 52.5 | 85 | 4 | --- | --- | --- | --- | --- | --- | 73.5 | 165 | 142 | 173 | 25 |
| 52.0 | 84 | 3 | --- | --- | --- | --- | --- | --- | 73.0 | 162 | 140 | 170 | 25 |
| 51.0 | 83 | 2 | --- | --- | --- | --- | --- | --- | 72.0 | 159 | 137 | 166 | 24 |
| 50.5 | 82 | 1 | --- | --- | --- | --- | --- | --- | 71.5 | 156 | 135 | 163 | 24 |
| 50.0 | 81 | 0 | --- | --- | --- | --- | --- | --- | 71.0 | 153 | 133 | 160 | 24 |
| 49.5 | 80 | --- | --- | --- | --- | --- | --- | --- | 70.0 | 150 | 130 | --- | --- |
| 49.0 | 79 | --- | --- | --- | --- | --- | --- | --- | 69.5 | 147 | 128 | --- | --- |
| 48.5 | 78 | --- | --- | --- | --- | --- | --- | --- | 69.0 | 144 | 126 | --- | --- |
| 48.0 | 77 | --- | --- | --- | --- | --- | --- | --- | 68.0 | 141 | 124 | --- | --- |
| 47.0 | 76 | --- | --- | --- | --- | --- | --- | --- | 67.5 | 139 | 122 | --- | --- |
| 46.5 | 75 | --- | --- | --- | 99.5 | --- | --- | --- | 67.0 | 137 | 120 | --- | --- |
| 46.0 | 74 | --- | --- | --- | 99.0 | --- | --- | --- | 66.0 | 135 | 118 | --- | --- |
| 45.5 | 73 | --- | --- | --- | 98.5 | --- | --- | --- | 65.5 | 132 | 116 | --- | --- |
| 45.0 | 72 | --- | --- | --- | 98.0 | --- | --- | --- | 65.0 | 130 | 114 | --- | --- |
| 44.5 | 71 | --- | --- | 100.0 | 97.5 | --- | --- | --- | 64.2 | 127 | 112 | --- | --- |
| 44.0 | 70 | --- | --- | 99.5 | 97.0 | --- | --- | --- | 63.5 | 125 | 110 | --- | --- |
| 43.5 | 69 | --- | --- | 99.0 | 96.0 | --- | --- | --- | 62.8 | 123 | 109 | --- | --- |
| 43.0 | 68 | --- | --- | 98.0 | 95.5 | --- | --- | --- | 62.0 | 121 | 107 | --- | --- |
| 42.5 | 67 | --- | --- | 97.5 | 95.0 | --- | --- | --- | 61.4 | 119 | 106 | --- | --- |
| 42.0 | 66 | --- | --- | 97.0 | 94.5 | --- | --- | --- | 60.5 | 117 | 104 | --- | --- |
| 41.8 | 65 | --- | --- | 96.0 | 94.0 | --- | --- | --- | 60.1 | 116 | 102 | --- | --- |
| 41.5 | 64 | --- | --- | 95.5 | 93.5 | --- | --- | --- | 59.5 | 114 | 101 | --- | --- |
| 41.0 | 63 | --- | --- | 95.0 | 93.0 | --- | --- | --- | 58.7 | 112 | 99 | --- | --- |
| 40.5 | 62 | --- | --- | 94.5 | 92.0 | --- | --- | --- | 58.0 | 110 | 98 | --- | --- |
| 40.0 | 61 | --- | --- | 93.5 | 91.5 | --- | --- | --- | 57.3 | 108 | 96 | --- | --- |
| 39.5 | 60 | --- | --- | 93.0 | 91.0 | --- | --- | --- | 56.5 | 107 | 95 | --- | --- |
| 39.0 | 59 | --- | --- | 92.5 | 90.5 | --- | --- | --- | 55.9 | 106 | 94 | --- | --- |
| 38.5 | 58 | --- | --- | 92.0 | 90.0 | --- | --- | --- | 55.0 | 104 | 92 | --- | --- |
| 38.0 | 57 | --- | --- | 91.0 | 89.5 | --- | --- | --- | 54.6 | 102 | 91 | --- | --- |
| 37.8 | 56 | --- | --- | 90.5 | 89.0 | --- | --- | --- | 54.0 | 101 | 90 | --- | --- |
| 37.5 | 55 | --- | --- | 90.0 | 88.0 | --- | --- | --- | 53.2 | 99 | 89 | --- | --- |
| 37.0 | 54 | --- | --- | 89.5 | 87.5 | --- | --- | --- | 52.5 | --- | 87 | --- | --- |

| Rockwell | | | | | | Rockwell Superficial | | | | Brinell | | Vickers | Shore |
|---|---|---|---|---|---|---|---|---|---|---|---|---|---|
| A | B | C | D | E | F | 15-N | 30-N | 45-N | 30-T | 3000kg | 500kg | 136 | |
| 60kg Brale | 100kg 1/16" Ball | 150kg Brale | 100kg Brale | 100kg 1/8" Ball | 60kg 1/16" Ball | 15kg Brale | 30kg Brale | 45kg Brale | 30kg 1/16" Ball | 10mm Ball Steel | 10mm Ball Steel | Diamond Pyramid | Sciero-scope |
| 36.5 | 53 | --- | --- | 89.0 | 87.0 | --- | --- | --- | 51.8 | --- | 86 | --- | --- |
| 36.0 | 52 | --- | --- | 88.0 | 86.5 | --- | --- | --- | 51.0 | --- | 85 | --- | --- |
| 35.5 | 51 | --- | --- | 87.5 | 86.0 | --- | --- | --- | 50.4 | --- | 84 | --- | --- |
| 35.0 | 50 | --- | --- | 87.0 | 85.5 | --- | --- | --- | 49.5 | --- | 83 | --- | --- |
| 34.8 | 49 | --- | --- | 86.5 | 85.0 | --- | --- | --- | 49.1 | --- | 82 | --- | --- |
| 34.5 | 48 | --- | --- | 85.5 | 84.5 | --- | --- | --- | 48.5 | --- | 81 | --- | --- |
| 34.0 | 47 | --- | --- | 85.0 | 84.0 | --- | --- | --- | 47.7 | --- | 80 | --- | --- |
| 33.5 | 46 | --- | --- | 84.5 | 83.0 | --- | --- | --- | 47.0 | --- | 79 | --- | --- |
| 33.0 | 45 | --- | --- | 84.0 | 82.5 | --- | --- | --- | 46.2 | --- | 79 | --- | --- |
| 32.5 | 44 | --- | --- | 83.5 | 82.0 | --- | --- | --- | 45.5 | --- | 78 | --- | --- |
| 32.0 | 43 | --- | --- | 82.5 | 81.5 | --- | --- | --- | 44.8 | --- | 77 | --- | --- |
| 31.5 | 42 | --- | --- | 82.0 | 81.0 | --- | --- | --- | 44.0 | --- | 76 | --- | --- |
| 31.0 | 41 | --- | --- | 81.5 | 80.5 | --- | --- | --- | 43.4 | --- | 75 | --- | --- |
| 30.8 | 40 | --- | --- | 81.0 | 79.5 | --- | --- | --- | 43.0 | --- | 74 | --- | --- |
| 30.5 | 39 | --- | --- | 80.0 | 79.0 | --- | --- | --- | 42.1 | --- | 74 | --- | --- |
| 30.0 | 38 | --- | --- | 79.5 | 78.5 | --- | --- | --- | 41.5 | --- | 73 | --- | --- |
| 29.5 | 37 | --- | --- | 79.0 | 78.0 | --- | --- | --- | 40.7 | --- | 72 | --- | --- |
| 29.0 | 36 | --- | --- | 78.5 | 77.5 | --- | --- | --- | 40.0 | --- | 71 | --- | --- |
| 28.5 | 35 | --- | --- | 78.0 | 77.0 | --- | --- | --- | 39.3 | --- | 71 | --- | --- |
| 28.0 | 34 | --- | --- | 77.0 | 76.5 | --- | --- | --- | 38.5 | --- | 70 | --- | --- |
| 27.8 | 33 | --- | --- | 76.5 | 75.5 | --- | --- | --- | 37.9 | --- | 69 | --- | --- |
| 27.5 | 32 | --- | --- | 76.0 | 75.0 | --- | --- | --- | 37.5 | --- | 68 | --- | --- |
| 27.0 | 31 | --- | --- | 75.5 | 74.5 | --- | --- | --- | 36.6 | --- | 68 | --- | --- |
| 26.5 | 30 | --- | --- | 75.0 | 74.0 | --- | --- | --- | 36.0 | --- | 67 | --- | --- |
| 26.0 | 29 | --- | --- | 74.0 | 73.5 | --- | --- | --- | 35.2 | --- | 66 | --- | --- |
| 25.5 | 28 | --- | --- | 73.5 | 73.0 | --- | --- | --- | 34.5 | --- | 66 | --- | --- |
| 25.0 | 27 | --- | --- | 73.0 | 72.5 | --- | --- | --- | 33.8 | --- | 65 | --- | --- |
| 24.5 | 26 | --- | --- | 72.5 | 72.0 | --- | --- | --- | 33.1 | --- | 65 | --- | --- |
| 24.2 | 25 | --- | --- | 72.0 | 71.0 | --- | --- | --- | 32.4 | --- | 64 | --- | --- |
| 24.0 | 24 | --- | --- | 71.0 | 70.5 | --- | --- | --- | 32.0 | --- | 64 | --- | --- |
| 23.5 | 23 | --- | --- | 70.5 | 70.0 | --- | --- | --- | 31.1 | --- | 63 | --- | --- |
| 23.0 | 22 | --- | --- | 70.0 | 69.5 | --- | --- | --- | 30.4 | --- | 63 | --- | --- |
| 22.5 | 21 | --- | --- | 69.5 | 69.0 | --- | --- | --- | 29.7 | --- | 62 | --- | --- |
| 22.0 | 20 | --- | --- | 68.5 | 68.5 | --- | --- | --- | 29.0 | --- | 62 | --- | --- |
| 21.5 | 19 | --- | --- | 68.0 | 68.0 | --- | --- | --- | 28.1 | --- | 61 | --- | --- |
| 21.2 | 18 | --- | --- | 67.5 | 67.0 | --- | --- | --- | 27.4 | --- | 61 | --- | --- |
| 21.0 | 17 | --- | --- | 67.0 | 66.5 | --- | --- | --- | 26.7 | --- | 60 | --- | --- |
| 20.5 | 16 | --- | --- | 66.5 | 66.0 | --- | --- | --- | 26.0 | --- | 60 | --- | --- |
| 20.0 | 15 | --- | --- | 65.5 | 65.5 | --- | --- | --- | 25.3 | --- | 59 | --- | --- |
| --- | 14 | --- | --- | 65.0 | 65.0 | --- | --- | --- | 24.6 | --- | 59 | --- | --- |
| --- | 13 | --- | --- | 64.5 | 64.5 | --- | --- | --- | 23.9 | --- | 58 | --- | --- |
| --- | 12 | --- | --- | 64.0 | 64.0 | --- | --- | --- | 23.5 | --- | 58 | --- | --- |
| --- | 11 | --- | --- | 63.5 | 63.5 | --- | --- | --- | 22.6 | --- | 57 | --- | --- |
| --- | 10 | --- | --- | 62.5 | 63.0 | --- | --- | --- | 21.9 | --- | 57 | --- | --- |
| --- | 9 | --- | --- | 62.0 | 62.0 | --- | --- | --- | 21.2 | --- | 56 | --- | --- |
| --- | 8 | --- | --- | 61.5 | 61.5 | --- | --- | --- | 20.5 | --- | 56 | --- | --- |

| Rockwell | | | | | | Rockwell Superficial | | | | Brinell | | Vickers | Shore |
|---|---|---|---|---|---|---|---|---|---|---|---|---|---|
| A | B | C | D | E | F | 15-N | 30-N | 45-N | 30-T | 3000kg | 500kg | 136 | |
| 60kg Brale | 100kg 1/16" Ball | 150kg Brale | 100kg Brale | 100kg 1/8" Ball | 60kg 1/16" Ball | 15kg Brale | 30kg Brale | 45kg Brale | 30kg 1/16" Ball | 10mm Ball Steel | 10mm Ball Steel | Diamond Pyramid | Sciero-scope |
| --- | 7 | --- | --- | 61.0 | 61.0 | --- | --- | --- | 19.8 | --- | 56 | --- | --- |
| --- | 6 | --- | --- | 60.5 | 60.5 | --- | --- | --- | 19.1 | --- | 55 | --- | --- |
| --- | 5 | --- | --- | 60.0 | 60.0 | --- | --- | --- | 18.4 | --- | 55 | --- | --- |
| --- | 4 | --- | --- | 59.0 | 59.5 | --- | --- | --- | 18.0 | --- | 55 | --- | --- |
| --- | 3 | --- | --- | 58.5 | 59.0 | --- | --- | --- | 17.1 | --- | 54 | --- | --- |
| --- | 2 | --- | --- | 58.0 | 58.0 | --- | --- | --- | 16.4 | --- | 54 | --- | --- |
| --- | 1 | --- | --- | 57.5 | 57.5 | --- | --- | --- | 15.7 | --- | 53 | --- | --- |
| --- | 0 | --- | --- | 57.0 | 57.0 | --- | --- | --- | 15.0 | --- | 53 | --- | --- |
| | | | | | | | | | | | | | |
| | | | | | | | | | | | | | |
| | | | | | | | | | | | | | |
| | | | | | | | | | | | | | |

# 附錄 3-6 閥門金屬材料型號對照表
## 美中日德閥門金屬材料對照表

| | 鋼材名稱 | 製造方式 | 美國 (ASTM) | 中國 (GB) | 日本 (JIS) | 德國 (DIN) |
|---|---|---|---|---|---|---|
| 1 | 碳鋼 | 鍛造 | A105 | 30Mn(25Mn) | G3201-SF490A G3202-SFVC2A | 17100 St52-3 |
| 2 | 碳鋼 | 鑄造 | A216 WCA | WCA GB12229 | G5151-SCPH1 | --- |
| 3 | 碳鋼 | 鑄造 | A216 WCB | WCB GB12229 | G5151-SCPH2 | 1.0619 |
| 4 | 碳鋼 | 鑄造 | A216 WCC | WCC GB12229 | --- | 17245 GS-C25 |
| 5 | 碳鋼 | 鑄造 | A352 LCB | ZG25Mn | G5152- SCPL1 | --- |
| 6 | 碳鋼 | 鑄造 | A352 LCC | ZG20SiMn | SCW480 | 1.1138 |
| 7 | 碳鋼 | 鍛造 | A350 LF1 | 25Mn | --- | --- |
| 8 | 碳鋼 | 鍛造 | A350 LF2 | 20Mn2 GB3077 | G3205-SFL2 | TstE 315 |
| 9 | 鎳鋼 | 鍛造 | A350 LF3 | 3.5Ni | G3205-SFL3 | 10Ni14 |
| 10 | 鎳鋼 | 鑄造 | A352 LC2 | ZG2.5Ni | G5152-SCPL21 | --- |
| 11 | 鎳鋼 | 鑄造 | A352 LC3 | ZG3.5Ni | G5152 SCPL31 | --- |
| 12 | 碳鉬鋼 | 鑄造 | A217 WC1 | ZG20Mo ZG230-450 GB5676 | G5151-SCPH11 | 17245 GS-22Mo5 1.5419 |
| 13 | 碳鉬鋼 | 鑄造 | A352 LC1 | ZG20MnMo | G5152- SCPL11 | --- |
| 14 | 碳鉬鋼 | 鍛造 | A182 F1 | 16Mo(YB) | G3203-SFVA F1 | --- |
| 15 | 鉻鉬鋼 | 鑄造 | A217 WC6 | WC6 ZG15CrMo | G5151-SCPH21 | 17245 GS-17CrMo5-5 1.7356 |
| 16 | | 鍛造 | A182 F11 Class 1 | 15CrMoGB3077 | G3213 SFHV23B | --- |
| 17 | 鉻鉬鋼 | 鍛造 | A182 F11 Class 2 | 15CrMo | G3213 SFVAF11A | 13CrMo4-4 |
| 18 | | 鍛造 | A182 F11 Class 3 | --- | --- | --- |
| 19 | 鉻鉬鋼 | 鍛造 | A182 F12 Class 1 | 15CrMoGB3077 | G3213 SFHV22B | --- |
| 20 | | 鍛造 | A182 F12 Class 2 | --- | G3213 SFVAF12 | 17335    13CrMo4-4 |
| 21 | 鉻鉬鋼 | 鑄造 | A217 WC9 | WC9 ZG15Cr2Mo1V | G5151-SCPH32 | 17245 GS-18CrMo9-10 1.7379 |
| 22 | 鉻鉬鋼 | 鍛造 | A182 F22 Class 1 | 12Cr2Mo1V | G3213 SFHV24B | --- |
| 23 | | 鍛造 | A182 F22 Class 3 | --- | G3213 SFHV24B | 10CrMo9-10 |
| 24 | 鉻鉬鋼 | 鑄造 | A217 WC5 | ZG20CrMo Q/ZB66 | --- | 1.7363 |
| 25 | 鉻鉬鋼 | 鍛造 | A182 F5a | 2Cr5Mo(YB) | G3213 SFVAF5D | - |
| 26 | 鉻鉬鋼 | 鍛造 | A182 F5 | 1CrMoGB1221 | G3213 SFHV25 | 12CrMo19-5 X12CrMo7 |
| 27 | 鉻鉬鋼 | 鑄造 | A217 C12 | C12 (ZG15Cr9Mo1) | --- | --- |
| 28 | 鉻鉬鋼 | 鍛造 | A182 F9 | Cr9Mo1 | G3213 SFHV26B | --- |
| 29 | 鉻鎳鋼 | 鑄造 | A351 CF8 | ZG0Cr18Ni9 GB12230 | G5121-SCS13A | 1.4301 |
| 30 | 鉻鎳鋼 | 鑄造 | A351 CF3 | ZG00Cr18Ni10 | G5121-SCS19A | 1.4306 |
| 31 | 鉻鎳鋼 | 鍛造 | A182 F304 | 0Cr18Ni9 | G4303-SUSF304 | 17440 X5CrNi18-10 |
| 32 | 鉻鎳鋼 | 鍛造 | A182 F304L | 00Cr19Ni11 GB1220 | G4303-SUSF304L | --- |
| 33 | 鉻鎳鉬鋼 | 鍛造 | A182 F316 | 0Cr17Ni12Mo2 | G3214-SUSF316 | 17440 X5CrNiMo17-12-2 |
| 34 | 鉻鎳鉬鋼 | 鍛造 | A182 F316L | 00Cr17Ni14Mo2 GB1220 | G3214-SUSF316L | 17440 X2CrNiMo17-13-2 |

| | 鋼材名稱 | 製造方式 | 美國 (ASTM) | 中國 (GB) | 日本 (JIS) | 德國 (DIN) |
|---|---|---|---|---|---|---|
| 35 | 鉻鎳鉬鋼 | 鍛造 | A182 F317 | --- | SUSF317 | --- |
| 36 | 鉻鎳鉬鋼 | 鑄造 | A351 CG8M | --- | --- | 1.4449 |
| 37 | 鉻鎳鉬鋼 | 鑄造 | A351 CF3M | ZG00Cr17Ni14Mo2 | G5121-SCS16A | 1.4404/1.4409 |
| 38 | 鉻鎳鉬鋼 | 鑄造 | A351 CF8M | ZG0Cr18Ni12Mo2 | G5121-SCS14A | 1.4401 |
| 39 | 鉻鎳鈦鋼 | 鍛造 | A182 F321 | 0Cr18Ni9Ti | G4303-SUSF321 | 17440 X10CrNiTi18-9 |
| 40 | 鉻鎳鈮鋼 | 鍛造 | A182 Gr.F347 | 0Cr18Ni11Nb | G3214-SUSF347 | 17440 X6CrNiNb18-10 |
| 41 | 鉻鎳鈮鋼 | 鑄造 | A351 CF8C | ZG0Cr18Ni9Ti | SCS21 | 17445 G-X7CrNiNb18-9 1.4827 |
| 42 | 鉻鎳鉬鋼 | 鍛造 | A182 F44 | 000Cr18Ni20Mo6CuN | ---- | --- |
| 43 | 鉻鎳鉬鋼 | 鑄造 | A351 CK3MCuN | --- | --- | --- |
| 44 | 鉻鎳鐵鉬銅鈮鋼 | 鑄造 | A351 CN7M | ZG0Cr2Ni29Cu4Mo2 | G5122-SCS23 | 1.4500 |
| 45 | 鉻鎳鐵鉬銅鈮鋼 | 鍛造 | B462 N08020 | 0Cr20Ni35Mo3Cu4Nb | --- | --- |
| 46 | 鉻鎳鐵鉬銅鈮鋼 | 鑄造 | B462 N08020 | ZG0Cr20Ni29Cu4Mo2 | --- | --- |
| 47 | Nickel 200 | 鍛造 | B564 N02200 | --- | --- | --- |
| 48 | Nickel 200 | 鑄造 | A494 CZ100 | --- | --- | --- |
| 49 | 鉻鉬合金鋼 | 鍛造 | A193 Gr.B7 | 35CrMoA | G4107-SNB7 | 17200, 17240 42CrMo4 1.7225 |
| 50 | 鉻鎳鉬合金鋼 | 鍛造 | A193 Gr.B8M | 0Cr17Ni14Mo2 | G4303-SUS316 | X5CrNiMo1810 1.4401 |
| 51 | 鉻鉬釩合金鋼 | 鍛造 | A193 Gr.B16 | 15CrMo1V | G4107-SNB16 | 17200, 17240 21CrMoV57 1.7709 |
| 52 | 鉻鎳鉬合金鋼 | 鍛造 | A320 Gr.L7 | 42CrMo | G4107-SNB7 | 17200 42CrMo4 1.7225 |
| 53 | 碳鋼 | 鍛造 | A194 Gr.7 | 20CrMo | --- | --- |
| 54 | 碳鋼 | 鍛造 | A194 Gr.2H | 45 | G4051-S45C | --- |
| 55 | 鉻鎳鉬合金鋼 | 鍛造 | A194 Gr.8M | 0Cr17Ni12Mo2 | G4303-SUS316 | 17440 X5CrNiMo1810 1.440 |
| 56 | 鎳銅合金 Monel K400 | 鍛造 | B564 N04400 | NiCu28-2.5 | SUS 310S | --- |
| 57 | 鎳銅合金 Monel K400 | 鑄造 | A494 M35-1 | --- | CSC18 | 17730 2.4365 |
| 58 | 鎳鉻合金 Inconel 600 | 鍛造 | B564 N06600 | NS3102 | NCF600 | 2.4816 78NiCrl5Fe |
| 59 | 鎳鉻合金 Inconel 600 | 鑄造 | A494 CY40 | --- | NCrFC | 2.4816 |
| 60 | 鎳鉬合金 Hastelloy B2 | 鍛造 | B335 N10665 | --- | NM2B | 2.4617 |
| 61 | 鎳鉬合金 Hastelloy B2 | 鑄造 | A494 N7M | --- | --- | 2.4882 |

152

| | 鋼材名稱 | 製造方式 | 美國(ASTM) | 中國(GB) | 日本(JIS) | 德國(DIN) |
|---|---|---|---|---|---|---|
| 62 | 鎳鉬鉻合金 Hastelloy C | 鍛造 | B574 N10276 | --- | NMCrB | --- |
| 63 | 鎳鉬鉻合金 Hastelloy C | 鑄造 | A494 CW2M | --- | --- | 2.4610 |
| 64 | 鎳鉬鉻合金 Hastelloy C-276 | 鍛造 | B574 N10276 | NS333 | NMCrB | W.Nr.2.4819 NiMo16Cr15W |
| 65 | 鎳鉬鉻合金 Hastelloy C-276 | 鑄造 | A494 CW12MW | --- | NMCrC | 2.4686 |
| 66 | 鎢鉻鈷合金 Stellite | 鑄造 | Stellite | Stellite | --- | --- |
| 67 | 鉻鎳銅合金 17-4PH | | A693 Gr.630 | --- | --- | 1.4542 |
| 68 | 鈦(Ti)，Gr.2 | 鍛造 | B348 R50400 | TA1 | TB340H | 17862 3.7035 Ti2 |
| 69 | 鈦(Ti)，Gr.2 | 鑄造 | B367 C2 | --- | --- | --- |
| 70 | 鈦(Ti)，Gr.3 | 鍛造 | B550 R60702 | --- | --- | --- |
| 71 | 鈦(Ti)，Gr.3 | 鑄造 | B367 C3 | --- | TB480H | 3.7031 |
| 72 | 鋯(Zi)，Gr.702 | 鍛造 | B493 R60702 | --- | --- | --- |
| 73 | 鋯(Zi)，Gr.702 | 鑄造 | B752 702C | --- | --- | --- |
| 74 | 鋯(Zi)，Gr.705 | 鍛造 | B493 R60705 | --- | --- | --- |
| 75 | 鋯(Zi)，Gr.705 | 鑄造 | B752 705C | --- | --- | --- |
| 76 | 11% 鋁青銅 | 鑄造 | B148 C95400 | --- | A1BC2 A1BC2C | 1714 CuA19Ni |

# 附錄 3-7
## 計算閥桿強度使用於閥門的材料之物理性質

SA-105/SA-105M

| 鋼材名稱 | ASTM<br>材料法規 | 抗拉強度<br>ksi (MPa) | 屈服強度<br>ksi (MPa) | 2 in 或 50 mm<br>伸長率≧，% | 斷面收縮率<br>≧，% |
|---|---|---|---|---|---|
| 碳鋼鍛件 | --- | 70(485) | 36(250) | 30 | 30 |

SA-182/SA-182M 物理性質

| 鋼材名稱 | ASTM<br>材料法規 | 抗拉強度<br>ksi (MPa) | 屈服強度<br>ksi (MPa) | 2 in 或 50 mm<br>伸長率≧，% | 斷面收縮率<br>≧，% |
|---|---|---|---|---|---|
| 低合金鋼 | F1 | 70(485) | 40(275) | 20.0 | 30.0 |
| 低合金鋼 | F2 | 70(485) | 40(275) | 20.0 | 30.0 |
| 低合金鋼 | F5 | 70(485) | 40(275) | 20.0 | 35.0 |
| 低合金鋼 | F5a | 90(620) | 65(450) | 22.0 | 50.0 |
| 低合金鋼 | F9 | 85(585) | 55(380) | 20.0 | 40.0 |
| 低合金鋼 | F91 | 85(585) | 60(415) | 20.0 | 40.0 |
| 低合金鋼 | F11 級 1 類 | 60(415) | 30(205) | 20.0 | 45.0 |
| 低合金鋼 | F11 級 2 類 | 70(485) | 40(275) | 20.0 | 30.0 |
| 低合金鋼 | F11 級 3 類 | 75(515) | 45(310) | 20.0 | 30.0 |
| 低合金鋼 | F12 級 1 類 | 60(415) | 32(205) | 20.0 | 45.0 |
| 低合金鋼 | F12 級 2 類 | 70(485) | 40(275) | 20.0 | 30.0 |
| 低合金鋼 | F21 | 75(515) | 43(310) | 20.0 | 30.0 |
| 低合金鋼 | F3V, F3VCd | 85～110<br>(585~760) | 60(415) | 18.0 | 45.0 |
| 低合金鋼 | F22 級 1 類 | 60(415) | 30(205) | 20.0 | 35.0 |
| 低合金鋼 | F22 級 3 類 | 75(515) | 45(310) | 20.0 | 30.0 |
| 低合金鋼 | F22V | 85～110<br>(585~760) | 60(415) | 18.0 | 45.0 |
| 低合金鋼 | FR | 63(435) | 46(315) | 25.0 | 38.0 |
| | | | | | |
| 馬氏體不銹鋼 | F6a 級 1 類 | 70(485) | 40(275) | 18.0 | 35.0 |
| 馬氏體不銹鋼 | F6a 級 2 類 | 85(585) | 55(380) | 18.0 | 35.0 |
| 馬氏體不銹鋼 | F6a 級 3 類 | 110(760) | 85(585) | 15.0 | 35.0 |
| 馬氏體不銹鋼 | F6a 級 4 類 | 130(895) | 110(760) | 12.0 | 35.0 |
| 馬氏體不銹鋼 | F6b | 110~135<br>(760~930) | 90(620) | 16.0 | 45.0 |
| 馬氏體不銹鋼 | F6NM | 115(790) | 90(620) | 15.0 | 45.0 |

SA-182/SA-182M 物理性質

| 鋼材名稱 | ASTM 材料法規 | 抗拉強度 ksi (MPa) | 屈服強度 ksi (MPa) | 2 in 或 50 mm 伸長率≧，% | 斷面收縮率 ≧，% |
|---|---|---|---|---|---|
| 鐵素體不銹鋼 | FXM-27Cb | 60(415) | 35(240) | 20.0 | 45.0 |
| 鐵素體不銹鋼 | F429 | 60(415) | 35(240) | 20.0 | 45.0 |
| 鐵素體不銹鋼 | F430 | 60(415) | 35(240) | 20.0 | 45.0 |
| | | | | | |
| 奧氏體不銹鋼 | F304 | 75(515) | 30(205) | 30.0 | 50.0 |
| 奧氏體不銹鋼 | F304H | 75(515) | 30(205) | 30.0 | 50.0 |
| 奧氏體不銹鋼 | F304L | 70(485) | 25(170) | 30.0 | 50.0 |
| 奧氏體不銹鋼 | F304N | 80(550) | 35(240) | 30.0 | 50 |
| 奧氏體不銹鋼 | F304LN | 75(515) | 30(205) | 30.0 | 50 |
| 奧氏體不銹鋼 | F310 | 75(515) | 30(205) | 30.0 | 50 |
| 奧氏體不銹鋼 | F316 | 75(515) | 30(205) | 30.0 | 50 |
| 奧氏體不銹鋼 | F316H | 75(515) | 30(205) | 30.0 | 50 |
| 奧氏體不銹鋼 | F316L | 70(485) | 25(170) | 30.0 | 50 |
| 奧氏體不銹鋼 | F316N | 80(550) | 35(240) | 30.0 | 50 |
| 奧氏體不銹鋼 | F316LN | 75(515) | 30(205) | 30.0 | 50.0 |
| 奧氏體不銹鋼 | F317 | 75(515) | 30(205) | 30.0 | 50.0 |
| 奧氏體不銹鋼 | F317L | 70(485) | 25(170) | 30.0 | 50.0 |
| 奧氏體不銹鋼 | A. F321 | B. 75(515) | 30(205) | 30.0 | 50.0 |
| 奧氏體不銹鋼 | F321H | C. 75(515) | 30(205) | 30.0 | 50.0 |
| 奧氏體不銹鋼 | F347 | D. 75(515) | 30(205) | 30.0 | 50.0 |
| 奧氏體不銹鋼 | F347H | E. 75(515) | 30(205) | 30.0 | 50.0 |
| 奧氏體不銹鋼 | F348 | F. 75(515) | 30(205) | 30.0 | 50.0 |
| 奧氏體不銹鋼 | F348H | G. 75(515) | 30(205) | 30.0 | 50.0 |
| 奧氏體不銹鋼 | F x M-11 | 90(620) | 50(345) | 45.0 | 60.0 |
| 奧氏體不銹鋼 | F x M-19 | 100(690) | 55(380) | 35.0 | 55.0 |
| 奧氏體不銹鋼 | F10 | 80(550) | 30(205) | 30.0 | 50.0 |
| 奧氏體不銹鋼 | F44 | 94(650) | 44(300) | 35.0 | 50.0 |
| 奧氏體不銹鋼 | F45 | 87(600) | 45(310) | 40.0 | 50.0 |
| 奧氏體不銹鋼 | F46 | 78(540) | 35(240) | 40.0 | 50.0 |
| 奧氏體不銹鋼 | F47 | 75(525) | 30(205) | 40.0 | 50.0 |
| 奧氏體不銹鋼 | F48 | 80(550) | 35(240) | 40.0 | 50.0 |
| 奧氏體不銹鋼 | F49 | 115(795) | 60(415) | 35.0 | 40.0 |
| 奧氏體不銹鋼 | F56 | 73(500) | 27(185) | 30 | 35 |

SA-182/SA-182M 物理性質

| 鋼材名稱 | ASTM 材料法規 | 抗拉強度 ksi (MPa) | 屈服強度 ksi (MPa) | 2 in 或 50 mm 伸長率≧，% | 斷面收縮率 ≧，% |
|---|---|---|---|---|---|
| 鐵素體-奧氏體不銹鋼 | F50 | 100～130 (690～895) | 65(450) | 25.0 | 50.0 |
| 鐵素體-奧氏體不銹鋼 | F51 | 90(620) | 65(450) | 25.0 | 45.0 |
| 鐵素體-奧氏體不銹鋼 | F52 | 100(690) | 70(485) | 15.0 | --- |
| 鐵素體-奧氏體不銹鋼 | F53 | 116(800) | 80(550) | 15.0 | --- |
| 鐵素體-奧氏體不銹鋼 | F54 | 116(800) | 80(550) | 15.0 | 30.0 |
| 鐵素體-奧氏體不銹鋼 | F55 | 109～130 (750～895) | 80(550) | 25.0 | 45.0 |
| 鐵素體-奧氏體不銹鋼 | F57 | 118(820) | 85(585) | 25.0 | 50.0 |

註： --- 不要求

SA-216/SA-216M 物理性質

| 鋼材名稱 | ASTM<br>材料法規 | 抗拉強度<br>ksi (MPa) | 屈服強度<br>ksi (MPa) | 2 in 或 50 mm<br>伸長率≧，% | 斷面收縮率<br>≧，% |
|---|---|---|---|---|---|
| 高溫用碳鋼 | WCA | 60～85<br>(415～585) | ≧30(205) | ≧24 | ≧35 |
| 高溫用碳鋼 | WCB | 70～95<br>(485～655) | ≧36(250) | ≧22 | ≧35 |
| 高溫用碳鋼 | WCC | 70～95<br>(485～655) | ≧40(275) | ≧22 | ≧35 |

SA-283/SA-283M

| 鋼材名稱 | ASTM<br>材料法規 | 抗拉強度<br>ksi (MPa) | 屈服強度<br>ksi (MPa) | 2 in 或 50 mm<br>伸長率≧，% | 斷面收縮率<br>≧，% |
|---|---|---|---|---|---|
| 碳素鋼 | A 級 | 40～50<br>(310～415) | 24(165) | 27 | 30 |
| 碳素鋼 | B 級 | 50～65<br>(345～450) | 27(185) | 25 | 28 |
| 碳素鋼 | C 級 | 55～75<br>(380～515) | 30(205) | 22 | 25 |
| 碳素鋼 | D 級 | 60～80<br>(415～550) | 33(230) | 20 | 23 |

SA-350/SA-350M 碳鋼和低合金鋼鍛件的物理性質

| 鋼材名稱 | ASTM<br>材料法規 | 抗拉強度<br>ksi (MPa) | 屈服強度<br>ksi (MPa) | 2 in 或 50 mm<br>伸長率≧，% | 斷面收縮率<br>≧，% |
|---|---|---|---|---|---|
| 碳鋼 | LF1, LF5<br>1 類 | 60.0～85.0<br>(415～585) | 30<br>(205) | 48t + 13 | 38 |
| 碳鋼 | LF2 | 70.0～95.0<br>(485～655) | 36<br>(250) | 48t + 15 | 30 |
| 碳鋼 | LF3, LF5<br>2 類 | 70.0～95.0<br>(485～655) | 37.5<br>(260) | 48t + 15 | 35 |
| 碳鋼 | LF6, 1 類 | 66.0～91.0<br>(455～630) | 52<br>(360) | 48t + 15 | 40 |
| 碳鋼 | LF6, 2 類 | 75.0～100.0<br>(515～690) | 60<br>(415) | 48t + 13 | 40 |
| 碳鋼 | LF9 | 63.0～88.0<br>(435～605) | 46<br>(315) | 48t + 13 | 38 |
| 碳鋼 | LF787, 2 類 | 65.0～85.0<br>(450～585) | 55<br>(380) | 48t + 13 | 45 |
| 碳鋼 | LF787, 3 類 | 75.0～95.0<br>(515～655) | 65<br>(450) | 48t + 13 | 45 |

SA-351/SA-351M 奧氏體、奧氏體-鐵素體(雙相)鑄件

| ASTM 材料法規 | 抗拉強度 ksi (MPa) | 屈服強度 ksi (MPa) | 2 in 或 50 mm 伸長率≧，% | 斷面收縮率 ≧，% |
|---|---|---|---|---|
| CF3 | 70(485) | 30(205) | 35.0 | --- |
| CF3A | 77(530) | 35(240) | 35.0 | --- |
| CF8 | 70(485) | 30(205) | 35.0 | --- |
| CF8A | 77(530) | 35(240) | 35.0 | --- |
| CF3M | 70(485) | 30(205) | 30.0 | --- |
| CF3MA | 80(550) | 37(255) | 30.0 | --- |
| CF8M | 70(485) | 30(205) | 30.0 | --- |
| CF3MN | 75(515) | 37(255) | 35.0 | --- |
| CF8C | 70(485) | 30(205) | 30.0 | --- |
| CF10 | 70(485) | 30(205) | 35.0 | --- |
| CF10M | 70(485) | 30(205) | 30.0 | --- |
| CH8 | 65(450) | 28(195) | 30.0 | --- |
| CH10 | 70(485) | 30(205) | 30.0 | --- |
| CH20 | 70(485) | 30(205) | 30.0 | --- |
| CK20 | 65(450) | 28(195) | 30.0 | --- |
| HK30 | 65(450) | 35(240) | 10.0 | --- |
| HK40 | 62(425) | 35(240) | 10.0 | --- |
| HT30 | 65(450) | 28(195) | 15.0 | --- |
| CF10MC | 70(485) | 30(205) | 20.0 | --- |
| CN7M | 62(425) | 25(170) | 35.0 | --- |
| CN3MN | 80(550) | 38(260) | 35.0 | --- |
| CD4MCu | 100(690) | 70(485) | 16.0 | --- |
| CE8MN | 95(655) | 65(450) | 25.0 | --- |
| CG6MMN | 85(585) | 42.5(295) | 30.0 | --- |
| CG8M | 75(515) | 35(240) | 25.0 | --- |
| CF10SMn | 85(585) | 42.5(295) | 30.0 | --- |
| CT15C | 63(435) | 25(170) | 20.0 | --- |
| CK3MCuN | 80(550) | 38(260) | 35.0 | --- |
| CE20N | 80(550) | 40(275) | 30.0 | --- |
| CG3M | 75(515) | 35(240) | 25.0 | --- |
| CD3MWCMN | 100(690) | 65(450) | 25.0 | --- |

SA-352/SA-352M 物理性質 (與 ASTM 標準 A352/A352M 完全相同)

| 鋼材名稱 | ASTM 材料法規 | 抗拉強度 ksi (MPa) | 屈服強度 ksi (MPa) | 2 in 或 50 mm 伸長率≧，% | 斷面收縮率 ≧，% |
|---|---|---|---|---|---|
| 碳鋼 | LCA | 60.0～85.0 (415～585) | 30.0 (205) | 24 | 35 |
| 碳鋼 | LCB | 65.0～90.0 (450～620) | 35.0 (240) | 24 | 35 |
| 碳錳鋼 | LCC | 70.0～95.0 (485～655) | 40.0 (275) | 22 | 35 |
| 碳相鋼 | LC1 | 65.0～90.0 (450～620) | 35.0 (240) | 24 | 35 |
| 2.5%鎳鋼 | LC2 | 70.0～95.0 (485～655) | 80.0 (550) | 24 | 35 |
| 鎳鉻鉬鋼 | LC2-1 | 105.0～130.0 (725～895) | 40.0 (275) | 18 | 30 |
| 3.5%鎳鋼 | LC3 | 70.0～95.0 (485～655) | 40.0 (275) | 24 | 35 |
| 4.5%鎳鋼 | LC4 | 70.0～95.0 (485～655) | 40.0 (275) | 24 | 35 |
| 9%鎳鋼 | LC9 | 85.0 (585) | 75.0 (515) | 20 | 30 |
| 12.5% 鉻鎳鉬鋼 | CA6NM | 110.0～135.0 (760～930) | 80.0 (550) | 15 | 35 |

SA-479/SA-479M (鍋爐和其他壓力容器用不鏽鋼)

| UNS 牌號 | 型號 | 狀態 | 抗拉強度 ksi (MPa) | 屈服強度 ksi (MPa) | 2 in 或 50 mm 伸長率≧，% | 斷面收縮率 ≧，% |
|---|---|---|---|---|---|---|
| 奧氏體鋼 | | | | | | |
| S20161 | --- | 退火 | 125(860) | 50(345) | 40 | 40 |
| S20910 | XM-19 | 退火 | 100(690) | 55(380) | 35 | 55 |
| S21600 | XM-17 | 退火 | 90(620) | 50(345) | 40 | 50 |
| S21603 | XM-18 | 退火 | 90(620) | 50(345) | 40 | 50 |
| S21800 | --- | 退火 | 95(655) | 50(345) | 35 | 55 |
| S21904 | XM-11 | 退火 | 90(620) | 50(345) | 45 | 60 |
| S24000 | XM-29 | 退火 | 100(690) | 55(380) | 45 | 60 |
| S24565 | --- | 退火 | 115(795) | 60(415) | 35 | 40 |
| S30200 | 302 | 退火 | 75(515) | 30(205) | 30 | 40 |
| S30400 | 304 | 退火 | 75(515) | 30(205) | 30 | 40 |
| S30403 | 304L | 退火 | 70(485) | 25(170) | 30 | 40 |
| S30409 | 304H | 退火 | 75(515) | 30(205) | 30 | 40 |
| S30451 | 304N | 退火 | 80(550) | 35(240) | 30 | 40 |
| S30453 | 304LN | 退火 | 75(515) | 30(205) | 30 | 40 |
| S30600 | --- | 退火 | 78(540) | 35(240) | 40 | --- |
| S30815 | --- | 退火 | 87(600) | 45(310) | 40 | 50 |
| S30908 | 309S | 退火 | 75(515) | 30(205) | 30 | 40 |
| S30909 | 309H | 退火 | 75(515) | 30(205) | 30 | 40 |
| S30940 | 309Cb | | | | | |
| S30880 | ER308 | 退火 | 75(515) | 30(205) | 30 | 40 |
| S31008 | 310S | 退火 | 75(515) | 30(205) | 30 | 40 |
| S31009 | 310H | 退火 | 75(515) | 30(205) | 30 | 40 |
| S31040 | 310Cb | | | | | |
| S31254 | --- | 退火 | 95(655) | 44(305) | 35 | 50 |
| S31600 | 316 | 退火 | 75(515) | 30(205) | 30 | 40 |
| S31603 | 316L | 退火 | 70(485) | 25(170) | 30 | 40 |
| S31609 | 316H | 退火 | 75(515) | 30(205) | 30 | 40 |
| S31635 | 316Ti | | | | | |
| S31640 | 316Cb | | | | | |
| S31651 | 316N | 退火 | 80(550) | 35(240) | 30 | 40 |
| S31653 | 316LN | 退火 | 75(515) | 30(205) | 30 | 40 |
| S31700 | 317 | 退火 | 75(515) | 30(205) | 30 | 40 |
| S31725 | --- | 退火 | 75(515) | 30(205) | 40 | --- |

SA-479/SA-479M (鍋爐和其他壓力容器用不鏽鋼)

| UNS 牌號 | 型號 | 狀態 | 抗拉強度 ksi (MPa) | 屈服強度 ksi (MPa) | 2 in 或 50 mm 伸長率≧，% | 斷面收縮率 ≧，% |
|---|---|---|---|---|---|---|
| S31726 | --- | 退火 | 80(550) | 35(240) | 40 | --- |
| S32100 | 321 | 退火 | 75(515) | 30(205) | 30 | 40 |
| S32109 | 321H | 退火 | 75(515) | 30(205) | 30 | 40 |
| S32615 | --- | 退火 | 80(550) | 32(220) | 25 | 40 |
| S33228 | --- | 退火 | 73(500) | 27(185) | 30 | --- |
| S34700 | 347 | 退火 | 75(515) | 30(205) | 30 | 40 |
| S34709 | 347H | 退火 | 75(515) | 30(205) | 30 | 40 |
| S34800 | 348 | 退火 | 75(515) | 30(205) | 30 | 40 |
| S34809 | 348H | 退火 | 75(515) | 30(205) | 30 | 40 |
| S35315 | --- | 退火 | 94(650) | 39(270) | 40 | --- |
| 奧氏體-鐵素體鋼 | | | | | | |
| S31803 | --- | 退火 | 90(620) | 65(450) | 25 | --- |
| S32550 | --- | 退火 | 110(760) | 80(550) | 15 | --- |
| S32750 | --- | 退火 | 116(800) | 80(550) | 15 | --- |
| S32950 | --- | 退火 | 100(690) | 70(485) | 15 | --- |
| S39277 | --- | 退火 | 118(820) | 85(585) | 25 | 50 |
| 鐵素體鋼 | | | | | | |
| S40500 | 405 | 退火 | 60(415) | 25(170) | 20 | 45 |
| S43000 | 430 | 退火 | 70(485) | 40(275) | 20 | 45 |
| S43035 | 439 | 退火 | 70(485) | 40(275) | 20 | 45 |
| S44400 | --- | 退火 | 60(415) | 45(310) | 20 | 45 |
| S44627 | XM-27 | 退火 | 65(450) | 40(275) | --- | 45 |
| S44700 | --- | 退火 | 70(485) | 55(380) | 20 | 40 |
| S44800 | --- | 退火 | 70(485) | 55(380) | 20 | 40 |
| 馬氏體鋼 | | | | | | |
| S40300 | 403 | 退火 | 70(485) | 40(275) | 20 | 45 |
| S41000 | 410 | 退火 | 70(485) | 40(275) | 20 | 45 |
| S41040 | XM-30 | 退火 | 70(485) | 40(275) | 13 | 45 |
| | | 淬火加回火 | 125(860) | 100(690) | 13 | 45 |
| S41400 | 414 | 回火 | 115(795) | 90(620) | 15 | 45 |
| S41500 | --- | 正火加回火 | 115(795) | 90(620) | 15 | 45 |
| S43100 | 431 | 回火 | 115(795) | 90(620) | 15 | 45 |

SA-516/SA-516M (中、低溫壓力容器用碳鋼板)

| 鋼材名稱 | ASTM 材料法規 | 抗拉強度 ksi (MPa) | 屈服強度 ksi (MPa) | 2 in 或 50 mm 伸長率≧，% | 斷面收縮率 ≧，% |
|---|---|---|---|---|---|
| 碳鋼板 | 55(380)級 | 55～75 (380～515) | ≧30(205) | 27 | --- |
| 碳鋼板 | 60(415)級 | 60～80 (415～550) | ≧32(220) | 25 | --- |
| 碳鋼板 | 65(450)級 | 65～85 (450～585) | ≧35(240) | 23 | --- |
| 碳鋼板 | 70(485)級 | 70～90 (485～620) | ≧38(260) | 21 | --- |

## 元素和化合物的臨界壓力及溫度

| 元素或化合物 | | | 臨界壓力-$P_c$ | | 臨界溫度-$T_c$ | | *k |
|---|---|---|---|---|---|---|---|
| | | | psia | bar(abs) | °F | °C | $C_p/C_v$ |
| 乙酸 | Acetic Acid | $CH_3\text{-}CO\text{-}OH$ | 841 | 58.0 | 612 | 322 | 1.15 |
| 丙酮 | Acetone | $CH_3\text{-}CO\text{-}CH_3$ | 691 | 47.6 | 455 | 235 | - |
| 乙炔 | Acetylene | $C_2H_2$ | 911 | 62.9 | 97 | 36 | 1.26 |
| 空氣 | Air | $O_2+N_2$ | 547 | 37.8 | -222 | -141 | 1.40 |
| 氨 | Ammonia | $NH_3$ | 1638 | 113.0 | 270 | 132 | 1.33 |
| 氬 | Argon | A | 705 | 48.6 | -188 | -122 | 1.67 |
| 苯 | Benzene | $C_6H_6$ | 701 | 48.4 | 552 | 289 | 1.12 |
| 丁烷 | Butane | $C_4H_{10}$ | 529 | 36.5 | 307 | 153 | 1.09 |
| 二氧化碳 | Carbon Dioxide | $CO_2$ | 1072 | 74.0 | 88 | 31 | 1.30 |
| 一氧化碳 | Carbon Monoxide | CO | 514 | 35.5 | -218 | -139 | 1.40 |
| 四氯化碳 | Carbon Tetrachloride | $CCl_4$ | 661 | 45.6 | 541 | 283 | - |
| 氯 | Chlorine | $Cl_2$ | 1118 | 77.0 | 291 | 144 | 1.36 |
| 乙烷 | Ethane | $C_2H_6$ | 717 | 49.5 | 90 | 32 | 1.22 |
| 乙醇 | Ethyl Alcohol | $C_2H_5OH$ | 927 | 64.0 | 469 | 243 | 1.13 |
| 乙烯 | Ethylene | $CH_2{=}CH_2$ | 742 | 51.2 | 50 | 10 | 1.26 |
| 乙醚 | Ethyl Ether | $C_2H_5\text{-}O\text{-}C_2H_5$ | 522 | 36.0 | 383 | 195 | - |
| 氟 | Fluorine | $F_2$ | 367 | 25.3 | -247 | -155 | 1.36 |
| 氦 | Helium | He | 33.2 | 2.29 | -450 | -268 | 1.66 |
| 庚烷 | Heptane | $C_7H_{16}$ | 394 | 27.2 | 513 | 267 | - |
| 氫 | Hydrogen | $H_2$ | 188 | 13.0 | -400 | -240 | 1.41 |
| 氯化氫 | Hydrogen Chloride | HCl | 1199 | 82.6 | 124 | 51 | 1.41 |
| 異丁烷 | Isobutane | $(CH_3)\,CH\text{-}CH_3$ | 544 | 37.5 | 273 | 134 | 1.10 |
| 異丙醇 | Isopropyl Alcohol | $CH_3\text{-}CHOH\text{-}CH_3$ | 779 | 53.7 | 455 | 235 | - |
| 甲烷 | Methane | $CH_4$ | 673 | 46.4 | -117 | -83 | 1.31 |
| 甲基 | Methyl Alcohol | $H\text{-}CH_2OH$ | 1156 | 79.6 | 464 | 240 | 1.20 |
| 氮 | Nitrogen | $N_2$ | 492 | 34.0 | -233 | -147 | 1.40 |
| 一氧化二氮 | Nitrous Oxide | $N_2O$ | 1054 | 72.7 | 99 | 37 | 1.30 |
| 辛烷 | Octane | $CH_3\text{-}(CH_2)_6\text{-}CH_3$ | 362 | 25.0 | 565 | 296 | 1.05 |
| 氧 | Oxygen | $O_2$ | 730 | 50.4 | -182 | -119 | 1.40 |
| 戊烷 | Pentane | $C_5H_{12}$ | 485 | 33.5 | 387 | 197 | 1.07 |
| 酚 | Phenol | $C_6H_5OH$ | 889 | 61.3 | 786 | 419 | - |
| 光氣 | Phosgene | $COCl_2$ | 823 | 56.7 | 360 | 182 | - |
| 丙烷 | Propane | $C_3H_8$ | 617 | 42.6 | 207 | 97 | 1.13 |
| 丙烯 | Propylene | $CH_2{=}CH\text{-}CH_3$ | 661 | 45.6 | 198 | 92 | 1.15 |
| 冷凍劑 12 | Refrigerant 12 | $CCl_2F_2$ | 582 | 40.1 | 234 | 112 | 1.14 |
| 冷凍劑 22 | Refrigerant 22 | $CHClF_2$ | 713 | 49.2 | 207 | 97 | 1.18 |
| 二氧化硫 | Sulfur Dioxide | $SO_2$ | 1142 | 78.8 | 315 | 157 | 1.29 |
| 水 | Water | $H_2O$ | 3206 | 221.0 | 705 | 374 | 1.32 |
| 乙酸 | Acetic Acid | $CH_3\text{-}CO\text{-}OH$ | 65.7 | | 1052.4 | | 66.1 |
| 丙酮 | Acetone | $CH_3\text{-}CO\text{-}CH_3$ | 49.4 | | 791.3 | | 58.1 |
| 乙炔 | Acetylene | $C_2H_2$ | | 0.069 | | 1.11 | 26.0 |
| 空氣 | Air | $O_2+N_2$ | | 0.0764 | | 1.223 | 29.0 |
| 氨 | Ammonia | $NH_3$ | | 0.045 | | 0.72 | 17.0 |
| 氬 | Argon | A | | 0.105 | | 1.68 | 39.9 |
| 苯 | Benzene | $C_6H_6$ | 54.6 | | 874.6 | | 78.1 |
| 丁烷 | Butane | $C_4H_{10}$ | | 0.154 | | 2.47 | 58.1 |
| 二氧化碳 | Carbon Dioxide | $CO_2$ | | 0.117 | | 1.87 | 44.0 |
| 一氧化碳 | Carbon Monoxide | CO | | 0.074 | | 1.19 | 28.0 |
| 四氯化碳 | Carbon Tetrachloride | $CCl_4$ | 99.5 | | 1593.9 | | 153.8 |

註：* 標準條件

本表取自於 Masoneilan 閥門公司。

| 元素或化合物 | | | 密度-lb/ft³ 14.7 psia & 60°F | | 密度-kg/m³ 1013 mbar & 15.6°C | | 莫耳重 |
|---|---|---|---|---|---|---|---|
| | | | 液體 | 氣體 | 液體 | 氣體 | |
| 氯 | Chlorine | $Cl_2$ | | 0.190 | | 3.04 | 70.9 |
| 乙烷 | Ethane | $C_2H_6$ | | 0.080 | | 1.28 | 30.1 |
| 乙醇 | Ethyl Alcohol | $C_2H_5OH$ | 49.52 | | 793.3 | | 46.1 |
| 乙烯 | Ethylene | $CH_2=CH_2$ | | 0.074 | | 1.19 | 28.1 |
| 乙醚 | Ethyl Ether | $C_2H_5\text{-}O\text{-}C_2H_5$ | 44.9 | | 719.3 | | 74.1 |
| 氟 | Fluorine | $F_2$ | | 0.097 | | 1.55 | 38.0 |
| 氦 | Helium | $He$ | | 0.011 | | 0.18 | 4.00 |
| 庚烷 | Heptane | $C_7H_{16}$ | 42.6 | | 682.4 | | 100.2 |
| 氫 | Hydrogen | $H_2$ | | 0.005 | | 0.08 | 2.02 |
| 氯化氫 | Hydrogen Chloride | $HCl$ | | 0.097 | | 1.55 | 36.5 |
| 異丁烷 | Isobutane | $(CH_3) CH\text{-}CH_3$ | | 0.154 | | 2.47 | 58.1 |
| 異丙醇 | Isopropyl Alcohol | $CH_3\text{-}CHOH\text{-}CH_3$ | 49.23 | | 788.6 | | 60.1 |
| 甲烷 | Methane | $CH_4$ | | 0.042 | | 0.67 | 16.0 |
| 甲基 | Methyl Alcohol | $H\text{-}CH_2OH$ | 49.66 | | 795.5 | | 32.0 |
| 氮 | Nitrogen | $N_2$ | | 0.074 | | 1.19 | 28.0 |
| 一氧化二氮 | Nitrous Oxide | $N_2O$ | | 0.117 | | 1.87 | 44.0 |
| 辛烷 | Octane | $CH_3\text{-}(CH_2)_6\text{-}CH_3$ | 43.8 | | 701.6 | | 114.2 |
| 氧 | Oxygen | $O_2$ | | 0.084 | | 1.35 | 32.0 |
| 戊烷 | Pentane | $C_5H_{12}$ | 38.9 | | 623.1 | | 72.2 |
| 酚 | Phenol | $C_6H_5OH$ | 66.5 | | 1065.3 | | 94.1 |
| 光氣 | Phosgene | $COCl_2$ | | 0.108 | | 1.73 | 98.9 |
| 丙烷 | Propane | $C_3H_8$ | | 0.117 | | 1.87 | 44.1 |
| 丙烯 | Propylene | $CH_2=CH\text{-}CH_3$ | | 0.111 | | 1.78 | 42.1 |
| 冷凍劑 12 | Refrigerant 12 | $CCl_2F_2$ | | 0.320 | | 5.13 | 120.9 |
| 冷凍劑 22 | Refrigerant 22 | $CHClF_2$ | | 0.228 | | 3.65 | 86.5 |
| 二氧化硫 | Sulfur Dioxide | $SO_2$ | | 0.173 | | 2.77 | 64.1 |
| 水 | Water | $H_2O$ | 62.34 | | 998.6 | | 18.0 |

本表取自於 Masoneilan 閥門公司。

# 第四章 驅動器

驅動器是驅動閥門主要力量的來源，從使用驅動器的型式就可以區別使用閥門的型式，即是說特定的閥門使用特定的驅動器。第一個驅動器是在 19 世紀的晚期被設計出來的，那時候是 1930 年代早期在工業界上是唯一的依靠。在此時期使用了第一個氣動式控制器(即定位器)，發展了閥門控制器及標準化控制信號，也首次激勵驅動器的設計。

驅動器是藉由空氣、電力或液壓來提供動力的一種設備，用來定位一個閥門的閥軸(Shaft)或閥桿(Stem)，依據是給予信號的比例來將閥桿移動到一個確定的位置。一個閥門能夠履行其功能，必須依靠放置在閥門上，能夠處理靜態和動態負載一樣好的驅動器，因此適當的選擇和篩選驅動器以及驅動器配件是非常的重要的，因為它能夠代表全部閥門價格的重要部份，小心的選擇驅動器和其附屬的配件，能夠導致重要金錢的節省。

## 1.0 驅動器的型式

今日市場上驅動器的型式和尺寸，其範圍是如此的大，以致於似乎在選擇的過程中，或許是高度的複雜，其實不是，記住下列的規則及瞭解閥門的基本知識，選擇驅動器是能夠非常的簡單。

- 驅動器採用的動力源：有彈簧膜片、氣動(Pneumatic)、電動或液壓(Hydraulic)等的動力源。
- 安全失效(Fail-Safe)的要求：失效打開(Fail Open，FO)、失效關閉(Fail Close，FC)或失效保持當處(Fail As It，FAI)。
- 扭矩或推力的要求：依據系統的溫度、壓力，計算需求的力量，再依此選擇符合此要求的驅動器。
- 控制的功能：全開/全關或節流的控制。

驅動器採用何種的動力源，往往就能夠選出何種型式的驅動器，因為三種不同的動力源其扭矩或推力皆有所不同，氣動式的動力源推力最小，能夠驅動閥門的力量受限於壓縮空氣的力量，及驅動器內承受壓力的組件面積(例如膜面、活塞)，但使用最普遍的也是氣動式動力源，絕大多數的閥門、所有的化學工廠及需要有防爆要求的區域，全部由氣動式驅動器來控制閥門的功能。

其次是當氣動力量無法開啟或關閉閥門時，即是在高壓差的製程上，則必須由電動式的驅動器來取代。電動式驅動器大部分用於無防爆要求的製程、無空氣壓縮機設備的場所及電廠上。

當需要更大的力量及更精確控制流體的流量時，液壓驅動器的使用就成為理所當然的選項，相對的其精細的控制和複雜的機構，其成本也是最高的。

驅動器大部分可分為 5 種常用的種類：

- 彈簧-膜片式(Spring-and-Diaphragm)驅動器
- 氣動活塞式(Pneumatic Piston)驅動器
- 氣動迴轉活塞式(Pneumatic Rotary Piston)驅動器
- 馬達-齒輪(Motor-Gear)驅動器
- 電-液壓(Electro-Hydraulic)驅動器

每一種驅動器都有其弱點、強項和最適宜的應用，大部分驅動器的設計，採用直動式的閥桿(Stem)或迴轉式的閥瓣(Disk)，它們相異之處僅僅依據與閥桿的連結或移動的連接器。

大部分迴轉式驅動器依據迴轉閥門的需求，使用連結器、齒輪或曲柄臂將膜片或活塞的直線運動轉變成 90°迴轉的輸出。對控制閥驅動器而言，最重要考慮的事情是製程的要求，就是在短時間內上下的控制流體，而將無效運動的數量減至最小，即靜滯帶(Deadband)減至最低。其他型式的閥門則僅是開-關的要求，不類似控制閥需要調節製程的流量。

## 1.1 彈簧-膜片式驅動器(Spring-and-Diaphragm Actuator)

最受歡迎和應用最廣泛的驅動器是氣動式彈簧-膜片驅動器，這種驅動器構造簡單及提供低成本和高的信賴性，主要是由彈簧和膜片所組成的，其正常操作在 3~15 psi 或 6~30 psi 標準信號範圍，因此，他們常常適合直接的使用儀器信號作為調節之應用。如圖 4-1 所示。

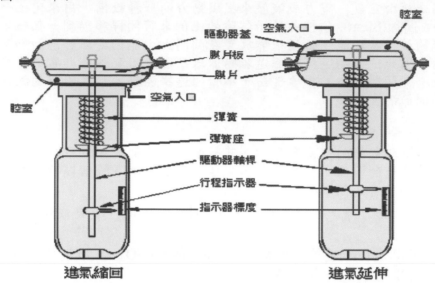

圖 4-1  彈簧-膜片驅動器

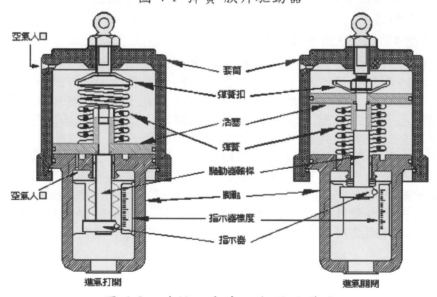

圖 4-2  線性活塞式驅動器的構造

膜片(Diaphragm)是一個由合成橡膠或纖維緊靠在一個膜片板的移動，對抗著來自一個或多個螺旋圈繞的壓縮彈簧，其動力通常來自於壓縮空氣。壓縮空氣進入腔室到達膜片來對抗彈簧，當更多的空氣壓力注入時，彈簧更進一步被壓縮，並移動閥桿到所需要的位置。當空氣壓力減少時，彈簧縮回膜片內。因此，利用空氣壓力的變化來達成閥桿到所需要的位置。

膜片能夠包含從一個扁薄金屬板(Flat Sheet)變化到一個模塑包覆的捲動膜片(Molded convoluted rolling diaphragm)等種類。扁薄金屬板有最低的成本，但是也會有一個改變行程的有效面積。捲動膜片是更昂貴的，但通常在整個行程中有一個不變的面積，提供最大的精確，且由於是捲動的，是以有一個更長的循環壽命。

彈簧-膜片式驅動器內的彈簧對抗來自於壓縮空氣的力量，彈簧可以是單數的型式或是多個以同心圓般嵌套或安置呈環狀排列的型式。空氣直接作動於驅動器的膜片，使驅動器軸桿往外延伸，稱之為進氣伸長(air to extend)，壓縮空氣從膜片上方供應，往下移動膜片和驅動器軸桿，當空氣減少時，彈簧往上移動，軸桿回縮。反之，壓縮空氣由膜片的下方供應時，往上移動膜片和驅動器軸桿，此稱為進氣縮回(air to retract)，當空氣壓力減少時，彈簧往下移動。

　　進氣伸長模式的彈簧，通常具有一個低彈性率的力量，當空氣減少時，單純提供足夠的力量來恢復驅動器到它初始位置。進氣縮回模式時常使用具有較高力量的彈簧及一個較高彈性率來提供需要的關斷力量和操作的穩定性。

## 1.2 氣動線性活塞式驅動器(Pneumatic Linear Piston Actuator)

　　活塞型式的驅動器依其作動的方式，可分為線性動作式活塞驅動器和迴轉動作式活塞驅動器，前者用於控制閥上，而後者通常使用於蝶閥、球閥和弧形閥等。線性活塞驅動器與彈簧-膜片驅動器，主要的不同是以汽缸(Cylinder)型式的滑動密封代替了一個彈性或捲動的膜片。線性活塞驅動器主要的優點是構造更簡潔，提供比彈簧-膜片驅動器更高的扭矩或力量的輸出，且它的容量能作更長的行程和更大可實行的有效面積。圖 4-2 為線性式活塞驅動器的構造。

表 4-1 彈簧-膜片驅動器和線性活塞驅動器性能的比較

| 性能 | 彈簧-膜片驅動器 | 線性活塞驅動器 |
|---|---|---|
| 成本 | 低 | 較高 |
| 體積及重量 | 在長衝程或高壓力控制方面其體積是龐大的，相對重量也非常的高。 | 只需要增加活塞的面積，即可達成長衝程及高壓力的控制，相對的體積和重量增加有限。 |
| 扭矩或力量 | 低 | 較彈簧-膜片驅動器高，僅次於電-液壓驅動器。 |
| 衝程速率 | 緩慢 | 因為扭矩較大，所以衝程速率快，控制流體流量的變化也非常快速。 |
| 靜態和動態的回應 | 緩慢，肇因於衝程速率的緩慢。 | 有極佳的靜態和動態的回應，是因為由於快速且平滑的動力轉換。 |
| 剛度 | 差，由於受製程流體力量的衝擊，造成控制較不穩定。 | 在操作期間，因為高空氣壓力被用在活塞的兩側，使其有效的固定鎖住活塞在當處。其剛度和能力僅次於電-液壓驅動器。 |
| 開-關控制 | 使用電磁閥直接進氣驅動。 | 使用電磁閥直接進氣驅動。 |
| 調節控制 | 當在高閥座負荷及關斷上，使用定位器控制時，需要使用空氣增幅器來增大空氣流量及壓力。 | 較少使用空氣增幅器，即可平穩的作調節控制和關斷。 |
| 安裝 | 需要對每一個閥門的應用，利用上發條的方式來固定彈簧的設定。 | 彈簧使用在活塞驅動器內，僅僅是作為單純的失效安全動作，與驅動器的功能無關。 |
| 保養 | 困難 | 容易 |
| 操作壽命 | 短 | 可長達十年 |

　　當發生閥門需要更改進氣的方式時，如果將進氣關閉或失效開啟(Air to Close 或 Fail Open)改為進氣打開或失效關閉(Air to Open 或 Fail Close)時，只需要將彈簧扣、活塞位置及驅動器軸桿反轉如圖之進氣打開即可。但是，如果進氣打開(Air to Open 或 Fail Close)改為進氣關閉(Air to Close 或 Fail Open)，除了彈簧扣和活塞反向如進氣打開的型式之外，還需要更換驅動器的軸桿，原因是軸桿的長度不夠。比較兩種驅動器軸桿的長度，進氣關閉的軸桿長度是比進氣打開的軸桿長，所以較長的軸桿更換短軸桿是沒有問題，短軸桿變成長軸桿就會產生問題。另外還需要評估當驅動器內的活塞及彈簧等組件反向時,彈簧力是否大於流體的壓力，如果是否定時，需要再設計一組包含跳脫閥(Trip Valve) +空氣儲存箱(Volume Tank)等設備的管線，利用彈簧力+儀用空氣壓力來控制閥門，當空氣失效時，可以使閥門在全開或全關位置，符合失效安全的條件，但驅動器內更改從進氣打開成為進氣關閉，對於球體閥而言，也需要變動閥門的進出口方向，否則驅動器的推力將會不足，無法驅動閥

門。請參閱控制閥推力的計算。

　　線性活塞式驅動器其活塞的密封設計是很重要的，它有 2 個特性：長壽命和低摩擦。一個有效的活塞密封是一個 O-型環，當活塞往復行進時，密封的緊壓必須低到防止活塞扭曲，而 O-型環的優點是可以有兩個方向的作用。

　　線性活塞驅動器與彈簧-膜片驅動器兩者都採用直線移動方式來驅動球體閥(控制閥)的閥桿。彈簧-膜片驅動器自從二次世界大戰之前已經遍及世界各處，而當時它們是唯一可採用的驅動器。這些年來雖然已經做了少量的改良，其設計和結構基本上沒有變動。當活塞驅動器問世後，對於彈簧-膜片驅動器形成一個強有力的競爭。工業界上使用的大都是彈簧-膜片驅動器，而且許多使用者或工程師對於兩者的優劣，並未深入的瞭解。表 4-1 比較彈簧-膜片驅動器和線性活塞驅動器性能的優劣之處。

　　從表 4-1 比較彈簧-膜片驅動器和線性活塞驅動器，即可瞭解採用活塞驅動器較彈簧-膜片驅動器在靜態和動態上有更快速的反應，即在製程上有更穩定的控制，不會造成類似膜片彈性的"回響"，是以更適合使用在控制閥上。

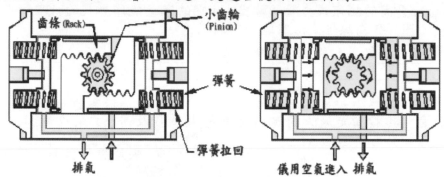

迴轉式活塞驅動器加入彈簧後又稱為彈簧復歸驅動器，利用儀用空氣進入腔內推動活塞來轉動中間的小齒輪，進而推動閥門。當儀用空氣不再提供時，則彈簧拉回活塞排出空氣，閥門回歸原來位置，只適用開-關控制的風門或閥門。

圖 4-3 迴轉式活塞驅動器作動方式

## 1.3 氣動迴轉活塞式驅動器(Pneumatic Rotary Piston Actuator)

　　此種型式的驅動器是使用最廣泛的驅動器，舉凡球閥、蝶閥、弧形閥及檔板等皆可以看到其蹤跡。其構造簡單而種類多樣，也是利用活塞來推動驅動器軸桿作 90°的迴轉，但其活塞形狀不同於線性式活塞驅動器的圓盤狀，它屬於帶有 L 形狀的齒條(參閱圖 4-3)，以空氣推動活塞，再轉動小齒輪，以 90°的旋轉開關閥門。圖 4-4 為齒輪-迴轉式活塞驅動器的組成分解圖。另外還有一種迴轉式活塞驅動器，利用彈簧及活塞的結構，使閥門以 90°方式開啟或關閉閥門。氣動迴轉活塞式驅動器一般分為兩種型式，雙作動(Double Acting)型式及彈簧回復(Spring Return)型式。彈簧的作用是作為安全失效時閥門回到安全位置的功能。雙作動型式的驅動器使用於閥門需要調節控制，利用定位器來控制驅動器兩側的空氣進氣量以達到控制閥門的位置。圖 4-5 迴轉式活塞驅動器、球閥及其配件。

　　齒條和小齒輪驅動器包括一個殼體，來支持一個小齒輪，其藉由一個帶有端部汽缸活塞的齒條驅動。齒條採用單層、雙層或多層設計。齒條和小齒輪整體效率的驅動器的平均 85%-90%。它們能夠覆蓋寬範圍的扭矩輸出和旋轉範圍從幾度到 5 轉或更多。用於計算扭矩的公式是：

M = Apr$_p$　　　　　　　　　　　　　　　　　　　　　　　　(方程式 4-1)

此處符號表示為

M　=　輸出扭矩

A　=　汽缸活塞的面積

P　=　操作壓力

$r_p$　=　小齒輪的節距半徑

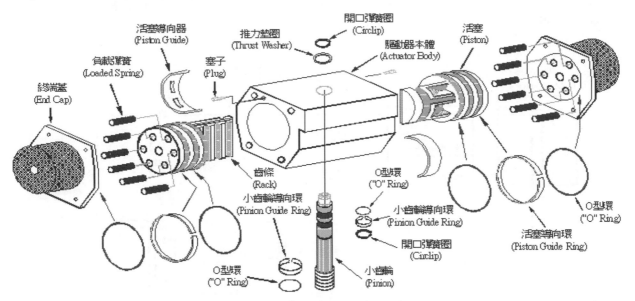

圖 4-4 迴轉式活塞驅動器組成圖

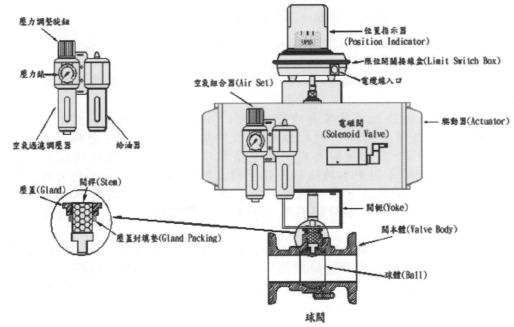

圖 4-5 迴轉式活塞驅動器、球閥及其配件

## 1.4 馬達-齒輪驅動器(Motor-Gear Actuator)

　　馬達-齒輪驅動器一般稱為電動驅動器或馬達驅動器。此種型式的驅動器是唯一採用電源來作為動力的驅動器,它成功的應用在許多的場所中。馬達-齒輪驅動器具有齒輪減速的設備,以旋轉移動產生扭矩或推力,是一個有很寬範圍的扭矩輸出、長的行程及大的扭矩力量。

　　馬達驅動器有幾個優點超越了以空氣壓力為動力源的氣動驅動器,它們很適合作為長行程距離位置的安置,而且其驅動的力量是穩定的,不似以快速變化閥桿力量的氣動閥門,而以一定的速率來控制閥桿的上下。

　　電動馬達驅動器內有二種型式的開關,第一種是扭矩開關(Torque Switch),當扭矩的力量超過限定值時,自動將電力切斷。第二種是極限開關(Limit Switch),當行程達到設定的位置時,也是自動將電力切斷。前者一般使用在高壓力差的製程控制上,在閥門關斷時能夠更緊密;後者使用於低壓的流體上。

馬達-齒輪驅動器一般使用在不需要快速變化的製程上，閘閥、球體閥、角閥和檔板是最常使用的。其附屬配件通常包含手輪、位置指示器、極限開關、扭矩開關、指示燈及開/關/停止等按鈕。馬達-齒輪驅動器的功能及圖解機構，第五章將會有詳細的說明。

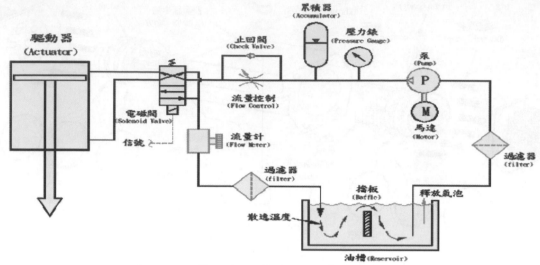

圖 4-6 液壓驅動器基本的液壓系統迴路圖

## 1.5 電-液壓驅動器(Electro-Hydraulic Actuator)

一個電-液壓驅動器是利用電泵將不可壓縮的液體泵入一個活塞內，以此創造出一個高壓力的輸出力量。電-液壓驅動器在調節控制方面，由於其有高的剛度、類比信號的互換性、極佳的頻率應答和精確的定位，使其在需要高精確及高壓力下成為最佳的選擇。

大部分電-液壓驅動器有非常高的壓力輸出，但依照其高的初期成本、複雜的性能及困難的保養，使其處於不利的地位。電-液壓驅動器的失效安全動作，可以是失效保持現狀，或使用一個回復彈簧或一個液壓累積器來執行失效打開或失效關閉。

電-液壓驅動器有 2 個基本的結構，就是獨立的動力源和外部的動力源。獨立的動力源單元包含自有的馬達、泵、液壓儲槽，此型式能夠採用具有彈簧回復失效的模式。而外部動力源除了一個分離的馬達、泵、液壓儲槽外，還需要有液壓管線及其他連接的附屬配件。

電-液壓驅動器基本上是由圖 4-6 液壓系統迴路之組件所組成的，其理論是根據巴斯卡定律(Pascal Law)應用於驅動閥門，即是應用一個力量(F)，橫跨於一個小面積(A)上，產生一個壓力(P)作用在較大的面積上，能夠製造許多倍之可應用的力量。其應用方程式如下：

$$F = P \times A$$
(方程式 4-2)

符號表示

F：力量 (Force)

P：壓力 (Pressure)

A：面積 (Area)

組成液壓系統的組件包含液壓電磁閥、流量控制迴路、液壓累積器、馬達、泵、壓力錶、過濾器和儲油槽等。各種組件的功能敘述如下：

1. 儲油槽(Reservoir)：主要是保持液壓流體的循環、允許陷入在流體中的空氣洩漏出來及降低流體在操作中所產生的熱量。儲油槽是儲存並作為循環液壓油之用，利用油槽內的擋板(Baffle)將包覆在油內的氣泡釋放，也有消散做完功產生油溫之功能。

2. 過濾器(Filter)：保持液壓流體在系統中乾淨度。它可以從流體內移除細微的粒子，這些粒子能夠造成堵塞孔口或引起傳動軸的卡死。過濾器過濾油中的雜質，避免這些雜質堵塞伺服器的管嘴或閥芯。

3. 液壓泵(Hydraulic Pump)：利用傳送液壓流體的流量，將機械能量轉換成液壓能量，並以高壓狀態進入液壓系統。通常而言，所有傳送流體的泵被區分為 1.流體動力泵(Hydrodynamic Pump)或非正位移泵(Non-positive Displacement Pump)。2.靜壓泵(Hydrostatic Pump)或正位移泵(Positive Displacement Pump)。液壓系統通常使用正位移泵作為壓力的傳送，利用泵運轉的每一個循環，傳遞一定數量的流體，稱為衝程(Stroke)或迴轉(Revolution)。輸出以流體容積的流動率來度量，取決於泵原動力的速率和出口壓力。液壓系統的泵通常包含下列幾種：

    a. 齒輪泵(Gear Pump)

    b. 葉片泵(Vane Pump)

    c. 活塞泵(Piston Pump)

    d. 徑向活塞泵(Radial Piston Pump)

    e. 軸向活塞泵(Axial Piston Pump)

4. 累積器(Accumulator)：是一種積蓄壓力能量的蓄能器，利用彈簧力量、壓縮氣體或提高一個重物來儲存位能(Potential Energy)。其功能為儲存能量、吸收脈衝、減輕迴路上操作的衝擊、補強泵的運送能力、維持迴路的壓力及分送潤滑轉動的設備。

5. 馬達(Motor)：轉換電力成為驅動泵轉動的動力。

6. 壓力錶(Pressure Gauge)：偵測液壓系統的壓力，以顯示迴路操作中的壓力。

7. 流量計(Flow Meter)：同壓力錶的功能一樣，很容易快速且精確檢修任何系統發生的功能障礙。也能夠良好指示出在系統失效之前即將發生泵的失效。

8. 電磁閥(Solenoid Valve)：控制閥門開啟或關閉的方向。

9. 止回閥(Check Valve)：允許流體在一個方向流動的閥門，止回閥防止流體回流。

10. 釋壓閥(Relief Valve)：釋放超過設定壓力的閥門。

11. 管線：連結液壓系統迴路內各個設備，使形成整個系統完整的控制。包含鋼管(Pipe)、儀用管(Tube)和軟管(Hose)，與配件或連接頭連接一起，構建這個傳遞能量的管線系統，在組件之間運載液壓流體。管線是液壓系統之一，運送流體且也可散發流體做功後產生的熱量。在一個液壓系統中，有不同種類的管線。工作管線攜帶流體，傳遞主泵的動能到負荷。導向管線攜帶流體傳送控制壓力到各個方向及釋壓閥，作為遠方的操作。最後有排洩管線，排掉無法避免的洩漏油料到儲油槽。

12. 管配件和密封墊(Fittings and Seals)：利用各種的管線組件來結合管線或儀用管，建立轉彎處以及也防止液壓系統內部和外部的洩漏。雖然已經構建內部洩漏的一些數量，提供潤滑作用，但由於高壓流體返回儲油槽時，過多的內部洩漏引起泵動能的損失，無法做有用的功。而外部的洩漏，另一方面而言，引起流體的損失和可能創造火災的危險，以及流體的污染。使用不同種類的密封零件在液壓系統來防止洩漏。一個典型的這樣零件，被稱為 O-型環。

　　電-液壓驅動器所延伸的整個液壓系統，各個設備及組件詳細的結構、功能、使用場所和優劣點，不列入本書範圍，將來以另外章節來詳細說明。

2.0 各種驅動器先天性的特性

　　彈簧-膜片驅動器先天性上為失效打開或失效關閉，當空氣負荷在驅動器腔室上時，膜片移動閥門和壓縮彈簧，儲存在彈簧內的能量動作，推動閥門到設定的位置。當空氣從腔室內被釋放，閥門退回到其初始的位置。當儀器或驅動器喪失了信號壓力，彈簧能夠使其回到初始的位置，此即是先天性的安全失效。

　　馬達-齒輪驅動器是唯一以電力為動力的驅動器，是以當其電力喪失時，閥桿的位置即是處在當時的位置，由於其蝸輪與蝸桿特殊設計的咬合角度，使其不會因重力而下墜，即是所謂的自動閉鎖，當電力中斷時，閥桿就處在當時的位置(但蝸輪與蝸桿的整體比率在 30：1 以下，一般不具備有自動閉鎖的功能)。但如果製程控制上要求其失效安全在指定的位置，則必須有備用的電源，例如不斷電系統(UPS)來提供電源，以便達到其失效的位置。

活塞驅動器無論是線性式活塞驅動器或迴轉式活塞驅動器，其先天性安全失效可以包含 3 種型式，即失效打開、失效關閉和失效保持現狀的位置，端賴驅動器內彈簧的存在與否。

電-液壓驅動器其先天性的安全失效如活塞驅動器一樣，可加入一個彈簧或一個累積器來完成失效模式，但也可以利用不斷電系統來驅動馬達到指定的安全失效位置。

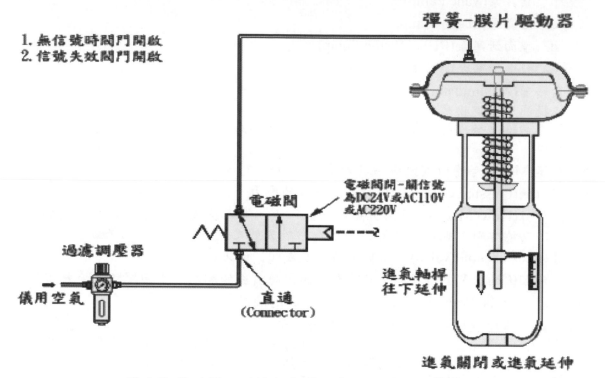

圖 4-7　電磁閥＋膜片驅動器＋失效打開及配管系統

3.0 安全失效的模式及配管系統

閥門安全失效的模式有三種，閥門失效開啟(Fail Open)、失效關閉(Fail Close)、以及失效保持當處(Fail As Is)或失效鎖住最後位置(Fail lock-in-last-position)。馬達-齒輪驅動器先天性就是失效保持當處，而氣動式驅動器及電-液壓驅動器依據製程的要求，及適當的配件的組合，三種模式狀態的任何一種皆可設計。本節主要討論使用最廣泛的彈簧-膜片驅動器和活塞驅動器，以及達成安全失效目標的配管系統。

所謂的失效是指失去提供驅動閥門的動力，在馬達閥方面為失去電源的供應，而氣動控制閥則是失去壓縮空氣的供應。本節主要是談氣動控制閥上儀用管線(Tube)和組件，如何達到閥門失效開啟、失效關閉和失效保持當處。

一般閥門失效開啟和失效關閉，主要是依據驅動器內彈簧的位置來決定，而失效閥門位置保持當處，則需要一個閉鎖閥加入管線上才能達到此功能。

4.0 控制閥的控制及配管系統

4.1 全開-全關(On-Off)信號的控制及其配管系統

4.1.1 電磁閥＋驅動器＋失效開啟及失效關閉

圖 4-7 及 4-8 彈簧-膜片全開-全關(On-Off)驅動器配管的方式，主要使用於系統

169

製程流體是低壓流體,而高壓流體則需要增加一個增幅器,以穩定流體的調節控制,增幅器一般使用於節流(Throttling)控制的控制閥。

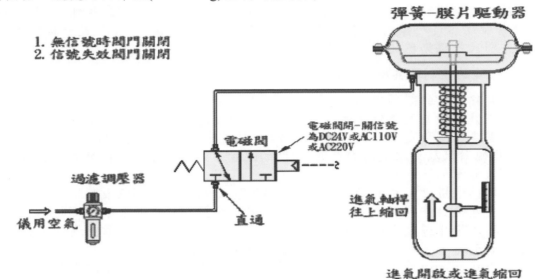

圖 4-8 電磁閥＋膜片驅動器＋失效關閉及配管系統

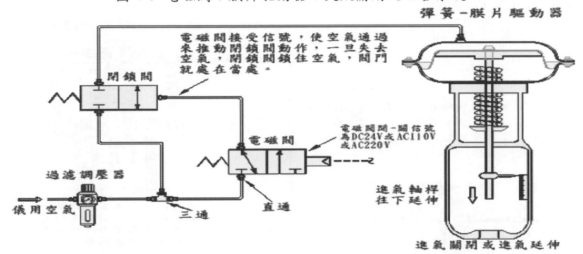

圖 4-9 電磁閥+閉鎖閥+膜片驅動器失效保持當處及配管系統

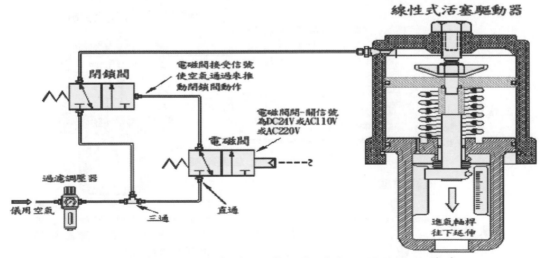

圖 4-10 電磁閥+閉鎖閥+活塞驅動器失效開啟及配管系統

4.1.2 電磁閥＋閉鎖閥＋膜片驅動器及配管系統

　　閉鎖閥的加入是作為閥門壓縮空氣動力源失效保持在當處的功能,無論是使用

170

在全開-全關驅動器或節流式驅動器,更詳細的功能請參閱 5.0 節驅動器配管系統的配件。圖 4-9 為簡單的彈簧膜片式加閉鎖閥的驅動器配置方式。

　　線性式活塞驅動器的配管系統在開-關的控制方面,簡單的配置與圖 4-7 及圖 4-8 彈簧-膜片驅動器是一樣的配置,圖 4-10 顯示其配置方式與圖 4-9 配置是一樣的方式,唯一的差別只是驅動器的型式而已。

## 4.2 調節信號的控制及其配管系統

　　調節製程流量的閥門控制,需要有一個類比信號(4~20 mA)提供給定位器,依據 4~20 mA 信號轉換為空氣信號輸出,以此來控制流體流量。由於定位器輸出的空氣信號如果需要一個穩定或更大的空氣壓力時,則利用 1:1 的空氣增幅器來穩定或 1:2 的空氣增幅器來放大空氣壓力信號,閥門的配管系統就需要有直徑更大的儀用管,例如 1/2"儀用管。

　　一般閥門儀用管尺寸的設計為 1/4"或 3/8",當測試閥門開啟或關閉的動作時,如果發現有遲鈍動作的現象,可能是閥門電磁閥選擇孔口尺寸太小,可將孔口尺寸放大,即可消除此遲鈍或動作緩慢的現象,詳細說明可在電磁閥章節找到。如發現閥門動作太迅速,可在管路上增加限流器,限制空氣流動的速度。

　　理論上 4~20 mA 的類比信號可轉換成 3~15 psi 的空氣壓力,實際上各家廠牌的定位器,其 4 mA 的信號轉換空氣壓力是 0 psi,大於 4 mA 信號時,空氣壓力才會達到 3 psi 以上。

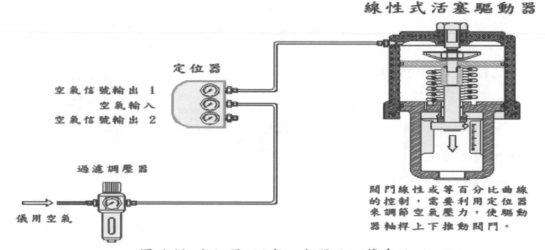

圖 4-11　定位器+活塞驅動器及配管系統

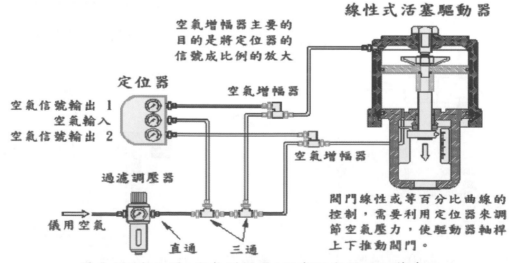

圖 4-12　定位器+空氣增幅器+活塞驅動器及配管系統

　　調節閥門控制的配管系統有三種基本型式,1. 只有單獨的定位器(Positioner)+驅動器,2. 為定位器+空氣增幅器+驅動器,3. 用於安全失效的失效鎖定,即定位

171

器+閉鎖閥+驅動器。圖 4-11~圖 4-13 是此 3 種型式的圖解說明；

### 4.2.1 定位器+驅動器

此種型式的配置方式，是使用於管線壓力不高的製程上，微量的空氣壓力就能夠克服管線作用於驅動器的壓力。圖 4-11 說明此種型式的簡單配置方式。

### 4.2.2 定位器+空氣增幅器+驅動器

需要穩定或較大的空氣壓力來推動製程流體施加於驅動器的壓力，尤其是膜片式驅動器，通常於定位器輸出壓力的後端，增加增幅器(Booster Relay)來放大空氣壓力，依據製程流體的壓力，以 1:2、1:4、或 1:6 來放大空氣壓力，使閥門能夠流暢的控制製程流體。增幅器的數量是依據驅動器的型式來配置的，圖 4-12 配置 2 個增幅器是使用作為調節式的控制閥之配置，而開-關式的控制閥只需要配置一個增幅器即可。

### 4.2.3 定位器+ 閉鎖閥+活塞驅動器及配管系統

此種配置方式是作為失去動力源時，閥門處於當時失效的位置，參閱圖 4-13，是屬於使用於系統流體壓力不高的製程上，如果系統流體的壓力是很高，或是定位器和閥門本體相距很遠，例如使用在高輻射區，則要搭配增幅器來增強空氣壓力的信號。此原因是定位器內電路會受到輻射的影響而失去精確定位的功能。

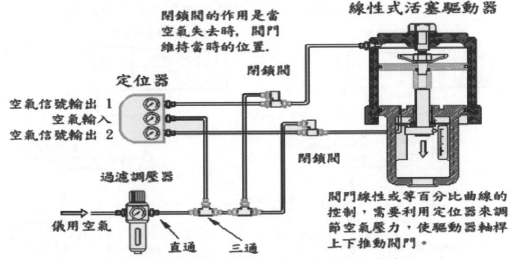

圖 4-13 定位器+閉鎖閥+活塞驅動器及配管系統

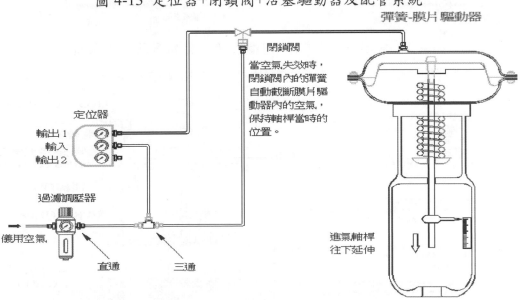

圖 4-14 定位器+閉鎖閥+彈簧-膜片驅動器及配管系統

### 4.2.4 定位器+閉鎖閥+彈簧-膜片驅動器及配管系統

增加閉鎖閥於閥門管路上的作用，是要符合閥門動力源(即壓縮空氣)失效保持當處(FAI)的要求。當動力源壓縮空氣失去時，閉鎖閥因為沒有壓縮空氣的壓力來維持管路開通，自動切斷空氣流進閥門，並保留空氣在閉鎖閥之後到閥門腔室中的空氣，使閥門維持當時的狀態。

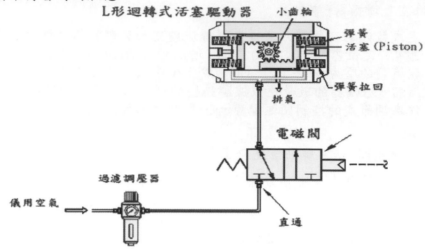

圖 4-15 L 形活塞迴轉式驅動器開-關控制及其配管系統

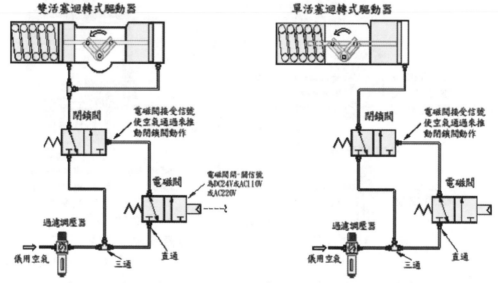

圖 4-16 電磁閥+閉鎖閥+迴轉式活塞驅動器及配管系統

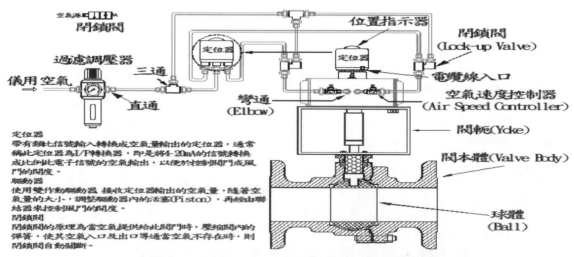

圖 4-17 定位器+空氣速度控制器及配管系統

## 4.3 迴轉式活塞驅動器的控制及其配管系統

迴轉式活塞驅動器的型式在市場上大致可分為 2 種式樣，一種是具有 L 形狀帶有齒輪的活塞(Piston)，活塞推動連接驅動器軸桿的小齒輪，再推動閥門。另一種是具有彈簧的圓形活塞或是無彈簧兩側都是活塞的驅動器，利用活塞桿連接活塞再推動軸桿。這兩種型式雖然不同，但功能方面是一樣，皆利用迴轉來開-關閥門，圖4-15 及圖 4-16 顯示其配管系統及配件的配置。

### 4.3.1 電磁閥+迴轉式活塞驅動器

圖 4-15 型式是利用電磁閥來控制閥門的開-關，是最簡單的基本型式，無論是用在 L 形活塞迴轉式驅動器或圓形活塞迴轉式驅動器上。

### 4.3.2 電磁閥+閉鎖閥+迴轉式活塞驅動器

閉鎖閥使用於圖 4-16 型式，其目的是作為失效打開或失效關閉等安全失效之用。雖然使用驅動器與圖 4-15 型式的不同，但其功能是相同的，差異的只是有一個閉鎖閥作為動力源失效之用。

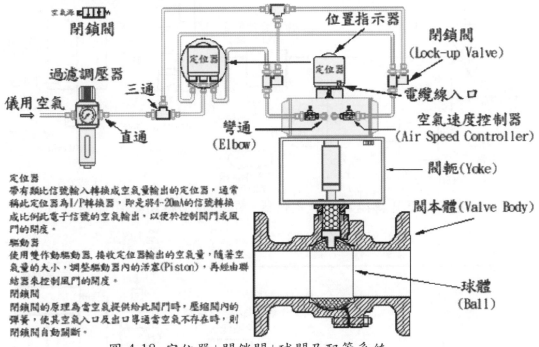

定位器
帶有類比信號輸入轉換成空氣量輸出的定位器，通常稱此定位器為I/P轉換器，即是將4-20mA的信號轉換成比例此電子信號的空氣輸出，以便於控制閥門或風門的開度。
驅動器
使用雙作動驅動器，接收定位器輸出的空氣量，隨著空氣量的大小，調整驅動器內的活塞(Piston)，再經由聯結器來控制風門的開度。
閉鎖閥
閉鎖閥的原理為當空氣提供給此閥門時，壓縮閥內的彈簧，使其空氣入口及出口導通當空氣不存在時，則閉鎖閥自動關斷。

圖 4-18 定位器+閉鎖閥+球閥及配管系統

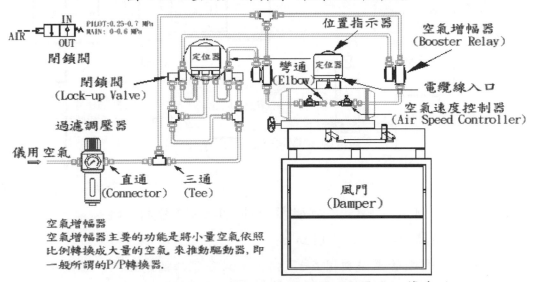

空氣增幅器
空氣增幅器主要的功能是將小量空氣依照比例轉換成大量的空氣,來推動驅動器, 即一般所謂的P/P轉換器.

圖 4-19 定位器+閉鎖閥+空氣增幅器+風門及配管系統

### 4.3.3 定位器+空氣速度控制器及迴轉式活塞驅動器

　　圖 4-17 也是一種迴轉式調節控制簡單的正面圖型式,只有定位器的配置,閥門為球閥,寬大的閥軛可以支撐驅動器,空氣速度控制器可以調節空氣進入驅動器內腔,避免空氣流速過快,造成驅動器控制閥門時,產生閥門定位有突然動作現象。一般使用於低壓系統的製程流體,其儀用管路為 1/4" 的 Tube 管,Tube 管的尺寸一般是依據提供設備空氣需求量而定,閥門開關的速度是與電磁閥內孔口的尺寸有關,和 Tube 尺寸無關。

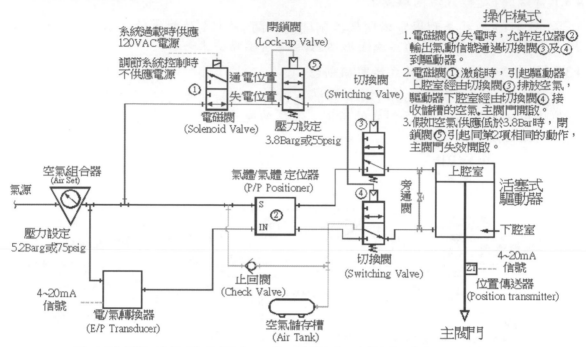

圖 4-20 E/P 轉換器+P/P 定位器+閉鎖閥+切換閥之開/關迴路設計

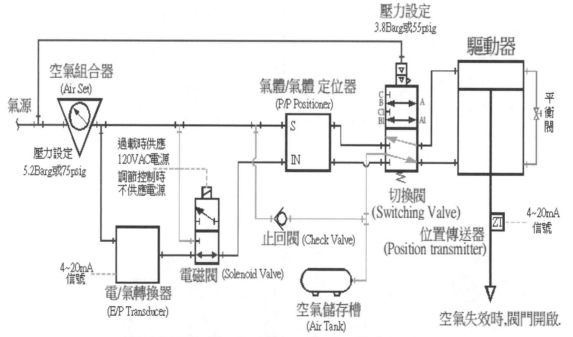

圖 4-21 EP+PP+電磁閥+切換閥之節流控制迴路

### 4.3.4 定位器+閉鎖閥+迴轉式活塞驅動器

　　圖 4-18 的閥門配管系統與圖 4-17 相比,只多了二個閉鎖閥,當失去動力時,閉鎖閥會關斷在驅動器內的空氣,保持閥門不動。

### 4.3.5 定位器+閉鎖閥+空氣增幅器+迴轉式活塞驅動器及配管系統

空氣增幅器的加入，主要作用於需要驅動壓力大的流體或重量大的風門葉片。圖 4-19 使用在風門設備的配管系統，亦可以用閥門來取代風門。

### 4.4 閥門驅動器其他型式的控制及其配管系統

搭配各種相關組件，可以設計符合流體製程所需要的閥門控制功能。下列顯示各種驅動器控制圖，說明閥門控制的各種組件及功能。

### 4.4.1 E/P 轉換器+P/P 定位器+閉鎖閥+切換閥之開/關迴路設計

圖 4-20 配置方式之控制閥動作模式說明如下：

1. 電磁閥①失電時，壓縮空氣通過電磁閥，閉鎖閥⑤動作，使壓縮空氣通過到切換閥③及④，讓切換閥導通，而來自於 P/P 定位器的氣動信號，控制驅動器的位置，進而控制閥門的位置。

2. 電磁閥①通電時，閉鎖閥⑤將切換閥空氣排出，驅動器的上腔室空氣經由切換閥③排出，而下腔室的空氣由切換閥④接收空氣儲存槽提供的壓縮空氣，將驅動器閥桿往上提升，主閥門開啟。

假如空氣壓力低於 3.8 Bar 或失去壓縮空氣時，閉鎖閥⑤將引動與第 2 項相同的動作，主閥門因動能失效而開啟。

### 4.4.2 EP+PP+電磁閥+6 口 2 位切換閥之節流控制迴路

4-21 圖的迴路形式，控制閥驅動器是屬於線性活塞式，藉由電/氣轉換器及氣體/氣體定位器來精確的控制閥門的位置。6 口 2 位空氣閥的使用，是當空氣失效時，結合空氣儲存槽來維持閥門開啟的狀態。

### 5.0 驅動器配管系統的相關配件

### 5.1 空氣壓力調節器

空氣壓力調節器也是一種可調節壓力的小閥門，是作為控制空氣進入閥門的一個配件，主要功能是過濾壓縮空氣內的水氣及雜質，並可利用調節鈕來設定需求的壓力。

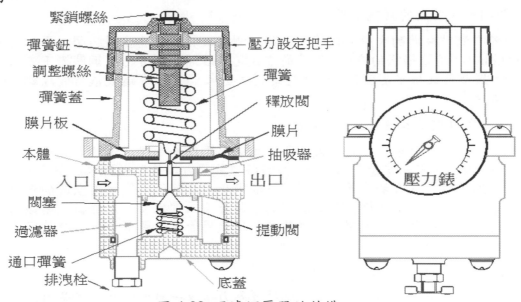

圖 4-22 過濾調壓器的結構之一

### 5.1.1 空氣壓力調節器的主要元件

使用於閥門的空氣壓力調節器是一個完整的壓力控制迴路，是由三種重要元件組合而成，包括一個限制元件，一個裝載元件，一個測量元件。圖 4-22 及圖 4-23

為兩種不同空氣壓力調節器的結構。而它被稱為一個調節器，而不是一個控制器，是因為它是機械式且是獨立性，不需要額外的能源來提供它的動力，是用來分離壓縮空氣中的水分、灰塵、碎片和其他的汙染物，提供閥門有一個恆定可控制的壓力。上述三種重要元件說明如下。

- 限制元件：是一種閥門的型式。它可以是一個球體閥、針閥、提動閥，或任何其他類型的閥，是能夠可以變化節流的限制器。在壓力調節器內它是一個提動閥 (Poppet Valve)。

- 裝載元件：施加所需要的力到限制元件。它可以是任何數量的東西，如重量，彈簧，活塞驅動器，或更常見的結合一個彈簧的膜片式驅動器。

- 測量元件：決定何時入口流量等於出口流量。膜片是經常被用來作為一個測量元件，因為它也可以作為一個組合體的元件。

　　空氣由壓力調節器入口進入，經由過濾網過濾掉水分及雜質後，再由提動閥的通口流出到出口。提動閥通口的大小決定了壓力的高低，提動閥的位置是由彈簧及膜片來控制，壓力的高低由調整螺絲來決定。

## 5.1.2 空氣壓力調節器的型式

　　壓力調節器基本上有兩種型式，流動式(Flow Type)和閉端式(Dead End Type)，參閱圖 4-23。流動式能夠降低流量到零，但它不能允許逆向流動。而閉端式空氣壓力是可逆向流動，假如出口壓力是高的，空氣壓力調節器利用壓力釋放口將壓力釋放到大氣。一般閥門使用的空氣壓力調節器是利用彈簧來調節壓力之閉端式標準型空氣調壓器，內部附有過濾網及外部有一個小的壓力錶來顯示壓力的"過濾調壓器"。

　　標準的壓力調節器內部並沒有設計稱為回流式(Back Flow Type)或排放式(Bleed Type)功能，此功能主要是能夠快速逆向排放空氣，一般閥門廠商不會主動提供此功能的壓力調節器，除非規範有特別要求。建議特別納入此功能，主要是用在需要閥門失效開啟、失效關閉及失效保持當處等的需求，雖然沒有此排放或回流設計，氣體也能從調壓器提動閥旁的通口排放，但有些製造商製造的調壓器排放速度很慢，會影響閥門失效開啟、失效關閉及失效保持當處等功能快速達到的需求，間接也影響系統的需求。

## 5.1.3 閥門失效功能的測試方式

　　一般在測試閥門的失效功能時，大部分測試人員會將隔離閥關閉，再拆除儀用管線(Tubing)，這是錯誤的方法。正確的方式是隔離閥關閉後再將調壓器下方的排水塞打開，讓空氣從排水塞流出，即可達到測試要求，　又不會造成儀用管線配件的損傷而洩漏空氣。

## 5.1.4 空氣壓力調節器內凝結水的產生

　　整部機組啟動之前，或是停機維修之後需要再啟動之前，運轉人員需要確保儀用管線(Tubing)內不會有過多的水分，必須將空氣壓力調節器做排水的程序，尤其在夏天早晚溫差變化很大的季節，因為溫差的變化，會將儀用管線內空氣的水分凝結成水，否則閥門一啟動，壓力調節器內的水將會噴入電磁閥、定位器、閉鎖閥等的組件，造成這些組件鏽蝕而損壞，尤其在整廠儀用管線的最下層，水分最容易累積的地方。

## 5.1.5 空氣壓力調節器的組合件

　　空氣壓力調節器可由包含過濾、調壓及壓力錶單一組件組成，或是由二個組件(過濾器和調壓器)或三個組件組成的，包括調壓過濾器、壓力錶和給油器。2個組件組成形成一個單元的調壓器，有時稱之為空氣組合器(Air Set)，是最受歡迎的單元之一。給油器(或稱為潤滑器)的有無視閥門或驅動器是否需要油來潤滑而定，此設備通常應用在需要油來潤滑的油缸、油泵及液壓系統的配件。過濾器及調壓器主要是過濾儀用空氣內凝結的水分並調整壓力設定至需要的壓力值，此值通常為 5.5 ~ 6.5 kg/cm²G。壓力錶是顯示已調整的空氣壓力是否如所預設的值。給油器則提供霧化的油氣由壓縮空氣攜帶進入閥門內需要潤滑的組件。但有些設備如定位器、空氣增幅器或驅動器等如果有油存在，則會損傷設備。通常而言，閥門是不需要給油器。圖 4-22 為空氣組合器中的過濾器、調壓器和壓力錶。

### 5.1.6 空氣壓力調節器微粒過濾的需求

使用於閥門空氣壓力調節器的設計是使用閉端式(不流動式)的應用種類。調節器製造廠家提供空氣調壓器的流量從 10 到 60 scfm (280 到 1680 l/min.)。採用 5 微米至 40 微米(Micro)的過濾器元件來過濾外來顆粒。當外來顆粒堵塞過濾器或調節器的孔口太小無法提供足夠的空氣流量時，會影響閥門開啟或關閉的時間，所以需要慎選調節器的流量，寧可選擇大的流量，可避免造成開啟的時間拉長。

一般工廠由壓縮空氣供應系統提供的空氣過濾微粒是在 0.01 微米，而空氣壓力調節器的目的是在配完管線後，將可能殘存管線內的焊渣碎粒和水氣過濾掉。所以使用過濾器元件過濾外來顆粒並不需要太小，約在 25 微米至 40 微米之間，但前提是壓縮空氣在進入空氣壓力調節器之前必須將 Tube 管拆下噴出壓縮空氣 1~2 分鐘，這是必做的動作，避免空氣壓力調節器堵塞而降低空氣流量。

### 5.1.7 空氣壓力調節器流量的需求

空氣壓力調節器流量的需求一般至少需要大於電磁閥孔口流量的需求，以及調節器可能因堵塞而降低流量的可能性。電磁閥的孔口大小通常介於 1/32"~7/32"之間，會因需求閥門開啟/關閉的時間、閥門腔室的容量而有不同的孔口大小，所以調節器提供給閥門的流量盡可能滿足閥門的需求。

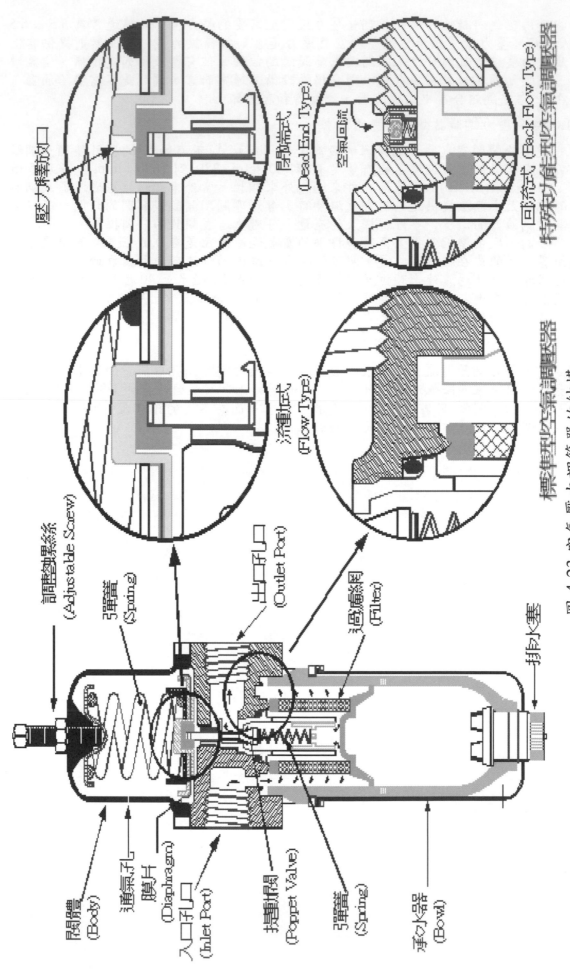

特殊功能型空氣調壓器

回流式 (Back Flow Type)

標準型空氣調壓器

閉端式 (Dead End Type)

流通式 (Flow Type)

壓力釋放口

空氣回流

調整彈簧絲
(Adjustable Screw)

彈簧
(Spring)

閥體
(Body)

通氣孔
膜片
(Diaphragm)

入口口
(Inlet Port)

撲動閥
(Poppet Valve)

出口口
(Outlet Port)

過濾網
(Filter)

彈簧
(Spring)

淨水器
(Bowl)

排水塞

圖 4-23　空氣壓力調節器的結構

179

## 5.2 電磁閥(Solenoid Valve)

一般閥門所使用的電磁閥通常是用來控制供給閥門空氣的進氣或切斷空氣的供給，間接控制閥門的開或關。而最常使用於閥門的電磁閥形式大約有三種型式，直動式電磁閥、導向操作式電磁閥和滑軸式電磁閥。這三種型式的電磁閥將於下面會詳細的敘述。

電磁閥在穩定狀態而言，由於應用要求的不同可分成單穩態電磁閥和雙穩態電磁閥，即單線圈電磁閥和雙線圈電磁閥。一般應用上皆使用單穩態電磁閥，但需要保證不因線圈失效而失去電磁閥功能的條件規定下，換句話使用於會引起跳機的重要閥門，則需要使用雙穩態電磁閥。

電磁閥的操作電壓可分級為240VAC、120VAC、48VDC、24VDC 和 12VDC 等，而交流電頻率分為50Hz及60Hz。值得一提的是當電壓等級在24VDC或12VDC時，電壓的力量有可能無力推動閥位到另一個位置時，則會使用導向操作式的電磁閥，藉由空氣壓力或製程流體壓力當電磁閥激磁後，輕易推動閥位到另一個操作位置，是以電壓等級的要求(閥門應用上)對於電磁閥選型有一定程度的影響。導向操作式電磁閥引入空氣的孔徑非常小，當孔徑被堵塞後，電磁閥即無法作動。堵塞有可能因儀用空氣內的異物或給油器的油霧造成的，所以導向操作式電磁閥此項缺點需要於設計及現場初次啟用閥門時應先考慮，最重要的是現場必須先清除儀用空氣管內所有的雜質及排除管內積存的水。

電磁閥常與空氣閥、閉鎖閥、速度控制閥、手動閥等形成閥門的配管系統，執行系統對控制閥功能的要求，例如失效打開、失效關閉或失效鎖住位置等。

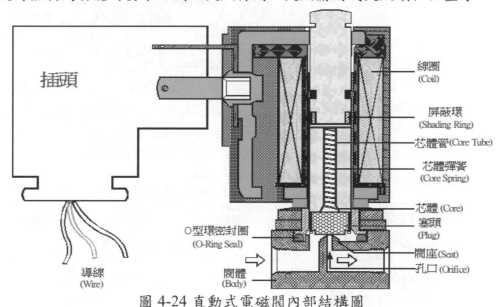

圖 4-24 直動式電磁閥內部結構圖

### 5.2.1 電磁閥的種類

依據電磁閥結構來分類，其型式可分為 1.直動式電磁閥(Direct Acting solenoid valves)或稱為直接操作式電磁閥(Direct Operated solenoid valves)、2.間接操作式電磁閥(Indirect Operated solenoid valves)或稱為導向操作式電磁閥(Pilot Operated solenoid valves)、及 3.滑軸式電磁閥(Spool Type solenoid valves)等。下面說明最常使用於閥門的這三種電磁閥：

### 5.2.1.1 直動式電磁閥 (Direct Acting solenoid valves)

直動式電磁閥有最簡單的工作原理(參閱圖 4-24)。介質流經一個小孔口(Orifice)可以藉由栓塞頭(Plugnut)及底部上帶有橡膠密封墊來開啟或關閉孔口。一個小的彈簧保持栓塞頭下降來關閉閥門。栓塞頭是由鐵磁性材料製成的。一個電磁線圈被放置在圍繞栓塞頭的位置。只要線圈被電激勵時，建立的磁場拉動栓塞頭向上朝向線圈的中心。這將打開孔口，使得介質(空氣)可以流經孔口。這就是所謂的常閉(NC)

閥門。一個常開(NO)閥的工作是相反的方式：它有不同的結構，當電磁線圈當未通電時孔口是打開的。當電磁線圈被驅動，孔口將被關閉。最大工作壓力和流動率是直接與孔口直徑和電磁閥的磁力相關的。因此，這原理可使用於相對小的流動率。直動式電磁閥不需要最小操作壓力或壓力差，這樣他們可以使用從 0 bar 高達到最大允許壓力。

　　直動式電磁閥不要求任何壓力差來操作，並且通常是低成本、結構簡潔和具有一個小線圈提供低功率消耗、降低熱量和非常適合驅動閥門驅動器和氣缸控制的應用。但直動式電磁閥有個缺點，因為它們是一個"電感元件"。這意味著它們的電磁閥線圈轉換某些用於操作它們時會成為"加熱"的電能。換句話說，當長時間連接到電源供應時，它們會變熱，而電源被施加到電磁閥線圈的時間越長，線圈會變得更熱。同時當線圈加熱時，電阻也改變來允許更多的電流流過，增加其溫度。是以當電磁閥動作時，觸摸其本體，會有感到熱的產生。

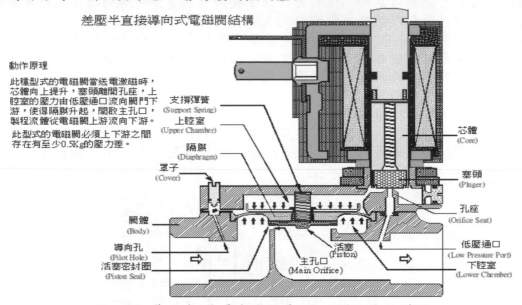

圖 4-25 導向式(差壓半直接式)電磁閥內部結構圖

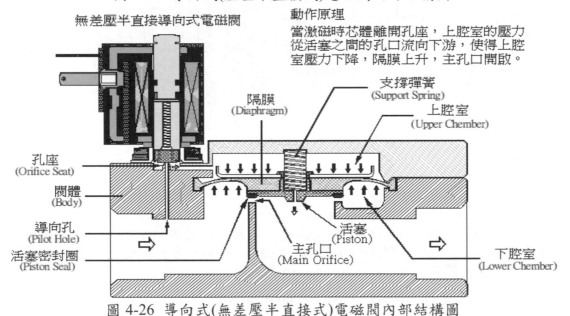

圖 4-26 導向式(無差壓半直接式)電磁閥內部結構圖

### 5.2.1.2 導向式電磁閥 (Pilot solenoid valve)

　　導向式電磁閥，也稱為伺服操作式電磁閥(Servo solenoid valve)，或間接操作電磁閥(Indirect Operated solenoid valve)，此種形式的電磁閥依據需要介質流體的壓力差又分為兩種。一種需要流體的壓差橫越在閥門通口上來開啟和關閉，通常這些閥

181

門需要大約 0.5 bar 的最小壓差。入口和出口是藉由被稱為隔膜的橡膠膜被隔開，隔膜上方的壓力和支撐彈簧將確保閥門保持關閉。閥門有一低壓導向口直接連接到下游出口，當線圈被激磁時，上腔室形成低壓，隔膜上升，主孔口開啟，流體流經主孔口，參閱圖 4-25。

　　另一種隔膜上有一個小孔，閥門上游有一個導向孔，當線圈激磁時，使得流體可以流動到上部腔室中，經由隔膜中間的孔口流至下游，形成上腔室低壓，隔膜上升開啟主孔口。隔膜上方的壓力腔室其作用就像一個放大器，所以利用低電源的電磁閥仍有較大的流動率可以得以控制閥門。此種結構的閥門其上下游不需要有一個壓力差橫越在閥門通口，參閱圖 4-26。

　　導向式電磁閥僅僅可以使用在一個單一流體流動的方向上。導向式電磁閥應用在具有足夠的壓力差和高需求的流動率，例如工廠內製程系統、灌溉系統，灑水或洗車系統。

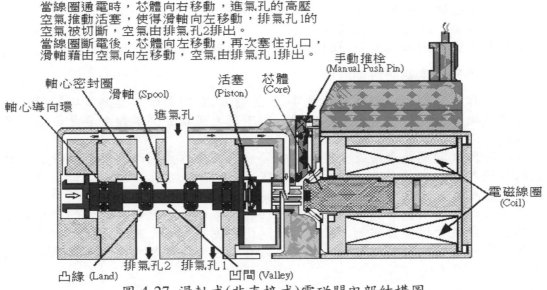

圖 4-27 滑軸式(非直接式)電磁閥內部結構圖

### 5.2.1.3 滑軸式電磁閥 (Spool solenoid valves)

　　滑軸式電磁閥主要是由電磁線圈、彈簧和滑軸所組成的，參閱圖 4-27。電磁線圈通電後，壓縮彈簧，推動滑軸移動。當滑軸移動時，流體動力(也被稱為伯努利力)作用於滑軸上，並能夠適當的移動滑軸，封閉或開啟閥門上的孔口，導引流體(空氣)由孔口流出來控制主閥門移動的方向(開或關)。當線圈失電後，滑軸藉由彈簧的彈力，又將滑軸彈回原來的位置，這是滑軸式電磁閥的操作方式。

　　滑軸式電磁閥的滑軸上是由幾個凸緣(Land)和凸緣與凸緣之間的空間所組成的凹間(Valley)結合而成。凸緣上有溝槽，溝槽上放置密封墊，作為凹間與凹間之間的密封，這種密封方式稱為動態密封。另一種密封方式稱為靜態密封，即是密封件固定在閥門的孔口上，當凸緣移動到孔口上時，凸緣壓在密封件上而形成密封，隔絕流體的流動。

### 5.2.2 電磁閥的作動形式

　　依據閥門作動功能來分類，可分為常閉式電磁閥和常開式電磁閥。常閉電磁閥是保持入口通口和出口通口不連通，當送電時，則兩者連通，允許介質(壓縮空氣或流體)到閥門本體；當斷電時，切斷此連通，打開第三通口，將閥門腔室的介質從第三通口排出。反之，常開式電磁閥的功能與常閉式電磁閥相反，即送電時關閉通到閥門的氣體，斷電時保持氣體到閥門的通路暢通。

### 5.2.3 電磁閥的結構

### 5.2.3.1 直動式電磁閥內部結構

電磁閥基本上由一個電線圈捲繞一個圓筒形中空管具有一個鐵磁性銜鐵 (Armature)所組成，參閱圖 4-24，此銜鐵有各種的名稱，包含鐵芯塞(Plunger)、栓塞頭(Plugnut)、芯體管(Core tube)等，結構為中空鐵芯，可自由移動或滑動"進"和"出"線圈體，而另一端則開啟或封閉介質(空氣或流體)進入的孔口(Orifice)。

當一個電流通過線圈繞組時，它的行為就像一個電磁體，而位於線圈內側的中空銜鐵，藉由線圈產生的磁通設定被吸向線圈的中心，反過來壓縮附著到中空銜鐵一端的一個小彈簧來開啟或封閉孔口。中空銜鐵運動的力量和速度是藉由線圈內產生的磁力線強度來決定。

當供給電流轉為"關"(斷電)時，電磁場藉由線圈崩塌預先產生並存儲在被壓縮的彈簧中之能量，促使中空銜鐵回到其原始靜止位置。中空銜鐵這種來回運動被稱為電磁"衝程"，換言之，中空銜鐵最大衝程可以在任一"入"或"出"的方向行進，例如，0 - 30 毫米。

這種型式的電磁閥通常被稱為線性電磁閥，是由於中空銜鐵的線性方向運動和行動。線性電磁閥採用兩種稱為"拉式"(常閉)的基本配置，當通電時，如同它拉向自身所連接的負載，以及"推式"(常開)，當通電時，在相反的方向作用從自身推遠。推和拉兩種型式通常的結構是相同的，差別是在回歸彈簧的位置和中空銜鐵的設計。

## 5.2.3.2 導向操作式電磁閥內部結構

導向操作式閥門的內部結構如圖 4-25 及圖 4-26 所顯示。驅動電磁閥開啟或關閉的通電激磁組件類似於直動式電磁閥，但不同之處在於閥本體主要是由活塞及隔膜所組成。

導向操作式閥門是最廣泛使用的電磁閥。導向操作式閥門利用系統管線壓力來開啟和關閉在閥體中的主孔口。在一個活塞式閥門中，主孔口藉由組合的流體壓力和彈簧壓力壓靠在主孔口的活塞密封被保持在關閉。在一個常閉的閥門中，當導向操作器通電時，活塞被移動或開啟。這允許在活塞之後的流體通過閥門出口排出。在這點上，系統管線壓力移動活塞，打開閥門的主孔口，允許通過閥門的高容量流動。當通電一個常開閥的線圈時，流體壓力在活塞背後積聚，迫使活塞來密封閥門的主口。

## 5.2.3.3 滑軸式電磁閥內部結構

滑軸式電磁閥的內部結構如圖 4-27 所顯示，而驅動閥門的動力是與其他型式的電磁閥相同，都是由電磁線圈激磁後再拉動芯體讓流體通過孔口來推動活塞，使滑軸移動到設定的位置。

其結構包含電磁線圈、芯體、活塞、滑軸、支撐彈簧、密封圈、手動推栓等，而此種型式最重要的組件是滑軸及閥體之間所形成的凹間(Valley)流體容量，流體能夠輕鬆地環繞著凹間流動。凸緣是作為隔絕各個通口，當滑軸閥的凸緣被推動時，無論是藉由彈簧或藉由液壓，凸緣移動來阻塞來自於在閥體中通道的流體流動，並使流體不會洩漏到其他通口。一般會使用到此種電磁閥是取其通過流體容量較其他型式大，能夠推動更大、更重的閥門設備，關鍵之處是孔口的直徑，通常滑軸式電磁閥其孔口較其他型式更大。

## 5.2.4 電磁閥的孔口直徑與主閥門開啟時間的相互關係

閥門開啟或關閉的時間，與電磁閥孔口直徑的大小有密切的關係。例如有一個一定容量的桶槽，以 2"的水管灌入比以 1"的水管灌入，大大的縮短灌滿的時間。閥門腔室好比是一個桶槽，而電磁閥內的孔口則代表水管的直徑，孔口越大，則空氣進入閥門腔室的時間越短，閥門就越快關閉。表 4-2 為空氣在不同壓力下流過不同孔口直徑的流動量。從此表上可以計算空氣通過孔口，充滿閥門的時間，假如閥門腔室的容量為已知，或是約略計算腔室的容積，就可得知閥門開關的時間。但前提是空氣入口的過濾器，其通過空氣的容量必須大於電磁閥的容量，否則流量被過濾器限制，再放大孔口的直徑，也無助於加快閥門開關的時間。

## 5.2.5 電磁閥的符號表示方式

電磁閥迴路功能的表示方式是依據 DIN-ISO 1219 的規定，下列圖示說明電磁閥功能的表達方式。

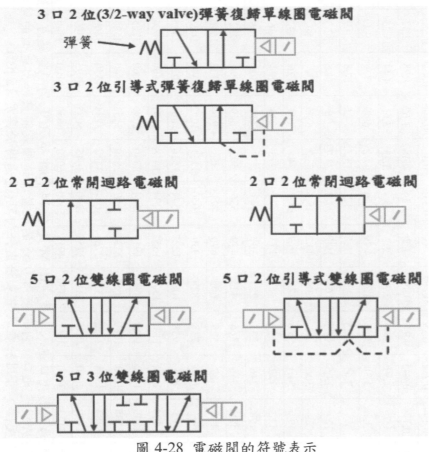

圖 4-28 電磁閥的符號表示

表 4-2 通過孔口的空氣流量

流量單位：CFM

| 孔口直徑 | | 容器壓力 – PSI | | | | | | | | | | | | | | | | | | |
|---|---|---|---|---|---|---|---|---|---|---|---|---|---|---|---|---|---|---|---|---|
| In. | mm | 2 | 5 | 10 | 15 | 20 | 25 | 30 | 35 | 40 | 45 | 50 | 60 | 70 | 80 | 90 | 100 | 125 | 150 | 200 |
| 1/64 | 0.4 | 0.04 | 0.062 | 0.077 | 0.105 | 0.123 | 0.14 | 0.158 | 0.176 | 0.194 | 0.211 | 0.29 | 0.267 | 0.3 | 0.335 | 0.37 | 0.406 | 0.494 | 0.583 | 0.75 |
| 1/32 | 0.8 | 0.158 | 0.248 | 0.311 | 0.42 | 0.491 | 0.562 | 0.633 | 0.703 | 0.774 | 0.845 | 0.916 | 1.06 | 1.2 | 1.34 | 1.48 | 1.62 | 1.98 | 2.32 | 3.18 |
| 3/64 | 1.2 | 0.356 | 0.568 | 0.712 | 0.944 | 1.1 | 1.26 | 1.42 | 1.58 | 1.75 | 1.91 | 2.06 | 2.38 | 2.7 | 3 | 3.33 | 3.66 | 4.44 | 5.25 | 6.86 |
| 1/16 | 1.6 | 0.633 | 0.993 | 1.24 | 1.68 | 1.96 | 2.25 | 2.53 | 2.81 | 3.1 | 3.38 | 3.66 | 4.23 | 4.79 | 5.36 | 5.92 | 6.49 | 7.9 | 9.1 | 12.17 |
| 3/32 | 2.4 | 1.43 | 2.23 | 2.8 | 3.78 | 4.41 | 5.05 | 5.69 | 6.31 | 7 | 7.63 | 8.25 | 9.5 | 10.8 | 12 | 13.3 | 14.6 | 17.8 | 20.9 | 27.35 |
| 1/8 | 3.2 | 2.53 | 3.97 | 4.98 | 6.72 | 7.86 | 8.98 | 10.1 | 11.3 | 12.4 | 13.5 | 14.7 | 16.9 | 19.2 | 21.4 | 23.7 | 26 | 31.6 | 37.3 | 48.7 |
| 3/16 | 4.8 | 5.7 | 8.93 | 11.2 | 15.2 | 17.65 | 20.2 | 22.8 | 25.2 | 28 | 30.5 | 33 | 38 | 43.2 | 48.3 | 53.2 | 58.5 | 71 | 84 | 109.6 |
| 1/4 | 6.35 | 10.1 | 15.9 | 19.9 | 26.9 | 31.4 | 35.9 | 40.5 | 45 | 49.6 | 54.1 | 58.6 | 67.6 | 76.7 | 85.7 | 94.8 | 104 | 126 | 149.3 | 195 |
| 3/8 | 9.525 | 22.8 | 35.7 | 44.7 | 60.5 | 70.7 | 80.9 | 91.1 | 101 | 112 | 122 | 132 | 152 | 173 | 193 | 213 | 234 | 284 | 336 | 438 |
| 1/2 | 12.7 | 40.5 | 63.5 | 79.6 | 108 | 126 | 144 | 162 | 180 | 198 | 216 | 235 | 271 | 307 | 343 | 379 | 415 | 506 | 596 | 777 |
| 5/8 | 15.875 | 63.03 | 99.3 | 124.5 | 168 | 196 | 225 | 253 | 281 | 310 | 338 | 366 | 423 | 479 | 536 | 592 | 649 | 790 | 932 | 1216 |
| 3/4 | 19.05 | 91.2 | 143 | 179.2 | 242 | 283 | 323 | 365 | 405 | 446 | 487 | 528 | 609 | 690 | 771 | 853 | 934 | 1138 | 1340 | 1750 |
| 7/8 | 22.225 | 124 | 195 | 244.2 | 329 | 385 | 440 | 496 | 551 | 607 | 662 | 718 | 828 | 939 | 1050 | 1161 | 1272 | 1549 | 1825 | 2382 |
| 1 | 25.4 | 162 | 254 | 318.2 | 430 | 503 | 575 | 648 | 720 | 793 | 865 | 938 | 1082 | 1227 | 1371 | 1516 | 1661 | 2023 | 2385 | 3112 |
| 1 - 1/8 | 28.575 | 205 | 321 | 402.5 | 544 | 637 | 727 | 820 | 910 | 1004 | 1094 | 1187 | 1370 | 1552 | 1734 | 1918 | 2101 | 2560 | 3020 | 3940 |
| 1 - 1/4 | 31.75 | 253 | 397 | 498 | 672 | 784 | 900 | 1019 | 1124 | 1240 | 1352 | 1464 | 1693 | 1917 | 2144 | 2370 | 2596 | 3160 | 3725 | 4860 |
| 1 - 3/8 | 34.925 | 307 | 482 | 604 | 816 | 954 | 1091 | 1230 | 1367 | 1505 | 1643 | 1780 | 2054 | 2330 | 2607 | 2880 | 3153 | 3840 | 4525 | 5910 |
| 1-1/2 | 38.1 | 364 | 572 | 716 | 968 | 1132 | 1293 | 1460 | 1620 | 1783 | 1946 | 2112 | 2335 | 2760 | 3081 | 3412 | 3734 | 4550 | 5360 | 7000 |
| 1 - 3/4 | 44.45 | 496 | 780 | 972 | 1318 | 1540 | 1760 | 1985 | 2205 | 2429 | 2650 | 2875 | 3310 | 3755 | 4200 | 4645 | 5085 | 6195 | 7300 | 9530 |
| 2 | 50.8 | 648 | 1015 | 1274 | 1720 | 2120 | 2300 | 2594 | 2880 | 3173 | 3460 | 3752 | 4330 | 4915 | 5480 | 6070 | 6650 | 8100 | 9540 | 12450 |

每分鐘立方英尺(CFM)的自由流動空氣量，將從一個容器流過圓形孔口的容量，將從一個容器流過圓形孔口進入大氣。CFM 是在 14.7psi 和 70°F 的絕對壓力下被量測。表是以 100% 係數為根基。對於較好的圓形入口，乘以 0.97 值。對於銳邊孔口，可以使用 0.65 的乘數。這個表將給只給出近似的結果。公式 $Q = 14.5\,PD^2$，其中 Q 是 CFM，P 是絕對壓力，D 是英寸的孔口直徑，可用於在表中未給出任何點(僅適用於高於 15 psi)。

## 5.3 閉鎖閥(Lock-up Valve)

　　閉鎖閥有時被稱為空氣操作閥(Air Operated Valve)，跳脫閥(Trip Valve)，或稱為切換閥(Switching Valve)，是利用儀用空氣壓力來打開空氣信號輸入和輸出的通道。當空氣失效時，或是當空氣供給降低到一個設定壓力值之下時(最低約在 2.8 bar，可利用頂部的調整螺栓來調整壓力的設定)，用來保留從閉鎖閥輸出到驅動器內的空氣，從而鎖住控制閥在它的最後位置，即是所謂的失效保持當處(Fail As Is)之功能。閉鎖閥也有增加閥門推力的作用，此功能是一般使用在閥門已經安裝完成，但在測試時發現推力不足，或需要更短的時間來全開或全關閥門，可利用增加空氣儲存箱和止回閥，配合閉鎖閥來增加閥門的推力。

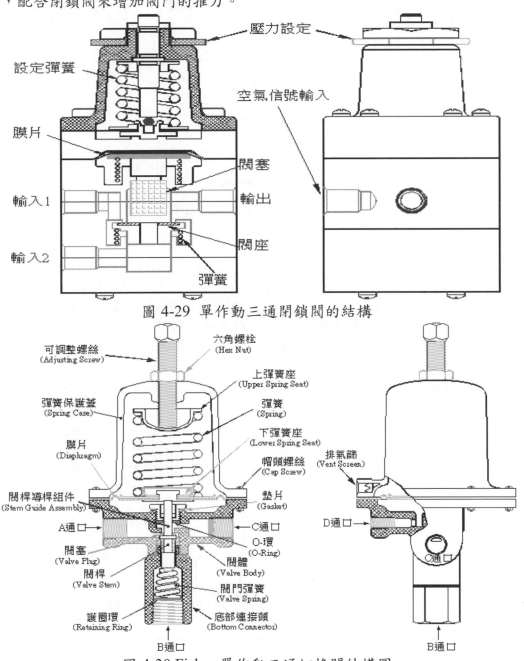

圖 4-29　單作動三通閉鎖閥的結構

圖 4-30 Fisher 單作動三通切換閥結構圖

　　閉鎖閥的工作原理是供給的空氣在膜片上產生一個力量(圖 4-29 輸入 1)，當空氣產生的力量克服閉鎖閥彈簧的力量時，輸入和輸出相互連通，空氣沒有阻礙的通到驅動器。當供給的空氣壓力降到設定值之下(跳脫點，Trip Point)或是空氣失效時，彈簧的力量移動整個閥塞到閥座上，在此種情形下，管線內連接到驅動器的空氣壓力被鎖住，閥門就保持在最後的位置。

閉鎖閥的型式有兩種，一種是單作動閉鎖閥(Single Action Lock-up Valve)，另一種是雙作動閉鎖閥(Double Action Lock-up Valve)。單作動閉鎖閥又可分為二通(2-Way)閉鎖型式，及三通(3-Way)閉鎖型式(圖 4-29、圖 4-30 及圖 4-31)，使用方式說明如下。下面說明各個廠商設備閉鎖閥的應用配置圖。

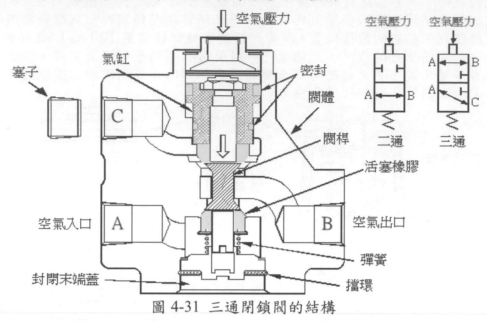

圖 4-31　三通閉鎖閥的結構

### 5.3.1 Fisher 單作動閉鎖

Fisher 單作動閉鎖閥稱為三通切換閥(Three-way switching valve)，是由一個儀用空氣壓力輸入的 D 通口(Port D)及三個傳送儀用空氣信號的 A、B、C 通口所組成，參閱圖 4-30。儀用空氣的供應壓力或稱為控制壓力連接到 D 通口，直接作用在膜片上，推升彈簧向上，打開 A 通口到 B 通口的通道，關閉 A 通口到 C 通口的通道。當失去儀用空氣壓力時，A 到 B 通口關閉，A 到 C 通口打開。

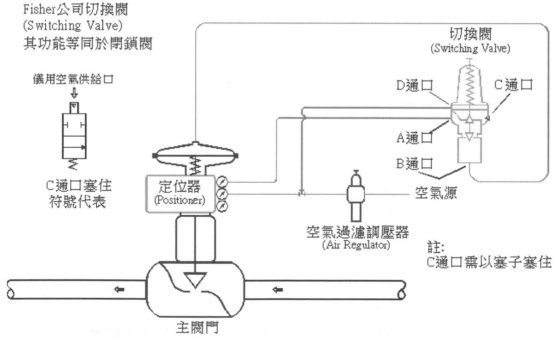

圖 4-32　彈簧式驅動器全開全關閥 Fisher 單作動空氣失效保持當處配置圖

### 5.3.1.1 單作動閉鎖閥作為閉鎖之用

Fisher 單作動閉鎖閥是利用三通切換閥，將 C 通口塞住成為二通切換閥，與圖

4-29 閉鎖閥結構有相同的功能，作為維持或切斷單一氣體通道之用。此種型式的閉鎖閥搭配著閥門定位器組成空氣失效維持閥門在當處的安全功能，整體配置方式可參閱圖 4-32 彈簧式驅動器全開全關閥 Fisher 單作動空氣失效保持當處配置圖。圖內的切換閥可由其他廠家有相同單作動閉鎖閥功能來取代。圖 4-31 另一種三通閉鎖閥的結構，其功能與 Fisher 公司的三通切換閥一樣。

### 5.3.1.2 單作動閉鎖閥作為增強閥門推力之用

　　Fisher 三通切換閥另外的應用如圖 4-33 及圖 4-34 所示，搭配電磁閥及空氣儲存箱，可作為增強閥門驅動器開啟或關閉的力量，這是使用於系統流體壓力增加，而原先篩選的閥門驅動器開啟或關閉的力量不足時，或是閥門已經安裝完成，但需要更加快速開啟或關閉閥門時，皆可利用此設計迴路來增加推力，以達到安全的需求。除了 Fisher 此設備可達成這種功能之外，尚有 Nadi 公司 M03 型號的三通空氣操作閥(Three Way Air Operated Valve)也有此功能。

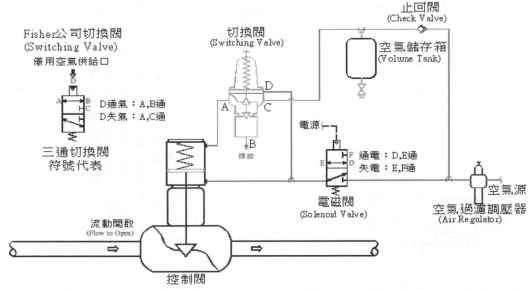

圖 4-33 彈簧式驅動器流動開啟控制閥 Fisher 單作動三通切換閥增強推力空氣失效關閉配置圖

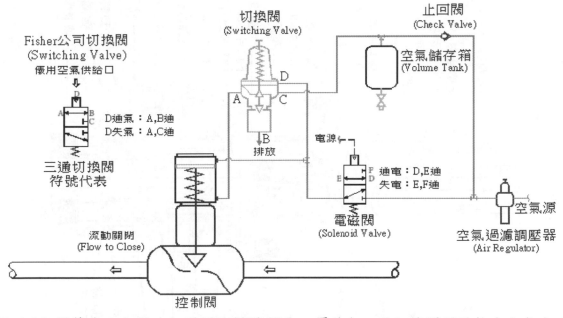

圖 4-34 彈簧式驅動器流動關閉控制閥 Fisher 單作動三通切換閥增強推力空氣失效關閉配

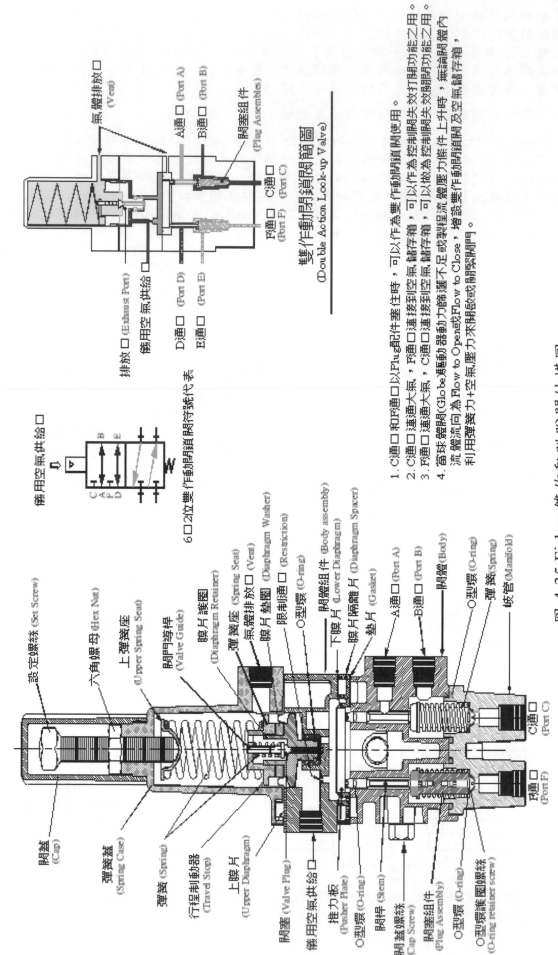

備用空氣供給口

氣體排放口
(Vent)

A通口 (Port A)
B通口 (Port B)

閥塞組件
(Plug Assemblies)

C通口 (Port C)
F通口 (Port F)

排放口 (Exhaust Port)

備用空氣供給口

D通口 (Port D)
E通口 (Port E)

雙作動閥閉鎖閥簡圖
(Double Action Lock-up Valve)

備用空氣供給口

6口2位雙作動閥閉鎖閥符號代表

1. C通口和F通口以Plug配件塞住時，可以作為單作動閥使用。

2. C通口連通大氣，F通口連接到空氣，儲存箱，可以作為控制閥關失效打開功能之用。

3. F通口連通大氣，C通口連接到空氣，儲存箱，可以做為控制閥關失效關閉功能之用。

4. 當球式嚴閥(Globe)橫動器動力腈運不足或製程流體壓力隨作動桿件上升時，無論閥塞在儲存箱內，流體流向為Flow to Open或改Flow to Close，增設雙作作動閉鎖閥及空氣儲存箱，利用彈簧力+空氣壓力來關閉啟或或關閉閥門。

設定螺絲 (Set Screw)
六角螺母 (Hex Nut)
上彈簧座 (Upper Spring Seat)
閥門導桿 (Valve Guide)
膜片護圈 (Diaphragm Retainer)
彈簧座 (Spring Seat)
氣體排放口 (Vent)
膜片墊圈 (Diaphragm Washer)
限制通口 (Restriction)
型環 (O-ring)
閥體組件 (Body assembly)
下膜片 (Lower Diaphragm)
膜片隔離片 (Diaphragm Spacer)
墊片 (Gasket)
A通口 (Port A)
B通口 (Port B)
閥體 (Body)
型環 (O-ring)
彈簧 (Spring)
歧管 (Manifold)

閥蓋 (Cap)
彈簧蓋 (Spring Case)
彈簧 (Spring)
行程制動器 (Travel Stop)
上膜片 (Upper Diaphragm)
閥塞 (Valve Plug)
備用空氣供給口
推力板 (Pusher Plate)
型環 (O-ring)
閥桿 (Stem)
閥蓋螺絲 (Cap Screw)
閥塞組件 (Plug Assembly)
型環 (O-ring)
型環護圈螺絲 (O-ring retainer screw)

C通口 (Port C)

F通口 (Port F)

圖 4-35 Fisher 雙作動跳脫閥結構圖

189

### 5.3.2 Fisher 雙作動閉鎖閥

Fisher 雙作動跳脫閥(Trip Valve)適用於無彈簧活塞式的節流控制閥，當空氣源失效時保持閥門處在當時位置的功能之用。也可做為增強推力的功能，如同 Fisher 三通切換閥一般，不同的是切換閥適用於具有彈簧驅動器之全開全關控制閥(On/Off Valve)，而跳脫閥適用於無彈簧式或有彈簧式活塞驅動器之節流控制閥。Fisher 雙作動跳脫閥結構如圖 4-35。

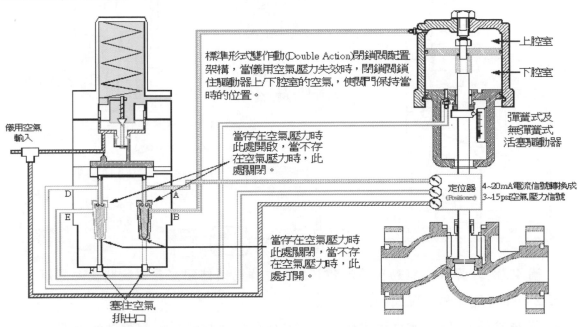

圖 4-36 彈簧及無彈簧式驅動器節流閥 Fisher 雙作動閉鎖閥空氣失效保持當處配置圖

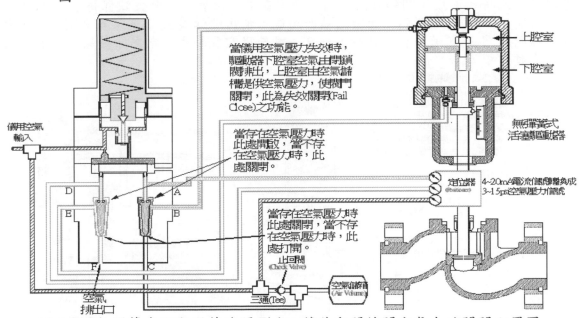

圖 4-37 無彈簧式驅動器節流閥 Fisher 雙作動閉鎖閥空氣失效關閉配置圖

### 5.3.2.1 Fisher 跳脫閥的動作原理(圖 4-35)

正常操作下，儀用空氣壓力作用到跳脫閥的上膜片，彈簧座上的閥塞彈簧向上，使得氣體排放口關閉，此空氣壓力也經由限制口(restriction)作用到下膜片上，引起整個閥塞組合件向下移動，隔絕 C 和 F 通口，同時連接 A 到 B 通口及 D 到 E 通口。儀用空氣從跳脫閥的 A、B 通口和 D、E 通口經過，分別到達活塞驅動器的上及下汽缸，經由定位器來控制空氣通過的容量，達到控制閥門的開度。

當失去空氣壓力時，或供應壓力掉落到跳脫點之下時，氣體排放口打開排出空氣壓力，此時閥塞組件的上通口關閉，而下通口開啟，驅動器的空氣皆從 C 和 F 通口釋出。

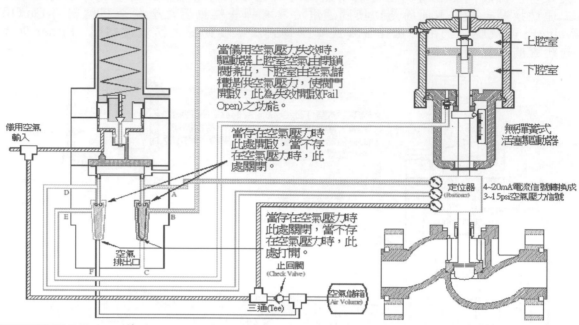

圖 4-38　無彈簧式驅動器節流閥 Fisher 雙作動閉鎖閥空氣失效開啟配置圖

### 5.3.2.2 Fisher 雙作動跳脫閥的閉鎖功能

　　當跳脫閥 C 和 F 通口被塞住時，一旦空氣壓力失效時，氣體無法從 C 和 F 通口洩出，則活塞驅動器上下腔室的空氣被鎖住，驅動器的活塞停留在當時的位置沒有改變，此時就形成了閉鎖作用，閥門停留在當時位置，符合失效保持當處(Fail As is)的功能，如圖 4-36 所示。此種閉鎖閥功能可使用於彈簧式及無彈簧式驅動器，因為閉鎖閥的 C 及 F 通口皆被塞住，一旦失去儀用空氣壓力，空氣即被鎖住在管線及驅動器腔室中。

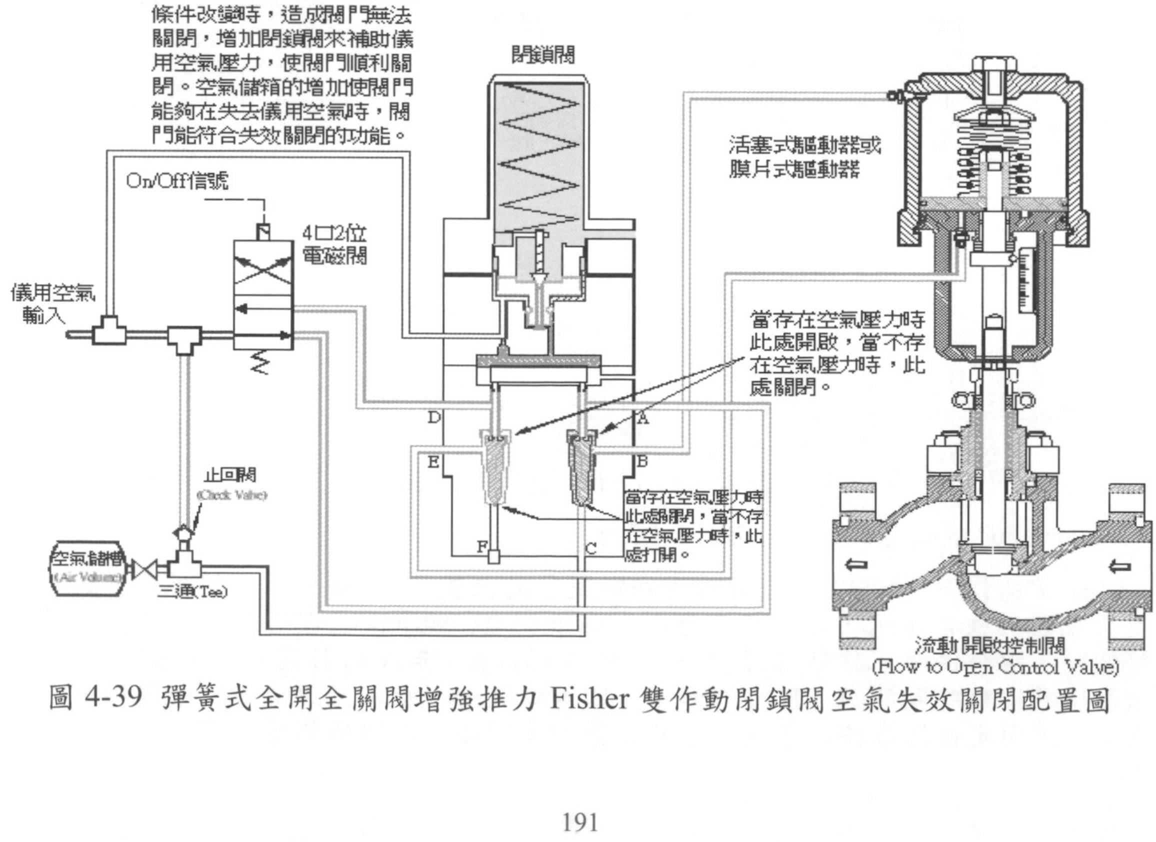

圖 4-39　彈簧式全開全關閥增強推力 Fisher 雙作動閉鎖閥空氣失效關閉配置圖

### 5.3.2.3 空氣動力失效之節流閥門向下關閉的路線配置

　　當這個節流控制閥需要在其動力失效閥門向下關閉時，則 C 通口連接空氣儲槽，F 通口開通到大氣，一旦動力失效後，閥門下腔室的空氣經由 F 通口排放到大氣，而上腔室則藉由空氣儲槽內的空氣壓力，推動驅動器的活塞向下，使閥門關閉，如圖 4-37 所示。此種配置方式使用於通過閥門之系統流體的製程壓力小於儀用空氣壓力，否則閥門無法控制系統壓力來切斷製程流體。

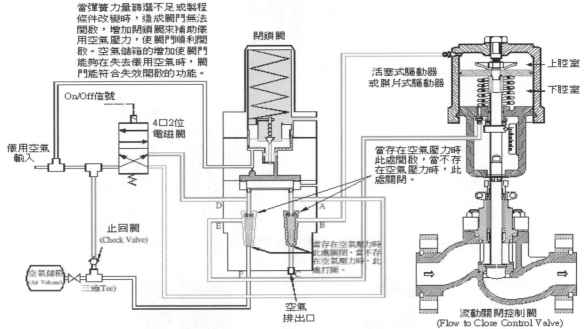

圖 4-40　彈簧式全開全關閥增強推力 Fisher 雙作動閉鎖閥空氣失效開啟配置圖

### 5.3.2.4 空氣動力失效之節流閥門向上開啟的路線配置

　　當這個節流閥門需要其動力失效閥門向上開啟時，F 通口連接空氣儲槽，C 通口開通到大氣，一旦動力失效後，閥門上腔室的空氣經由 C 通口排放到大氣，而下腔室則藉由空氣儲槽內的空氣壓力，推動驅動器的活塞向上，使閥門關閉，如圖 4-38 所示。此種配置方式也是使用於系統流體的製程壓力小於儀用空氣壓力，同 5.3.2.3 節一樣，只是閥門控制的方向相反。

### 5.3.2.5 空氣動力失效之開關閥門彈簧式驅動器向下關閉的路線配置

　　此種配置方式是當閥門安裝完成系統測試閥門動作後，發現閥門無法關閉。探究原因是系統流體的壓力大於當初設計的壓力，致使驅動器內的彈簧無足夠的力量來關閉閥門。圖 4-39 的配置方式除了可增強驅動器的推力外，空氣儲箱的設計是當失去儀用空氣壓力時，閥門能夠符合失效關閉(Fail-close)的功能。

### 5.3.2.6 空氣動力失效之開關閥門彈簧式驅動器向上開啟的路線配置

　　此種配置方式與圖 4-40 閥門應用剛好相反，主要應用於閥門流體流動形式是流動關閉，而驅動器的彈簧是在腔室的下方，除了增強閥門的推力之外，配備空氣儲箱是當失去儀用空氣壓力時，閥門能夠符合失效開啟(Fail-open)的功能。

### 5.3.2.7 一般廠商閉鎖閥的型式

　　廠商一般生產的閉鎖閥，其內部的結構類似圖 4-29 所示，其功能也與圖 4-29 相同。下列顯示各廠商的型號及主要規範：

SMC 單作動閉鎖閥 IL201-02 及雙作動閉鎖閥 IL211-02：

Proof pressure：Max.9.9 kgf/cm$^2$
Signal pressure：1.4 ~ 7 kgf/cm$^2$

Line pressure：Max. 7 kgf/cm$^2$
Effective orifice (Cv)：17 mm$^2$ (0.9)
Connections：1/4"

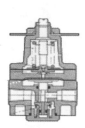 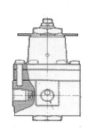 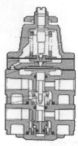 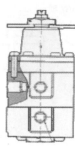

圖 4-41 SMC 單作動及雙作動閉鎖閥外觀及內部結構

圖 4-42 Fisher 切換閥及 Nadi 三通閉鎖閥外觀結構

Nadi 三通操作閥：

Pressure：Max. 14 Bar
Differential pressure：0 ~ 14 Bar
Operating pressure：2 ~ 10 Bar
Orifice Diameter：5 或 11 mm
Flow factor：12.5 或 30 kv (liters/min.)
Body material：Brass, Nickel-plated brass, Stainless steel。
Port size：1/4" NPT, 3/8" NPT, 1/2" NPT。
Seals material：Buna N 或 FPM。

YTC 單作動閉鎖閥 YT-400S、YT-405S 及雙作動閉鎖閥 YT-400D、YT-405D：

Signal pressure：Max. 10 kgf/cm$^2$ (142 psi)
Pressure Range：1.4 ~ 7 kgf/cm$^2$ (20 ~ 100 psi)
Lock-up pressure：Max. 7 kgf/cm$^2$ (100 psi)
Differential pressure：Below 0.1 kgf/cm$^2$ (1.4 psi)
Flow capacity (Cv)：0.9
Air connection：PT (NPT) 1/4

Material：YT-400 Aluminum diecasting
              YT-405 Stainless Steel 316

TRIAC VALVES & ACTUATORS 單作動閉鎖閥 LV-1：

Signal pressure：Max. 145 psig
Pressure Range：20 ~ 100 psig
Lock-up pressure：Max. 100 psig
Effective Area：17 mm$^2$
Didderential：Below 1.5 psig
Air Connection：1/4 NPT
Adjustable range：20 ~ 100 psig

圖 4-43 YTC 單作動及雙作動閉鎖閥外觀結構

TESCOM 單作動空氣操作閉鎖閥

Maximum operating pressure：3500, 6000,10,000 psig/241, 414, 690 bar
Flow capacity：0.75, 2.0 Cv
Body material：Brass, 316 stainless steel
Seals material：Buna-N, Kalrez, Viton, Ethylene Propylene, Urethane
Port size：1/8" NPTF, 1/4" NPTF, 3/8" NPTF, 1/2" NPTF, 3/4" NPTF

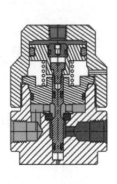

圖 4-44 TESCOM 空氣操作閥外觀及內部結構

5.4 空氣增幅器(Air Booster Relay)

　　空氣增幅器主要的作用是將定位器輸出 3 ~ 15 psi 的空氣信號，依據比例轉換放大，增加驅動器衝程的力量。空氣增幅器也稱流量增幅器，其結構如圖 4-45 所示。圖內上方為信號空氣的輸入，而輸入處直接利用 Tubing 管連接空氣組合器送出的儀用空氣，輸出處的空氣是依據信號空氣的壓力，作用在上膜片來創造一個向下的力量，迫使增幅器內揚升器下降，允許高壓力的儀用空氣流入控制閥的驅動器，這個向下的力量被作用在下膜片的輸出力量所平衡。信號輸入的壓力和輸出空氣的壓力之間的平衡，是依據上方膜片和下方膜片的有效面積。

一個信號壓力的增加，迫使膜片組合件壓低揚升器，打開供應空氣的閥塞，輸出壓力接著增加，直到壓力比例達成力量的平衡。反之，一個信號壓力的減少，迫使膜片組合器上揚，允許輸出空氣通過在空氣增幅器側邊的旁通閥排出空氣，輸出壓力降低，直到達成修正的壓力比。

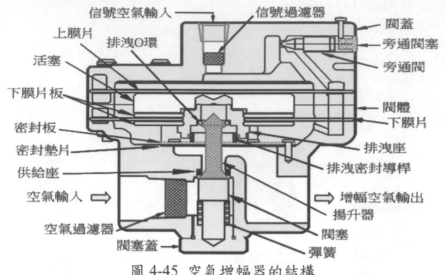

圖 4-45　空氣增幅器的結構

增幅器一般使用於具有節流控制的閥門，接收氣動信號再以成比例性的放大此氣動信號來控制閥門的位置，也可使用於同時控制兩組或以上的風門，使其開啟或關閉可以一致性。

空氣增幅器是一個比率的空氣信號再生器，其標準的空氣輸出是 1：1 的容量，依據需要有高容量的空氣增幅器，其空氣壓力信號-對-輸出空氣壓力有 1：2、1：4、1：5 或 1：6 的比率。當比率增加時，比率精確度就降低。1：1 空氣增幅器的精確度可能是 2%，反之 1：4 將是 4%。

空氣增幅器信號空氣輸入的尺寸通常為 1/4" NPT，而空氣的輸入及輸出一般設計為 1/2" NPT，但有時為了較大而快速的驅動力量，或要求在極短的時間內達到驅動的位置，其接口處可設計到 3/4" NPT 的尺寸。

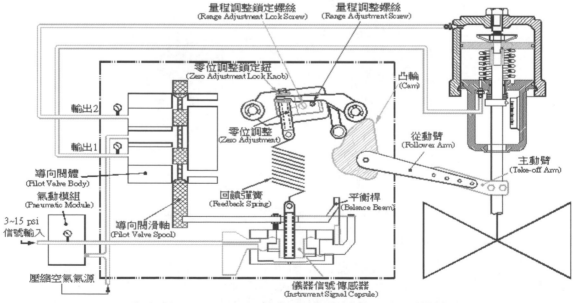

圖 4-46　3 - 15 psi 氣動信號定位器功能配置圖

## 5.5 定位器(Positioner)

定位器是閥門的控制器，是比較來自於 DCS、PLC 或位置傳送器的信號與閥桿位置之反饋裝置，並控制閥門到達系統製程要求位置的設備。定位器可降低來自於驅動器或閥門任何一個行程方向帶來的牽制或黏著性所引起的靜滯帶(Deadband)。靜滯帶是信號的改變而沒有引起任何移動的現象。

　　定位器是幫助保持安裝閥門的特性,來接近符合命令的信號和期望的閥門位置。閥門上如果沒有定位器,靜滯帶會造成閥門位置的偏移,而在更大的閥門上可能會發生 5%到 10%的偏移,此將會影響整個製程流體的反應。

　　定位器包含氣動式定位器(P/P Positioner)和電子式定位器。電子式定位器即所謂的 I/P 定位器(I/P Positioner)或 E/P 定位器(E/P Positioner),是近來才發展出來的,而最重要的是其以 HART 通訊協定為基礎,可將閥門的位置、安裝特性、流動特性、磨損狀況等藉由通訊來擷取其資料,藉以判斷閥門的使用狀況、零件磨損及保養更換,在問題還未顯現之前更換零件,避免造成更大的災難。

## 5.5.1 氣動/氣動式定位器(P/P Positioner)

　　氣動式定位器如圖 4-46 所顯示的內部結構,以及管線與閥門的連結方式,凸輪是感測閥門的位置,反饋至回饋彈簧或是伸縮囊,利用儀器信號傳感器對 3-15 psi 的信號輸入及回饋彈簧來做比較,以平衡桿來帶動導向閥滑軸的移動,依氣動信號的輸入移動滑軸位置而調整輸出的空氣,進而使閥門移動至需求的位置。

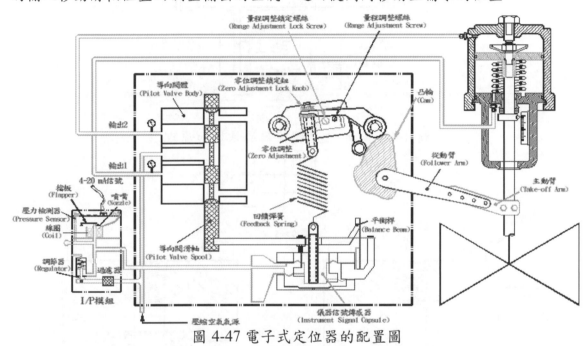

圖 4-47 電子式定位器的配置圖

## 5.5.2 電子式定位器 – I/P 定位器及 E/P 定位器

　　I/P 定位器是由 I/P 轉換器(I/P Converter)和定位器組合而成,也是稱為電流-氣壓定位器,即電流輸入(4-20 ma),空氣壓力輸出(3-15 psi)。E/P 定位器是指電壓-氣壓定位器,即電壓輸入(0-10 VDC),空氣壓力(3-15 psi)輸出。而通常電壓輸入時,會轉換為電流信號,再轉換為空氣信號輸出,所以 E/P 定位器被認為由 I/P 轉換器及定位器的組合。

　　圖 4-47 左下方為 I/P 模組,接收 4-20 mA 電流信號或 0-10 VDC 電壓信號,轉換成 3-15 psi 氣壓信號,經由導向閥體(Pilot Valve Body)將 3-15 psi 信號放大來驅動閥門的動作。導向閥體也是一種增幅器的形式,3-15 psi 的空氣壓力通常無法驅動控制閥,必須利用增幅器來放大空氣壓力。而定位器內部組件的配置,各製造廠家有不同的設計,其組合的設備也不同,5.5.3 節剖析 I/P 轉換器的作動原理及結構。

## 5.5.3 I/P 轉換器的作動原理及結構

　　I/P 轉換器通常是由二部分組成,一是利用霍爾效應(Hall Effect)的機械結構,將 4-20 mA 電流信號轉換成氣壓信號。二是利用增幅器(Booster Relay)將微弱氣壓信號放大成 3-15 psi 信號。圖 4-48 顯示此兩部分的結構。

圖上部機械結構的核心是一個擋板(Flapper)，是由鐵製造的鐵桿，位於永久磁鐵組件的兩個磁極之間，中心有一組電磁線圈。電流通過電磁線圈連結磁極到鐵桿的終端。順著箭頭/箭尾顯示在線圈繞組，相當於傳統的流動向量點離開頂端，然後進底部繞行。線圈捲繞著鐵桿，右手定律告述我們鐵桿會以右手側是"北極"及左手側是"南極"而磁化。這將扭轉鐵桿順時針環繞它的樞軸點(支軸)，推動右手側噴嘴向下。

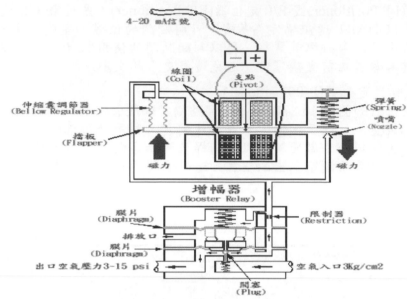

圖 4-48　電流-氣壓轉換器的結構和原理

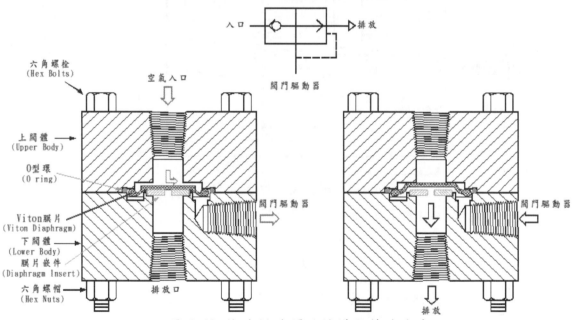

圖 4-49　快速排放閥的結構和符號代表

　　I/P 轉換器接收 4-20 mA 的電流，藉由改變永久磁場的強度，作用到鐵桿電場來達成。鐵桿任何朝向噴嘴的推進會增加噴嘴的背壓，遠離噴嘴則減少噴嘴的背壓，然後饋入在鐵桿另一端的平衡伸縮囊。伸縮囊提供一個復原力到鐵桿來回復它(將近)到它的原來位置。一個輸入力量的現象被一組平衡力抵銷來保證最小的移動，是一個力平衡系統的定義特性。

　　增幅器不是位於霍爾效應的力平衡回饋迴路內，噴嘴的背壓直接以沒有放大來反饋回到平衡伸縮囊。增幅器的存在目的是提供一個適度的壓力增益(大約 2:1)來提升噴嘴背壓到標準等級(3-15 PSI，或 6-30 PSI)，再由導向閥體來放大到閥門可用的空氣壓力。

## 5.6 快速排放閥(Quick Exhaust Valve)

　　快速排放閥的功能是在一個緊急條件下或是在短時間內，要求從一個驅動器內將空氣排出。雖然驅動器上的配管系統，有定位器或電磁閥可以排出空氣，但需要比這些組件更快的排出空氣直接進入大氣，所以一定需使用一個快速排洩閥來符合製程上的要求。

　　此種閥門型式能夠應用於氣動閥門或液壓閥門，當使用於氣動閥門時，其內部膜片是由彈性塑膠製造的。如果使用於液壓閥門，則為金屬球。正常而言，這種閥門排放口大於其他兩個通口，空氣輸入通口及輸出至驅動器通口。

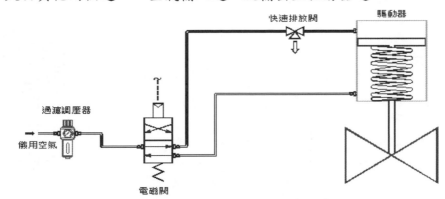

圖 4-50 快速排放閥的配管方式

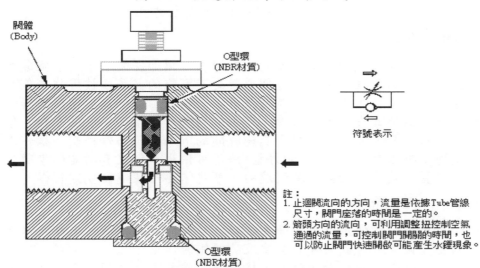

圖 4-51 速度控制閥的結構及符號表示

圖 4-52 速度控制閥的外觀

　　快速排放閥是為了將閥門腔室內的空氣儘速排出，安裝此閥門時須考慮閥門關閉時，是否會衝擊閥座，造成損傷。圖 4-49 為快速排放閥內部的結構及符號表示。圖 4-50 為快速排放閥安裝在閥門管線的位置。

## 5.7 空氣速度控制器(Speed Control Valve)

圖 4-51 和圖 4-52 顯示空氣速度控制器的外觀、內部結構及符號表示,速度控制器流動的路徑,不會節制流入驅動器內的空氣量,箭頭流向的路徑,可利用調整鈕來控制空氣量,相對的也控制閥門坐落的時間。流量太小,閥門座落的時間無法符合空制邏輯,警示信號會發生。流量太大,可能造成突然的開或關,會損傷閥門內閥座或閥帽,甚至可能會發生水錘現象。圖 4-53 為速度控制閥配管的位置。

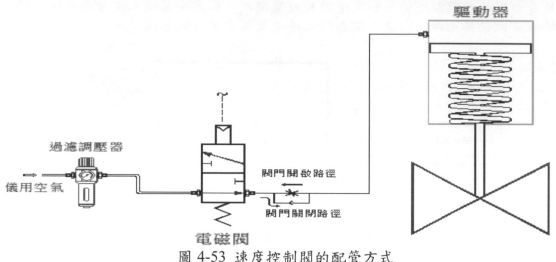

圖 4-53 速度控制閥的配管方式

## 5.8 手輪(Hand Wheel)

手輪可以是在閥門頂部或側部安裝。在過去,頂部安裝的手輪當空氣失效時,是被用來控制簡單的製程。今日,這個通常是不可能的。手輪被用作一個打開或關閉閥門位置的手動工具,但不作為控制之用。手輪僅由驅動器製造廠商提供。假如一個驅動器有一個頂部安裝的定位器,它不能夠有一個頂部安裝的手輪,需要安裝在閥門與驅動器之間。手輪應是規定能夠脫開的,為了不妨礙控制。操作者需要拉手輪的力量通常被限制在 25 公斤的力量。決不可使用一個沒有功能的象徵性手輪。假如閥門的位置不是容易由操作者到達的,可能需要一個鏈輪或伸長桿。

## 5.9 空氣儲存箱(Air Tank)

閥門的應用中,當儀用空氣源頭失效時,空氣儲存箱是被用來支援迅速推動閥門到預定的安全位置,達到系統安全需求的功能。

通常空氣儲存箱容量的篩選計算,標準上不需要從氣源頭供應空氣,而是以空氣儲存箱來供應空氣,容量以 3 次閥門來回衝程的容量為準。

當規範訂定閥門需要有一個空氣儲存箱作為安全失效之用時,一般是由閥門供應商來執行箱體容量的計算,這是供應商的責任。但最佳的是,假如我們知道如何計算箱體容量,就可以檢查供應商的計算。

圖 4-33 及圖 4-34 是一個具有空氣儲存箱之標準管線配置圖,圖內包含有電磁閥、閉鎖閥、止回閥、手動閥、空氣壓力調節器、排洩閥及空氣儲存相等設備組成的閥門管路系統,閉鎖閥主要是作為閥門開啟和關閉之用。空氣儲存箱必須要有排洩閥的設計,否則空氣冷凝後累積的水無法排出,排洩閥必須設計在箱體的最下端,以便累積的水可以打開閥門來排出。

### 5.9.1 空氣儲存箱容量的計算

控制氣動控制閥開啟及關閉的空氣壓力,閥門規範一般要求最小操作壓力為 4.5 Kg/cm$^2$,有些規範要求最小壓力為 4.0 Kg/cm$^2$。通常操作氣動閥門的開與關,一般會設定在 6.0 Kg/cm$^2$ ~ 6.5 Kg/cm$^2$ 之間,當氣源失效後,則利用儲存箱的空氣壓力進行閥門的來回衝程操作,漸次降低箱內空氣壓力,直到壓力達到最小操作壓力為止,閥門就無法操作,此是所謂的失效安全操作。

計算空氣儲存箱的容量，需要有足夠大及足夠量的壓力，來填補驅動器腔室的容積，這是一種擴張的過程。當驅動器腔室排出空氣後，再次填滿腔室，是由箱體擴張氣體來填滿。這個擴張過程被考慮當作絕熱過程(Adiabatic Process)，即沒有任何的熱能被傳送進入或離開工作流體。

從擴張過程和絕熱過程，我們可以得到下列方程式：

$$P_1 V_1^{\gamma} = P_2 (V_1 + xV_2)^{\gamma}$$ (方程式 4-3)

此處符號代表

$V_1$ ＝ 空氣儲存箱

$V_2$ ＝ 驅動器的容量

$P_1$ ＝ 儀用空氣供應崩潰之前空氣儲存箱的壓力(等於儀用空氣源頭的壓力)

$P_2$ ＝ 驅動器最小需求的壓力

x ＝ 閥門進行衝程的次數

$\gamma$ ＝ 空氣的絕熱指數 (1.4)

解 $V_1$

$P_1/P_2 = ((V_1 + xV_2) / V_1)^{\gamma}$

$(P_1/P_2)^{1/\gamma} = (V_1 + xV_2)/V_1$

$(P_1/P_2)^{1/\gamma} = 1 + (xV_2/V_1)$

$(P_1/P_2)^{1/\gamma} - 1 = xV_2/V_1$

$V_1 = (xV_2/((P_1/P_2)^{1/\gamma} - 1))$

計算空氣儲存箱的容量之範例：

驅動器的容量 $V_2 = 280$ in$^3$

儀用空氣源頭的最大壓力 $P_1 = 95.3$ psia

驅動器最小需求的壓力 $P_2 = 65.3$ psia

儀用空氣的絕熱指數 $\gamma = 1.4$

閥門進行衝程的次數 x＝3

代入方程式 4-2 得出空氣儲存箱的容量：

$V_1 = (3*280/((95.3/65.3)^\wedge(1/1.4)-1))$

$V_1 = 2709.6$ in3 ＝ 44 liter

選擇容量大於 44 liter 之空氣儲存箱容量即可。

圖 4-54 控制閥消音器(圖面取自於 Automation Direct 公司)

5.10 消音器(Silencer)

氣動控制閥門的零組件 – 消音器，通常安置在閥門電磁閥排氣口上，作為消除或降低壓縮空氣排氣時的噪音，利用螺牙來連接電磁閥排氣口。有二種型式，1. 單純的消除噪音之結構，2. 具有空氣流量調整的結構。其材質有全塑料、鋁、銅及不鏽鋼等。圖 4-54 顯示二種消音器的代表的符號及外觀。

表 4-3 管線尺寸及氣體壓力下建議的空氣容量(SCFM)

| 應用壓力 PSI | 公稱標準管線尺寸(Nominal Standard Pipe Size) | | | | | | | | | | |
|---|---|---|---|---|---|---|---|---|---|---|---|
| | 1/8" | 1/4" | 3/8" | 1/2" | 3/4" | 1" | 1-1/4" | 1-1/2" | 2" | 2-1/2" | 3" |
| 5 | 0.5 | 1.2 | 2.7 | 4.9 | 6.6 | 13 | 27 | 40 | 80 | 135 | 240 |
| 10 | 0.8 | 1.7 | 3.9 | 7.7 | 11.0 | 21 | 44 | 64 | 125 | 200 | 370 |
| 20 | 1.3 | 3.0 | 6.6 | 13.0 | 18.5 | 35 | 75 | 110 | 215 | 350 | 600 |
| 40 | 2.5 | 5.5 | 12.0 | 23.0 | 34.0 | 62 | 135 | 200 | 385 | 640 | 1100 |
| 60 | 3.5 | 8.0 | 18.0 | 34.0 | 50.0 | 93 | 195 | 290 | 560 | 900 | 1600 |
| 80 | 4.7 | 10.5 | 23.0 | 44.0 | 65.0 | 120 | 255 | 380 | 720 | 1200 | 2100 |
| 100 | 5.8 | 13.0 | 29.0 | 54.0 | 80.0 | 150 | 315 | 470 | 900 | 1450 | 2600 |
| 150 | 8.6 | 20.0 | 41.0 | 80.0 | 115.0 | 220 | 460 | 680 | 1350 | 2200 | 3900 |
| 200 | 11.5 | 26.0 | 58.0 | 108.0 | 155.0 | 290 | 620 | 910 | 1750 | 2800 | 5000 |
| 250 | 14.5 | 33.0 | 73.0 | 135.0 | 200.0 | 370 | 770 | 1150 | 2200 | 3500 | 6100 |

## 5.11 管線內建議空氣流量的最大容量

廠區內儀用空氣管線，使用 2" 或 3" 的管線，配置到各區域，提供給各種氣動控制閥使用。每個區域皆會設計一個或多個子氣源頭(Sub-header)，每個子氣源頭再以 1/2" 管線分歧 12～16 個氣源頭供應給閥門，最終的 1/4"、3/8" 或 1/2" 氣源頭可提供給單個控制閥或多個控制閥，其數量視閥門為節流閥或全開/全關閥而定。

節流閥的空氣需求量，因為定位器及/或增幅器內的空氣一直在排出，需要的空氣量較多，每個子氣源頭可配置 1 個或 2 個節流閥。而全開/全關閥只有閥門開或關時，才會消耗空氣量，可配置約 4～6 個閥門，但視使用驅動器腔室容量大小而定。

表 4-3 為管線尺寸相對於氣體壓力建議的空氣容量。1/8"、1/4"、3/8" 及 1/2" 管線之每 100 英尺應用壓力需依據一個 10% 的壓力降為基礎，而 3/4"，1"，1-1/4"，2"，2-1/2"，3" 管線尺寸之每 100 英尺應用壓力需依據一個 5% 的壓降為基礎。

## 5.12 儀用空氣管 - Tube

閥門上連繫著儀用空氣至驅動器的配管系統，通常是由 1/4" 或 3/8" 銅管或不鏽鋼管配屬在驅動器上，標準上應配置 3/8" 的 Tube 管，但也有配備 1/4" Tube 管來做為空氣的供應源，主要原因是供應壓縮空氣進入閥門，空氣量是被電磁閥內孔口(Orifice)大小所限制。驅動器上配管系統以 Tube 連接的附屬配件有空氣組合器、電磁閥、空氣閥、空氣增幅器、定位器、閉鎖閥、空氣儲存箱、快速排放閥、空氣速度控制器和 Tube 連接組件- Connector、Tee、Union 等。除了銅管外，也採用不鏽鋼、鋁、塑膠、尼龍管等不同的材料。依據環境的要求，以前使用 PVC 包覆的銅管可能被採用。

使用在驅動器上的配管，基本上是 1/4" 或 3/8" 尺寸的無縫管，但更大的儀用空氣管被使用在製程要求需要更快速反應或是驅動更大的驅動器上。尼龍管的使用已經漸漸成為一個趨勢，振動會讓剛性的儀用空氣管有鬆脫和空氣洩漏的可能，但柔性的尼龍管則可吸收振動而不會影響其功能。附錄 4-1 為一般使用於工業上的導壓管，包含儀用空氣管、Piping 管及塑膠管的性能。

驅動器上的儀用空氣管在運送期間可能被損傷，所以在裝運期間必須被包覆來保護。儀用空氣管連接至驅動器的直通配件，應使用鐵氟龍帶小心的纏繞以防洩漏，但使用一些管明膠會更牢固，且可避免空氣的洩漏。

空氣流量的單位互換公式：

SCFM x 1.699 = CFM (Cu. Meters per hour) 或 CFM (Cu. Meters per hour) x 0.588 = SCFM

# 附錄 4-1 Tube 及 Pipe

　　導壓管一般可區分為 Tube 及 Pipe 兩種，其中的區別是 Tube 為柔性材質，Pipe 為剛性材質。意指 Tube 在現場就可以使用彎管器隨著地形地貌將管彎曲，施工方便快速，而 Pipe 需依照一定的路徑配置，且連接處必須使用焊接來密封。

　　Tube 為求其快速安裝，必須使用各種連接配件(Fittings)來連接管路(Tube)及設備，其配件製造精度要求不能有洩漏發生，是以成本較高，但施工快速。Pipe 的管配件單純，但是配件與管連接處皆需要焊接，在小範圍內需要多次彎曲或貼近牆壁及地面施工時，較難焊接，是以成本低，但施工較慢。

　　Tube 最大的隱患為洩漏問題，尤其在真空壓力、高壓力($71\ Kg/cm^2$ 以上)及危險性流體，高壓力要查洩漏問題較易，但真空則較難，危險性流體更是必須以焊接來設計，是以這三種設計時，必須使用焊接。

焊接應注意下列事項：

1. 合金鋼與不鏽鋼焊接時，焊接前需要加熱，焊接後需要熱處理。
2. 合金鋼與碳鋼焊接時，可用合金鋼或高碳鋼焊條。
3. 碳鋼與不鏽鋼焊接時，只能用不鏽鋼焊條。

　　使用 Tube 或 Pipe 作為導壓管，一般公稱尺寸 Tube 是指外徑(O.D.：Outside Diameter)，而 Pipe 的公稱尺寸是指內徑(I.D.：Inside Diameter)，下表為 Tube 與 Pipe 的外徑尺寸：

表 1　304SS、316SS 鋼管 Tube 與 Pipe 管徑比較

| 公稱尺寸 | Tube | | Pipe | |
|---|---|---|---|---|
| | 外徑(O.D.) | 壁厚(mm) | 外徑(O.D.) | 內徑(I.D.) |
| 1/8" | 1/8" | 0.028~0.035 | 10.5 mm | 1/8" |
| 3/16" | 3/16" | 0.028~0.049 | ----- | 3/16" |
| 1/4" | 1/4" | 0.028~0.065 | 13.8 mm | 1/4" |
| 5/16" | 5/16" | 0.035~0.065 | ----- | 5/16" |
| 3/8" | 3/8" | 0.035~0.065 | 17.3 mm | 3/8" |
| 1/2" | 1/2" | 0.035~0.083 | 21.7 mm | 1/2" |
| 5/8" | 5/8" | 0.049~0.095 | ----- | 5/8" |
| 3/4" | 3/4" | 0.049~0.109 | 27.2 mm | 3/4" |
| 7/8" | 7/8" | 0.049~0.109 | ----- | 7/8" |
| 1" | 1" | 0.065~0.120 | 34.0 mm | 1" |
| 1-1/4" | 1-1/4" | 0.083~0.156 | 42.7 mm | 1-1/4" |
| 1-1/2" | 1-1/2" | 0.095~0.188 | 48.6 mm | 1-1/2" |
| 2" | 2" | 0.109~0.188 | 60.5 mm | 2" |

註：Pipe 會因 Sch.20、Sch.40 等不同，外徑將有所差異。

一、Tube 選擇的條件

　　為確認選擇的 Tube 其品質能夠符合精密製造的 Tube 配件，建議下列的條件必須考慮：

1. Tube 材質及製造方法。
2. Tube 壁厚與外徑。
3. Tube 表面光滑處理：直而平滑，終端無任何粗邊。
4. Tube 硬度：不超過各材質的最高硬度。
5. Tube 同中心圓。
6. Tube 的橢圓度(Ovality)：允許的橢圓度為不超過 2 x 外徑公差(參閱表 1)。

表 2　ASTM Tube 外徑公差

| Tube 外徑 | 不銹鋼 (Stainless Steel) | | 碳鋼 (Carbon Steel) | 銅 (Copper) | 鋁 (Aluminum) |
|---|---|---|---|---|---|
| | A213 & A249 | A269 | A179 | B75 | B210 |
| 1/16" | ± .004" | ± .005" | ± .004" | ± .002" | ± .003" |
| 1/8" | ± .004" | ± .005" | ± .004" | ± .002" | ± .003" |
| 3/16" | ± .004" | ± .005" | ± .004" | ± .002" | ± .003" |
| 1/4" | ± .004" | ± .005" | ± .004" | ± .002" | ± .003" |
| 5/16" | ± .004" | ± .005" | ± .004" | ± .002" | ± .003" |
| 3/8" | ± .004" | ± .005" | ± .004" | ± .002" | ± .003" |
| 1/2" | ± .004" | ± .005" | ± .004" | ± .002" | ± .003" |
| 5/8" | ± .004" | ± .005" | ± .004" | ± .002" | ± .004" |
| 3/4" | ± .004" | ± .005" | ± .004" | ± .0025" | ± .004" |
| 7/8" | ± .004" | ± .005" | ± .004" | ± .0025" | ± .004" |
| 1" | ± .006" | ± .005" | ± .005" | ± .0025" | ± .004" |
| 1-1/4" | ± .006" | ± .005" | ± .006" | | |
| 1-1/2" | ± .006" | ± .010" | ± .006" | | |
| 2" | ± .010" | ± .010" | ± .010" | | |

選擇 Tube 應注意下列事項：

1. 金屬 Tube 必須比配件(Fitting)的材質柔軟。

2. 當 Tube 與配件是相同材質時，Tube 必須是全退火處理過。

3. 極柔軟的 Tube，例如 Tygon 或非可塑 PVC Tube 應經常使用一個嵌入物。在 Tube 外徑上的密封物需要有一定數額的抗力來緊緊的密封。

4. 管壁厚度的兩端應對照下表建議的最小與最大管厚限制來檢查。

   管壁太厚在金屬環作用下，不能夠很適當的變形。

   管壁太薄在金屬環作用下將會坍塌，且不能有足夠的抗拒金屬環作用來允許鑄造出表面環陷。

表 3　Tube 最小壁厚的要求

| Tube 外徑 | 1/8" | 3/16" | 1/4" | 5/16" | 3/8" | 1/2" | 5/8" | 3/4" | 7/8" | 1" | 1-1/4" | 1-1/2" | 2" |
|---|---|---|---|---|---|---|---|---|---|---|---|---|---|
| 最小壁厚 | .028" | .028" | .028" | .035" | .035" | .049" | .065" | .065" | .083" | .083" | .109" | .134" | .180" |

5. Tube 表面光滑處理對於適當密封是非常重要的。

   Tube 在金屬環作用下深深的隆起，在它的外徑有一個可見的完好接合線。當使用配件在 Tube 外徑上密封，平的斑點、抓痕或拉痕將無法適當的密封。

6. 不容易插入配件螺帽、金屬環和配件本體的橢圓形 Tube，絕不可強力插入配件內。如強力將 Tube 插入將在最大外徑表面上抓出痕跡，造成密封的困難。

   氣體如空氣、氫氣、氦氣和氮氣等有非常小的分子，能夠從最微小的洩漏路徑逃離，在 Tube 上某些表面的缺陷能夠提供如此的一個洩漏路徑，當 Tube 外徑增加時，疑是的抓痕或其他表面的缺陷也增加。在安裝時需依照安裝程序正確的進行之外，最重要的是提供最低要求的壁厚如表 1 所示才能避免洩漏的發生。

二、金屬 Tube 的種類及規範

金屬 Tube 的種類

1. 不鏽鋼 Tube (Stainless Steel Tubing)

   使用於高溫高壓的流體上，最高硬度 Rb90，工作溫度-255℃～ 605℃(-425℉～1200℉)。包含有 ASTM A213、A249、A269、A450、A632 等，一般小尺寸儀器使用的材質為 A632，管徑從.050"～1/2"，壁厚從.005"～.065"。

2. 碳鋼 Tube (Carbon Steel Tubing)

使用於高溫高壓的油、空氣、及某些特殊的化學流體,工作溫度-55℃~425℃(-65℉~800℉)。包含ASTM A161(硬度最高 Rb70)、A179(硬度最高 RB72)及 SAE J524b(硬度最高 RB65)。

3.　銅 Tube (Copper Tubing)

　　使用於低溫低壓的水、油及空氣,工作溫度-40℃~205℃(-40℉~400℉)。包含 ASTM B68、B75、B88、B251 等,通常使用 ASTM B251。其配件的銅材質稱為 Brass,其硬度較 Copper 硬。

4.　鋁 Tube(Aluminum Tubing) (ASTM B210)

　　使用於低溫低壓的水、油、空氣及某些特殊的化學流體,工作溫度-40℃~205℃(-40℉~400℉)。

5.　合金鋼 C-276 Tube (Alloy C-276 Tubing)(ASTM B622)

　　對於氧化或還原有極佳的抗腐蝕能力,硬度為 Rb100 或更少,工作溫度-195℃~535℃(-320℉~1000℉)。

6.　合金鋼 C-600 Tube (Alloy C-600 Tubing)(ASTM B167)

　　應用在高溫及一般的抗腐蝕上,硬度為 Rb92,工作溫度-130℃~650℃(-205℉~1200℉)。

7.　蒙奈合金管(Monel 400™ Tubing)

　　在氯氣的環境中有良好的抗腐蝕性,特優的抗海水、鹽酸、硫酸、氟氫酸和強鹼,工作溫度-240℃~425℃(-400℉~800℉)。

8.　卡彭特鎳鉻合金管(Carpenter 20™ Tubing)

　　對於應力造成的破裂有良好的抗腐蝕能力,工作溫度-240℃~425℃(-400℉~800℉)。

9.　鈦管(Titanium Tubing)(ASTM B338)

　　對於許多自然環境如海水、人體體液及鹽溶液等具有良好的抗蝕性,工作溫度-195℃~315℃(-320℉~600℉),一般用於冷凝器和熱交換器。

三、金屬材質及最大的建議硬度

下表比較金屬管的形式、處理條件及硬度:

表4 金屬管最大硬度的要求

| 金屬材料 | 形式 | ASTM 規範 | 處理條件 | 最大建議硬度 |
|---|---|---|---|---|
| 不鏽鋼 (Stainless Steel) | 304, 316,316L | ASTM-A269, A249 A213, A632 | 全退火處理 | 90 RB |
| 銅(Copper) | K 或 L | ASTM-B75 B68, B88(K or L) | 軟退火處理 Temper 0 | 最大 60 RB Rockwell 15T |
| 碳鋼(Carbon Steel) | 1010 | ASTM-A179 SAE J524b, J525b | 全退火處理 | 72 RB |
| 鋁(Aluminum) | Alloy 6061 | ASTM-B210 | T6 Temper | 56 RB |
| Monel™ | 400 | ASTM-B165 | 全退火處理 | 75 RB |
| 合金 C-276 | C-276 | ASTM-B622, B626 | 全退火處理 | 90 RB |
| 合金 600 | 600 | ASTM-B167 | 全退火處理 | 90 RB |
| Carpenter 20™ | 20CB-3 | ASTM-B468 | 全退火處理 | 90 RB |
| 鈦(Titanium) | 商業純度等級 2 | ASTM-B338 | 全退火處理 | 90 RB 200 Brinell |

四、塑膠 Tube 的種類及規範

　　下面所列為各種應用在工業流體的塑膠管,包含尺寸及工作壓力:

1.　耐隆管(Nylon Tubing)

耐隆管是一種堅韌的材料，可用於各種範圍的低壓配管系統，一般典型使用於低壓流體、儀氣流體動力系統(儀用空氣)及實驗室配管上。因其有良好的彎曲性和抗剝蝕性，常常應用在儀用空氣管線、潤滑管線、飲料管線和燃料管線上。尺寸範圍一般從 1/8" ～ 1/2"的外徑。

通常由製造廠商依據短時間破裂等級(Short-time Burst Rating)來檢定管的強度，耐隆管通常在 68 ～ 172 Bar(1000 ～ 2500 psig)破裂。使用一個 4：1 的安全係數作為工作壓力，所得耐隆管的工作壓力為 17 ～ 43 Bar (250 ～ 625 psig)。工作溫度範圍為 24℃ ～ 74℃(75~165℉)。

在耐隆管金屬配件是以耐隆管最高工作壓力視之，而耐隆管以最低的工作壓力作為其壓力耐受等級。

2. 聚乙烯管(Polyethylene Tubing；PE Tubing)

聚乙烯管是廉價而具有可撓性的管線，廣泛用於實驗室、儀用空氣管線及其他抗腐蝕管線，比耐隆管更具可撓性(易彎曲性)，但無法作為抗剝蝕用。聚乙烯管一般而言非常具有抗腐蝕，所以可在腐蝕的環境內作為空氣傳輸應用。

聚乙烯管破裂壓力從 17~34 Bar (250~500 psig)，而工作壓力為 4~9 Bar (60~125 psig)，依據 4：1 的安全係數設定。最高工作溫度為 60℃ (140℉)。

3. 聚丙烯管(Polypropylene Tubing；PP Tubing)

聚丙烯管是一種極富撓曲的管線，較 PE 管更強硬且有好的抗腐蝕，破裂壓力為 110 ～ 165 Bar (1600~2400 psig)，工作壓力為 28~41 Bar (400~600 psig)，依據 4：1 的安全係數設定。有好的溫度特性，最大的溫度限制為 121℃ (250℉)。

4. PFA 管和 TFE 管

有極佳的抗腐蝕特性，可以耐受 204℃(400℉)的溫度。但是由於其摩擦係數非常的低，是以其握持力非常小。

5. 軟 PVC 管

此種 Tube 是一種非常柔軟的塑膠 PVC，具有彎曲性和抗腐蝕，應用在許多的實驗室、醫藥、飲食和製藥廠，使用溫度大約在 74℃(165℉)。當使用金屬或塑膠的 Tube 配件時，必須使用一個鋸齒狀的插入物，目的是環圈(Ferrule)能從 Tube 壁內抓緊並密封 Tube。也可採用強化的軟 PVC Tube。也有將一個內部總帶埋入 Tube 壁內來增加強度和工作壓力。但有些廠商製造出的配件不會使用於此種 Tube，原因是環繞在 Tube 內壁的總帶，Tube 終端有可能會有洩漏的發生。

五、金屬管允許的最大工作壓力

表 5 無縫 304 或 316 不鏽鋼管允許的最大工作壓力　　　　　　單位：psi

| 316 或 304 不鏽鋼 (無縫) | | | | | | | | | | | | | | | | |
|---|---|---|---|---|---|---|---|---|---|---|---|---|---|---|---|---|
| 外徑 | 壁厚(英吋) | | | | | | | | | | | | | | | |
| | .010 | .012 | .014 | .016 | .020 | .028 | .035 | .049 | .065 | .083 | .095 | .109 | .120 | .134 | .156 | .188 |
| 1/16 | 5600 | 6900 | 8200 | 9500 | 12100 | 16800 | | | | | | | | | | |
| 1/8 | | | | | | | 8600 | 10900 | | | | | | | | |
| 3/16 | | | | | | | 5500 | 7000 | 10300 | | | | | | | |
| 1/4 | | | | | | | 4000 | 5100 | 7500 | 10300 | | | | | | |
| 5/16 | | | | | | | | 4100 | 5900 | 8100 | | | | | | |
| 3/8 | | | | | | | | 3300 | 4800 | 6600 | | | | | | |
| 1/2 | | | | | | | | 2500 | 3500 | 4800 | 6300 | | | | | |
| 5/8 | | | | | | | | | 3000 | 4000 | 5200 | 6100 | | | | |
| 3/4 | | | | | | | | | 2400 | 3300 | 4300 | 5000 | 5800 | | | |
| 7/8 | | | | | | | | | 2100 | 2800 | 3600 | 4200 | 4900 | | | |
| 1 | | | | | | | | | | 2400 | 3200 | 3700 | 4200 | 4700 | | |
| 1-1/4 | | | | | | | | | | | 2500 | 2900 | 3300 | 3700 | 4100 | 4900 |
| 1-1/2 | | | | | | | | | | | 2400 | 2700 | 3000 | 3400 | 4000 | 4500 |
| 2 | | | | | | | | | | | | 2000 | 2200 | 2500 | 2900 | 3200 |

表 6 焊接 304 或 316 不鏽鋼管允許的最大工作壓力　　　　　單位：psi

| 外徑 | 316 或 304 不鏽鋼 (焊接) 壁厚(英吋) | | | | | | | | | | | | | | | |
|---|---|---|---|---|---|---|---|---|---|---|---|---|---|---|---|---|
| | .010 | .012 | .014 | .016 | .020 | .028 | .035 | .049 | .065 | .083 | .095 | .109 | .120 | .134 | .156 | .188 |
| 1/16 | 4800 | 5900 | 7000 | 8100 | 10300 | 14300 | | | | | | | | | | |
| 1/8 | | | | | | 7300 | 9300 | | | | | | | | | |
| 3/16 | | | | | | 4700 | 6000 | 8700 | | | | | | | | |
| 1/4 | | | | | | 3400 | 4400 | 6400 | 8700 | | | | | | | |
| 5/16 | | | | | | | 3400 | 5000 | 6900 | | | | | | | |
| 3/8 | | | | | | | 2800 | 4100 | 5600 | | | | | | | |
| 1/2 | | | | | | | 2100 | 3000 | 4100 | 5300 | | | | | | |
| 5/8 | | | | | | | | 2500 | 3400 | 4500 | 5200 | | | | | |
| 3/4 | | | | | | | | 2100 | 2800 | 3700 | 4200 | 4900 | | | | |
| 7/8 | | | | | | | | 1800 | 2400 | 3100 | 3600 | 4200 | | | | |
| 1 | | | | | | | | | 2100 | 2700 | 3100 | 3600 | 4000 | | | |
| 1-1/4 | | | | | | | | | 2100 | 2400 | 2800 | 3100 | 3500 | 4200 | | |
| 1-1/2 | | | | | | | | | | 2000 | 2300 | 2600 | 2900 | 3400 | 4200 | |
| 2 | | | | | | | | | | | 1700 | 1900 | 2100 | 2500 | 3000 | |

表 7 無縫碳鋼管允許的最大工作壓力　　　　　單位：psi

| 外徑 | 碳鋼 (無縫) 壁厚(英吋) | | | | | | | | | | | |
|---|---|---|---|---|---|---|---|---|---|---|---|---|
| | .028 | .035 | .049 | .065 | .083 | .095 | .109 | .120 | .134 | .148 | .156 | .180 |
| 1/8 | 8100 | 10300 | | | | | | | | | | |
| 3/16 | 5200 | 6700 | 9700 | | | | | | | | | |
| 1/4 | 3800 | 4900 | 7100 | 9700 | | | | | | | | |
| 5/16 | | 3800 | 5500 | 7700 | | | | | | | | |
| 3/8 | | 3100 | 4500 | 6200 | | | | | | | | |
| 1/2 | | 2300 | 3300 | 4500 | 6000 | | | | | | | |
| 5/8 | | 1800 | 2600 | 3500 | 4600 | 5400 | | | | | | |
| 3/4 | | | 2200 | 2900 | 3800 | 4400 | 5100 | | | | | |
| 7/8 | | | 1800 | 2500 | 3200 | 3700 | 4300 | | | | | |
| 1 | | | 1600 | 2100 | 2800 | 3200 | 3700 | 4100 | | | | |
| 1-1/4 | | | | 1700 | 2200 | 2500 | 2900 | 3200 | 3700 | 3800 | | |
| 1-1/2 | | | | | 1800 | 2100 | 2400 | 2700 | 3000 | 3400 | 3800 | 4000 |
| 2 | | | | | | 1600 | 1800 | 2000 | 2200 | 2500 | 2800 | 3000 |

在決定適當的 Tube 材質時，操作溫度也是另一個因素。銅(Copper)和鋁管適合低溫的流體介質，不銹鋼或碳鋼適合高溫的流體介質。特殊合金鋼如 Alloy 600 被建議使用在極高溫的流體。表 12 列出溫度影響的工作壓力係數，將表 6~11 的各種材質 Tube 乘以表 12 係數，即得出在高溫下的工作壓力。

表 8 無縫銅管允許的最大工作壓力

| 外徑 | 銅管 (無縫) 壁厚(英吋) | | | | | | | | | |
|---|---|---|---|---|---|---|---|---|---|---|
| | .010 | .020 | .028 | .035 | .049 | .065 | .083 | .095 | .109 | .120 |
| 1/16 | 1700 | 3800 | 5400 | 6000 | | | | | | |
| 1/8 | | | 2800 | 3600 | | | | | | |
| 3/16 | | | 1800 | 2300 | 3500 | | | | | |
| 1/4 | | | | 1700 | 2600 | 3500 | | | | |
| 5/16 | | | | 1300 | 2000 | 2800 | | | | |
| 3/8 | | | | 1100 | 1600 | 2300 | | | | |
| 1/2 | | | | 800 | 1200 | 1600 | 2200 | | | |
| 5/8 | | | | | 900 | 1300 | 1700 | 2000 | | |
| 3/4 | | | | | 800 | 1000 | 1400 | 1600 | 1900 | |
| 7/8 | | | | | 600 | 900 | 1100 | 1300 | 1600 | |
| 1 | | | | | 600 | 800 | 1000 | 1200 | 1400 | 1500 |
| 1-1/8 | | | | | | 700 | 900 | 1000 | 1200 | 1300 |

## 表 9 蒙奈合金管(Monel)允許的最大工作壓力

| 外徑 | 蒙奈合金管(無縫) 壁厚(英吋) | | | | | | | | | |
|---|---|---|---|---|---|---|---|---|---|---|
| | .010 | .020 | .028 | .035 | .049 | .065 | .083 | .095 | .109 | .120 |
| 1/16 | 5900 | 12600 | 17000 | | | | | | | |
| 1/8 | | | 8600 | 11000 | | | | | | |
| 3/16 | | | 5500 | 7100 | 10300 | | | | | |
| 1/4 | | | 4000 | 5100 | 7500 | 10300 | | | | |
| 5/16 | | | | 4000 | 5900 | 8100 | | | | |
| 3/8 | | | | 3300 | 4800 | 6600 | | | | |
| 1/2 | | | | 2300 | 3300 | 4500 | 5900 | | | |
| 5/8 | | | | | 2800 | 3700 | 4900 | 5700 | | |
| 3/4 | | | | | 2300 | 3100 | 4000 | 4600 | 5400 | |
| 1 | | | | | | 2300 | 2900 | 3400 | 3900 | 4400 |

## 表 10 鋁管允許的最大工作壓力

| 外徑 | 鋁管(無縫) 壁厚(英吋) | | | | |
|---|---|---|---|---|---|
| 1/8 | 8700 | | | | |
| 3/16 | 5600 | 8100 | | | |
| 1/4 | 4100 | 5900 | | | |
| 5/16 | 3200 | 4600 | | | |
| 3/8 | 2600 | 3800 | | | |
| 1/2 | 1900 | 2800 | 3800 | | |
| 5/8 | 1500 | 2200 | 2900 | | |
| 3/4 | | 1800 | 2400 | 3200 | |
| 7/8 | | 1500 | 2100 | 2700 | |
| 1 | | 1300 | 1800 | 2300 | 2700 |

## 表 11 溫度係數

| 溫度 | | 溫度減免係數 | | | | | |
|---|---|---|---|---|---|---|---|
| ℃ | ℉ | 銅 | 鋁 | 316SS | 304SS | 碳鋼 | Monel |
| 38 | 100 | 1.00 | 1.00 | 1.00 | 1.00 | 1.00 | 1.00 |
| 93 | 200 | .80 | 1.00 | 1.00 | 1.00 | .96 | .88 |
| 149 | 300 | .78 | .81 | 1.00 | 1.00 | .90 | .82 |
| 204 | 400 | .50 | .40 | .97 | .94 | .86 | .79 |
| 260 | 500 | | | .90 | .88 | .82 | .79 |
| 316 | 600 | | | .85 | .82 | .77 | .79 |
| 371 | 700 | | | .82 | .80 | .73 | .79 |
| 427 | 800 | | | .80 | .76 | .59 | .76 |
| 486 | 900 | | | .78 | .73 | | |
| 538 | 1000 | | | .77 | .69 | | |
| 593 | 1100 | | | .62 | .49 | | |
| 649 | 1200 | | | .37 | .30 | | |

# 第五章 馬達閥

　　所謂的馬達閥，簡而言之，是安裝著馬達來驅動的閥門，包含閘閥(Gate Valve)、球體閥(Globe Valve)、角閥(Angle valve)、Y 型閥、蝶閥(Butterfly Valve)和球閥(Ball Valve)等。這些閥門都是利用關斷或調節的方式來控制製程流體。本章主要是說明閘閥和球體閥兩種，並分析及計算閥門的推力和扭矩。

## 1.0 馬達閥的種類、結構和組成的構件

　　根據閥門結構體來分類，馬達閥可分為上述的種類。然而，依照閥體內部的結構來分類，可分為高壓閥和低壓閥。每一種閥門型式皆各有其使用場所、作用及功能。閘閥一般使用在大管徑的管線上，其流體的壓力損失是所有的閥門中最低的，控制方式大部分為關斷(On-Off)的形式。球體閥使用於調節流體的流量，流體通過閥門的通口或孔徑皆較閘閥小，且有較大的壓力損失。角閥的功能是降低高壓流體的壓力，改變流體的方向，其閥門的結構通常是高壓閥結構。

## 1.1 閘閥(Gate Valves)

　　閘閥類似一個有閘門關斷的閥瓣(Disc)或是一個楔形狀的閥楔(Wedge)，這些閥瓣或閥楔是用來中斷流體的流動。在閥門開啟和關閉的期間中，閥楔在流體流動的方向是垂直流體方式的移動。

　　所有各種類型控制流體的閥門中，閘閥的一個優點是它能夠在流體通過閥門中，容納與管線同樣滿的流體通過而沒有任何限制，並獲得一個在配管內低流動阻抗(即是低壓力降)的結果。

　　閘閥在閥門關閉時，利用閥門上游和下游之間的壓力差來作用於閥楔上，緊緊的壓住接近閥門出口的閥座環上，達到密封的效果，能夠隔離極高的流體壓力。它通常是利用閥門下游側的閥座面達到止漏作用。閥楔在行進過程中，因為流體的衝擊會產生振動問題及高流速的亂流，造成閥楔和閥座因為表面摩擦而快速磨損，是以需要硬化閥座的接觸面。操作閘閥主要的力量是來自於流體壓力將閥楔壓在閥座上所產生的摩擦阻力。

　　閘閥額外的好處是它們在尺寸上比一個同尺寸的球體閥小，閥門僅僅被用來關斷流動的流體，應用上是很有用的，且成本常常是較小的，而且閘閥的操作力量通常是小於球體閥。閘閥的缺點是它在調節流量的應用，不如球體閥般有令人滿意的控制。閘閥的形式通常可分為：

1. 閥桿上升型彈性閥楔(Flexible Wedge)閘閥(圖 5-1)。
2. 閥桿上升型實心閥楔(Solid Wedge)閘閥，和閥桿非上升型實心閥楔閘閥(圖 5-2)。
3. 閥桿上升型分瓣閥楔(Split Wedge)閘閥和閥桿非上升型分瓣閥楔閘閥(圖 5-3)。
4. 閥桿上升型双瓣平行閥座(Double-Disc Parallel Seat)閘閥和閥桿非上升型双瓣平行閥座閘閥(圖 5-4)。

　　馬達閥一般使用閥桿上升型實心閥楔閘閥或閥桿上升型撓性閥楔閘閥較多，除非特殊要求才使用其他的型式閘閥。

　　所謂閥桿上升型和閥桿非上升型的區別，在於閥桿上升型利用驅動螺帽(Stem Nut)的旋轉，使閥桿不會旋轉而閥楔垂直升降。閥桿非上升型是利用閥桿的旋轉，使閥楔垂直升降，而閥楔不會旋轉。閥桿非上升型由於轉動的螺紋，存在於閥體的內部，如果流動流體有碎屑或雜質，則將累積在螺紋內，造成閥楔無法升降。所以一般馬達閘閥皆使用閥桿上升型實心或撓性閥楔閘閥。

　　一個典型使用於低壓的閥桿上升實心閥楔閘閥之組成構件，及一個典型使用於高壓的閥桿上升型實心閥楔閘閥之組成構件顯示在圖 5-5。它們的主要構件包含如下：

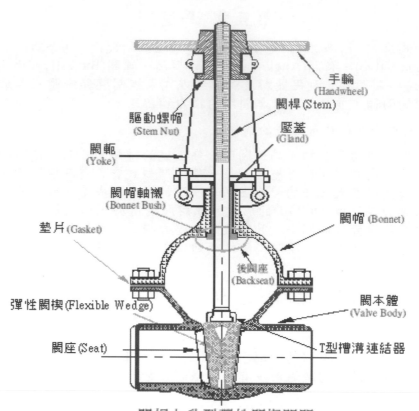

圖 5-1 閥桿上升型彈性閥楔閘閥

低壓閘閥的主要構件：

- 閥體 (Body)
- 閥帽 (Bonnet)
- 閥瓣 (Disc) 或閥楔 (Wedge)
- 封填墊 (Packing)
- 墊片 (Gasket)
- 壓蓋 (Gland)
- 閥桿 (Stem)
- 閥軛 (Yoke)
- 後閥座 (Backseat) 或 閥帽軸襯 (Bonnet Bush)
- T 型槽溝連結器 (T-slot Connection)
- 閥座環 (Beat Ring)

高壓閘閥的主要構件：

- 閥體 (Body)
- 閥帽 (Bonnet)
- 閥瓣 (Disc) 或閥楔 (Wedge)
- 閥軛 (Yoke)
- 封填墊 (Packing)
- 壓蓋 (Gland)
- 閥桿 (Stem)
- 閥座環 (Seat Ring)

- 密封環 (Seal Ring)
- 隔片環 (Spacer Ring)
- 阻物環 (Retainer Ring)

高壓閘閥和低壓閘閥兩者主要的區別是在於密封流體的方式，高壓閥是利用密封環、隔片環和阻物環等零組件來密封。而低壓閥是利用墊片來密封，不使流體外洩至閥門外。

### 1.1.1 閥體(Body)

閥門的閥體是與管線連接在一起主要的構件，以法蘭、螺紋或焊接的方式與管線結合，是配管系統的一部份。閥體主要是維持流體的壓力，並必須具有耐腐蝕和抗侵蝕的能力。

### 1.1.2 閥帽(Bonnet)

閥門的閥體、閥帽和閥體-對-閥帽的螺栓(那是指閥帽螺栓和螺帽)對於閥門組件而言是形成配管系統壓力界線的主要部份。閥體和閥帽必須符合 ANSI B16.34 規範的壓力-溫度額定值，而閥體-對-螺帽的螺栓也必須符合 ANSI B1.1 規範的扭矩-負荷的要求。

閥帽的型式依據流體壓力的不同,可分為螺拴閥帽(Bolted Bonnet)和壓力密封閥帽(Pressure Seal Bonnet)。螺拴閥帽以螺栓及螺帽與閥體連結在一起，中間利用墊片防止流體從連結處洩漏。壓力密封閥帽則由閥帽、密封環、隔片環和阻物環所組成，目的是承受著高壓力的流體，並防止流體由此處洩漏。壓力密封閥帽的型式因結構不同可分為四種型式，如圖 5-6 所顯示。

壓力密封閥帽構成的組件主要以密封環作為密封作用，必須承受著閥帽及閥體的擠壓壓力、變形並密封此兩構件的間隙。其硬度必須小於和閥帽及閥體的接觸面。圖 5-7 顯示利用焊接沉澱的方式，硬化與密封環的接觸面。表 5-1 為使用於閥門尺寸壓力密封閥帽型式。表 5-2 說明三者之間材料與硬度的關係。

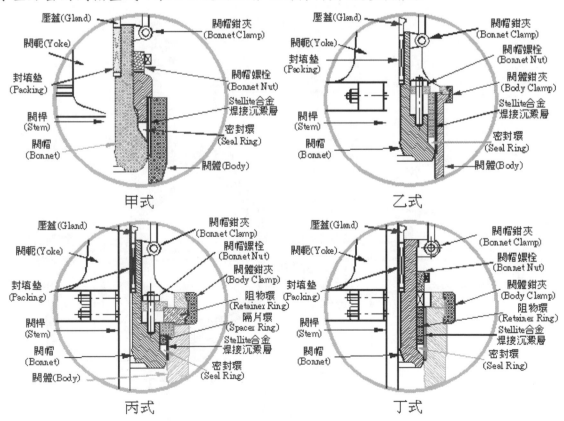

圖 5-6 各種標準高壓閥帽的結構

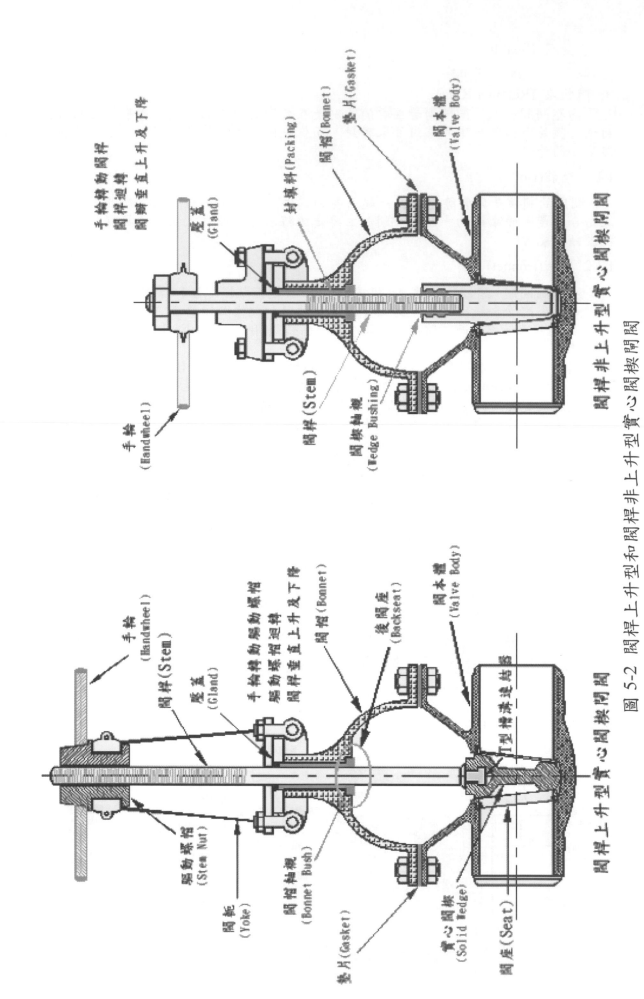

圖 5-2　閥桿上升型和閥桿非上升型實心閥楔閘閥

211

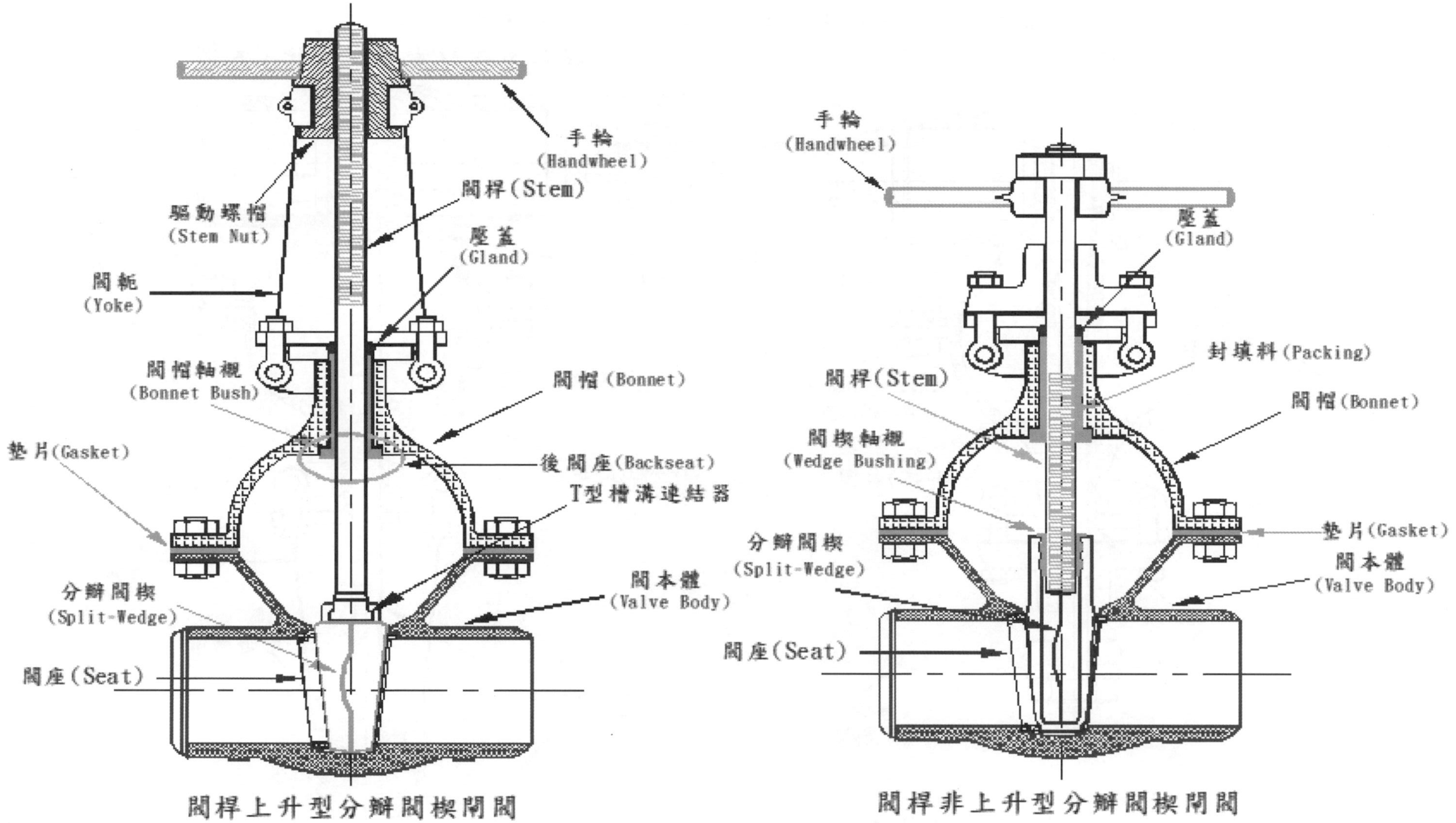

手輪 (Handwheel)

壓蓋 (Gland)

封填料 (Packing)

閥帽 (Bonnet)

墊片 (Gasket)

閥本體 (Valve Body)

閥桿 (Stem)

閥楔軸襯 (Wedge Bushing)

分瓣閥楔 (Split-Wedge)

閥座 (Seat)

閥桿非上升型分瓣閥楔閘閥

手輪 (Handwheel)

閥桿 (Stem)

閥帽 (Bonnet)

後閥座 (Backseat)

T型槽溝連結器

閥本體 (Valve Body)

壓蓋 (Gland)

驅動螺帽 (Stem Nut)

閥範 (Yoke)

閥帽軸襯 (Bonnet Bush)

墊片 (Gasket)

分瓣閥楔 (Split-Wedge)

閥座 (Seat)

閥桿上升型分瓣閥楔閘閥

圖 5-3 閥桿上升型和閥桿非上升型分瓣閥楔閘閥

212

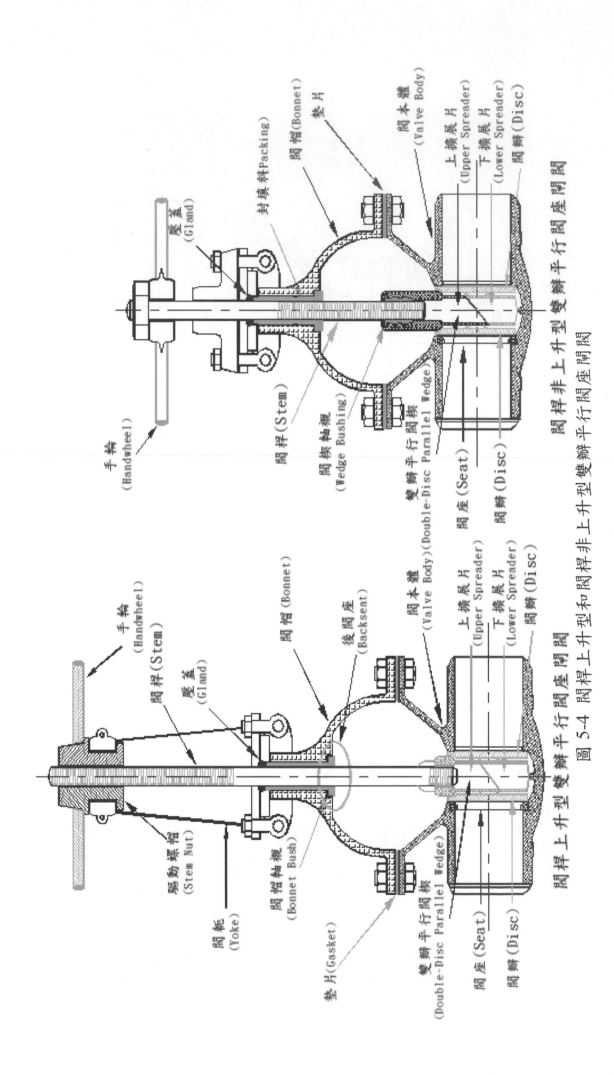

手輪
(Handwheel)

壓蓋
(Gland)

封填料Packing

閥帽(Bonnet)

墊片

閥本體
(Valve Body)

上擴展片
(Upper Spreader)

下擴展片
(Lower Spreader)

閥瓣(Disc)

閥桿(Stem)

閥帽軸襯
(Wedge Bushing)

雙瓣平行閥楔
(Double-Disc Parallel Wedge)

閥座(Seat)

閥瓣(Disc)

閥桿非上升型雙瓣平行閥座閘閥

手輪
(Handwheel)

閥桿(Stem)

壓蓋
(Gland)

閥帽(Bonnet)

後閥座
(Backseat)

閥本體
(Valve Body)

上擴展片
(Upper Spreader)

下擴展片
(Lower Spreader)

閥瓣(Disc)

驅動螺帽
(Stem Nut)

閥軛
(Yoke)

閥帽軸襯
(Bonnet Bush)

墊片
(Gasket)

雙瓣平行閥楔
(Double-Disc Parallel Wedge)

閥座(Seat)

閥瓣(Disc)

閥桿上升型雙瓣平行閥座閘閥

圖 5-4 閥桿上升型和閥桿非上升型平行閥座閘閥

213

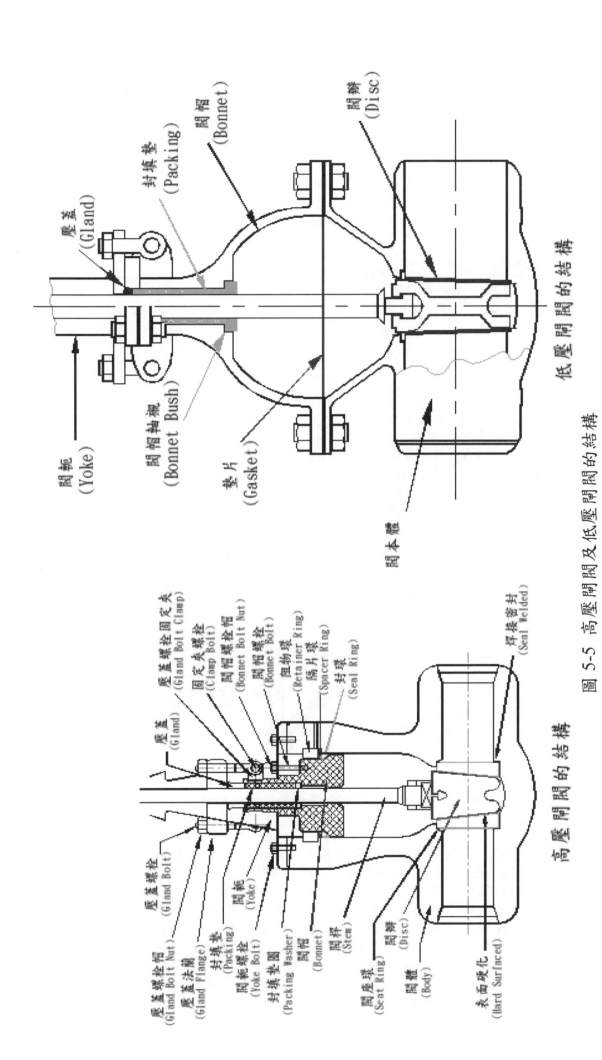

壓蓋
(Gland)

封填墊
(Packing)

閥帽
(Bonnet)

閥瓣
(Disc)

閥軛
(Yoke)

閥帽軸襯
(Bonnet Bush)

墊片
(Gasket)

閥本體

低壓閘閥的結構

壓蓋螺栓固定夾
(Gland Bolt Clamp)

固定夾螺栓
(Clamp Bolt)

閥帽螺栓帽
(Bonnet Bolt Nut)

閥帽螺栓
(Bonnet Bolt)

阻物環
(Retainer Ring)

隔片環
(Spacer Ring)

封環
(Seal Ring)

壓蓋
(Gland)

焊接密封
(Seal Welded)

壓蓋螺栓
(Gland Bolt)

壓蓋螺栓帽
(Gland Bolt Nut)

壓蓋法蘭
(Gland Flange)

封填墊
(Packing)

閥軛螺栓
(Yoke Bolt)

封填墊圈
(Packing Washer)

閥帽
(Bonnet)

閥軛
(Yoke)

閥桿
(Stem)

閥瓣
(Disc)

閥座環
(Seat Ring)

閥體
(Body)

表面硬化
(Hard Surfaced)

高壓閘閥的結構

圖 5-5 高壓閘閥及低壓閘閥的結構

214

表 5-1 使用於閘閥和球體閥壓力密封閥帽的型式

| 尺寸 | 閘　　閥 | | | 球　體　閥 | | |
| | 壓　　力　　等　　級 | | | | | |
| | #900 磅 | #1500 磅 | #2500 磅 | #900 磅 | #1500 磅 | #2500 磅 |
|---|---|---|---|---|---|---|
| 2"或＜2" | 甲式 | 甲式 | 甲式 | 甲式 | 甲式 | 甲式 |
| 3" | 甲式 | 甲式 | 甲式 | 甲式 | 甲式 | 甲式 |
| 4" | 甲式 | 甲式 | 甲式 | 甲式 | 甲式 | 甲式 |
| 6" | 乙式 | 乙式 | 乙式 | 丁式 | 丁式 | 丁式 |
| 8" | 乙式 | 乙式 | 乙式 | 乙式 | 乙式 | 乙式 |
| 10" | 丙式 | 丙式 | 丙式 | 乙式 | 乙式 | 乙式 |
| 12" | 丙式 | 丙式 | 丙式 | 乙式 | --- | --- |
| 14"或＞14" | 丙式 | 丙式 | 丙式 | --- | --- | --- |

表 5-2 壓力密封閥帽構件與閥體及閥帽材料和硬度要求

| 閥體材料 | 焊　接　沉　澱　層 | | | 密　封　環　規　範 | | |
| 鑄　造 | 閥　體 | 閥　帽 | 最大硬度 (HB) | 材料 | 最大硬度 (HB) | 最高溫度 |
|---|---|---|---|---|---|---|
| A216 WCB | 304 | 304 | 180 | 軟鐵 | 90 | 540°C |
| A217 WC1 | 304 | 304 | 180 | 軟鐵 | 90 | 540°C |
| A217 WC6 | 304 | 304 | 180 | F5 | 130 | 650°C |
| A217 WC9 | 304 | 304 | 180 | F5 | 130 | 650°C |
| A351 CF8 | 304 | 304 | 180 | 304L | 150 | 800°C |
| A351 CF3 | 304L | 304L | 180 | 304L | 150 | 800°C |
| A351 CF8M | 316 | 316 | 180 | 316L | 150 | 800°C |
| A351 CF3M | 316L | 316L | 180 | 316L | 150 | 800°C |
| A351 CF8C | 347 | 347 | 180 | 347 | 150 | 870°C |
| A352 LCC | 304 | 304 | 180 | 304L | 150 | 800°C |

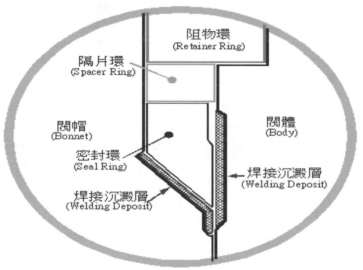

圖 5-7 壓力密封環的接觸面與焊接沉澱層的位置

### 1.1.3 閥瓣(Disc)

　　閥瓣主要的功能是與閥座聯合來開啟、關斷或調節流體通過閥門。在閘閥上稱為閥楔(Wedge)，在球體閥上稱為閥塞(Plug)。閥瓣與閥座這兩個構件是控制製程流體相互的流動與關斷，屬於在閥門上是最頻繁接觸的構件之一。為了避免因頻繁的接觸而遭到磨損，造成洩漏的結果。通常都會在兩者接觸面做表面硬化。硬化的方式是利用熱處理來細化金屬的晶粒，增加硬度來對抗沖蝕的能力。

　　閥門相互接觸的這些構件，另外有一種硬化的方式為焊接沉積(Welding Deposit)，主要是焊接一層不同的金屬在需要加硬的表面。此種方法使用在兩個地方。一是閥瓣上焊接一層薄的 Stellite 金屬，增加閥瓣的硬度及提高溫度。另一是使用在與密封環接觸的閥體和閥帽上(參閱圖 5-7)。

表面滲氮處理也是硬化金屬的一種方法，將金屬在 $500 \sim 565°C$ 之間以氮化形成一層硬化薄膜，可得到下列的益處：

(1) 不需要進行任何熱處理，即可得到非常高的表面硬化，因而耐磨性能優越。

(2) 改善抗腐蝕能力。

(3) 可提高鋼件的疲勞強度，改善對缺口的敏感性。

Stellite 材料(鉻鈷鎢合金)主要用於需要耐磨場所的硬化材料，常用於閥門相對接觸摩擦較頻繁的構件。由於合金成分的不同，有下列 3 種常使用於閥門。Stellite #6 常應用於閥座的硬面材料。Stellite #12 稍微硬一點，但較脆，應用於閥塞上。Stellite #21 較適合修補用材料，因其較軟且具有展延性，也較不易龜裂，卻擁有 Stellite #6 的耐磨性。

Stellite 材料對應力敏感，常於冷卻中龜裂，這也是一般硬脆材料無可避免的副作用。使用時需要預熱來消除潛在的應力，並限制焊接的材料厚度在 5 mm (0.2 in)以下。

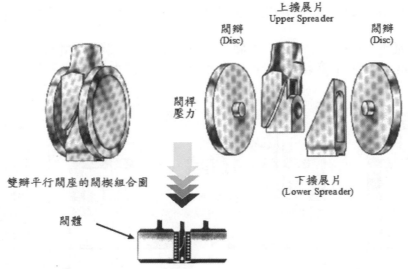

圖 5-8 雙瓣平行閥座的閥楔組件及閥桿壓力形成的密封作用

### 1.1.4 閥楔(Wedge)

就閘閥而言，控制流體主要的組件是一個閥楔。閥楔有四種不同的結構，可參閱圖 1-7，下面簡短的說明這四種的功能。

#### 1.1.4.1 實心閥楔(Solid Wedge)

構造最為簡單，剛性強，可安裝於任何的位置，但因缺乏彈性，其使用的範圍受到限制，一般適用於常溫的管線或高流量高擾流的條件上。溫度的變化及管線上的壓力負荷，均可使閥楔變形，而實心閥楔無法補償此種變形。

#### 1.1.4.2 彈性閥楔(Flexible Wedge)

中間部位為中空，外圍部位為實體，具有彈性以補償閥座環的變形，來改善密封的效果。特別適用於高溫環境，並能克服溫差造成熱變形(Thermal Binding)鎖死的問題。廣泛應用於高溫高壓的環境。於熱態下關閉或快速關閉時，仍可能使閥楔卡死在閥座上。不適用於低壓及要求氣密的管線上。

#### 1.1.4.3 分瓣閥楔(Split Wedge)

閥楔一分為二，兩片之間有一支點，適應閥座環角度的變化而達到適當的配合，較彈性閥楔更具有補償性。在閥門關閉的衝程中，最後一轉壓迫閥楔閉合於閥座面上。適用場所與彈性閥楔相同，較適宜閥座易受管線應變而致變形的場所。

需要快速關閉及在熱態下關閉而在冷態下打開的條件下，仍然可能發生閥楔鎖死在閥座的情形。不適用於低壓及要求氣密的管線上。

#### 1.1.4.4 雙瓣平行閥座之閥楔(Double-Disc Parallel Seat Wedge)

閥楔的兩個座面互相平行,而整個閥楔由 4 片組合而成,即是 2 個閥瓣,一個上擴展片(Upper Spreader),一個下擴展片(Lower Spreader)。閥門關閉時,上擴展片於閥楔定位後,接受閥桿的壓力而向兩側撐開閥瓣,使其與閥座環完全密合。參閱圖 5-8 雙瓣平行閥座的閥楔組件及閥桿壓力形成的密封作用。

此種型式的閥楔可避免溫差造成熱變形和管線負荷所產生的閥座變形,適用於快速關閉或在熱態下關閉而需要於冷態下重行打開的應用。相對浮動的閥瓣對閥座環的變形,更容易適應,能使用於不同的管線壓力和溫度在 93°C (200°F)以上需要快速關閉的條件。

此種特殊的閥楔設計,利用閥桿的壓力平均作用於閥瓣上,而 2 個獨立的閥瓣在衝程期間,緊接著閥座坐落,並旋轉些微的角度,這個旋轉特色不但迫使閥瓣緊密接觸閥座,並在閥座和閥瓣之間的密封表面移除顆粒。此外,無論閥門何時被操作,這個轉動創造了一個重疊效應。這個閥瓣面的設計,又稱搖擺面設計(Rocker Face Design),縱使在快速的關閉和遭受短暫的高溫駐留,也能夠消除閥瓣鎖死的可能性。

上/下擴展片傾斜面的設計,在閥門關閉的期間,閥桿的慣性力作用,使得擴展片相對的移動,消除了直接的撞擊,並將全部的慣性力直接被閥瓣和閥座的密封表面吸收。

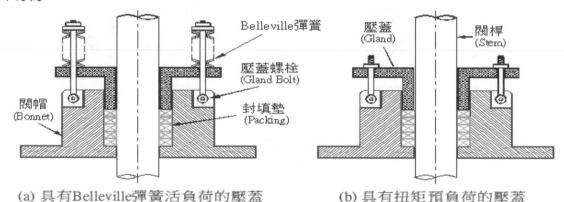

(a) 具有Belleville彈簧活負荷的壓蓋　　　　(b) 具有扭矩預負荷的壓蓋

圖 5-9 壓蓋的方式及作用

### 1.1.5 壓蓋與封填墊(Gland and Packing)

閥帽中間的腔室是允許閥桿貫穿進入閥門的閥體,而以封填墊來密封閥桿與閥帽之間孔洞的間隙。利用壓蓋來預加負荷於封填墊,防止流體從此處洩漏。封填墊加壓可以利用 Belleville 彈簧或利用扭轉壓蓋的螺栓來預加負荷,如圖 5-9 所顯示,前者稱為活負荷,而後者稱為扭矩預負荷。活負荷封填墊利用彈簧來維持一個近似恆量的負荷在封填墊上,即使封填墊可能收縮。收縮可能由於熱膨脹、老化和硬化等造成。

### 1.1.6 閥桿(Stem)

閥桿是一個擁有平滑面穿過封填墊的軸桿,一端以螺紋部分咬合馬達驅動器的驅動螺帽,另一端利用一個 T 型槽溝連結器連接閥瓣(閥楔)。閥瓣有兩個被硬化的表面與閥座環銜接,這些表面是閥門的密封面。

### 1.1.7 閥帽軸襯(Bonnet Bush)

閥門在全開的位置時,在閥楔和閥體接觸之間,通常有一個閥帽軸襯(Bonnet Bush)或稱為後閥座(Backseat)的組件。當閥楔在全開位置時,能夠被用來封住閥桿到閥帽的孔洞。閥帽軸襯的密封是提供保養的目的,不應被依賴來履行安全的功能。閥帽軸襯一般存在於低壓的閥門,高壓的閥門另有不同的結構,手動閥門可能無此裝置。通常而言,馬達閥不是利用電動力使閥楔坐落在閥帽軸襯上,因為閥帽軸襯典型上不是被設計能夠承受一個閥桿高推力的負荷，而此負荷可能引起損傷的結果。

### 1.1.8 墊片(Gasket)

在低壓閥門上，閥體和閥帽以螺栓和螺帽連接，為了防止流體從連結之間洩漏出去，通常利用一個墊片夾在閥體和閥帽之間。而高壓閥門則利用密封環、隔片環及阻物環來防止流體的洩漏。

墊片一般是使用非金屬材料製成，最常使用的材料為 PTFE，取其不易與流體產生作用，而耐溫可高達 232°C，唯一的缺點是此材料具有冷流(Cold Flow)特性，一旦閥門拆卸作維修保養後必須更換此墊片。

### 1.2 球體閥(Globe Valves)

球體閥是利用一個半圓形或半球狀的閥瓣或閥塞來控制流體的流動。在一個球體閥中，從閥體的入口到出口的部份，流動的流體必須改變兩次方向。當打開及關閉閥門時，閥瓣的移動大約與流體流動的方向平行，而閘閥閥瓣的移動是垂直於流體。圖 5-10 為低壓及高壓球體閥的結構，其閥門的組件，除了閥瓣之外，其他組成的構件大致與閘閥相同。

球體閥的優點是能被用來調節流體的流量；然而，頻繁的調節範圍僅僅是在涵蓋衝程的部份。馬達閥常用的球體閥形是包含 T 型和 Y 型球體閥兩者，T 型球體閥如圖 5-10；Y 型球體閥如圖 5-11。

一個有代表性 T 型球體閥組成的構件，包含閥體、閥帽、閥軛、閥桿、封填墊、閥瓣(閥塞)、後閥座(閥帽軸襯)、墊片及閥座。就 Y 型球體閥而言，閥桿不是垂直到流體流動的方向。這兩者球體閥的構件，其功能如先前閘閥所描述。

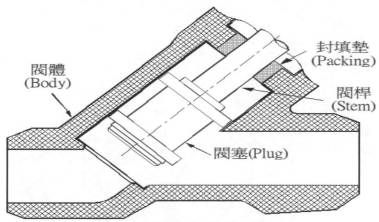

圖 5-11 典型的 Y 型球體閥

### 1.3 角閥(Angle Valves)

角閥基本上結構如同 T 型球體閥，差別是閥門流體的入口與出口呈現 90°的轉變。其目的是經由此 90°的轉折降低流體的壓力，以符合製程壓力的要求。圖 5-12 為角閥的結構。

### 1.4 閥門通口或孔徑的尺寸

閥門通口的大小是打開閥門的主要作用力，計算閥門扭矩力的 3 個力量中，閥門入口與出口的壓力差所造成的摩擦力，是最大的力量，此磨擦力的計算公式為：

$$F_{差壓} = (\pi D^2 / 4) \quad x \quad \Delta p \quad x \quad F_v \qquad\qquad (方程式 5\text{-}1)$$

其中 D 為流體通過閥門的內徑，Fv 為閥門因數。

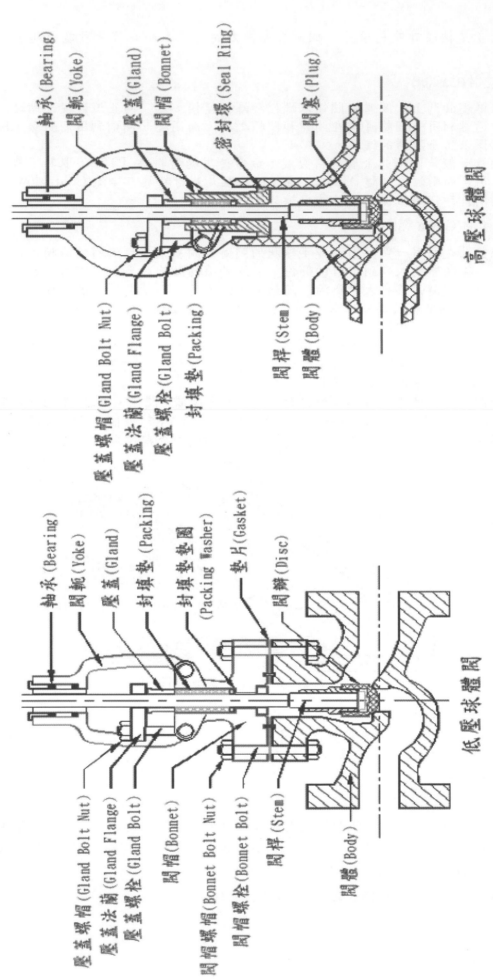

軸承 (Bearing)
閥軛 (Yoke)
壓蓋 (Gland)
閥帽 (Bonnet)
密封環 (Seal Ring)
閥塞 (Plug)

壓蓋螺帽 (Gland Bolt Nut)
壓蓋法蘭 (Gland Flange)
壓蓋螺栓 (Gland Bolt)
封填墊 (Packing)

閥桿 (Stem)
閥體 (Body)

高壓球體閥

軸承 (Bearing)
閥軛 (Yoke)
壓蓋 (Gland)
封填墊 (Packing)
封填墊圈 (Packing Washer)
墊片 (Gasket)
閥瓣 (Disc)

壓蓋螺帽 (Gland Bolt Nut)
壓蓋法蘭 (Gland Flange)
壓蓋螺栓 (Gland Bolt)
閥帽 (Bonnet)
閥帽螺帽 (Bonnet Bolt Nut)
閥帽螺栓 (Bonnet Bolt)
閥桿 (Stem)

閥體 (Body)

低壓球體閥

圖 5-10　低壓球體閥及高壓球體閥

219

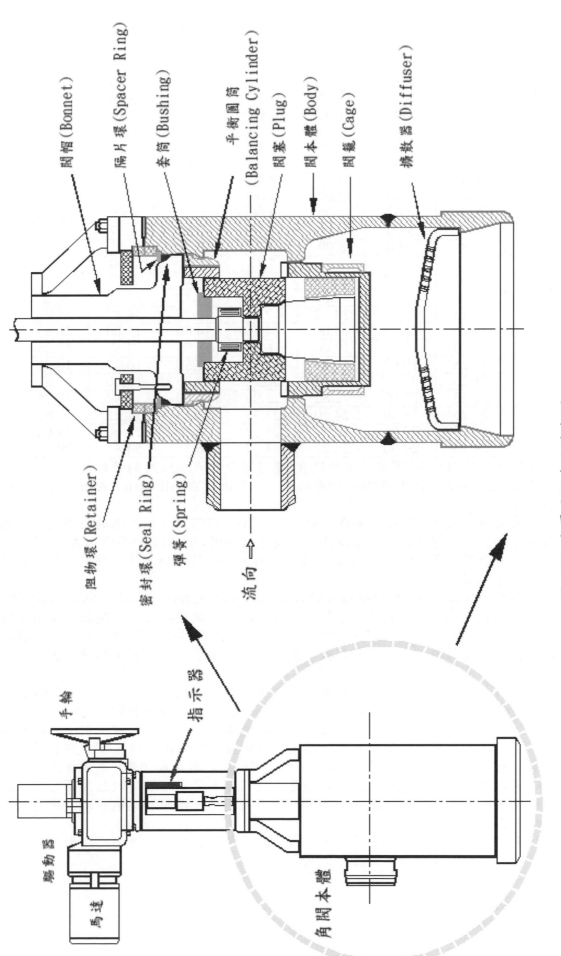

閥帽(Bonnet)
隔片環(Spacer Ring)
套筒(Bushing)
平衡圓筒(Balancing Cylinder)
閥塞(Plug)
閥本體(Body)
閥籠(Cage)
擴散器(Diffuser)

阻物環(Retainer)
密封環(Seal Ring)
彈簧(Spring)
流向→

手輪
指示器
驅動器
馬達
角閥本體

圖 5-12 高壓平衡式馬達角閥

220

表 5-3 閘閥閥門通口的尺寸 *d*　　　　　　　　　　　　　　　　　單位：in

| 公稱管徑尺寸 | 等級 | | | | | | |
|---|---|---|---|---|---|---|---|
| | 150 | 300 | 450 | 600 | 900 | 1500 | 2500 |
| 1/2" | 0.50 | 0.50 | 0.50 | 0.50 | 0.50 | 0.50 | 0.44 |
| 3/4" | 0.75 | 0.75 | 0.75 | 0.75 | 0.69 | 0.69 | 0.58 |
| 1" | 1.00 | 1.00 | 1.00 | 1.00 | 0.87 | 0.87 | 0.75 |
| 1-1/4" | 1.25 | 1.25 | 1.25 | 1.25 | 1.12 | 1.12 | 1.00 |
| 1-1/2" | 1.50 | 1.50 | 1.50 | 1.50 | 1.37 | 1.37 | 1.12 |
| 2" | 2.00 | 2.00 | 2.00 | 2.00 | 1.87 | 1.87 | 1.50 |
| 2-1/2" | 2.50 | 2.50 | 2.50 | 2.50 | 2.25 | 2.25 | 1.87 |
| 3" | 3.00 | 3.00 | 3.00 | 3.00 | 2.87 | 2.75 | 2.25 |
| 4" | 4.00 | 4.00 | 4.00 | 4.00 | 3.87 | 3.62 | 2.87 |
| 5" | 5.00 | 5.00 | 5.00 | 5.00 | 4.75 | 4.37 | 3.62 |
| 6" | 6.00 | 6.00 | 6.00 | 6.00 | 5.75 | 5.37 | 4.37 |
| 8" | 8.00 | 8.00 | 8.00 | 7.87 | 7.50 | 7.00 | 6.75 |
| 10" | 10.00 | 10.00 | 10.00 | 9.76 | 9.37 | 8.75 | 7.25 |
| 12" | 12.00 | 12.00 | 12.00 | 11.75 | 11.12 | 10.37 | 8.62 |
| 14" | 13.25 | 13.25 | 13.12 | 12.87 | 12.25 | 11.37 | 9.50 |
| 16" | 15.25 | 15.25 | 15.00 | 14.75 | 14.00 | 13.00 | 10.87 |
| 18" | 17.25 | 17.00 | 17.00 | 16.50 | 15.75 | 14.82 | 12.25 |
| 20" | 19.25 | 19.00 | 18.87 | 18.25 | 17.50 | 16.37 | 13.50 |
| 22" | 21.25 | 21.00 | 20.75 | 20.12 | 19.25 | 18.00 | 14.87 |
| 24" | 23.25 | 23.00 | 22.82 | 22.00 | 21.00 | 19.82 | 18.25 |
| 26" | 25.25 | 25.00 | 24.50 | 23.75 | 22.75 | 21.25 | 17.82 |
| 28" | 27.25 | 27.00 | 26.37 | 25.50 | 24.50 | 23.00 | 19.00 |
| 30" | 29.25 | 29.00 | 28.25 | 27.37 | 26.25 | 24.82 | 20.37 |

　　依據 ASME B16.34 閥座內徑的開度，應不可小於 Annex A 的管徑尺寸及壓力等級，是以規範所要求的"Full Port"即是指表 5-3 所示的 ASME B16.5 Annex A 閥門通口的尺寸。

　　如果壓力等級為 2500LB 而公稱管徑大於 20" 閥門，計算出來的扭矩太大，無法選擇驅動器，則有 2 種方法來解決；一是依據 API 600 APPENDIX A A.2.1.7 節以90％的全通口(Full Port)管徑尺寸來計算摩擦力，另一為增加馬達的轉動速度，利用斜齒輪來降低閥桿的推力。

　　斜齒輪(Bevel Gear)又被稱為輔助齒輪(Auxiliary Gear)或中間齒輪(Intermediate Gear)(參閱圖 5-13)，利用較小的馬達，藉著齒輪比的轉換延長閥門開啟或關閉的時間，來達到控制的方法。分散式控制系統(DCS)內閥門控制的時間設定是與流體控制有關聯的。閥門的規範一般有開啟與關閉的時間要求，使用斜齒輪會超出規範的要求。

　　安裝斜齒輪的裝置，將改變馬達閥驅動器的安裝位置，從而呈現頂部安裝(Top-mounted Type)驅動器及側部安裝(Side-mounted Type)驅動器的馬達閥，參閱圖5-14 馬達閥驅動器安裝型式。兩者安裝方式其成本不同，對於製程上同一個控制點而言，閥門入口與出口之間的差壓一樣，需求的推力和扭矩相同，側部安裝藉由斜齒輪的齒輪比來降低扭矩(總扭矩不變)，馬達可以選擇較小的型號，成本自然降低，頂部安裝則否。側部安裝對於地震的承受力較頂部安裝差，任何較強烈的地震可能會損壞斜齒輪，嚴重時會造成機殼裂開而使得閥門無法操作。建議在地震帶的廠房儘可能避免使用側部安裝。

　　如果最大扭力的馬達閥也不能夠符合製程流體的控制，建議使用液壓控制的閥門，以達到完美的控制而不避擔憂地震因素。

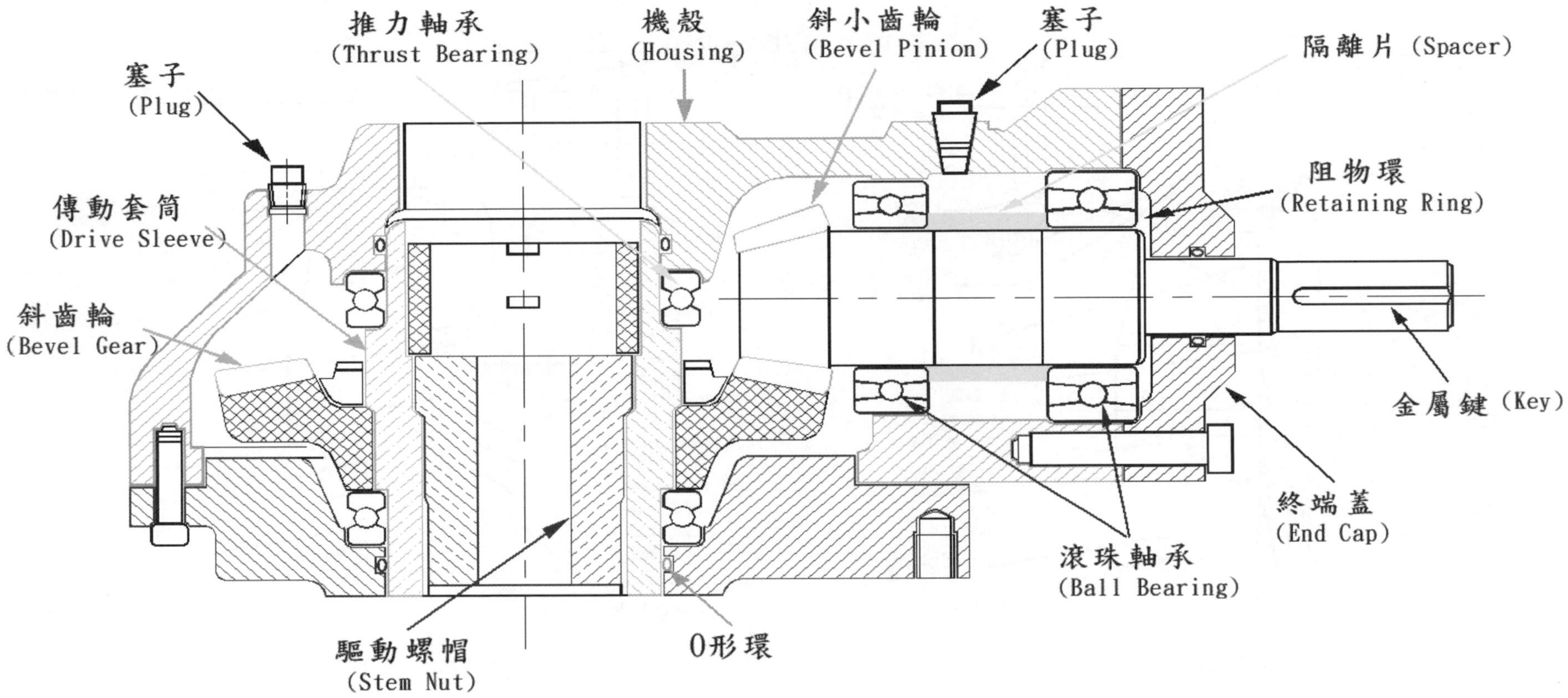

隔離片 (Spacer)

阻物環 (Retaining Ring)

金屬鍵 (Key)

終端蓋 (End Cap)

塞子 (Plug)

斜小齒輪 (Bevel Pinion)

滾珠軸承 (Ball Bearing)

機殼 (Housing)

O形環

推力軸承 (Thrust Bearing)

塞子 (Plug)

傳動套筒 (Drive Sleeve)

斜齒輪 (Bevel Gear)

驅動螺帽 (Stem Nut)

圖 5-13 斜齒輪詳細的結構

222

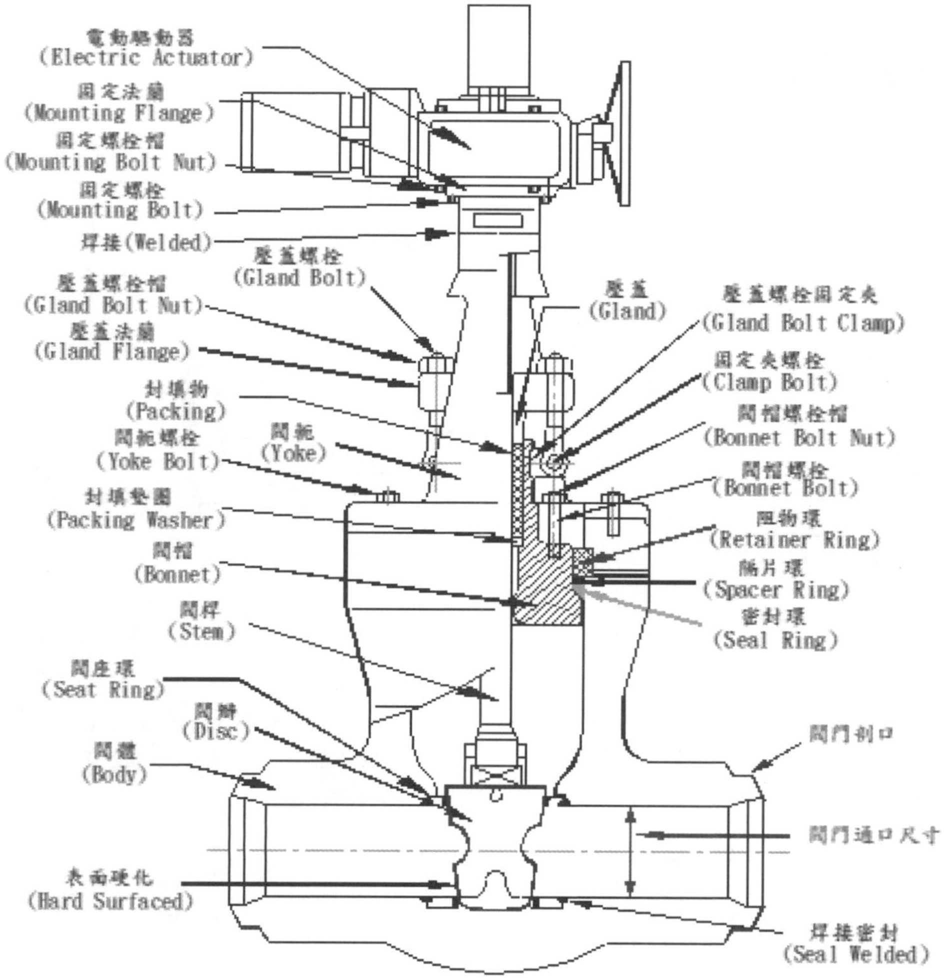

**側部安裝馬達閥**

電動驅動器 (Electric Actuator)
斜齒輪 (Bevel Gear)
固定法蘭 (Mounting Flange)
固定螺栓帽 (Mounting Bolt Nut)
固定螺栓 (Mounting Bolt)
銲接 (Welded)
壓蓋螺栓 (Gland Bolt)
壓蓋螺栓帽 (Gland Bolt Nut)
壓蓋法蘭 (Gland Flange)
封填物 (Packing)
閥軛螺栓 (Yoke Bolt)
封填墊圈 (Packing Washer)
閥帽 (Bonnet)
閥桿 (Stem)
閥座環 (Seat Ring)
閥體 (Body)
表面硬化 (Hard Surfaced)

壓蓋螺栓固定夾 (Gland Bolt Clamp)
固定夾螺栓 (Clamp Bolt)
閥帽螺栓帽 (Bonnet Bolt Nut)
閥帽螺栓 (Bonnet Bolt)
閂物環 (Retainer Ring)
隔片環 (Spacer Ring)
密封環 (Seal Ring)
壓蓋 (Gland)
閥軛 (Yoke)
閥瓣 (Disc)
閥門剎口 (門剎口)
銲接密封 (Seal Welded)

**頂部安裝馬達閥**

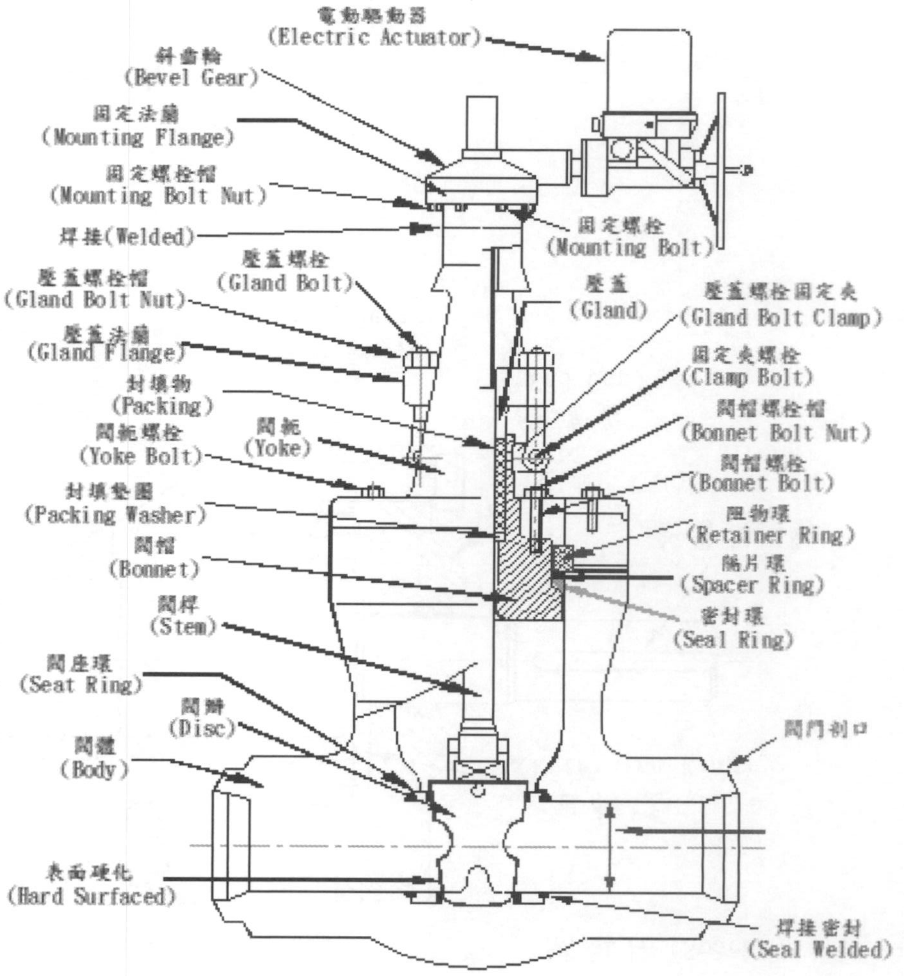

電動驅動器 (Electric Actuator)
固定法蘭 (Mounting Flange)
固定螺栓帽 (Mounting Bolt Nut)
固定螺栓 (Mounting Bolt)
銲接 (Welded)
壓蓋螺栓 (Gland Bolt)
壓蓋螺栓帽 (Gland Bolt Nut)
壓蓋法蘭 (Gland Flange)
封填物 (Packing)
閥軛螺栓 (Yoke Bolt)
封填墊圈 (Packing Washer)
閥帽 (Bonnet)
閥桿 (Stem)
閥座環 (Seat Ring)
閥體 (Body)
表面硬化 (Hard Surfaced)

壓蓋螺栓固定夾 (Gland Bolt Clamp)
固定夾螺栓 (Clamp Bolt)
閥帽螺栓帽 (Bonnet Bolt Nut)
閥帽螺栓 (Bonnet Bolt)
閂物環 (Retainer Ring)
隔片環 (Spacer Ring)
密封環 (Seal Ring)
壓蓋 (Gland)
閥軛 (Yoke)
閥瓣 (Disc)
閥門剎口
閥門通口尺寸
銲接密封 (Seal Welded)

圖 5-14 馬達閥驅動器安裝型式

223

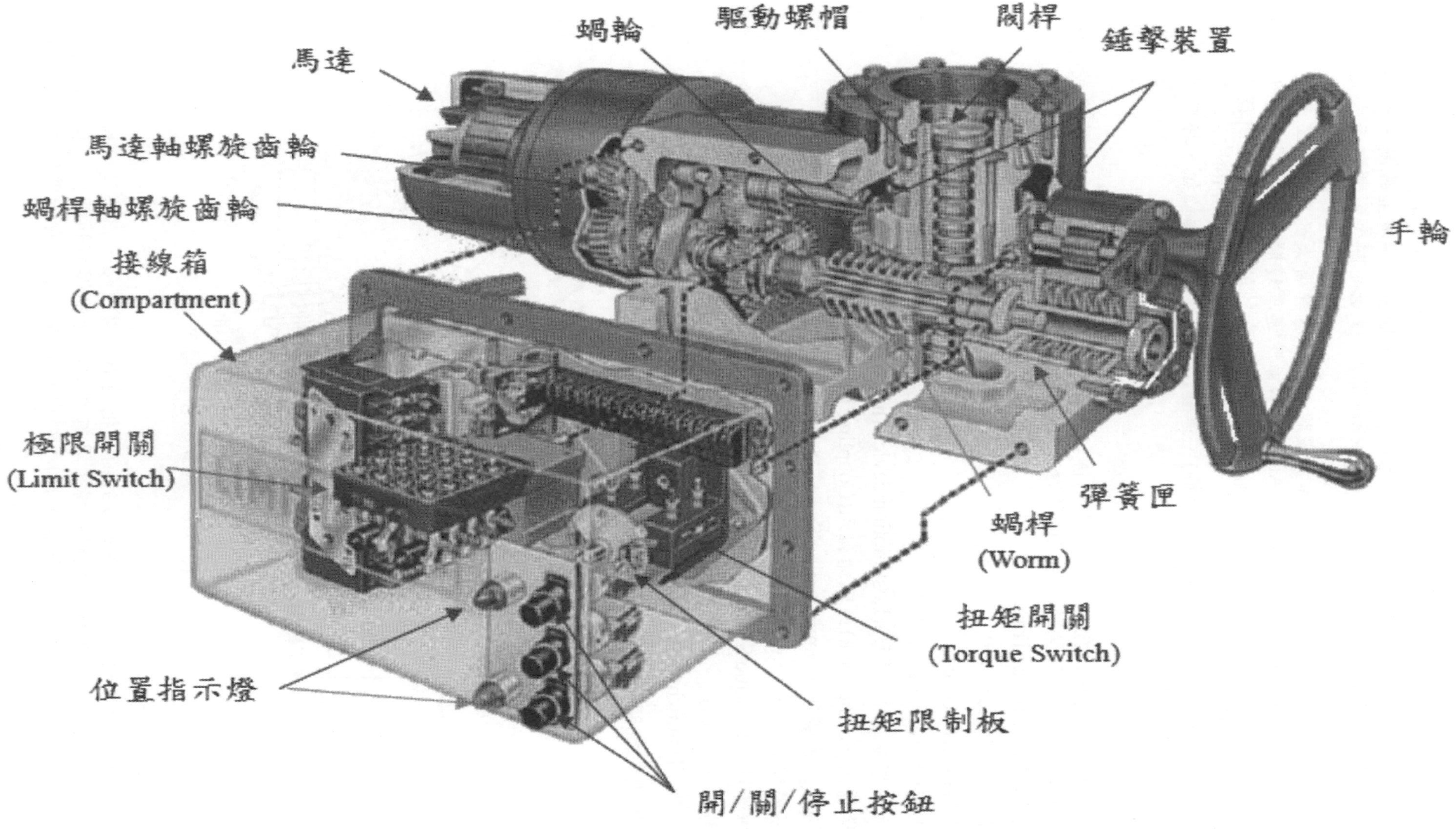

手輪

錘擊裝置

閥桿

彈簧匣

蝸桿 (Worm)

扭矩開關 (Torque Switch)

扭矩限制板

驅動螺帽

蝸輪

開/關/停止按鈕

馬達

馬達軸螺旋齒輪

蝸桿軸螺旋齒輪

接線箱 (Compartment)

位置指示燈

極限開關 (Limit Switch)

圖 5-15 Limitorque 馬達閥驅動器

224

## 2.0 馬達閥的驅動器

馬達電動驅動器的設計是為了能夠達到迅速控制閥門、水門、大水閘、擋板(Damper)和其他相類似應用的操作。選擇正確的驅動器，擁有並瞭解一組特定的負荷特色、電源供應、需求的推力/扭矩和極限開關/扭矩開關，對製程而言是極重要的。

馬達閥驅動器的內部結構依據各家廠牌的設計有非常大的差異，工業上最常使用的廠牌有 Limitorque、Rotork、和 Auma。本節陳述馬達閥及驅動器內各個構件及裝置的功能，了解設備因數及效應所產生的現象，在關的衝程和開的衝程中，其行程相對時間的曲線及曲線的每一段表示的意義。圖 5-15 呈現 Limitorque 驅動器內部的結構，包含齒輪傳動組(蝸桿及蝸輪)、彈簧匣、速度轉換齒輪組、極限開關、扭矩開關和接線箱等。

## 2.1 機械式驅動器

一個由馬達提供動能，利用齒輪傳動組及驅動螺帽的旋轉移動，轉換成閥桿上下移動來控制閥門的開啟和關閉。驅動器的主要構件如下所列：

- 齒輪傳動組(Gear Train)
- 驅動螺帽(Stem nut)
- 蝸輪(Worm Gear)
- 蝸桿(Worm)
- 無效移動裝置(錘擊)(Lost motion device (hammer blow))
- 彈簧匣(Spring pack)或聯結軸承(Coupling Bearing)
- 補償式彈簧匣(Compensating Spring Pack)
- 極限開關(Limit Switch)
- 扭矩開關(Torque Switch)
- 馬達 (Motor)
- 手輪 (Handwheel)

下面將說明及圖示這些組件的功能：

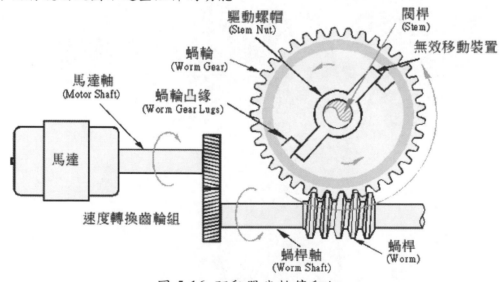

圖 5-16 驅動器齒輪傳動組

## 2.1.1 齒輪傳動組

圖 5-16 顯示一個驅動器傳動方式的簡化圖面。圖內顯示出馬達、馬達的速率轉換齒輪組、蝸桿與渦輪組、蝸輪凸緣，具有螺紋的驅動螺帽和閥桿。驅動器齒輪傳動組包含速率轉換齒輪組(螺旋型齒輪)、蝸桿和蝸輪，這些齒輪傳動組傳遞著動力

225

至驅動螺帽和閥桿，轉換扭矩和推力給閥桿，提供閥門的開啟和關閉。

　　驅動器上的齒輪傳動組會有自動閉鎖或無自動閉鎖的功能。一個自動閉鎖的齒輪傳動組中，當扭矩被加到蝸輪或一個軸負荷被加到蝸桿時，蝸桿將不會旋轉。一個齒輪傳動組的自動閉鎖能力是依據速度轉換齒輪、蝸桿-對-蝸輪的比例及齒輪構件聯鎖的摩擦係數等決定，而決定的方式是以齒輪傳動組的整體比率來判斷此驅動器。是否具有自動閉鎖的功能或無此功能。因此某些閥門操作在高速率，其整體比率低的齒輪傳動組是無自動閉鎖的功能。速度轉換齒輪組及蝸桿-蝸輪齒輪組的齒數配置及整體比率計算方法如下：

$$速度轉換齒輪組比率 = \frac{馬達軸螺旋齒輪數}{蝸桿軸螺旋齒輪數} \qquad (方程式\ 5\text{-}2)$$

整體比率＝速度轉換齒輪組比率 x 蝸輪齒數 x 蝸桿齒數　　　　　(方程式 5-3)

表 5-4 驅動器自動閉鎖齒輪比的整體比率值

| 速度轉換齒輪組 | | | 整體比率 | | |
|---|---|---|---|---|---|
| 馬達軸螺旋齒的齒數 | 蝸桿軸螺旋齒的齒數 | 螺旋齒的比率 | 蝸輪和蝸桿比率 | | |
| | | | 19:1 | 45:1 | 76:1 |
| 43 | 22 | 0.511 | 9.70 | 23.0 | |
| 42 | 23 | 0.550 | 10.45 | 24.8 | |
| 41 | 24 | 0.585 | 11.11 | 26.3 | |
| 40 | 25 | 0.625 | 11.87 | 28.2 | |
| 39 | 26 | 0.667 | 12.67 | 30.0 | |
| 38 | 27 | 0.710 | 13.49 | 31.9 | |
| 37 | 28 | 0.757 | 14.38 | 34.1 | |
| 36 | 29 | 0.805 | 15.29 | 36.2 | |
| 35 | 30 | 0.858 | 16.30 | 38.6 | |
| 34 | 31 | 0.912 | 17.32 | 41.0 | |
| 33 | 32 | 0.970 | 18.43 | 43.6 | |
| 32 | 33 | 1.040 | 19.76 | 46.8 | |
| 31 | 34 | 1.090 | 20.71 | 49.0 | |
| 30 | 35 | 1.160 | 22.04 | 52.2 | |
| 29 | 36 | 1.240 | | 55.8 | |
| 28 | 37 | 1.320 | | 59.4 | |
| 27 | 38 | 1.400 | | 63.0 | 106.40 |
| 26 | 39 | 1.500 | | 67.5 | 114.00 |
| 25 | 40 | 1.600 | | 72.0 | 121.60 |
| 24 | 41 | 1.710 | | 77.0 | 129.96 |
| 23 | 42 | 1.820 | | 82.0 | 138.30 |
| 22 | 43 | 1.950 | | 87.8 | 148.20 |
| 21 | 44 | 2.090 | | 94.0 | 158.80 |
| 20 | 45 | 2.250 | | 101.3 | 171.00 |
| 19 | 46 | 2.420 | | 109.0 | 183.90 |

註：
1. 整體比率的 19 比 1、45 比 1 或 76 比 1，19、45 和 76 指的是蝸輪齒數，1 指的是蝸桿齒數。
2. 蝸輪的直徑一般製造是 15 公分，其上能夠車牙出各種齒數。但齒數太少則無法車出牙來，必須加倍車製出齒牙的齒數。
3. 當 19 齒數無法在蝸輪上車製出牙時，必須提高到 38 齒數，蝸桿相對也需要依據 38 齒的間距車出齒數，雖然 38 比 2 ＝ 19 比 1，但蝸桿以違反上表 5-4 齒的比率要求，其 19 比 1 的整體比率無自動閉鎖功能。
4. 由於機械加工精密方面的因素，整體比率在 30：1 以下，一般不具備有自動閉鎖的功能。

　　大致而言，其齒輪傳動組的齒數必須相對於表 5-4 列於其上的齒數，當機械無法車製出要求的齒數比率時，就沒有具備自動閉鎖的功能，各家製造廠的齒數及整體比率值將有所不同，須參考廠商提供的型錄為依據，且需確認蝸桿與蝸輪車製出來的齒數是否依據表上的齒數。Limitorque 驅動器自動閉鎖齒輪比的整體比率值詳細資料請參閱附錄 5-1。

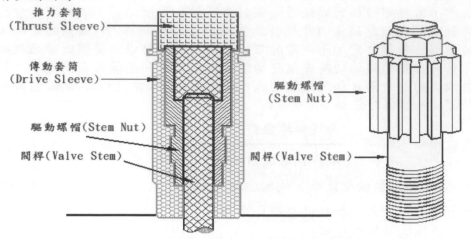

圖 5-17 驅動螺帽及閥桿的相對位置

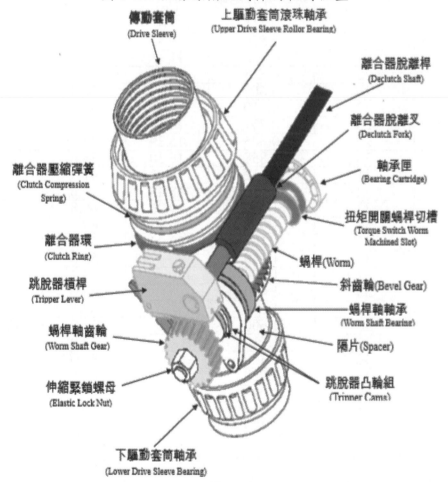

圖 5-18 Limitorque 傳動齒輪的細部結構圖

### 2.1.2 驅動螺帽(Stem Nut)

　　驅動螺帽是一個內部有螺紋的圓筒來嚙合著閥桿外部，裝以方栓來咬合傳動套筒(Drive Sleeve)，參閱圖 5-17。閥桿和驅動螺帽的配置(那就是節距和導程)連接著齒輪傳動組和馬達來決定閥桿的速率。驅動螺帽轉換驅動器的輸出扭矩(從傳動套筒)成為輸出推力到閥桿。此推力是扭矩和閥桿因數的乘積。閥桿因數是一個依據閥桿的大小和螺紋的摩擦係數之轉換因數。驅動螺帽的螺紋摩擦在閥桿因數有很大的影響，從而產生推力。

閥桿的上升和下降是利用驅動螺帽原地轉動,藉著驅動螺帽的內螺紋嚙合閥桿的外螺紋來帶動,此又稱之為閥桿上升型。由於驅動器需要維持原地轉動,因此驅動螺帽不會與閥桿一併上下。

閥桿和驅動螺帽的組合依據螺紋的形狀和摩擦係數,能有各自的自動閉鎖或無自動閉鎖的螺紋。有別於蝸桿和蝸輪的自動閉鎖功能。一個自動閉鎖的閥桿和驅動螺帽,當一個推力被傳動到閥桿,將不會旋轉,這是自動閉鎖的特性,防止驅動螺帽的旋轉,而自動閉鎖齒輪傳動組防止蝸輪旋轉。圖 5-18 為 Limitorque 傳動齒輪的細部結構。

### 2.1.3 無效移動裝置(Lost Motion Device)

大部分利用馬達來驅動的閥門,一個類似離合器的裝置提供在蝸輪上,來允許馬達在無負荷的條件下建立速度,優先於嚙合傳動套筒,如圖 5-15 及圖 5-16 顯示的無效移動的裝置。無效移動裝置撞擊傳動套筒的突緣,如此的動作稱為錘擊(Hammer Blow)。無效移動裝置最顯著的優點是馬達在無負荷條件下的加速度,使驅動器取得作動蝸輪的效率。

馬達起動初期,改變了馬達轉動的方向,在嚙合傳動套管之前,蝸輪大約迴轉1/2 轉,這個迴轉不會促成閥桿的移動,然後正轉敲擊蝸輪凸緣,幫助閥門開始移動。錘擊提供一個撞擊,可以幫助打開閥桿-對-驅動螺帽的靜摩擦力。然而,測試資料顯示如果閥門並未坐落閥座時,錘擊通常是不顯著的,因為存在著閥桿-對-驅動螺帽和閥桿-對-閥瓣的間隙。另外,無效移動的裝置不適用於調節閥門的應用。

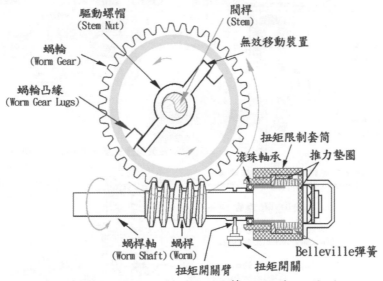

圖 5-19 Limitorque 驅動器彈簧匣組件配置圖

### 2.1.4 彈簧匣(Spring Pack)

彈簧匣的組件是用來測量馬達驅動器的輸出扭矩,如圖 5-15 顯示驅動器內部一個彈簧匣的組件。彈簧匣使用堆疊式、預負荷的 Belleville 彈簧組。內部裝置著方栓的蝸桿匹配著有方栓槽的蝸桿軸,除了被彈簧匣限制之外,能自由的來回滑動。彈簧匣每一端安排的推力墊圈,是為了彈簧匣能夠在蝸桿軸向移動的任何一個方向被壓縮。為了防止損傷 Belleville 彈簧,限制板套筒限制了彈簧匣最大的壓縮長度。圖5-19 簡單描述彈簧匣的結構。假如蝸桿軸向負荷小於預負荷時,彈簧匣將不會壓縮。

彈簧匣上的軸向力量等於蝸桿推力減去軸向的任何摩擦力損失。驅動螺帽的扭矩相等於蝸桿上的推力乘以有效的蝸輪半徑。因此,就蝸桿推力高於彈簧匣預負荷而言,彈簧匣的壓縮大約比例於驅動螺帽的扭矩。彈簧匣的壓縮經由扭矩開關偵測。扭矩開關當彈簧匣壓縮超過一個預設值時,被用來切斷馬達的電源。圖 5-20 說明彈簧匣和扭矩開關之間的互動。

彈簧匣也扮演一個衝擊吸收器來降低在傳動裝置上的慣性負荷,藉由閥瓣完全坐落在閥座及驅動螺帽停止轉動之後,允許馬達和傳動裝置逐漸的減速。結果,某些轉動質量的動能藉著彈簧匣的壓縮而被吸收。

使用彈簧匣來精確控制閥桿的推力有天生的限制，這些限制包含有關閥桿因數的變動、液壓閉鎖和負荷率效應，並敘述如下：

2.1.4.1 閥桿因數(β, Stem Factor)

閥門閥桿的形狀、驅動螺帽的形狀、和閥桿-對-驅動螺帽的螺紋摩擦係數，決定驅動器輸出扭矩和推力之間的關係。閥桿扭矩對閥桿推力的比率被稱為"閥桿因數"。

工業上的經驗已經顯示彈簧匣壓縮，可能不是控制閥桿推力的一個正確方法，因為驅動螺帽和閥桿螺紋之間的摩擦係數，會因閥桿潤滑的退化而改變。經驗上選擇摩擦係數的數值為 0.2 或 0.15，當閥桿因退化而改變時，摩擦係數降為 0.15 或 0.12，此數值的降低擴大了驅動螺帽和閥桿螺紋之間齒與齒咬合的間隙。無論如何，扭矩-對-推力的轉換，依據閥桿因數，對螺紋摩擦係數是很敏銳的。

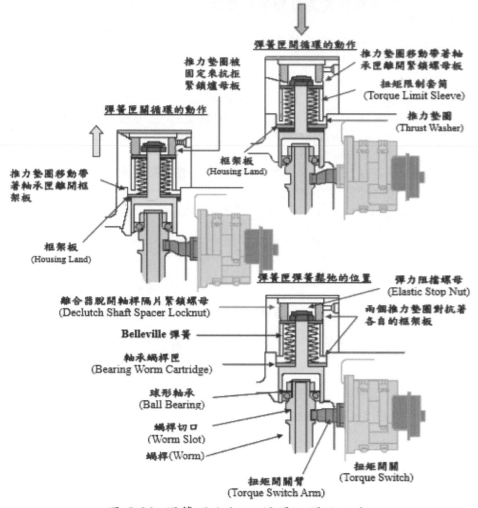

圖 5-20 彈簧匣和扭矩開關之間的互動

一般而言，閥桿實際的螺紋摩擦係數，以一個保守的、或是設置界限的螺紋摩擦係數作為計算。假設保守的高摩擦值是作為評估驅動器輸出推力的能力。建議一個 0.2 螺紋摩擦係數，在缺乏規範的測試資料，當作一個界線值作為一個特別的應用。假設低摩擦是保守作為評估閥門和驅動器結構上的適當性，並估算閥桿是否為自動閉鎖。一個 0.2 保守的低摩擦係數，被建議使用在缺乏閥門規範的資料中。螺紋摩擦係數(μ)請參閱附錄 5-3 及 5-4。

2.1.4.2 液壓閉鎖(Hydraulic Lock-up)

液壓閉鎖發生在彈簧匣的腔室中，Belleville 彈簧墊圈之間的空隙注滿了油脂。

假如油脂在壓縮期間不能夠脫離，彈簧匣的彈簧常數增加是因為捕捉到油脂，更進一步抗拒 Belleville 墊圈的壓縮。那些是在液壓閉鎖的範圍中變動。彈簧常數增加而能夠引起一個更高的輸出扭矩，或假如存在足夠的油脂，彈簧匣不能夠壓縮久到足夠跳脫扭矩開關。

一個完全液壓閉鎖的事件中，馬達閥由於馬達的熱過載或馬達燒毀而跳脫。由於液壓閉鎖導致馬達失速，假如馬達失速的扭力超過閥門或驅動器的容量，也能夠造成閥桿彎曲、閥瓣變成弓形、和罩框蓋龜裂的結果。

液壓閉鎖只存在於 Limitorque 驅動器上，Rortork 驅動器的彈簧匣位置與 Limitorque 不同，且無油脂潤滑，所以不會有液壓閉鎖現象的產生。

### 2.1.4.3 負荷率效應(Rate-of-Loading Effect)

工業上的資料顯示，彈簧匣壓縮和閥桿推力之間的關係是依據閥桿負荷和運轉負荷大小的變化率而變化。負荷率效應能夠引起閥桿的推力，在靜態操作比動態操作下，有顯著更高的扭矩開關跳脫。

負荷率效應的現象，也引起螺紋摩擦係數在一個靜態衝程的操作(高的負荷率)和一個衝程的操作(低的負荷率)之間的改變。

### 2.1.5 手輪(Handwheel)

驅動器配置一個手輪作為手動操作。利用一個離合器分離的機械裝置，由一個手桿來觸動，脫開馬達齒輪的咬合並嚙合手輪。當啟動馬達的轉動，能夠自動的回復驅動器馬達操作，並同時脫開手輪的嚙合。

圖 5-21 的簡圖說明驅動器相關齒輪的配置。一個標準型電動驅動器的手輪固定在手輪轉軸上，若欲降低手輪操作的力量在 36kg 以下時，可在手輪軸及手輪之間加裝一組成比例變動的齒輪來轉換。

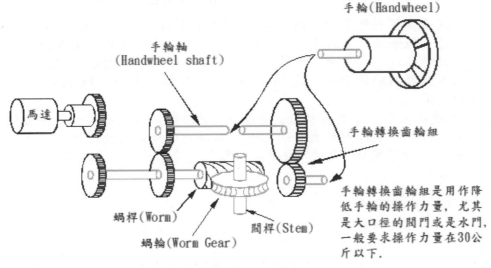

圖 5-21 馬達閥驅動器齒輪的配置簡圖

### 2.1.6 補償式彈簧匣(Compensation Spring Pack)

一個補償式彈簧匣扮演一個衝擊吸收器來減少閥瓣撞擊閥座之後在閥桿上的慣性負荷，且當閥門遭受熱短暫的停留時，保證維持恆量的閥座負荷。補償式彈簧匣使用 Belleville 彈簧來限制驅動螺帽的軸向移動，在某種方法上類似蝸桿的彈簧匣。單補償型是允許驅動螺帽相對無負荷的位置向上移動，雙補償型是允許驅動螺帽相對無負荷的位置向上和向下移動。圖 5-22 呈現單補償型式的彈簧匣。

在一個補償式彈簧匣的設計中，彈簧偕同彈簧匣連續的動作，在閥瓣坐落閥座之後，更進一步在閥桿上降低來自於馬達和傳動裝置的慣性負荷。依據允許驅動螺帽軸向的移動，補償式彈簧匣吸收轉動馬達和驅動器構件的動能，因此減少閥桿上的慣性負荷。

補償式彈簧匣也容納閥桿和閥體之間軸向熱擴張差。補償式彈簧匣在一個已經
關閉的閥門中幫忙維持一個恆量閥座坐落的負荷，相對於閥體，閥門閥桿和閥瓣是
涼的，且由於閥桿相對的縮短，閥座坐落的負荷傾向於減少。能量儲存在被壓縮的
補償式彈簧匣中，扮演維持閥桿的推力及緊密保持閥瓣在閥座內。反過來說，假如
閥體相對於閥桿和閥瓣是冷的，閥桿更進一步壓縮補償式彈簧匣，替代驅動閥瓣更
猛烈的進入閥座，此可能導致過度閥楔楔入的力量而無力打開閥門。補償式彈簧匣
有較高的負荷限制，相當於充分的壓縮。假如閥桿推力超過較高的極限，補償式彈
簧匣將會失去它的功效。

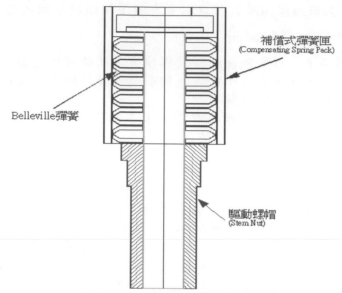

圖 5-22 馬達閥補償式彈簧匣

雙補償式彈簧匣在雙向的關閉位置中，容納相對差動軸向熱成長，如上所描述，
且在開的位置上假如閥門是後閥座坐落的。通常雙補償式彈簧匣是很少需要的。

增加移動件的速率和質量，能夠引起一個慣性過推力的增加。建議在高速度的
應用上，閥桿速度對閥閘而言大於 24 in/min，而球體閥大於 8 in/min，應考慮補償
式彈簧匣的使用。

許多馬達閥被裝置著具有補償式彈簧匣，應用關閉限制般的一個推力控制裝置。
此消除傳統的扭矩開關控制最大問題之一，保證將達成需求的輸出推力，忽視在閥
桿和驅動螺帽之間摩擦係數的變量(保證驅動器有充分的輸出扭矩能力和一個保守
的高摩擦係數)。

2.2 馬達及電源的設計

電氣盤提供給驅動器的電源有 AC 和 DC 電源，而電源的提供除了使用於轉動
馬達之外，還經由電氣盤的變壓器將電壓降低來供給驅動器內控制電源的應用。

三相 AC、單相 AC 和 DC 電源的馬達是用於閥門的驅動器上，這些特別設計作
為馬達閥應用的馬達，有下列與眾不同的特色：

2.2-(a) 高的額定起動扭矩

計算馬達的大小是為了它的額定起動扭矩，超過需求的馬達扭矩來操作閥門。
這個扭矩需要在一個非常短的時間內供給(一秒鐘幾分之幾到幾秒鐘)。馬達額定的
起動扭矩通常是在馬達失速扭矩(轉子被鎖死)56% ~ 95%之間。額定的起動扭矩能夠
被傳遞，在允許的溫度上被超越限度，及轉子或定子損壞發生之前，僅僅只有一分
鐘的幾分之幾(平均 10 到 15 秒)。既然起動扭矩需要僅僅是衝程的一小瞬間，不會
超越馬達可允許溫度上升的限度。

2.2-(b) 短暫的工作循環

這些短暫的工作循環在操作期間不會達到熱平衡，對馬達而言，三相 AC 馬達

的工作循環是 15 分鐘，DC 馬達和單相 AC 馬達是 5 分鐘。這個工作循環是以馬達轉動在額定起動扭矩 20%時溫度上升為基礎。使用這個低扭矩值，來建立工作循環的理由是大部分應用中，大多數閥門衝程的閥桿推力，在坐落閥座期間大約是 20%或更少的推力，而採用的馬達具有一個 40%額定起動扭矩的工作循環。

## 2.2-(c) 整體包覆無通風的框架

對於包覆馬達的框架而言，有四種不同要求的包覆方式；開放防滴式框架(Open Drip-proof Frame)、整體包覆無通風式框架 (Totally Enclosed Non-ventilated Frame,TENV)、整體包覆通風式框架(Totally Enclosed Air Over Frame,TEAO)及整體包覆風扇冷卻式框架(Totally Enclosed Fan-cooled Frame, TEFC)。馬達控制閥的馬達，使用標準 NEMA 的整體包覆無通風框架(TENV)，因為一個通風扇操作在窄小的空間，不是有效來冷卻一個因運轉產生熱能的馬達。整體包覆無通風的馬達框架包覆整個馬達及驅動構件，來防止機殼的內部和外部之間空氣的交換，但是它們可以是氣密的或不是氣密的，大部分是作為核能安全有關的應用。非氣密的利用 T 型排水設施來排出因蒸汽進入馬達形成的冷凝水，並平衡馬達內部和外部的機殼壓力(在意外事故的條件下)。排水設施防止馬達的絕緣體淹沒在水中，此能夠引起線圈的短路。

一些製造廠商設計出符合 IP 67 或 IP 68 的整體包覆無通風框架，更進一步消除水和蒸汽的進入。然而在如此密閉的框架內，一旦故障，打開此框架進行維修保養將是不易，尤其是曝露在高輻射的核能環境下進行維修，將更增加人員長時間的曝露危險。

## 2.2-(d) 動力電纜大小的計算

應計算這些馬達電纜的大小，至少提供在馬達額定起動扭矩的電流，及超過運轉扭矩的電流。這個是因為限定的條件是"起動"而不是"運轉"。某些計算動力電纜的大小是以鎖定的轉子失速電流為基礎，因為鎖定的轉子電流是一個運轉電流的保守估算值。

使用有限制的工作循環、高起動扭矩的馬達來取代連續工作的馬達作為馬達閥之應用，這個是主要來限制馬達的大小和慣性，因為相同的連續工作馬達，一定需要一個更大的框架和有一個更高的慣性。

## 2.2-(e) 馬達閥馬達絕緣體 NEMA 等級的分類

一般馬達採用的絕緣體遵循 NEMA 等級的分類，其分類如下：

表 5-5 馬達絕緣體 NEMA 等級

| 溫度耐受性等級 | 允許最大操作的溫度 | | 全負載 1.0 工作因數馬達下允許的溫度上升 [1] | 全負載 1.15 工作因數馬達下允許的溫度上升[1] |
|---|---|---|---|---|
| | °C | °F | °C | °C |
| A | 105 | 221 | 60 | 70 |
| B | 130 | 266 | 80 | 90 |
| F | 155 | 311 | 105 | 115 |
| H | 180 | 356 | 125 | - |

註：(1) 允許溫升是根基於 40°C的參考環境溫度。操作溫度為參考溫度+允許溫升+"熱點"線圈的容差。

## 2.2.1 AC 馬達

一個 AC 感應馬達由 2 個主要的構件組成。一個是固定的組件稱為定子(Stator)，而另一個是一個轉動組件稱為轉子(Rotor)。定子有可能有任何偶數的電極，但最通常的是 2、4 和 8 電極馬達。定子是纏繞電線的線圈，當通電後使定子成為一個電磁鐵的原因。假如以普通 60 周波(Hz)交替電流激磁，定子的磁極轉換它們的極性每秒 120 次。定子是一個槽孔鋼薄片的組合物，具有鑄鋁棒擔任轉子導體的任務。轉子鑄造組件常常稱為一個鼠籠(squirrel cage)。一個磁場在鼠籠中利用電流通過鑄鋁棒而產生。磁場在安置的轉子中間藉著定子而產生。轉子經由轉動移動，發生吸引一個電極而排斥另一個電極。這個推拉的動作是連續的，當定子的電極連續對它們的極性逆轉與轉子連續旋轉。馬達將調整本身到一個理論同步的速度，此是一個電流來源的頻率及在定子上電極數的函數，且能夠被表示如下：

$$同步速度 = 120 \times \frac{頻率}{電極數} \qquad (方程式 5\text{-}4)$$

因此，一個 2 極馬達操作在 60 Hz 的電源，將有一個 3600 rpm 的同步速度；一個 4 極馬達有一個 1800 rpm 同步速度；及一個 8 極馬達有 900 rpm 同步速度。然而馬達的恆定速度被一個稱為側滑現象(slip phenomenon)所影響，此是由轉子的感應電流及摩擦產生的。恆定速度通常小於馬達同步速度 4~5 的百分比。因此，一個 1800 rpm 馬達，實際將在大約 1720 rpm 運轉。

3 相馬達中，定子上捲繞的每一相，與其他以 120°錯相，這個開始推拉的影響，馬達開始轉動在一個方向而不需要起動線圈。為了變化一個 3 相馬達的方向，相位的兩個必須互換。這引起定子的磁場在相反的方向被取代，馬達將反應相對於最初的方向，做相稱的轉動。

電馬達產生一個扭矩，直接比例於應用電壓的平方。因此，一個馬達如果只接收它額定電壓的 80%，僅產生它額定扭矩的 64%。反過來說，假如接收它的額定電壓 110%，則產生它額定扭矩的 121%。

在應用上除了特殊的要求，大部分 AC 馬達是三相 220/440、230/460、240/480 VAC 鼠籠式感應馬達(Cage Induction Motors)，擁有製造廠商潤滑密封的滾珠軸承。馬達通常是單一的三相電壓，包含下列標準及特殊要求的電壓，並具有 RH 或 LR 的絕緣體。單相 AC 馬達使用，在馬達閥的應用上是罕見的，且不能更進一步提供。
註：
1. RH 級 -- 這個絕緣體額定為 180°C(絕緣體熱的部位)，使用在嚴苛的環境及安全有關的應用。
2. LR 級 -- 這個絕緣體額定為 250°C(絕緣體熱的部位)及使用在 MOV 可能必須操作於非常高溫的環境(例如，高電位能量線斷路器附近)。

三相 50 Hz (Three-phase 50 Hz)電源：

　220, 230, 240, 380, 400, 415, 440, 460, 480, 500, 550, 575, 600, 和 690 VAC.

三相 60 Hz (Three-phase 60 Hz)電源：

　208, 220, 230, 380, 440, 460, 480, 575, 600 和 690 VAC.

單相 50 Hz (Single-phase 50 Hz)電源：

　110, 115, 220, 230, 和 240 VAC

單相 60 Hz (Single-phase 60 Hz)電源：

　115, 120, 208, 220 和 230 VAC

馬達在 3 個速率上被採用：900 rpm (8 極)、1800 rpm (4 極)和 3600 rpm (2 極)。鼠籠式捲繞通常是以鑄鋁合金製造的，但有可能是鑄鎂合金。附錄 5-2 使用於馬達閥 2 極和 4 極馬達的詳細資料，從這些資料內，我們可以瞭解馬達所需要的數值，譬如起動電流值、起動功率因素、20%和 40%扭矩值、空負載電流值及結線方式等。從這些值能夠判斷製造廠商提供的馬達，可否達到控制閥門需要的扭矩/推力值。

當採用的電壓維持在馬達設計電壓+10%與-10%之間，通常能夠獲得馬達的能力和閥門及驅動器組成構件強度之間的匹配。這個變動是在驅動器的設計臨界之內；然而，就安全有關的閥門而言，一個規範的電壓下降(例如，70%的額定電壓)，能夠引起閥門及驅動器在公稱電壓或上升電壓上，無法承受一個馬達失速的結果。為了在下降的電壓上操作，計算馬達的大小以便在最低電壓上達成需求的起動扭矩，雖然馬達閥通常在充足的電壓上操作。就一個 AC 馬達而言，已經假設扭矩和馬達電壓的平方成比例。因此在 100%的電壓上，一個 AC 馬達能夠產生大約兩倍 70%的電壓扭矩。這個例子中，最小和最大驅動器推力能力之間巨大的差異(由於在電壓中巨大的範圍)，需求不被破壞的推力比需求的閥桿推力更大。

另外當周圍的溫度增加時，馬達的起動扭矩就降低。所以當決定驅動器的輸出能力時，應加以考慮。

## 2.2.2 DC 馬達

DC 馬達由三個主要的構件組成。首先是一個固定的組件稱為定子。第二是一個轉動組件稱為轉子。第三是整流器，是轉子不可缺的構件。

定子是纏繞電線的線圈，當通電後，成為一個電磁鐵。通常稱這個是"磁場"，而當以 DC 電流通電，它的電極仍然是一個固定的極性且沒有變化。如此，它呈現一個永久磁鐵的特性。

DC 馬達的轉子也纏繞著電線的線圈，當通電後也成為一個電磁鐵。這個通常稱為"電樞"。假如以 DC 電源通電，電樞有一個固定的極性，就像電場。無論如何，放置在轉子軸上是一個稱為整流器的設備。整流器由許多小的銅片構成的，與電樞線圈相連。電刷是碳導體，進入與整流器接觸，並允許電流同時流過電樞線圈之一。當這些電樞線圈被通電，它們成為電磁鐵，且一個電極吸引電場電極的一個電極，而排斥其他電場電極，旋轉開始了。當轉子開始轉動，整流器因此在電樞上激能一個新線圈。持續這個過程，最後的速度由施用的電壓、電樞的感應電流和附著其上的負荷來決定。一個 DC 馬達轉動的方向能夠利用逆轉電源的極性來反轉。

DC 馬達有三個基本的型式。即是已知的串聯勵磁繞組馬達(Series Field-wound Motor)、並聯繞組馬達(Shunt-wound Motor)、複合繞組馬達(Compound-wound Motor)。串聯勵磁繞組馬達有場繞線與電樞串聯。這個馬達型式以非常高起動扭矩和高無負荷速度成為特色。

並聯繞組馬達有場繞線，以電線與電樞並聯。這個馬達型式以一個線性的速度-扭矩-電流之關係成為特色。這個特色利用改變施用的電壓，非常容易達到速度的控制。

電廠或工廠使用 DC 馬達的機會是罕有的，DC 馬達通常應用在安全有關的場所，具有雙重的保護。當全黑(All Black)狀況發生時，所有的 AC 電源失去後，必須仰賴一個符合獨立電力系統或 UPS 系統。無論如何，DC 馬達在馬達閥的應用不如 AC 馬達般的良好。DC 馬達是更昂貴的，對於同等扭矩的額定值，需要有更大的框架尺寸和貧乏的速度調節，且有一個更短的工作循環及規定僅能作為特殊的用途。

DC 馬達是 125/250V、1900 rpm、複合繞組的馬達。一個複合繞組的馬達是一個並聯繞組馬達的中間物，有良好的速率調節，而一個串聯勵磁繞組馬達有一個更高的起動扭矩，但貧乏的速率控制。假如一個串聯勵磁繞組馬達的負荷被降低，速率能夠增加到額定速率的幾倍。

在一個 DC 馬達上，下降電壓的效應不如一個 AC 馬達般的顯著。起動扭矩的變化隨著採用電壓的變化成比例上的改變。例如，採用的電壓從 70%增加到 100%，在 DC 馬達上僅僅增加馬達扭矩的 43% (與 AC 馬達在 100%馬達扭矩的增加作比較)。

Limitorque 的 DC 電動馬達，經由 U.S. NRC 執行的測試，顯示其功能如下：

- 對於某些齒輪箱而言，公佈的牽出效率是足夠的，齒輪箱效率隨著速度而降低，且在非常低的速度上，實際的效率掉落到公佈的牽出效率之下。
- 傳統的線性方法預測電壓下降的效應，作為 DC 馬達評估下實際扭距的損失。
- 馬達扭矩的下降，隨著溫度的改變，近乎線性。
- 負荷有一個顯著的效應存在於馬達的速率上。

## 2.2.3 馬達的保護

馬達的保護通常利用熱過載感測器或熱過載電驛來偵測電流的通過。馬達的絕緣體對熱是敏感的，假如沒有保護，能夠發生絕緣體的瓦解。這個絕緣體的瓦解能夠引起馬達過早老化或徹底的失效。

通常熱過載感測器是埋在馬達的線圈或 MCC 盤的起動器內，電流通過而加熱線圈。當遭遇到一個過大的電流，線圈迅速加熱，使感測器起作用來開路控制迴路，並中斷電流通過起動器的任一個線圈。

熱過載感測器可能是一個恆溫器(Thermostat)、熱阻器(Thermister)、熱開關(Thermoswitch)或熱電偶(Thermocouple)，利用雙金屬的特性切斷電流。熱過載感測器能夠是自動重置或手動重置。自動重置使用在閥門的驅動器是最普遍的。熱過載電驛應計算電流通過容量的大小，在一個鎖住轉子的狀態下，10秒或更少的時間內，從電纜線來切斷馬達的電流。

## 2.3 馬達閥的電源供應和內部裝置

一個典型的馬達閥應用中，供應電力到馬達是從一個馬達控制中心(MCC)的匯流排來提供，通過一個模塑盒子的電路斷路器或保險絲，及一對馬達可逆起動接觸器。接觸器的動作控制馬達轉動的方向，就三相 AC 馬達而言是藉著三相的二相反向，而在 DC 馬達上藉著可逆電樞導線。機械式和電子式連鎖的可逆接觸器禁止兩個接觸器同時閉合。

動力飼入馬達被一個位在電路斷路器的電磁跳脫裝置或保險絲所保護。當瞬間電流超過跳脫設定時，這些裝置被設計來跳脫斷路器。典型的跳脫設定值至少是 2 倍馬達鎖定轉子的電流。馬達能由每一個接觸器熱過載繼電器保護。熱過載繼電器更詳細描述在 2.3.1 節。

MCC 盤或閥門上提供的指示燈是給予一個可看見閥門狀態的指示。這指示從極限開關得到。一個典型的應用中，當僅有紅色指示燈發亮，閥門是開啟的。當僅有綠色指示燈發亮，閥門是關閉的。假如兩燈都發亮，閥門是在中間的位置。兩燈都不亮是指出熱過載繼電器已經跳脫。

馬達閥控制邏輯的控制電源是來自於到馬達的動力源提供的。對 AC 馬達而言，控制的電源典型上是由一個位在 MCC 盤內的變壓器所提供。對 DC 馬達而言，控制的電源通常直接取自於動力電源；因此，僅僅需要動力電源來使電動馬達閥轉動。假如失去電源，閥門失效而保持現狀。

配置控制邏輯的馬達閥能夠成為滿衝程操作或調節式操作的原因。那就是，控制邏輯能夠利用導線連接，引起閥門的閥瓣進行從一個位置(開啟)到另一個位置(關閉)或允許閥瓣定位在行程中間任一個位置。滿衝程的操作能夠利用一個雙位置開關來達成，那是需要開或關的接觸位置兩者之一迴路被閉合。滿衝程的操作也能夠利用提供一個位置要求信號的自保迴路來達成。這個自保迴路保持接觸器通電，直到閥門完成滿衝程。控制邏輯應被設計在扭矩開關最初跳脫之後，避免引起馬達重新通電，以防止閥門的閥瓣錘擊閥座。馬達閥的調節操作通常是使用具有中性位置的一個接觸開關來達成，此允許開啟和關閉接觸器兩者同時被開路。

### 2.3.1 MCC 盤內的熱過載電驛

熱過載電驛(繼電器)是個裝置，偵測並解除馬達的過負荷。此裝置位在可逆接觸器上，攜帶全部電流通過它們的接觸器，且經歷一個與馬達本身比較的熱效應。它們有一個對溫度敏感的元件和加熱器，加於接觸器上，且被設計在近乎相同的溫度動作，這個的建立是作為馬達起動器繞線絕緣或轉子棒最大限制的溫度。熱過載電驛有一個逆時間特性，在馬達由於過熱造成永久損壞之前，被設定來切斷馬達的電源。應特別提及的是熱過載電驛的時間，防止這個繼電器在馬達停止轉動期間，保護閥門和驅動器，阻止結構的變化。

驅動器馬達有一個熱時間的限制；如此，假如超過，將造成馬達永久性的損壞或馬達失效。時間的限制是由於在轉子和定子導體中熱造成過大的電流。定子熱的限制是由於定子繞線絕緣材料的溫度額定值，轉子熱的限制是由於鋁或鎂轉子棒的熔點。

## 2.4 馬達的失速(Motor Stall)

當一個控制開關(極限開關或扭矩開關)無法終止馬達的電源，在馬達產生不預期事件之前，馬達發生了失速(Stall)。

　　雖然馬達閥的控制和保護系統，被設計來限制驅動器的輸出扭矩和預防機械上的過載，如果採用的控制和保護裝置不能防止馬達失速的意外事件，則必須探討馬達失速的原因，針對原因來進行改善。

　　導致馬達失速意外事件的問題，包括損壞的極限開關和扭矩開關、彈簧匣的液壓鎖死、過度的手動扭力、熱變形、閥帽的過壓、電纜尺寸太小、壓力和流量的承載及不適當的開關設定。

　　馬達的失速大約有75%造成馬達的燒毀，有17%造成閥門或驅動器損壞的結果。如果在閥門關的期間閥桿失效，通常造成閥桿的彎曲。開的期間閥桿失效，則造成閥桿剪切斷的結果。

2.5 馬達閥開關接線箱內組成的裝置

　　開關接線箱內容納著極限開關、扭矩開關、空間加熱器(Space Heater)、接線端子板和扭矩限制板。本節討論閥門內最重要的設備 --- 極限開關、扭矩開關和扭矩限制板等，包含常用的 Limitorque 及 Rotork 廠牌之驅動器，並簡述如下。

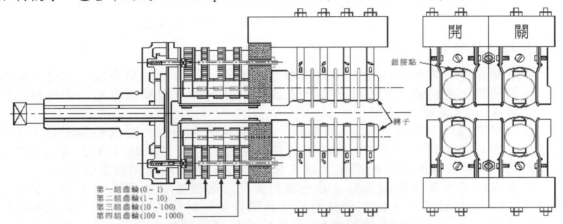

圖 5-23 Limitorque 4 轉子極限開關結構圖

圖 5-24 Limitorque 4 轉子極限開關及扭矩開關實體圖

2.5.1 Limitorque 驅動器接線箱內的組成設備

　　Limitorque 驅動器接線箱(Compartment)內主要是由極限開關、扭矩開關和扭矩限制板所組成，參閱圖 5-15，極限開關和扭矩開關是各自單獨的設備，不會有相互連動的關係，設備的損壞不影響另外設備正常的操作。由於控制電源迴路的設計都經過此兩設備，且以併聯方式進行，當一組極限開關或扭矩開關損壞，電源會經過另一組設備來導通，不會造成整個閥門失效，此種具有雙重性(Reduntant)特性的形式，適合應用於要求安全性較高的場所，例如核能廠。下列各節分別敘述這些設備

236

的功能，並以圖示方式顯示其結構。

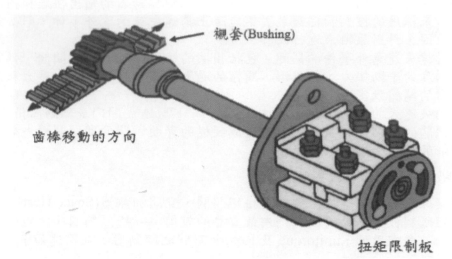

襯套(Bushing)

齒棒移動的方向

扭矩限制板

圖 5-25 Limitorque 齒棒式扭矩開關結構圖

2.5.1.1 極限開關(Limit Switch)

　　極限開關是一個齒輪驅動的旋轉計數器，操作一組電子開關來控制馬達的起動器、提供閥門位置的指示、提供連鎖、及閥門行程的部分期間以電路來旁路扭矩開關，參閱圖 5-23 及圖 5-24。

　　極限開關採用 2 個或 4 個轉子(Rotor)，每個轉子有一組相對應的接觸器，能被設定在一個特定的閥門位置。2 個轉子的極限開關能被設定來執行在 2 個不同閥門位置的功能。4 個轉子極限開關能被設定來執行在 4 個不同閥門位置的功能。

　　安置在轉子上電子開關接點，在一個特定閥桿的位置旋轉 90°。典型上當發生 90°旋轉時，每個轉子上 4 個電子接點的 2 個閉合，而剩餘的 2 個開路。極限開關的每一個轉子被一系列 4 個標度所驅動，利用極限開關的驅動小齒輪，偶合到閥桿軸。

　　傳動軸轉動系列的第一個齒輪到通過第二個傳動小齒輪。當第一組標度齒輪移動一滿迴轉，第二組齒輪移動一迴轉的 1/10 轉。這種持續的方法類似一個汽車的里程表，最大齒輪的滿行程是 1000 轉。雖然理論上極限開關最大的迴轉是總閥桿行程的 1/1000 轉，事實上通常僅採用 100 到 500 轉作為閥桿的滿行程。因此，典型上實際的迴轉僅僅是閥桿總行程的 1/100 到 1/500 轉。這樣的迴轉通常是足夠作為閥門的位置指示、扭矩開關的旁路、在開或關的方向切斷馬達的電源、及其他控制的特性。

2.5.1.2 扭矩開關(Torque Switch)

　　假如閥門驅動器的輸出扭矩達到一個預設值，扭矩開關是被用來停止一個閥門的行程。

　　扭矩開關連接到蝸桿並偵測蝸桿的軸向移動，當驅動器輸出扭矩增加，而扭矩彈簧開始壓縮。這個移動傳遞到扭矩開關作為一個旋轉的移動，轉動扭矩開關的表面。當表面轉動到被設定的點，它將與一個扭矩開關臂起作用，依次的解除一個柱塞(Plunger)，並開路一組接點。開關將繼續開路，與維持扭矩一樣長，如同具有一個鎖定蝸桿組一樣的例子，或直到扭矩開關臂移動到相反的方向，參閱圖 5-20。在此點上，一個彈簧將恢復開關到它的中性位置，而它將繼續那樣直到蝸桿另一個移動，為了目的來帶動它。扭矩開關接點兩者的中性位置是閉合的。

　　扭矩開關對於行程的個別方向可獨立調整。扭矩開關的設定值分為 1 至 5 的等級，5 設定值允許輸出扭矩有最大的數值。一個限制板用來指定最大可能扭矩開關的設定，提供在大部分的裝置。

　　扭矩開關藉由極限開關提供旁通迴路，以導線與扭矩開關串接。旁通迴路在閥門最初的行程期間，分路扭矩開關，並保護控制迴路防止被扭矩開關中斷，當遭遇錘擊瞬間開路，或當閥門未坐落閥座。

扭矩開關接點是銀的，600 伏特 NEMA 額定電壓，承受 12 安培的電流，1.2 安培短路電流和有一個 250 VDC，1.1 安培的感應額定值。

扭矩開關伴隨著彈簧匣軸向的壓縮而發生。因為彈簧匣的壓縮比例於蝸桿的推力。彈簧匣的軸向壓縮是一個驅動器輸出扭矩的直接測量。扭矩開關不執行傳遞負荷或扭矩這種功能。一個開關的閉合或斷開電接點是非常重要的。

### 2.5.1.3 扭矩限制板(Torque Limiter Plate)

扭矩開關必須具備一個圓形的設定板，利用此板來設定扭矩的範圍，有些製造廠商則包含極限開關在同一個板面上。扭矩限制板是安置在扭矩開關上的一片涵蓋著一些設定之金屬板。典型上，扭矩限制板不是計算扭矩大小來保護閥門，是被選擇來防止設定扭矩開關時，超過驅動器允許輸出的扭矩。

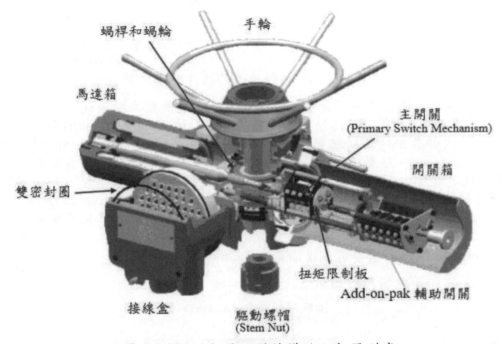

圖 5-26 Rotork 另一種結構的驅動器型式

圖 5-27 使用於核能廠 Rotork 驅動器的內部結構配置圖

Rotork 驅動器是另一個被廣泛應用來驅動閥門的驅動器，其內部馬達、蝸輪及

238

蝸桿的配置與 Limitorque 大致相同,但極限開關、扭矩開關等設備則有極大的不同,形成不一樣的外觀,圖 5-26 是使用於核能廠 NA 型式 Rotork 驅動器的結構圖,而圖 5-27 為 Rotork 另一種使用於一般工廠的驅動器,其內部結構都是相同的,唯一不同的是使用於核能廠的驅動器是有經過測試及認證。

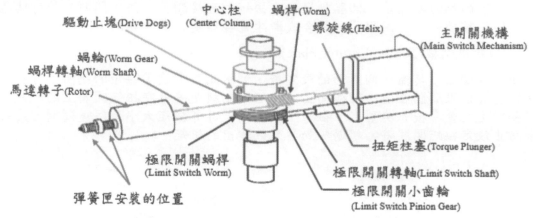

中心柱(Center Column)　蝸桿(Worm)
驅動止塊(Drive Dogs)
螺旋線(Helix)
主開關機構(Main Switch Mechanism)
蝸輪(Worm Gear)
蝸桿轉軸(Worm Shaft)
馬達轉子(Rotor)
扭矩柱塞(Torque Plunger)
極限開關蝸桿(Limit Switch Worm)
極限開關轉軸(Limit Switch Shaft)
彈簧匣安裝的位置
極限開關小齒輪(Limit Switch Pinion Gear)

圖 5-28 Rotork 驅動器內部組件配置之簡介

　　Rotork 驅動器的結構主要是由三部分構成,1. 提供動力的馬達,2. 控制行程、設定及指示的開關機構,3. 傳動力量至閥門的中心柱(Center Column)傳動機構。圖 5-28 簡示其內部各組件相關配置的結構,馬達利用蝸桿轉軸(Worm Shaft)傳遞動力至蝸輪(Worm Gear),帶動中心柱來轉動閥門的閥桿,開關機構是作為設定馬達起動與停止的設定樞紐,利用扭矩柱塞(Torque Plunger)來設定扭矩開關,並以極限開關轉軸來設定 Add-on-pak 輔助開關的極限開關;驅動止塊(Drive Dogs)的作用與 Limitorque 的蝸輪凸緣有相同的功能,也是一種無效移動裝置,只是有著不同的名稱;而位在馬達側的彈簧匣其功能與 Limitorque 位在蝸桿末端的彈簧匣一樣,不同的是 Limitorque 驅動器需要有潤滑油脂,Rotork 驅動器則無。

## 2.5.2 Rotork 驅動器開關箱內的組成設備

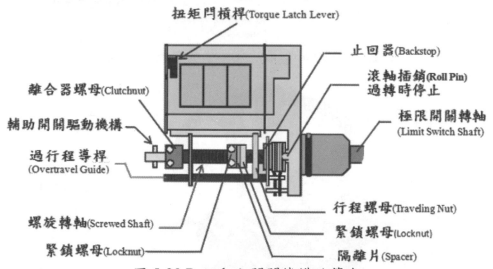

扭矩閂槓桿(Torque Latch Lever)
止回器(Backstop)
滾軸插銷(Roll Pin)
過轉時停止
離合器螺母(Clutchnut)
極限開關轉軸(Limit Switch Shaft)
輔助開關驅動機構
過行程導桿(Overtravel Guide)
螺旋轉軸(Screwed Shaft)
行程螺母(Traveling Nut)
緊鎖螺母(Locknut)
緊鎖螺母(Locknut)
隔離片(Spacer)

圖 5-29 Rotork 主開關機構的簡介

## 2.5.2.1 主開關機構(Primary Switch Mechanism)

　　Rotork 驅動器開關箱內包含主開關機構和輔助開關,兩機構的功能是用來控制閥門位置,或在特定閥門位置上提供連鎖及位置指示。主開關機構主要是用來控制馬達的起動和停止,包含開扭矩開關 OT/LS、關扭矩開關 CT/LS、兩組開極限開關 OAS1 和 OAS2、兩組關極限開關 CAS1 和 CAS2,以及開/關選擇鈕。圖 5-29 為主開關機構的簡介。
　　主開關的機械裝置是作為馬達的啟停控制,而這些控制是建立在其上的極限開關、扭矩開關和選擇鈕。極限開關是作為閥門衝程的控制,當閥門衝程達到95%行程位置時,切斷電源的控制迴路來停止驅動器。極限開關的操作是利用極限開關轉軸(Limit Switch Shaft)上,一個被中心柱驅動的極限開關小齒輪(Limit Switch Pinion Gear),在特定位置停止驅動器,此是來自於小齒輪通過一個過載離合器(Overload Clutch)來驅動螺旋轉軸(Screwed Shaft),過載離合器是使行程螺母(Traveling Nut)沿著螺旋轉軸的軸向來移動,直到接觸止回器(Backstop)的突緣(進行關閉),或接觸到緊鎖螺母的突緣(進行開啟)。與任何一個突緣的接觸,引起過行程導桿(Overtravel Guide)旋轉,並接觸到觸發板(Striker Plate),觸動微動開關,停止馬達轉動。

主開關機構藉由兩組機械輸入所控制:1)線性蝸輪移動及 2)中心柱驅動齒輪轉動。扭矩開關動作是線性蝸輪移動經由一個螺旋齒輪所控制,螺旋齒輪是轉換線性蝸輪移動到主開關機構的旋轉移動。所有的位置開關是被中心柱驅動齒輪控制,本質上計數中心柱旋轉的數目,及執行期間設定的位置觸動開關。

扭矩開關是主開關機構的一部分。這個主開關機構包含三個一堆作為行程的開端和關端之微動開關。三個開關中的二個,是閥門終端位置輔助的極限開關,作為遠端指示、連鎖、或電腦指示之用。在每一組的主功能前面之第三開關,當作一個扭矩開關(OT/LS 及 CT/LS 分別是開啟和關閉之扭矩開關)。開和關扭矩開關設定是利用一個不同的凸輪,獨立調整。這個扭矩開關當閥門已經到達它的終端位置時,也能夠被設定觸動開關,或是達到設定的扭力值時被觸動。開啟及關閉兩者開關能夠獨立設定為"扭矩"或"極限"位置。在"扭矩"位置時,主開關當作一個扭矩開關。當設定到"極限"位置時,則作為位置開關來觸動微動開關。

扭矩開關的設定被建立在一個特定的馬達扭力,當達到期望的馬達扭力就會切斷電源的控制迴路,而選擇鈕被設定是此驅動器的電源控制迴路,將被選擇經由達到閥門行程位置(極限開關)或達到馬達扭矩(扭矩開關)來切斷電源。在主開關選擇鈕上,選擇一個預定的扭力停止馬達的轉動,當扭矩被應用於馬達時,主開關機構從扭矩柱塞(Torque Plunger)收到一個線性移動的機械輸入,線性移動藉由一個螺旋線(Helix)轉換成一個旋轉移動,旋轉移動轉動了一個觸發板的移動,接觸一個微動開關,停止馬達的轉動。

扭矩開關是設計作為限制驅動器一個扭力強度的輸出,能夠安全的運用到閥門和驅動器上而不會損壞或過度磨損。操作閥門需求的扭力能夠受到許多變數的影響,例如系統壓力、差壓力、系統溫度、封填墊材料的型式、封填墊的鬆緊、閥門的一般條件(即腐蝕)、閥桿潤滑作用、和驅動器機械條件。這些變數的每一項能夠隨著時間而改變需求的扭力開關設定,作為閥門適當的操作。最大扭矩開關的設定(面板5 的位置),典型上與驅動器的扭矩額定相符合。降壓的規範可以改變最大開關設定的扭矩額定。正常而言,扭矩開關能夠被設定到任何數值,不會超過驅動器扭力或低電壓限制的危險狀態。

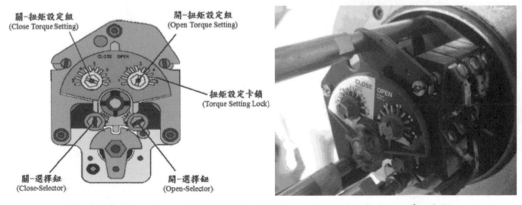

圖 5-30 Rotork 主開關機構選擇鈕面板的說明圖及實體圖

圖 5-30 顯示主開關機構選擇鈕的面板,面板上方的 2 個扭矩設定鈕是選擇開或關方向的扭矩;下方 2 個選擇鈕是選擇此主開關機構用於極限開關(作為行程位置開關),或扭矩開關(作為扭矩力大小的開關),一旦選擇了開關形式,例如極限開關,

則扭矩開關就無法執行，這是由於閥門衝程達到 95%後，極限開關就被觸發而迴路閉合，扭矩開關需要達到衝程的 100%才會被觸動，所以不可能開是由極限開關來執行，關是由扭矩開關來執行。通常而言，主開關機構是作為扭矩開關來執行，而行程位置開關則由輔助開關 Add-on-Pak 來執行。

主開關機構上有六個微動開關。三個使用於開的方向，三個使用於關的方向。關方向之開關包含關-扭矩開關(CT/LS)、關-極限開關 1(CAS1)和關-極限開關 2(CAS2)。開方向之開關包含開-扭矩開關(OT/LS)、開-極限開關 1(OAS1)和開-極限開關 2(OAS2)。當極限開關被用來作為位置指示或連鎖時，扭矩開關是使用於馬達控制。極限開關 CAS1、CAS2 和 OAS1、OAS2 從一個獨立的觸發板被啟動，且在扭矩開關之前略微的運作(衝程的 95%之後)。這個輕微的區別是重要的，它保證在閥門馬達收到停止信號之前發出遙控位置信號。

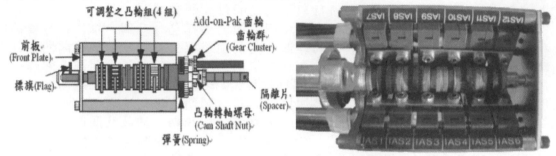

圖 5-31 Rotork 4 組凸輪式 Add-on-Pak 輔助開關

### 2.5.2.2 輔助開關 Add-On-Pak

Rotork 驅動器 add-on-pak 輔助開關的基本功能是提供額外的控制開關功能(即延伸的開/關-旁通扭矩開關、開/關-位置指示等)，包含有 2 組及 4 組可調整的凸輪，用來設定開關金屬鍵板(Bank)區域的驅動點。具有設定螺絲之可微調的微動開關，以便於整個開關的金屬鍵板同時操作。Add-on-pak 輔助開關的設定螺絲是製造廠設定，也可在現場依需要來調整。Add-on-pak 輔助開關利用 posts and allen 固定螺絲依附在主開關機構的前部。Add-on-pak 輔助開關可以是一個具有 3 組關及 3 組開-微動開關之 6 組開關版本，或 6 組關及 6 組開-微動開關之 12 組開關版本。12 組的開關有 4 個凸輪，允許在不同的閥門位置來設定開關金屬鍵板。

Add-on-pak 輔助開關藉由中心柱通過開關機構之轉動軸和齒輪驅動的移動被觸動。Add-on-pak 輔助開關依附於開關軸。Add-on-pak 輔助開關輸入的驅動軸隨著開關機構軸轉動。正常操作下，因為 Add-on-pak 輔助開關觸動凸輪的轉動小於一個旋轉，減速齒輪被用來獲得正確的齒輪比。根據閥門的衝程，Add-on-pak 輔助開關有不同數量的隔片/齒輪，提供開關最佳的觸動。每一個裝置或每一對減速齒輪，在軸轉動中提供一個 2 比 1 減速。

### 2.5.2.3 Rotork 接線盒內的佈置

Rotork 接線盒是一個與外部電纜相接且有雙密封圈的接線盒，其內部的接線板是一個圓形結構，上面有許多接線端子，端子旁有數字，這些數字可依據 Rotork 提供的接線圖，連接電源及所需要控制或顯示的開關信號。圖 5-32 顯示接線盒內部的結構及佈置。

接線盒除了有兩圈 O 形環密封圈來防止外來水氣進入之外，其接線端子也有 O 形環來防止水從端子處進入，此等結構符合美規電子設備密封規定 NEMA 6 及歐規 IP67 等防塵防水的設計。Rotork 接線盒的這些設計，雖然在防塵防水的等級較其他相同驅動器高，但在實用上並不需要如此的等級，只要符合 NEMA 4 或 IP65 即可。任何設備只要泡水之後皆無法啟動，Rotork 電子設備達到如此高的密封等級，只是避免水進入設備內部產生後續零組件的保養問題而已，但對水已經淹進接線盒內而言，驅動器也是無法操作。

圖 5-33 為圓形端子座上接線端子的佈置圖，依據 Rotork 極限開關及扭矩開關接線設計，將外部電纜線接到相對應的接點，及可控制閥門開啟、關閉、連鎖、位置顯示信號傳送及位置燈號顯示。圖 5-34 為 Rotork 主開關及輔助開關各開關接點的編號，根據需要使用的開關接點接上電纜線，即可控制閥門等設備。

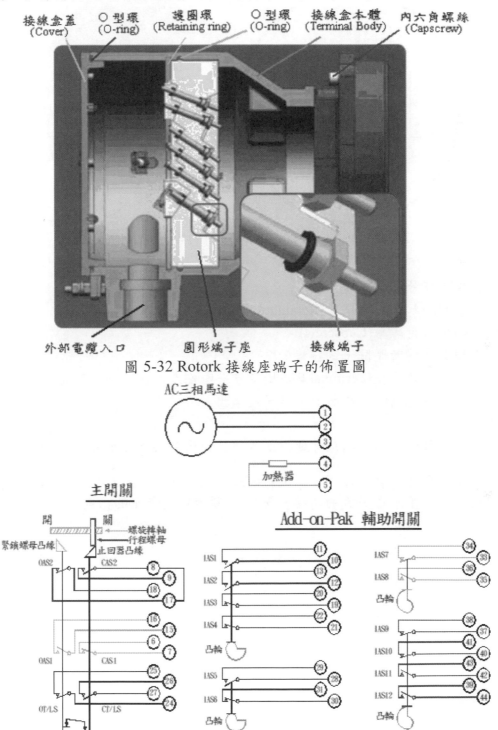

圖 5-32 Rotork 接線座端子的佈置圖

圖 5-33 Rotork 接線盒內部接線的結構及佈置

　　工業上使用於儀器的接線設備，安置在室外的接線箱，必須符合 NEMA 4/4X 或 IP65 電子設備密封要求。Rotork 驅動器 IP67 的密封，已超過 IP65 的密封等級，但相對也產生後續維修保養的問題。由於 Rotork 接線盒的嚴密密封，當馬達損壞需要更換，或檢修拆解馬達時，因接線盒端子板的內部螺絲鬆解困難，如果電源線原始廠商配置太短時，則必須剪斷電源電纜線才能拆解，不但造成檢修不易及時間延宕，也破壞了馬達電纜的完整性，如果馬達只是抽出做測試或檢修。一般傳統工廠只是需要多浪費時間來拆卸,但在核能電廠中,在現場作馬達拆卸,由於長時間暴露在輻射線下,將會對維修人員產生極大的傷害。下面是拆卸 Rotork 接線盒端子座的程序,可參考圖 5-32 接線盒的結構來進行:

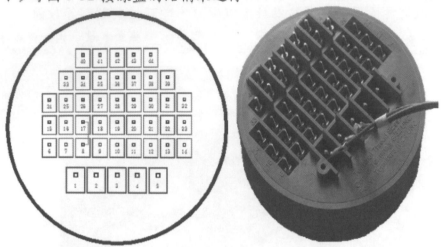

圖 5-34 Rotork 主開關及輔助開關各開關接點編號

1. 打開接線盒蓋(Cover)。
2. 拆除在接線座外部的電纜。
3. 以一字型螺絲起子將護圈環(Retaining Ring)拆除。
4. 鬆開 4 顆內六角螺絲(Capscrew)。
5. 鬆開主開關及輔助開關上的接線。
6. 以特製工具從端子座(Terminal Block)後方平均施力,將端子座敲出。
7. 剪斷馬達的電源電纜,再將整個端子座拿出。
8. 從馬達箱內取出馬達測試更換。

　　以上過程將耗費相當時間才能完成馬達的檢修保養,不利核能廠的年度保養及大修。

　　更換端子座改為具有開孔式電木板的接線端子座,可改善 Rotork 驅動器使用於核能廠及一般電廠維修保養的問題。圖 5-35 顯示新端子座的樣式。

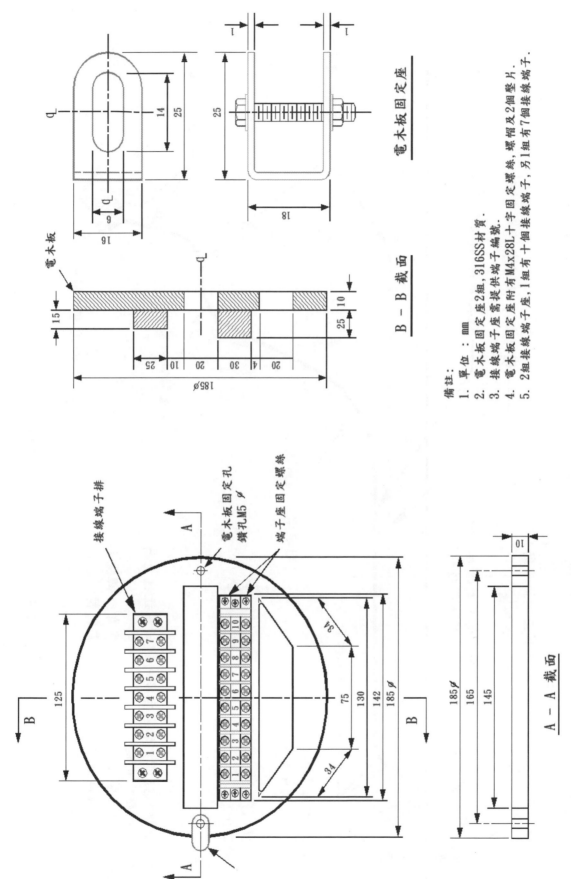

電木板固定座

電木板

B－B 截面

備註：
1. 單位：mm
2. 電木板固定座2組，316SS材質．
3. 接線端子座需提供接線端子編號．
4. 電木板固定座附有M4x28L十字固定螺絲，螺帽及2個墊片．
5. 2組接線端子座，1有十個接線端子，另1組有7個接線端子．

接線端子排

電木板固定孔
鑽孔M5ø

端子座固定螺絲

A－A 截面

圖 5-35 Rotork 驅動器電木板接線端子座

244

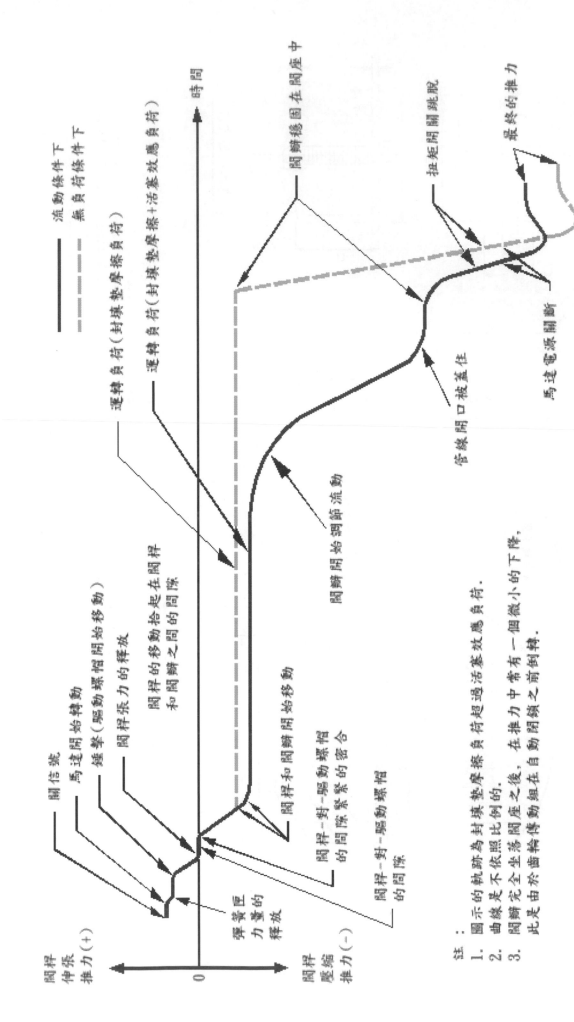

圖 5-36 典型馬達閘閥關的順序 閥桿推力相對於時間的曲線

245

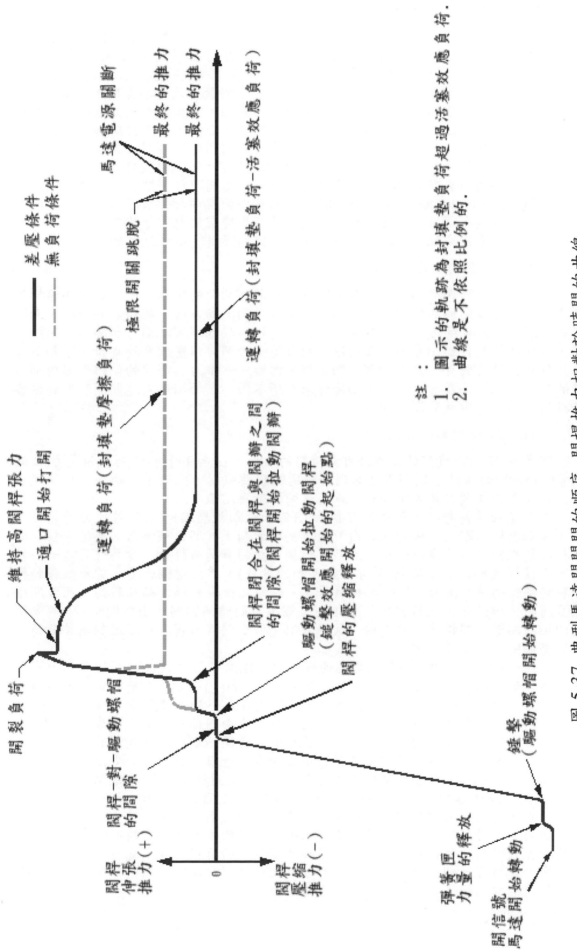

圖 5-37 典型馬達閘閥開閉的順序 閥桿推力相對於時間的曲線

閥桿
伸張力 (+)

0

閥桿
壓縮
推力 (−)

開裂負荷

閥桿 閥桿－對－驅動螺帽
的間隙

維持高閥桿張力

通口開始打開

運轉負荷（封填墊摩擦負荷）

閥桿開合在閥桿與閥瓣之間
的間隙（閥桿開始拉動閥瓣）

驅動螺帽開始拉動閥桿
（鎚擊效應開始的起始點）

閥桿的壓縮釋放

彈簧匣
力量的釋放

鎚擊（驅動螺帽開始轉動）

差壓條件

無負荷條件

馬達電源關斷

最終的推力

最終的推力

極限開關跳脫

運轉負荷（封填墊負荷－活塞效應負荷）

開信號
馬達開始轉動

註：
1. 圖示的軌跡為封填墊負荷超過活塞效應負荷.
2. 曲線是不依照比例的.

246

## 2.6 空間加熱器(Space Heater)

馬達閥驅動器內的空間加熱器,主要目的是維持閥門內部接線空間的乾燥,不使濕氣浸入造成閥門起動困難。空間加熱器是驅動器製造廠商的標準配備,Limitorque 製造廠提供有安裝在馬達的空間加熱器和安裝在極限開關接線盒(Compartment)的空間加熱器。Rotork 製造廠有提供安裝在馬達的空間加熱器。

如前面所言,空間加熱器是保持接線空氣的乾燥,當加熱器接上電源時,將產生熱量驅逐濕氣。由於驅動器內部是一個封閉的密閉空間,如果空間加熱器接上電源,加熱器產生的熱量將被鎖住在此空間內,隨著閥門使用時間的累積,慢慢的造成電纜導線外部絕緣 PVC 和 XLPE 材質的酥化或燒毀,酥化的電纜將會使銅線暴露而造成短路,閥門驅動器將可能因而停止工作而造成閥門無法控制。

建議安裝 Limitorque 和 Rotork 閥門後,馬達內的空間加熱器不應配線而被通電使用,因為馬達在運轉時,自然會產生熱,屆時馬達空間也將維持內部的乾燥。至於開關接線箱更不應配置空間加熱器,因為信號的傳送,不受濕氣的影響。

## 2.7 馬達閥開和關的動作

本節討論馬達閥從關閉到全開的衝程和全開到關閉的衝程。一個典型馬達操作閥桿上升型實心閥楔的閘閥,有一個與管線水平的流動方向,驅動器在頂端,而閥桿垂直到流體流動的方向。假定間隙存在於閥桿和驅動螺帽之間,和閥桿及閥瓣之間,閥桿螺紋是自動閉鎖的,而封填墊的負荷高於閥桿活塞效應的負荷。驅動器有一個無效移動的裝置,且有一個自動閉鎖的齒輪組。推力與時間的軌跡常因內部結構的設計、摩擦係數、閥座和流動條件而有所不同。下面描述馬達閥開和關動作各階段的曲線,更常見於楔形閘閥。

### 2.7.1 馬達閥從全開到全關的衝程

圖 5-36 顯示出典型的閥桿推力對時間的曲線,在無負荷(無流動,無壓力)及滿流量(加壓的)的條件下閥門從全開到全關的衝程曲線圖。比較上,兩條曲線呈現重疊。關的衝程在閥桿張力中開始,以馬達閥關斷為結果。

當馬達初次轉動時,彈簧匣是鬆弛的(假如最初被壓縮),而彈簧匣力量是釋出的。彈簧匣鬆弛期間,閥桿張力由於封填墊的牽制,有部分被釋出。典型來說,閥桿和驅動螺帽依舊是摩擦鎖住,且只有一個小量的負荷被釋出。當馬達更進一步轉動,它僅僅使蝸桿齒輪轉動(具有無效移動的設計),然後增強速度。當無效移動撞擊驅動螺帽的傳動套筒,"錘擊"被應用了。錘擊之後驅動螺帽開始移動,而當閥桿無負荷時,殘餘張力被釋出。從伸張到壓縮推力的轉換期間,由於閥桿-對-驅動螺帽的螺紋間隙,閥桿是無負荷的。反過來說,假如閥桿活塞負荷超過封填墊負荷,閥桿整個時間將是壓緊的。

馬達驅動器在閥桿-對-驅動螺帽的螺紋中,繃緊間隙之後閥桿開始移動。在關衝程部分轉動期間,推力被稱為運轉負荷。如圖 5-36 所顯示,在無負載下的運轉負荷(無流動流體和無內部壓力),在壓力條件下通常是小於運轉負荷。在受壓條件的期間,也必須克服活塞效應負荷。活塞效應負荷是由內部壓力的作用來推開閥桿的負荷。當閥瓣接近關的位置,摩擦結合差壓的力量開始增加,一直到管線通口被蓋住。無負荷的條件下,這個力量的累積不會發生,一直到閥瓣完全坐落在閥坐上。一旦閥瓣完全地楔入閥座,閥桿推力快速的累積,直到控制裝置(扭矩開關或極限開關)觸動而切斷馬達的電源。接觸器開路且切斷馬達電源之前,有一個時間的延遲。另外,馬達驅動器的慣性持續增加閥桿的推力,一直到馬達完全停止。就控制的扭矩開關而言,當閥門在無負荷條件下被關閉,最後的推力通常是較高的,因為閥桿的摩擦係數能夠被降低,而差壓的負荷和活塞效應的負荷呈現來更緩慢的減低馬達的速率。就具有一個補償彈簧匣終止的控制之極限開關而言,閥門無論是靜態的關閉或是動態的關閉,最後的推力通常是相同的。

### 2.7.2 馬達閥從全關到全開的衝程

圖 5-37 顯示一個典型開衝程的閥桿推力對時間的曲線。開的衝程於閥桿受壓中開始，而以閥門全開為結果。

當馬達開始回轉並轉動蝸桿，負荷從彈簧匣上被移除。彈簧匣鬆弛之後，閥桿的壓力被部分釋出。閥桿和驅動螺帽依舊是摩擦鎖死。馬達的轉動持續著，直到無效移動裝置撞擊傳動套筒，然後鎚擊發生了。在鎚擊下驅動螺帽開始旋轉，閥桿的受壓力量被釋放。閥桿-對-驅動螺帽間隙的移動期間，閥桿負荷是零。一旦繃緊閥桿-對-驅動螺帽的間隙，驅動螺帽開始拉著閥桿。當閥桿移動發生時，封填墊摩擦負荷就發生了。一旦閥桿-對-閥瓣的間隙被繃緊，閥桿提起了閥瓣。這個階段"開裂負荷"(或"楔離負荷")發生了。開裂負荷是克服靜摩擦需要的負荷及閥瓣和閥座殘餘的密封負荷。開裂負荷持續的時間通常是高且非常的短。這是為什麼扭矩開關在閥座未坐落期間被旁路的理由。然而，流動的負荷可能超過楔離負荷，楔離負荷可能不是最高的開啟負荷。此外，靜態楔離負荷可能在差壓的條件下被楔離負荷超越。

一旦已經發生閥瓣-對-閥座的開裂，閥瓣的移動開始了。閥瓣初期移動的期間(在差壓下)，由於閥瓣-對-閥座的滑動摩擦，負荷是恆量的，直到通口部分未覆蓋，即是閥門開啟。閥桿推力是由於閥瓣上因差壓引起的摩擦，在差壓條件下比無負荷條件下更高。

對於標準的馬達啟動應用而言，一旦開口有部分未覆蓋，閥桿推力迅速地減少，從而開運轉負荷被建立了。高溫/高壓或高初始流動的條件之下，最初流動引發的負荷能夠引起大於楔離或差壓負荷的結果。開運轉負荷在無負荷條件期間，比在壓力條件下通常是較高的。這個是因為當有內部壓力時，活塞效應幫助打開閥門。

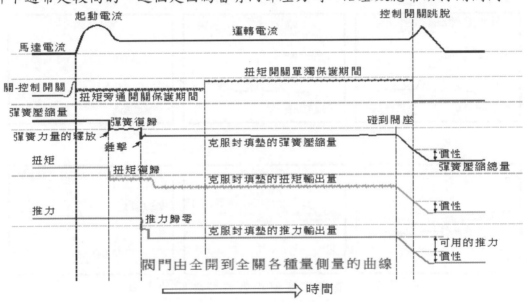

圖 5-38 馬達閥驅動器從全開到全關的各種操作曲線圖
(取自台灣電力公司的資料)

開衝程在運轉負荷下延續著，直到馬達被控制電路切斷電源。因為馬達閥通常不是後閥座坐落的，推力在馬達已經被切斷電源後依舊是持續不斷的。然而，馬達被切斷電源之後，閥桿和閥瓣可能繼續依靠慣性前進。更高的慣性運行發生在壓力條件下，因為活塞效應的負荷幫助閥桿持續的移動。

## 2.8 馬達閥異常的診斷分析

診斷馬達閥運轉狀態，是利用監視閥門的控制頻道，來分析馬達電流、閥桿推力、閥桿扭力、扭矩開關、位置極限開關之開與關的位置、閥桿的位移量、彈簧壓縮位移等曲線，作為判定閥門設定不當或零組件損毀等異常信號。這些異常信號可以早期發現，進而阻止運轉中閥門損毀而必須停機或降載的損失。

圖 5-38 及圖 5-39 顯示馬達閥在關和開的衝程中，馬達電流、彈簧壓縮量、扭矩、推力等相對應時間的曲線。應用這些曲線，隨時監測運轉中的閥門，即可診斷馬達閥的問題。

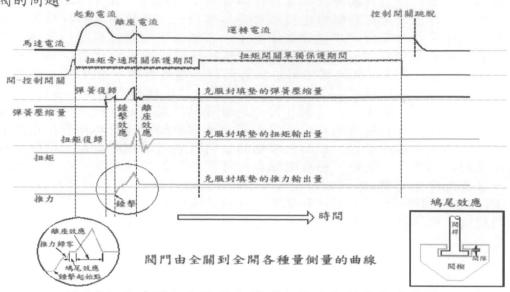

閥門由全關到全開各種量側量的曲線

圖 5-39 馬達閥驅動器從全關到全開的各種操作曲線圖
(取自台灣電力公司的資料)

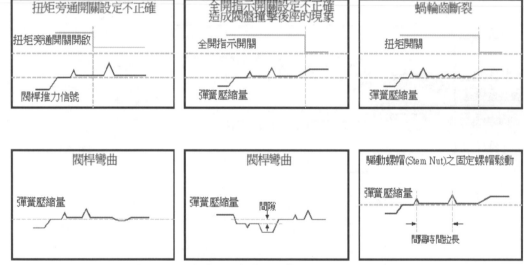

圖 5-40 異常信號與正常信號之間的差異
(取自台灣電力公司的資料)

　　圖 5-39 中的鳩尾效應，是當閥桿帶動閥楔離開閥座時，閥桿和閥楔之間的間隙，在推力曲線上形成一段平滑的曲線，稱之為鳩尾效應。

　　圖 5-40 和圖 5-41 是馬達閥各種異常的曲線圖面，及時發現可儘早修復，避免電廠降載或停機的產生。這些異常信號包含著不正確的設定及設備的損壞，主要是偵測彈簧壓縮量的曲線，其次是閥桿推力信號的曲線，仔細的檢視及比較正常曲線和異常曲線的差異，異常設備及設定將能儘速的排除。

3.0 馬達閥的功能和設計要求

　　馬達閥應用之前先需瞭解製程的要求、馬達閥的結構、驅動器的能力、電源的供應、允許的洩漏率、衝程和行程的時間、位置定位的方向等，本節就下列來敘述設計的要求和閥門的功能。

• 閥門結構和設計要求
• 馬達閥能力的要求

- 允許的洩漏率
- 衝程時間
- 電源的供應
- 操作環境
- 馬達閥位置定位的方向

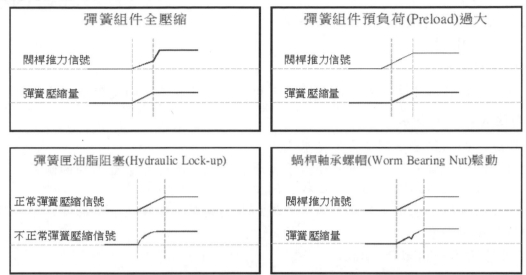

圖 5-41 異常信號與正常信號之間的差異
(取自台灣電力公司的資料)

3.1 閥門結構和設計要求

　　閥門結構和設計要求應等於或超過閥門安裝在配管系統的設計要求，即是製程的條件。最基本的考慮是溫度、壓力、流體的性質等。下列的參數應是作為基本的考慮項目：

- 系統的設計和操作的溫度

　　溫度的考慮是對於溫度作用在閥桿的影響及封填墊緊密的壓力。

- 系統的設計和操作的壓力

　　確定流體壓力的增加需要被閥門的設計壓力所涵蓋(註：閥門設計的結構有高壓結構的閥門和低壓結構的閥門)，也需要涵蓋計算驅動器推力的大小。

- 流體通過開啟的閥門之可接受最大壓力降

　　此是由於閥門在系統設計中，流動率的摩擦損失。馬達閥此項因素的考慮是如何選擇閥門的型式 – 閘閥、球體閥、Y 型球體閥或角閥。特別提及的是就調節控制式的閥門而言，應規定壓力降當作一個位置函數。

- 流體的介質和相態

　　相態能夠從液相變化成氣相，或一個 2 相的混合流體，馬達閥的應用包含假定一個管線破裂，隔離高動能的流體。

- 流體的化學作用和物理作用

　　與流體接觸的構件對於流體化學作用的抵抗力，及閥門構件相互接觸表面的物理作用。

- 安全有關的系統等級

　　一般使用於電廠的馬達閥屬於非安全有關的閥門，但使用於核能電廠需要擁有安全有關的測試及證明。

- 地震等級

　　一般也屬於安全有關的。地震會造成管線破裂及洩漏，需要求閥門於此條件或失去電力的狀況下，能夠迅速關閉閥門。

- 防爆等級

  一般分為非防爆、耐壓防爆和本安防爆等級。就電廠而言，大部分屬於非防爆等級，除了供應燃料的煤、油和瓦斯之外。而化學工廠則幾乎屬於本安防爆等級。

- 防火等級

  閥門不會因火災而失去功能，造成更大的災害，是以在火災時，防止閥門因熱而造成流體洩漏的設計，是必須考慮的。

- ANSI/ASME 等級

  指的是材料的溫度-壓力等級。

  以上所有這些要求在初步規劃時，可以從系統設計基準的文件資料中獲得。

## 3.2 馬達閥能力的要求

馬達閥必須符合下列能力的要求：

- 閥門在關閉的狀態下，具有一個給予差壓的開啟。馬達在電壓下降的條件下，及考慮壓力鎖死、熱變形的可能性和全開位置上預期的流動率。
- 閥門在開啟的狀態下，具有一個給予流動率的關閉，在電壓下降的條件下，關閉時預期的差壓。

### 3.2.1 差壓(Differential Pressure)

對於最大差壓通過馬達閥的一個保守值，能夠經由比較下列和選擇最大值來決定。

- 系統的設計壓力。假設這是系統最大的差壓。
- 在適用的設備規範中，給予的設計壓力。假設對設備而言，這是最大的差壓。

以系統的條件為基礎，計算最大可信賴的系統壓力和可能的水錘效應。水錘對馬達閥而言通常不是一個問題，因為大部分馬達閥是緩慢的關閉閥門。

馬達閥的能力應與上面的最大值來比較。假如馬達閥有這個能力，沒有更進一步去評估差壓。假如馬達閥的能力不能夠來滿足這些保守的估算，考慮下列的方法：

- 修改馬達閥和驅動器來符合差壓要求的保守設計。
- 執行詳細的系統基本設計審查，決定是否能夠證明一個較低的最大差壓。

### 3.2.2 流動率(Flow Rate)

系統設計的流動率能夠被用來當作設計的條件，作為非安全有關的馬達閥和安全有關的馬達閥。對於安全有關的馬達閥，它的應用包括一個假設的虛線隔離，設計的條件應是通過破裂管線的流動率。這些流動值能夠從系統設計基準的文件獲得。

### 3.2.3 馬達的電壓(Motor Voltage)

馬達閥的馬達，對於操作的條件應決定採用最小電壓的一個保守值，即是一個下降電壓的值，最低的保守值通常為供應電壓的 70%(核能有關)，但在電源供應穩定的地區應提高到 80%，而一般的工廠並不需要如此的嚴格。

### 3.2.4 壓力鎖死和熱變形(Pressure Locking & Thermal Binding)

在一些操作條件的順序下，楔離推力(Unwedging Thrust)的增加當作壓力鎖死效應的結果，例如由於高壓流體陷入一個關閉開閥的閥帽，或熱變形效應，例如一個閥門在關閉之後冷卻下來或加熱上去，而閥楔和閥座之間不同的熱收縮或膨脹。變形的可能性依據閥門的設計，例如閥瓣、閥體和閥座的剛度，和熱的大小或壓力條件的改變。壓力鎖死和熱變形靈敏的可能性應以閥門的設計和操作條件為基礎被評估。馬達的能力在壓力鎖死和熱變形下，應保證能夠有足夠閥楔(Wedge)的楔離，即開啟閥門。

## 3.3 允許的洩漏率(Allowable Leakage Rate)

當建立一個允許的洩漏率,通過一個關閉的閥門考慮有兩個洩漏的路徑:經由閥門的洩漏(在閥座和閥瓣之間)和經由閥桿封填墊或閥體-對-閥帽密封的洩漏。允許的洩漏率是依據系統操作的要求和各種的限制。

閥體-對-閥帽密封洩漏率的要求,於第一章閥門閥座洩漏等級上有所敘述說明。閘閥通常只能達到等級 III 的要求,而球體閥一般可達到等級 IV 的要求。對於達到等級 V 的要求,閥座及閥塞金屬的接觸面,需要有更高的研磨精細度及密合壓力以及接觸面的形狀。

通常而言閥門沒有規範封填墊的洩漏率,因為與閥座和閥瓣之間洩漏的比較,其洩漏是微小的。封填墊的洩漏可能是且曾經是比閥座有更大的洩漏,然而它通常能被發現和修正而不需要拆解閥門。

操作的條件(例如,系統壓力和溫度及差壓)可能影響閥門洩漏的各種性質。在高差壓下閥門的防洩漏,及在一個低差壓下可能不需要洩漏的緊密密封。典型上,閘閥和球體閥(流體從閥座上方流過)被設計在高差壓下自動密封。在一個自動密封的設計中,通過閥瓣的差壓,推動閥瓣有足夠的穩固來抗拒閥座,創造一個密封。在低差壓下,一個額外的密封負荷是需要保持閥瓣緊密的抗拒閥座。這個密封負荷由驅動器提供給閥桿加壓於閥瓣上。

閥門在現場位置測試洩漏的做法也可能影響洩漏的特性。在兩個隔離閥之間管線的容量使用空氣加壓,而洩漏由管線容量壓力衰退的速度來決定。整個洩漏以這些測試來測量。洩漏路徑是根據測試的方法。假如封填墊沒有加壓,量測的洩漏是通過閥座。一些系統的配置需要加壓封填墊到一個被測試的閥門。這些例子中,測量出的洩漏包含經由封填墊的洩漏。

規範允許的洩漏率作為馬達閥重要的多重功能之一。實際上洩漏將隨著閥門的磨損而增加,並可能超過採購規範的洩漏限制。執行週期性的測試來保證不超過系統洩漏的要求。可能需要閥門的保養來防止超過系統的洩漏。

對於一個非安全有關的馬達閥而言,常見的工業標準通常已被規範。一個代表性的值是公稱閥門尺寸 10 cc/hr/in (0.4 cc/hr/mm)作為閥座和閥瓣之間的洩漏。而安全有關的馬達閥,規範允許的洩漏是公稱管線尺寸的 2 cc/hr/in (0.08 cc/hr/mm)。

## 3.4 衝程時間(Stroke Time)

規範一個最大允許的衝程時間,保證閥門的開啟和迅速的關閉,足夠符合製程系統功能的要求。可規定一個最小允許的衝程時間,避免系統壓力的衝擊,即是產生水錘(Water Hammer)現象。

以一個公稱閥桿速率為基礎的衝程時間,通常是足夠符合流體系統的要求,雖然有時候可能需要一個更快的衝程。然而驅動器傳動的方式如果利用斜齒輪,能夠獲得一個更慢的衝程時間。更慢的衝程時間是否能夠符合製程系統控制的反應時間,是應需要加以考慮。一般規範規定閥門運轉時,需要 60 秒內全開或全關,通常在現場測試時皆坐落在 60 ~ 80 秒內。如果利用斜齒輪來轉換傳動的扭矩,則必定存在著更慢的衝程時間。

閥桿速率能夠從馬達的速率、驅動器齒輪的整體比率、及閥桿螺紋的節距來估算。

$$\text{閥桿速率 (in/min)} = \frac{\text{馬達轉速 (rpm)}}{\text{整體比率}} \times \text{螺紋節距} \qquad \text{(方程式 5-5)}$$

計算衝程的時間,利用下列的方程式:

$$\text{衝程時間(秒)} = \frac{\text{閥門行程的長度(in 或 mm)} \times 60(\text{秒/分鐘})}{\text{閥桿速率 (in/分鐘,或 mm/分鐘)}} \qquad \text{(方程式 5-6)}$$

252

就閘閥而言，閥門的衝程長度幾乎等於管線的直徑。對球體閥而言，閥門的衝程長度大約是管線直徑的 1/3。

安全有關的馬達閥通常比非安全有關的馬達閥有較短的衝程時間和更高的閥桿速度。安全有關的閘閥和球體閥，典型的閥桿速度是：

- 閘閥： 18～72 in/分鐘或 457～1829 mm/分鐘
- 球體閥： 8～32 in/分鐘或 203～813 mm/分鐘

很少馬達閥的應用有更高的閥桿速度，但某些應用可能有高達 150 in/分鐘(3810 mm/分鐘)的閥桿速度。

大部分工業應用的馬達閥，其閥桿速度，閘閥是 12～24 in/分鐘 (305～610 mm/分鐘)，球體閥是 4～8 in/分鐘(102～203 mm/分鐘)。假如應用的需要，閥桿的速度如果需要；閘閥大於 72 in/分鐘(1829 mm/分鐘)；球體閥大於 32 in/分鐘(813 mm/分鐘)，應該考慮使用空氣操作或液壓操作的驅動器，因為馬達閥有潛在性的慣性過度扭矩和推力的問題。

## 3.5 電源的供應(Electric Power Supply)

電源供應的要求是以馬達閥的安全等級為基礎。假如馬達閥是非安全有關。規範額定的 AC 電壓是足夠了。典型為 3 相的電源 230/460 VAC 或 240/480 VAC。一般而言，非安全有關的馬達閥，供應的電壓範圍沒有詳細的規定，因為額定的線電壓被假定維持在額定的馬達設計限制內，即±10%的額定電壓。

就安全有關的馬達閥而言，最小的 AC 電壓是以柴油發電機在調整期間攜帶負荷能力為基礎，或是以電壓下降的輸電網路條件為基礎。每一個電廠有一個規範線電壓下降的基準，典型上為額定線電壓 70~80%的範圍。

在所有 AC 電源失去期間，馬達閥必須正常工作來維持電廠的安全，UPS 系統將是維持第一線供應電壓的系統。此系統是由電池所組成的系統，主要的工作是將 AC 電壓的交流電轉換成 DC 直流電，儲存在電池內，一旦電源斷電，即利用電池內儲存的電源，轉換成交流電供應給中樞系統使用。

柴油發電機將是第二線供應緊急電壓的系統，且必須在 3～5 分鐘內供應電力，並維持電廠安全操作，直到電力恢復或安全停機為止。

## 3.6 操作的環境

操作環境影響閥門、驅動器和馬達的選擇，其包含如下：

- 地震設計的要求
- 馬達閥的位置和週遭的條件。即壓力、溫度、溼度、輻射和腐蝕性流體的存在。
- 閥門操作期間，由於流體與機械觸發配管系統的振動力(振幅和頻率)。

對於馬達閥而言，操作環境可能包含高壓力、溫度、溼度、輻射和一個嚴苛的化學環境。依據 IEEE 標準，馬達閥必須在環境上測試認證。這個測試包含熱老化、環境加壓、輻射老化、振動老化、地震模擬、設計基準意外事件的輻射暴露和設計基準意外事件的環境測試。以上大部分是安全有關的馬達閥測試。

## 3.7 馬達閥位置定位的方向

無論什麼時候只要可能，應使用下列標準來訂定閥門的方位：

- 訂定與管線水平的方位。
- 保持閥桿垂直向上，即是驅動器應在閥門的上方。Y 型球體閥的閥桿應在垂直面上。
- 馬達軸保持在水平面上。
- 假如適宜的話，閥門應安置在合意的流動方向。

假如不使用標準的馬達閥方位，不選擇這個方位的理由(例如，電廠空間的限制或配管的方向)，應以文件記載，而閥門廠商應考慮有關非標準的閥門方位。在設計、操作、測試和保養需要加以考慮的任何特殊警示，應適當的文件記載。具有一個非標準方位的可能問題包含如下：

- 假如依據 ANSI B16.41 來確認標準的方位的一個馬達閥資格，這個功能的資格認定，可能不適用在一個非標準的方位。
- 安裝和保養期間，特殊的配備和固定的位置可能需要處理和定位馬達閥的組成構件。例如，假如閥桿定的位置不在垂直的任何位置，研磨閥座是更困難的。
- 加速閥門內部的磨損或可能發生不預期的閥瓣-對-閥體的干涉。例如，在極大公差的狀態下，閥瓣和閥體之間可能發生不預期的干涉。相似的問題可能發生在具有水平閥桿和垂直閥瓣的一個閘閥上。這個能夠增加閥桿推力的要求、增加在馬達上的負荷、加速驅動器和閥門的磨損、及複雜化馬達閥控制和保護設計的設定。
- 假如閥桿不是垂直，可能更困難來符合閥座洩漏的要求。
- 假如閥門位在上邊而向下，輻射污物可能累積在閥門的閥桿和封填墊中，因此增加對電廠人員潛在性的輻射暴露。
- 閥桿的酸性流體洩漏能夠引起驅動器組件的腐蝕。
- 假如馬達閥安置在馬達軸桿在水平之下，潤滑油脂可能進入馬達。另外，假如馬達閥放置在面對極限開關的下方，潤滑油脂可能進入極限開關的組件。
- 假如驅動器蝸桿軸在水平面之下，彈簧匣可能更易受液壓鎖死的影響。
- 閥門安裝在非合意的方向，可能造成包含這些準則中方法適用性無效的結果。

假如閥門必須安裝在一個非標準的方位，應考慮這個潛在性問題，且應採用適當的步驟來避免這些問題。

4.0 馬達閥的篩選方程式

本節的目的是提供閥桿在開和關的方向，計算需求推力的方程式，來達成閘閥和球體閥在流量上的控制和關斷。使用的方程式是工業界廣泛使用的閘閥和球體閥為基礎，說明方程式扭矩和推力的計算。閘閥是閥桿上升型實心閥楔，有一個 T 型頭部的閥桿連接閥楔的閥門。而球體閥是 T 型或 Y 型平衡式或不平衡式閥塞的閥門。本章節主要敘述項目呈現於下：

- 閘閥和球體閥的需求閥桿推力
- 閥門額定的和不被破壞的(Survivable)推力和扭矩

4.1 閘閥和球體閥的需求閥桿推力之說明

計算需求的閥桿推力，無論是閘閥或是球體閥，主要是由三個力所組成的，即是封填墊的摩擦阻力、閥門入口和出口之間的壓力差所造成的摩擦力，及閥桿活塞效應的反作用力。雖然還有閥桿和閥瓣重量造成的重力及密封閥門與管線的接觸力，此 2 種力量與前 3 種力量比較，一般可忽略不計。

需求的閥桿推力是軸向力量應用到閥門的閥桿，引起閥門執行一個開/關或調節的操作功能。這個力量是一個推力(壓縮的)，或是一個拉力(伸張的)，依據閥門是否個別是正在關閉或開啟。馬達閥典型上是從全關到全開的行程及從全開到全關的行程。閥桿推力在閥門行進的期間一直變化。在開和關的兩個方向，閘閥和球體閥最大的閥桿推力，典型上發生於閥門進入閥座內或接近閥座。某些例子中，最大的推力能夠發生於當閥瓣是在距閥座一些距離。

閥桿推力是根據流體的流量和差壓，隨著閥門衝程的位置而變化。"需求的閥桿推力"是計算閥門閥桿推力所需要的最大值，完成它的操作功能。

決定操作閥門的需求閥桿推力，就閘閥而言，這些方程式適用於正常幫浦泵出的流動狀態，而中間衝程效應是不會被提出的。但高流量或排放(Blowdown)狀態下，中間衝程效應就變得很重要了。當流動率增加時，更高的推力造成損傷閥門內部的可能性就增加了。

4.2 影響需求閥桿推力計算的各種因素

需求閥桿推力的計算是根據閥門組件的設計因素、閥門內部流體變動的各種參數，及閥門的各種效應，這些領域上的影響因素，典型敘述如下：

## 4.2.1 閥門組件的設計因素

　　這些物理因素包含組件的形狀、使用在滑動面的材料組合和封填墊，說明如下：

a. 組件的形狀

　　指的是閥座直徑和閥楔的面積；閥桿直徑；閥座角度；閥座寬度；平衡式與不平衡式球體閥閥塞的設計；球體閥閥座外部和閥塞直徑底部的面積；閥瓣和閥座接觸表面的硬度；閥桿與閥瓣之間的連接；及扭矩限制臂的存在與否。

b. 使用在滑動面的材料組合

　　閥瓣/閥座、閥瓣/閥桿、及閥桿/封填墊的材料組合。

c. 封填墊

　　封填墊的材料和結構的配置。

## 4.2.2 閥門內部流體變動的各種參數

a. 流體的各種參數
- 流體的形式(液態或氣態)
- 閥瓣上游的流體壓力
- 通過閥瓣的差壓
- 流動率
- 流體的溫度
- 封填墊的預負荷
- 閥門的方位

b. 動態條件下，開和關的循環數量。閥瓣摩擦係數在差壓達到一個平台水準下，傾向隨著衝程而增加。

c. 閥門內部表面的磨損、浸蝕、腐蝕和外來的物件。

d. 最近的拆解閥門的檢查或曝露到大氣，能夠暫時降低閥瓣的摩擦係數。修改後立刻的測試，可能低估閥瓣的摩擦。

## 4.2.3 閥門的各種效應

### 4.2.3.1 壓力鎖死(Pressure Locking)

　　壓力鎖死發生在一些連續操作的狀態下，閘閥在關閉時，高壓流體進入閥帽的腔室內，閥楔重新開啟時，楔離推力的增加，使閥門無法再打開。

　　壓力鎖死現象被流體定義在閥帽的空腔中，比上游和下游兩者有更高的壓力作用在閥瓣上，開啟閥瓣的驅動力超過驅動器的扭矩力，從而無法開啟閥門。近來文件記載著工業的經驗，顯示一個彈性楔形閘閥楔離推力的增加，能夠發生在遭受到壓力改變之後，縱使閥門的閥瓣已有一個相通的洞，促使閥帽壓力與上游壓力相等。這是由壓力有關的"閥瓣夾緊 (Disc Pinching)"現象所引起的壓力增加。閥瓣夾緊是由閥門閥體的撓性所引起的，允許閥體的閥座表面移動更接近的碰在一起或更進一步的離開，回應上游、下游、和在閥門的閥體中壓力的改變。閥座面的移動，結合儲存在閥桿/閥軛內的彈性應變能量，能夠引起更進一步閥瓣的楔入，那就是，能夠依序地引起一個楔離推力的增加，那不是與傳統壓力鎖死條件有關係的。閥瓣夾緊現象能引起楔離推力的增加，甚至在實心楔形閘閥中，那是考慮對傳統的壓力鎖死現象沒有靈敏性的閥瓣。

預防壓力鎖死的方法有三(參閱圖 5-42)：

1. 位於上游的閥楔上鑽一小孔洩壓。
2. 在閥帽腔室內安裝洩壓閥。

3. 在閥帽腔室至閥門上游側，安裝一條旁路管路。

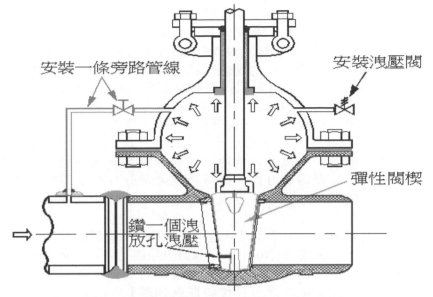

圖 5-42 閥門壓力鎖死三種的預防方法

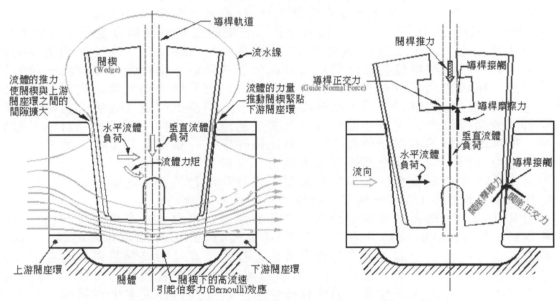

圖 5-43 閥門中間衝程效應及 Bernoulli 效應

### 4.2.3.2 熱變形(Thermal Bibding)

熱變形一般發生在楔形閥辦的閘閥上，當系統溫度升高後，閥門又冷卻下來，且以扭矩開關坐落閥座的方式關閉閥門。由於閥座和閥楔之間不同的熱膨脹，閥座夾緊了閥楔，無論使用驅動器或手動操作，都無法重新打開閥門。

閘閥熱變形的敏感度，依據閥楔撓性的程度所決定。實心閥楔不具撓性最受影響。雙辦平行閥座的閘閥對於熱變形不易受影響。假如熱變形已經發生了，閥體應加溫變暖來減少損傷的可能性。可利用一個加熱設備或利用配管系統內的流體溫度加熱閥體。

預防熱變形的方式有四：

1. 將閥辦改為雙辦平行閥座的閘閥。
2. 在管路冷卻過程中，定期操作閥門的開啟和關閉。
3. 減少閥門關閉時的過度推力。
4. 將驅動器改為彈簧補償型式的裝置，如圖 5-22。

256

### 4.2.3.3 中間衝程效應(Mid-Stroke Effects)

中間衝程效應泛指閘閥閥瓣不在開或關的位置上,所產生的流體效應,包含流體流動速度在差壓上的不同變化,及閥桿推力上的伯努利(Bernoulli)效應等。

一個開或關的衝程期間,閥瓣(閥楔或閥塞)在部分的行程期間,典型上是滑動在一個導桿上,並轉移到接觸下游的閥座,接近全關的位置。滑動能夠與閥瓣一同發生在平面或傾斜的方位,是依據閥門內部組件形狀的細節(例如,導桿間隙和導桿長度)、在中間位置 ΔP 負荷通過閥瓣的艱難、及滑動界面摩擦係數的大小。

在 EPRI MOV PPP 下執行計算一個流體動態(CFD)分析的矩陣,決定閥瓣的負荷,當作一個 ΔP、衝程位置、閥瓣尺寸、閥座尺寸、及閥瓣傾斜角度的函數。閥瓣上管線軸向和閥桿軸的方向,流體力量的構成部分提供無單位的結果。分析也測出流體加入傾向轉動或傾斜閥瓣的力矩,閥瓣較低的部分移向下游的閥座,如圖 5-43 顯示。一個中間位置的閥瓣,傾斜的力矩獲得它的最大值,且在全開和全關的位置上則變成可忽視的。

應用到閥瓣的流體負荷,具有導桿軌道、閥座面、和閥桿的閥瓣接觸而起反應。這些接觸的每一個,產生正交力(Normal Force)和摩擦力(Friction Force)的負荷。摩擦力於接觸中抵抗兩者表面的相對運動。相對運動由閥瓣的衝程方向來決定,無論是關或開。另外,閥桿側面的剛度能夠抗拒閥瓣的移動。

在中間衝程位置的期間,閥瓣、導桿、閥座、和閥桿等界面之間的交互作用是非常的複雜的,而不能利用手算方式來簡化分析。發展一個全面性的閥瓣平衡模型,及在 EPRI MOV PPP 下利用計算機來計算。這個模型利用流體力量和來自於 CFD 分析的各種力矩,決定在閥瓣/閥座/導桿/閥桿界面的內部反應,遍及整個衝程的閥瓣位置。分析顯示閥瓣能夠在一個中間衝程位置中傾斜,描述傾斜方位之一種如圖 5-43 顯示。確認中間行程位置閥瓣傾斜的預測,依據實際流動迴路的測試和閥門設計效應的測試。當閥瓣傾斜時,在導桿軌道或下游閥座上的邊緣接觸,能夠顯著的改變需求的閥桿推力。對某些閥門設計而言,高流量的條件下閥座的傾斜能引起對閥瓣、導桿軌道和下游閥座的損傷。在如此條件下,一個可靠閥桿推力的預測是不可能的。由 EPRI 開發的全面性閘閥的模型,提供閥門保守的閥桿推力預測,如此顯著的損傷不會預測發生,並以特定的閥門設計和流動條件為基礎,證明何種閥門可能顯示重大的損傷(決定一個可靠的推力預測是不可能的)。

EPRI 的測試,過去的結論對於閥瓣顯著的傾斜和推力要求中相關增加的可能性是極微的,在相對低的流動條件下(泵流量)高至大約 15 ft/sec 以水作為流體。因此,計算全關位置或接近全關位置需要推力值的方程式,在這個流動範圍能夠可靠的預測推力的要求。給予在此準則的"計算需求的閥桿推力"方程式之適用性,是以這些結果為基礎,此顯示在正常泵入的流動條件下,對閥門內部沒有造成損傷。此也得到結論,即 EPRI MOV PPP 閘閥模型可靠的設定閥桿推力需要的限制,確認由於在較高的流動條件下,能發生閥門內部損傷無法預測行為的可能性。無論如何,在高的流動條件下,預測中間衝程行為的模型方程式是複雜的,且不在此準則的範圍內。對於更高的流動速度而言,利用 EPRI MOV 性能預測方法學能夠履行分析。

### 4.2.3.3.1 流動率效應(Flow Rate Effect)

當閥瓣的操作從全開到全關的位置中,流體通過閥瓣而建立了差壓。一個典型的配管系統中,差壓是依據流動速率建立的。

差壓的變化就正常流動速率(4.5 m/sec 或 15 ft/sec)而言,是發生在 0～10%的衝程位置之間。就高流動速率(15.2 m/sec 或 50 ft/sec)而言,大多數壓力的變化發生在 0～25%的衝程位置之間。在排放條件下,差壓實質上發生更高,且超過 25%的衝程位置。

高的中間衝程的差壓結合高流量和排放條件,加大在中間衝程位置的閥瓣上之流體負荷。這能夠顯著的變更閘閥的操作行為,在一些例子中引起一個更高的閥桿推力,發生在中間衝程的位置(稍微在或接近全關的位置)和造成閥門內部的損壞。

### 4.2.3.3.2 閥桿推力上的伯努利(Bernoulli)效應

帶有流量通過閥門中間衝程位置的一個閘閥，閥瓣下面的壓力比在閥瓣上面的壓力，傾向於更低，此是流體加速度和不可逆壓力損失的結果(參閱圖 5-43)。流體的流動能夠產生顯著的壓力，沿著向下的閥桿軸方向來助長關閉並抗拒閥門的開啟。這個效應為眾所周知的伯努利效應，在高的流量條件下更能斷定，且已經由流動迴路測試確定。

　　伯努利效應發現閥桿推力的增加，是由於伯努利效應的變動，從全關位置的零到大約 5%閥瓣開位置的全差壓負荷大約 8%的最高點。超過這個閥瓣的行程，正常泵流動的條件下，通過閥瓣在差壓中的降低，大體上由伯努利效應引起高於 8%的增量。

### 4.2.4 判斷並排除壓力鎖死和熱變形的準則及考慮因素

#### 4.2.4.1 判斷閘閥是否會受壓力與溫差導致卡住效應的準則

1. 閥瓣為實心閥楔(Solid Wedge) --- 不會壓力鎖死，但會熱變形。
2. 雙瓣平行閥座(Double-disc Parallel Seat)的閘閥 --- 不會熱變形，但會壓力鎖死。
3. 具有洩壓設計 --- 不會壓力鎖死。
4. 正常或偶而暴露在高壓下，且相連管線在閥門打開前會有相當程度的降壓者 --- 壓力鎖死 (液壓效應)。
5. 雖非暴露於高壓下，但卻易因高壓洩漏而接受高壓，且相連管線在閥門打開之前會有相當程度的降壓者 --- 壓力鎖死。
6. 閥桿為水平或水平以下者，在關閉時易存留閥桿凝結物於閥帽內者 --- 壓力鎖死 (熱變形)。
7. 雖非暴露於高溫流體中，但可能由於相連管線而使閥體溫度變化者 --- 壓力鎖死。
8. 雖非暴露於高溫流體中，但可能由於鄰近高溫管破管而導致高溫者 --- 壓力鎖死。
9. 該閥門是否可能有高於正常周溫變化的溫升 --- 壓力鎖死。
10. 在熱態下關閉閥門，有明顯的冷卻，而後須再開啟者 --- 熱變形 (閥楔效應)。
11. 因系統須冷卻而將該熱閥關閉後又復再開啟者 ---熱變形 (閥楔效應)。
12. 在閥門關閉之後，閥門上下游有大的溫差而須再開啟者 ---熱變形 (閥楔效應)。
13. 系統在冷卻時，必須關閉閥門，而在完成冷卻之後需要再開啟者 --- 熱變形 (閥桿效應)。
14. 實心閥楔溫差 > 75°F (23.9°C)時，可能產生熱變形。
15. 彈性閥楔溫差 > 150°F (66°C)時，可能產生熱變形。

#### 4.2.4.2 是否能排除壓力鎖死和熱變形的考慮因素

1. 該馬達閥首次執行條件時，是否已考慮因熱與液壓造成壓力鎖死狀態 --- 已考慮則不致造成壓力鎖死。
2. 其驅動器的大小是否已考慮由熱與液壓造成壓力鎖死狀態 --- 已考慮則不致造成壓力鎖死。
3. 現有的測試程序是否限制溫差在 20 ~ 50°F (°C)之間 --- 有則不會造成熱變形 (閥楔效應)。
4. 馬達閥驅動器是否有補償彈簧供閥桿伸張 --- 有則不會造成熱變形 (閥桿效應)。
5. 馬達閥驅動器的大小是否已考慮在冷卻之後，閥瓣/閥體收縮及閥桿伸張所導致開始推力的需求 --- 有則不會造成熱變形。
6. 馬達閥第一次執行條件時，是否已考慮到熱變形狀態 ---有則不會造成熱變形。

### 4.3 計算需求的閥桿推力

計算需求閥桿推力的應用方程式，典型上分為閘閥和球體閥兩種不同閥體的計算，雖然作用在閘閥和球體閥的力量有所不同，如果將某些不影響整體力量的分力剔除，實際上只有三種力量需要分別探討和計算。這三種力量可適用於計算閘閥和球體閥的需求閥桿推力。

　　本節下列的方程式，包含各種使用於馬達閥及驅動器的專用語，而兩者應定期做適當的保養，來保證各種測試的結果，繼續適用於長時間應用在製程上，且應執行周期性的靜態測試，以確認驅動器的能力。

　　應用這些方程式來決定需求的閥桿推力，閥門的結構和製程條件的數值是重要的，閥門規範的細節，例如出口/入口之間的差壓、流體的流動率和封填墊的預負荷，能影響需求閥桿推力的計算。

　　需求的閥桿推力($F_{總推力}$)應計算閥門的關閉和開啟兩方面。就閘閥開的方面而言，應該使用更高差壓的 $F_{總推力}$ 和閥門楔離的 $F_{總推力}$，而計算驅動器能力的數值，應選用兩者的最大值。

　　閥門對於流體的隔離相對於密封的考慮，在關的衝程期間，對於計算閘閥和球體閥的閥桿推力，於閥座上或接近全關的位置上，需要符合下列二個主要的要求之一或是兩者：

• 獲得需求最大的推力來達到坐落閥座之點。

• 閥座接觸上發展需要的密封力量。

　　當閥瓣在下游閥座上是平面的，達到了流量的隔離，而閥瓣密封面產生一個全360°的接觸緊靠著下游閥座面，藉以隔離閥門上游和下游的管線。在此點上，通過閘閥產生的差壓，與通過球體閥一樣(流體於閥座上方的方向流動)提供閥瓣的密封力量，此可能足夠或可能不足夠產生一個緊密洩漏的密封。流體隔離點的閥桿推力，或許在大部分的應用上，是眾多需求推力的機能之一。無論如何，假如閥門對流體流動點僅僅是關閉，閥瓣在低的或差壓下降的狀況下，可能變得鬆弛或沒有足夠的接觸力，來提供一個有效的密封。為了保證較低的或零差壓的條件下接續到一個高差壓關閉，需要格外的閥桿推力來保證需要的密封接觸應力，是展開在閥座的接觸區域上。

　　開的衝程期間，計算閥桿推力在或接近全關的位置，符合下列二個主要的要求：

• 最大楔離/未坐落閥座的推力

• 楔離/未坐落閥座之後，最大開的推力

　　典型上使用在楔形閘閥中，閥楔角度(閥瓣的每一邊)從 3 ~ 7.5°變化，5°是最通常的。就這些小的閥楔角度而言，由於典型的摩擦係數呈現在閥座界面的摩擦力量，引起閥瓣在移除關的閥桿推力之後繼續楔入閥瓣的位置。另一方面而言，球體閥閥瓣和閥座的接觸面，是成一個非常大的斜角，典型上是 30°或更大。具有這些較大的角度，閥瓣不能繼續摩擦般的鎖入閥座，作為典型的摩擦係數。因此，楔離/未坐落閥座的推力僅僅是作為楔形閘閥一個考慮的事項。閘閥的楔離推力依據來自於先前循環的最後楔入推力(也稱為"最大的開展推力")，與在開的衝程期間通過閥瓣的差壓一樣。

## 4.3.1 需求閥桿推力的各種力量之說明

下列是計算閘閥需求閥桿推力的條件：

• 單片實心的閥瓣或彈性閥楔的結構，具有一個閥桿-對-閥楔的連接，擁有一個 T 形頭和 T 形槽溝。

• 不可壓縮的流體或等效的蒸氣流體。

• 閥門沒有在高速流量的條件下操作，即是大於 4.6 m/sec 或 15 ft/sec 的水或等效的蒸氣流。高速流量的狀況下，閥門在中間行程的期間，會引起閥瓣的傾斜，造成推力增加的結果，並且可能損傷閥瓣或閥座。

• 沒有呈現熱變形或閥帽壓力鎖死的狀態。

圖 5-44 為閘閥閥桿負荷的分佈圖。全部的力量由 5 個分力組成，即是入/出口的流體差壓、封填墊的摩擦阻力、活塞效應的作用力、閥桿和閥瓣重量負荷的重力，及閥瓣與閥座楔合的密封接觸力。就完善而言，5 個負荷力量呈現出提供需求閥桿推力的全部負荷，但對於每一個閥門，不是每一個負荷都是重要的，例如閥瓣的重量是可忽略的，而密封接觸力量可由閥門慣性力或使用者要求以計算需求閥桿推力的 120%～130%規範來涵蓋。

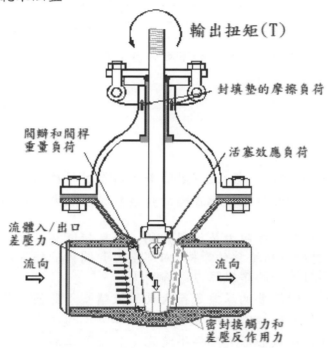

圖 5-44 閥門五種負荷分布圖

## 4.3.1.1 閥瓣和閥桿的重量(F 重量)

　　這個力是由閥瓣和閥桿組成的，在閥桿上產生一個軸向負荷。這個力和其他的力比較，通常是微小的，然而在一些條件下，例如，某些大的閘門和低差壓的應用，此重量就變得重要了。就一個正常閥門的結構而言，F 重量對開的閥門是加數的(那就是，重量加到需要開啟的負荷)，而對關的閥門是減數的(那就是，重量減去需要關閉的負荷)。

## 4.3.1.2 封填墊的摩擦負荷(F 封填墊)

　　封填墊的摩擦負荷是使閥桿滑動通過封填墊所需要的力量，使用於工業上典型的封填墊是撓性石墨，而封填墊的摩擦阻力是依據下列條件形成：

- 閥桿直徑
- 封填墊的高度
- 封填墊腔室的直徑
- 閥門內部的壓力
- 流體的介質和溫度
- 封填墊與閥帽的摩擦係數
- 封填墊的預負荷
- 封填墊的材料

　　一個估算封填墊摩擦阻力呈現在表 5-6。提供一個可能在各種狀態下，遭遇的封填墊摩擦力之估算。最大封填墊摩擦阻力是由測試來建立實際界限的封填墊摩擦阻力所獲得的。

　　這些封填墊摩擦阻力的估算，缺乏更多明確的資料，能夠使用於需求閥桿推力的計算。無論如何的實用，最佳的估算是用來說明在具體應用中的變量。對於改善估算的來源，來自於現場的診斷測試、封填墊供應商，及閥門供應商。

表 5-6 撓性石墨封填墊的摩擦阻力

| 閥桿直徑(cm) | 撓性石墨封填墊的摩擦阻力 |
|---|---|
| 2.5 cm 以下 | 400 kg |
| 2.5 ~ 3.5 cm | 700 kg |
| 3.5 ~ 6.0 cm | 1,100 kg |
| 6.0 cm 以上 | 1,500 kg |

另一種計算封填墊摩擦阻力之值，如下列方程式所示：

$$F_{封填墊} = \pi \times d \times L \times C_p \qquad \text{(方程式 5-7)}$$

此處符號表示：

d ： 閥桿直徑

L ： 封填墊的長度

$C_p$ ： 封填墊摩擦阻力的係數，此係數隨著封填墊材料及結構的不同而有所變化。

建議利用靜態診斷測試來確認實際的封填墊摩擦阻力，是小於設計的封填墊摩擦阻力。

預測精確的封填墊摩擦阻力是很困難的，因為封填墊摩擦阻力會隨著螺栓的預負荷、溼封填墊相對於乾封填墊的摩擦、內部壓力和閥桿的插入相對於移除而改變。其他因素能夠影響封填墊的摩擦阻力討論如下：

• 壓蓋過度的扭入。封填墊的摩擦負荷大大的依賴壓蓋的預負荷。假如壓蓋是過度的扭入，可能增加封填墊的摩擦負荷，且甚至阻止閥桿的移動。

• 閥桿逐漸的尖細和不成圓形。閥桿不是完全的圓形且無均勻的直徑。在一些例子中，閥桿直徑和圓度的改變，能夠影響封填墊的負荷。例如，當一個錐形的較大末端被推入封填墊，閥桿將把封填墊向後推，並增加封填墊的摩擦負荷。

• 溫度梯度。溫度梯度沿著閥桿直徑，由於不同的熱膨脹，能成為逐漸減少的原因。例如，假如閥門是關閉的，而閥桿外部相對於在封填墊內的閥桿是涼的，在關的衝程期間，封填墊的摩擦負荷可能減少。在一些供應商的各種測試，當"涼的"閥桿插入"熱的"封填墊，觀察到小量的洩漏。

### 4.3.1.3 活塞效應的力量($F_{活塞}$)

活塞效應力量通常也稱"閥桿排除力量"，是被內部流體的壓力作用在閥桿面積所引起的。在球體閥的閥塞上，負荷是結合流體壓力提供成為差壓負荷，是指閥門的差壓力量。球體閥通常不計算此力量，而是以差壓力量來顯現。

計算閘閥和球體閥兩者的活塞效應力量之方程式是相同的，但開和關有所不同呈現如下：

閥門關閉活塞效應力方程式

$$F_{活塞} = PA_{閥桿} = P\frac{\pi}{4}D_{閥桿}^2 \qquad \text{(方程式 5-8)}$$

閥門開啟活塞效應力方程式

$$F_{活塞} = -P\frac{\pi}{4}D_{閥桿}^2 \qquad \text{(方程式 5-9)}$$

此處符號表示：

P ＝ 閥桿封填墊上內部的壓力($kg/cm^2$ 或 psi)。就一個閘閥而言，這是施加於閥楔的流體壓力。就球體閥而言，這是施加於閥塞的流體壓力。通常這是一個上游的壓力。

A 閥桿 = 封填墊上閥桿的面積(mm$^2$ 或 in$^2$)。

D 閥桿 = 封填墊上閥桿的直徑(mm 或 in)。

### 4.3.1.4 閥門的差壓力量(F 差壓)

#### 4.3.1.4.1 閘閥的差壓力量

就閘閥而言,差壓的力量是流體施加於閥楔的壓力,即是閥門上游管線壓力和下游管線壓力的差值,這個壓力隨著閥楔的位置而變化。閥門全開的狀態下,上游和下游管線壓力是相同的,差壓是微小的甚至是零。當閥楔接近關閉的位置,流體的壓力快速的增加,差壓在需求閥桿推力的計算中,變成主要的條件。通常此壓力的數值由製程系統給予的,以此製程壓力值作為差壓的力量。

另一種將閥楔和閥座之間的摩擦係數列入考慮,所得出來的計算方程式如下,此計算方程式需要閥門廠商提供閥座和閥楔的摩擦係數,而此方程式只對正常由幫浦泵動的流體流動狀態下有效,而不適用於高流量或排放的條件。

閥門關閉的條件下:

$$F_{差壓} = \mu_S \Delta P A_0 \frac{1}{(\cos\theta - \mu_S \sin\theta)}$$ (方程式 5-10)

閥門開啟的條件下:

$$F_{差壓} = \mu_S \Delta P A_0 \frac{1}{(\cos\theta + \mu_S \sin\theta)}$$ (方程式 5-11)

此處符號表示:

$\mu_S$ = 閥瓣和閥座之間的摩擦係數 (無單位)

$\Delta P$ = 一個關或開衝程期間,通過閥門最大的差壓。單位:kg/cm$^2$ 或 psi

$A_0$ = 面積,壓力作用在其上的力量,單位:mm$^2$ 或 in$^2$。這是以平均閥座面的直徑為基礎。

$\theta$ = 閥座的角度 (來自於閥桿軸的度數)

就閘閥而言,差壓力量是加數的,即是加入需求的閥桿推力上,忽略閥門的行程方向。

表 5-7 材料在蒸氣中,平面-對-平面界限的摩擦係數值

| 金屬材料 | 摩 擦 係 數 | | |
|---|---|---|---|
| | 99°C (210°F) | 288°C (550°F) | 343°C (650°F) |
| Stellite 6 合金 - Stellite 6 合金 | 0.55 | 0.43 | 0.40 |
| Stellite 6 合金 - 碳鋼 | 0.50 | 0.40 | --- |
| Stellite 6 合金 - 不鏽鋼 | 0.50 | 0.50 | 0.50 |
| 碳鋼 - 碳鋼 | 0.60 | 0.60 | --- |

表 5-8 材料在水中,平面-對-平面界限的摩擦係數值

| 金屬材料 | 摩 擦 係 數 | | | | |
|---|---|---|---|---|---|
| | 18°C (65°F) | 99°C (210°F) | 204°C (400°F) | 288°C (550°F) | 343°C (650°F) |
| Stellite 6 合金 - Stellite 6 合金 | 0.61 | 0.55 | 0.50 | 0.47 | 0.40 |
| Stellite 6 合金 - 碳鋼 | 0.48 | 0.42 | 0.49 | 0.50 | --- |
| Stellite 6 合金 - 不鏽鋼 | 0.50 | 0.50 | 0.50 | 0.50 | 0.50 |
| 碳鋼 - 碳鋼 | 0.48[1] | 0.60 | 0.60 | 0.60 | --- |

上述差壓力計算的一個主要參數,是閥座和閥楔接觸面的摩擦係數。表 5-7 及表 5-8 概括的說明對於一般閥座的材料,就平面-對-平面和閥瓣-對-閥座的接觸,適

用的摩擦係數是以一個廣泛的摩擦研究為基礎，說明任何在摩擦中的增加，在差壓負荷下可能引起具有重複的衝程衝擊。這些資料在不同的流體介質和溫度範圍，作為選擇材料配對的界限值，相同的摩擦係數適用於靜態和動態兩者的條件。

註：1. 水溫在 45°C (110°F) 以上使用 0.60。

閥瓣-對-閥座的摩擦係數，就平面-對-平面的滑動而言，通常是最重要的摩擦係數，用來決定關閉一個閘閥最大需求的推力。為了提供使用者一個更精確閥瓣-對-閥座摩擦係數的估算，可經由測試來獲得閥瓣-對-閥座的摩擦係數。兩種測試方式提供如下：

水泵測試：

執行這測試，作為具有在衝程之前建立的閥門上游和差壓之一個開的衝程。壓力的來源(例如一個水泵)不需要有任何相當的流量。推力之值、$\Delta P$、和上游壓力，在提升推力的短暫行程其間，能夠被用來決定閥瓣-對-閥座的摩擦係數。由於上游水流快速流入閥帽區域及降低上游壓力的可能性，在流動開始之前的上游壓力在一個主要資料獲得上必須被監視，來保證在摩擦係數計算中，使用適當的壓力負荷。

流量測試：

在小於 $\Delta P$ 或等於全設計基準的 $\Delta P$ 之一個流量測試，能夠被用來決定閥瓣-對-閥座的摩擦係數。實際上 Stellite 合金相對於 Stellite 合金的摩擦係數，隨著接觸應力的增加而減少，保證在局部 $\Delta P$ 的決定值將限制全部 $\Delta P$ 的值。閥桿推力的上游和差壓需要時間經歷的測量。在楔入(關的衝程)之前或在楔離(開的衝程)之後，一個相對平面部位的推力、$\Delta P$、及壓力之資料，能夠被用來決定閥瓣-對-閥座的摩擦係數。

利用上述兩種在現場測試的資料，需要考慮取樣的速率和測試設備的精確度。使用者也應知道，由於摩擦係數隨著磨損、腐蝕及浸蝕的變化，和時間與閥門衝程的衝擊，需求的推力因而會增加。

根據方程式 5-10、5-11、表 5-7 和表 5-8，我們可將閘閥差壓負荷簡化如下：

$$F_{差壓} = \Delta P A_0 F_v \tag{方程式 5-12}$$

此處符號表示：

$\Delta P$ = 通過閥門最大的差壓。($kg/cm^2$ 或 psi)

$A_0$ = 壓力作用在閥瓣上的面積($mm^2$ 或 $in^2$)。就閘閥而言，計算的面積以閥門通口的尺寸為基礎。

$F_v$ = 閥門因數。閥門種類的不同，其數值就不同(參閱表 5-11)。取 0.3 作為閘閥的閥門因數值。(無單位)

### 4.3.1.4.2 球體閥的差壓力量

就球體閥而言，差壓力量是一個活塞效應的負荷。它的大小隨著閥瓣的位置而變化。當閥門在全開的位置時，閥瓣上流體的力量是為小的，而差壓是可忽略的。當閥瓣接近關的位置時，流體力量快速的增加，在需求閥桿推力的計算中，差壓力量變成支配的條件。下列方程式是計算球體閥的差壓力量：

$$F_{差壓} = \Delta P A_0 F_v \tag{方程式 5-13}$$

此處符號表示：

$\Delta P$ = 通過閥門最大的差壓。($kg/cm^2$ 或 psi)

$A_0$ = 壓力作用在閥瓣上的面積($mm^2$ 或 $in^2$)。就閘閥而言，計算的面積以閥門通口的尺寸為基礎。

$F_v$ = 閥門因數。閥門種類的不同，其數值就不同(參閱表 5-10)。(無單位)

就不平衡式閥瓣的設計而言，差壓是指閥門上游和下游流體壓力之間的差值。

流體從閥座下方流過而言，$\Delta P$ 是正數的(抗拒關閉)；就流體從閥座上方流過而言，$\Delta P$ 是負數的(幫助關閉)。

　　就平衡式閥瓣的設計而言，閥瓣上有開孔，使閥瓣上方及下方壓力相等，$\Delta P = 0$，所以通過閥瓣的差壓預期是微小的，並可被設定為零。

　　球體閥差壓力量的計算一般以不平衡式閥瓣的設計為主，可分類為"閥座為基礎"或"導桿為基礎"的球體閥,此兩種閥門簡言之就是 T 型球體閥及 Y 型球體閥。T 型閥是以閥座為基礎的球體閥，而 Y 型閥是以導桿為基礎的球體閥。根據通過閥門在全關位置或接近全關位置上，差壓有效的作用而產生最大閥桿推力的面積。以閥座為基礎的閥門，利用最大閥瓣坐落閥座的直徑來計算。以導桿為基礎的閥門，利用閥瓣的導桿直徑來計算差壓力量。圖 5-45 說明差壓力量的直徑範圍。依據方程式 5-13，對於不平衡式閥瓣的球體閥，差壓力計算如下：

就閥座為基礎的設計：

$$F_{差壓} = \Delta P \frac{\pi}{4} D_{閥座}{}^2 \text{ x } F_v \qquad (方程式 5-14)$$

$$F_{差壓} = \Delta P \frac{\pi}{4} D_{導桿}{}^2 \text{ x } F_v \qquad (方程式 5-15)$$

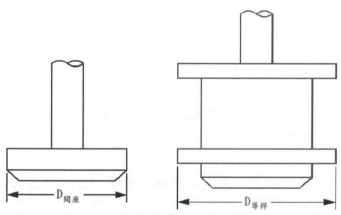

圖 5-45　閥座為基礎與導桿為基礎差壓力的直徑

### 4.3.1.5　密封力($F_{密封}$)

　　閥門對於流體的隔絕，主要在閥瓣和閥座之間的密封力量，為了在兩者表面之間發展足夠的密封條件，需要展開足夠的閥座坐落應力來有效密封，而這個閥座坐落應力是由閥門構件的剛度、材料、閥座表面磨光度、表面硬化硬度和出/入口之間差壓等需要考慮的各種機能。密封力的計算一般是在閥門入口與出口的壓力差為零或幾乎等於零時才需要來計算，這種製程流體的壓力為零的狀態下幾乎沒有，是以通常密封力在閥門計算扭矩或推力時可以忽略不計。

表 5-9　金屬-對-金屬閥座應力的典型值

| 密封壓力<br>psi (MPa) | 閥座的應力<br>psi (MPa) |
| --- | --- |
| 0 ~500 (0 ~3.45) | 4,000 (27.85) |
| 500 ~ 1000 (3.45 ~ 6.89) | 6,000 (41.37) |
| 1000 ~ 2500 (6.89 ~ 17.24) | 8,000 (55.16) |

　　閥座應力可由兩個方式來展開，一是管線的壓力，另一是閥桿的推力。在管線高壓下造成閥門出/入口之間的高差壓，就可提供充足的密封力，不需要額外的推力來密封。大部分工業上使用的馬達閥，利用管線的壓力來密封隔離製程的流體。

　　但就低的管線壓力而言，某些或全部的密封接觸力，必須由閥桿推力來展開。然而閥座緊密防止洩漏的密封力以什麼為根據？表 5-9 顯示一個具有金屬-對-金屬閥座，防止洩漏的密封值，這些值是依據 ISA Handbook of Control Valves 金屬-對-

金屬閥座密封所建議的範圍內。

密封力計算的方程式，閘閥和球體閥分別呈現如下。方程式是應用於低壓製程流體密封負荷的計算：

就閘閥而言，密封負荷 F密封是：

關閉的狀態：

$$F_{密封} = 2R_r \sin\theta + 2\mu_s R_r \cos\theta \qquad (方程式 5-16)$$

開啟的狀態：

$$F_{密封} = 2R_a \sin\theta + 2\mu_s R_a \cos\theta \qquad (方程式 5-17)$$

假如 $\mu_s < \tan\theta$，$F_{密封} = 0$

就球體閥而言，密封負荷 F密封是：

關閉的狀態：

$$F_{密封} = R_r \sin\theta + \mu_s R_r \cos\theta \qquad (方程式 5-18)$$

開啟的狀態：

$$F_{密封} = -R_a \sin\theta + \mu_s R_a \cos\theta \qquad (方程式 5-19)$$

假如 $\mu_s < \tan\theta$，$F_{密封} = 0$

此處符號表示：

$R_r$ ＝ 閥門關的期間，閥瓣和閥座之間密封的接觸力。(lb 或 N)
$R_a$ ＝ 閥門開的期間，閥瓣和閥座之間密封的接觸力。(lb 或 N)
$\mu_s$ ＝ 閥瓣和閥座之間的摩擦係數。(無單位)
$\theta$ ＝ 閥座的角度，來自於閥桿軸的度數。

圖 5-46 說明閘閥和球體閥密封負荷的相對位置。特別注意的是，密封力在閥門開啟的狀態上，不能是負數的。假如 $\tan\theta > \mu_s$，則 $F_{密封} = 0$。大部分設計典型楔形閘閥和球體閥的閥座角度，分別是 $3 \sim 7.5°$ 和 $30° \sim 45°$，因此密封力的負荷可以被計算的。

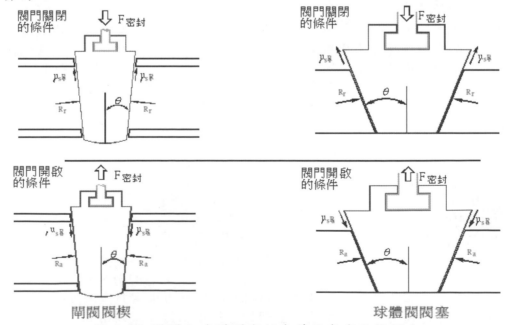

閘閥閥楔　　　　　　　　　　球體閥閥塞

圖 5-46 閘閥和球體閥密封負荷的角度及接觸力

4.3.2 閥門需求的閥桿推力方程式

上面提供需求閥桿推力五種負荷的說明，無論是閘閥或是球體閥，其總推力的方程式由 5 個分負荷組成，然而實際的應用只有 3 個負荷，計算需求的閥桿推力已經足夠了。重量及密封負荷通常如上面呈述的理由而被忽略。所以實際計算控制閥門開啟或關閉總推力的方程式如下：

$$F_{總推力} = F_{封填墊} + F_{活塞} + F_{差壓}$$ (方程式 5-20)

## 4.4 閥門因數 $V_F$ (Valve Factor)

一個共同的經驗是估算需求的閥桿推力 $F_{總推力}$，根據一個 "閥門因數" 為基礎。一個典型方程式的形式，無論是使用閘閥、球體閥或角閥，呈現此方程式如下：

$$F_{總推力} = F_{封填墊} + F_{活塞} + F_{差壓}$$

$$= F_{封填墊} + F_{活塞} + V_F(A_0)\Delta P$$ (方程式 5-21)

此處符號表示：

| | | |
|---|---|---|
| $F_{封填墊}$ | = | 封填墊負荷。(lb 或 N) |
| $F_{活塞}$ | = | 活塞效應負荷。(lb 或 N) |
| $V_F$ | = | 閥門因數。(無單位) |
| $A_0$ | = | 平均閥座環面直徑為基礎的面積。($mm^2$ 或 $in^2$) |
| | = | $1/4 \times \pi D^2$ |
| $\Delta P$ | = | 通過閥門的差壓力。($kg/cm^2$ 或 psi) |

閥門因數已經用來當作包裹幾個項目的一個簡化方法，這些項目如差壓力、閥瓣楔入的角度、閥瓣重量和扭矩反作用的摩擦等。

就傳統實心或彈性楔形閘閥及閥塞球體閥而言，假如(1)最大推力發生當閥瓣在閥座上脫離滑動面，及(2)閥瓣和閥桿重量加入到需求的閥桿推力，從方程式 5-10、5-11 和 5-21 獲得下列的閥門因數及閥瓣-對-閥座摩擦係數之間的大致的關係：

$$閥門因數 \cong \frac{\mu_s}{\cos\theta \pm \mu_s \sin\theta}$$ (方程式 5-22)

此處符號表示：

$\mu_s$ = 閥座和閥瓣之間的摩擦係數。

$\theta$ = 閥座的角度，來自於閥桿軸的度數。

+ 記號　應用於閥門的開啟。

– 記號　應用於閥門的關閉。

利用一個典型楔形閘閥 $\theta = 5°$ 的楔入角度，如此在閥門因數和摩擦係數之間的比率，超越摩擦係數典型的範圍±5%之內，呈現在表 5-10。

表 5-10 一個典型楔形閘閥($\theta$=5°)在閥門因數和摩擦係數之間的關係

| 衝程方向 | 閥門因數 比率 = $\dfrac{閥門因數}{\mu_S}$ | | | |
|---|---|---|---|---|
| | $\mu_S$ =0.2 | $\mu_S$ =0.3 | $\mu_S$ =0.4 | $\mu_S$ =0.5 |
| 開 | 0.99 | 0.98 | 0.97 | 0.96 |
| 關 | 1.02 | 1.03 | 1.04 | 1.05 |

表 5-11 馬達閥的閥門因數 $V_F$ 值

| 閥門種類 | 驅動器驅動螺帽與閥桿結合的方式 | | |
|---|---|---|---|
| | 螺紋結合 (閥桿上升型) | 鍵結合(閥桿非上升型) | |
| | | 驅動器承受 推力及扭矩 | 驅動器只承受扭矩 推力由閥門承受 |
| 閘閥 | 0.3 | 0.36 | 0.66 |
| 球體閥及角閥 | 1.2 | --- | --- |

表 5-10 是一個典型 $\theta$=5°楔形閘閥的閥門因數和摩擦係數，有關於開與關衝程

方向的關係。有一個更簡化、更具有代表性數值的閥門因數呈現在表 5-11，作為計算需求的閥桿推力。

閥門因數的數值隨著閥門種類和驅動器驅動螺帽與閥桿結合方式的不同，其值也有所差異

4.5 閥桿強度的計算

閥桿為連接驅動器及閥瓣的一個閥門構件，其尺寸的選擇與電動頭大小及閥瓣承受流體的力量有關。尺寸越大，越能承受流體的力量而不變形，但相對的選擇驅動器扭矩就要越大。為避免閥桿因強度不足，在操作過程中，受到流體的壓力而扭曲，致使閥門無法控制，影響整部機組需停機來更換閥桿，將對閥桿直徑和閥桿材質作一個規範，如下列呈現的公式：

(閥桿面積 x 閥桿材質的抗拉強度)/閥桿承受的推力>4(倍)　　　　　　(方程式 5-23)

下面為計算閥桿強度應注意的事項：

1. 閥桿面積為 $\pi/4\,D^2$，D 為閥桿直徑,單位為 mm(in)。
2. 閥桿材質的抗拉強度，單位為 Mpa 或 lbf/in$^2$ 或 kgf/mm$^2$。抗拉強度可由 ASTM 材質規範查出，使用不同鋼材，其抗拉強度即不同。附錄 5-2 為常用材料的物理性質，可於其中查出使用材料的抗拉強度。
3. 計算所需要的全部推力，單位為 N 或 lbf 或 kgf。

範例一

甲公司選定閥桿材料為 A182. Gr F6a，查出其抗拉強度為 485N/mm$^2$，其閥桿直徑為 95.25 mm，所計算的閘閥的推力為 1,759,145N。

依據上項資料代入方程式 5-23；

〔$\pi/4$(95.25mm)$^2\times$ 485N/mm$^2$〕/1759145N=1.96 倍<4 倍

計算結果小於 4 倍,其所選的直徑太細,無法承受推力將可能造成閥桿扭曲。 如需要符合強度，閥桿的直徑至少需要如下所計算：

〔$\pi/4$(D)$^2\times$ 485N/mm$^2$〕/1759145N=4　　D=136 mm

閥桿直徑需要 136 mm 其強度才可符合規定

範例二

乙公司閥桿材料為 A479，TYPE 410，其抗拉強度為 110ksi = 110000 lb/in$^2$，閥桿直徑為 4.25 in，閘閥計算的總推力為推力為 271966 lb。

依據上項資料代入方程式 5-23；

〔$\pi/4$(4.25in)$^2\times$ 110000 lb/in$^2$〕/271966 lb=5.7 倍>4 倍

其所選閥桿的材質及直徑，經計算大於 4 倍，符合要求的強度。

範例三

丙公司閥桿材料為 SUS 630，抗拉強度為 930 N/mm$^2$ = 94.8kgf/mm$^2$，閥桿直徑為 115 mm，閘閥總推力為 126159 kgf。

〔$\pi/4$(115mm)$^2\times$ 94.8 kgf/mm$^2$〕/126159 kgf=7.8 倍>4 倍

其所選閥桿的材質及直徑，經計算為 7.8 倍，大於 4 倍符合所求。

下列為範例計算的單位換算：

1Mpa=1 N/mm$^2$

1 kg/cm$^2$=9.80665$\times$ 10$^{-2}$ Mpa

$1 \text{ Mpa}=1.01972\times 10^1 \text{ kg/cm}^2$
$1 \text{ Ksi}=1000 \text{ Psi}$

$1 \text{ Mpa}=1.45036\times 10^2 \text{ Psi}$
$1\text{Psi}=6.89486\times 10^{-3} \text{ Mpa}$

$1 \text{ kgs./cm}^2=14.223 \text{ lbs./in}^2$
$1 \text{ lbs./in}^2=0.0703 \text{ kgs.cm}^2$

$1 \text{ kgf}=2.205 \text{ lbf}$
$1 \text{ lbf}=4.535\times 10^{-1} \text{ kgf}$

$1 \text{ kgf}=9.80665 \text{ N}$
$1 \text{ N}=1.01972\times 10^{-1} \text{ kgf}$

$1 \text{ lbf}=4.44822 \text{ N}$
$1 \text{ N}=2.248\times 10^{-1} \text{ lbf}$

5.0 馬達閥驅動器輸出推力的篩選方程式

　　前一節說明計算馬達閥的總推力方程式,本節呈現在此的基本方法為估算閥門和驅動器兩者匹配的程度,達成馬達閥和驅動器能力之間一個最佳的匹配。此需要考慮電壓下降條件下的操作、壓力鎖死、熱變形、負荷率、診斷系統的不確定性、機械老化、及齒輪磨損的遞降效應等,下列呈現選擇驅動器的必要條件:

- 驅動器輸出推力的能力,是大於具有充分的餘裕來設定控制開關(極限開關和扭矩開關)需求的閥桿推力。
- 最大展開的推力/扭矩是小於驅動器推力/扭矩的額定值。
- 最大展開的推力/扭矩是小於閥門推力/扭矩的額定值。
- 驅動器失速的推力/扭矩是小於驅動器不被破壞的推力/扭矩。
- 驅動器失速的推力/扭矩是小於閥門不被破壞的推力/扭矩。
- 需求的驅動器運轉負荷是在電動馬達熱產生的限制之內。
- 驅動器扭矩和/或極限開關,提供一個充分的驅動器輸出之控制範圍。
- 當執行馬達閥的安全功能時,能夠承受設計的推力/扭矩負荷及結合其他壓力、溫度及地震加入的負荷設計要求。
- 利用電動或手動關閉閥門之後,由於管線壓力使閥門不會被開啟。
- 由於扭矩開關接觸點重複的再閉合,閥門的"錘擊"不會發生。

　　假如馬達閥符合上列的目標,然後考慮閥門和驅動器適當的匹配,從而獲得一個選擇。無論驅動器是何種廠牌及型式,本節的建議和計算需求推力/扭矩的說明,作為建立一個滿意的技術基準,但就應用而言,一個完全的匹配是無法合理的達成。呈現下列條件是達成評估、計算及改善驅動器的程序:

- 驅動器輸出推力/扭矩的計算
- 驅動器失速的推力和扭矩值之計算
- 手輪操作力量的計算
- 自動閉鎖
- 慣性過推力
- 改善驅動器輸出扭矩不足的方法
- 改善馬達失速的方法

5.1 驅動器輸出推力/扭矩的計算

　　本節的目的是計算驅動器輸出的能力,與閥桿需求推力/扭矩的要求作比較,獲得一個最佳的匹配。假如沒有一個良好的匹配,需以最佳的修改來證明並執行。驅

268

動器輸出的扭矩被定義為驅動器能夠在最壞的條件下產生的輸出,而需求的閥桿推力是閥門開的推力或關的推力之較大者。

驅動器輸出的推力應大於需求的閥桿推力,且考慮所有的不確定性、電壓的下降、機械老化、齒輪磨損的遞降效應、壓力鎖死、熱變形、及負荷率。

當評估閥門時,驅動器應能夠產生需求的閥桿推力,來開啟和關閉閥門。驅動器輸出扭矩的能力,是由馬達扭矩、最小可採用的電壓、傳動齒輪比、齒輪傳動組的效率、及應用因數等來決定。簡單而言,驅動器輸出扭矩是由輸出推力和閥桿因數的乘積,顯示如下的方程式:

$$T_{驅動器} = F_{驅動器} \times \beta \qquad\qquad (方程式 5\text{-}24)$$

此處符號表示:

$T_{驅動器}$ = 驅動器輸出的扭矩。(單位 kg-cm 或 ft-lb)

$F_{驅動器}$ = 驅動器輸出的推力。(單位 kg 或 lb)

$\beta$ = 閥桿因數(單位 m 或 ft)。參閱 5.1.1.4 節。

5.1.1 輸出的扭矩

輸出扭矩包含馬達的扭矩、齒輪整體比率、及起動效率或牽出效率(Pullout Efficiency)等組成,呈現如下的敘述。當計算輸出的扭矩時,通常以閥門的總推力來取代驅動器的輸出扭矩,而驅動器的輸出扭矩必須高於閥門的總推力。

5.1.1.1 馬達的扭矩

馬達的扭矩是一個電源電壓的函數,下面分別呈現 AC 馬達和 DC 馬達扭矩的計算方程式:

指數 "n" 依據實際採用的電壓被設定等於下列之值。當執行篩選的計算時,在最小電壓條件上應評估實際上採用的電壓,且在最大電壓條件時,決定失速的輸出。

n＝0 當篩選驅動器時,額定電壓從 110% 到 90%

n＝2 電壓小於 90% 的額定電壓,但不小於 70%

AC 馬達

$$馬達扭矩(\text{ft-lb 或 N-m}) = (馬達額定起動扭矩) \times \left[\frac{實際採用的電壓}{額定的電壓}\right]^{n}$$

$$(方程式 5\text{-}25)$$

當執行失速的能力時,那時 n＝2 作為電壓大於 100%。

註:AC 馬達的起動扭矩,隨著溫度的增加而減少,一般廠商給予的馬達起動額定值是適用於 40°C 的條件,對於更高的溫度,應調整起動扭矩值。

DC 馬達

$$馬達扭矩(\text{kg-cm 或 ft-lb}) = (馬達額定起動扭矩) \times \frac{實際採用的電壓}{額定的電壓}$$

$$(方程式 5\text{-}26)$$

對於某些 DC 馬達的齒輪箱而言,齒輪箱效率隨著速度而降低,且在非常低的速率上,實際的效率將掉落到公布的效率之下。而預測電壓下降的效應,利用傳統的線性方式,作為 DC 馬達評估實際扭矩的損失。馬達扭矩的下降,隨著溫度的改變,呈現近乎線性。負荷在馬達的速率上有一個顯著的效應。

5.1.1.2 起動效率(Starting Efficiency)

起動效率又稱為牽出效率(Pullout efficiency),是馬達在起動狀態的期間,即馬達為零速率,齒輪傳動組的效率。AC 馬達和 DC 馬達各有不同的起動效率,需使用各製造廠商的資料來選擇。

### 5.1.1.3 整體比率(Overall Ratio)

整體比率是馬達對驅動螺帽的轉動比率，等於齒輪傳動組內螺旋齒輪比率 x 蝸桿齒輪比率，可參閱本章 2.1.1 節齒輪傳動組的說明。

### 5.1.1.4 閥桿因數(Stem Factor) -- $\beta$

閥門閥桿的形狀、驅動螺帽的形狀、及閥桿-對-驅動螺帽的螺紋摩擦係數，決定驅動器輸出扭矩和推力之間的關係。閥桿扭矩對閥桿推力的比率稱為 "閥桿因數"。

閥桿因數也能以閥桿螺紋有效半徑與閥桿螺紋機械效率的乘積來表達，呈現的方程式如下：

閥桿因數($\beta$)＝ 閥桿螺紋有效半徑 x 閥桿螺紋機械效率　　　　　(方程式 5-27)

使用國際單位

$$\beta = \frac{d_o}{2000} \quad \frac{\cos(\gamma/2)\tan\alpha + \mu}{\cos(\gamma/2) - \mu\tan\alpha} \qquad (方程式 5-28)$$

使用美國通用單位

$$\beta = \frac{d_o}{24} \quad \frac{\cos(\gamma/2)\tan\alpha + \mu}{\cos(\gamma/2) - \mu\tan\alpha} \qquad (方程式 5-29)$$

此處符號表示：

$\beta$　　＝　閥桿因數。(單位：m 或 ft)

$d_o$　　＝　節距有效半徑，即是閥桿螺紋有效半徑。(mm 或 in)

　　　＝　$d - (1/2)P$

$d$　　＝　節距直徑，即為閥桿螺紋外徑，參閱表 5-12。(單位：mm 或 in)

表 5-12 愛克姆螺紋型式

| ACME 螺絲的螺紋型式 | 節距直徑 d |
|---|---|
| 標準 | 螺紋外徑減 0.5P |
| Stub | 螺紋外徑減 0.3P |
| 形式 1 的修正 | 螺紋外徑減 0.375P |
| 形式 2 的修正 | 螺紋外徑減 0.250P |

$P$　　＝　節距。(單位：mm 或 in)

$\gamma$　　＝　閥桿梯形螺紋角度，一般分為 29°及 30°兩種。參考附錄 5-3 馬達閥螺紋摩擦係數 $\mu$＝0.2 的閥桿因數值。

$\tan\alpha$　＝　螺紋的導程角度

　　　＝　導程/$\pi$ x 閥桿螺紋有效半徑

　　　＝　$\ell / \pi d_o$

$\ell$　　＝　導程。(mm/rev 或 in/rev)

$\mu$　　＝　驅動螺帽與閥桿螺紋之間的摩擦係數。考量 2~3 年後因摩擦耗損，摩擦係數會降低，所以選取 0.2，2 年後磨耗將降至 0.15。避免選取 0.15 因磨耗降至 0.12，造成控制上的間隙。

註：

　1. 閥桿因數的單位為 m 或 ft，所以計算式內需除以 1000 或 12。

　2. 螺紋摩擦係數值 $\mu$ 請查閱附錄 5-3。

方程式 5-28 及 5-29 適用於任何螺絲的螺紋，通常使用愛克姆(ACME)螺絲的螺紋，因為它們適合作為動力螺紋，且易於製造。愛克姆螺絲的螺紋 $\gamma = 29°$ (cos $\gamma$ /2 = 0.96815)，常見於螺絲的螺紋之其他形式和存在專利的設計中，在選擇專用的閥桿因數，應徵求製造廠商的意見最為特殊的準則。

螺紋的摩擦係數隨著螺紋的表面磨光、螺紋潤滑油的形式、循環的次數或潤滑之間時間的長度、負荷下螺紋表面之間潤滑的效果、馬達控制閥周遭的環境條件等而變化。更進一步而言，負荷率效應的現象也引起螺紋摩擦係數在一個靜態衝程的操作和一個衝程操作之間的改變。潤滑油對於摩擦係數的影響也需要慎重的測試和選擇。在重複循環下的測試，其摩擦和磨損的特性需要符合 EPRI 測試的標準。EPRI 對於馬達閥螺紋的摩擦係數值，界定為 0.08～0.20 之間，作為典型的範圍。

## 閥桿軸頂視圖

圖 5-47 閥桿軸單雙三螺紋頂視圖

一般而言，閥桿實際的螺紋摩擦係數，將不會匹配使用在分析中的數值。通常來說，一個保守的、或設置界限的、祈望的螺紋摩擦係數作為計算。假設保守的高摩擦值是作為評估驅動器輸出推力的能力。建議一個 0.2 螺紋摩擦係數，在缺乏規範的測試資料，當作一個界線值作為一個特別的應用。假設低摩擦是保守作為評估閥門和驅動器結構上是適當的，並估算閥桿是否為自動閉鎖。一個 0.1 保守的低摩擦係數，被建議使用在缺乏閥門規範的資料中。

5.1.1.5 節距(P)、導程($\ell$)、TPI 起點數和 tan $\alpha$ 的關係及計算

節距、導程、TPI 和起點數的關係呈現於如下的方程式中，敘述和定義它們之間的關係，以此計算閥桿因數。

計算節距的方程式：

$$P = 1/TPI \times 25.4 \qquad\qquad (方程式 5-30)$$

計算導程的方程式：

$$\ell = 起點數 \times P \qquad\qquad (方程式 5-31)$$

計算導程角度的方程式：

$$\tan \alpha = \frac{\ell}{3.14 \times d_o} = \frac{\ell}{3.14 \times (d - (1/2)P)} \qquad (方程式 5-32)$$

此處符號表示：

P　　＝　節距(單位：mm)。是指閥桿上面螺紋與鄰近螺紋，兩個螺紋中心線之間的距離。25.4 為 1" = 25.4 mm 的單位轉換數值。

TPI　＝　閥桿上每英吋的螺紋數，或是上升(下降) 1 英吋需要的轉數。TPI 為 Thread Per Inch 的簡寫。

$\ell$　　＝　定義閥桿上驅動螺帽移動一個完整閥桿轉軸的距離。

起點數 ＝　No. of Starts，從閥桿軸上方檢視螺紋出發的數目。參閱圖 5-47 閥桿軸的頂視圖。

| $d_o$ | = | 閥桿螺紋有效半徑。(單位：mm 或 in) |
| $d$ | = | 閥桿螺紋外徑。(單位：mm 或 in) |
| $\alpha$ | = | 螺紋的導程角度。 |
| $\tan \alpha$ | = | 導程/( $\pi$ x 閥桿螺紋有效半徑) = $\ell / \pi d_o$ |

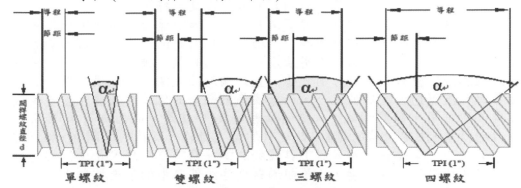

圖 5-48 節距導程和導程角度的相關位置

　　導程與閥桿軸的節距有關聯，當閥桿軸轉動一個完整轉軸時，轉動的距離等於螺紋尖峰至尖峰的距離，即是導程等於節距($\ell$ = P)，此螺紋被稱為"單螺紋"。當導程為 2 倍的節距，則螺紋被稱為有一個"雙螺紋"，餘類推"三螺紋"及"四螺紋"。導程等於節距的倍數，即是螺紋"出發點"的數目。圖 5-48 顯示導程和節距在單螺紋、雙螺紋等之間的相互關係，及螺紋的導程角度。

　　一個在驅動螺帽螺紋的節距和導程，與閥桿的尺寸不適當的匹配，將妨礙驅動螺帽安置在閥桿上。閥桿有單、雙、三或四等四種螺紋型式，決定閥桿螺紋型式，使驅動螺帽螺紋有適當的機械加工，保證閥桿和驅動螺帽適當的嚙合。假如閥桿和驅動螺帽不能相互匹配，能引起高摩擦係數、閥桿卡死、或表面磨損的發生。

### 5.1.2 驅動器輸出推力的計算

　　計算驅動器輸出推力的能力，是來自於驅動器輸出的扭矩，呈現如下的方程式。此方程式假設輸出扭矩為未知數，由方程式 5-33 來計算。然而實際上是由閥門總推力的值來取代 F 驅動器 的值，可利用 F 總推力 值很輕易計算出需要的 T 驅動器 值。

$$ F_{驅動器} = \frac{T_{驅動器}}{\beta} \tag{方程式 5-33} $$

此處符號表示：

| $F_{驅動器}$ | = | 驅動器輸出的推力。(單位：kg 或 lb) |
| $T_{驅動器}$ | = | 驅動器輸出的扭矩。(單位：kg-cm 或 ft-lb) |
| $\beta$ | = | 閥桿因數。(單位：m 或 ft) |

　　驅動器輸出推力的能力，可能也被驅動器額定推力所限制。驅動器輸出推力的能力是下列的最小者：

• 以驅動器輸出扭矩為基礎，驅動器輸出推力的能力。

• 驅動器額定的推力。

　　驅動器輸出推力的能力應是大於需求的閥桿推力。假如驅動器不能夠產生大於需求的閥桿推力，在設計條件下閥門可能無法操作。

### 5.1.3 負荷率效應(Rate-of-Loading Effect)

　　工業馬達閥的測試已經證明，在扭矩開關跳脫的實際輸出推力中，能夠發生當閥門在動態條件下(具有 $\Delta$ P)，相對在靜態條件下(無 $\Delta$ P)獲得一個顯著的下降。這個現象已經被稱為"負荷率"效應，或"負荷靈敏行為"。因為扭矩開關通常在靜態條件下被設定，不充分的推力存在的可能性，將存在於當閥門受制設計基準的差壓和流動條件。假如在靜態測試期間，獲得的推力大小，不是使用來設定扭矩開關，或假如扭矩開關不是使用到馬達的控制操作，負荷率效應不需要在驅動器篩選中被考慮。許多例子中，靜態測試不被用來設定扭矩開關，或當扭矩開關不是用來控制馬達(那就是，使用極限開關)，假設一個保守的高閥桿/驅動螺帽之摩擦係數作為設計基準負荷的條件，驅動器的篩選能夠利用方程式來執行。

　　已經顯示推力改變的測試，主要是在閥桿-對-驅動螺帽界面摩擦係數中改變的結果。這個現象是被一個"擠壓薄膜"的機械作用引起的。當在閥桿和驅動螺帽表面之間的負荷快速的增加，對於潤滑油沒有足夠的時間從接觸區域流離。閥桿螺紋能夠在一個潤滑油壓力膜上部分的支撐，直到潤滑油流離。在這段期間，潤滑作用是一個界線和流體動力區域的混合，而摩擦係數顯著的低於具有發生當負荷緩慢增加之界線潤滑作用。靜態測試下，低的摩擦係數(那就是，高的負荷率)造成一個高輸出推力的結果。決定精確的範圍，此現象的發生對於一個特別的閥桿、驅動螺帽、及潤滑油的組合，需要在一組硬體上具體的測試。顯現這個現象是受閥桿、驅動螺帽、和潤滑油極微的特性影響，此是超過對這些組件典型的製造控制。

## 5.2 驅動器失速和不被破壞的推力及扭矩值之計算

　　計算驅動器失速(Stall)的推力和扭矩值，目的是保護馬達閥免遭受機械過負荷的攻擊。驅動器失速的推力和扭矩的計算，應比較及計算驅動器和閥門不被破壞的推力和扭矩(Survivable Thrust and Torque)，假如驅動器失速的推力和扭矩低於閥門和驅動器不被破壞的推力和扭矩，馬達閥實際上是被保護而不會被機械過負荷攻擊。

　　馬達閥在電源斷路之前，一般還會行進一段距離，這是所謂的機械慣性作用，在馬達閥而言，就是慣性過推力。馬達閥假如沒有一個顯著的慣性過推力(那就是慣性作用比較最終的推力不超過10%)，就高速的馬達閥而言，失速效率沒有涵蓋慣性的效應。慣性過推力在靜態條件下可經由診斷測試計算其值。

　　馬達閥必須計算並符合下列的準則，來保護馬達閥免遭受機械過負荷的攻擊，這些準則呈現如下：

- 驅動器失速的推力和扭矩，分別小於驅動器不被破壞的推力和扭矩。
- 驅動器失速的推力和扭矩，分別小於閥門不被破壞的推力和扭矩。

## 5.2.1 驅動器失速的推力和扭矩值之計算

驅動器失速的負荷以下列的方程式呈現：

$$T_{失速} = (M_{失速})(OAR)(SE) \qquad\qquad (方程式 5\text{-}34)$$

$$F_{失速} = \frac{T_{失速}}{\beta} \qquad\qquad (方程式 5\text{-}35)$$

此處符號表示：

$T_{失速} =$ 　驅動器失速的扭矩。(單位：kg-cm 或 ft-lb)

$M_{失速} =$ 　電壓升壓中馬達失速的扭矩(單位：kg-cm 或 ft-lb)。這是一個估計值，更精確馬達失速的扭矩值，可利用馬達曲線來決定。馬達失速的扭矩是馬達在零轉速點的扭矩。

OAR　=　整體比率，無單位。

SE　　=　失速的效率(無單位)。失速的效率是馬達失速期間，一個經驗上衍生的齒輪傳動組失速效率之更高的估算。

$\beta$　　=　閥桿因數(m 或 ft)。

註：驅動器失速的推力和扭矩，應僅被用來計算閥門和驅動器結構的能力。失速的推力和扭矩，不能夠被定義為驅動器輸出的能力。

## 5.2.2 驅動器不被破壞的推力和扭矩之計算

驅動器不被破壞的推力和扭矩是定義驅動器能夠承受 2.5 倍最大推力的過負荷及 2 倍最大扭矩的過負荷,其方程式呈現如下:

不被破壞的推力(kg 或 lb) = (2.5)(驅動器額定的推力)　　　　　　(方程式 5-36)

不被破壞的扭矩(kg-cm 或 ft-lb)=(2.0)(驅動器額定的扭矩)　　　　(方程式 5-37)

比較驅動器具有失速推力和扭矩及不被破壞推力和扭矩,假如驅動器失速的推力和扭矩,超過不被破壞的推力和扭矩,驅動器能夠承受馬達失速的衝擊。馬達的轉軸或它的小齒輪鍵,應利用 4.5 節閥桿強度計算的方法,來計算材料的強度,以保證馬達的扭力不會破壞傳動齒輪組。

## 5.3 手輪操作力量的計算

閥門在操作期間,因為製程的失效或動力電源的喪失,造成馬達閥停留在失效的位置上,為了恢復閥門的初始位置,必須以手輪手動的方式使閥門定位。本節是計算以手輪操作的力量,達成指定的閥門位置。

計算閥門手動操作的力量,其目的有二,(1)閥門不需要過度的手動而能夠操作開和關,(2)手動操作不會引起閥門或驅動器的損傷。為了達成此 2 個目標,建議需要符合下列的要求:

- 一個手輪的拉力不超過 30 kg 或 66 磅,應足夠提供閥桿的推力來操作閥門。

- 一個手輪的拉力不超過 60 kg 或 132 磅,應不會對閥門或驅動器造成損壞的結果。

就以上 2 個目的,分別計算最小的手動操作力量和最大的手動操作力量,呈現如下:

### 5.3.1 計算馬達閥最小的手動操作力量

呈現下列的方程式,提供驅動器的輸出扭矩,作為設計一個手輪的大小、手輪轉換齒輪組的比率、和齒輪效率的機能。可參閱圖 5-21 馬達閥驅動器齒輪配置簡圖。

$$閥桿推力_{最小}(kg 或 lb) = \frac{(F_{最小})(D)(G)(E)}{(\beta)(2)}　　　　　　(方程式 5-38)$$

此處符號表示:

$F_{最小}$ = 　最小的輪框拉力(30 kg 或 66 lb)。

D 　　 = 　手輪直徑(m 或 ft)。

G 　　 = 　手輪的齒輪比率(無單位)。

E 　　 = 　手輪的齒輪效率(無單位)。

$\beta$ 　　 = 　閥桿因數(m 或 ft)。

比較手輪最小閥桿推力的力量與閥門需求的閥桿推力,假如手輪最小閥桿推力的力量,不超過需求的閥桿推力,在差壓下就手動操作閥門而言,可能是費力的。然而手輪有一個錘擊的設計,克服轉動的阻力上可能有所幫助。

### 5.3.2 計算馬達閥最大的手動操作力量

利用最大的手輪輪框拉力(60 kg 或 132 lb),計算最大的閥桿扭矩和閥桿推力。最大的閥桿推力方程式同 5-38,但以 $F_{最大}$ 取代輪框拉力,即是以 60 kg 或 132 lb 取代 30 kg 或 66 lb。呈現方程式如下:

$$閥桿推力_{最大}(kg 或 lb) = \frac{(F_{最大})(D)(G)(E)}{(\beta)(2)}　　　　　　(方程式 5-39)$$

此處符號表示：

F 最大 = 　最大的輪框拉力(60 kg 或 132 lb)。

D 　= 　手輪直徑(m 或 ft)。

G 　= 　手輪的齒輪比率(無單位)。

E 　= 　手輪的齒輪效率(無單位)。

$\beta$ 　= 　閥桿因數(m 或 ft)。

　　計算手輪最大的閥桿推力和閥桿扭矩，是利用此值來比較閥門和驅動器不被破壞的負荷。假如達成最大推力和扭矩的手動操作，高於不被破壞的負荷，手動操作可能對閥門或驅動器造成損傷的結果。

## 5.4 自動閉鎖(Self-locking)

　　馬達閥理想的自動閉鎖，應是存在於閥門和驅動器兩者中。自動閉鎖是防止閥門由於管線的壓力，造成漂移般的閥瓣開啟。一個自動閉鎖的功能是當關的信號仍然存在時，能夠幫助防止閥門在關閉之後，驅動器發生錘擊。

　　自動閉鎖存在於閥門的閥桿和驅動器的齒輪傳動組，而至少有一個自動閉鎖的存在，可保證在手動和電動的操作期間，閥門不會發生錘擊或開啟。最佳的自動閉鎖應設計在驅動器的齒輪傳動組上，閥門閥桿的自動閉鎖，因齒輪螺紋的磨耗而失效。一個無自動閉鎖的馬達閥是不被接受的。

### 5.4.1 自動閉鎖的閥桿

　　閥桿-對-驅動螺帽可能是自動閉鎖或無自動閉鎖。假如閥桿-對-驅動螺帽的螺紋是自動閉鎖，由於管線壓力，閥門將不會開啟，因為驅動螺帽將不會轉動。動力螺絲的基準方程式，顯示閥桿螺紋是自動閉鎖，假如：

$$\mu > \frac{\ell \cos \alpha}{\pi d}$$ 　　　　　　　　　(方程式 5-40)

此處符號表示：

d 　= 　閥桿螺紋節距的直徑 (in 或 mm)

$\mu$ 　= 　螺紋的摩擦係數 (無單位)

$\alpha$ 　= 　螺紋的導程角度(對 ACME 螺紋 $\cos \alpha = 0.96815$)

$\ell$ 　= 　導程 (in/rev 或 mm/rev)

　　對於具有一個 0.15 螺紋摩擦係數的許多閥門閥桿而言，假如直徑至少是二倍的導程，閥桿理論上將閉鎖；然而，因為磨耗造成螺紋摩擦係數的下降，典型上大概是 0.1～0.15。此外，由於振動，動態負荷能夠引起閥桿沒有負荷，縱使方程式 5-40 顯示閥桿具有實際的摩擦係數來自動閉鎖。經驗指出，至少四倍導程的閥桿直徑，或有可能是自動閉鎖的。假如螺紋的摩擦係數小於預期的，閥桿可能成為無自動閉鎖的功能。

　　假如閥桿是自動閉鎖，那時候由於管線壓力，閥門應不會開啟。無論如何，一個自動閉鎖的閥桿，將會防止錘擊的發生。

### 5.4.2 自動閉鎖的驅動器齒輪傳動組

　　驅動器齒輪傳動組的自動閉鎖功能，是由蝸桿和蝸輪組依據整體比率值組成的，此值與蝸輪是否能在外徑上車製出齒輪數有關聯。如果蝸輪和蝸桿的齒數比率小於 30：1，是典型的無自動閉鎖功能。

　　假如驅動器的齒輪傳動組是具有自動閉鎖的功能，然後由於管線壓力，閥瓣將不會開啟，扭矩開關將不會再閉合，錘擊也不會發生。因此一個擁有自動閉鎖齒輪傳動組的驅動器，將防止無自動閉鎖的閥桿，在電動操作之後，由於管線的壓力而開啟。

### 5.4.3 抗錘擊的邏輯迴路設計

　　錘擊發生在一個無自動閉鎖驅動器齒輪傳動組的閥門關閉之後。一個無自動閉鎖齒輪傳動組中，在馬達停止轉動之後，扭矩解除，結果彈簧匣無負荷，而扭矩開關接觸點重新閉合。假如提供一個自動關閉的信號，控制迴路的邏輯促使"已關閉"閥門的反應。重複關閉的動作(即是錘擊)，能引起對閥門的損傷，例如過度的扭矩、過度的推力、及馬達的燒毀。圖 5-49 的控制迴路圖內，在關的迴路上增加一個極限開關接點，當閥門達到全關位置時，此極限開關開路，切斷來自控制室的信號，閥門將不會再遭受到來自控制室"關"的重複指令。

　　為了防止錘擊的發生，驅動器齒輪傳動組必須是自動閉鎖的，這是利用機械方式來防止錘擊。也可以利用抗錘擊邏輯在控制迴路中來防止錘擊。

　　一個自動閉鎖的閥桿，保證閥門由於管線壓力將不會開啟。一個自動閉鎖的閥桿和驅動器齒輪傳動組，通常得到一個有相對慢閥桿速度的馬達閥，對於一些更高速度的閥門而言，是不可能獲得自動閉鎖的，這些案例中，抗錘擊迴路能夠被用來防止錘擊。

### 5.5 改善驅動器輸出推力不足的方法

　　驅動器輸出推力不足，在製程上無法緊閉閥門或應開啟閥門確無法打開，這是因為製程條件的變動或篩選時，選擇在臨界值附近所引起的。改善驅動器推力不足的方法，包括增加驅動器的輸出扭矩、增加扭矩-對-推力的轉換效率、和降低需求的閥桿推力。下列說明改善的方法。

### 5.5.1 安裝一個更高額定起動扭矩的馬達

　　利用一個更高額定起動扭矩的馬達，可達成需求的閥桿推力，雖然更換馬達是昂貴的，但對一個馬達閥的修改是相對的簡單。當利用一個更高額定起動扭矩的馬達，應再核對閥門和驅動器的額定和不被破壞的負荷，依據使用一個更高額定起動扭矩的馬達來確認。假如改變馬達的尺寸，下列也應重新計算及設定：

- 電纜的大小
- 熱過載的大小
- 斷路器的設定
- 地震設計的計算

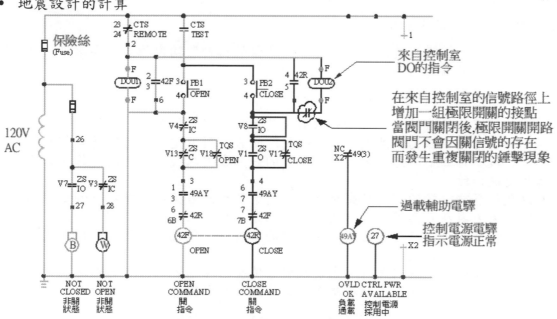

圖 5-49 抗錘擊邏輯控制迴路圖

276

### 5.5.2 更換彈簧匣

驅動器輸出的扭矩被彈簧匣設計所限制,大部分驅動器能夠使用不同的彈簧匣,一個更堅硬的彈簧匣可能增加驅動器輸出推力的能力。

### 5.5.3 更換齒輪傳動組

利用一個更高的整體比率齒輪傳動組,可能達成需求的閥桿推力,但應查核閥門和驅動器的額定和不被破壞的負荷,來確認它們是不會超越。而且一個更高的整體比率,將降低閥桿的速率(衝程時間增加),應確定增加的衝程時間,在製程應用上是可被接受的。

### 5.5.4 更換驅動器

更換驅動器也是一種選擇,這將可能需要重新計算地震有關的數值。更換驅動器如同更換馬達一樣,也需要重新計算電纜大小、熱過載大小及斷路器的重新設定。

### 5.5.5 降低螺紋的摩擦係數

一般而言,降低螺紋的摩擦係數可以增加驅動器的輸出推力,且在設備上不需要較大的修改,對於閥門有最小的衝擊。從方程式 5-28 和 5-29 而言,閥桿因數被螺紋的摩擦係數所影響,方程式 5-33 閥桿因數影響驅動器的輸出推力。因此一個較低的螺紋摩擦係數,就相同驅動器輸出扭矩而言,有較大輸出推力的能力。

降低螺紋的摩擦係數,事實上增加扭矩-對-推力的轉換效率。降低螺紋的摩擦係數有下列幾種方法:

- 改善閥桿和驅動螺帽之間的潤滑劑
- 整修閥桿,移除粗糙的邊緣和麻點,並且拋光接觸面等。
- 更換閥桿
- 增加閥桿的潤滑頻率
- 自動的潤滑閥桿

### 5.5.6 修改閥桿和驅動螺帽

扭矩轉換到推力是由閥桿因數決定的,在某些例子中,修改驅動螺帽達到一個更有效率的設計,例如變更螺紋的導程角利用球狀螺絲的設計,可提供更高的驅動器輸出的推力。

### 5.5.7 增加驅動器額定的推力

如前所言,採購馬達閥時,以 1.2 ~ 1.3 倍的驅動器輸出推力的要求來規範,可避免驅動器額定推力的不足。

### 5.5.8 改變封填墊材料和結構的設計

減少封填墊摩擦的負荷,對於大的閥門而言,將可能不是一個相當的有益,因為其他的負荷是主要的;然而,就小的閥門而言,封填墊負荷可能是全部負荷的顯著部分。減少封填墊摩擦力的負荷,可能的好處在需求閥桿推力的計算,以負荷擊穿為基礎被評估。

改良封填墊設計的研究已顯示,石墨封填墊環比石棉封填墊有一個更低的封填墊摩擦負荷,因為石墨不需要如此高的一個預負荷,來獲得一個同等輻射狀的密封負荷。謹慎行事,因為石墨比石綿有更少的壓縮性;因此,石墨能夠以相同的預負荷施加更密封的負荷。

除了改變封填墊材料之外,也能改變封填墊的結構。例如,一個深長的填充佈置通常是不需要的;因此,封填墊環的數目能夠利用碳隔離片來減少。

### 6.0 馬達閥的控制方式

馬達閥的控制方式較其他的閥門有較複雜的裝置,其中包含主控制室的 OPC 站、

DCS 室的分散式控制系統、MCC 室的馬達電源供應盤、現場控制箱、及馬達閥內的極限開關、扭矩開關、位置傳送器、溫度感測器或溫度開關、啟動/停止按鈕和閥門的開/關位置顯示燈。圖 5-50 和 5-51 呈現馬達閥設備和信號傳遞的二種架構圖，此兩種架構差異之處在於方便現場測試之用的獨立現場控制箱。這些設備需要討論如下：

- 操作站、OPC 盤和 DCS 盤的控制迴路
- 馬達閥電源供應的馬達控制中心(MCC 盤)之控制迴路和裝置
- 現場控制箱的控制迴路和裝置
- 馬達閥體與驅動器的控制迴路和裝置

## 6.1 OPC 操作站和 DCS 盤的控制迴路

　　操作站是一個人/機界面的裝置，閥門信號及狀態皆顯示在螢幕上，利用鍵盤來輸出指令，指示閥門的開啟和關閉。一般定義從 DCS 盤送出信號至現場或其他盤體設備，稱之為輸出信號；從現場或其他設備送入的信號，稱之為輸入信號。信號包含數位信號、類比信號、溫度信號、及脈衝信號等，這些信號表示如下：

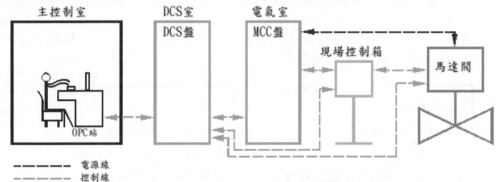

圖 5-50　馬達閥設備及控制線路架構圖型式 1

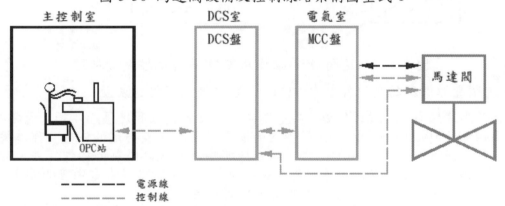

圖 5-51　馬達閥設備及控制線路架構圖型式 2

數位信號：開關信號，即是 ON 和 OFF 兩種狀態的信號。

數位輸入：DI 信號　(Digital Input)

　　　　　24 VDC
　　　　　125 VDC
　　　　　110 VAC
　　　　　220 VAC

數位輸出：DO 信號　(Digital Output)

　　　　　24 VDC
　　　　　125 VDC
　　　　　110 VAC

220 VAC

類比信號：

類比輸入：AI 信號 (Analog Input)

4～20 mA

類比輸出：AO 信號 (Analog Input)

4～20 mA

溫度信號：兩者信號皆從現場輸入 DCS 盤，也稱為類比輸入，但信號形式不同。

電壓信號：熱電偶 mV
電阻信號：熱電阻 Ω，一般稱為 RTD 信號。

脈衝信號：Pulse

　　馬達閥通常只有 DI、DO、AI 和 AO 信號，除非特別要求偵測馬達三相電源的溫度，才包含溫度信號，一般很少列入考慮的。

　　圖 5-52 呈現 OPC 操作站與 DCS 盤信號的傳輸方式，操作者從人/機界面的滑鼠輸出開或關的信號，DCS 盤的電驛(Relay)導通，輸出一個 DO 信號至 MCC 盤，使馬達通電運轉。這些信號的傳輸皆是利用電驛將 24 VDC 的信號，轉換成 120 VAC 或 110 VDC 的信號，開啟或關閉閥門。

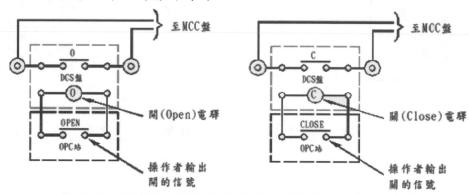

圖 5-52　馬達閥 OPC 操作站與 DCS 盤的控制迴路圖

6.2 馬達閥電源供應的馬達控制中心(MCC 盤)之控制迴路和裝置

　　提供馬達閥電源的 MCC 盤，其電壓標準依據各國家和地區而不同，通常為 AC 380/440/460/480V, 50/60 Hz。MCC 盤內的裝置通常有設置馬達的保護，作為警示和跳脫。為了保證維持馬達閥的能力，以對抗那些超過設計限制的操作條件。熱過載電驛(Thermal Overload Relay)通常是安置在 MCC 盤的斷路器或電磁接觸器上，提供整個開啟和關閉的操作，也是一個重要的保護裝置。

　　正常馬達操作的熱範圍和馬達熱限制，馬達閥的馬達比連續工作馬達的臨界是相當小的。在馬達閥應用上，AC 馬達和 DC 馬達的額定運行扭矩，其典型的馬達熱限制，分別是 15 分鐘和 5 分鐘。

　　使用熱過載電驛當作馬達閥的一個零組件，熱過載電驛能夠被連接作為一個警示，指出一個過熱電流的狀態而不會使閥門失去功能。選擇和計算熱過載電驛的大小。有關建立大小和保護的基準，應考慮下列事項：

● 允許馬達至少運轉全行程的一次衝程，從打開到關閉或從關閉到打開的衝程過程中，在額定運轉扭矩上畫出一個規範的電流百分比。其規範的百分比越大，操作的餘裕越大。

● 在馬達鎖住轉子的條件下，允許額定的電流作為一個時間的特定長度，或作為一個設計衝程的部分，來允許馬達閥克服脫離閥座的力量，並開始移動。

　　馬達熱過載電驛能夠包含一個警告信號的迴路，指示出當熱過載電驛已經跳脫。

另一個選擇是在控制室中的閥門位置指示燈已經消失,當一個馬達閥熱過載電驛跳脫。這個特徵使控制室操作員,知道熱過載電驛跳脫,並提供那一個馬達閥有問題的指示。

保護的基準能夠包含篩選熱過載電驛,來跳脫在額定鎖住轉子電流量下,小於馬達額定安全停止運轉的時間。在大部分馬達閥的應用中,操作基準應取得優先權超過保護基準。

應用在 MCC 盤的馬達閥控制線路圖,包含自保持控制迴路和吋動控制(Inching Control)迴路,前者應用於全開和全關的馬達閥上,後者可由操作者根據製程的條件,移動閥門開度在某一個位置上或全開位置上。圖 5-53 和 5-54 分別顯示此兩種型式在 MCC 盤上的迴路線路。除此之外,可利用 R1 和 R2 的電驛,分別將極限開關的信號傳送到 DCS 盤上和 OPC 站。

6.3 現場控制箱的控制迴路和裝置

設立現場控制箱的目的是在測試期間或保養維護期間,隔絕主控制室的主導權,切換由現場為優先的主導權,避免控制室不預期的操作,造成人員和機械損傷的結果。

馬達閥製造廠商通常會將現場的控制,建立在閥門本體上,可由本體上的開關來開啟或關閉閥門。如果閥門安裝在較高的位置或是大尺寸的閥門,由現場直接測試將產生安全的問題。不是所有的馬達閥都需要安裝現場控制箱,須由設計者或運轉人員的要求而設立。

圖 5-55 為馬達閥現場控制箱的外形及控制迴路,三個指示全開、全關和電源供應的指示燈。包含三個彈簧復歸按鈕,一個開按鈕、一個關按鈕和一個停止按鈕。一個選擇開關,設定由現場控制或由控制室控制的選擇,主控制室不設定馬達閥的選擇開關。

6.4 馬達閥體與驅動器的控制迴路和裝置

本節討論馬達閥體的裝置、驅動器的保護設備、以及連結馬達閥體、驅動器和 MCC 盤的控制迴路,作為整體控制、保護和警告信號設定的選擇。使用作為一個馬達閥的控制、保護和警告信號的設備,是極限開關、扭矩開關、扭矩限制板、MCC 盤熱過載電驛和驅動器馬達定子線圈的熱過載保護。MCC 盤熱過載電驛和驅動器馬達的熱過載保護,其功能相同但位置和裝置不同。

極限開關、扭矩開關和扭矩限制板是安裝在閥門的防水接線箱內,熱過載電驛位於給予馬達電源的 MCC 盤中。其中熱過載電驛已於 6.2 節中說明。而屬於極限開關、扭矩開關和扭矩限制板等功能,雖然於 2.5.1 節 Limitorque 驅動器和 2.5.2 節 Rotork 驅動器討論過,額外的資料配合著控制迴路再次呈現於下面的說明。

6.4.1 極限開關

極限開關位在閥桿的一個預設的位置上,有一組開和關的接觸點。這些開關能夠被用來控制閥門的開啟和關閉,提供位置指示或旁路扭矩開關。極限開關也能夠用來執行連鎖功能,同樣地提供狀態燈的輸入和電腦輸入。

Limitorque 極限開關採用一個 2 個或 4 個各自獨立轉子組合的間歇齒輪傳動組,完全嚙合到驅動器。每個轉子有 4 個凸輪,每個凸輪可被調整,允許各自的接點組為常開或常閉,標準的轉子上有 2 個調整為常開,2 個調整為常閉。每一個轉子在閥門的行程中(轉子轉動 90°),可獨立調整至跳脫位置。轉子上所有的 4 個凸輪可同時跳脫,一旦正確的設定,極限開關將與閥門位置同一步調,而忽略驅動器是否為電動操作或手動移動。

圖 5-56 為 Limitorque 一個 2 轉子的極限開關，其中一個轉子用作開的控制和開位置指示，而另一個轉子是用作扭矩開關的旁路和關位置指示。4 個轉子的極限開關(請參閱圖 5-23)，第一個轉子被用作開的控制和關位置指示，第二個轉子被用作開扭矩開關的旁路，第三個被用作關的控制和關位置指示，而第四個轉子被用作關扭矩開關的旁路。

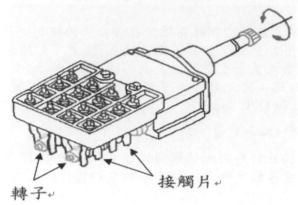

圖 5-56 Limitorque 一個 2 轉子的極限開關

圖 5-57 顯示 2 轉子凸輪上的接點，共有 8 個接點，接點#1~#4 的開轉子，設定限制在開方向的閥門行程，接點#5~#8 設定在關方向的閥門行程，每個接點皆有其功能，呈現如下：

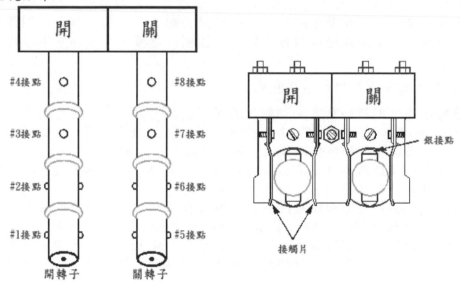

圖 5-57　Limitorque 2 轉子極限開關的轉子結構及接點位置

當閥門到達開極限開關位置時，開轉子轉動，下列發生：

- 接點#1：閉合。提供具有關扭矩開關的旁路迴路。
- 接點#2：閉合。指定作為備用點之用。
- 接點#3：開路。關指示燈的關熄。
- 接點#4：開路。中斷到開起動器線圈的電流。

當閥門到達關極限開關位置時，關轉子轉動，下列發生：

- 接點#5：閉合。提供具有開扭矩開關的旁路迴路。
- 接點#6：閉合。指定作為備用點之用。
- 接點#7：開路。開指示燈的關熄。
- 接點#8：開路。中斷到關起動器線圈的電流。

閥門的位置控制是利用極限開關，以控制閥瓣位置為基礎，而製程系統的狀態影響最終的閥桿推力。靜態條件下所設定的極限開關，在動態狀況下切斷馬達動力之後，閥瓣更進一步滑入閥座。當閥瓣整個坐落閥座上，靜態條件下沒有超越推力/扭矩的限制，而動態條件下仍然提供一個緊密防洩漏的密封，則極限開關的設定點是可以接受的。

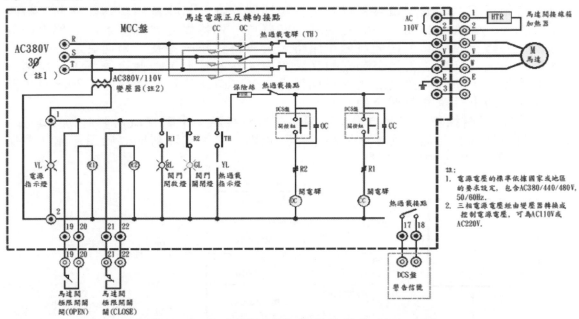

圖 5-53 馬達閥 MCC 盤自保持控制線路圖

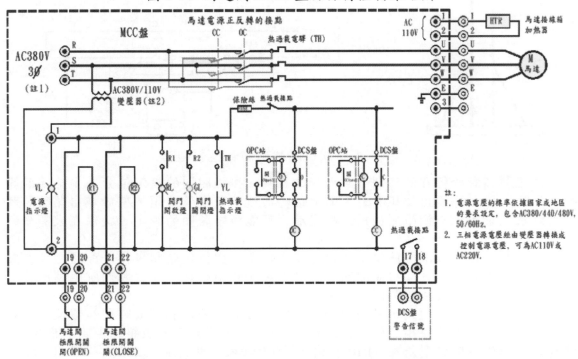

圖 5-54 馬達閥 MCC 盤吋動控制線路圖

## 6.4.2 扭矩開關

　　假如閥門驅動器的輸出扭矩達到一個預設量，扭矩開關被用來停止一個閥門的行程，或其他的設備。

　　扭矩開關是被用來限制驅動器輸出扭矩在一個預先選擇的扭矩數值。彈簧匣的位移是通過扭矩開關來控制驅動器。扭矩開關的使用是以彈簧匣壓縮的前提為基礎，構成一個驅動器輸出扭矩充分的表達。扭矩開關的設定是利用扭矩限制板，在一個規定的扭矩來切斷馬達的動力，並執行一個控制和保護的功能。

　　扭矩開關設定點應至少同驅動器的扭矩一樣大。在閥門關閉的期間相當於需求的閥桿推力，加上扭矩開關的不精確性、閥桿因數的變動、負荷率、老化及退化效應的一個餘裕。設定點也應是低於扭矩限制板設定點的最小，或扭矩對應到閥門的額定推力。

扭矩開關連接到蝸桿軸並偵測蝸桿的軸向移動，當驅動器輸出扭矩增加，而扭矩彈簧開始壓縮。這個壓縮移動傳遞到扭矩開關作為一個旋轉的移動，轉動了扭矩開關的表面。當表面轉動到被設定的點，它將與一個轉臂起作用，依次的解除一個柱塞，並開路一組接點。開關將繼續開路，與維持扭矩一樣長，如同具有一個鎖定蝸桿組一樣，或直到驅動器移動到相反的方向。在此點上，一個彈簧將恢復開關到它的中性位置，而它將繼續那樣直到蝸桿另一個方向的移動，參閱圖 5-20。扭矩開關接點兩者的中性位置是閉合的。

當扭矩開關操作在開的方向，它開路了#18 接點，中斷電流到開起動器線圈。當扭矩開關操作在關的方向，它開路了#17 接點，中斷電流到關起動器線圈，參閱圖 5-68 和圖 5-70 內的扭矩開關。

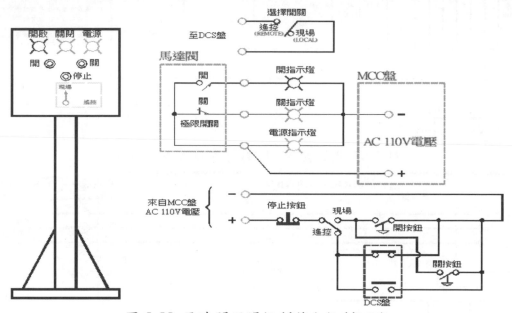

圖 5-55 馬達閥現場控制箱和控制迴路

扭矩開關對於行程的個別方向可獨立調整。扭矩開關的設定值分為 1 至 5 的等級，5 設定值允許輸出扭矩有最大的數值，而這些設定值必須依據計算出開啟閥門的扭力來做設定。一個限制板用來指定最大可能扭矩開關的設定，提供在大部分的裝置。

扭矩開關藉由極限開關提供旁通迴路，以導線與扭矩開關串接。旁通迴路在閥門最初的行程期間，分路扭矩開關，當遭遇錘擊瞬間開路，或當閥門脫離閥座時，保護控制迴路防止被扭矩開關中斷。

一般而言 MCC 盤內的可逆起動器或電磁接觸器的接觸釋放時間和慣性力，將引起最終的推力大於扭矩開關跳脫的推力，所以馬達閥實際的扭矩應由測試來決定。接觸器的釋放時間典型是在 0.010 秒到 0.070 秒。很多案例中，慣性負荷限制了扭矩開關作為控制的功效。

利用扭矩開關控制閥門閥辦坐落閥座的好處，是達到比位置控制(極限開關)有更緊密防洩漏的一個最佳方法。工業界慣例利用極限開關控制低壓閥門的關閉，而利用扭矩開關控制高壓閥門的關閉。而扭矩的控制造成扭矩開關能夠被採用作為雙重的保護(Redundant Protection)，或警示的功能。無論如何，扭矩開關仍然提供保護來對抗機械的過負荷。

扭矩開關在馬達閥上被用來作為機械性的保護，目的是使馬達閥的操作性達到最大時，提供閥門和驅動器的機械性保護。當驅動器的輸出扭矩超過扭矩開關的設定點，扭矩開關利用跳脫馬達電源來限制輸出的扭矩。

283

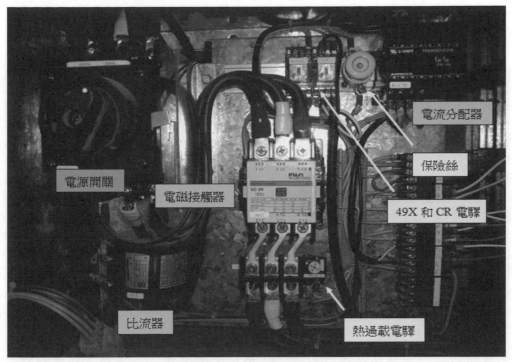

電流分配器

保險絲

49X 和 CR 電驛

電源開關

電磁接觸器

比流器

熱過載電驛

圖 5-58 供應馬達閥電源 MCC 盤的電氣設備

6.4.3 驅動器馬達的熱過載保護

　　驅動器馬達的熱過載保護是在馬達定子線圈埋入一個熱過載感測器或在 MCC 盤可逆起動接觸器接入一個熱過載電驛。當溫度超過一個預設值(例如 130°C)，感測器或熱過載電驛開路，並切斷可逆起動器的電源，使馬達失去動力。可參閱 2.2.3 節和 2.3.1 節有關熱過載保護的功能。圖 5-58 呈現 MCC 盤內使用於馬達閥的電氣設備，可逆起動器、熱過載電驛等相關設備的位置。熱過載電驛或感測器被連接來警示，指出一個過熱電流的狀態，但不會使閥門失去功能。

　　當發現接近一個鎖住轉子(失速)的條件時，熱過載電驛被用來保護馬達，以免受到不正常高電流的牽引。熱過載電驛有逆時間特性，那就是電流越高，起反作用越快，大部分使用在馬達閥的驅動器，導線的電流通過馬達流動而加熱線圈。當遭遇一個過大電流，一個雙金屬棒將起反作用，來開路控制迴路，並中斷電流通過起動器的任一線圈，可在 10 秒或更少的時間切斷馬達的電源。

6.4.4 可逆起動器

　　可逆起動器被用來在一個給予的轉動方向啟動一個馬達。電流通過一個線圈，電機械般觸動反應來轉動它們，此產生一個閉合開關接點的力量。可逆起動器有 2 組接點 – 一組作為開的方向，一組作為關的方向。每組包含三個接點作為三相的應用。

　　當開線圈被控制迴路觸動，那個方向起動器接點將閉合，並供給馬達的電源，引起開方向的轉動。接點將繼續閉合直到電流經過開線圈被中斷。這個中斷能夠藉由開極限開關、開扭矩開關、停止按鈕、熱過載裝置、或任何其他開路控制迴路裝置被引起，並停止電流經過開線圈。

　　除了對起動器接點的關閉組件，相同的程序發生當關線圈被觸動。當關方向的接點被閉合，它們供給電源到馬達，如上面敘述，但逆轉三相的二相，引起馬達在相反的方向轉動。再次，接點將保持閉合直到電流經過關線圈被中斷。

　　可逆起動器擁有電子和機械兩方面的相互聯鎖。這是防止開和關兩者同時被觸動。

　　可逆起動器也包含輔助接點，與它們個別的線圈同時操作。它們能是常開(NO)或常關(NC)接點；通常它們是作為行程各自方向個別之一。假如需要，能夠更多的

284

加入。它們被用來作為各種的控制迴路功能，例如改變開及關按鈕、起動器聯鎖、警告信號等等。

### 6.4.5 閥門的狀態指示

閥門的狀態指示一般可分為電源供應指示和閥門位置指示，兩者皆以燈號呈現閥門的狀態。電源指示表示 MCC 盤電源供應已在待命狀態，可隨時起動閥門。而位置指示可被考慮作為控制機能的一部分，因為它指示出一個全開或全關操作的完成，當兩個燈號皆亮時，則指出閥門在中間的行程。一般情形閥門位置由極限開關設定點來提供接近全開或全關的位置。典型閥門關的位置指示設定點是全關位置或閥門衝程的 3~5%。而典型閥門開的位置指示設定點是閥門衝程的 95 ~ 98%。這個 3%到 5%的衝程是讓閥瓣不接近後閥座，避免過度的推力/扭矩造成閥門的損傷。

閥門狀態指示燈如果提供電源為 AC 110V 或 AC 220V 時，無論閥桿位置在何處，全開及全關的位置指示燈(紅燈和綠燈)都會顯示時(正常指示燈只有在中間衝程時兩燈全亮，全開或全關只有一燈亮)，這是因為選擇的導線產生感應電壓的結果。只有將提供燈號的電源改為 DC 電源，或是以一對(1 pair)個別導線提供給燈號的電源，或以 2 對(2 pairs)的導線，每對導線以鋁箔或銅網屏蔽來隔絕感應電壓的產生。感應電壓產生的原理及解決方法，呈現在附錄 5-5 有詳細的敘述感應電壓之影響。

### 6.4.6 馬達閥的控制迴路

馬達閥的控制迴路的設備包含 MCC 盤的電源供應、馬達閥的極限開關、扭矩開關、位置傳送器、選擇開關、開/關按鈕、及指示燈等。這些裝置組合成一個馬達閥的控制線路圖。圖 5-59 和 5-60 分別呈現馬達閥、MCC 盤與 DCS 盤之間的控制路線圖，兩種迴路的差別是在現場控制箱的有無。

控制迴路的電源可為 AC 110V 或 AC 220V，端視各製造廠商的設計。而這些電源都是利用自身 480V AC 的電源，經過變壓器(Transformer)來轉換成現場使用的控制電壓。操作馬達閥時，當閥門開始進行衝程時，開和關旁路了極限開關(LS1 和 LS2)，被用來幫助確定閥門的操作性。這些極限開關旁路了扭矩開關(TS17 和 TS18)，及允許驅動器展開需要的扭矩來開始閥門的衝程。

假如位置控制(極限開關 LS5 和 LS8)被用作開啟和關閉。扭矩開關(TS17 和 TS18)則被用作保護和警示的功能。

#### 6.4.6.1 選擇開關

一個選擇開關是被用來執行某些功能，通常與馬達控制迴路有關聯。它是一個具有旋轉動作保持接觸點的開關。典型上是一個 2 位置或 3 位置開關，且在每一個位置有多重的電極。

一個選擇開關最通常的應用是，在馬達控制迴路到位於其他場所的遠端裝置，變更來自於現場裝備的開、關和停止功能之操作。這個稱為一個現場-遠端的選擇開關。它也能夠有一個第三位置，典型上是"關"。當在"關"位置，這個馬達控制迴路失能，而驅動器將不能用電來開動。

還有對於一個選擇開關另一個應用是當作一個開-停止-關的開關。在這個應用中，一個三位置選擇開關取代開啟、關閉和停止按鈕。

無論如何，作為一個選擇開關有無數的其他應用，在此的二個概要應用可能是最常見的。

#### 6.4.6.2 按鈕

按鈕是被用來開啟或停止一個電驅動器，控制 MCC 盤可逆起動器的功能。通常提供 3 個按鈕作為這個目的。開按鈕是一個標準的開瞬間接點開關,當被按下時，將閉合並允許電流通過逆向起動器的開線圈。關按鈕執行相同的功能，除了電流通過起動器的關線圈。停止按鈕是一個標準的關接點開關，當按下時，利用一個自保迴路開啟並中斷電流到兩個起動器線圈。

自保迴路在起動器上是常開輔助接點，且以電線並接到開和關按鈕。當起動器參與個別自保接點的兩個方向，作為那個方向閉合和繼續閉合，時間久到起動器被參與。自保迴路維持控制電路的連續性，縱使按鈕被瞬間接觸。假如自保迴路不被用在起動器線圈，當開或關按鈕被按下並保持在當處，將僅僅是通電。

### 6.4.6.3 指示燈

指示燈是被用來指示閥門的位置。當一個電流通過它們時，指示燈被設計來發亮。典型上，開的指示燈是紅色，而它是以電線串接#7極限開關接點。當接點閉合，來自於控制迴路(或一個其他的電源)的電流，流過指示燈來點亮它。

同樣地，關的指示燈通常是綠色的，並以電線串接#3極限開關接點，且當接點閉合時點亮。當閥門在中間的行程時，#3和#7兩者的極限開關接點被閉合，所以兩者的指示燈都被點亮。

雖然紅色和綠色在此討論作為指示燈的顏色，但燈罩可以更換成任何的顏色。

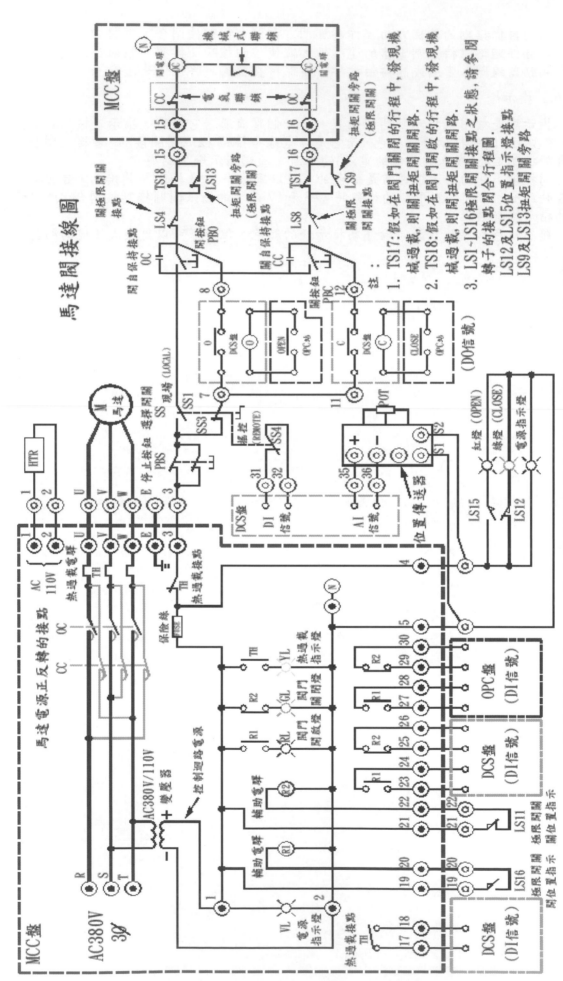

圖 5-59 Limitorque 馬達閥 MCC 盤與 DCS 盤控制迴路線路圖

287

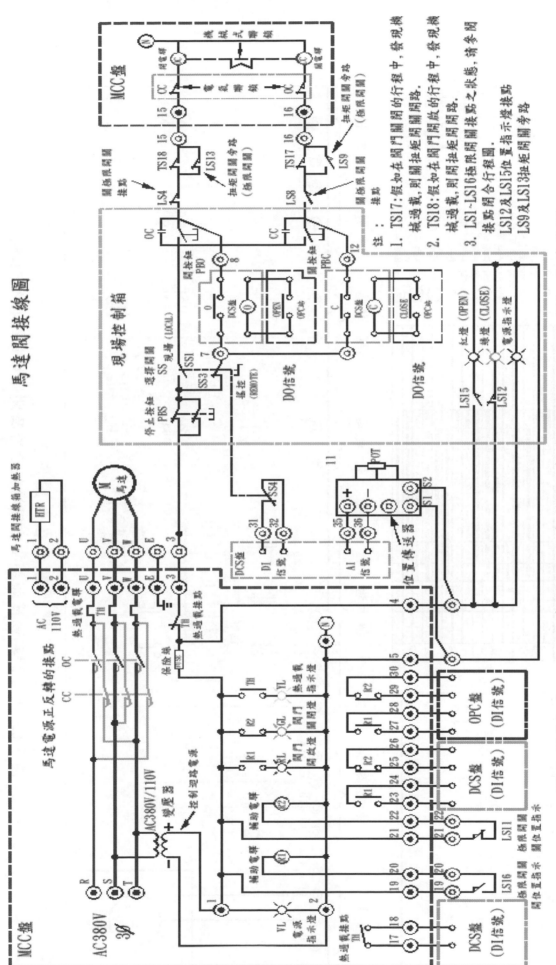

圖 5-60 Limitorque 馬達閥 MCC 盤 DCS 盤與現場控制箱控制迴路線路圖

288

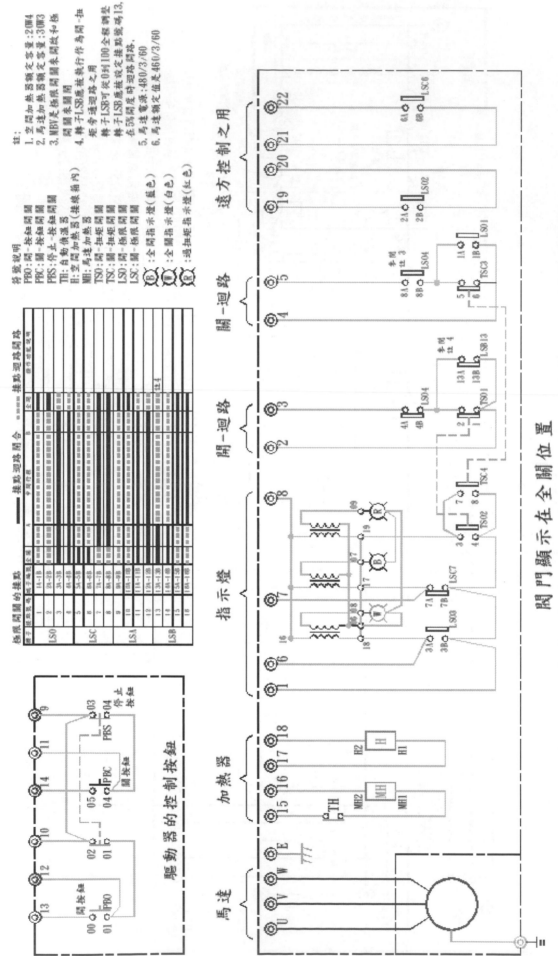

圖 5-63 馬達閥驅動器頭部上方現場指示燈及開關按鈕的接線迴路圖

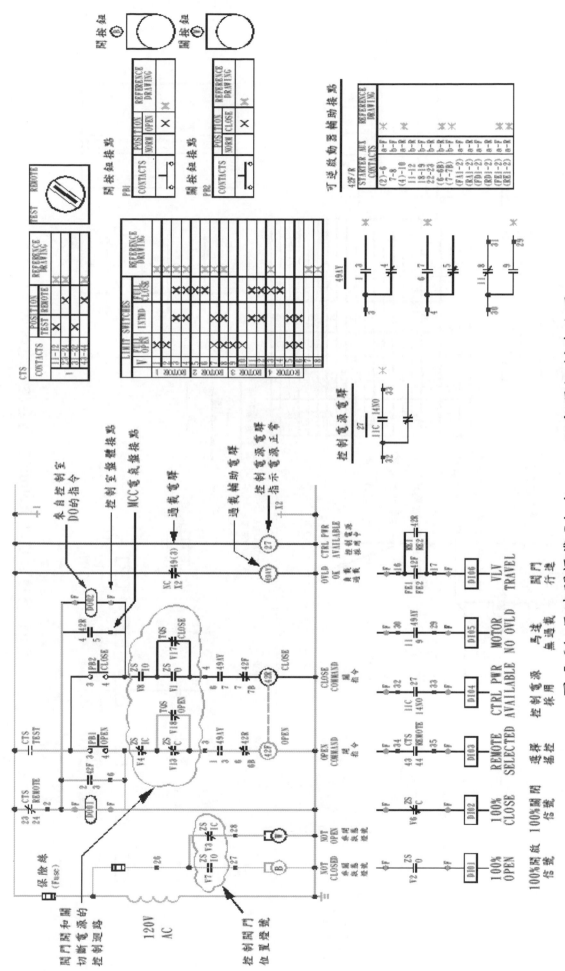

圖 5-64 馬達閥標準 Limitorque 驅動器控制線路圖

290

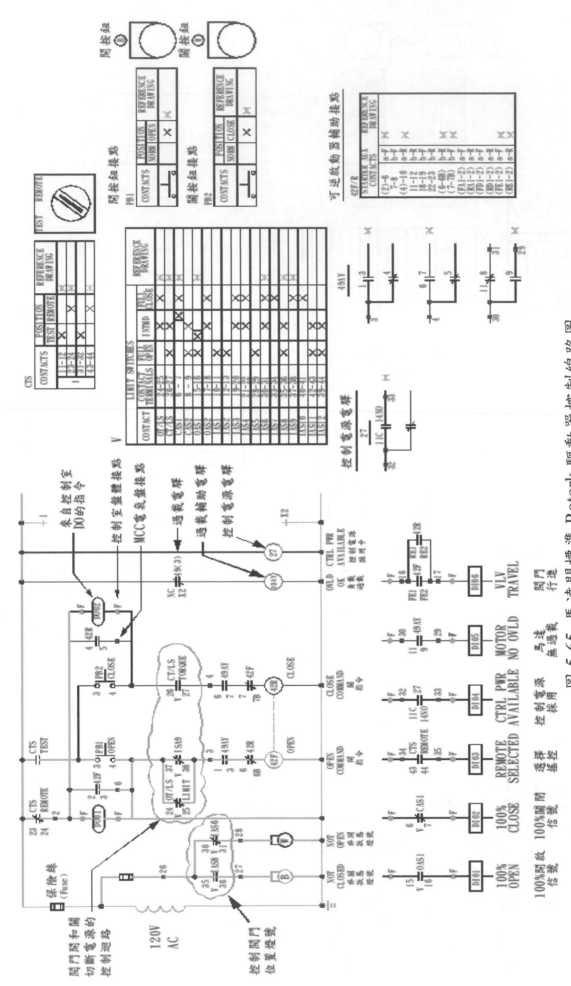

圖 5-65 馬達達閥標準 Rotork 驅動器控制線路圖

291

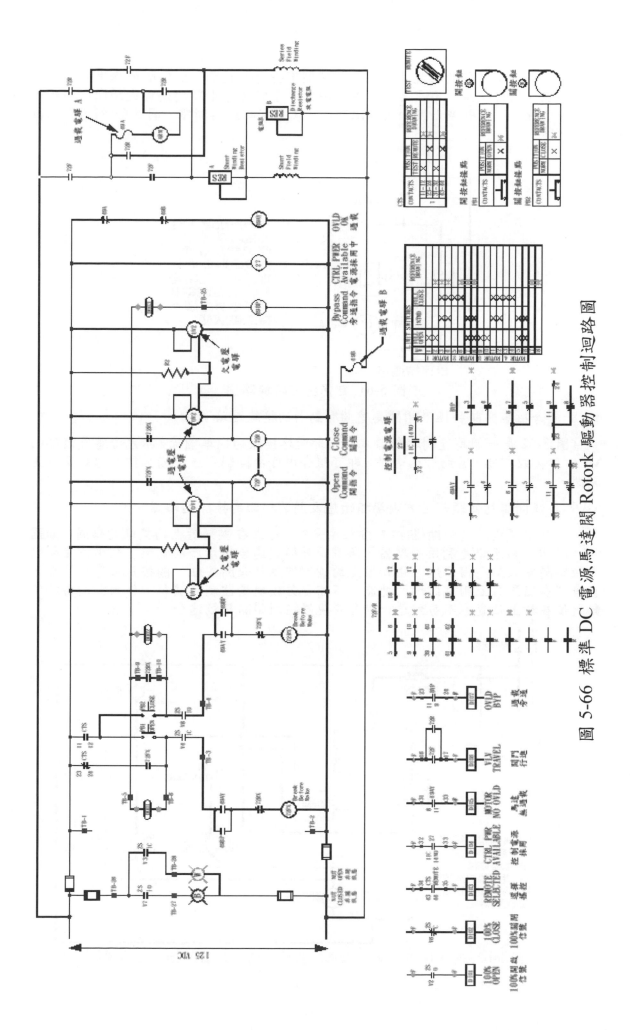

圖 5-66 標準 DC 電源馬達閥 Rotork 驅動器控制迴路圖

292

### 6.4.7 自保持迴路

自保持迴路主要的功能是當按鈕開關壓下去時，利用一個電驛的作用，保持這條線路在導通得狀態，不需要一直壓住按鈕。當需要停止閥門衝程或閥門已經到達預定的位置時，利用停止按鈕或極限開關，才能將此線路斷電。圖 5-61 顯示自保持的迴路圖。

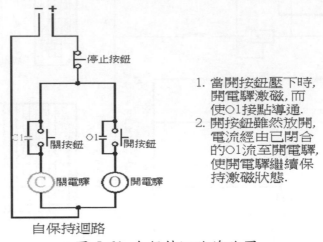

圖 5-61　自保持迴路線路圖

### 6.4.8 包含扭矩開關和極限開關馬達閥驅動器的接線迴路圖

圖 5-62 是一個馬達閥驅動器本身內部迴路接線的標準圖面，不包含電氣設備的 MCC 盤接線迴路，當結合兩者時，即可組合成可由控制室或現場來控制起動及停止閥門。

### 6.4.9 馬達閥驅動器頭部上方現場指示燈及開關按鈕的接線迴路圖

包含現場指示燈和開/關控制按鈕等，全部建立在驅動器上的接線迴路圖，如圖 5-63 所示。指示燈是利用變壓器，將電源轉換成適合指示燈的電壓，經由位置開關或扭矩開關來點亮指示燈。驅動器上的控制按鈕包含開按鈕、關按鈕及停止按鈕，直接可在驅動器上測試閥門的功能，不需要另設現場控制開關箱，但大閥門由於驅動器位在最上位置，不易到達，以另設現場控制開關箱較適合。

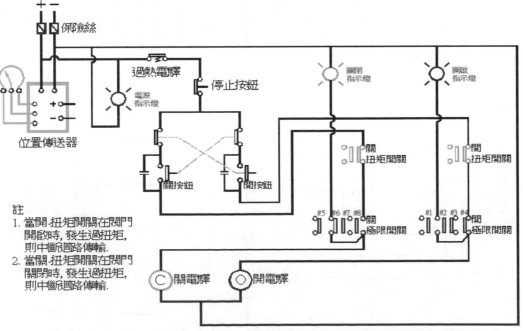

圖 5-62　包含扭矩開關和極限開關馬達閥驅動器的接線迴路圖

293

7.0 馬達閥的電源控制迴路

　　本節主要是禪明驅動器內部電源迴路形式的設計，需考慮閥門的流體壓力是屬於高壓或低壓、驅動器的製造廠家及核能安全等因素。面對這些因素，如何來設計位置極限開關和扭矩開關相互配合的電源迴路及設定值。

7.1 馬達閥驅動器控制迴路的選擇和極限開關值、扭矩開關值的設定

　　馬達閥驅動器的迴路形式，基本上是圖 5-64～ 圖 5-66 等形式，配合著 MCC 盤的電源及驅動器內的極限開關、扭矩開關，來控制閥門的開啟和關閉、閥門位置燈號顯示、以及全開和全關位置信號的傳遞。但由於驅動器內部結構的不同，使用在高壓或低壓系統流體的閥門，以及是否與其他閥門互相連鎖等，所選擇的轉子(Rotor, Limitorque 驅動器極限開關)或凸輪(Cam, Rotork 驅動器極限開關)的極限開關位置也會有所差異。

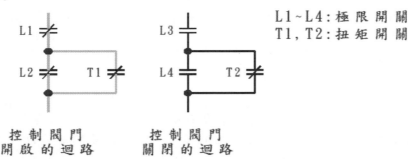

L1~L4：極限開關
T1, T2：扭矩開關

控制閥門
開啟的迴路

控制閥門
關閉的迴路

圖 5-67 馬達閥基本電源控制線路圖

　　馬達閥驅動器在世界上使用量最多的製造廠家是 Limitorque、Rotork 和 Auma，其中以 Limitorque 公司的驅動器研究資料最為詳實，其次為 Rotork 公司。兩者皆已提供使用在核能等級的馬達閥應用。而 Auma 是屬於遠端控制的驅動器，控制迴路完全建立在驅動器內，只需要提供電源給驅動器即可。基本上，Auma 的驅動器無法使用於核能廠，是因為驅動器使用電路板作為控制的方法，核電廠是具有輻射的廠房，會破壞電路板上的電子零件，造成偵測失效，是以 Auma 驅動器無法發現於核電廠。本節將說明 Limitorque 和 Rotork 驅動器的迴路設計及設計的方式，而 Auma 驅動器將於 7.4 節有詳細說明。

　　在圖 5-64 和圖 5-65 中間雲狀標示，由極限開關及扭矩開關所組成的控制電源迴路的形式，是一種最基本的電路迴路。藉由設定閥門行程位置(極限開關 Limit Switch)和閥門達到全關，緊密閥門流體的通道，形成壓力密封的力量(扭矩開關 Torque Switch)，來互相支援關斷電源。現在以圖 5-67 的基本迴路形式，說明每一個極限開關和扭矩開關的作用。

L1：閥門開啟之主電源控制迴路極限開關。

L2：閥門開啟之扭矩旁通極限開關。

L3：閥門關閉之主電源控制迴路極限開關。

L4：閥門關閉之扭矩旁通極限開關。

T1：閥門開啟之扭矩開關。

T2：閥門關閉之扭矩開關。

L1：開主電源控制開關。主要作用是無論高壓閥門或低壓閥門，當閥門開啟達到行程的 95%時，切斷電源。

L3：關主電源控制開關。其設定有兩種，在低壓閥門上設定當閥門關閉達到行程的 95%時，切斷電源。在高壓閥門則行程設定依然為 95%，但以短接線將此極限開關旁通，使此開關沒有作用，電源的切斷交由扭矩開關來執行。

L2 和 L4：扭矩旁通開關(Torque Bypass Limit Switch)。作為設定馬達閥從開到關或關到開的各種不同行程位置之極限開關。有幾種策略來設定旁通扭矩開關，作為保護馬達閥之用，其設定值敘述如下：

1. 閥門行程 5%的設定值：作為輔助扭矩開關的設定值，當閥門開啟時，5%的行程開度後，此扭矩旁通開關接點開路，電源經由扭矩開關 T1，當扭矩超過設定值時，電源整個斷路，閥門無法繼續開啟，保護閥門不再強制開啟，直到排除造成扭矩高過設定值的原因。這個設定無論是 Limitorque 驅動器，或是 Rotork 驅動器，皆是標準的設定。

2. 閥門行程 10%的設定值：測量閥瓣(Disk)離開閥座(Seat)時的最小扭矩旁通接觸點，這個值保證閥瓣已經克服未坐落閥座力(Unseating Force)，已經與閥座分開，雖然整個離開閥座的動作可能沒有完成。

3. 閥門行程 10%～20%的設定值：此值提供一些閥瓣離開閥座格外的餘裕，作為延長閥桿的負荷，在這個 10%～20%行程的期間或是在出入口差壓下，完成閥瓣離開閥座，旁通扭矩開關才動作而迴路開路。

4. 閥門行程 20%～25%的設定值：假如選擇這種設定值，配置 2 列極限開關(2 個轉子或 2 組凸輪)的驅動器，應該瞭解全開或全關的指示保持不便，直到閥門行程行進 20%到 25%位置。假如驅動器配置 4 列極限開關，除了扭矩旁通開關之外，指示燈極限開關可設定在不同的轉子或凸輪上。

5. 閥門行程 32%～67%的設定值：此值的設定，保證閥楔提升至不會阻礙製程流體的流動通道，閥楔位置設定在高於管線全管徑尺寸的高度，或是閥塞位置的高度使流體流量完全通過，不會流量不足的現象，旁通扭矩開關才動作。

6. 閥門行程 90%的設定值：閥門在開啟衝程期間的任何時間，遭遇到極大的負荷，它排除任何停止閥門的行程，直到達到旁通扭矩開關的設定值。就開-極限開關在閥門衝程的末端而言，90%衝程提供一個後備扭矩的功能。

7. 閥門行程 95%的設定值：輔助扭矩開關的設定值，當閥門由全開到關的行程中，5%行程餘裕的設定，是作為閥門斷電之後，慣性力緩衝作用的空間，避免閥塞衝擊閥座或閥後座。

8. 閥門行程 100%的設定值：選擇此值時，開-扭矩開關以導線連接，完全沒有開啟迴路，在極限開關失效的意外事件或遭遇過大的負荷中，沒有任何保護，只剩電氣盤過載加熱器的安全功能，作為馬達、閥門和驅動器的保護，而 MCC 盤的過載保護可設定為 130%的過載電流，此是最後一道保護閥門的防線。旁通極限開關選擇此值時，可以取消主極限開關(L1 和 L2)的迴路設計，無論如何，電源皆經由扭矩開關或旁通極限開關，達到開啟閥門或關閉閥門的功能。

9. 主極限開關和旁通極限開關皆取消，只剩扭矩開關迴路設計：選擇此種設計的方式，一般是使用在風門的擋板(Damper)、蝶閥(Butterfly Valve)或球閥(Ball Valve)中，這些都是利用扭力來緊閉風門或閥門，達到扭矩值後切斷電源。

　　7.2 節開始分別說明驅動器製造廠家 Limitorque 和 Rotork，與高壓閥門、低壓閥門、傳統電廠和核能電廠安全因素等各種條件下，電源迴路的設計及位置極限開關如何設定行程位置值。

7.2 Limitorque 驅動器

　　Limitorque 驅動器的扭矩開關和極限開關，是由 2 個獨立的機構各自組成。扭矩開關有開扭矩(T18)和關扭矩(T17)的旋扭，可分別設定扭矩力，當閥門進行開關的行程時，達到設定的扭矩力後，T18 或 T17 接點跳脫，迴路開路。

　　極限開關由 2 個轉子(Rotor)或 4 個轉子所組成的，每個轉子內有 4 組接點，可依據閥門行程操作的要求，連接接點。而各個轉子皆可獨立設定行程位置，送出開路或閉合電路的信號。

　　轉子內的 4 組接點區分為 2 個族群，此兩個族群的操作功能互為反向。例如，Limitorque 第一組轉子的極限開關，LS1、LS2、LS3 及 LS4，當轉子設定為閥門衝程的 5%後 LS1 和 LS2 接點開路， 而 LS3 和 LS4 則接點閉合，同樣地，當設定 LS3

和 LS4 接點在閥門衝程的 95%後接點開路，則 LS1 和 LS2 接點閉合。此 4 組轉子可配合閥門的衝程要求分別設定，圖 5-68 顯示使用 Limitorque 驅動器，4 組轉子功能低壓馬達閥的標準設定方式。

## 7.2.1 低壓馬達閥驅動器電源迴路的選擇及設定

一般是使用於溫度-壓力額定等級在 150 lb 的球體閥(Globe Valve)、閘閥(Gate Valve)、蝶閥(Butterfly Valve)、球閥(Ball Valve)及風門(Damper)等，其電源形式、接線方式及行程位置說明如圖 5-69 所示。轉子 1 及轉子 2 被設定行程位置在 95% (或相對應的 5%位置)後電源開路，這是 Limitorque 驅動器標準的設計，兩個轉子共有 7 個極限開關被使用到，3 個使用於電源迴路，2 個使用於位置燈號指示，2 個使用於位置信號的傳送。剩餘的兩個轉子作為特定閥門位置的使用。迴路形式分別敘述如下：(參閱圖 5-68)

### 7.2.1.1 開啟閥門的迴路形式

主極限開關(LS4)：開衝程達到 95%時，極限開關開路，電源斷路。

開-扭矩旁通開關(LS13)：設定在閥瓣(Disc)離開閥座時的衝程，極限開關開路，約在閥門行程的 5%。

閥門 關→開迴路　　　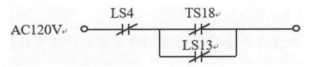

### 7.2.1.2 關閉閥門的迴路形式

主極限開關(LS8)：關衝程達到 95%時，極限開關開路，電源斷路。

關-扭矩旁通開關(LS1)：配合轉子 1 中 LS4 已設定 95%行程後迴路開路，相對轉子 1 的 LS1 及 LS2 將在閥門行程 5%後迴路開路，選擇 LS1 作為關-扭矩旁通開關的設定。

閥門 開→關迴路　　　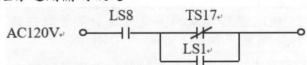

### 7.2.1.3 極限開關選擇之說明(參閱圖 5-68)

L1：選擇第一組轉子中的極限開關 LS4，設定閥門 95%行程時接點開路。剩餘 5%閥門行程利用馬達停止後的慣性力，使閥門全開定位，避免有額外的衝擊力，損傷閥後座(Backseat)。

L2：通常稱此極限開關為開-扭矩旁通開關，選擇第四組轉子中的 LS13 極限開關，設定在閥瓣(Disc)離開閥座(Seat)時的分裂點(Break Point)，可設定為 5%閥門行程後接點開路，電源路徑經由扭矩開關 TS18，維持電源不斷電。TS18 在閥門衝程的過程中，如果超過扭矩設定值，則接點開路，閥門衝程停止移動，以保護閥門，避免損壞閥門。

另一組設定 32%～67%之任一設定值，是保證閥楔提升至不會阻礙製程流體的通過，閥楔位置設定在高於管線全管徑尺寸的高度，此設定一般使用於核能電廠。

L3：選擇第二組轉子中的 LS8 極限開關，同 LS4 設定在閥門衝程 95%後迴路接點開路。剩餘 5%閥門行程利用馬達停止後的慣性力，關閉閥門。

L4：通常稱此極限開關為關-扭矩旁通開關，選擇第三組轉子中的 LS1 極限開關，設定閥門行程 5%後開路，同 LS13 一樣設定。

非開-位置指示燈：選擇第一組轉子的反向接點 LS3，閥門在 0～95%開衝程的行程中，指示燈維持亮燈，95%行程後接點開路，燈滅。

非關-位置指示燈：選擇第二組轉子的反向接點 LS7，閥門在 0～95%關衝程的行程中，指示燈維持亮燈，95%行程後接點開路，燈滅。

開-位置信號：選擇第一組轉子的反向接點 LS2，於閥門達到 95%開行程位置後，迴路接點閉合，送出全開信號。

關-位置信號：選擇第二組轉子的反向接點 LS6，於閥門達到 95%關行程位置後，迴路接點閉合，送出全關信號。

註：1. 閥門在中間行程的位置時，兩燈皆亮。
2. 開和關位置指示燈信號，也可利用開和關位置信號傳送到 MCC 盤的輔助繼電器(Aux. Relay)來設置，即信號傳遞至繼電器後，利用繼電器將信號分別送到 MCC 盤的指示燈，和 DCS 控制盤的閥門全開及全關信號。

## 7.2.2 低壓馬達閥驅動器需緊密關閉的電源迴路之選擇及設定

迴路形式使用於溫度-壓力額定等級在 150 lb 需要緊密關閉的閘閥和球體閥，其電源形式、接線方式及行程位置說明同 7.2.1 節的圖 5-68，但在轉子 2 的 LS8 增加一個短接線，直接將 LS8 短接，整體關-行程電源的斷路由 T17 扭矩開關來執行，如圖 5-69 所示。

## 7.2.3 中壓力馬達閥驅動器極限開關的選擇及設定

中壓力馬達閥驅動器使用於溫度-壓力額定等級在 300 lb 至 900 lb(含)，需要緊密關閉的閘閥和球體閥。其電源形式、接線方式及行程位置說明與低壓馬達閥驅動器有些微不同，除了轉子 2 的 LS8 增加一個短接線，直接將 LS8 短接之外，開-行程電源迴路第 4 轉子的 LS13 旁通扭矩開關的行程設定如低壓驅動器一般設定 5%，但特殊需要於閥門開啟過程不因為有熱變形(Thermal Binding)現象造成閥門於開啟 5%之後扭矩過大而斷電，可設定 LS13 開度為 32%～67%之任一設定值，是保證閘閥閥楔提升至不會阻礙製程流體的通過，即閥楔位置設定在高於管線全管徑尺寸的高度，或球體閥閥塞的高度可使全部管線內流體通過閥門。關-行程電源的斷路由 T17 扭矩開關來執行，如圖 5-70 所示。

## 7.2.4 高壓力安全有關馬達閥驅動器極限開關的選擇及設定

高壓力馬達閥驅動器使用於溫度-壓力額定等級在 1500 lb(含)以上需要緊密關閉的閘閥和球體閥。其電源形式、接線方式及行程位置說明同 7.2.1 節的圖 5-68，開-行程電源迴路第 4 轉子的 LS13 旁通扭矩開關的行程設定如低壓驅動器一般設定 5%，但特殊需要於閥門開啟過程不因為有熱變形現象造成閥門於開啟 5%之後扭矩過大而斷電，可設定 LS13 開度為 32%～67%之任一設定值，是保證閘閥閥楔提升至不會阻礙製程流體的通過，即閥楔位置設定在高於管線全管徑尺寸的高度，或球體閥閥塞的高度可使全部管線內流體通過閥門。關-行程電源的斷路由 T17 扭矩開關來執行，如圖 5-70 所示。

## 7.2.5 核能安全有關 900 lb 高壓馬達閥驅動器極限開關的選擇及設定

900 lb 等級高壓力馬達閥使用到驅動器內全部 4 個轉子，第一轉子和第二轉子一般設定為行程 95%(或 5%)後迴路開路，作為燈號和信號之用。第三轉子設定行程 95%(或 5%)後迴路開路，選擇 V11 (95%迴路開路)作為開-旁通扭矩開關，保證閥門開度達到 95%後電源迴路才開路，不因任何閥門意外事件或遭遇過大的負荷而電源斷路。第四轉子設定行程 100%(或 0%)後迴路開路，選擇 V15(100%迴路開路)作為關-旁通扭矩開關之用，閥門行程達到 100%之後此極限開關的迴路開路，而電源斷路是當達到設定的扭矩值之後，扭矩開關開路，兩條提供電源迴路皆斷路，馬達不再轉動，閥門自然緊閉。

開-主極限開關設定行程達到 95%位置時，迴路開路，電源斷路。關-主極限開關也是選擇行程達到 95%位置時，迴路開路，但因為有增加一個短接線，直接將 LS8 短接之外，此開關沒有任何作用，切斷電源主要是由關-旁通扭矩極限開關(第 3 轉子 V15)和扭矩開關(T17)來執行，如圖 5-71 所示。

7.2.6 核能安全有關 1500 lb 以上高壓馬達閥驅動器極限開關的選擇及設定

　　1500lb 等級以上高壓力馬達閥使用到驅動器內全部的 4 個轉子，其 4 個轉子的極限開關使用的控制線路圖和 900 lb 相同，唯一不同的是在開-旁通扭矩開關上增加一個短接線，保證閥門無論在什麼狀態下皆能開啟，忽略開-旁通扭矩開關(V11)及扭矩開關(T18)，接線迴路如圖 5-72。

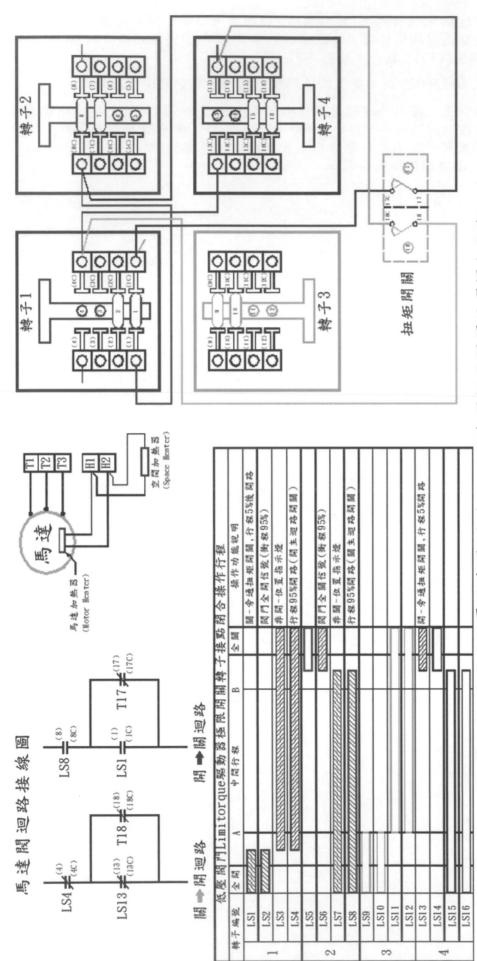

圖 5-68 使用於低壓馬達閥 Limitorque 驅動器極限開關的選擇和設定

299

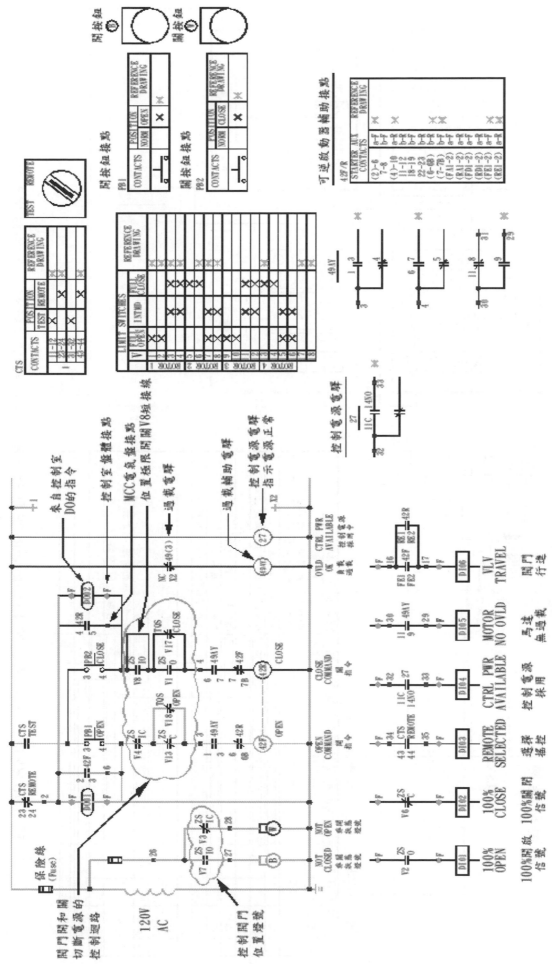

圖 5-69　低壓馬達閥需要緊密關閉 Limitorque 驅動器控制線路圖

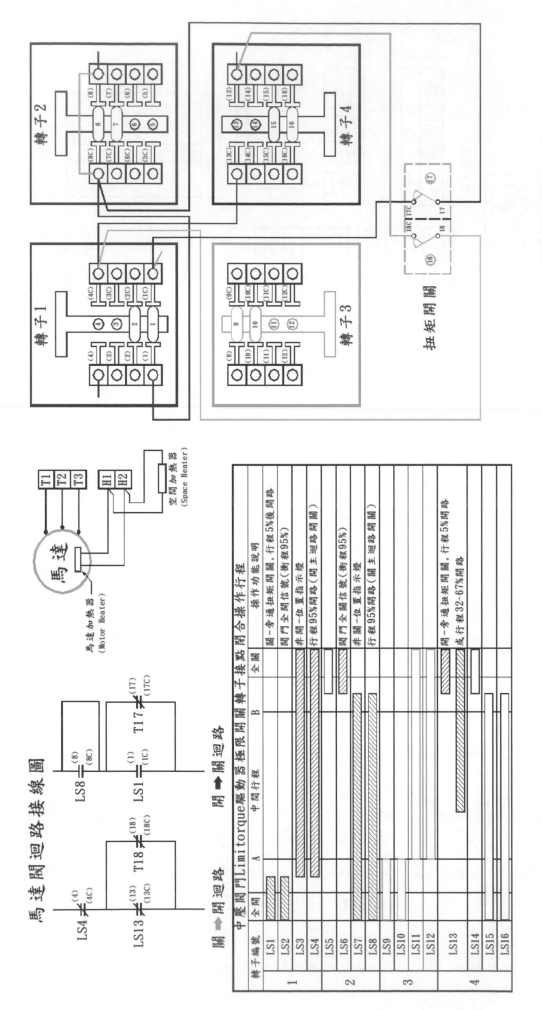

圖 5-70 使用於中壓馬達閥 Limitorque 驅動器極限開關接線方式行程位置的設定和說明

301

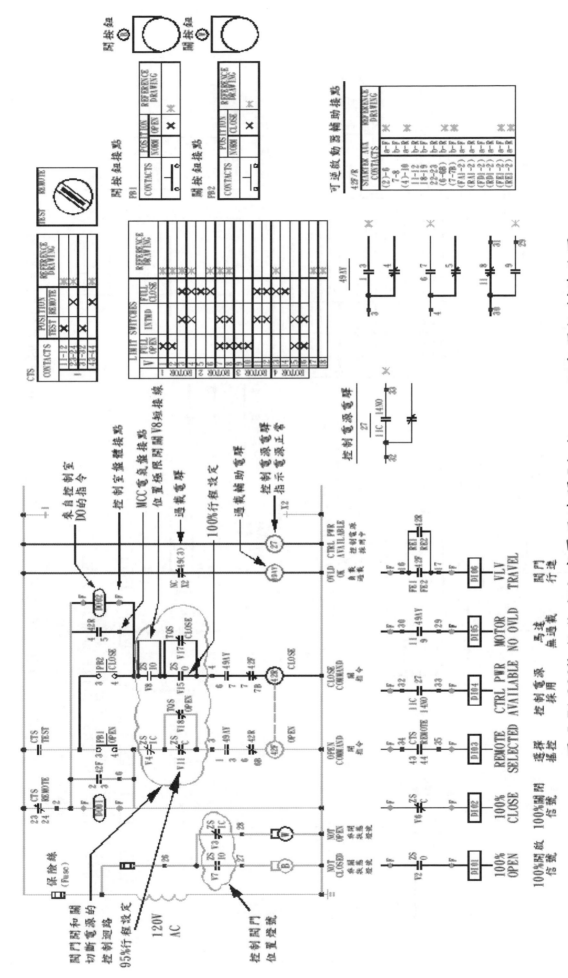

圖 5-71 900lb 核能安全高壓馬達閥 Limitorque 驅動器控制線路圖

302

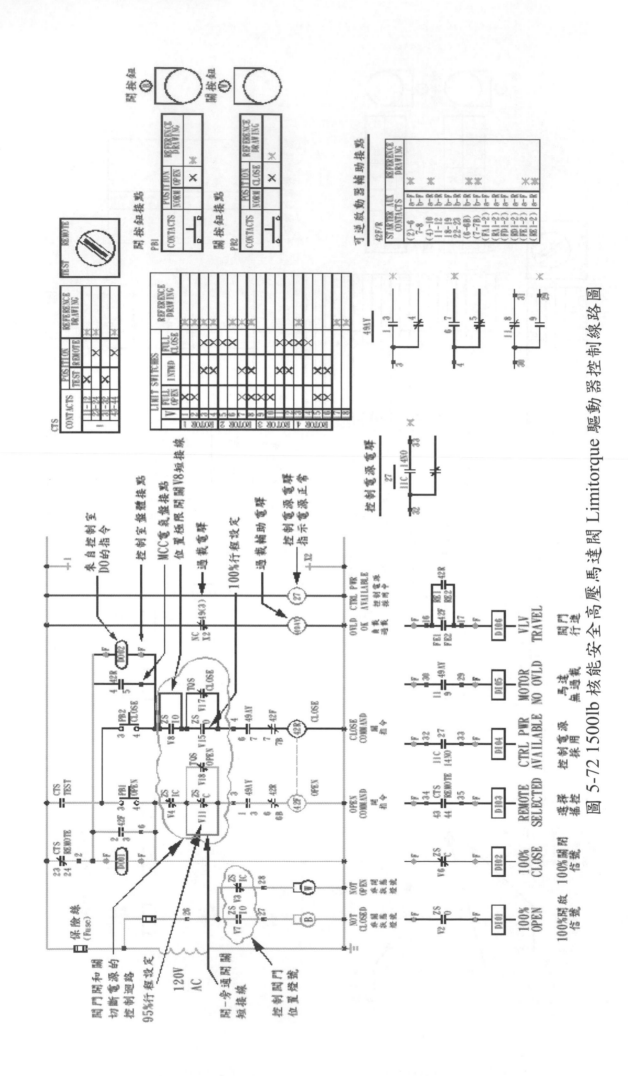

圖 5-72 1500lb 核能安全高壓馬達閥 Limitorque 驅動器控制線路圖

303

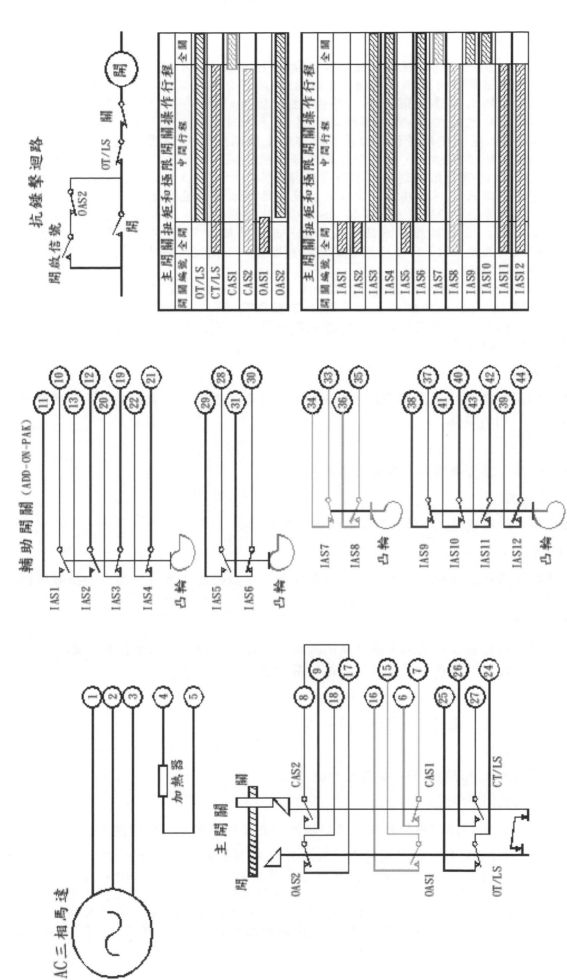

| 主開關編號 | 全開 | 中間行程 | 全關 |
|---|---|---|---|
| OT/LS | | | |
| CT/LS | | | |
| CAS1 | | | |
| CAS2 | | | |
| OAS1 | | | |
| OAS2 | | | |

| 主開關編號 | 全開 | 中間行程 | 全關 |
|---|---|---|---|
| IAS1 | | | |
| IAS2 | | | |
| IAS3 | | | |
| IAS4 | | | |
| IAS5 | | | |
| IAS6 | | | |
| IAS7 | | | |
| IAS8 | | | |
| IAS9 | | | |
| IAS10 | | | |
| IAS11 | | | |
| IAS12 | | | |

圖 5-73 Rotork 4 凸輪組驅動器的迴路接線圖

## 7.3 Rotork 驅動器

Rotork 的扭矩開關和極限開關，其結構和 Limitorque 不同，Limitorque 的扭矩開關和極限開關是各自的獨立機構。Rotork 開關可分為主開關部分(Primary Switch Mechanism)和輔助開關(Add-on-pak)部分。主開關的 OT/LS 和 CT/LS 包含 OT 和 CT 扭矩開關和 2 組限制在 5%或 95%迴路的開 LS 和關 LS 的極限開關，通常這兩組極限開關 Rotork 建議使用於位置指示燈及傳遞至電腦全開/關位置信號之用，實際上當開關面板上的選擇鈕設定後，即如果選擇使用扭矩開關後，極限開關就被限制選擇 0%或 100%的位置信號送出，不符合選擇 5%或 95%的位置來送出切斷電源或位置的信號，所以只能利用輔助開關來做位置指示燈及傳遞至電腦全開/關位置信號，以及切斷提供電源的 MCC 盤。Add-on-pak 輔助開關有 2 組或 4 組獨立可調整設定點的凸輪(Cam)，2 凸輪組有 6 只極限開關，而 4 凸輪組有 12 只極限開關，圖 5-73 顯示 Rotork 4 凸輪組 12 只極限開關的迴路接線圖、主開關、輔助開關及開關行程中接點閉合的操作圖。

EPRI Technical Repair Guide for Rotork Valve Actuators 6.2.3Limit Switch Contact Functional Description 內建議 Rotork 驅動器極限開關和扭矩開關及 6 個 Rotork 的 add-on-pak 輔助開關機械裝置，設計控制迴路時，使用主開關或輔助開關，應考慮下列接點執行的功能：

- IAS7 接點

  提供關閥門移動扭矩開關旁通功能的控制。這發生在閥門衝程的開始，參考來自於全開閥門的位置。

- OAS1 接點

  備用接點，通常使用作為電腦的指示。

- OAS2 接點

  供給和切斷綠色(關)閥門位置指示燈的電源。

- OT/LS 接點

  提供開閥門移動行程的限制功能。這個開關可以被指定作為特殊應用的扭矩控制(即 3 通閥)。

- IAS5 接點

  提供關閥門移動扭矩開關旁通功能的控制。這發生在閥門衝程的開始，參考來自於關位置到閥門行程未坐落閥坐之後的某個期望點。

- CAS1 接點

  備用接點，通常使用作為電腦的指示。

- CAS2 接點

  供給和切斷紅色(開)閥門位置指示燈的電源。

- CT/LS 接點

  使用當作一個關閥門移動行程的限制功能，或當作一個關扭矩開關。

以上 Rotrok 驅動器接點的建議，取決於開-選擇鈕和關-選擇鈕的設定，如果此倆選擇鈕設定為 Limit，則可依據上述建議選擇接點執行，但是 Rotork 的主開關在 5%或 95%衝程位置時，迴路開路的精確度無任何資料或測試文獻來支持，尤其在閥門關閉的過程中，任何不足 1%行程的關閉，皆會造成閥門內漏，流體洩漏至閥門下游管線。圖 5-74 為 Rotork 在主開關機構的面板，顯示開/關-選擇鈕與開/關-扭矩設定鈕。

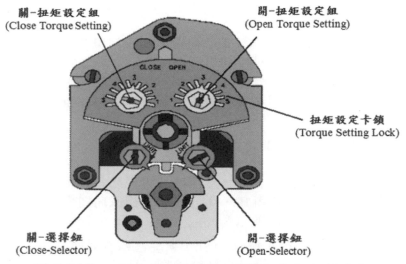

圖 5-74 Rotork 主開關面板之選擇鈕和扭矩設定鈕

### 7.3.1 蝶閥及大尺寸球體閥之馬達閥驅動器電源迴路的選擇及設定

　　由於機械結構的差異，Rotork 驅動器切斷電源的迴路和 Limitorque 驅動器有不一樣的設計，Limitorque 電源迴路無論是關-迴路或開-迴路，皆可包含主迴路開關(極限開關)，扭矩旁通開關(極限開關)和扭矩開關等三個開關。而 Rotork 驅動器電源迴路的設計，比 Limitorque 簡單，只有扭矩旁通開關和扭矩開關兩種。在開-迴路上，Rotork 選擇一個 add-on-pak 輔助開關作為旁通扭矩開關，加上扭矩開關組成了開-迴路。在關-迴路上，利用扭矩開關來切斷電源。無論是低壓力系統流體或是高壓力系統流體，皆是以這種形式來控制電源的供給，最常使用於 4"以上的球體閥(Globe Valve)及蝶閥(Butterfly Valve)，參閱圖 5-75。

　　Rotork 驅動器電源迴路、指示燈及全開/全關位置信號的設計說明如下：(參閱圖 5-75)

### 7.3.1.1 開啟閥門的迴路形式

Limit/Torque 選擇鈕：設定 Limit。

極限開關(OT/LS Limit)：開衝程達到 95%時，極限開關開路，電源斷路 (註：Rotork 主開關機械固定在行程達到 95%時，迴路自動開路，切斷電源)。

開-扭矩旁通開關(IAS9)：設定在閥瓣(Disc)離開閥座時的衝程，極限開關開路，設定約在閥門行程的 5%。

閥門 關━━▶開迴路

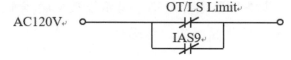

### 7.3.1.2 關閉閥門的迴路形式

Limit/Torque 選擇鈕：設定 Torque。

扭矩開關(CT/LS Torque)：設定扭矩開關的扭力值，當達到扭力值時，迴路開路，電源斷路。

閥門 開━━▶關迴路

### 7.3.1.3 Limit/Torque 選擇鈕、指示燈和位置信號選擇

Limit/Torque 選擇鈕-Limit：閥門開啟過程中，選擇扭設定為 Limit，閥門將在行程位置達到 95%衝程後，迴路自動開路，切斷電源，剩餘的 5%行程，利用馬達停止後的慣性力，使閥門全開定位，避免有額外的衝擊力，損傷閥後座

(Backseat)。

Limit/Torque 選擇鈕的設定是 Rotork 驅動器獨有的設計機構，閥門在開啟時，選擇 Limit 位置，閥門關閉時，選擇 Torque 位置。

Limit/Torque 選擇鈕-Torque：閥門關閉過程中，選擇扭設定為 Torque，並設定扭矩開關的扭力值，當閥門關閉接觸到閥座，壓緊達到扭力值時，迴路開路，電源斷路。

開-旁通扭矩開關：開-扭矩旁通開關是 add-on-pak 輔助開關(極限開關)，選擇第四組凸輪中的 IAS9 極限開關，設定在閥辦(Disc)離開閥座(Seat)時的分裂點(Break Point)，可設定為 5%閥門行程後接點開路，電源路徑經由主開關機構的 OT/LS 位置極限開關，維持電源不斷電。OT/LS 位置極限開關當閥門行程達到 95%位置時，迴路自動開路，切斷電源。

非開-位置指示燈：選擇第二組凸輪的 IAS6，調整凸輪在閥門 0～95%開衝程的行程中，指示燈維持亮燈，95%行程後接點開路，燈滅。

非關-位置指示燈：選擇第三組凸輪的 IAS8，調整凸輪在閥門 0～95%關衝程的行程中，指示燈維持亮燈，95%行程後接點開路，燈滅。

開-位置信號：選擇第一組凸輪的 IAS1，調整於閥門達到 95%開行程位置後，迴路接點閉合，送出全開信號。

關-位置信號：選擇第三組凸輪的 IAS7，調整於閥門達到 95%關行程位置後，迴路接點閉合，送出全關信號。

### 7.3.2 閘閥、球閥及小尺寸球體閥之達閥驅動器電源迴路的選擇及設定

整個迴路的選擇及設定與 7.3.1 節相同，唯一的差異是在旁通扭矩開關(IAS9)值的設定，7.3.1 節設定在 5%行程後迴路開路，而閘閥及小尺寸球體閥的馬達閥驅動器，設定在 37%～62%之中的一個設定值，此值的設定是保證閥楔或閥塞提升至不會阻礙製程流體通過閥門。閥楔位置設定在高於管線全管徑尺寸的高度，而閥塞的位置則設定在全部流體可通過且不會產生大阻抗的位置，即是 37%～62%閥塞行程的高度。參閱圖 5-76。

### 7.3.3 核能安全有關馬達閥驅動器電源迴路的選擇及設定

圖 5-77 為核能安全有關的馬達閥迴路設計，採取的是雙電源迴路策略，第一迴路是選擇主開關機構的極限開關作為旁通扭矩開關，第二迴路是選擇 OT/LS 及 CT/LS 作為另一組電源通過的迴路，任一組迴路的極限開關或扭矩開關等設備，因機械或製程原因造成失效，將有另一組迴路繼續執行閥門的既定行程，直到電源切斷。其驅動器電源迴路、指示燈及全開/全關位置信號的設計說明如下：

### 7.3.3.1 開啟閥門的迴路形式

Limit/Torque 選擇鈕：設定 Limit

極限開關(OT/LS Limit)：開-衝程達到 95%時，極限開關開路，電源斷路 (註：Rotork 主開關機械固定在行程達到 95%時，迴路自動開路，切斷電源)。

開-扭矩旁通開關(OAS2)：同 OT/LS Limit 極限開關一樣的功能，當閥門衝程達到 95% 行程後，迴路自動開路，切斷電源。

閥門 關──►開迴路

### 7.3.3.2 關閉閥門的迴路形式

Limit/Torque 選擇鈕：設定 Torque

扭矩開關(CT/LS Torque)：設定扭矩開關的扭力值，當達到扭力值時，迴路開路，電

源斷路。

關-扭矩旁通開關(CAS2)：關-主開關機構設定為扭矩關閉時，相對於關-扭矩旁通開關而言，閥門衝程必定是達到100%的行程後迴路才會開路。

閥門 開→關迴路

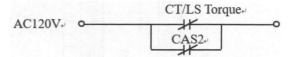

7.3.3.3 Limit/Torque 選擇鈕、指示燈和位置信號選擇

Limit/Torque 選擇鈕-Limit：閥門開啟過程中，選擇扭設定為 Limit，閥門將在行程位置達到 95%衝程後，迴路自動開路，切斷電源，剩餘的 5%行程，利用馬達停止後的慣性力，使閥門全開定位，避免有額外的衝擊力，損傷閥後座(Backseat)。

Limit/Torque 選擇鈕-Torque：閥門關閉過程中，選擇扭設定為 Torque，並設定扭矩開關的扭力值，當閥門關閉接觸到閥座，壓緊達到扭力值時，迴路開路，電源斷路。

開-旁通扭矩開關：開-扭矩旁通開關選擇主開關之 OAS2 極限開關，當閥門提升至衝程的 95%時，驅動器迴路自動開路，與 OT/LS Limit 開關同時切斷電源，剩餘的 5%行程，利用馬達停止後的慣性力，封閉流體的通道。

關-旁通扭矩開關：關-扭矩旁通開關選擇主開關之 CAS2 極限開關，當閥門封閉流體通道至全關的過程中，由於 CT/LS 選擇扭設定為 Torque，則關-旁通扭矩開關必須閥門衝程達到 100%之後，迴路才會開路，而不是 95%後迴路才開路，此點是因為 CT/LS 選擇扭設定為 Torque 的原因。

非開-位置指示燈：選擇第二組凸輪的 IAS6，調整凸輪在閥門 0～95%開衝程的行程中，指示燈維持亮燈，95%行程後接點開路，燈滅。

非關-位置指示燈：選擇第三組凸輪的 IAS8，調整凸輪在閥門 0～95%關衝程的行程中，指示燈維持亮燈，95%行程後接點開路，燈滅。

開-位置信號：選擇第一組凸輪的 IAS1，調整於閥門達到 95%開行程位置後，迴路接點閉合，送出全開信號。

關-位置信號：選擇第三組凸輪的 IAS7，調整於閥門達到 95%關行程位置後，迴路接點閉合，送出全關信號。

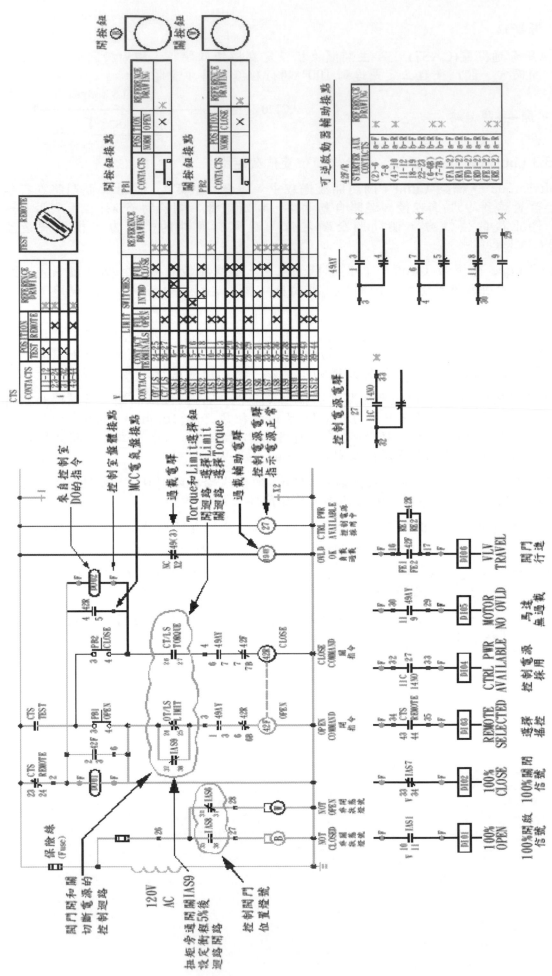

圖 5-75 蝶閥及大尺寸球體閥之馬達閥 Rotork 驅動器控制線路圖

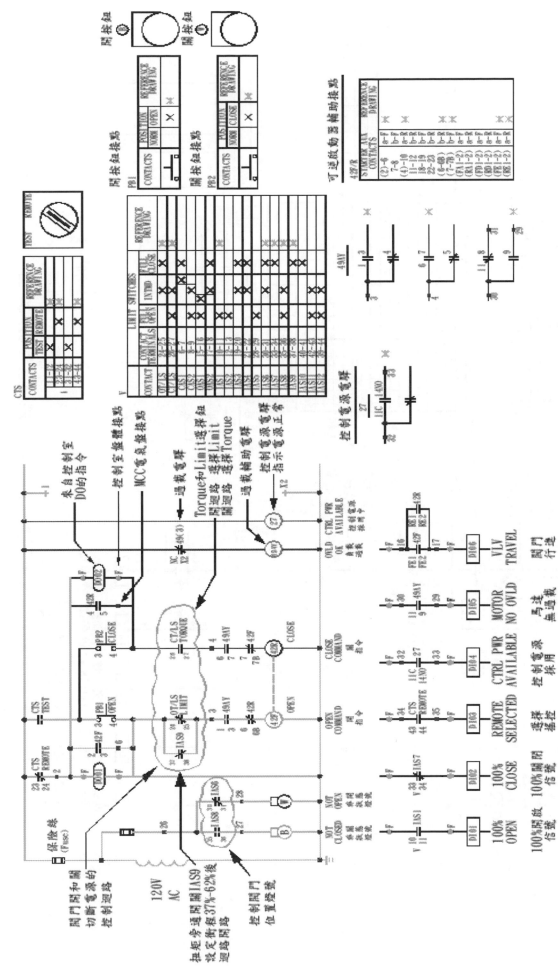

圖 5-76 閘閥、球閥及小尺寸球體閥之馬達閥 Rotork 驅動器控制線路圖

310

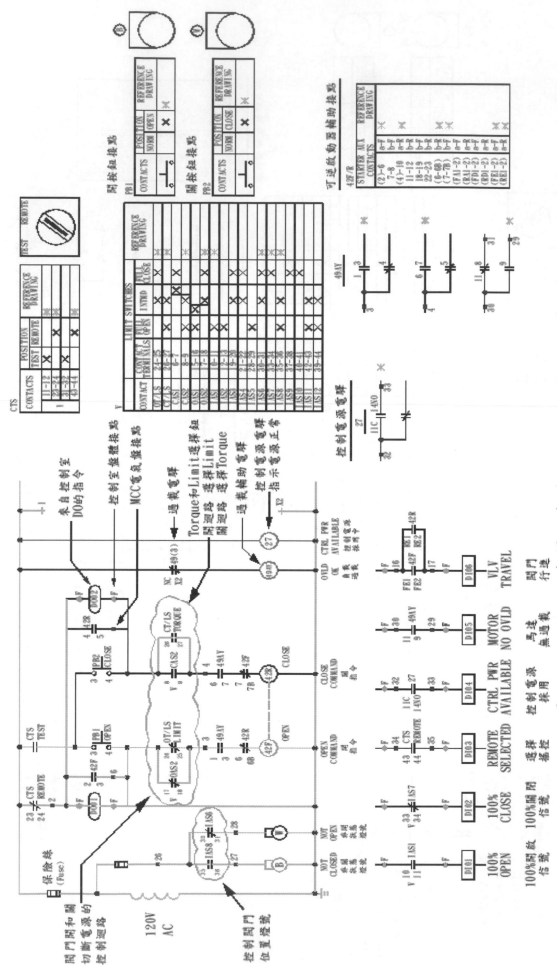

圖 5-77 核能安全有關馬達閥 Rotork 驅動器控制線路圖

311

7.4 Auma 驅動器

7.4.1 Auma 驅動器的型號及組成單元

　　Auma 驅動器與 Limitorque 和 Rotork 驅動器的架構有所不同，Limitorque 和 Rotork 驅動器是由單一組成的驅動器，裡面已經包含所有的信號傳送及設定，而 Auma 驅動器是由配備機械式裝置的 SA 和 SQ 驅動器，及控制單元的 AM 和 AC 控制裝置所組成的。通常 SA 和 SQ 驅動器記錄閥門的行程和扭矩數據，控制製程數據並負責開關驅動器馬達。控制裝置 AM 和 AC 是整體包含在 SA 或 SQ 驅動器中，除了與 DCS 的電氣介面外，還配備有現場控制單元。圖 5-78 和圖 5-79 顯示著包含 AC 和 SA 整體性驅動器，及 AM 和 SQ 整體性驅動器。

圖 5-78 AC 和 SA 組合的整體性驅動器(取自於 Auma 圖面)

　　型號 SA 為多迴轉驅動裝置(參閱圖 5-80)，通常使用於線性移動的球體閥和閘閥。而型號 SQ 為部分迴轉驅動裝置(參閱圖 5-81)，一般是使用於整個行程需要 90°部分轉動的蝶閥或球閥。

　　型號 AM 和 AC 是與 DCS 系統相互介面的控制裝置，與 SA 或 SQ 組合成一個整體性的驅動器。是以通常看到的 Auma 驅動器是由兩部分組成，上半部為 AM 或 AC，下半部為 SA 或 SQ。但 SA 或 SQ 驅動器可以自成一個驅動閥門的機械式驅動器，而 AM 和 AC 控制裝置必須與 SA 或 SQ 驅動器組成一個整體性的驅動器。以下將分別介紹機械式裝置的型號 SA 和 SQ，控制裝置的型號 AM 或 AC。

圖 5-79 AM 和 SQ 組合的整體性驅動器(取自於 Auma 圖面)

7.4.2 型號 SA 和 SQ 驅動器

Auma 驅動器的傳動裝置是藉由電動馬達來驅動。傳動裝置輸出端施加的扭矩是經由一個標準化的機械介面傳送到閥門。驅動器內的控制單元記錄行程並監測施加的扭矩。當達到閥門終端位置或預定的扭矩極限時，控制單元向馬達控制器發送一個信號。一旦接收到該信號，在驅動器內典型上形成整體的馬達控制裝置就停止驅動器。馬達控制裝置配備適合 DCS 的適當電氣介面，在馬達控制裝置和 DCS 之間交換操作命令和反饋信號。

　　SA 多迴轉驅動器能夠承受施加在閥門上的推力，並將扭矩傳遞給閥門至少一圈。通常而言，多迴轉驅動器需要執行多於一圈的旋轉。因此，閘閥及球體閥通常配有上升式的閥桿。它們是藉由多迴轉驅動器執行幾圈轉動的基礎上操作的。因此，多迴轉驅動器在這些應用中配備了一個容納閘閥及球體閥閥桿的空心軸。

圖 5-80 取自於 Auma 型號 SA 多迴轉驅動器圖面

　　SQ 部分迴轉驅動器將扭矩傳遞給閥門一迴轉(90度轉動)或更少的迴轉。它們不必能夠承受軸向推力。部分迴轉閥門，例如蝶閥和球閥，通常設計成多迴轉形式。SQ 部分迴轉驅動器配有內部終端止動裝置，以便在手輪操作期間精確接近終端位置。

　　SA 和 SQ 驅動器基本上是由下面幾部分組成：馬達，蝸桿/蝸輪傳動、控制單元、用於調校及緊急操作的手輪、電氣連接和閥門配件。

　　型號 SA 驅動器為多迴轉驅動器，如圖 5-80 所示，輸出軸 1a 是一個空心軸，允許閥門的閥桿由此通過驅動器，當驅動閥門時，閥桿由此來上升及下降，所以閥門需要配備一個上升式的閥桿。

　　型號 SQ 為部分迴轉驅動器，如圖 5-81 所示，配備機械式終端止動器 1b 作為擺動角度的限制，來確保閥門終端位置在手動操作期間可以精確的接近。

圖 5-81 取自於 Auma 型號 SQ 部分迴轉驅動器圖面

上面兩個圖形內號碼所顯示的設備功能如下敘述：

2 馬達

313

使用三相 AC 或單相 DC 馬達,馬達內具有熱保護設備,是藉由熱敏開關或 PTC 熱敏電阻來確保馬達過熱時跳脫。熱敏開關或 PTC 熱敏電阻提供比熱過載繼電器更好的保護,因為溫升直接在馬繞組內測量。

3a 控制單元-機電式

機械式來感測閥門的行程和扭矩;當達到觸發點時開關被作動。作為兩個終端位置的觸發點和兩個方向的扭矩跳脫,是由機械方式來設定。

假如提供的Auma驅動器沒有整體式控制器,機電控制單元是必要的。該單元可以帶有Auma控制型式的組合:AM和AC控制器。

3b 控制單元-電子式

高解析電磁傳送器,將閥門位置和扭矩轉換成為電子信號。調試期間在 AC 控制器下無需打開外殼執行終端位置和扭矩設定。閥門位置和扭矩以連續信號被傳送。電子控制單元包括感測器來記錄扭矩的變化、振動和元件溫度。

電子控制單元包括感測器來記錄扭矩的變化、振動和元件溫度。AC 控制器控制時間標記和分析這些數據,當作基礎來預防維護的進度表。機械參數轉換為電子信號是非接觸式的,因此減少磨損。

4 閥門配件

Auma 多迴轉驅動器的配件包含法蘭和空心軸(hollow shaft)、具有方栓的輸出驅動插頭套筒及抗後驅動裝置(Anti-backdrive device)。而部分迴轉驅動器包含法蘭和輸出軸和延伸聯軸器(Extended coupling)。這些配件皆使用於與閥門連接的組件。

5 手輪

手輪在電力失效時作為緊急操作。手輪起動和手輪操作需要最少的作用力。即使在手動操作期間保持自鎖作用。

7.4.2.1 控制單元(Control unit)

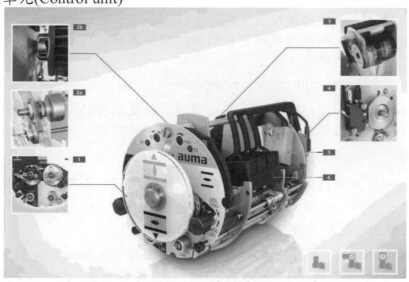

圖 5-82 取自於 Auma 機電式的控制單元圖

Auma 驅動器控制方式不同於 Limitorque 及 Rotork,其與外界信號往來和內部監視,最重要的設備是控制單元,這是 Auma 驅動器的靈魂。而使用於 Auma 不同型號的控制單元有兩種,SQ 型號為機電形式的控制單元,SA 型號為電子形式的控制單元。

機電式控制單元是屬於侵入式,經由驅動器中的開關執行極限開關和扭矩開關設定。電子式控制單元是屬於非侵入式,經由控制裝置執行極限和扭矩設定值,驅動器和控制裝制外殼不必打開。為此目的,驅動器配備了一個 MWG(磁極限扭矩傳送器),也提供類比扭矩反饋信號/扭矩指示和類比位置反饋信號/位置指示。

控制單元是決定閥門的位置,並設定閥門終端位置/扭矩監控來保護閥門防止過載。依據客戶的規範要求,一個控制單元以機電形式控制單元或電子形式控制單元被安裝於驅動器內。

### 7.4.2.1.1 機電形式的控制單元 (Electromechanical Control Unit)

控制元件包含一個感測器系統,一旦到達終點位置,自動的關斷驅動器。對於此種形式,終端位置和扭矩的記錄是以機械為基礎。

機電控制單元是必要的,假如供給的驅動器沒有整體式控制裝置。該單元可以帶有 Auma 控制型式的組合:AM 和 AC 控制裝置。

假如提供 AM 或 AC 整體式控制裝置,機電控制單元的二進制和類比信號將傳送到控制裝置作為內部處理。對於沒有整體式控制裝置的驅動器,信號經由電氣連接直接傳輸。

1 設定極限開關和扭矩開關

除去外殼蓋和位置指示板後,可以用來設定極限開關和扭矩開關。

2 遠程位置傳送器

可以經由電位計 2a 或一個 4-20mA 傳送信號給 DCS(通過 EWG/ RWG)。2b 是非接觸式,閥門位置檢測藉由 EWG 傳送,從而避免了磨擦損耗。

3 減速齒輪(Reduction gearing)

減速裝置需要降低閥門衝程到遠端位置傳送器和機械位置指示器的記錄範圍。

4 運轉指示的信號傳送器(Blinker transmitter)

在整個閥門行程中,分段式墊圈來操作信號開關。

5 加熱器(Heater)

加熱器將開關室內的水氣除去。不同於 Limitorque 和 Rotork 的緊密隔絕結構不容易散熱,由於 Auma 驅動器結構容易散熱,驅動器無論是否運轉,加熱器皆必須保持在供電的狀態來除濕。

6 極限開關和扭矩開關(Limit and torque switches)

設定開終端位置和關終端位置的極限開關,以及依據計算出的閥門扭矩來設定扭矩開關,扭矩開關通常以關得緊的關扭矩為主,開扭矩設定幾乎不必設定。

中間位置開關(Intermediate position switches)

作為選項,可以根據需要在每個方向安裝中間開關,為每個方向來設定一個另外的切換點。

### 7.4.2.1.2 電子形式的控制單元 (Electronic Control Unit)

當使用電子控制單元,到達終端位置時,閥門位置、扭矩、控制單元內的溫度和振動以數字形式記錄下來,並傳送到 AC 整體式控制裝置。AC 控制裝置內部處理所有信號,並經由相應的通信介面提供適當的指示。

機械參數轉換為電子信號是非接觸式的,因此減少磨損。電子控制單元是驅動器非侵入式設定的先決條件。

電子形式的控制單元為高解析電磁傳送器轉換閥門位置及扭矩成為電子信號。調校期間在 AC 控制裝置下無需打開外殼執行終端位置和扭矩設定。閥門位置和扭矩以連續信號被傳送到 DCS 或 PLC 控制系統。

電子控制單元包括感測器來記錄扭矩的變化、振動和元件溫度。AC 控制裝置控制時間標記和分析這些數據,當作基礎來預防維護的進度表。下面敘述電子控制單元組成的設備。

7 極限開關 (Limit Switch)

在四個齒輪級中磁鐵位置對應到所述閥門的位置。即使在斷電的情況下，這種限制感測辨認閥門位置的型式更換。因此，不需要備用電池。

8 扭矩開關 (Torque Switch)

磁體的位置來感測控制單元內法蘭上施加的扭矩。

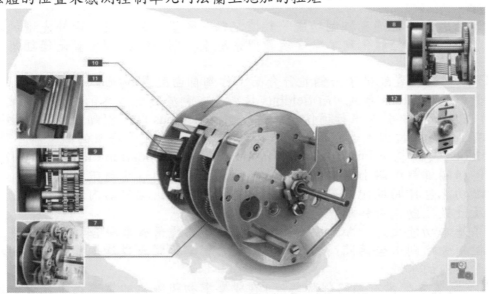

圖 5-83 取自於 Auma 電子形式的控制單元圖

9 極限和扭矩的電子紀錄

Hall 感測器永久檢測磁鐵的位置，以絕對編碼器記錄極限和扭矩。連續極限和扭矩信號藉由整體式電子設備而產生。磁性功能原理是耐用性和抗電磁干擾。終端位置和扭矩設定值被保存在電子控制單元中。

10 震動和溫度感測器(Vibration and temperature sensors)

電子板設有一個振動和溫度感測器，用於連續溫度的測量。使用內部的診斷功能來評估數據。

11 加熱器(Heater)

加熱器最大限度地減少了開關室中的水汽凝結。由於 Auma 驅動器結構容易散熱，不會累積熱量，驅動器無論是否運轉，加熱器皆必須保持在供電的狀態來除濕。

12 位置指示盤(Mechanical position indicator)

可自由選擇的位置指示盤顯示閥門的位置，即使在手動驅動器操作期間沒有電源。

7.4.3 型號 AM 和 AC 控制裝置

Auma 驅動器配備型號 AM 或 AC 整體式控制裝置的驅動器，一旦提供電源連接，可以經由現場控制裝置被電來驅動。驅動器控的制裝置包括開關設備、電源單元和到 DCS 的介面。它們可以從驅動器進行操作指令和反饋信號。

整體式控制裝置和驅動器之間的電氣連接是藉由使用一個快速釋放插頭/插座連接器被製造。

7.4.3.1 AM 控制裝置

控制裝置包括簡單的邏輯來處理極限信號和扭矩信號以及控制命令，開、停、關。到達終端位置和收集故障信號作為反饋信號報告給 DCS。這些信號經由指示燈在現場控制器上直接顯示。作為選項，閥門位置能夠以 0/4 - 20 mA 信號傳輸到 DCS。

在現場的三個指示燈控制指示驅動器的狀態。

### 7.4.3.2 AC 控制裝置

微處理器為基礎的控制裝置，提供全面的功能和可配置的介面。一個圖形顯示屏在更多語言中顯示驅動器的狀態。當與電子控制單元組合時，所有的設定可以在不打開殼體來執行。程式經由功能表導引是在設備或經由藍牙無線使用 Auma CDT 直接進行。

假如應用需要自適應控制功能、數據記錄、配置介面、或者由於先進的診斷功能將閥門和驅動器整體化到工廠資產管理系統中，則 AC 控制裝置是您理想的解決方案。

AC 控制器裝置配備了一個並行介面，作為自由配置和/或以介面交流到製程自動化中使用的 fieldbus 系統。而 fieldbus 技術是有利於降低成本的主要因素之一。此外，在製程自動化中引入串行通信已經被證明是 fieldbus 以及驅動器的創新驅動力。假如沒有 fieldbus 技術，遠程參數化或工廠資產管理等效率增益的概念將不可行。

Fieldbus 技術包含 Profibus DP、Modbus RTU、Foundation Fieldbus 及 HART 通訊協定，相關資料網路上皆有敘述，讀者可以上網查閱這些通訊協定。

診斷功能包括時間記錄事件報告、扭矩特性記錄，驅動器內溫度和振動的連續記錄以及計數啟動次數和馬達運轉時間。

除了基本功能之外，AC 控制裝置也提供了多種選擇來符合特殊要求。這些措施包括扭矩旁路到未坐落閥門的閥座，假如緊緊坐落閥座或延長操作時間的功能，來避免管線內的水錘。

AC控制裝置配備有短路保險絲座，在變壓器初級繞組的電連接中包含一個短路保險絲。

## 6 開關箱(Switchgear)

可逆接觸器是使用來開啟或關閉馬達。假如調整驅動器預計將執行高的啟動數，我們建議使用不受磨損的閘流體元件

## 7 插入式電連接(Plug-in electrical connection)

對所有驅動器配置有相同的原則，整體式控制器不論是否採用。在維修過程期間，線路仍然未受干擾；電連接可以迅速被分離和重新連接。這減少了停機時間，並避免在重新連接時間的接線故障。AC 控制配備有短路保險絲座，在變壓器初級繞組的電連接中包含一個短路保險絲。

### 7.4.4 接線圖(Wiring Diagram)

Auma 通常依據客戶要求，由本身製造的各個設備組合成一個完整的驅動器提供給不同規格需求的客戶。但要瞭解接線圖，需先瞭解符合製程所需要的設備，並從各設備代號所代表的意義談起，再以電線連結各個設備，組成一個完整的接線圖。以下我們先從 Auma 接線圖內的符號說明，再以圖示表示相關之間的連接方式。

## 7.4.4.1 Auma 符號及代表的意義

表 5-13 Auma 符號及代表的意義

| 符號 | 附屬符號 | 符號中(英)文解釋 | 備註 |
|---|---|---|---|
| A1.0 | | I/O 介面板(I/O Interface board) | |
| | K1 – K6 | 輸出接點(Output contacts) | |
| A1.1 | | 介面板(Interface board) | |
| | K7 - K12 | 輸出接點(Output contacts) | |
| A1.8 | | Fieldbus 板(Fieldbus board) | |
| A2 | | 邏輯板(Logic board) | |
| A4 | | 過電壓保護閘流體(Overvoltage protection thyristors) | |
| | R1 – R4 | 可變電阻(Varistors) | |
| A 5 | | 晶閘管-鉑金 (Thyristor-Platine) | |
| A9 | | 現場控制裝置(Local controls) | |
| | S1 | LOCAL-OFF-REMOTE 選擇開關 | |
| | S2 | OPEN 按鈕 | |
| | S3 | STOP 按鈕 | |
| | S4 | CLOSE 按鈕 | |
| | S5 | RESET 按鈕 | |
| | V1-V5 | 指示燈 | |
| | V6 | 藍芽 | |
| | LCD | 圖形顯示(Graphic Display) | |
| A13 | | Fieldbus 連接板(Fieldbus connection board) | |
| A20/A21 | | 信號及控制板(Signal and control board) | |
| | S11/S11/2 | 選擇開關 現場-關-遠程(Selector switch LOCAL - OFF – REMOTE) | |
| | S11/3 | 選擇開關 LOCAL - OFF - REMOTE 三級，帶彈簧復歸，作為測試/重置/ PTC 跳脫裝置(Selector switch LOCAL - OFF - REMOTE 3rd level with spring return for test/reset/PTC tripping device) | |
| | S12.1 | 按鈕 OPEN(Push button OPEN) | |
| | S12.2 | 按鈕 STOP(Push button STOP) | |
| | S12.3 | 按鈕 CLOSE(Push button CLOSE) | |
| | S12.5 | 按鈕 EMERGENCY - STOP (Push button EMERGENCY – STOP) | |
| | H1 | 指示燈 CLOSE(Indication light CLOSE) | |
| | H2 | 指示燈 OPEN(Indication light OPEN) | |
| | H3 | 指示燈 FAULT(Indication light FAULT) | |
| | K3, K4 | 可逆接觸器控制繼電器(Control relay for reversing contactors) | |
| | F1, F2 | 半導體 FF 保險絲(FF fuse for semiconductors) | |
| A32 | | Fieldbus 過壓保護板 (Overvoltage protection board for fieldbus) | |
| A52 | | 控制板(Control board) | |
| | F5 | 保險絲(Fuse)使用於 24 V DC 的外部電源 | |
| A52.1 | | 選項板(Option board) | |
| A58 | | 電源轉換元件(Power supply unit) | |
| | F3, F4 | 次級保險絲(Secondary fuses) | |
| A88 | | 加熱系統板(Heater system board) | |
| A88.1 | | 馬達加熱保險絲(Motor heater fuse) | |
| A90 | | 無線 HART 轉接器(Wireless HART adapter) | |
| | | | |
| 符號 | 附屬符號 | 符號中(英)文解釋 | 備註 |
| B2/B4 | EWG/RWG | 電子位置傳送器 (Electronic position transmitter) | |

318

| | | | |
|---|---|---|---|
| B6 | MWG | 電磁式極限和扭矩傳送器<br>(Magnetic limit and torque transmitter) | |
| F1, F2 | | 電源初級保險絲<br>(Primary fuses for power supply) | |
| F1 | TH | 溫控開關(Thermoswitch) | |
| F7 | | 熱過載繼電器(Thermal overload relay) | |
| K0 | | 晶閘管全極斷路的接觸器 (Contactor for all-pole disconnection of thyristor) | |
| K1, K2 | | 可逆接觸器(Reversing contactors) | |
| Q1 | | 斷開開關(Disconnect switch) | |
| Q2 | | 馬達保護開關(Motor protection switch) | |
| R1 | H | 開關室加熱器(Heater in switch compartment) | 保持開關室的溫度，避免水氣產生。 |
| R2 | f1 | 電位計(Potentiometer) | |
| R2/2 | f2 | 與 R2 串聯排列的電位計(Potentiometer in tandem arrangement with R2) | |
| R3 | PTC1 | PTC 熱敏電阻(PTC thermistor) | |
| R4 | H | 馬達加熱器(Motor heater) | |
| R5 | H | AUMATIC 加熱器(Heater in AUMATIC) | |
| S0 | | 緊急停止按鈕(EMERGENCY stop button) | |
| S1 | TSC(DSR) | 扭矩開關，關閉，順時針轉動<br>(Torque switch, closing, clockwise rotation) | |
| S2 | TSO(DOEL) | 扭矩開關，開啟，逆時針轉動(Torque switch, opening, counterclockwise rotation) | |
| S3 | LSC(WSR) | 極限開關，關閉，順時針轉動<br>(Limit switch, closing, clockwise rotation) | |
| S4 | LSO(WOEL) | 極限開關，開啟，逆時針轉動(Limit switch, opening, counterclockwise rotation) | |
| S1/2 | DSR 1 | 扭矩開關(Torque switch) | |
| S2/2 | DOEL 1 | 與 DSR / DOEL 串聯排列(in tandem arrangement with DSR/DOEL (TSC/TSO)) | |
| S3/2 | WSR 1 | 極限開關(Limit switches) | |
| S4/2 | WOEL 1 | 與 WSR/WOEL(LSC,LSO) 串聯排列<br>(in tandem arrangement with WSR/WOEL (LSC/LSO)) | |
| S3/3 | WSR 2 | 極限開關(Limit switches) | |
| S4/3 | WOEL 2 | 與 WSR/WOEL(LSC,LSO) 三個一組排列<br>(in triple arrangement with WSR/WOEL (LSC/LSO)) | |
| S6 | WDR | 極限開關 DUO，使用於 2 個中間位置<br>(Limit switches, DUO, for 2 intermediate position) | |
| S7 | WDL | 可調整的(adjustable) | |
| S6/2 | WDR 1 | 極限開關 DUO，使用於 2 個中間位置<br>(Limit switches, DUO, for 2 intermediate position) | |
| S7/2 | WDL 1 | 與 WDR/WDL (LSA/LSB)串聯排列<br>(in tandem arrangement with WDR/WDL (LSA/LSB)) | |
| S17 | HA | 手輪啟動開關 (Handwheel activation switch) | |
| XK | | 客戶連接(Customer connection) | |
| XA | | 驅動器連接(Actuator connection) | |

註：本表符號及說明取自於 Auma

### 7.4.4.2 各設備之間相關接線的連結及線號

#### 7.4.4.2.1 馬達電源、可逆接觸器及電壓轉換組件(A58)接線圖

接線圖 5-84 由外來三相電源提供馬達的動力，及將 480V AC 轉換成控制電源 120V AC 或 240V AC 提供設備控制之用。

#### 7.4.4.2.2 馬達電源、過壓保護(A4/A5)及電壓轉換組件(A58)接線圖

接線圖 5-85 與 7.3.4.2.1 的功能相同，不同之處是由過壓保護(A4/A5)組件來取代可逆接觸器。

### 7.4.4.2.3 介面板(1.0)與外部連結的相關信號

接線圖 5-86 與外部連結的信號包括 2 組位置傳送器信號，1 組故障信號，其中故障信號有扭矩故障，相位故障和馬達保護跳脫等，及 CLOSE、OPEN 終端位置，選擇開關 REMOTE 位置，CLOSE、OPEN 過扭矩位置。

### 7.4.4.2.4 邏輯板(A2)、現場控制裝置(A9)與極限開關和扭矩開關

接線圖 5-87顯示出現場控制裝置(A9)與邏輯板及極限開關和扭矩開關之間信號連接關係。

### 7.4.4.2.5 邏輯板(A2)、現場控制裝置(A9)與 Profibus 和 Modbus

接線圖 5-88 顯示出 Fieldbus 介面板與邏輯板之間連線關係，fieldbus 包含 Profibus 和 Modbus。

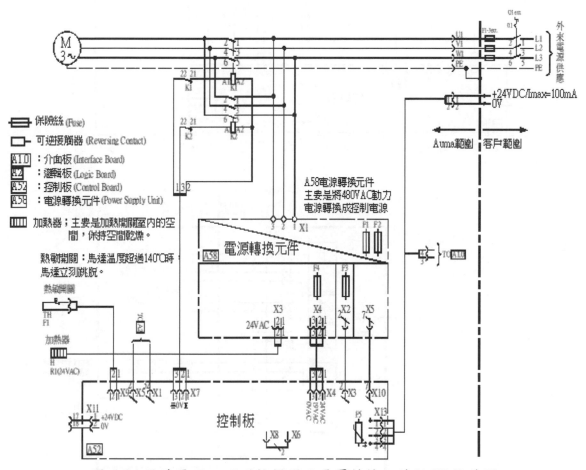

圖 5-84 馬達電源、可逆接觸器及電壓轉換組件(A58)接線圖

320

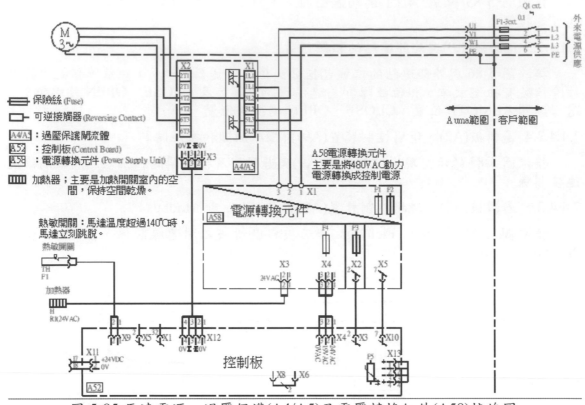

圖 5-85 馬達電源、過壓保護(A4/A5)及電壓轉換組件(A58)接線圖

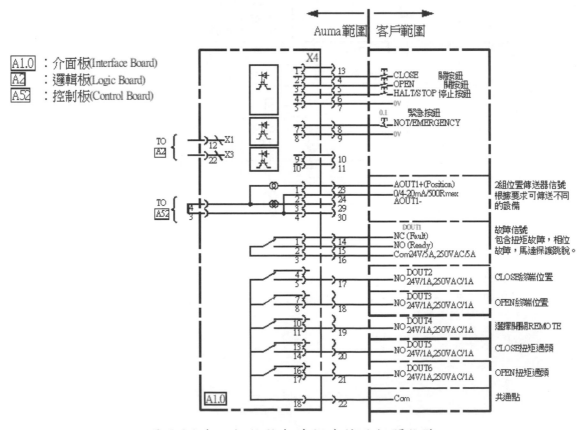

圖 5-86 介面板(1.0)與外部連結的相關信號

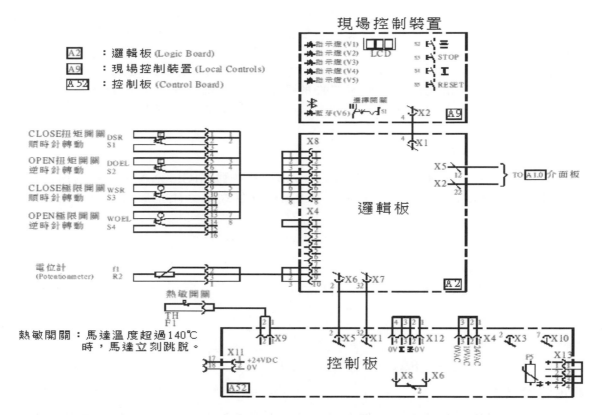

圖 5-87 邏輯板(A2)、現場控制裝置(A9)與極限開關和扭矩開關

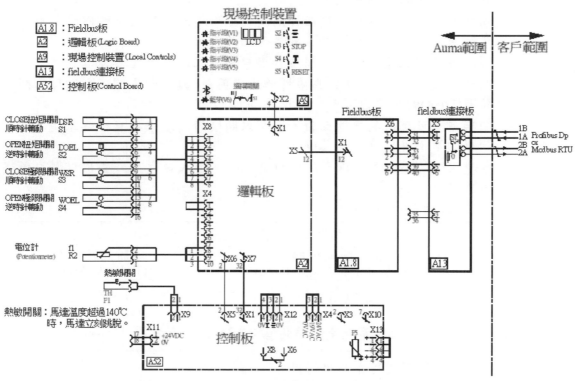

圖 5-88 邏輯板(A2)、現場控制裝置(A9)與 Profibus 和 Modbus

## 8.0 馬達閥扭矩的計算

　　一個馬達控制閥能夠履行其功能,必須依靠放置在閥門上,能夠處理製程靜態負荷和動態負荷同樣好的驅動器。因此,適當的選擇和計算篩選是非常重要的,因為驅動器代表閥門能夠平順的控制製程流體。依據製程流體的數據,小心計算閥門需求的扭矩,和選擇適當的驅動器,才能夠安全的控制閥門,甚而導致金錢的節省。

322

篩選計算馬達閥驅動器，在選取的過程中，必需依據製程流體的數據，計算閥門需求的閥桿推力，再以此推力乘以一個操作的安全係數，來選擇一個符合推力的驅動器，而這個操作的安全係數，一般電廠和核能電廠會有所不同，這是取決於機械零組件的易變性、閥門效應(熱變形)、電壓下降及意外事故的溫度上升所產生額外的力量，一般電廠是依據機械零組件的易變性，來設計操作的安全係數。而核能廠必須包含全部 4 個因素來設計其安全係數。下面是章節是計算需求閥門推力的方法。

## 8.1 需求的閥桿推力

計算需求的閥桿推力，在閘閥(Gate Valve)和球體閥(Globe Valve)是不同的，但同樣是利用方程式 5-20 的表示式來計算，下列方程式顯示計算三個不同力量的閥門總推力：

關閉閥門的總推力：

$$F_{總推力} = F_{封填墊} + F_{活塞} + F_{差壓}$$
$$= F_{封填墊} + F_{活塞} + V_F * A_0 * \Delta P \qquad \text{(方程式 5-41)}$$

開啟閥門的總推力：

$$F_{總推力} = F_{封填墊} - F_{活塞} + F_{差壓}$$
$$= F_{封填墊} - F_{活塞} + V_F * A_0 * \Delta P \qquad \text{(方程式 5-42)}$$

此處符號代表

$F_{封填墊}$ = 閥桿與封填墊的摩擦負荷，是以封填墊的材料(石綿或彈性石墨)和閥桿直徑之間接觸面為基礎。

$F_{活塞}$ = 閥桿的活塞效應負荷。存在於閘閥之中，是由於閥帽空腔內的壓力作用在閥楔上，以閥桿直徑為基礎來排除此負荷。

$F_{差壓}$ = 閥門在關閉狀態下，入口壓力和出口壓力之間最大壓力差負荷。

$V_F$ = 閥門因數。是一個以經驗為依據的決定因數，與閥門在開啟和關閉期間，閥瓣(Disk)的阻抗力有關。參閱表 5-12。

$A_0$ = 閥瓣差壓可應用的覆蓋面積。閘閥以閥楔的閥座平均直徑為基礎，球體閥以閥塞上導桿直徑為基礎。

$\Delta P$ = 穿越閥瓣的壓力差，以系統壓力為基礎，由入口壓力減去出口壓力所得的壓力差。

表 5-14 閘閥和球體閥的閥門因數

| 閥門因數範圍 | |
|---|---|
| 平行閥楔和實心閥楔閘閥<br>（Parallel-Wedge & Solid-Wedge Gate） | 球體閥及角閥<br>（Globe & Angle） |
| 標準閘閥：0.3 | 1.1 或 1.2 |
| 鈷-鉻硬化表面，低至中等流速通過閥座：0.35 | --- |
| 註：數值的選擇依據閥門製造廠商來提供 | |

開啟或關閉閥門的總推力，使用在閘閥或球體閥組成的推力是不同的。閘閥是由 3 個推力所組成的，而球體閥是由 2 個推力所組成的。方程式 5-20 是以計算此兩種閥門 3 個力量之和作為基礎，求出總推力之值，再以此值乘以一個操作的安全係數，得出一個可以控制閥門的總推力。總推力除以閥桿因數，得出總扭矩值。比較閥門驅動器製造廠商的扭矩值資料，選擇大於此值的驅動器，即是所需求控制閥門的驅動器。

操作的安全係數在傳統電廠設定為 1.25。這些數值的由來是因為推力和扭矩值，精確預測中存在著易變性(Variability)因數，這個易變性因數可依據閥門的設計及閥門的型式而存在著差異。易變性因數包含 4 種因為機械性能所產生的變化數值。此 4 種易變性因數說明如下：

### 8.1.1 負荷敏感性(LSB，Load Sensitive Behavior)

一個 10%的調整加入到計算需求的推力，這是觀察到測試閥門期間，負荷比率有著多樣化的變化，而這個變化被認為是閥桿螺紋負荷率和潤滑作用特性的合併所產生的效果是有關的。

### 8.1.2 閥桿潤滑作用降低的性能(SLD，Stem Lubrication Degradation)

一個 3%的調整加入到計算需求的推力，這是說明閥桿潤滑品質的退化而產生的效應。對於一個給予的扭矩應用而言，這個效應增加了螺紋摩擦係數，造成一個推力的減弱。

### 8.1.3 彈簧匣鬆弛(SPR，Spring Pack Relaxation)

一個 3.8%的調整加入到計算需求的推力，這是說明機械材料的老化，造成彈簧匣組件的鬆弛。這是一個彈簧鬆弛測試上界線值的上限值，是作為代表彈簧匣組件的性質。

### 8.1.4 扭矩開關跳脫的重複性(TSTR，Torque Switch Trip Repeatability)

一個 5%的調整加入到計算需求的推力，這是說明當扭矩開關已經被設定，且扭矩設定點超過 1 及扭矩值超過 50 ft-lb 時，輸出扭矩重複性的誤差值。這個值是藉由許多驅動器的測試而獲得的。

綜合統計上述四種易變性因數的調整值為 21.8%，當選擇驅動器的扭矩值時，除了推動閥門 100%的力量外，尚須加入這四種易變性因數值 21.8%，這是操作閥門開啟和關閉的安全係數必須為 1.25 的由來。而核能廠 1.5 的安全係數，是包含閥門因為熱變形(Thermal Binding)效應，造成需要額外的扭力來克服這個效應，是以訂定為 1.5 的安全係數。

## 8.2 需求閥桿推力的計算

需求閥桿推力的計算是以最大總推力為計算基礎，方程式 5-41 和 5-42 代表閥門開啟及關閉的總推力，等式的另一邊分別計算閥門封填墊的力量 $F_{封填墊}$、閥門活塞的負荷 $F_{活塞}$ 和流體通過閥門克服系統壓力施加於閥瓣的最大力量 $F_{差壓}$，總合此三個力量，即是需求的閥桿推力。

表 5-15 封填墊對閥桿直徑的摩擦阻力值

| 閥桿直徑 | 閥桿封填墊(Packing)材料的摩擦阻力值（單位: lb) | |
|---|---|---|
| | 石綿及撓性石墨 | Grafoil 材料 |
| 1"以內 | 1000 | 800 |
| 1" ~ 1.5" | 1500 | 1200 |
| 1.5" ~ 3" | 2500 | 2000 |
| 3.5" ~ 5" | 4000 | 3000 |
| 5"以上 | 5000 | 4000 |

### 8.2.1 封填墊摩擦負荷 －$F_{封填墊}$

封填墊摩擦阻力的形成，可參考 4.3.2.1 節。計算封填墊摩擦阻力，除了方程式 5-7 之外，另外是以實際測試來獲得一個估算的力量，表 5-6 是估算撓性石墨封填墊的摩擦阻力值。上表是包含石綿和撓性石墨封填墊材料更詳細的估計值。這個估計值是依據工業經驗、封填墊廠商資料為基礎，並有適當的潤滑、保養和可扭曲的封填墊來建立的資料。

### 8.2.2 活塞效應負荷 －$F_{活塞}$

活塞效應負荷是閥門內部流體的壓力，作用在閥桿面積所引起的力量。活塞效應負荷通常是發生在閘閥上，球體閥的閥塞僅僅是壓在閥座上，不會有此效應的發生，在球體閥上通常視為零。計算活塞效應負荷呈現於方程式 5-8：

$$F_{活塞} = PA_{閥桿} = \pi(D_{閥桿}/2)^2 * P \qquad \text{(方程式 5-43)}$$

此處符號代表

P　　＝　流體作用在閥楔上的壓力。單位：$kg/cm^2$ 或 psi。

$A_{閥桿}$＝　閥桿的面積。單位：$mm^2$ 或 $in^2$。

### 8.2.3 閥門的差壓力量 $-F_{差壓}$

對於閘閥來說，此力量是流體施加於閥楔的壓力，即是閥門上游壓力和下游壓力在閥門關閉狀態的差值。就球體閥而言，此力量是施加於閥塞的壓力。其方程式呈現如下：

$$F_{差壓} = \Delta P A_0 V_F \qquad \text{(方程式 5-44)}$$

此處符號代表

$\Delta P$　＝　通過閥門最大的流體壓力差。單位：$kg/cm^2$ 或 psi。

$A_0$　　＝　流體壓力作用在閥楔(閘閥)或閥塞(球體閥)上的面積。計算面積是以閥門通口(Bore)的尺寸為基礎。單位：$mm^2$ 或 $in^2$。

$V_F$　　＝　閥門因數。一個以經驗為依據的數值，與閥門型式有關。不同型式的閥門，其數值不同。參閱表 5-14。

### 8.2.4 閥桿因數 $- \beta$

閥桿扭矩對閥桿推力的比率，稱為閥桿因數。這是轉換推力為扭矩的一個重要因數，計算閥門需求的扭矩是將總推力乘以閥桿因數，得出總扭矩。再以總扭矩乘以一個安全係數，即得出需求的扭矩。根據此需求的扭矩，選擇大於此扭矩的驅動器，得到安全操作閥門的驅動器。閥門總扭矩計算如下：

$$T_{驅動器} = F_{驅動器} * \beta \qquad \text{(方程式 5-45)}$$
$$F_{驅動器} = F_{總推力} * 1.25 \qquad \text{(方程式 5-46)}$$

或

$$F_{驅動器} = F_{總推力} * 1.5 \qquad \text{(方程式 5-47)}$$

其中方程式 5-46 使用於一般傳統的電廠或工廠，而方程式 5-47 使用於核能電廠。

閥桿因數 $\beta$ 的取得，是以閥桿螺紋有效半徑乘以閥桿螺紋機械效率而獲得的，呈現的方程式如下：

$$\beta = 閥桿螺紋有效半徑 * 閥桿螺紋機械效率 \qquad \text{(方程式 5-48)}$$

換算成數學公式為：

$$\beta = \frac{d_0}{2000} \frac{\cos(\gamma/2)\tan\alpha + \mu}{\cos(\gamma/2) - \mu\tan\alpha} \qquad \text{(方程式 5-49)}$$

或

$$\beta = \frac{d_0}{24} \frac{\cos(\gamma/2)\tan\alpha + \mu}{\cos(\gamma/2) - \mu\tan\alpha} \qquad \text{(方程式 5-50)}$$

其中方程式 5-49 使用於以國際單位 m 為基礎，而方程式 5-50 使用於以美國通用單位 ft 為基礎。

此處符號表示：

$\beta$ ＝ 閥桿因數。單位：m 或 ft。

$d_o$ ＝ 節距有效半徑，即是閥桿螺紋有效半徑。單位：mm 或 in。

$d_o$ ＝ d – (1/2)P (方程式 5-51)

d ＝ 節距直徑，即是閥桿螺紋外徑。單位：mm 或 in。參閱表 5-16 ACME 愛克姆螺紋型式。

No. of Starts＝ 閥桿螺紋出發的數目。

P ＝ 節距 (Pitch)。(單位：mm 或 in)

P ＝ (1/TPI) * 25.4 (方程式 5-52)

$\ell$ ＝ 導程 (Lead)。單位：mm/rev 或 in/rev。

$\ell$ ＝ No. of Starts * P (方程式 5-53)

$\gamma$ ＝ 閥桿梯形螺紋角度，一般分為 29° 及 30° 兩種。參考附錄 5-3 馬達閥螺紋摩擦係數 μ = 0.2 的閥桿因數值。

$\tan\alpha$ ＝ 螺紋的導程角度

＝ 導程/$\pi$ x 閥桿螺紋有效半徑

$\tan\alpha$ ＝ $\ell$ / $\pi$ *$d_o$ (方程式 5-54)

$\mu$ ＝ 驅動螺帽與閥桿螺紋之間的摩擦係數，選擇 0.2 或 0.15。此係數的選擇是考量 2~3 年後因摩擦耗損而產生控制上的間隙。

註：

1. 閥桿因數的單位為 m 或 ft，所以計算式內需除以 1000 或 12。

2. 螺紋摩擦係數值請查閱附錄 5-3。

3. 愛克姆螺紋型式查閱表 5-16。

表 5-16 愛克姆 ACME 螺紋型式

| ACME 螺絲的螺紋型式 | 節距直徑 d |
|---|---|
| 標準 | 螺紋外徑減 0.5P |
| Stub | 螺紋外徑減 0.3P |
| 形式 1 的修正 | 螺紋外徑減 0.375P |
| 形式 2 的修正 | 螺紋外徑減 0.250P |

閥門扭矩單位的轉換

Nm x 0.72756 = ft-lb

8.3 閥門扭矩篩選計算範例

範例一

高壓給水系統 20" (375mm)、2500SPL 壓力等級之閘閥，溫度 288.2°C，壓力 37MpaG：

通口直徑 (Bore Size)：343mm
閥桿直徑 (Stem Dia.)：100mm
閥門的衝程：354 mm。
TPI：2
No. of Starts：2
閥桿因數 (Stem Factor)：0.2

1. 利用方程式 5-51，求得節距 P = (1/TPI) * 25.4 = 12.7 mm。
2. 利用方程式 5-52，求出導程 $\ell$ = No. of Starts * P = 25.4 mm。
3. 選擇標準的愛克姆 ACME 螺紋型式，利用方程式 5-50，求出節距的有效半徑 $d_o$ = 100-1/2P = 93.650 mm。
4. 利用方程式 5-53，求得螺紋的導程角度 $\tan\alpha$ = $\ell$ / $\pi$ $d_o$ = 0.086。
5. 利用方程式 5-48，求出閥桿因數 $\beta$ = 0.0139669。
6. 閥門為閘閥，選擇閥門因數值 = 0.3。

7. 利用方程式 5-43，求出閥門差壓推力 F 差壓 = $\Delta P A_0 V_F$ = $(3.14*34.3^2/4)*377.6*0.3 = 104619$ kg。
8. 利用方程式 5-42，求出閥桿活塞推力 F 活塞 = PA 閥桿 = $\pi (D$ 閥桿 $/2)^2$ * P = $(3.14*10^2/4)*377.6 - 29642$ kg。
9. 利用表 5-13 選擇封填墊摩擦阻力值 = 5000 lb = 2272 kg。
10. 總推力值 = 104619 kg + 29642 kg + 2272 kg = 136533 kg。
11. 總扭矩值 = 總推力值 * 閥桿因數 = 136533 * 0.0139669 = 1907 kg-m = 13761 lb-ft。
12. 需求的扭矩值 = 總扭矩值 * 安全係數 125% = 1907 * 1.25 = 2384 kg-m = 17203 lb-ft。
13. 由於製程的需求，閥門需要在 60 秒內全開或全關。
14. 閥門的衝程[1](Stroke) = 354 mm。
15. 閥門速度 = 衝程/開關時間 = 354 mm/60 sec = 5.9 mm/sec = 13.9 in/min。
16. 需求的閥桿迴轉速度[2] = 閥門速度/導程 = 13.9 (in/min)/1 in = 13.9 rpm。
17. 根據附錄 5-4 "Limitorque 驅動器扭矩對照表"，選擇大於 17203 lb-ft 需求的扭矩值，及閥桿迴轉速度大於 13.9 rpm 的閥門型號。選擇 Limitorque 驅動器 18341 lb-ft 值、60Hz、轉速 23 RPM 的 SMB-5T-350/2P 型號。
18. 閥門實際的扭矩安全係數 = 18341/13761 = 133%。

註：
1. 衝程，即是閥門由全開(全關)位置至全關(全開)位置的行程。
2. 需求的閥桿迴轉速度 = 驅動器輸出的轉速。

範例二

高壓抽汽洩水系統 24" (600mm)、300#壓力等級之閘閥，閥門條件如下：

通口直徑 (Bore Size)：24.06 in.
閥桿直徑 (Stem Dia.)：2.5 in.
TPI：3.5
No. of Starts：2
閥門的衝程：24.31 in.
壓力差 $\Delta P$：1760 kPa
閥桿因數 (Stem Factor) $\mu$：0.15 摩擦係數
閥楔表面為鈷-鉻硬化，低至中等流速通過閥座，$V_F$ = 0.35。

計算篩選

1. 利用方程式 5-51，求得節距 P = (1/TPI) * 1" = (1/3.5) * 1" = 0.2857 in。
2. 利用方程式 5-52，求出導程 $\ell$ = No. of Starts * P = 2 * 0.2857 = 0.5714 in。
3. 選擇標準的愛克姆 ACME 螺紋型式，利用方程式 5-50，求出節距的有效半徑 do = d - (1/2)P = 2.5"-1/2*0.571" = 2.2145"。
4. 利用方程式 5-53，求得螺紋的導程角度 $\tan \alpha$ = $\ell / \pi$ *do = 0.5714"/3.1416*2.2145" = 0.4028。
5. 利用方程式 5-49，求出閥桿因數 $\beta$ = 0.0231。
6. 閥門為閘閥，選擇閥門因數值 = 0.35。
7. 利用方程式 5-43，求出閥門差壓推力 F 差壓 = $\Delta P A_0 V_F$ = $(3.1416*(24.05in/2)^2)*1760kPa*0.35 = 40586$ lb。
8. 利用方程式 5-42，求出閥桿活塞推力 F 活塞 = PA 閥桿 = $\pi (D$ 閥桿 $/2)^2$ * P = $3.1416*(2.5in/2)^2*1760kPa = 1252$ lb。
9. 利用表 5-13 選擇封填墊摩擦阻力值 = 2500 lb。
10. 總推力值 = 40586 lb + 1253 lb + 2500 lb = 44339 lb。
11. 總扭矩值 = 總推力值 * 閥桿因數 = 44339 lb * 0.0231 = 1024 ft-lb。
12. 需求的扭矩值 = 總扭矩值 * 安全係數 125% = 1024 * 1.25 = 1280 ft-lb。
13. 由於製程的需求，閥門需要在 60 秒內全開或全關。
14. 閥門的衝程 = 24.31 in.。
15. 閥門速度 = 衝程/開關時間 = 24.31 in./1 min. = 24.31 in/min。
16. 需求的閥桿迴轉速度 = 閥門速度/導程 = 24.31 in/min/0.5714 in = 42.5 rpm。
17. 根據附錄 5-4 "Limitorque 驅動器扭矩對照表"，選擇大於 1280 ft-lb 需求的扭矩值，及閥桿迴轉速度大於 42.5 rpm 的閥門型號。選擇 Limitorque 驅動器 1722 ft-lb 值、60Hz、轉速 48 RPM 的 SMB-3-60/2P 型號。
18. 閥門實際的扭矩安全係數 = 1722 ft-lb/1280 ft-lb = 134%。

註
1. psi = 6.89486 kPa。kPa = 0.145036 psi。

範例三

主汽機汽封系統 4" (100mm)、1500#壓力等級之球體閥，閥門條件如下：

通口直徑 (Bore Size)：3.92 in.
閥桿直徑 (Stem Dia.)：1.75 in.
TPI：4
No. of Starts：1
閥門的衝程：2.25 in.
壓力差△P：8620 kPa
閥桿因數 (Stem Factor) $\mu$：0.15 摩擦係數
閥門因數 (Valve Factor) $V_F$ = 1.2。

計算篩選

1. 利用方程式 5-51，求得節距 P = (1/TPI) * 1" = (1/4) * 1" = 0.250 in。
2. 利用方程式 5-52，求出導程 $\ell$ = No. of Starts * P = 1 * 0.250 = 0.250 in。
3. 選擇標準的愛克姆 ACME 螺紋型式，利用方程式 5-50，求出節距的有效半徑 do = d - (1/2)P = 1.75" -1/2*0.250" = 1.625"。
4. 利用方程式 5-53，求得螺紋的導程角度 $\tan\alpha$ = $\ell$/$\pi$*do = 0.250"/3.1416*1.625" = 0.049。
5. 利用方程式 5-49，求出閥桿因數 $\beta$ = 0.0139。
6. 閥門為閘閥，選擇閥門因數值 = 1.2。
7. 利用方程式 5-43，求出閥門差壓推力 F 差壓 = △P A$_0$ V$_F$ = (3.1416 * (3.92 in./2)$^2$) * 8620 kPa * 0.145036 * 1.2 = 18106 lb。
8. 閥門為球體閥(Globe)，閥桿活塞推力 F 活塞 = 0。
9. 利用表 5-13 選擇封填墊摩擦阻力值 = 4000 lb。
10. 總推力值 = 18106 lb + 0 lb + 4000 lb = 22106 lb。
11. 總扭矩值 = 總推力值 * 閥桿因數 = 22106 * 0.0139 = 307 ft-lb。
12. 需求的扭矩值 = 總扭矩值 * 安全係數 125% = 307 * 1.25 = 383 ft-lb。
13. 由於製程的需求，閥門需要在 30 秒內全開或全關。
14. 閥門的衝程 = 2.25 in.。
15. 閥門速度 = 衝程/開關時間 = 2.25 in./0.5 min. = 4.5 in/min。
16. 需求的閥桿迴轉速度 = 閥門速度/導程 = 4.5 in/min/0.250 in = 18 rpm。
17. 根據附錄 5-4 "Limitorque 驅動器扭矩對照表"，選擇大於 383 ft-lb 需求的扭矩值，及閥桿迴轉速度大於 18 rpm 的閥門型號。選擇 Limitorque 驅動器 519 ft-lb 值、60Hz、轉速 18 RPM 的 SMB-0-15/4P 型號。
18. 閥門實際的扭矩安全係數 = 519 ft-lb/383 ft-lb = 136%。

# 附錄 5-1
## Limitorque 馬達閥整體比率值

### Limitorque SMB-000 驅動器自動閉鎖齒輪比的整體比率值

| 速度轉換齒輪組 | | | 整體比率 | | |
| 馬達軸螺旋齒的牙數 | 蝸桿軸螺旋齒的牙數 | 螺旋齒的比率 | 蝸輪和蝸桿比率 | | |
| | | | 18-2/3:1 | 50:1 | 68: |
|---|---|---|---|---|---|
| 27 | 18 | 0.67 | 12.50 | 33.50 | |
| 26 | 19 | 0.73 | 13.6 | 36.50 | |
| 25 | 20 | 0.80 | 14.9 | 40.00 | |
| 24 | 21 | 0.875 | 16.33 | 43.75 | |
| 23 | 22 | 0.957 | 17.86 | 47.85 | |
| 22 | 23 | 1.04 | 19.41 | 52.00 | |
| 21 | 24 | 1.14 | 21.27 | 57.00 | |
| 20 | 25 | 1.25 | 23.33 | 62.50 | |
| 19 | 26 | 1.36 | 25.38 | 68.00 | |
| 18 | 27 | 1.50 | 27.99 | 75.00 | 102.0 |
| 17 | 28 | 1.64 | 30.61 | 82.00 | 111.5 |
| 16 | 29 | 1.81 | | 90.50 | 123.0 |
| 15 | 30 | 2.00 | | 100.00 | 136.0 |

### Limitorque SMB-00 驅動器自動閉鎖齒輪比的整體比率值

| 速度轉換齒輪組 | | | 整體比率 | | |
| 馬達軸螺旋齒的牙數 | 蝸桿軸螺旋齒的牙數 | 螺旋齒的比率 | 蝸輪和蝸桿比率 | | |
| | | | 19:1 | 45:1 | 76:1 |
|---|---|---|---|---|---|
| 43 | 22 | 0.511 | 9.70 | 23.0 | |
| 42 | 23 | 0.550 | 10.45 | 24.8 | |
| 41 | 24 | 0.585 | 11.11 | 26.3 | |
| 40 | 25 | 0.625 | 11.87 | 28.2 | |
| 39 | 26 | 0.667 | 12.67 | 30.0 | |
| 38 | 27 | 0.710 | 13.49 | 31.9 | |
| 37 | 28 | 0.757 | 14.38 | 34.1 | |
| 36 | 29 | 0.805 | 15.29 | 36.2 | |
| 35 | 30 | 0.858 | 16.30 | 38.6 | |
| 34 | 31 | 0.912 | 17.32 | 41.0 | |
| 33 | 32 | 0.970 | 18.43 | 43.6 | |
| 32 | 33 | 1.040 | 19.76 | 46.8 | |
| 31 | 34 | 1.090 | 20.71 | 49.0 | |
| 30 | 35 | 1.160 | 22.04 | 52.2 | |
| 29 | 36 | 1.240 | | 55.8 | |
| 28 | 37 | 1.320 | | 59.4 | |
| 27 | 38 | 1.400 | | 63.0 | 106.40 |
| 26 | 39 | 1.500 | | 67.5 | 114.00 |
| 25 | 40 | 1.600 | | 72.0 | 121.60 |
| 24 | 41 | 1.710 | | 77.0 | 129.96 |
| 23 | 42 | 1.820 | | 82.0 | 138.30 |
| 22 | 43 | 1.950 | | 87.8 | 148.20 |
| 21 | 44 | 2.090 | | 94.0 | 158.80 |
| 20 | 45 | 2.250 | | 101.3 | 171.00 |
| 19 | 46 | 2.420 | | 109.0 | 183.90 |

Limitorque SMB-0 驅動器自動閉鎖齒輪比的整體比率值

| 速度轉換齒輪組 | | | 整體比率 | | | |
|---|---|---|---|---|---|---|
| 馬達軸螺旋齒的牙數 | 蝸桿軸螺旋齒的牙數 | 螺旋齒的比率 | 蝸輪和蝸桿比率 | | | |
| | | | 15.66:1 | 37:1 | 58:1 | 95:1 |
| 42 | 30 | 0.71 | 11.18 | 26.42 | | |
| 41 | 31 | 0.76 | 11.84 | 27.97 | | |
| 40 | 32 | 0.80 | 12.53 | 29.60 | | |
| 39 | 33 | 0.85 | 13.25 | 31.30 | | |
| 38 | 34 | 0.89 | 14.02 | 33.11 | | |
| 37 | 35 | 0.95 | 14.80 | 34.96 | | |
| 35 | 37 | 1.06 | 16.56 | 39.11 | | |
| 34 | 38 | 1.12 | 17.50 | 41.33 | | |
| 33 | 39 | 1.18 | 18.50 | 43.69 | | |
| 32 | 40 | 1.25 | 19.58 | 46.25 | | |
| 31 | 41 | 1.32 | 20.72 | 48.95 | | |
| 30 | 42 | 1.40 | 21.93 | 51.80 | | |
| 29 | 43 | 1.48 | 23.22 | 54.83 | | |
| 28 | 44 | 1.57 | 24.61 | 58.13 | | |
| 27 | 45 | 1.67 | 26.10 | 61.64 | | 158.30 |
| 26 | 46 | 1.77 | | 65.45 | 102.60 | 168.10 |
| 25 | 47 | 1.88 | | 69.56 | 109.00 | 178.60 |
| 23 | 49 | 2.13 | | 78.81 | 123.50 | 202.40 |
| 22 | 50 | 2.27 | | 84.06 | 131.80 | 215.80 |
| 21 | 51 | 2.43 | | 89.83 | 140.80 | 230.70 |
| 20 | 52 | 2.60 | | 96.20 | 150.80 | 247.00 |

Limitorque SMB-1 驅動器自動閉鎖齒輪比的整體比率值(1700 RPM 馬達)

| 速度轉換齒輪組 | | | 整體比率 | | | |
|---|---|---|---|---|---|---|
| 馬達軸螺旋齒的牙數 | 蝸桿軸螺旋齒的牙數 | 螺旋齒的比率 | 蝸輪和蝸桿比率 | | | |
| | | | 14.5:1 | 34:1 | 66:1 | 90:1 |
| 40 | 32 | 0.8 | 11.60 | 27.20 | | |
| 39 | 33 | 0.846 | 12.27 | 28.76 | | |
| 38 | 34 | 0.895 | 12.99 | 30.46 | | |
| 37 | 35 | 0.946 | 13.70 | 32.13 | | |
| 35 | 37 | 1.057 | 15.33 | 35.94 | | |
| 34 | 38 | 1.118 | 16.20 | 37.89 | | |
| 33 | 39 | 1.182 | 17.12 | 40.15 | | |
| 32 | 40 | 1.25 | 18.13 | 42.50 | | |
| 31 | 41 | 1.322 | 19.31 | 45.29 | | |
| 30 | 42 | 1.4 | 20.30 | 47.60 | 92.40 | |
| 29 | 43 | 1.483 | 21.49 | 50.39 | 97.81 | |
| 28 | 44 | 1.571 | 22.78 | 53.41 | 103.70 | |
| 27 | 45 | 1.667 | 24.16 | 56.64 | 109.90 | |
| 26 | 46 | 1.769 | 25.65 | 60.15 | 116.70 | |
| 25 | 47 | 1.88 | | 63.92 | 124.10 | |
| 23 | 49 | 2.130 | | 72.42 | 140.60 | 191.70 |
| 22 | 50 | 2.273 | | 77.25 | 150.00 | 204.50 |
| 21 | 51 | 2.428 | | 82.55 | 160.20 | 218.50 |
| 20 | 52 | 2.6 | | 88.40 | 171.60 | 234.00 |

Limitorque SMB-1 驅動器自動閉鎖齒輪比的整體比率值(3400 RPM AC 和 DC 馬達)

| 速度轉換齒輪組 | | | 整體比率 | | | |
|---|---|---|---|---|---|---|
| 馬達軸螺旋齒的牙數 | 蝸桿軸螺旋齒的牙數 | 螺旋齒的比率 | 蝸輪和蝸桿比率 | | | |
| | | | 14.5:1 | 34:1 | 66:1 | 90:1 |
| 40 | 32 | 0.8 | 11.60 | 27.20 | | |
| 39 | 33 | 0.846 | 12.27 | 28.76 | | |
| 38 | 34 | 0.895 | 12.99 | 30.46 | | |
| 37 | 35 | 0.946 | 13.70 | 32.13 | | |
| 35 | 37 | 1.057 | 15.33 | 35.94 | | |
| 34 | 38 | 1.118 | 16.20 | 37.89 | | |
| 33 | 39 | 1.182 | 17.12 | 40.15 | | |
| 32 | 40 | 1.25 | 18.13 | 42.50 | | |
| 31 | 41 | 1.322 | 19.31 | 45.29 | | |
| 30 | 42 | 1.4 | 20.30 | 47.60 | 92.40 | |
| 29 | 43 | 1.483 | 21.49 | 50.39 | 97.81 | |
| 28 | 44 | 1.571 | 22.78 | 53.41 | 103.70 | |
| 27 | 45 | 1.667 | 24.16 | 56.64 | 109.90 | |
| 26 | 46 | 1.769 | 25.65 | 60.15 | 116.70 | |
| 25 | 47 | 1.88 | | 63.92 | 124.10 | |
| 23 | 49 | 2.130 | | 72.42 | 140.60 | 191.70 |
| 22 | 50 | 2.273 | | 77.25 | 150.00 | 204.50 |
| 21 | 51 | 2.428 | | 82.55 | 160.20 | 218.50 |
| 20 | 52 | 2.6 | | 88.40 | 171.60 | 234.00 |

Limitorque SMB-2 驅動器自動閉鎖齒輪比的整體比率值(1700 RPM 馬達)

| 速度轉換齒輪組 | | | 整體比率 | | | |
|---|---|---|---|---|---|---|
| 馬達軸螺旋齒的牙數 | 蝸桿軸螺旋齒的牙數 | 螺旋齒的比率 | 蝸輪和蝸桿比率 | | | |
| | | | 13.30:1 | 33:1 | 60:1 | 85:1 |
| 39 | 31 | 0.79 | 10.60 | 26.24 | | |
| 38 | 32 | 0.84 | 11.23 | 27.79 | | |
| 37 | 33 | 0.89 | 11.90 | 29.44 | | |
| 36 | 34 | 0.94 | 12.58 | 31.15 | | |
| 34 | 36 | 1.06 | 14.12 | 34.95 | | |
| 33 | 37 | 1.12 | 14.94 | 36.99 | | |
| 32 | 38 | 1.19 | 15.84 | 39.20 | | |
| 31 | 39 | 1.26 | 16.77 | 41.51 | | |
| 30 | 40 | 1.33 | 17.77 | 43.99 | | |
| 29 | 41 | 1.41 | 18.85 | 46.66 | 84.84 | |
| 28 | 42 | 1.50 | 19.99 | 49.50 | 90.00 | |
| 27 | 43 | 1.59 | 21.23 | 52.57 | 95.58 | |
| 26 | 44 | 1.69 | 22.55 | 55.84 | 101.52 | |
| 25 | 45 | 1.80 | 23.99 | 59.40 | 108.00 | 153.00 |
| 24 | 46 | 1.92 | 25.55 | 63.26 | 115.02 | 162.95 |
| 23 | 47 | 2.04 | 27.23 | 67.42 | 122.58 | 173.66 |
| 22 | 48 | 2.18 | 29.09 | 72.01 | 130.92 | 185.47 |
| 21 | 49 | 2.33 | | 76.99 | 139.98 | 198.31 |
| 20 | 50 | 2.50 | | 82.50 | 150.00 | 212.50 |

Limitorque SMB-2 驅動器自動閉鎖齒輪比的整體比率值(3400 RPM AC 和 DC 馬達)

| 速度轉換齒輪組 | | | 整體比率 | | | |
|---|---|---|---|---|---|---|
| 馬達軸螺旋齒的牙數 | 蝸桿軸螺旋齒的牙數 | 螺旋齒的比率 | 蝸輪和蝸桿比率 | | | |
| | | | 13.30:1 | 33:1 | 60:1 | 85:1 |
| 26 | 44 | 1.69 | 22.55 | 55.84 | 101.52 | |
| 25 | 45 | 1.80 | 23.99 | 59.40 | 108.00 | 153.00 |
| 24 | 46 | 1.92 | 25.55 | 63.26 | 115.02 | 162.95 |
| 23 | 47 | 2.04 | 27.23 | 67.42 | 122.58 | 173.66 |
| 22 | 48 | 2.18 | 29.09 | 72.01 | 130.92 | 185.47 |
| 21 | 49 | 2.33 | | 76.99 | 139.98 | 198.31 |
| 20 | 50 | 2.50 | | 82.50 | 150.00 | 212.50 |

Limitorque SMB-3 驅動器自動閉鎖齒輪比的整體比率值(1700 RPM 馬達)

| 速度轉換齒輪組 | | | 整體比率 | | | | |
|---|---|---|---|---|---|---|---|
| 馬達軸螺旋齒的牙數 | 蝸桿軸螺旋齒的牙數 | 螺旋齒的比率 | 蝸輪和蝸桿比率 | | | | |
| | | | 10.33:1 | 16:1 | 41:1 | 57:1 | 80:1 |
| 32 | 28 | 0.88 | | | 35.88 | | |
| 31 | 29 | 0.94 | | | 38.34 | | |
| 29 | 31 | 1.07 | 11.05 | | 43.87 | | |
| 28 | 32 | 1.14 | 11.78 | | 46.74 | | |
| 27 | 33 | 1.22 | 12.60 | | 50.02 | | |
| 26 | 34 | 1.31 | 13.53 | | 53.71 | | |
| 25 | 35 | 1.40 | 14.46 | | 57.40 | | |
| 24 | 36 | 1.50 | 15.50 | | 61.50 | | |
| 23 | 37 | 1.61 | 16.63 | 25.76 | 66.01 | | |
| 22 | 38 | 1.73 | 17.87 | 27.68 | 70.93 | 98.61 | 138.40 |
| 21 | 39 | 1.86 | 19.21 | 29.76 | 76.26 | 106.02 | 148.80 |
| 19 | 41 | 2.16 | 22.31 | 34.56 | 88.56 | 123.12 | 172.80 |
| 18 | 42 | 2.33 | 24.11 | 37.28 | 95.53 | 132.81 | 186.40 |

Limitorque SMB-3 驅動器自動閉鎖齒輪比的整體比率值(3400 RPM AC 和 DC 馬達)

| 速度轉換齒輪組 | | | 整體比率 | | | | |
|---|---|---|---|---|---|---|---|
| 馬達軸螺旋齒的牙數 | 蝸桿軸螺旋齒的牙數 | 螺旋齒的比率 | 蝸輪和蝸桿比率 | | | | |
| | | | 10.33:1 | 16:1 | 41:1 | 57:1 | 80:1 |
| 29 | 31 | | 11.05 | | 43.87 | | |
| 28 | 32 | | 11.78 | | 46.74 | | |
| 27 | 33 | | 12.60 | | 50.02 | | |
| 26 | 34 | | 13.53 | | 53.71 | | |
| 25 | 35 | | 14.46 | | 57.40 | | |
| 24 | 36 | | 15.50 | | 61.50 | | |
| 23 | 37 | | 16.63 | 25.76 | 66.01 | | |
| 22 | 38 | | 17.87 | 27.68 | 70.93 | 98.61 | 138.40 |
| 21 | 39 | | 19.21 | 29.76 | 76.26 | 106.02 | 148.80 |
| 19 | 41 | | 22.31 | 34.56 | 88.56 | 123.12 | 172.80 |
| 18 | 42 | | 24.11 | 37.28 | 95.53 | 132.81 | 186.40 |

Limitorque SMB-4 驅動器自動閉鎖齒輪比的整體比率值(1700 RPM 馬達)

| 速度轉換齒輪組 | | | 整體比率 | | | | |
|---|---|---|---|---|---|---|---|
| 馬達軸螺旋齒的牙數 | 蝸桿軸螺旋齒的牙數 | 螺旋齒的比率 | 蝸輪和蝸桿比率 | | | | |
| | | | 12.66:1 | 19:1 | 49:1 | 58:1 | 86:1 |
| 40 | 32 | 0.80 | 10.13 | | | | |
| 39 | 33 | 0.85 | 10.72 | | | | |
| 38 | 34 | 0.89 | 11.33 | | | | |
| 37 | 35 | 0.95 | 11.97 | | | | |
| 35 | 37 | 1.06 | 13.39 | | 51.79 | | |
| 34 | 38 | 1.12 | 14.15 | | 54.73 | | |
| 33 | 39 | 1.18 | 14.96 | | 57.87 | | |
| 32 | 40 | 1.25 | 15.83 | | 61.25 | | |
| 31 | 41 | 1.32 | 16.75 | | 64.83 | | |
| 30 | 42 | 1.40 | 17.73 | | 68.60 | | |
| 29 | 43 | 1.48 | 18.77 | | 72.62 | | |
| 28 | 44 | 1.57 | 19.90 | | 76.98 | | |
| 27 | 45 | 1.67 | 21.10 | | 81.63 | | |
| 26 | 46 | 1.77 | 22.41 | 33.61 | 86.68 | | 152.13 |
| 25 | 47 | 1.88 | 23.81 | 35.72 | 92.12 | | 161.68 |
| 23 | 49 | 2.13 | 26.98 | 40.47 | 104.37 | | 183.18 |
| 22 | 50 | 2.27 | 28.78 | 43.17 | 111.33 | 131.78 | 195.39 |
| 21 | 51 | 2.43 | 30.75 | 46.13 | 118.97 | 140.82 | 208.81 |
| 20 | 52 | 2.60 | 32.30 | 48.45 | 124.95 | 147.90 | 219.30 |

Limitorque SMB-4 驅動器自動閉鎖齒輪比的整體比率值(3400 RPM AC 和 DC 馬達)

| 速度轉換齒輪組 | | | 整體比率 | | | | |
|---|---|---|---|---|---|---|---|
| 馬達軸螺旋齒的牙數 | 蝸桿軸螺旋齒的牙數 | 螺旋齒的比率 | 蝸輪和蝸桿比率 | | | | |
| | | | 12.66:1 | 19:1 | 49:1 | 58:1 | 86:1 |
| 35 | 37 | 1.06 | 13.39 | | 51.79 | | |
| 34 | 38 | 1.12 | 14.15 | | 54.73 | | |
| 33 | 39 | 1.18 | 14.96 | | 57.87 | | |
| 32 | 40 | 1.25 | 15.83 | | 61.25 | | |
| 31 | 41 | 1.32 | 16.75 | | 64.83 | | |
| 30 | 42 | 1.40 | 17.73 | | 68.60 | | |
| 29 | 43 | 1.48 | 18.77 | | 72.62 | | |
| 28 | 44 | 1.57 | 19.90 | | 76.98 | | |
| 27 | 45 | 1.67 | 21.10 | | 81.63 | | |
| 26 | 46 | 1.77 | 22.41 | 33.61 | 86.68 | | 152.13 |
| 25 | 47 | 1.88 | 23.81 | 35.72 | 92.12 | | 161.68 |
| 23 | 49 | 2.13 | 26.98 | 40.47 | 104.37 | | 183.18 |
| 22 | 50 | 2.27 | 28.78 | 43.17 | 111.33 | 131.78 | 195.39 |
| 21 | 51 | 2.43 | 30.75 | 46.13 | 118.97 | 140.82 | 208.81 |
| 20 | 52 | 2.60 | 32.30 | 48.45 | 124.95 | 147.90 | 219.30 |

# 附錄 5-2

## 馬達 2 極標準電壓線圈計劃值 B.H 類(MEW 制)

| 馬達號 | 電壓頻率 V-HZ | 允許限制扭矩 kg-m | 指定起動扭矩 kg-m | 起動電流 A | 起動功率因素 % | 20% 扭矩 扭矩 kg-m | 旋轉數 r.p.m | 電流 A | KW表示 KW | 效率 % | 功率因素 % | 40% 扭矩 扭矩 kg-m | 旋轉數 r.p.m | 電流 A | KW表示 KW | 效率 % | 功率因素 % | 空負載電流 A | 結線 |
|---|---|---|---|---|---|---|---|---|---|---|---|---|---|---|---|---|---|---|---|
| 1 | 200-50 | | | | | | | | | | | | | | | | | | |
| | 200-60 | | | | | | | | | | | | | | | | | | |
| | 220-60 | | | | | | | | | | | | | | | | | | |
| 2 | 200-50 | | | | | | | | | | | | | | | | | | |
| | 200-60 | | | | | | | | | | | | | | | | | | |
| | 220-60 | | | | | | | | | | | | | | | | | | |
| 5 | 200-50 | | | | | | | | | | | | | | | | | | |
| | 200-60 | | | | | | | | | | | | | | | | | | |
| | 220-60 | | | | | | | | | | | | | | | | | | |
| 7.5 | 200-50 | 1.2 | 1.05 | 28 | 70 | 0.21 | 2780 | 5.2 | 0.6 | 41 | 82 | 0.42 | 2600 | 8 | 1.1 | 46 | 87 | 3.2 | |
| | 200-60 | 1.2 | 1.05 | 28 | 70 | 0.21 | 3350 | 5.2 | 0.72 | 44 | 83 | 0.42 | 3110 | 8 | 1.3 | 46 | 92 | 2.7 | 人 |
| 10 | 200-50 | | | | | | | | | | | | | | | | | | |
| | 200-60 | | | | | | | | | | | | | | | | | | |
| | 220-60 | | | | | | | | | | | | | | | | | | |
| 15 | 200-50 | 2.4 | 2.1 | 56 | 72 | 0.42 | 2820 | 8.2 | 1.2 | 60 | 71 | 0.84 | 2620 | 11 | 2.3 | 78 | 77 | 5 | |
| | 200-60 | 2.4 | 2.1 | 56 | 72 | 0.42 | 3380 | 7.8 | 1.4 | 70 | 68 | 0.84 | 3150 | 12 | 2.7 | 80 | 80 | 4.3 | △ |
| 25 | 200-50 | | 3.45 | | | 0.69 | | | | | | 1.38 | | | | | | | |
| | 200-60 | | 3.45 | | | 0.69 | | | | | | 1.38 | | | | | | | △ |
| 40 | 200-50 | 7.3 | 5.5 | 140 | 75 | 1.1 | 2810 | 19 | 3.1 | 66 | 71 | 2.2 | 2590 | 28 | 5.8 | 68 | 87 | 13 | |
| | 200-60 | 7.3 | 5.5 | 146 | 80 | 1.1 | 3370 | 18 | 3.8 | 70 | 79 | 2.2 | 3110 | 30 | 7 | 69 | 89 | 11 | △ |
| 60 | 200-50 | 8.5 | 8.5 | 160 | 70 | 1.7 | 2760 | 23 | 4.8 | 72 | 83 | 3.4 | 2520 | 41 | 8.8 | 71 | 87 | 12 | |
| | 200-60 | 8.5 | 8.5 | 165 | 60 | 1.7 | 3310 | 25 | 5.8 | 73 | 82 | 3.4 | 3020 | 44 | 10.5 | 71 | 88 | 11 | △ |
| 80 | 200-50 | 12 | 11 | 220 | 70 | 2.2 | 2720 | 30 | 6 | 68 | 85 | 4.4 | 2470 | 52 | 11 | 69 | 89 | 15 | |
| | 220-60 | 12 | 11 | 220 | 75 | 2.2 | 3280 | 32 | 7.4 | 73 | 83 | 4.4 | 3000 | 54 | 13 | 67 | 95 | 14 | △ |

## 馬達 2 極標準電壓線圈計劃值 B.H 類(MEW 制)

| 馬達號 | 電壓頻率 V-HZ | 允許限制扭矩 kg-m | 指定起動扭矩 kg-m | 起動電流 A | 起動功率因素 % | 20% 扭矩 kg-m | 旋轉數 r.p.m | 電流 A | KW表示 KW | 效率 % | 功率因素 % | 40% 扭矩 kg-m | 旋轉數 r.p.m | 電流 A | KW表示 KW | 效率 % | 功率因素 % | 空負載電流 A | 結線 |
|---|---|---|---|---|---|---|---|---|---|---|---|---|---|---|---|---|---|---|---|
| 100 | 200-50 | 15 | 14 | 340 | 70 | 2.8 | 2840 | 40 | 8.2 | 74 | 80 | 5.6 | 2660 | 64 | 15 | 77 | 88 | 20 | |
| | 200-60 | | 14 | 340 | 70 | 2.8 | 3420 | 36 | 9.8 | 81 | 88 | 5.6 | 3170 | 68 | 18 | 73 | 95 | 18 | △ |
| | 220-60 | 15 | | | | | | | | | | | | | | | | | |
| 150 | 200-50 | 21 | 21 | 480 | 65 | 4.2 | 2850 | 50 | 12 | 78 | 89 | 8.4 | 2650 | 92 | 23 | 77 | 94 | 24 | |
| | 200-60 | | 21 | 480 | 65 | 4.2 | 3400 | 52 | 14.5 | 80 | 91 | 8.4 | 3180 | 106 | 27 | 79 | 94 | 20 | △ |
| | 220-60 | 21 | 28 | 680 | 65 | 5.6 | 2850 | 70 | 16 | 78 | 85 | 11.2 | 2650 | 140 | 30 | 68 | 91 | 28 | |
| 200 | 200-50 | 28 | | | | | | | | | | | | | | | | | |
| | 200-60 | 28 | 28 | 710 | 65 | 5.6 | 3400 | 78 | 19 | 72 | 89 | 11.2 | 3180 | 150 | 36 | 68 | 92 | 26 | △ |
| | 220-60 | | | | | | | | | | | | | | | | | | |

註：
1. 倍壓時電流值是上述的 1/2.
2. 額定時時間　　20% 扭矩 +7-1/2 ～ +200　　15 分鐘額定
　　　　　　　　40% 扭矩 +7-1/2 ～ +200　　7 分鐘額定
3. 周圍溫度　　B 類 45°C　　H 類 90°C

## 馬達 4 極標準電壓線圈計劃值 B.H 類(MEW 制)

| 馬達號 | 電壓頻率 V-HZ | 允許限制扭矩 kg-m | 指定起動扭矩 kg-m | 起動電流 A | 起動功率因素 % | 20% 扭矩 扭矩 kg-m | 20% 旋轉數 r.p.m | 20% 電流 A | 20% KW表示 KW | 20% 效率 % | 20% 功率因素 % | 40% 扭矩 扭矩 kg-m | 40% 旋轉數 r.p.m | 40% 電流 A | 40% KW表示 KW | 40% 效率 % | 40% 功率因素 % | 空負載電流 A | 結線 |
|---|---|---|---|---|---|---|---|---|---|---|---|---|---|---|---|---|---|---|---|
| 1 | 380-50 | 0.17 | 0.19 | 1.5 | 65 | 0.038 | 1410 | 0.32 | 0.05 | 44 | 55 | 0.076 | 1350 | 0.41 | 0.1 | 56 | 67 | 0.24 | 人 |
|  | 420-50 | 0.2 | 0.19 | 1.7 | 64 | 0.038 | 1420 | 0.34 | 0.05 | 44 | 42 | 0.076 | 1370 | 0.41 | 0.1 | 56 | 55 | 0.3 |  |
|  | 420-60 | 0.16 | 0.15 | 1.6 | 62 | 0.03 | 1710 | 0.32 | 0.05 | 46 | 47 | 0.06 | 1640 | 0.41 | 0.1 | 57 | 59 | 0.26 |  |
|  | 460-60 | 0.18 | 0.175 | 1.8 | 62 | 0.035 | 1720 | 0.35 | 0.06 | 51 | 43 | 0.07 | 1650 | 0.44 | 0.11 | 55 | 57 | 0.28 |  |
| 2 | 380-50 | 0.38 | 0.42 | 2.9 | 66 | 0.084 | 1370 | 0.7 | 0.12 | 45 | 54 | 0.168 | 1270 | 0.9 | 0.22 | 50 | 70 | 0.51 | 人 |
|  | 420-50 | 0.44 | 0.42 | 3.1 | 69 | 0.084 | 1390 | 0.65 | 0.12 | 43 | 57 | 0.168 | 1290 | 0.85 | 0.23 | 53 | 69 | 0.6 |  |
|  | 420-60 | 0.32 | 0.3 | 2.8 | 71 | 0.06 | 1670 | 0.55 | 0.1 | 41 | 59 | 0.12 | 1570 | 0.75 | 0.2 | 53 | 68 | 0.48 |  |
|  | 460-60 | 0.41 | 0.39 | 3.1 | 71 | 0.078 | 1670 | 0.65 | 0.13 | 44 | 55 | 0.156 | 1560 | 0.8 | 0.25 | 52 | 74 | 0.5 |  |
| 5 | 380-50 | 0.86 | 0.95 | 5.7 | 71 | 0.19 | 1390 | 1.3 | 0.27 | 49 | 63 | 0.38 | 1560 | 1.6 | 0.5 | 57 | 81 | 0.8 | 人 |
|  | 420-50 | 1 | 0.95 | 6.5 | 69 | 0.19 | 1410 | 1.3 | 0.28 | 47 | 62 | 0.38 | 1335 | 1.7 | 0.53 | 56 | 76 | 1.06 |  |
|  | 420-60 | 0.74 | 0.7 | 6 | 69 | 0.14 | 1700 | 1.05 | 0.25 | 46 | 70 | 0.28 | 1620 | 1.4 | 0.47 | 55 | 83 | 0.7 |  |
|  | 460-60 | 0.89 | 0.85 | 7 | 63 | 0.17 | 1700 | 1.15 | 0.3 | 51 | 63 | 0.34 | 1620 | 1.5 | 0.57 | 58 | 82 | 0.87 |  |
| 7.5 | 380-50 | 1.3 | 1.3 | 7.6 | 65 | 0.26 | 1380 | 1.7 | 0.37 | 54 | 60 | 0.52 | 1290 | 2.3 | 0.69 | 58 | 77 | 1.2 | 人 |
|  | 420-50 | 1.5 | 1.3 | 8.5 | 58 | 0.26 | 1400 | 1.9 | 0.37 | 54 | 49 | 0.52 | 1310 | 2.4 | 0.69 | 59 | 66 | 1.55 |  |
|  | 420-60 | 1.2 | 1.05 | 8 | 63 | 0.21 | 1680 | 1.55 | 0.36 | 50 | 64 | 0.42 | 1560 | 2 | 0.67 | 55 | 83 | 1.1 |  |
|  | 460-60 | 1.4 | 1.25 | 8.5 | 64 | 0.25 | 1680 | 1.7 | 0.43 | 59 | 53 | 0.5 | 1580 | 2.1 | 0.81 | 68 | 71 | 1.3 |  |
| 10 | 380-50 | 1.6 | 1.75 | 9.5 | 70 | 0.35 | 1370 | 2 | 0.44 | 52 | 63 | 0.7 | 1260 | 3 | 0.9 | 60 | 74 | 1.5 | 人 |
|  | 420-50 | 1.9 | 1.75 | 10.5 | 69 | 0.35 | 1390 | 2.2 | 0.5 | 50 | 62 | 0.7 | 1280 | 3 | 0.9 | 70 | 59 | 1.85 |  |
|  | 420-60 | 1.5 | 1.4 | 10 | 67 | 0.28 | 1680 | 1.95 | 0.48 | 49 | 69 | 0.56 | 1560 | 2.85 | 0.89 | 55 | 78 | 1.3 |  |
|  | 460-60 | 1.8 | 1.65 | 11 | 67 | 0.33 | 1680 | 2.1 | 0.56 | 54 | 61 | 0.66 | 1570 | 2.95 | 1 | 61 | 69 | 1.25 |  |
| 15 | 380-50 | 2.3 | 2.5 | 12 | 78 | 0.5 | 1390 | 2.9 | 0.71 | 69 | 53 | 1 | 1250 | 4 | 1.3 | 66 | 73 | 2 | 人 |
|  | 420-50 | 2.6 | 2.5 | 13.5 | 75 | 0.5 | 1390 | 3.2 | 0.72 | 61 | 50 | 1 | 1270 | 4.05 | 1.3 | 63 | 70 | 2.65 |  |
|  | 420-60 | 2.1 | 2.1 | 12.5 | 78 | 0.42 | 1660 | 2.75 | 0.72 | 60 | 60 | 0.84 | 1520 | 3.7 | 1.3 | 62 | 78 | 1.75 |  |
|  | 460-60 | 2.5 | 2.4 | 14 | 75 | 0.48 | 1660 | 2.75 | 0.82 | 63 | 59 | 0.96 | 1530 | 3.9 | 1.5 | 71 | 63 | 2.15 |  |
| 25 | 380-50 | 4 | 3.8 | 22 | 66 | 0.76 | 1380 | 4.5 | 1.1 | 68 | 54 | 1.52 | 1290 | 5.8 | 2 | 67 | 78 | 3.3 | △ |
|  | 420-50 | 4.6 | 3.8 | 24 | 68 | 0.76 | 1400 | 5 | 1.1 | 62 | 47 | 1.52 | 1310 | 6.25 | 2 | 64 | 68 | 4.4 |  |
|  | 420-60 | 3.6 | 3.45 | 22.5 | 68 | 0.69 | 1660 | 4 | 1.2 | 67 | 61 | 1.38 | 1520 | 5.8 | 2.2 | 68 | 76 | 2.75 |  |
|  | 460-60 | 4.4 | 3.7 | 24.5 | 67 | 0.74 | 1670 | 4.35 | 1.3 | 73 | 51 | 1.48 | 1530 | 6 | 2.4 | 71 | 68 | 2.7 |  |
| 40 | 380-50 | 6.7 | 6.3 | 38 | 66 | 1.26 | 1380 | 5.7 | 1.8 | 73 | 60 | 2.52 | 1280 | 9 | 3.3 | 75 | 76 | 4 | △ |
|  | 420-50 | 7.8 | 6.3 | 42 | 65 | 1.26 | 1410 | 5.7 | 1.8 | 73 | 47 | 2.52 | 1310 | 8.5 | 3.3 | 75 | 63 | 5.1 |  |
|  | 420-60 | 5.9 | 5.5 | 40 | 61 | 1.1 | 1670 | 6 | 1.9 | 75 | 56 | 2.2 | 1530 | 9 | 3.4 | 74 | 69 | 3.9 |  |
|  | 460-60 | 7.2 | 6 | 44 | 60 | 1.2 | 1690 | 5.7 | 2.1 | 77 | 51 | 2.4 | 1580 | 8.5 | 3.8 | 76 | 65 | 4.3 |  |

## 馬達 4 極標準 電壓線圈計劃值 B.H 類(MEW 制)

| 馬達號 | 電壓頻率 V-HZ | 允許限制扭矩 kg-m | 指定起動扭矩 kg-m | 起動電流 A | 起動功率因素 % | 20% 扭矩 扭矩 kg-m | 旋轉數 r.p.m | 電流 A | KW 表示 KW | 效率 % | 功率因素 % | 40% 扭矩 扭矩 kg-m | 旋轉數 r.p.m | 電流 A | KW 表示 KW | 效率 % | 功率因素 % | 空負載電流 A | 結線 |
|---|---|---|---|---|---|---|---|---|---|---|---|---|---|---|---|---|---|---|---|
| 60 | 380-50 | 10 | 9.5 | 57 | 66 | 1.9 | 1400 | 9 | 2.7 | 78 | 58 | 3.8 | 1330 | 13.5 | 5.2 | 77 | 76 | 5.2 | △ |
|  | 420-50 | 12 | 9.5 | 62 | 65 | 1.9 | 1420 | 9.5 | 2.7 | 78 | 49 | 3.8 | 1350 | 14 | 5.2 | 75 | 67 | 6 |  |
|  | 420-60 | 8.9 | 8.5 | 56 | 61 | 1.7 | 1700 | 8 | 2.9 | 77 | 63 | 3.4 | 1590 | 13 | 5.5 | 76 | 75 | 4.25 |  |
|  | 460-60 | 11 | 9 | 62 | 60 | 1.8 | 1710 | 8.5 | 3.1 | 80 | 56 | 3.6 | 1620 | 13 | 6 | 85 | 67 | 5 |  |
| 80 | 380-50 | 14 | 12.5 | 76 | 68 | 2.5 | 1400 | 11 | 3.6 | 76 | 63 | 5 | 1330 | 16 | 6.8 | 78 | 81 | 6.2 | △ |
|  | 420-50 | 16 | 12.5 | 84 | 68 | 2.5 | 1420 | 12 | 3.7 | 80 | 52 | 5 | 1350 | 15.5 | 6.9 | 78 | 77 | 8 |  |
|  | 420-60 | 13 | 11 | 72 | 69 | 2.2 | 1690 | 9.5 | 3.8 | 81 | 66 | 4.4 | 1600 | 15.5 | 7.1 | 81 | 77 | 6 |  |
|  | 460-60 | 15 | 12 | 83 | 65 | 2.4 | 1700 | 10 | 4.2 | 81 | 64 | 4.8 | 1620 | 15.5 | 7.9 | 79 | 80 | 6.5 |  |
| 100 | 380-50 | 16 | 16.5 | 94 | 67 | 3.3 | 1400 | 13 | 4.7 | 84 | 66 | 6.6 | 1300 | 21 | 8.8 | 77 | 81 | 8 | △ |
|  | 420-50 | 19 | 16.5 | 103 | 67 | 3.3 | 1420 | 14 | 4.7 | 83 | 54 | 6.6 | 1320 | 21.5 | 8.8 | 81 | 69 | 10 |  |
|  | 420-60 | 15 | 14 | 92 | 65 | 2.8 | 1690 | 13 | 4.8 | 85 | 60 | 5.6 | 1560 | 20.5 | 8.9 | 81 | 73 | 7.5 |  |
|  | 460-60 | 18 | 15 | 105 | 65 | 3 | 1700 | 13.5 | 5.2 | 85 | 56 | 6 | 1590 | 20.5 | 9.7 | 82 | 72 | 8.5 |  |
| 150 | 380-50 | 27 | 27 | 160 | 62 | 5.4 | 1380 | 20 | 7.6 | 83 | 68 | 10.8 | 1290 | 32 | 14 | 77 | 85 | 10 | △ |
|  | 420-50 | 32 | 27 | 175 | 62 | 5.4 | 1400 | 21 | 7.8 | 80 | 63 | 10.8 | 1310 | 31 | 14.7 | 84 | 77 | 13.5 |  |
|  | 420-60 | 24 | 21 | 165 | 58 | 4.2 | 1690 | 18 | 7.3 | 76 | 73 | 8.4 | 1600 | 28.5 | 13.8 | 80 | 83 | 10 |  |
|  | 460-60 | 29 | 25 | 180 | 58 | 5 | 1690 | 19 | 8.7 | 80 | 71 | 10 | 1600 | 31 | 16.5 | 83 | 80 | 11.5 |  |
| 200 | 380-50 | 38 | 38 | 215 | 62 | 7.6 | 1390 | 24 | 11 | 81 | 83 | 15.2 | 1305 | 42 | 20 | 80 | 89 | 13 | △ |
|  | 420-50 | 44 | 38 | 240 | 64 | 7.6 | 1410 | 26.5 | 11 | 83 | 68 | 15.2 | 1325 | 43 | 20.6 | 85 | 77 | 17 |  |
|  | 420-60 | 33 | 28 | 215 | 64 | 5.6 | 1710 | 23 | 9.9 | 80 | 73 | 11.2 | 1620 | 37.5 | 18.6 | 76 | 89 | 12.5 |  |
|  | 460-60 | 40 | 34 | 240 | 62 | 6.8 | 1710 | 23.5 | 11.9 | 93 | 67 | 13.6 | 1625 | 40.5 | 22.7 | 89 | 79 | 14.5 |  |
| 250 | 380-50 | 43 | 43 | 250 | 68 | 8.6 | 1410 | 27.5 | 12 | 83 | 79 | 17.2 | 1330 | 47.5 | 23 | 83 | 88 | 17 | △ |
|  | 420-50 | 50 | 43 | 275 | 67 | 8.6 | 1430 | 31 | 12.5 | 86 | 64 | 17.2 | 1360 | 49 | 24 | 88 | 76 | 21.5 |  |
|  | 420-60 | 39 | 34.5 | 250 | 69 | 6.9 | 1730 | 27.5 | 12 | 83 | 72 | 13.8 | 1650 | 44.5 | 23 | 84 | 84 | 14.5 |  |
|  | 460-60 | 46 | 40 | 275 | 63 | 8 | 1740 | 30.5 | 14 | 88 | 65 | 16 | 1655 | 47.5 | 27 | 92 | 77 | 17 |  |

註：
1. 倍壓時電流值是上述的 1/2.
2. 額定時時間　20% 扭矩　15 分鐘額定
　　　　　　　40% 扭矩　7 分鐘額定
3. 周圍溫度　E 類 40℃　B 類 45℃　H 類 90℃

337

# 馬達 4 極標準電壓線圈計劃值 E.B.H 類(MEW 制)

| 馬達號 | 電壓頻率 V-HZ | 允許限制扭矩 kg-m | 指定起動扭矩 kg-m | 起動電流 A | 起動功率因素 % | 20% 扭矩 | | | | | | 40% 扭矩 | | | | | | 空負載電流 A | 結線 |
|---|---|---|---|---|---|---|---|---|---|---|---|---|---|---|---|---|---|---|---|
| | | | | | | 扭矩 kg-m | 旋轉數 r.p.m | 電流 A | KW表示 KW | 效率 % | 功率因素 % | 扭矩 kg-m | 旋轉數 r.p.m | 電流 A | KW表示 KW | 效率 % | 功率因素 % | | |
| 100 | 380-60 | 17 | 15 | 114 | 66 | 3.0 | 1700 | 16 | 5.2 | 82 | 63 | 6.0 | 1590 | 24 | 9.7 | 79 | 80 | 8.7 | 人人 |
| 150 | 380-60 | 20 | 25 | 177 | 50 | 5.0 | 1690 | 22 | 8.7 | 80 | 74 | 10 | 1600 | 36 | 16.5 | 87 | 80 | 12 | 人人 |
| 200 | 380-60 | 30 | 34 | 261 | 63 | 6.0 | 1710 | 26 | 11.9 | 90 | 78 | 13.6 | 1625 | 47 | 22.7 | 85 | 87 | 16 | 人人 |
| 250 | 380-60 | 44 | 40 | 303 | 64 | 8.0 | 1740 | 34 | 14 | 86 | 73 | 15 | 1655 | 55 | 27 | 89 | 84 | 18 | 人人 |
| 350 | 380-60 | (45) | 52.5 | 406 | 64 | 10.5 | 1710 | 38 | 10.5 | 89 | 85 | 21 | 1620 | 69 | 35 | 86 | 93 | 21 | 人人 |

註：
1. 倍壓時電流值是上述的 1/2.
2. 額定時間　20% 扭矩　15 分鐘額定
　　　　　　40% 扭矩　7 分鐘額定
3. 周圍溫度　E 類 40℃　B 類 45℃　H 類 90℃

## 附錄 5-3 馬達閥螺紋摩擦係數值

$\mu = 0.2$ 螺紋摩擦係數值

| 閥桿螺紋外徑 (mm) | 30°梯形螺紋節距 (mm) | 29°梯形螺紋 (牙數/in) | 螺紋摩擦係數值($\mu$) | | | | | |
|---|---|---|---|---|---|---|---|---|
| | | | 單螺紋 | | 雙螺紋 | | 參螺紋 | |
| | | | 30°梯形 | 29°梯形 | 30°梯形 | 29°梯形 | 30°梯形 | 29°梯形 |
| 10 | 3 | 3.175 | 0.00139 | 0.00141 | 0.00192 | 0.00198 | 0.00249 | 0.00258 |
| 12 | 3 | 3.175 | 0.00159 | 0.00161 | 0.00212 | 0.00217 | 0.00267 | 0.00275 |
| 14 | 4 | 4.233 | 0.00192 | 0.00195 | 0.00263 | 0.00270 | 0.00337 | 0.00349 |
| 16 | 4 | 4.233 | 0.00213 | 0.00215 | 0.00283 | 0.00290 | 0.00356 | 0.00368 |
| 18 | 4 | 4.233 | 0.00233 | 0.00236 | 0.00303 | 0.00310 | 0.00369 | 0.00387 |
| 20 | 4 | 4.233 | 0.00254 | 0.00256 | 0.00323 | 0.00330 | 0.00389 | 0.00406 |
| 22 | 5 | 5.08 | 0.00286 | 0.00286 | 0.00374 | 0.00376 | 0.00464 | 0.00468 |
| 24 | 5 | 5.08 | 0.00307 | 0.00307 | 0.00394 | 0.00396 | 0.00484 | 0.00487 |
| 26 | 5 | 5.08 | 0.00327 | 0.00328 | 0.00414 | 0.00416 | 0.00503 | 0.00507 |
| 28 | 5 | 5.08 | 0.00348 | 0.00348 | 0.00434 | 0.00437 | 0.00523 | 0.00526 |
| 30 | 6 | 6.35 | 0.00381 | 0.00384 | 0.00485 | 0.00495 | 0.00592 | 0.00609 |
| 32 | 6 | 6.35 | 0.00401 | 0.00405 | 0.00505 | 0.00515 | 0.00612 | 0.00628 |
| 34 | 6 | 6.35 | 0.00422 | 0.00427 | 0.00525 | 0.00535 | 0.00632 | 0.00648 |
| 36 | 6 | 6.35 | 0.00442 | 0.00446 | 0.00546 | 0.00555 | 0.00652 | 0.00668 |
| 38 | 6 | 7.257 | 0.00463 | 0.00477 | 0.00566 | 0.00603 | 0.00672 | 0.00732 |
| 40 | 6 | 7.257 | 0.00484 | 0.00498 | 0.00587 | 0.00623 | 0.00692 | 0.00752 |
| 42 | 6 | 7.257 | 0.00504 | 0.00518 | 0.00607 | 0.00643 | 0.00712 | 0.00772 |
| 44 | 8 | 8.467 | 0.00549 | 0.00539 | 0.00687 | 0.00664 | 0.00829 | 0.00792 |
| 46 | 8 | 8.467 | 0.00569 | 0.00574 | 0.00707 | 0.00720 | 0.00849 | 0.00871 |
| 48 | 8 | 8.467 | 0.00590 | 0.00594 | 0.00728 | 0.00740 | 0.00869 | 0.00890 |
| 50 | 8 | 8.467 | 0.00611 | 0.00615 | 0.00748 | 0.00761 | 0.00889 | 0.00910 |
| 52 | 8 | 8.467 | 0.00631 | 0.00636 | 0.00768 | 0.00781 | 0.00909 | 0.00930 |
| 55 | 8 | 8.467 | 0.00662 | 0.00666 | 0.00799 | 0.00812 | 0.00939 | 0.00960 |
| 58 | 8 | 8.467 | 0.00693 | 0.00697 | 0.00830 | 0.00842 | 0.00969 | 0.00990 |
| 60 | 8 | 8.467 | 0.00714 | 0.00718 | 0.00850 | 0.00863 | 0.00990 | 0.01010 |
| 62 | 10 | 8.467 | 0.00758 | 0.00739 | 0.00930 | 0.00883 | 0.0111 | 0.01031 |
| 65 | 10 | 10.16 | 0.00789 | 0.00789 | 0.00961 | 0.00964 | 0.0114 | 0.01142 |
| 68 | 10 | 10.16 | 0.00820 | 0.00820 | 0.00991 | 0.00994 | 0.0117 | 0.01172 |
| 70 | 10 | 10.16 | 0.00841 | 0.00841 | 0.01010 | 0.01015 | 0.0119 | 0.01193 |
| 72 | 10 | 10.16 | 0.00861 | 0.00862 | 0.01030 | 0.01035 | 0.0121 | 0.01213 |
| 75 | 10 | 10.16 | 0.00892 | 0.00892 | 0.01060 | 0.01066 | 0.0124 | 0.01243 |
| 78 | 10 | 10.16 | 0.00923 | 0.00923 | 0.0109 | 0.01097 | 0.0127 | 0.01273 |
| 80 | 10 | 10.16 | 0.00944 | 0.00944 | 0.0111 | 0.01117 | 0.0129 | 0.01294 |
| 82 | 10 | 10.16 | 0.00965 | 0.00965 | 0.0114 | 0.01138 | 0.0131 | 0.01314 |
| 85 | 12 | 12.7 | 0.0102 | 0.01025 | 0.0122 | 0.01243 | 0.0143 | 0.01466 |
| 88 | 12 | 12.7 | 0.0105 | 0.01056 | 0.0126 | 0.01274 | 0.0146 | 0.01496 |
| 90 | 12 | 12.7 | 0.0107 | 0.01077 | 0.0128 | 0.01294 | 0.0149 | 0.01516 |
| 92 | 12 | 12.7 | 0.0109 | 0.01098 | 0.0130 | 0.01315 | 0.0151 | 0.01536 |
| 95 | 12 | 12.7 | 0.0113 | 0.01128 | 0.0133 | 0.01345 | 0.0154 | 0.01566 |
| 98 | 12 | 12.7 | 0.0115 | 0.01159 | 0.0136 | 0.01376 | 0.0157 | 0.01579 |
| 100 | 12 | 12.7 | 0.0117 | 0.01180 | 0.0138 | 0.01397 | 0.0159 | 0.01617 |

μ=0.2 螺紋摩擦係數值(續)

| 閥桿螺紋外徑 (mm) | 30°梯形螺紋節距 (mm) | 29°梯形螺紋 (牙數/in) | 螺紋摩擦係數值(μ) | | | | | |
|---|---|---|---|---|---|---|---|---|
| | | | 單螺紋 | | 雙螺紋 | | 參螺紋 | |
| | | | 30°梯形 | 29°梯形 | 30°梯形 | 29°梯形 | 30°梯形 | 29°梯形 |
| 105 | 12 | 12.7 | 0.0123 | 0.01232 | 0.0143 | 0.01448 | 0.0164 | 0.01668 |
| 110 | 12 | 12.7 | 0.0128 | 0.01283 | 0.0148 | 0.01499 | 0.0169 | 0.01719 |
| 115 | 12 | 14.514 | 0.0133 | 0.01356 | 0.0153 | 0.01603 | 0.0174 | 0.01856 |
| 120 | 16 | 14.514 | 0.0143 | 0.01387 | 0.0170 | 0.01655 | 0.0198 | 0.01906 |
| 125 | 16 | 14.514 | 0.0148 | 0.01459 | 0.0175 | 0.01706 | 0.0203 | 0.01957 |
| 130 | 16 | 14.514 | 0.0153 | 0.01510 | 0.0180 | 0.01757 | 0.0208 | 0.02008 |
| 135 | 16 | 14.514 | 0.0158 | 0.01562 | 0.0186 | 0.01809 | 0.0213 | 0.02059 |
| 140 | 16 | 14.514 | 0.0163 | 0.01614 | 0.0191 | 0.01860 | 0.0218 | 0.02110 |
| 145 | 16 | 14.514 | 0.0169 | 0.01666 | 0.0196 | 0.01911 | 0.0223 | 0.02161 |
| 150 | 16 | 16.933 | 0.0174 | 0.01745 | 0.0201 | 0.02033 | 0.0229 | 0.02326 |
| 155 | 16 | 16.933 | 0.0179 | 0.01797 | 0.0206 | 0.02084 | 0.0234 | 0.02376 |
| 160 | 16 | 16.933 | 0.0184 | 0.01849 | 0.0211 | 0.02136 | 0.0239 | 0.02427 |
| 165 | 16 | 16.933 | 0.0189 | 0.01900 | 0.0216 | 0.02187 | 0.0244 | 0.02478 |
| 170 | 16 | 16.933 | 0.0195 | 0.01952 | 0.0222 | 0.02239 | 0.0249 | 0.02530 |
| 175 | 16 | 16.933 | 0.0200 | 0.02000 | 0.0227 | 0.02290 | 0.0254 | 0.02581 |

μ=0.2 螺紋摩擦係數值(續)

| 閥桿螺紋外徑 (mm) | 30°梯形螺紋節距 (mm) | 29°梯形螺紋 (牙數/in) | 30°梯形 | 29°梯形 | 30°梯形 | 29°梯形 | 30°梯形 | 29°梯形 |

## 附錄 5-4 FLOWSERVE 標準 STUB 愛克姆螺紋之螺紋摩擦係數(μ)

### STUB 愛克姆螺紋之螺紋摩擦係數 (μ=0.15)

| 節距(Pitch)／導程(Lead)／直徑 | 單螺紋 1/14 1/14 | 單螺紋 1/10 1/10 | 單螺紋 1/6 1/6 | 單螺紋 1/5 1/5 | 單螺紋 1/4 1/4 | 單螺紋 2/7 2/7 | 單螺紋 1/3 1/3 | 單螺紋 1/2 1/2 | 雙螺紋 1/6 1/3 | 雙螺紋 1/5 2/5 | 雙螺紋 1/4 1/2 | 雙螺紋 1/3 2/3 | 參螺紋 1/4 3/4 | 參螺紋 1/3 1 |
|---|---|---|---|---|---|---|---|---|---|---|---|---|---|---|
| 9/32 | 0.0027 | 0.0030* | 0.0038* | 0.0043* | 0.0049* | 0.0054* | 0.0061* | 0.0092* | 0.0064* | 0.0074* | 0.0090* | 0.0122* | 0.0137* | 0.0198* |
| 5/16 | 0.0029 | 0.0032* | 0.0040* | 0.0045* | 0.0051* | 0.0056* | 0.0063* | 0.0091* | 0.0065* | 0.0075* | 0.0091* | 0.0121* | 0.0136* | 0.0191* |
| 3/8 | 0.0033 | 0.0036 | 0.0044* | 0.0048* | 0.0055* | 0.0059* | 0.0066* | 0.0091* | 0.0069* | 0.0078* | 0.0093* | 0.0121* | 0.0136* | 0.0183* |
| 7/16 | 0.0037 | 0.0040 | 0.0048* | 0.0052* | 0.0059* | 0.0063* | 0.0069* | 0.0093* | 0.0072* | 0.0082* | 0.0096* | 0.0122* | 0.0137* | 0.0181* |
| 1/2 | 0.0041 | 0.0044 | 0.0052* | 0.0056* | 0.0062* | 0.0067* | 0.0073* | 0.0096* | 0.0076* | 0.0085* | 0.0100* | 0.0124* | 0.0139* | 0.0181* |
| 5/8 | 0.0049 | 0.0052 | 0.0060 | 0.0064* | 0.0070* | 0.0075* | 0.0081* | 0.0102* | 0.0084* | 0.0093* | 0.0107* | 0.0130* | 0.0145* | 0.0184* |
| 3/4 | 0.0057 | 0.0060 | 0.0068 | 0.0072 | 0.0078* | 0.0083* | 0.0088* | 0.0110* | 0.0092* | 0.0100* | 0.0114* | 0.0137* | 0.0151* | 0.0189* |
| 7/8 | 0.0065 | 0.0068 | 0.0076 | 0.0080 | 0.0086 | 0.0090* | 0.0096* | 0.0117* | 0.0099* | 0.0108* | 0.0122* | 0.0145* | 0.0158* | 0.0195* |
| 1 | 0.0073 | 0.0076 | 0.0084 | 0.0088 | 0.0094 | 0.0098 | 0.0104* | 0.0125* | 0.0107* | 0.0116* | 0.0129* | 0.0152* | 0.0166* | 0.0202* |
| 1-1/8 | 0.0081 | 0.0084 | 0.0092 | 0.0096 | 0.0102 | 0.0106 | 0.0112* | 0.0133* | 0.0115 | 0.0124* | 0.0137* | 0.0160* | 0.0173* | 0.0209* |
| 1-1/4 | 0.0089 | 0.0092 | 0.0100 | 0.0104 | 0.0110 | 0.0114 | 0.0120 | 0.0140* | 0.0123 | 0.0132* | 0.0145* | 0.0167* | 0.0181* | 0.0216* |
| 1-3/8 | 0.0097 | 0.0100 | 0.0108 | 0.0112 | 0.0118 | 0.0122 | 0.0128 | 0.0148* | 0.0131 | 0.0140 | 0.0153* | 0.0175* | 0.0189* | 0.0224* |
| 1-1/2 | 0.0105 | 0.0109 | 0.0116 | 0.0120 | 0.0126 | 0.0130 | 0.0136 | 0.0156* | 0.0139 | 0.0148 | 0.0161* | 0.0183* | 0.0197* | 0.0231* |
| 1-5/8 | 0.0113 | 0.0117 | 0.0124 | 0.0128 | 0.0134 | 0.0139 | 0.0144 | 0.0164* | 0.0147 | 0.0156 | 0.0169* | 0.0191* | 0.0204* | 0.0239* |
| 1-3/4 | 0.0121 | 0.0125 | 0.0132 | 0.0136 | 0.0142 | 0.0147 | 0.0152 | 0.0172 | 0.0155 | 0.0164 | 0.0177 | 0.0199* | 0.0212* | 0.0247* |
| 1-7/8 | 0.0129 | 0.0133 | 0.0141 | 0.0144 | 0.0150 | 0.0155 | 0.0160 | 0.0180 | 0.0163 | 0.0172 | 0.0185 | 0.0207* | 0.0220* | 0.0254* |
| 2 | 0.0137 | 0.0141 | 0.0149 | 0.0153 | 0.0158 | 0.0163 | 0.0168 | 0.0188 | 0.0172 | 0.0180 | 0.0193 | 0.0215* | 0.0228* | 0.0262* |
| 2-1/8 | 0.0146 | 0.0149 | 0.0157 | 0.0161 | 0.0166 | 0.0171 | 0.0176 | 0.0196 | 0.0180 | 0.0188 | 0.0201 | 0.0223* | 0.0236* | 0.0270* |
| 2-1/4 | 0.0154 | 0.0157 | 0.0165 | 0.0169 | 0.0175 | 0.0179 | 0.0184 | 0.0204 | 0.0188 | 0.0196 | 0.0209 | 0.0231 | 0.0244* | 0.0278* |
| 2-3/8 | 0.0162 | 0.0165 | 0.0173 | 0.0177 | 0.0183 | 0.0187 | 0.0192 | 0.0212 | 0.0196 | 0.0204 | 0.0217 | 0.0239 | 0.0252* | 0.0286* |
| 2-1/2 | 0.0170 | 0.0173 | 0.0181 | 0.0185 | 0.0191 | 0.0195 | 0.0201 | 0.0220 | 0.0204 | 0.0212 | 0.0225 | 0.0247 | 0.0260 | 0.0294* |
| 2-5/8 | 0.0178 | 0.0181 | 0.0189 | 0.0193 | 0.0199 | 0.0203 | 0.0209 | 0.0228 | 0.0212 | 0.0220 | 0.0233 | 0.0255 | 0.0268 | 0.0302* |
| 2-3/4 | 0.0186 | 0.0189 | 0.0197 | 0.0201 | 0.0207 | 0.0211 | 0.0217 | 0.0236 | 0.0220 | 0.0228 | 0.0241 | 0.0263 | 0.0276 | 0.0309* |
| 2-7/8 | 0.0194 | 0.0197 | 0.0205 | 0.0209 | 0.0215 | 0.0219 | 0.0225 | 0.0244 | 0.0228 | 0.0236 | 0.0249 | 0.0271 | 0.0284 | 0.0317* |
| 3 | 0.0202 | 0.0205 | 0.0213 | 0.0217 | 0.0223 | 0.0227 | 0.0233 | 0.0252 | 0.0236 | 0.0244 | 0.0257 | 0.0279 | 0.0292 | 0.0325* |
| 3-1/8 | 0.0210 | 0.0213 | 0.0221 | 0.0225 | 0.0231 | 0.0235 | 0.0241 | 0.0261 | 0.0244 | 0.0253 | 0.0265 | 0.0287 | 0.0300 | 0.0333* |
| 3-1/4 | 0.0218 | 0.0221 | 0.0229 | 0.0233 | 0.0239 | 0.0243 | 0.0249 | 0.0269 | 0.0252 | 0.0261 | 0.0273 | 0.0295 | 0.0308 | 0.0341* |
| 3-3/8 | 0.0226 | 0.0230 | 0.0237 | 0.0241 | 0.0247 | 0.0251 | 0.0257 | 0.0277 | 0.0260 | 0.0269 | 0.0281 | 0.0303 | 0.0316 | 0.0349 |
| 3-1/2 | 0.0234 | 0.0238 | 0.0245 | 0.0249 | 0.0255 | 0.0259 | 0.0265 | 0.0285 | 0.0268 | 0.0277 | 0.0290 | 0.0311 | 0.0324 | 0.0357 |
| 3-5/8 | 0.0242 | 0.0246 | 0.0253 | 0.0257 | 0.0263 | 0.0267 | 0.0273 | 0.0293 | 0.0276 | 0.0285 | 0.0298 | 0.0319 | 0.0332 | 0.0365 |
| 3-3/4 | 0.0250 | 0.0254 | 0.0262 | 0.0265 | 0.0271 | 0.0276 | 0.0281 | 0.0301 | 0.0284 | 0.0293 | 0.0306 | 0.0327 | 0.0340 | 0.0373 |
| 3-7/8 | 0.0258 | 0.0262 | 0.0270 | 0.0274 | 0.0279 | 0.0284 | 0.0289 | 0.0309 | 0.0292 | 0.0301 | 0.0314 | 0.0335 | 0.0348 | 0.0381 |
| 4 | 0.0267 | 0.0270 | 0.0278 | 0.0282 | 0.0287 | 0.0292 | 0.0297 | 0.0317 | 0.0300 | 0.0309 | 0.0322 | 0.0343 | 0.0356 | 0.0389 |
| 4-1/4 | 0.0283 | 0.0288 | 0.0294 | 0.0298 | 0.0304 | 0.0308 | 0.0313 | 0.0333 | 0.0317 | 0.0325 | 0.0338 | 0.0359 | 0.0372 | 0.0405 |

## STUB 愛克姆螺紋之螺紋摩擦係數 （$\mu = 0.15$）

| 節距(Pitch)<br>導程(Lead)<br>直徑 | 單螺紋<br>1/14<br>1/14 | 單螺紋<br>1/10<br>1/10 | 單螺紋<br>1/6<br>1/6 | 單螺紋<br>1/5<br>1/5 | 單螺紋<br>1/4<br>1/4 | 單螺紋<br>2/7<br>2/7 | 單螺紋<br>1/3<br>1/3 | 單螺紋<br>1/2<br>1/2 | 雙螺紋<br>1/6<br>1/3 | 雙螺紋<br>1/5<br>2/5 | 雙螺紋<br>1/4<br>1/2 | 雙螺紋<br>1/3<br>2/3 | 參螺紋<br>1/4<br>3/4 | 參螺紋<br>1/3<br>1 |
|---|---|---|---|---|---|---|---|---|---|---|---|---|---|---|
| 4-1/2 | 0.0299 | 0.0302 | 0.0310 | 0.0314 | 0.0320 | 0.0324 | 0.0329 | 0.0349 | 0.0333 | 0.0341 | 0.0354 | 0.0375 | 0.0388 | 0.0421 |
| 4-3/4 | 0.0315 | 0.0318 | 0.0326 | 0.0330 | 0.0336 | 0.0340 | 0.0346 | 0.0365 | 0.0349 | 0.0357 | 0.0370 | 0.0391 | 0.0404 | 0.0437 |
| 5 | 0.0331 | 0.0334 | 0.0342 | 0.0346 | 0.0352 | 0.0356 | 0.0362 | 0.0381 | 0.0365 | 0.0373 | 0.0386 | 0.0407 | 0.0421 | 0.0454 |
| 5-1/4 | 0.0347 | 0.0351 | 0.0358 | 0.0362 | 0.0368 | 0.0372 | 0.0378 | 0.0397 | 0.0381 | 0.0390 | 0.0402 | 0.0424 | 0.0437 | 0.0470 |
| 5-1/2 | 0.0363 | 0.0367 | 0.0375 | 0.0378 | 0.0384 | 0.0388 | 0.0394 | 0.0414 | 0.0397 | 0.0406 | 0.0418 | 0.0440 | 0.0453 | 0.0486 |
| 5-3/4 | 0.0380 | 0.0383 | 0.0391 | 0.0395 | 0.0400 | 0.0405 | 0.0410 | 0.0430 | 0.0413 | 0.0422 | 0.0435 | 0.0456 | 0.0469 | 0.0502 |
| 6 | 0.0396 | 0.0399 | 0.0407 | 0.0411 | 0.0417 | 0.0421 | 0.0426 | 0.0446 | 0.0430 | 0.0438 | 0.0451 | 0.0472 | 0.0485 | 0.0518 |
| 6-1/2 | 0.0428 | 0.0431 | 0.0439 | 0.0443 | 0.0449 | 0.0453 | 0.0459 | 0.0478 | 0.0462 | 0.0470 | 0.0483 | 0.0504 | 0.0517 | 0.0550 |

\* $\mu = 0.10$

342

# 附錄 5-5 感應電壓

　　在工廠建設完成之前，必須完成整個系統的調試，無論此系統的大小，測試各種信號是否正確連接，並在 DCS 或 PLC 上顯示，而不會產生誤動作或是信號被干擾，這是必備的過程。在此調試過程中，或多或少會發現信號被干擾及信號線上不該有的電壓存在，此就是信號被感應而產生的電壓。以下敘述感應電壓的由來及解決方式；

一、感應電壓的理論

　　當一個交流電通過一導體時，沿著電流方向形成一個磁場，此磁場垂直於導體，安培(Ampere)發現了此現象，如圖 1 所示，大拇指為電流方向，其他 4 指為磁力線方向，此為有名的安培右手定律(Ampere's right-hand rule)。

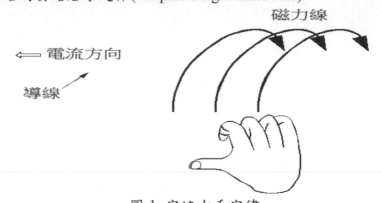

圖 1　安培右手定律

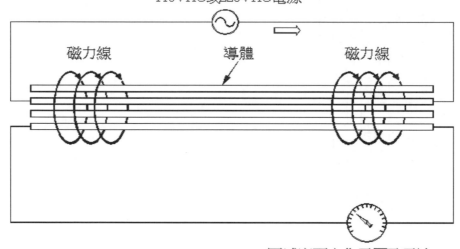

圖 2　法拉第(Faraday)的電磁感應

　　法拉第(Faraday)也發現在磁場的作用下，一導體因感應而產生電流及電壓，此為法拉第的電磁感應。

　　根據此 2 理論，在多芯的電纜上，當有 1 芯的導體施加於 110V 或 220V 交流電源時，其所形成的磁場會感應於其他的導線上，因而產生電流及電壓，此所謂的感應電流及感應電壓，如圖 2 所示；

二、　電纜導線外在的感應電壓與內在的感應電壓

1.　外在的感應電壓

　　導線外在感應電壓的形成是因為有一強大的磁場穿透電纜的屏蔽保護而造成感應，通常形成穿透力強大的電磁力，一般皆為 6.6KV 以上的高壓電源電纜造成，而

最容易受到外在的感應電壓的影響是類比信號，即傳送 mA 及 mV 的信號，包括有偵測壓力、液位、流量…等的變送器，及偵測溫度的 RTD 與熱電偶，其信號會隨著交流電的起伏而上下波動，是以在設計上高壓電的電纜橋架與信號電纜橋架必須相距 1 公尺以上，這是為了避免信號的干擾。

2. 內在的感應電壓

內在的感應電壓一般皆發生在 3 芯或以上的控制電纜上，由於電纜內任一條導線因導通而形成一個迴路，這條導線的電壓又是 110VAC 或 220VAC 時，則其他導線因磁場的影響，因而產生一個電壓值及一個微小的電流通過，此謂之內在的感應電壓。

表 1 及表 2 為華陽電廠 EP/ASH 系統因感應電壓的問題，檢查及測量其產生的感應電壓及電流值。

表 1 銅網總屏蔽隔離之控制電纜量測的感應電壓值

| 電纜 | 線號 | 電纜線有加電源測量值 | 電纜線無電源測量值 | |
|---|---|---|---|---|
| 4C | 1 | 218 VAC | 0VAC | 電源 |
| | 2 | 218 | 0 | 電源 |
| | 3 | 30 | 0 | |
| | 4 | 10 | 0 | |
| 12C | 1 | 218 | 0 | 電源 |
| | 2 | 67 | 0 | |
| | 3 | 56 | 0 | |
| | 4 | 218 | 0 | 電源 |
| | 5 | 130 | 0 | |
| | 6 | 128 | 0 | |
| | 7 | 218 | 0 | 電源 |
| | 8 | 51 | 0 | |
| | 9 | 83 | 0 | |
| | 10 | 218 | 0 | 電源 |
| | 11 | 49 | 0 | |
| | 12 | 57 | 0 | |

註：電源迴路檢查確認電源接地良好
    1. UPS 系統 AC220V 對地電壓測量　L：218 VAC
                                      N： 0 VAC
    2. 控制盤上電源迴路測量　       R21：217 VAC
                                        S21： 2 VAC

表 2 歐姆龍(OMRON)G7 Type 繼電器作動電流

| 感應電壓值 | 感應電流值 | 繼電器(Relay)作動 |
|---|---|---|
| 218 VAC | 4.4 mA | ON |
| 130 VAC | 2.0 mA | ON |
| 56 VAC | 1.2 mA | 閃動 |
| 30 VAC | 0.8 mA | 不動作 |
| 10 VAC | 0.1 mA | 不動作 |

一般這些電纜內如果無任何電源加在任何島線上，不會對並排的其他電纜造成感應的影響，但如果控制電纜內的任一導線通過一 110VAC 或 220VAC 電壓後，將感應其他未通電的電纜線，而其它內在電纜線被感應後如接至繼電器(Relay)時，將視繼電器內作動電流的大小，是否會產生誤動作而送出信號。

感應電壓所產生的感應電流之值，一般都很小，約 0.1~2mA 左右，選擇需要作動電流大的繼電器，一般都不會造成繼電器的誤動作。

三、 感應電壓的解決方法

造成感應電壓的原因有：1. 交流電，2.磁場的磁力線，3.感應所產生的電流及電壓，針對這些原因來消除或導引感應電壓和電流，即可消除因感應所產生的誤動作。

解決感應電壓電流的方式有六種:1. 保持距離以策安全,2. 交流電改為直流電, 3. 將電纜上磁場所產生的磁力線屏蔽並導入地線,4. 提高繼電器(Relay)的作動電流, 5. 於繼電器正負端跨接點連接一個電阻電容器 6. LED 燈內部驅動電路之前增加降壓電路。

## 1. 保持距離以策安全

信號電纜(電子計算機電纜)必須與高壓電纜保持 1 公尺以上的距離,遠離高壓電纜通電之後所產生的磁場範圍。

## 2. 交流電信號改為直流電信號

此信號是指 On-Off 的開關信號,通常此種信號皆設計由控制電纜來傳輸,控制電纜的結構只有一個總屏蔽來隔絕外在的干擾(指磁力線),至於內在的感應則必須避免磁場的產生。

磁場的產生通常是由交流電所引起的,信號如使用 110VAC 或 220VAC 來作 On-Off 開關動作,絕對無法避免感應的產生。如果利用 24VDC 的直流電壓作為 On-Off 信號,直流電不會產生磁場,就無感應電壓的問題。

## 3. 將電纜上磁場所產生的磁力線屏蔽並導入地線

外在感應電壓除了高壓電所產生大的磁場,必須以距離來隔離外,一般 380VAC 所產生的磁場皆會被本身的銅網屏蔽或另一條電纜銅網屏蔽所隔絕。

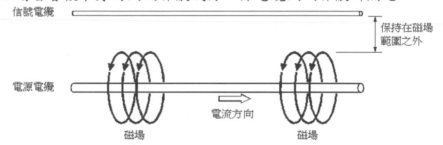

圖 3 信號電纜遠離電源電纜產生的磁場範圍之外

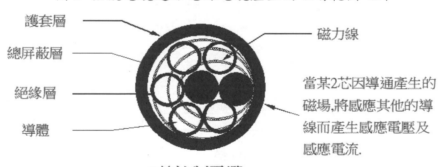

7芯控制電纜

圖 4 控制電纜結構及內在感應電壓

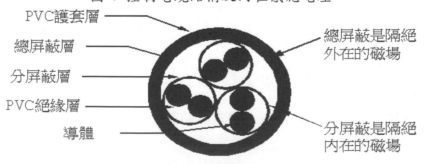

三對控制電纜

圖 5 三對控制電纜的結構

345

但唯一例外的是控制電纜自己本身所產生的內在感應電壓,尤其是3芯或3芯以上的控制電纜。控制電纜的結構如圖4所示,當其中某2芯導線因開關、繼電器或限位開關而導通,其110VAC或220VAC信號所產生的磁場,導致其他未導通的導線產生感應,此是內在感應電壓及電流產生的原因,將會導致所連接的繼電器產生誤動作。

如何將此感應現象消除?除了將交流電信號改為直流電信號外,另外的方式則從控制電纜的結構著手,即是將控制電纜的結構改為信號電纜的結構,利用每一對的銅網屏蔽將磁場屏蔽隔絕,不影響其他信號,也不會產生感應電壓及電流。圖5為改善後的電纜結構,每一對的信號或電源會被本身的銅網將磁場隔絕,並導引銅網上的感應電壓及電流至接地網上,且只能一端接地。

4. 提高繼電器(Relay)的作動電流

感應電壓存在時,會伴隨著有感應電流,此現象會隨著多芯電纜傳送至繼電器,如果繼電器的作動電流只大於感應電流的50%時,繼電器就會誤動作,表2說明感應電流與繼電器之間的關係。

為改善繼電器的誤動作,只能選擇作動電流值大的繼電器並更換之,唯一要注意的是更換繼電器時,其外觀尺寸的大小是否可放入原先設計繼電器的插座內。

5. 於繼電器正負端跨接點連接一個電阻電容器

在繼電器跨接點上,連接一個電阻電容器或突波消波器或日本所謂的 Surge Killer,主要的功能為降低流經繼電器的感應電流,不使繼電器誤動作,但又不至於在真正信號傳達時卻無法動作,唯一缺點是電阻電容器因長期的感應電流經過,會因發熱而消耗功率,且其壽命又不確定,何時損壞造成誤動作或不動作無法預期,但此誤動作或不動作的繼電器是否會造成更大的製程損失卻是可以預期的。增加跨接點突波消波器或電阻電容器,其方式如圖6所示。

6. LED 燈內部驅動電路之前增加降壓電路

控制盤上的 LED 燈,因為控制電纜中有一組導線通過 110VAC 的電源,導致其他組導線產生感應電壓,使得盤上的 LED 指示燈恆亮,無法判定運轉狀態。由於無法將控制電纜更換為信號電纜,改善 LED 燈恆亮的方式,是在 LED 燈內部驅動電路之前增加降壓電路,如圖7所示,其中利用分流電阻的加入,使感應電流旁路,或串聯曾納二極體使障蔽電壓增加之方式,使感應電壓造成 LED 恆亮的問題解除。

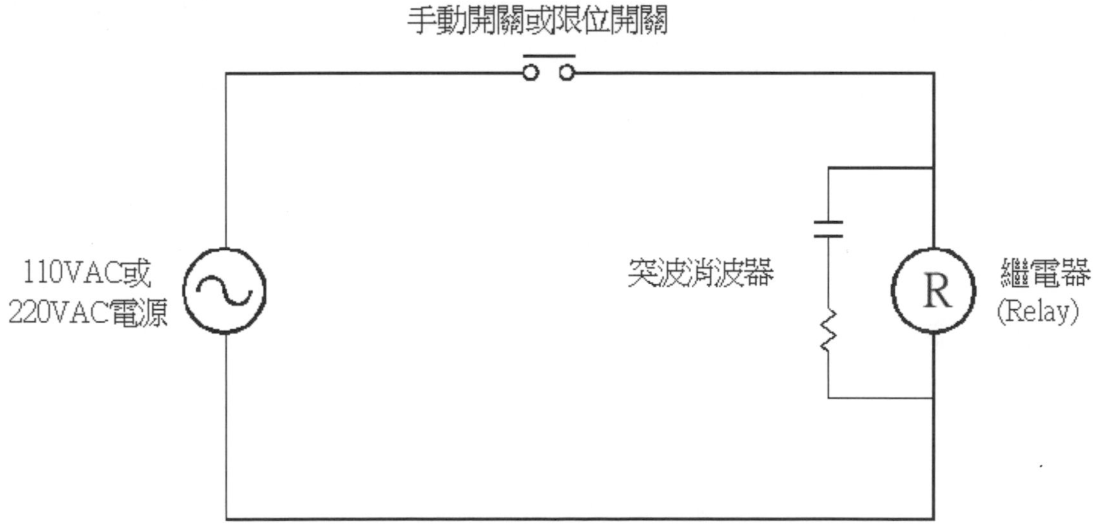

圖6 突波消波器電路迴路及安裝方式

346

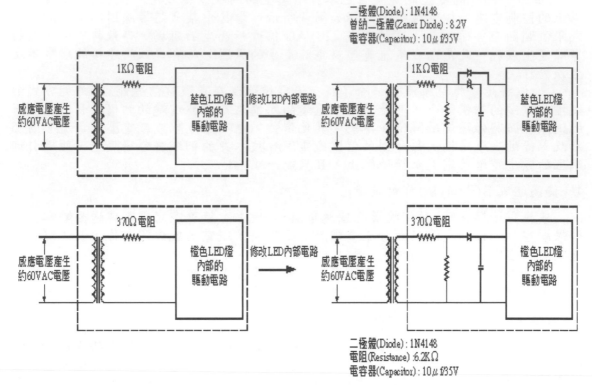

圖 7 感應電壓作用在 LED 指示燈

# 第六章 氣動控制閥

前言

　　氣動控制閥的選擇不同於馬達閥或其他的閥門，它必須在最短的時間內迅速反應製程條件的變化，而其閥桿的長度是所有閥門中最短者。氣動控制閥的閥體大部分為球體閥(Globe Valve)，少部分為角閥，它們皆以直線閥塞移動為特徵，利用彈簧/膜片或線性式活塞驅動器來驅動。

　　決定氣動控制閥篩選的尺寸是依據流動容量的參數 $C_v$，$C_v$ 的概念於許多年前被發展出來，是利用水在合理的溫度流經一個球體形式的閥門，然而流體流動現象的極端條件和閥體外形的進展，已經需要許多的修正因數去更正基本的 $C_v$ 計算值，這個因數補償包含閥體和管線配置的形狀、閥體內的構件、流體流動的壓力復原及雷諾數，這些都是標準控制閥篩選的一部分。

　　閥門的流動特性是閥桿或閥軸移動和流體通過流量之間的關係，而其流動特性可分為理論上的固有流動特性(Inherent flow Characteristics)，以及與管線或管件組裝後的安裝流動特性(Installed flow Characteristics)。固有流動特性代表恆量壓力降通過閥門的關係，安裝流動特性是構想閥門被安裝之後，壓力降隨著在管線上及串聯閥門操作設備的損失而改變。

　　孔蝕作用(Cavitation)和閃化作用(Flashing)這兩個相關的物理現象，在控制閥篩選計算過程中有很重要的影響，在許多應用上能夠限制流體通過閥門，且為了精確的篩選閥門，必須給予正確的計算。此兩種作用對閥門產生結構上的損傷，而與其連結的管線可能也得到相同的結果。

　　噪音(Noise)可以被定義為有害的聲音，是繼空氣和水污染之後，噪音污染不久將成為人類環境第三個重大的威脅。控制閥噪音的產生是由於流體流經閥門的節流口，以音速通過節流口，伴隨著孔蝕作用所產生氣泡的崩潰和管線的振動而發生，為了預測控制閥噪音的強度，利用特殊的調整構件(Trim)、改變閥門內部的形狀、改變配管的形狀(擴管)、及在管線內加入消音器來控制或消除噪音的產生。

　　雖然控制閥的閥體形式大部分為球體閥形式，但由於需要克服孔蝕作用和閃化作用對閥門組件的浸蝕，各個閥門製造廠商已經發展出各式各樣的調整構件，來減弱流體對閥門結構上產生的損傷。瞭解閥門內實際發生流體流動現象的知識，選擇調整構件和材料，可以降低或補償孔蝕作用和閃化作用不期望的影響。

　　閥門的量程範圍(Rangeability)對閥門而言是一個重要的參數，它被定義為最大可控制流量(最小的壓降)需求的 $C_v$ 和最小可控制流量(最大的壓降)需求的 $C_v$ 之比。B.G. LIPTÁK 說明控制閥能夠提供量程範圍的決定，應是在閥門增益(Valve Gain)對閥門 $C_v$ 的圖表為基礎來估算。假如最小和最大 $C_v$ 之間，實際上閥門增益為理論上閥門增益的 25%範圍內，量程範圍是可接受的。Lovett 已經指出量程範圍定義的弱點，是一個最小可控制流量的工作協定，由於閥座洩漏及接近閥門關閉位置，被維持閥桿穩定的一個驅動器能力所限制，這是因為當閥塞接近閥座位置時，因流體通過節流口所造成的振動。Curtis 評估使用在10%和100%閥門衝程 $C_v$ 比之量程範圍，閥門容量在5%和95%之間，或大約19的量程範圍是有用的。詳細的說明在閥門增益、迴路增益、及量程範圍內討論。

　　控制閥篩選計算方程式是以 ANSI/ISA Standard S75.01 和 IEC Standard 534-2 的篩選方程式為基礎，預測和計算可壓縮流體和不可壓縮流體通過控制閥，這些方程式目的不是使用於濃稠的漿狀流體、乾的固體、或非牛頓流體，而是使用於兩相(氣相和液相)流體的流動、多階降壓流體的流動、和超臨界的流體。方程式主要的用途是幫助選擇一個適合的閥門尺寸，作為製程控制的一個特有的應用。

## 1.0 $C_v$ 的由來及定義

　　控制閥最重要的表達方式是以流量係數 $C_v$ 來定義流體通過閥門的流量，不同於馬達閥等其他閥門的流量計算。首先是由 Masoneilan 在 1944 年提出，迅速成為控制閥公認的流量計算標準，已經成為控制閥的設計和特性行為、或流量行為的討論。

控制閥的篩選係數 $C_v$ 定義為 1 美國加侖，每分鐘 60°F 的水，通過一個閥門產生 1 psi 的壓降。下列利用方程式來表達 $C_v$ 的定義：

$$C_v = \frac{Q}{\sqrt{\dfrac{\Delta P}{G_f}}} \qquad \text{(方程式 6-1)}$$

$$Q = C_v \sqrt{\frac{\Delta P}{G_f}} \qquad \text{(方程式 6-2)}$$

此處符號表示：

$C_v$ ＝ 流體通過閥門的流量

$Q$ ＝ 流動率，單位：gpm

$\Delta P$ ＝ 通過閥門允許的壓力降，單位：psi

$G_f$ ＝ 流動溫度下流體的比重

表 6-1 假設 $C_v = 42$，$P_1 = 50$，$G_f = 1.0$，依據方程式 6-1 得出的數據

| 入口壓力 $P_1$ | 出口壓力 $P_2$ | 差壓 $\Delta P$ | $\sqrt{\Delta P}$ | 流體比重 $G_f$ | 流量 $Q$ |
|---|---|---|---|---|---|
| 50 | 49 | 1 | 1 | 1.0 | 42 |
| 50 | 46 | 4 | 2 | 1.0 | 84 |
| 50 | 25 | 25 | 5 | 1.0 | 210 |
| 50 | 1 | 49 | 7 | 1.0 | 294 |

依據方程式 6-1 和 6-2，建立一個理想液體流量的 $C_v$ 曲線。假設 $C_v = 42$，閥門入口的恆定壓力 $P_1 = 50$、流體的比重 $G_f = 1.0$，得到表 6-1 的一組數據，依據這些數據可以得到一個理想的 $C_v$ 曲線，如圖 6-1 所示：

根據表 6-1 得到下列一個理想的 $C_v$ 曲線：

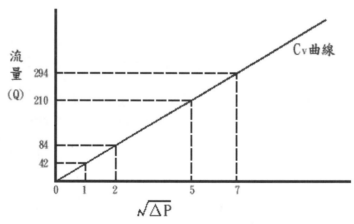

圖 6-1 理想的 Cv 曲線

然而實際的 $C_v$ 曲線不同於上圖所顯示的曲線。首先在管線內流體的流量，由於通過閥門，一開始就減少了，其次在壓降中流量依然持續的增加(圖 6-2 可以說明水頭壓力隨著流量的增加而變小)。實際的狀況是流體通過閥門的通口(Port)或節流口(Restrictions)時，流體的流動發生了阻塞的現象，或是因為孔蝕作用產生的氣泡，造成氣體體積的膨脹，阻礙水流快速通過閥門節流口。圖 6-3 顯示實際的 $C_v$ 曲線或實際的流量，至於有關孔蝕作用的現象及強度，將於專門的章節中討論。

## 2.0 氣動控制閥的特性曲線

所有的控制閥本質上是降低壓力的裝置，換句話說，為了達到控制製程的目的，必須調節流動的流體。最廣泛使用於節流閥門的形式，是具有一個單階通口和閥塞

的組合形式，而多階降壓的閥體形式通常是作為除去噪音、浸蝕和孔蝕作用的應用。

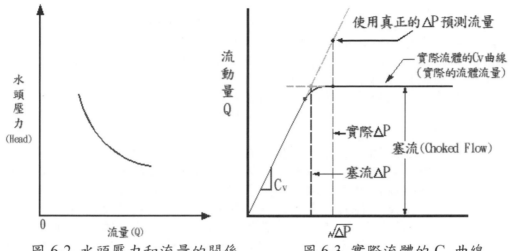

圖 6-2 水頭壓力和流量的關係　　　圖 6-3 實際流體的 Cv 曲線

　　閥門的調整構件(Trim)是控制閥操作的心臟，並給予一個流量和閥塞舉升之間有一個明確的操作關係，這個關係是所謂閥門的流動特性。不同的閥塞形狀之設計，可以達到不同的流動特性。

　　閥門內流體的流動特性是根據閥塞位置的變化，所產生的流體流動型態。典型的流體流動特性可分為快開 (Quick-opening)、線性 (Linear) 和等百分比 (Equal-percentage)等的流動特性。選擇正確的流動特性，在製程的穩定性或控制能力上，可以有一個強烈的影響，因為它們代表閥門增益(Valve Gain)相對於閥門行程 (Valve Travel)的變化。

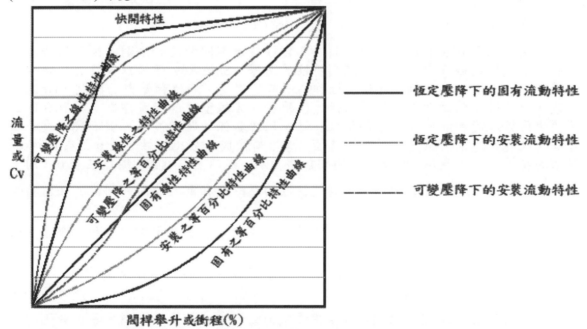

圖 6-4 控制閥流量相對於閥桿舉升的流動特性曲線

　　流動特性可區分為固有流動特性(Inherent flow Characteristics)和安裝流動特性 (Installed flow Characteristics)，參閱圖 6-4 流動特性曲線。固有流動特性是保持恆定壓降通過閥門的流動特性，這些是理想的特性曲線，沒有正確反映藉由實際的測試決定真實的流體性能，而實際測試數據顯示有 10%或更多在閥塞舉升相對於流量的偏差、斜率的變動、和其它來自於理想曲線的畸變。這是由於調整構件型式和設計之間、閥體形狀、製造公差、再現性和品質控制的差異性所影響。就實際目的而言，假如維持在合理限制之內，這些的畸變在實際的應用中，沒有實質影響閥門的性能。典型的固有流動特性，流量相對於閥桿舉升的測試資料，在安裝系統中能夠被用作大約正確的閥門特性行為。

　　圖 6-4 反映出閥門特性的轉移。理論上具有恆定壓降的固有流動特性，安裝配管系統後，轉移成安裝流動特性，而可變壓降安裝流動特性，簡言之，就是閥門入口壓力隨著製程條件而變化的流動特性。

　　安裝流動特性能夠被一個補償器來修正，帶來更接近理論的固有流動特性。閥門定位器的凸輪能夠被用來做這個補償器，但在控制器輸出和閥門定位器輸入之間，安裝一個信號特性器的繼電器(Relay)作為這個目標是比較好的。

　　固有流動特性是閥門設計和製造的一種參數功能。這個特性是閥門流量相對於閥桿舉升的測試，但在實際製程流體的流動迴路，不應被安裝的流動特性所混淆。在實際的應用中，通過閥門的差壓變動，在閥桿舉升和流體流動範圍期間，當作系統特性的一個函數。這個變量是由於隨著流體流動造成泵的水頭壓力改變、配管的磨擦損失、管配件流體靜力學的阻抗、阻塞閥、及流動測量裝置等的因素。

　　快開的流動特性是一種具有最小行程時間的一個最大流量之特性，一般使用於閥門開-關(on-off)型式的應用。線性流動特性是一個流量對衝程在百分比率單位的座標上，以一個理想的直線斜率，代表一個固有的流動特性。等百分比流動特性是額定行程的相等增加量，理想般的給予現存流量等百分比的改變。

表 6-2 Driskell 建議閥門特性曲線的選擇

| 應用 | 閥門差壓(△P)在 2:1 以下 | 閥門差壓(△P)超過 2:1<br>但在 5:1 以下 |
| --- | --- | --- |
| 孔口板式的流體 | 快開特性 | 線性特性 |
| 線性流體 | 線性特性 | 等百分比特性 |
| 液位 | 線性特性 | 等百分比特性 |
| 氣態壓力 | 線性特性 | 等百分比特性 |
| 液態壓力 | 等百分比特性 | 等百分比特性 |

## 2.1 選擇閥門的特性

　　不同的工程師在選擇閥門特性時，各自發展出不同的經驗法則，來應用於各式各樣的系統控制迴路中。而這些閥門特性的選擇，Shinskey 建議以等百分比特性作為溫度和蒸汽壓力的控制，線性特性作為所有的流量、液位和壓力的控制。Driskell 建議在恆定壓差的閥門上，快開特性應使用於平方根型式的流量控制，等百分比的閥門使用於溫度和液態壓力，而線性特性使用於其餘的閥門控制。假如閥門壓差隨著負荷改變，建議快開變換成線性特性，線性轉換成百分比特性。表 6-2 為 Driskell 建議的特性曲線之應用。涉及更多的變數時，Lytle 建議更是複雜，總結在表 6-3 內。

　　然而在一個相當多的案例中，閥門特性的選擇沒有重大的因果關係。任何特性差不多皆可接受，理由是:

1. 製程具有短時間的恆定。例如流量控制、大部分的壓力控制迴路、和混合冷熱水流的溫度控制。

2. 控制迴路被具有狹比例帶(高增益)的控制器操作。例如大部分的調節器。

3. 製程擁有小於 2:1 的負荷變化量。

　　一般來說 Lipták 認為快開特性使用在調節器和流孔板式的流體。等百分比特性常常使用在熱傳導類型溫度控制的應用，以及當負荷(流量)改變時，閥門壓差變化超過 2:1 的泵抽動系統。線性的特性使用於大多數其他的案例。

　　獲得一個真正需求的閥門特性，需要一個完整的動態分析，但是即使費心執行如此的分析，可能產生閥門特性不是商業上採用傳統壓縮空器操作的控制閥，理由如下:

1. 閥門特性是一個閥門內部結構的特性，隨著閥瓣形狀產生等百分比特性的球閥或蝶閥。

2. 利用設計閥瓣或調整構件，來特性化閥門。

3. 數位控制閥能夠利用軟體來特性化閥門。

4. 利用功能產生器、特性化定位器、凸輪等輔助硬體的累加上去的方式,來特性化閥門。

5. 智慧型控制閥能夠以電子信號修改接收的控制信號,作為一個固有閥門特性的函數,及包含的期望的閥門增益。

表 6-3 Lytle 建議閥門特性曲線的選擇

| 液體的液位系統 | |
|---|---|
| 控制閥壓降 | 最佳的固有特性 |
| 恆定的 △P | 線性 |
| 具有漸增負荷的漸減之△P,最大負荷的△P>最小負荷△P 的 20%。 | 線性* |
| 具有漸增負荷的漸減之△P,最大負荷的△P<最小負荷△P 的 20%。 | 等百分比 |
| 具有漸增負荷的漸增之△P,最大負荷的△P<最小負荷△P 的 200%。 | 線性 |
| 具有漸增負荷的漸增之△P,最大負荷的△P>最小負荷△P 的 200%。 | 快開 |

| 壓力控制系統 | |
|---|---|
| 應用 | 最佳的固有特性 |
| 液體製程 | 等百分比* |
| 氣體製程,小容量,控制閥和負荷閥門之間小於管線 10 英尺 | 等百分比 |
| 氣體製程,大容量,(製程擁有一個儲存器、分散系統、或傳送管線超過公稱管線容量的 100 英尺),最大負荷的△P>最小負荷△P 的 20% | 線性* |
| 氣體製程,大容量,具有漸增負荷的漸減△P,最大負荷△P<最小負荷△P 的 20% | 等百分比 |

| 流量控制製程 | | | |
|---|---|---|---|
| 流體測量信號到控制器 | 控制閥位置和測量元件的關係 | 最佳的固有特性 | |
| | | 廣泛範圍的流量設定點 | 小流量範圍但大的 △P 改變在具有漸增負荷的閥門 |
| 與 Q 成比例 | 串聯 | 線性 | 等百分比* |
| 與 Q 成比例 | 分路** | 線性 | 等百分比 |
| 與 $Q^2$ 成比例(流孔板) | 串聯 | 線性* | 等百分比 |
| 與 $Q^2$ 成比例(流孔板) | 分路** | 等百分比 | 等百分比 |

**當控制閥關閉,流動率在測量元件中增加。
*最普通的

3.0 閥門增益、迴路增益和量程範圍

　　閥門增益、迴路增益、量程範圍、和閥門特性曲線是相互有關聯的。一個好的製程工程師應能夠明辨這些專門名詞,因為這些具有獨特性的名詞,在一個製程的閉迴路中,扮演一個重要的角色。而控制閥的特性曲線已於上一節討論過,圖 6-4 更說明在恆壓和變壓下的固有及安裝特性曲線。

3.1 增益(Gain)

　　增益,簡單而言就是一個設備,它的輸出除以它的輸入。Lipták 提出一個迴路的增益是由 4 個部分組成—閥門增益、製程增益、感測器增益和控制器增益,而這 4 部分增益的乘積維持恆定的數值 = 0.5。參閱圖 6-5 迴路增益的組成部分。

就一個具有恆定增益的線性閥門而言，閥門增益是最大流量除以閥門的衝程，理論上閥門增益是 1。當使用一個線性控制器和一個線性傳送器，它們的增益是恆定的，因此假如製程增益也是恆定，增益組成部份的結果(乘積)是恆定的，迴路將會是最佳的穩定。為了保持 0.5 的恆定值，通常是調整控制器給予 1/4 振幅阻尼的衰變率。

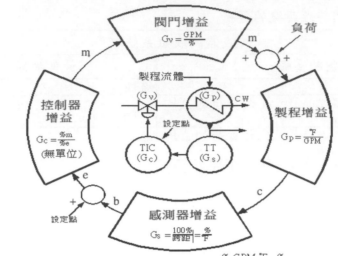

$$迴路增益 = (G_z)(G_v)(G_p)(G_s) = \frac{\%}{\%}\frac{GPM}{\%}\frac{°F}{GPM}\frac{\%}{°F} \quad (無單位)$$

圖 6-5 迴路增益的組成部分

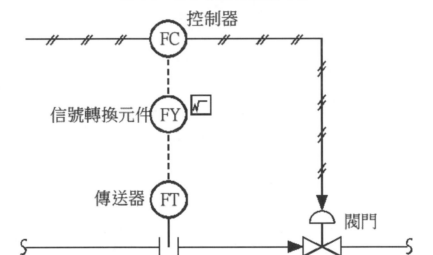

圖 6-6 流量控制的迴路架構

　　假如感測器是非線性的，例如一個沒有平方根開方差壓元件的流量傳送器(圖6-6)，增益將比例於流量而上升，迴路在高流量下是不穩定，而在低流量下是緩慢的。當在傳送器內安裝一個平方根開方元件，使傳送器成為線性。但也能夠利用一個非線性控制器來修改傳送器的非線性，或利用一個快開特性曲線的閥門，其增益隨著流量而下降。

　　假如製程是非線性的，即增益隨著負荷變化，儘管其他的增益是恆定的，負荷的改變將造成迴路增益偏離 0.5，因此當負荷(流量)改變時，迴路將變成不穩定或是緩慢的。因此另一個迴路增益的組成部分也改變，迴路將保持穩定不變。當製程增益下降時，這個增益是上升的，保持迴路增益的數值在 0.5 附近。這個增益可以是控制器增益、或控制閥增益。

　　當控制器增益隨著負荷(流量)而變化時，依據存在於流體通過閥門和閥桿舉升之間的特性曲線來命名。假如閥門增益在隨著流量，以一個恆定的比率逐漸增加時，它被稱為線性閥門。假如閥門增益以一個變數比率逐漸增加時，被稱為等百分比閥門。而假如當流量增加時，閥門增益是逐漸下降，則被稱為一個快開閥門。

353

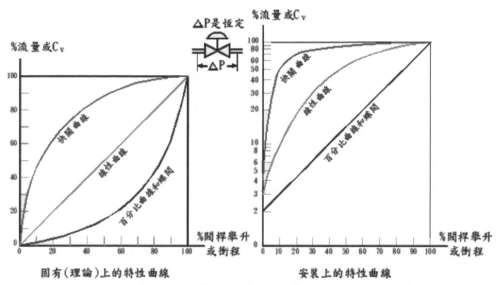

圖 6-7 閥門在恆壓下固有和安裝的三種特性曲線

### 3.1.1 安裝的閥門增益

　　假如閥門壓力差隨著負荷變化,理論上閥門增益在安裝之後會改變。大部分利用泵抽動流體到管線的系統都是此種情況,當流量(負荷)上升時,對閥門而言,水頭壓力越來越小。當閥門壓差隨著漸增的流量降低時,閥門的增益也降低了。這個傾向造成等百分比閥門的安裝增益接近線性。因此幾乎全部摩擦式的泵抽動系統,假如期望保持閥門增益相對的恆定(即擁有線性特性),被建議安裝一個等百分比控制閥。

　　一個更有效保持閥門增益恆定的方法,是以一個線性的控制迴路取代一個閥門的操作,如圖 6-6 所謂的合成串級配置。利用此種迴路來穩定的控制流體通過閥門,此種方法的缺點是,假如製程的控制系統是快速的,迫使控制器跳過合成串級的調協,降低控制品質。

### 3.1.2 固有(理論上)的閥門增益

　　控制閥的固有控制曲線,描述閥門驅動器接收控制器輸出信號和通過那個閥門流量之間的關係,假定 1.驅動器是線性,即閥門的行程與控制器輸出信號成比例。2.通過閥門的壓差是恆定的。3.製程流體並無閃化現象、孔蝕現象、或接近音速(塞流)的現象。如此閥門內部閥桿的舉升對流量的關係呈現如圖 6-7 所示,閥門在恆定壓差下固有和安裝的特性曲線。

　　一個線性的閥門中,行程和流量呈線性的比例,因此理論上的增益在整個負荷上是恆定的。等百分比的閥門,閥桿舉升一個單位的變化將造成一個流量的變化,意指閥桿舉升是一個固定百分比的流動率。例如等百分比閥門的每次舉升,將以大約 3%先前流動率的百分比來增加,因此理論上的增益直接與流量成正比,且隨著流量的增加而增加。快開特性的閥門中,增益隨著漸增的流量而減少。

### 3.2 量程範圍(Rangeability)

　　大部分製造廠商定義控制閥量程範圍是在最大和最小之間可控制流量通過閥門的比率,如方程式 6-3 所示。最小可控制流量被定義為低於閥門朝向完全關閉的流量。然而此定義沒有論及到當閥門關閉時發生的洩漏流量,對於測得的可控制最小流量,隨著閥桿舉升的變化,可以變高或降低。一般而言,考慮最小可控制流量是當閥塞舉升離開閥座時,大約 2 倍的最小間隙流量。

　　製造廠商利用這個定義,通常主張等百分比閥門的量程範圍為50:1,線性閥門為 33:1,而快開閥門大約為 20:1。這些主張建議通過這些閥門的流量,可以被控制到其額定 $C_v$ 的 2%,3%和 5%。以上是以固有特性曲線來說明量程範圍。當閥門安裝於管線系統時,則整個特性曲線因畸變而偏移,量程範圍也隨著降低。

354

$$量程範圍 = \frac{最大可控制流量}{最小可控制流量}$$

(方程式 6-3)

　　然而上面量程範圍的定義是以可控制性能為基礎。當閥門循環操作在關閉和某些最小流量之間，而且迴路增益離開 0.5 偏移數值時，產生一個無法控制的迴路。因此可接受的流量範圍，是在閥門能夠安全使用於閉迴路控制之內，必須以理論和實際閥門之間的關係為基礎。當設計工程師已經選擇理論的(固有的)閥門增益，做為最佳迴路的穩定性，實際的安裝閥門增益也是一樣，接近在一個可接受的閥門量程範圍之內。假如實際閥門增益是在最小 $C_v$ 和最大 $C_v$ 之間的理論增益 25%之內，量程範圍是可接受的。事實上控制閥真正安裝特性的量程範圍是在 7:1 到 15:1 的等級中，這通常是足夠了，因為許多製程不會超過 5:1 的量程範圍內操作。

## 4.0 控制閥的結構和內部各組件的功能

　　選擇一個控制閥作為工業製程的應用，不但要瞭解製程流體的性質，而且也要知道控制流體的閥門內部結構和各個組成部分的功能，這才能判斷所選擇的閥門是否適合製程。本節主要討論組成閥門各個零組件的作用，包含閥體、調整構件、閥帽和封填墊。

## 4.1 閥體(Body)

　　閥體是由一個壓力外殼和閥門流體管線的一部分所組成的，被稱為閥體的組合體。這個組合體由閥體、閥帽、或上部封閉流體的組件來組成，有時候是由一個下部法蘭的封閉組件、及被稱為調整構件的內部組件所構成的。就安裝閥門連接到管線系統而言，閥體可以有法蘭螺栓連接、螺紋鎖入方式、或末端焊接(套焊和或對焊)。

　　閥體的結構可以是直列式、直角式、偏移直列式、丫型式和三通式，這些的形狀和樣式，通常被內部調整構件組件的型式、配管系統的要求、和製程系統中閥門的應用功能所決定，而閥體的設計包含許多特殊目的。最終的結果是一個能夠配置動力驅動器(電動、氣動或液壓)的閥門，並利用來調節製程流體的流動，例如調節壓力、溫度、流量、液位、或在製程系統中，任何其它的變量等這些事情。這是藉由流體的壓降來完成，而一個控制閥永遠是一個壓力損失的裝置。

## 4.2 調整構件(Trim)

　　調整構件在控制閥中是一個非常重要的組件，而這個名詞是專門使用於氣動控制閥，這是由於其構造、形狀和樣式的變化，不只是作為一般控制流體的應用，也是為了在特殊應用上作為消除噪音、浸蝕、孔蝕作用和閃化作用的應用。

　　調整構件狹義而言，是指控制流體流量的閥塞和閥座。廣義來說包含與製程流體接觸的所有接液組件(閥體除外)，這些是閥塞、閥座或閥座環、閥桿、以及使用在平衡閥的閥籠(Cage)等。某些球體閥的設計也把其他的組件、例如閥座護圈(Seat Retainers)、隔離片(Spacers)、導桿軸襯(Guide Bushings)和特殊的組件也包含在內。大部份消散在閥門的壓力損失，主要是被調整構件所吸收。調整構件也是提供決定閥門固有的流動特性。

## 4.3 閥塞(Plug)

　　大部分現代的控制閥，其閥塞形狀無論是平衡閥或不平衡閥，最通常的形狀是仿形閥塞、通口閥塞、或活塞式閥塞。仿形閥塞天生具有製造的優勢，因為它很容易被棒鋼材料製造，利用現代的機械工具，精確且劃一的製造，並且能夠很容易硬化與閥座接觸的表面，作為抗浸蝕的應用。較常使用於單閥座閥門，但也被採用在雙閥座閥門設計中。

## 4.3.1 仿形閥塞(Contoured Plug)

仿形閥塞的外形基本上有三種形狀，依據其外型各自產生不同的流動特性，即等百分比、線性和快開，如圖 6-8 所示。線性和等百分比仿形閥塞，被設計作為節流的控制，本質上涵蓋整個閥門的行程。快開的流動特性，在超過閥桿最初舉升大略 20%~30%為線性方式，大約形成 $C_V$ 容量的 80%流量，剩餘容量的增加至閥桿舉升餘額結束為止。基本上這種外型的閥塞被用作一個短衝程開-關形式的應用。

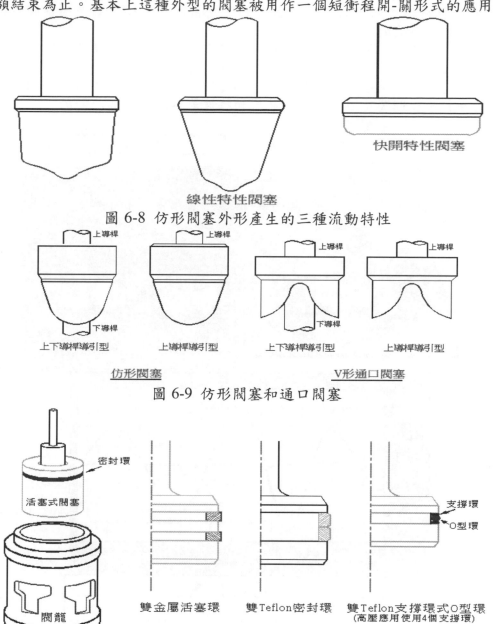

圖 6-8 仿形閥塞外形產生的三種流動特性

圖 6-9 仿形閥塞和通口閥塞

6-11 活塞式閥塞及閥塞上的密封環形式

### 4.3.2 通口閥塞(Port Plug)

　　通口閥塞和仿形閥塞皆能產生期望的流體流動特性，但是通口閥塞必須是鑄造或鍛造，且很困難去硬化表面，所以不適合作為有塞流狀況或溫度超過 316℃(600℉)的應用 ，這是因為需要硬化調整構件，來抗拒流體帶來的浸蝕或腐蝕。
通口閥塞形狀的設計是消除流體快速通過閥門節流口，衝擊閥塞產生對閥桿振動的影響。增加下導桿的閥塞，也會降低閥桿的振動，唯一需要考慮到流體通過節流口的流動量。圖 6-9 呈現具有上導桿(閥桿)和上/下導桿的仿形閥塞和通口閥塞的設計。
　　閥桿在流體通過節流口引起過大的振動，自然增加閥桿在封填墊區域的磨損率和洩漏率，對閥塞是否維持在閥塞座中心點的位置也深受影響。圖 6-10 顯示 V 行通口閥塞、上導桿仿形閥塞和上/下導桿仿形閥塞產生的振動曲線。

### 4.3.3 活塞式閥塞(Piston Plug)

　　活塞式閥塞(參閱圖 6-11)一般是搭配著閥籠或閥套(Sleeve)一起使用於平衡式控制閥(圖 1-61)。閥塞上有防止流體洩漏的特殊設計，這些設計的材料有 Teflon 和高鎳耐蝕鑄鐵(NiResist)，其形式有三種，1. 雙金屬活塞環，2. 雙 Teflon 密封環，和 3. 雙 Teflon 支撐環式 O 型環。平衡式控制閥洩漏等級為 III，這是因為閥塞和閥籠之間，存在著間隙流的關係。

　　活塞式閥塞相對來說是容易製造的，通常來自於一個更堅硬的不鏽鋼材料，例如 416、440C、17-4PH 或 329 不鏽鋼。這些材料並非像奧氏體不鏽鋼 316ss 般的抗腐蝕。假如需要應用這些材料，必須藉由熱處理來硬化表面，因為這些閥塞通常是以導桿為導引的一個閥籠組合體，而其流動特性是與閥籠合成一體的。

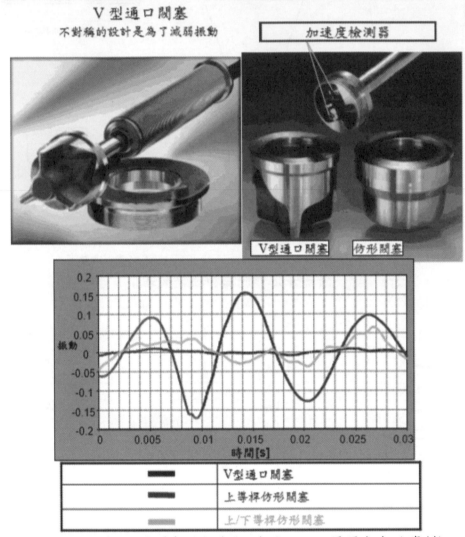

圖 6-10 比較三種閥塞的振動(取自 Samson 閥門廠商的資料)

### 4.4 閥桿(Stem)

　　連結到閥塞的閥桿必須是沉重且堅硬的，足夠攜帶來自於驅動器傳遞到閥塞的負荷，並承受閥座的反作用力而不會彎曲。但是它不能夠太粗，以致於產生過多的封填墊摩擦阻力。大部份封填墊使用具有低摩擦及良好密封的鐵氟龍(Teflon 或稱 PTFE)材料，允許製造廠商設計重載閥桿，承受全部各式各樣的力量加到它本身，抗拒著即使是微小的彎曲和流體力學的振動力量。

　　閥桿通常和閥塞一樣有相同的材料，在一些不尋常的腐蝕應用中，閥桿可以擁有與閥塞不同的材料製成，更能適當的應付封填墊的洩漏。閥桿可以與閥塞構成一整體(一片)，或是以螺牙方式鎖入閥塞，然後使用一個針栓固定住，防止閥桿旋出閥塞。

利用導桿(Guide)的形式來導引閥桿，構成調整構件整體所必要的部分。導桿必須比閥桿材料更硬，把金屬-對-金屬的表面磨損降到最低限度，或含有不會被金屬磨損的材料。所有的金屬導桿可以由 17-4PH、440C、Stellite 或硬鉻鍍層的 316 不鏽鋼材料製造，某些金屬導桿可以擁有 Teflon 或石墨插入襯裡。

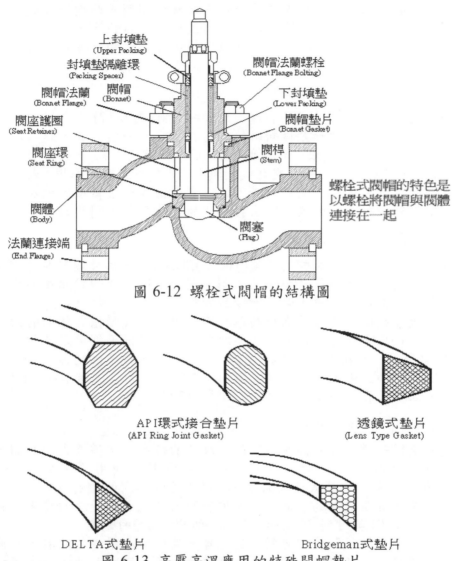

圖 6-12 螺栓式閥帽的結構圖

圖 6-13 高壓高溫應用的特殊閥帽墊片

4.5 閥帽(Bonnet)

　　閥帽是作為球體閥及幾種其他閥體型式頂部封閉的組合構件。除了封閉閥體之外，閥帽也提供安裝驅動設備到閥體的方法，並且密封閥桿，避免製程流體的洩漏。

　　最普遍的閥帽設計是螺栓式閥帽(參閱圖 6-12)，通常是利用高張力雙頭螺栓和強力螺帽扣緊到閥體，移除閥帽可以完整接近閥門的調整構件，作為保養的目的。由於閥帽是一個過制系統流體的壓力組件，設計的計算依照適當的 ASME Code 要求，包含法蘭的大小、厚度、壁厚、和螺栓栓入的尺寸。

　　閥帽和閥體之間的密封有幾種型式，取決於閥門的設計和應用範圍，包含封鎖製程流體的壓力和其溫度，而流體的腐蝕作用也是一個必須被考慮的因素。最普通的密封是一種扁平型式，或扁平墊片，具有一層螺旋捲繞凸出的設計。其它的設計有 API 環式接合(橢圓形或八邊型橫截面)、透鏡式、delta 式和 Bridgeman 式墊片，如圖 6-13 所示，這些是屬於金屬型式的墊片。扁平的墊片通常是石棉或是 Teflon 塑料。螺旋捲繞通常是結合一個 304 或 316 不鏽鋼金屬環石棉或是 Teflon 材料，金屬環也可以應用其他的金屬合金作為特殊應用的需求，例如高溫或嚴重的腐蝕環境。

　　製造廠商設計他們的閥帽，提供特徵在他們閥門設計的特殊原理佔主導的地位。

358

填料匣深度和表面拋光、導桿的供應、驅動器連結的方式、封填墊設計的柔韌性、封填墊壓蓋設計等等，所有的細節存在著製造廠商到製造廠商之間的差異，甚至各種閥體設計的組件，由一個製造廠商來提供。許多案例上，因為在高溫的應用中，很困難移除延伸式的閥帽，可能促進具有腐蝕流體的裂縫腐蝕。初期購買時是很低的成本，這是假的成本，對保養而言是一個更昂貴的閥門。閥帽對閥體的接合處用焊接來密封是罕見的例子，但可降低極毒流體或輻射流體的洩漏。

閥帽基本上有三種分類，1. 一般冷和熱應用的標準式和延伸式應用，2. 低溫的應用，3. 伸縮囊密封的特殊設計。下面敘述這些閥帽的應用。

## 4.5.1 標準式的閥帽(Standard Bonnet)

大部分的閥門裝置著標準式或普通式的閥帽設計(圖 6-12)，它涵蓋的壓力和溫度範圍，與標準的密封墊片和閥桿封填墊的材料相容。一般而言，這種閥門的額定壓力從 ANSI 150 到 2500 等級，而溫度從-30°C 到 315°C (-20°F~600°F)。高於 230°C (450°F)必須使用延伸式閥帽和交錯式封填墊。所有控制閥的應用，大約超過 90% 由標準式閥帽的設計來處理。它可能或可能不會合併導桿或軸襯，也有可能採用非常寬廣或非常限制的封填墊配置，取決於專門的製造廠商和閥門的設計。

## 4.5.2 延伸式閥帽(Extended Bonnet)

當流體溫度超過標準式閥帽的溫度(315°C)限制時，通常需要延伸式閥帽，甚至當正常的製程溫度，是在標準式閥帽的限制範圍內，給予延伸式閥帽的設計，來保護對抗經常發生在製程操作中，溫度干擾的影響。

大部分現代控制閥的設計作為一般熱和冷應用延伸式閥帽有相同的設計，除非在-100°C (-150°F)以下深低溫的應用。某些製造廠商提供兩個標準延伸式閥帽的長度(不同的低溫使用)，取決於操作的溫度。一般而言，標準的延伸式閥帽，在碳鋼的結構上，可以操作在-30°C 到 425°C (-20°F~800°F)，而奧氏體不鏽鋼(304 或 316)的結構上，可以操作在-100°C~815°C (-150°F~1500°F)。

## 4.5.3 低溫閥帽(Cryogenic Bonnet)

低溫閥帽是從一種延伸式閥帽專門設計改造的樣式，這種樣式的閥帽，需要操作溫度的範圍從-100°C 到-185°C (-150°F 到-300°F)到使用螺栓式閥帽的-255°C (-425°F)。-270°C (-454°F)最大極限的溫度，閥帽是焊接到閥體的設計。閥帽的長度是為了配合溫度應用而定做的。低溫閥帽配合閥體的大小、管線的要求、和操作溫度的需要，一般從 12 英吋到 36 英吋(300mm 到 900mm)的範圍。

還有些案例中，低溫閥帽需要額外的絕緣來減少外面環境的熱流，而使用一個真空外罩來裝配閥帽。低溫控制閥需要垂直安裝或不超過 20°的水平，這樣保證流體不會流到封填墊區域。這種低溫閥帽被限制在一個最大 ANSI 600 壓力等級的設計。因為極端寒冷的溫度需要良好的衝極抵抗力，材料限制在奧氏體不鏽鋼(304 或 316)和青銅。

## 4.5.4 伸縮囊閥帽(Bellow Bonnet)

許多控制閥製造廠商採用延伸式閥帽的設計，合併一個環繞閥桿密封的伸縮囊(圖 6-14)。伸縮囊通常是由不鏽鋼或其他抗腐蝕的合金材料製成的。例如 Hastelloy 和 Inconel，利用水壓成型或是以嵌套模式各別部分焊接成型。伸縮囊利用焊接連接到閥桿另一端，而另一端被焊接到一個夾入配件，且具有一個材料反轉動的裝置。反轉動裝置阻止伸縮囊在裝配和拆卸期間的扭曲，或是閥塞由於反作用力而傾向於需要轉動。

伸縮囊密封應用於毒性流體或有放射性的流體，避免流體洩漏到外面造成人員安全方面的危險。伸縮囊在閥門的開關操作下，由於伸長和壓縮造成金屬上有一定的壽命，其來回衝程的平均循環壽命從 1"即更小閥門的 50,000 循環，到 3~6"閥門的 8,000 循環，而循環壽命能夠利用降低操作壓力，或利用特別短衝程的閥塞來增長。操作溫度能利用多層金屬或厚壁延伸縮囊及合金的選擇，增加到 2900 psig 及

590°C (1100°F)的要求，但提升的溫度和壓力則犧牲了循環壽命。由於這些因素，金屬伸縮囊型式的密封，很少使用在今天一般的工廠，且已經被特殊的封填墊裝置所取代。

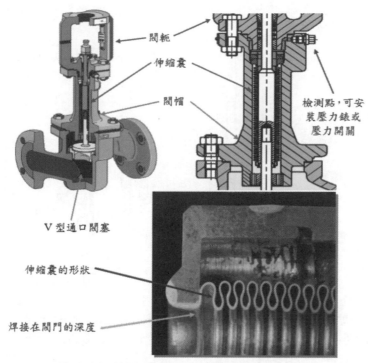

圖 6-14 伸縮囊在閥門內的結構及形狀
(圖面取自 Samson 閥門廠商的資料)

## 4.6 封填墊(Packing)

封填墊主要的作用是密封閥桿，防止製程流體在閥桿上下衝程的操作中洩漏到大氣。通常這是一種組合體，是由一個封填墊凸緣、一個壓蓋或上導桿、一個隔離片或燈籠環(Lantern Ring)、下導桿或下護圈、和許多封填墊環所構成，參閱圖 6-15。三種最常使用的封填墊材料是 Teflon、石棉和石墨。材料主要的要求是與製程流體具有相容性、閥桿的密封性、產生最小的起動和滑動磨擦、及長的應用壽命，而唯一符合全部的這些條件是 Teflon，結果成為多數控制閥製造廠商供給的標準封填墊材料，但在溫度高達232°C以上，則使用石墨作為封填墊的標準材料。最右圖為封填墊動負荷的配置方式。

### 4.6.1 Teflon 封填墊

Teflon 又稱為 PTFE(聚四氟乙烯)，通常以 V 型環或人形環的形狀提供作為密封之用。就特殊需要而言，則採用一種變異的杯狀和圓錐體形狀，但需要一個更高的作用負荷，才能有效供給密封的能量。Teflon 在一般的閥帽上，最大的溫度限制是 232°C (450°F)，低溫的限制大約是-185°C (-300°F)。

### 4.6.2 石棉封填墊

石棉封填墊是最老舊、用於密封的封填墊材料，由於石棉的致癌性，雖然它的密封效果優於 Teflon 封填墊，現在已經不再使用，但仍然有少部分被使用於工業上，它大半已經被 Teflon 取代，且在較高的溫度上，某些等級被石墨環所取代。

### 4.6.3 石墨封填墊

使用石墨作為封填墊的材料有一些優點，但也有許多缺點。主要的優點是高溫性可達 540°C(1000°F)和對化學不起作用，除了強氧化性流體之外，而這些強氧化性流體限制封填墊的溫度大約 370°C(700°F)。低溫限制是-18°C(0°F)。

石墨環封填墊通常與黏合劑及塑化劑合併使用，幫助形成石墨環。它通常以

Monel 或 Inconel 金屬線加固。石墨環通常是壓縮纖維的結構或是一個編織的結構。

　　石墨封填墊還必須有潤滑作用，這是藉由各種方法來達成。最普遍潤滑的方式是滲入石墨纖維，並以 Teflon 懸膠或石墨來形成環狀。Teflon 滲透式也有相同的溫度限制，當溫度上升時容易發生老化硬化，這種惡化造成閥桿洩漏增加的結果，並經常也在金屬閥桿上留下刻痕。

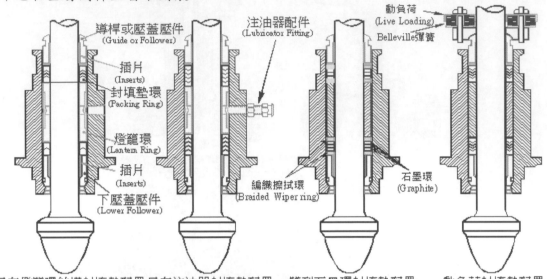

具有燈籠環結構封填墊配置　具有注油器封填墊配置　雙列石墨環封填墊配置　動負荷封填墊配置

圖 6-15 封填墊內燈籠環, 注油器和動負荷的配置形式

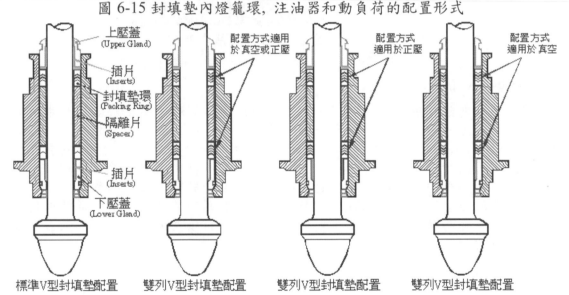

標準V型封填墊配置　雙列V型封填墊配置　雙列V型封填墊配置　雙列V型封填墊配置

圖 6-16 使用於真空和正壓的封填墊配置方式

　　石墨封填墊的缺點有 1. 相對高的閥桿磨擦。2. 困難施加作用力到封填墊上，給予一個有效的閥桿密封。3. 低的無洩漏循環壽命。4. 高溫應用中，不鏽鋼閥桿會產生點蝕。5. 由於石墨會鍍層在閥桿上，縮短封填墊的壽命。下列事情可以改善石墨封填墊的性能：

1. 使用包含疊層石墨和編織石墨纖維環的組合式封填墊之組合體。編織纖維環有助於對抗突出和石墨鍍層的刻刷和摩擦。

2. 小心扭轉封填墊法蘭上的螺帽，利用閥門製造廠商所建議最低限度的扭力。過度的扭轉將引起閥桿摩擦增加的結果，甚至可能鎖死閥桿。

3. 當閥門放入倉庫保管，或尚未投入使用達到一段時期時，移開封填墊。

4. 安裝新的封填墊之前，清除閥桿上石墨的鍍層。

5. 安裝期間避免環和環之間捕捉到空氣。

6. 週期性開關閥門至少 50 次，可以幫助閥門逐漸適合新的封填墊。

7. 在 370°C(700°F)或更高溫度的應用上，不要周期性的開關閥門，直到閥門組合體達到了溫度。

### 4.6.4 封填墊的配置

　　許多封填墊的配置，已經發展來適合各種封填墊型式和遏制流體洩漏的問題，這些形式如圖 6-16 所顯示。一般而言,Teflon 材料 V 型環或方型環的配置是相同的，雖然環的數量隨著各個封填墊的形式而有所變化。標準的封填墊配置是，下封填墊有助於把製程流體向上滲透降到最低限度，且充當閥桿的擦拭器。上封填墊由大量的環所構成，有效封住來自大氣的任何流體。

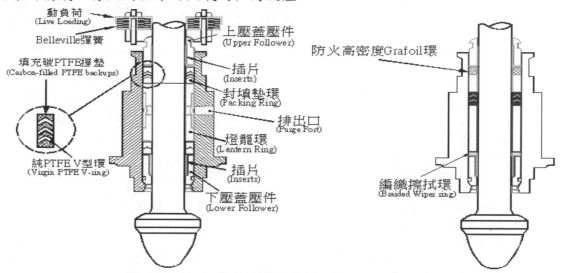

動負荷
(Live Loading)
Belleville彈簧
填充碳PTFE撐墊
(Carbon-filled PTFE backups)
純PTFE V型環
(Virgin PTFE V-ring)
上壓蓋壓件
(Upper Follower)
插片
(Inserts)
封填墊環
(Packing Ring)
排出口
(Purge Port)
燈籠環
(Lantern Ring)
插片
(Inserts)
下壓蓋壓件
(Lower Follower)
防火高密度Grafoil環
編織擦拭環
(Braided Wiper ring)

圖 6-17 動負荷封填墊及防火密封的配置形式

　　對於更難以控制的流體，或是替代伸縮囊方式的密封，是使用一個被稱為雙列密封的封填墊配置。這個排列方式就真空應用而言是有效的，此種配制是安裝兩組完整的封填墊，需要一個額外深度封填墊空間的設計，因為需要安排隔離片或燈籠環，和一個下閥桿或下護圈及下封填墊。封填墊的下部組件，目的是作為最重要的閥桿密封之用。在真空應用方面，封填墊被反向的排列，因為它處在低壓或密封的第二端。封填墊上部組件是第二備份，用來排除流體洩漏到大氣。真空的應用中，頂部密封墊是最重要的密封，因為壓力從大氣迫入到閥門的內部。

　　對於毒性或放射性流體的應用，閥帽在燈籠區域鑽一個錐形孔，而這個連結口能使用於三種不同的作用，取決於專用設計的要求。1. 錐形孔被當作一個洩漏監測的連結口，利用一個壓力計或開關、或是當作一個取樣口。2. 當作一個洩漏的連接口，通過它任何製程流體的洩漏，被管線接到一個排放處或無壓力的容器內。3. 當作一個壓力密封的連接口，引入一個與製程相容的惰性氣體或相同的液體，而任何封填墊的洩漏將再流入製程管線。

　　表 6-4 及表 6-5 分別說明封填墊材料溫度的限制和封填墊導桿材料的溫度限制，可依據這些表格內的資料檢查你的閥門，是否符合製程流體的需求。

### 4.6.5 封填墊的溫度

　　製程和封填墊溫度之間的關係，不僅僅是閥桿的使用型式，也是閥門材料冶金學和閥門與閥帽物理關係的函數。溫度通過金屬的傳導、製程流體的對流、及對大氣保持平衡的相對熱輻射，被傳送到封填墊區域。例如不鏽鋼比碳鋼有一個非常低的熱傳導係數，因此大約少於 20%～30%的傳導熱進入封填墊區域。這並不是指封填墊溫度額定值可以被增加，但可以有助於減少一些熱負荷和增加封填墊的壽命。

### 4.6.6 封填墊結構和防火高密度的材料

　　閥門在遭受火災波及時，為保證閥門不因外部的高溫，造成易燃流體從封填墊區域洩漏，而益發不可收拾，在封填墊區增加一高密度 Grafoil 環材料，材料最高溫可承受 800°C 溫度。

表 6-4 標準閥帽和延伸式閥帽的封填墊材料溫度的限制

| 閥門 ANSI 額定值 | 封填墊 材料/型式 | 標準閥帽[1] | | 延伸式閥帽[1] | |
|---|---|---|---|---|---|
| | | °F | °C | °F | °C |
| 150 ~ 600 | 無石綿封填墊 AFPI[5] | -20 ~750[4] | -30~400 | -20~1200 | -30~650 |
| | Grafoil[6] | -20 ~750[4] | -30~400 | -20~1500 | -30~816 |
| | Teflon® TFE | -20~450 | -30~232 | -150[2]~600 | -100~316 |
| | 編織型式 PTFE[3] | -20~500 | -30~427 | | |
| AFPI[5] 900 ~ 2500 | 無石綿封填墊 | -20~800 | -30~427 | -20~1200 | -30~650 |
| | Grafoil[6] | -20~800 | -30~427 | -20~1500 | -30~816 |
| | Teflon TFE | -20~450 | -30~232 | -150[2]~700 | -100~371 |
| | Teflon 具有編織 PTFE 型式玻璃纖維 Teflon | -20~500 | -30~260 | | |
| 150 ~ 600 | SafeGuard[7], SureGuard[7] | -20~450 | -30~232 | -20~600 | -30~316 |
| | SureGuard XT[7] | -20~550 | -30~288 | -20~700 | -30~371 |
| 900 ~ 2500 | SafeGuard[7], SureGuard[7] | -20~450 | -30~232 | -20~700 | -30~371 |
| | SureGuard XT[7] | -20~550 | -30~288 | -20~800 | -30~427 |

註：

(1) B16.34, 1988，對於壓力維持材料，規定可接受壓力/溫度的限制。進一步資料，查閱工廠。

(2) 假如使用適當的閥體和閥帽。

(3) PTFE 額定溫度到 -423°F / -253°C。

(4) 8 到 12 英吋，Class 150 – 600；及 3 到 12 英吋，class 900 – 2500 可以使用達到 850°F / 454°C。

(5) 無石綿封填墊，高溫封填墊。(所有主要廠牌採用)。

(6) 在氧化環境的應用中，例如空氣，不要使用 Grafoil 超過 800°F / 427°C。

(7) 低洩漏，低保養封填墊。

(8) 本表格資料取至於 Valtek SS_12 Bonnets Packing and Guides

表 6-5 封填墊導桿(Guide)材料的溫度限制

| 標準材料 | 最高溫度 | 最低溫度 | 最大壓力 |
|---|---|---|---|
| Grafoil 內襯不鏽鋼* | 816°C (1500°F) | -196°C (-320°F) | 1400 psig/96.6 Barg 直到 2-inch 1000 psig/69.0 Barg 3 到 4-inch 850 psig/58.6 Barg 6-inch 及以上 |
| 玻璃纖維 Teflon 內襯 不鏽鋼. | 177°C (350°F) | -253°C (-423°F) | 150 psig/10.3 Barg @100°F/38°C 100 psig/6.9 Barg @350°F/177°C |
| 純青銅 (Solid Bronze) | 260°C (500°F) | -253°C (-423°F) | 同閥體 |
| 純 Stellite | 816°C (1500°F) | -253°C (-423°F) | 同閥體 |

註：

1. *在氧化環境的應用中，例如空氣或氧，使用 Grafoil 不要超過 427°C/800°F。由於摩擦力的增加，Grafoil 封填墊的使用可能需要較大的驅動器或更強的彈簧。

2. 本表格資料取自於 FLOWSERVE Fugitive Emissions Control

## 5.0 閥門的型式

### 5.1 雙閥座閥門

通常已經失去寵愛的一個老式設計之雙閥座閥門(圖 6-18) ，就尺寸而言，與其匹敵的單閥座閥門，它是非常的大和重的，且無法緊密的關斷，因為不能同時有雙閥塞來接觸閥座。某些特殊閥座的設計已經開發來克服這個問題，但在應用方面是有限的。

雙閥座閥門被認為是半平衡式的，即是流體靜態力量作用在上閥塞，傾向於抵消作用在下閥塞的力量。結果是有比較少的驅動器動力需求，可以使用一個較小的驅動器。

　　然而就整體而言，由於要求上閥塞和下閥塞直徑之間的不同，總是存在著一個不平衡的力量，此不平衡的力量藉由動態流體靜力學效應，作用在每一個閥塞各自的節流區域而產生的，某些力量可能是十分的高，特別是具有平滑的外型或旋轉的閥塞。這些能夠達到相同尺寸單閥座閥塞力量的 40%。特性化 V 型通口旋轉閥，在大尺寸的閥門中被優先選擇作為較高壓力降的應用。

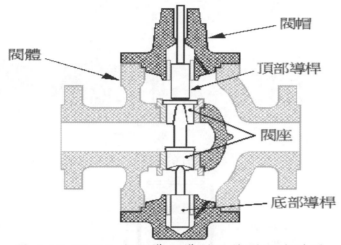

圖 6-18 頂部和底部導桿導引的雙閥座球體閥

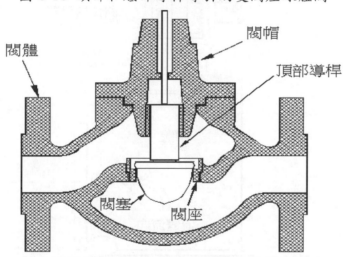

圖 6-19 頂部導桿導引單閥座球體閥

5.2 單閥座閥門

　　單閥座閥門是最廣泛使用於球體閥的閥體型式，它們在一個各種閥門結構的種類中被採用，包含專用目的的調整構件，良好的流體關斷性能，較少遭受到因為降低閥塞質量而產生振動，且通常是容易保養的。單閥座閥塞利用導桿導引有三種方式:閥桿導引、頂部導桿導引和頂部-底部導桿導引。最受歡迎的球體閥是閥桿導引(參閱圖 6-12)或頂部導桿導引(參閱圖 6-19)的型式，此兩種的區別在於閥桿式只有單一軸桿組成，而頂部閥桿則由兩軸桿組成，下粗上細。頂部-底部導桿導引的結構(參閱圖 6-20)，其底部導桿必須有一個襯套支撐並限制導桿的活動，不會因流體的流動而偏離中心位置。閥桿導引和頂部導桿導引的結構，因閥塞質量的減少，當與頂部-底部導桿導引的閥門比較，則增加了調整構件的固有非阻尼頻率，因此不易受到振動的影響。這兩種設計，提供更流線型的流動和更少遭遇到的堵塞，也淘汰一個導桿的襯套。

　　當處理含有固態的流體、黏性流體和高腐蝕性流體，選擇閥桿導引的閥門，比頂部導桿導引的閥門是一個更佳的選擇。這些應用把空氣泡的產生和零件的暴露減至最小，將幫助達到無困難操作的持續時間，增加到最大的限度。

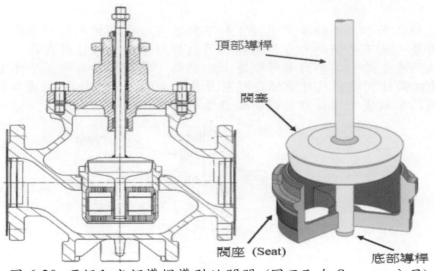

頂部導桿

閥塞

閥座 (Seat)

底部導桿

圖 6-20 頂部和底部導桿導引的閥門 (圖面取自 Samson 公司)

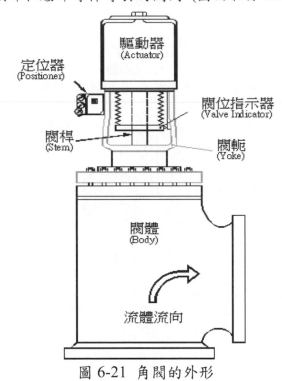

定位器
(Positioner)

驅動器
(Actuator)

閥位指示器
(Valve Indicator)

閥桿
(Stem)

閥軛
(Yoke)

閥體
(Body)

流體流向

圖 6-21 角閥的外形

## 5.3 閥籠閥門(Cage Valves)

閥籠閥門是一種單閥座閥門的變異體,使用在製程工業上是最受歡迎的設計,除了它的洩漏等級為 Class III,比單閥座閥門低一等級。頂端進入的閥帽和調整構件的設計,使它成為極容易變動調整構件,或執行保養的工作。閥座依循傳統使用螺絲連接,此種螺紋連接的設計可能會引起腐蝕作用,並造成移動的困難。閥籠閥門允許各式各樣調整構件的型式被安裝在閥體內,其設計是非常有彈性的,這包含一般的調整構件、抗孔蝕作用的調整構件、和降低噪音的調整構件等的變化。此外,整體設計是非常堅固耐用的,服務壽命能夠等於或在製程中比大部分組成的零件更好。

閥籠閥門有兩個基本設計的配置,一種是利用單獨的閥籠夾緊閥座環,進入閥體(參閱圖 6-12)。此種設計通常是閥桿或頂部導桿導引型式,閥塞是傳統特性曲線的設計,且不會接觸閥籠。另一種型式是利用閥籠導引閥塞進入閥體(圖 6-20),閥塞與閥籠緊密接觸。

圖 6-12 及圖 6-20 兩種閥籠的設計,能提供具有不平衡式閥塞做為最佳的關斷,

或提供平衡式閥塞作為降低驅動器的大小，或做為高壓降和不平衡力量之更適當的處理。平衡式閥塞設計能夠提供閥塞和閥籠之間，金屬或非金屬的密封環(參閱圖6-11)來隔絕流體，其材料可以是 Teflon 或 Ni-nesist。一般而言，平衡式閥塞的使用，將降低閥門關斷到某個程度，即 ANSI ClassIII 的額定洩漏等級。這個是由於最初或連續操作被磨損，經過密封環而洩漏。

## 5.4 角閥(Angle Valve)

圖 6-21 角閥最初被使用於一個流動-關閉的方向，做為高壓降的應用。今日角閥被使用來幫助特殊配管系統的配置，例如流體的排放，然在運用上閥塞具有被固體撞擊的侵蝕問題。

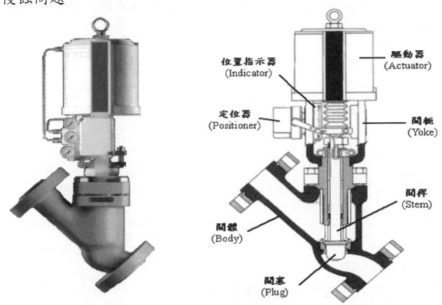

圖 6-22 Y 型閥的外觀及內部結構 (圖面取自 Valtek 閥門公司)

## 5.5 Y型閥門(Y-type Valve)

Y型閥門(參閱圖 6-22)已應用在幾個特殊的地方，這種應用之一是閥體通道具有良好的流體迅速通過或具有高的流動量，例如控制溶解的金屬或聚合物、低溫流體、及液態漿狀物質。閥門可以被安裝於水平、垂直或有角度的配管系統，適合各種應用的需要。因為非常簡單的閥體和閥帽設計，它們是非常容易裝配加熱罩或真空罩。其緊密的設計有最低且均勻的壁厚，此有助於依序快速冷卻的速率。單閥座設計允許良好的關斷，可以提供軟插入物件作為特別緊密的關斷。

## 6.0 閥門的篩選方程式

工業界中慣例用來選擇控制閥的尺寸，以低於管線尺寸一級或兩級來選擇，完全當作管線尺寸的函數。根據壓降控制而言，似乎是有某些理論的根據，然而這種常規，常常促使製程處於貧乏控制及造成製程問題的結果。流體的條件、流量的大小、壓力和溫度的高低、液相及氣相或兩相的混合體等這些廣泛且複雜的範圍，需要一套更深入的選擇方法，來執行製程的最佳控制。過去那一套選擇的方式，已隨著時間已經被揚棄。

選擇正確的閥門尺寸作為一個已知的應用，不但需要一個流體流量和製程條件的知識，也需要對流體通過閥門內部造成的現象及材料的選擇，有廣泛的認識及各式各樣的資訊。利用這些資訊和技術，來計算閥門的大小，以理論、測試及經驗的結合為基礎所製造的控制閥，實際應用在製程上，其計算預測的結果應是一致性。

本節處理控制閥在液相、氣相及氣-液兩相正確的篩選計算，且分別說明閥門的篩選方程式和各種流體係數的討論，以液相篩選方程式討論做為開始，氣相及氣-液相篩選方程式為結尾。

標準方程式是以 ISA Standard S75.02 與 IEC Standard 534-2 為基礎，使用實驗所

決定的各種因數，測試控制閥實際案例所獲得的結果。利用預測可壓縮和不可壓縮流體通過控制閥的流量為基礎所發展出來的方程式。此方程式不打算作為濃稠的漿狀流體、乾的固體或非牛頓流體來使用。

## 6.1 液體流量方程式

### 6.1.1 方程式的由來

這個部分給予一個篩選方程式更深的理解，包含液體的限制範圍和對其他流量方程式的關係。使用作為液體篩選的流量方程式，描寫流體移動行為的方程式有它們的根源，主要是依據能量方程式和連續性方程式。

能量方程式說明能量的改變和流體的容量。對於穩定流動的液體而言，這個方程式能夠描述如下：

$$\left( \frac{V^2}{2g_c} + \frac{P}{\rho} + gH \right) - W + q + U = 常數 \qquad \text{(方程式 6-4)}$$

此處符號表示：

| | | |
|---|---|---|
| V | = | 流體速度 |
| g | = | 重力加速度 |
| $g_c$ | = | 重力常數 |
| H | = | 高度 |
| P | = | 壓力 |
| q | = | 流體的熱移出 |
| U | = | 流體的內部能量 |
| W | = | 藉由流體或在流體上完成的傳動功 |
| $\rho$ | = | 流體密度 |

括號內 3 組的專門名詞是代表機械的能量，並帶有一個特殊的意義。方程式內這些量全部可能直接做功，在各種條件下通常在閥門內發生衝突，這些量仍然也是常數，結果是被稱為 Bernoulli 方程式(參閱方程式 6-5)

$$\frac{V^2}{2g_c} + \frac{P}{\rho} + gH = 常數 \qquad \text{(方程式 6-5)}$$

其他在液體篩選方程式中，扮演一個重要角色的基本方程式是連續性方程式，這是質量不滅的數學表式。對於穩定的流量條件而言，這個方程式表示如下：

$$\rho VA = 常數 \qquad \text{(方程式 6-6)}$$

此處符號表示：

| | | |
|---|---|---|
| A | = | 橫截面的流量面積 |
| V | = | 流體速度 |
| $\rho$ | = | 流體密度 |

使用這些基本方程式，通過一個單一固定節流口的流體，例如顯示在圖 6-23 中，我們假設流體是：

1. 流體是不可壓縮的
2. 流體是穩定的
3. 流體是一維的(沒有高度的改變)
4. 流體可以作為擾流來看待
5. 流體的相態沒有發生改變

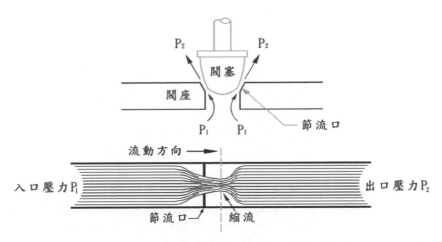

圖 6-23 流體通過一個固定的截流口

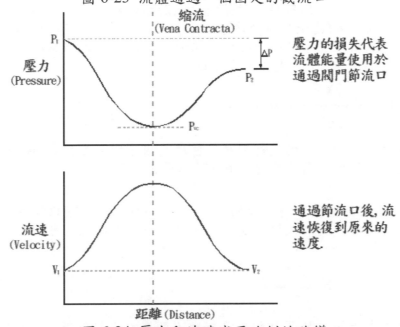

圖 6-24 壓力和流速成反比例的改變

　　如同圖 6-23 所見，液態流體通過一個固定的節流口時，穿過節流口的截面積減少，流速增加且靜壓力下降。這個最小面積、最大流速和最小壓力之點被稱為縮流 (Vena Contracta)。從節流口上游距離幾個管徑長度之位置，到縮流處的位置，完全的適用 Bernoulli 方程式。高度的改變是可以忽略的，則 gH 成為零。壓力增加造成流速的增加，反之亦然。當流體通過節流口，流體內大部分的機械能，從靜態壓力改變成動能或速度的相關能量。這個改變藉由利用連續性方程式來量化。

　　利用上游條件當作一個基準，及掌握密度常數，方程式 6-6 可以被重新寫成預測縮流的流速。

$$V_{vc} = V_1 \left( \frac{A_1}{A_{vc}} \right)$$
(方程式 6-7)

此處符號表示:

$V_{vc}$ ＝　縮流處的流速

$V$ ＝　節流口上游 $P_1$ 點的流速

$A$ ＝　節流口上游 $P_1$ 點的截面積

$A_{vc}$ ＝　縮流處的截面積

合併方程式 6-5 和 6-7，解出縮流壓力 $P_{vc}$ 的預測。

368

$$\frac{\rho V_1{}^2}{2g_c} + P_1 = \frac{\rho V_{vc}{}^2}{2g_c} + P_{vc} \qquad\qquad \text{(方程式 6-8)}$$

呈現數學型式的這些方程式,最小橫截面之點(縮流位置)流速是最大(根據方程式 6-7),而流體壓力是最小(根據方程式 6-8)。當流體通過截流口時,壓力降低流速增加。兩者的改變和流動面積的改變成反比。

圖 6-24 顯示當流體經過節流口,在節流口後的縮流位置,其壓力是最低,而由於流動面積縮減到最小,所以流速是最大。當流體通過之後,面積增加至初期狀態,流速也就恢復原來的速度。

從縮流位置到距離幾個管線直徑的下游位置,不再適用方程式 6-4。從連續性方程式或方程式 6-7 可以推論,當恢復到原來的截面積時,原來的流速也恢復了。由於整個流程的非理想性,無法恢復全部的機械能,有一部份轉變成熱能,產生的熱被流體本身吸收或消散到閥門、配管和環境中。

考慮能量方程式 6-4 的應用,從節流口上游距離幾個直徑的位置,到節流口下游距離幾個直徑的位置(此兩個位置為壓力取樣口的距離),沒有橫越節流口的功(w)被執行,如此功退出。高度的改變可以忽略的,所以 gH 也退出。合併熱和內部能量(q 和 U)為一個單一的 $H_1$,則方程式可以改變如下:

$$\frac{\rho V_1{}^2}{2g_c} + P_1 = \frac{\rho V_2{}^2}{2g_c} + P_2 + H_1 \qquad\qquad \text{(方程式 6-9)}$$

由於節流口上游和下游的流動面積和密度是相等的,方程式 6-7 也指出上游和下游的流速也是相等的,因此方程式 6-9 可以簡化如下:

$$P_1 = P_2 + H_1 \qquad\qquad \text{(方程式 6-10)}$$

如此,當熱(內部能量和對環境的熱損失)增加時,我們可以注意到通過節流口壓力的減少。這種形式的熱改變,通常和流速的平方成比例,可以藉由下列方程式來代表:

$$H_1 = K_1 \frac{\rho V^2}{2} \qquad\qquad \text{(方程式 6-11)}$$

這個方程式中比例常數 $K_1$,被稱為有效水頭壓力損耗係數,由實驗上的測試來決定。

流動率 = 流速 x 面積 (Q = VA),通過節流口流體的流動率為:

$$Q = V_2 A_2 \qquad\qquad \text{(方程式 6-12)}$$

將方程式 6-10 和 6-11 插入 6-12,產生:

$$Q = V_2 A_2 = \sqrt{\frac{2(P_1 - P_2)}{\rho K_1}} \; A_2 \qquad\qquad \text{(方程式 6-13)}$$

方程式 6-13 流體的密度 $\rho$ 為該流體的比重 x 水的密度

$$\rho = G \rho_w \qquad\qquad \text{(方程式 6-14)}$$

然後定義:

$$C_v = A_2 \sqrt{\frac{2}{\rho_w K_1}} \qquad\qquad \text{(方程式 6-15)}$$

方程式 6-15 插入方程式 6-13,得出下列方程式:

$$Q = C_v \sqrt{\frac{P_1 - P_2}{G}} \qquad\qquad \text{(方程式 6-16)}$$

方程式 6-16 是使用於控制閥工業界的基本液體篩選方程式。當使用每平方英吋(psi)單位的壓力時，它提供一個每分鐘加侖(gpm)流量的測量。其他流量單位或流量變數來說，方程式是相同的，僅僅是不同的常數係數。

　　雖然方程式 6-16 呈現的流動率，與壓差、比重(G)和 $C_v$ 互有關聯，但實際上流動率(Q)卻是下列的函數：

1. 入口和出口的條件
   a. 壓力
   b. 溫度
   c. 配管的形狀

2. 液體的性質
   a. 成分
   b. 密度或比重
   c. 蒸汽壓力
   d. 黏度
   e. 表面張力
   f. 熱力學

3. 氣體和蒸汽的性質
   a. 成分
   b. 密度或比重
   c. 比熱率

4. 控制閥的性質
   a. 尺寸
   b. 閥門的行程
   c. 流動路徑的形狀

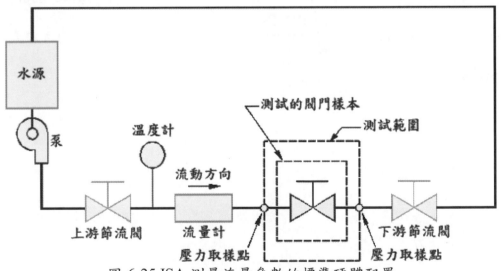

圖 6-25 ISA 測量流量參數的標準硬體配置

### 6.1.2 流量係數 $C_v$

　　決定流量係數 $C_v$，不是實驗上測量 $K_1$ 再計算 $C_v$，而是更直接的測量 $C_v$。一旦獲得 $C_v$ 值，可以利用方程式 6-16 把壓差($\Delta P$)和流動率(Q)聯繫起來。

　　為了保證測量流量的參數和使用它們在篩選計算控制閥的一致性和準確性，美國儀器協會(ISA)提出的工業標準，也是大多數閥門製造廠商廣泛使用和接受的。$C_v$

370

和相關流量參數的測量，廣泛涵蓋在 ANSI/ISA Standard S75.02-1981 中。基本的測試系統配置方式呈現在圖 6-25，已知的規範、準確度和公差，是作為全部硬體安裝和數據的測量，以便可以計算各種係數接近大約 5%的精確度。20℃的循環水在規定的壓力差和入口壓力流過試驗的閥門。流動率、流體溫度、入口壓力、壓差、閥門行程和大氣壓力，全部被測量和記錄，這些數據提供足夠的資訊，來計算下列的參數：

- 流量係數 $C_v$
- 壓力回復係數 $F_L$
- 配管修正因數 $F_P$
- 雷諾數因數 $F_R$

這些參數的每一個數值，取決於閥門的型式、調整構件、閥門的行程和尺寸。必須執行許多測試，達到閥門製造廠商發表的數值，作為篩選計算之用。重要的是，這些因數以測試為基礎，不是以估計為基礎，因為估計的結果總是不可預測的。

液體的流量應用，最簡單的例子涉及前面發展的基本方程式。重新整理方程式 6-16，以便整個流體和製程相關的變數成為方程式的正確面，就需求的 $C_v$ 而言，下列的表達程式是作為特定的應用：

$$C_v = Q\sqrt{G/P_1 - P_2}$$ (方程式 6-17)

記住 $C_v$ 是一個沒有單位的係數，是由閥門製造廠商發表的測試值。隨著閥門的設計、尺寸和閥門行程而變化。

基於一個已知的流動率和壓降，可以計算一個需求的 $C_v$ 值。這個 $C_v$ 可以與一個特定閥門尺寸和閥門設計的 $C_v$ 相比。通常來說，這個需求的 $C_v$ 應落入已選擇閥門 $C_v$ 性能 70%和 90%之間的一個範圍。最小和最大流量壓力條件的範圍也應被考慮。一旦已經選擇一個閥門及已知的 $C_v$，對於一個已知壓降的流動率，或已知流動率的壓降，可以利用方程式 6-17 來預測。

這個基本的液體方程式涵蓋早期列出的假定，控制著許多條件。不幸的是，許多的應用落到這些假定界限之外，及基本液體流動方程式的外界。對於所有的可能偏差，與其發展專門的流量方程式，不如使用簡單的修正因數，來說明不同的行為是可能的。當併入者些因數，因而改變方程式 6-16 的形式成為下列的表達式：

$$Q = (N_1 F_P F_R)C_v \sqrt{\frac{P_1 - P_2}{G}}$$ (方程式 6-18)

此處符號表示：

| | | |
|---|---|---|
| $C_v$ | = | 流量係數 |
| $Q$ | = | 流動率 |
| $N_1$ | = | 數字常數 |
| $F_P$ | = | 配管修正因數 |
| $F_R$ | = | 雷諾數因數 |
| $G$ | = | 液體比重 |
| $P_1$ | = | 入口壓力 |
| $P_2$ | = | 出口壓力 |

### 6.1.3 非壓縮流體--不會汽化的液體流量方程式(擾流方程式)

一個液體的流動率在一個已知的行程中，通過一個控制閥，當此液體在閥門入口和出口之間沒有產生氣泡，則是差壓($P_1$-$P_2$)的函數。假如液體蒸汽水泡的形成，不論是暫時的(孔蝕作用)或永久的(閃化作用)，這個關係可能不再維持。不會汽化的流動條件下，決定液體以擾流方式，通過一個閥門的流動率，呈現如下：

容積流量

$$Q = (N_1 F_P F_R) C_v \sqrt{\dfrac{P_1 - P_2}{G}}$$

或

$$C_v = \dfrac{Q}{N_1 F_P} \sqrt{\dfrac{G_f}{P_1 - P_2}}$$

(方程式 6-19)

質量流量

$$w = N_6 F_P C_v \sqrt{\left(P_1 - P_2\right) \gamma_1}$$

或

$$C_v \quad \dfrac{W}{N_6 F_P C_v \sqrt{\left(P_1 - P_2\right) \gamma_1}}$$

(方程式 6-20)

此處符號代表:

w ＝ 重量(質量)流動率
$G_f$ ＝ 15.6°C/60°F 流動溫度(水 ＝ 1)的液體比重(流動溫度下，液體密度對 15.6°C/60°F 水的密度之比率)。
$N_6$ ＝ 數字常數
$\gamma_1$ ＝ 上游條件的比重(質量密度)

　　數字常數是選擇配合使用在方程式上的測量單位，表 6-6 為液體流量方程式的數字常數。

### 6.1.4 非擾流方程式

　　當液體是高黏度或閥門壓降或 Cv 值是小的時候，流體能產生層流或平移的流動，而雷諾數因數 $F_R$ 必定被引進，但管線形狀因數 $F_P$ 則剔除於方程式之外，與擾流方程式除了 $F_R$ 和 $F_P$ 之外，全部相同。

容積流量

$$q = N_1 F_R C_v \sqrt{\dfrac{P_1 - P_2}{G_f}}$$

或

$$C_v = \dfrac{q}{N_1 F_R} \sqrt{\dfrac{G_f}{P_1 - P_2}}$$

(方程式 6-21)

質量流量

$$w = N_6 F_R C_v \sqrt{(P_1 - P_2) \gamma_1}$$

或

$$C_v = \dfrac{w}{N_6 F_R \sqrt{(P_1 - P_2) \gamma_1}}$$

(方程式 6-22)

### 6.1.5 配管形狀因數 $F_P$ (Piping Geometry Factor $F_P$)

　　當一個閥門被安裝在現場配管系統的配置中，規範來測試閥門，不同的是依照標準來測試閥門，其上游和下游管線是由規定的直管來構成，沒有肘管、縮管、擴管或 T 型管，這些配管擾亂了計算閥門的容量，引起連接閥門額外的壓力損失，使用利用配管形狀因數來修正這個效應。$F_P$ 實際上是一個閥門在管線系統中，在安裝上管線配件的流量係數 $C_v$ 對安裝一個和閥門有相同尺寸直管的流量係數之比率，下列為 $F_P$ 的方程式：

$$F_P = \left( \frac{\sum KC_v^2}{N_2 d^4} + 1 \right)^{-1/2}$$ (方程式 6-23)

$\sum K$ 是閥門上游和下游的管線縮管及伯努利(Bernoulli)係數的代數總和：

$$\sum K = K_1 + K_2 + K_{B1} - K_{B2}$$ (方程式 6-24)

入口縮管損耗係數

$$K_1 = 0.5 \left( 1 - \frac{d^2}{D_1^2} \right)^2$$ (方程式 6-25)

出口擴管損耗係數

$$K_2 = 1.0 \left( 1 - \frac{d^2}{D_2^2} \right)^2$$ (方程式 6-26)

入口 Bernoulli 係數

$$K_{B1} = 1 - \left( \frac{d}{D_1} \right)^4$$ (方程式 6-27)

出口 Bernoulli 係數

$$K_{B2} = 1 - \left( \frac{d}{D_2} \right)^4$$ (方程式 6-28)

表 6-6 液體流量方程式的數字常數

| 常數 | | 使用在方程式的單位 | | | | | |
|---|---|---|---|---|---|---|---|
| | N | w | q | P, $\Delta$P | d,D | $\gamma_1$ | $\nu$ |
| $N_1$ | 0.0865 | --- | m³/h | kPa | --- | --- | --- |
| | 0.865 | --- | m³/h | bar | --- | --- | --- |
| | 1.00 | --- | gpm | psia | --- | --- | --- |
| $N_2$ | 0.00214 | --- | --- | --- | mm | --- | --- |
| | 890 | --- | --- | --- | in | --- | --- |
| $N_4$ | 76000 | --- | m³/h | --- | mm | --- | centistokes* |
| | 17300 | --- | gpm | --- | in | --- | centistokes* |
| $N_6$ | 2.73 | kg/h | --- | kPa | --- | kg/m³ | --- |
| | 27.3 | kg/h | --- | bar | --- | kg/m³ | --- |
| | 63.3 | lb/h | --- | psia | --- | lb/ft³ | --- |

*轉換 m²/s 到釐泡，m²/s 乘 10⁶。轉換釐泊到釐泡，釐泊除 $G_f$。
動黏度單位(V):釐泡(centistokes)
黏度單位:釐泊(centipoises)

　　此處 $K_1$ 和 $K_2$ 是入口和出口之管配件各別的損耗係數。Bernoulli 係數是補償因為水流面積和流速的差異引起的壓力改變。當入口和出口管配件的直徑是相同時，$K_{B1} = K_{B2}$，方程式 6-24 兩者的因數可以消去。

方程式 6-23 至 6-28 的符號說明如下：

$C_v$ = 閥門流量係數

d = 閥門入口直徑

$D_1$ = 上游管線內徑

$D_2$ = 下游管線內徑

$F_P$ = 配管形狀因數，無單位。

$K_1$ = 入口縮管壓力損耗係數，無單位。

$K_2$ = 出口擴管壓力損耗係數，無單位。

$K_{B1}$ = 入口縮管壓力變動(Bernoulli)係數，無單位。

$K_{B2}$ = 出口擴管壓力變動(Bernoulli)係數，無單位。

$N_2$ = 數字常數，參閱表 6-6。

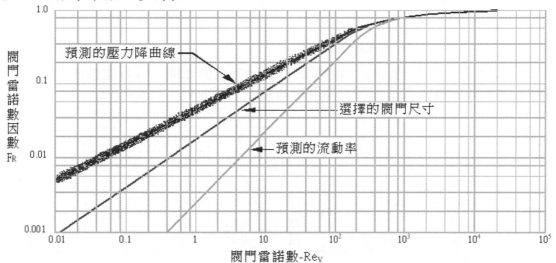

圖 6-26 雷諾數因數對雷諾數曲線

### 6.1.6 雷諾數因數 $F_R$ (Reynolds Number Factor $F_R$)

　　雷諾數因數一般是使用於黏稠的流體或低流速的流體，有別於擾流的流體，通常稱這些流體為非擾流的流體。這些流體包含層流及介於層流和擾流之間過渡流的流體。

閥門雷諾數被定義如下：

$$Re_v = \frac{N_4 F_d q Q}{\nu\, F_L^{1/2} C_v^{1/2}} \left[ \frac{F_L^2 C_v^2}{N_2 d^4} + 1 \right]^{1/4} \qquad\text{(方程式 6-29)}$$

　　雷諾數因數 $F_R$ 和閥門雷諾數 $Re_v$ 之間的關係，可以利用圖 6-26 的曲線來解決可能遭遇黏稠性流體的問題。有三種可能遭遇黏稠性流體的型式。這些是：

(1) 當選擇一個控制閥尺寸時，決定需求的流量係數 $C_v$。

(2) 預測一個已選擇通過閥門的流動率 Q。

(3) 預測一個已選擇閥門的壓力差。

$F_R$ 值及解決三個問題的方式，可以利用下列過程來獲得。

### 6.1.6.1 決定需求的流量係數

　　這個處理方式是以沒有附屬配件的閥門為基礎，因此 $F_P = 1.0$。

a. 假設流體為擾流，計算一個假定的流量係數 $C_{vt}$，則依據方程式 6-30：

$$C_{vt} = \frac{Q}{N_1 F_P} \sqrt{\frac{G_f}{\Delta P}} \qquad\text{(方程式 6-30)}$$

b. 利用方程式 6-29 計算 $Re_v$，以 $C_v$ 取代 $C_{vt}$。以壓力回復數因數 $F_L$ 而言，利用表 6-7 來選擇一個期望閥門型式的代表值。

c. 從下面過程找出 $F_R$：

374

(1) 假如 $Re_v$ 小於 56，流體流動是層流，$F_R$ 可以利用圖 6-26 標示著"選擇閥門尺寸"的曲線，或利用方程式 6-31 來發現。

(2) 假如 $Re_v$ 大於 40000，流動流體可以被當作擾流，$F_R = 1.0$。

$$F_R = 0.019 \, (Re_v)^{0.67} \qquad\qquad \text{(方程式 6-31)}$$

(3) 假如 $Re_v$ 介於 56 和 40000 之間，流動流體是過渡流，$F_R$ 可以利用圖 6-26 或表 6-8 標題為"閥門尺寸選擇"的欄位中找到。

d. 從方程式 6-32 得到需求的 $C_v$。

$$C_v = C_{vt} / F_R \qquad\qquad \text{(方程式 6-32)}$$

e. 決定 $C_v$ 之後，檢查 $F_L$ 值作為選擇閥門尺寸和類型之用。假如這個值有相當大的程度與 b 選擇的代表值不同，使用新的值，重複 a 到 d 的步驟。

表 6-7 閥門容量因數代表值

| 閥門型式 | 調整構件型式 | 流向 * | $x_T$ | $F_L$ | $F_S$ | $F_d$ ** | $C_v/d^2$ # |
|---|---|---|---|---|---|---|---|
| 球體閥 單通口 | 通口式閥塞 | 雙向 | 0.75 | 0.9 | 1.0 | 1.0 | 9.5 |
| | 仿形閥塞 (Contoured plug) | 開 | 0.72 | 0.9 | 1.1 | 1.0 | 11 |
| | | 關 | 0.55 | 0.8 | 1.1 | 1.0 | 11 |
| | 特性閥籠 (Characterized Cage) | 開 | 0.75 | 0.9 | 1.1 | 1.0 | 14 |
| | | 關 | -0.70 | 0.85 | 1.1 | 1.0 | 16 |
| | 翼形導桿導引 (Wing guided) | 雙向 | 0.75 | 0.9 | 1.1 | 1.0 | 11 |
| 球體閥 雙通口 | 通口式閥塞 | 雙向 | 0.75 | 0.9 | 0.84 | 0.7 | 12.5 |
| | 仿形閥塞 | 雙向 | 0.70 | 0.85 | 0.85 | 0.7 | 13 |
| | 翼形導桿導引 | 雙向 | 0.75 | 0.9 | 0.84 | 0.7 | 14 |
| 迴轉閥 | 偏心球形閥塞 (Eccentric spherical plug) | 開 | 0.61 | 0.85 | 1.1 | 1.0 | 12 |
| | | 關 | 0.40 | 0.68 | 1.2 | 1.0 | 13.5 |
| 角閥 | 仿形閥塞 | 開 | 0.72 | 0.9 | 1.1 | | |
| | | 關 | 0.65 | 0.8 | 1.1 | | |
| | 特性閥籠 | 開 | 0.65 | 0.85 | 1.1 | | |
| | | 關 | 0.60 | 0.8 | 1.1 | | |
| | 擴散式(Venturi) | 關 | 0.20 | 0.5 | 1.3 | | |
| 球閥 | 弓形(Segmented) | 開 | 0.25 | 0.6 | 1.2 | | |
| | 標準通口(直徑@ 0.8d) | 雙向 | 0.15 | 0.55 | 1.3 | | |
| 蝶閥 | 60 度直線排列式 | 雙向 | 0.38 | 0.68 | 0.95 | | |
| | 槽形翼(Fluted vane) | 雙向 | 0.41 | 0.7 | 0.93 | | |
| | 90 度偏心閥座 | 雙向 | 0.35 | 0.60 | | | |

\* 流向為朝向開啟或關閉閥門，即推動關閉構件離開或接近閥座。

\*\*一般而言，一個 1.0 的 $F_d$ 值，對閥門而言，可以是具有單一的流動路徑。一個 0.7 的 $F_d$ 值，對閥門而言，可以是具有 2 個流動路徑，例如雙通口球體閥和蝶閥。

# 此表，d 可以採用以英吋為單位的公稱閥門尺寸。

本表資料取自於 ISA "Control Valves"

6.1.6.2 預測流動率

a. 假定為擾流，利用下利方程式計算 $Q_t$

$$Q_t = N_1 C_v \sqrt{\frac{\Delta P}{G_f}} \qquad\qquad \text{(方程式 6-33)}$$

b. 利用方程式 6-29 計算 $Re_v$，以 $Q_t$ 取代 Q

c. 以下面方式找出 $F_R$：

(1) 假如 $Re_v$ 小於 106，流體流動是層流，$F_R$ 可以利用圖 6-26 標示著"預測流動率"的曲線，或利用方程式 6-34 發現。

$$F_R = 0.0027\ Re_v \qquad\text{（方程式 6-34）}$$

(2) 假如 $Re_v$ 大於 40000，流動流體可以被當作擾流，$F_R = 1.0$。

(3) 假如 $Re_v$ 介於 106 和 40000 之間，流動流體是過渡流，$F_R$ 可以利用圖 6-26 曲線或表 6-8 標題為 "流動率預測" 的欄位中發現。

d. 以方程式 6-35 求得預測的流動率。

$$Q = F_R Q_t \qquad\text{（方程式 6-35）}$$

### 6.1.6.3 預測壓力降

a. 依據方程式 6-29 計算 $Re_v$。

b. 以下列程序找出 $F_R$：

(1) 假如 $Re_v$ 小於 30，流動流體是層流的，$F_R$ 可以利用圖 6-26 標示"預測壓降"的曲線，或利用方程式 6-36 發現。

$$F_R = 0.052\ (Re_v)^{0.5} \qquad\text{（方程式 6-36）}$$

(2) 假如 $Re_v$ 大於 40000，流動流體可以被當作擾流，$F_R = 1.0$。

假如 $Re_v$ 介於 30 和 40000 之間，流動流體是過渡流的，$F_R$ 可以利用圖 6-26 曲線或表 6-8 標題為"壓降預測"的欄位中發現。

c. 以方程式 6-37 獲得預測的壓降:

$$\Delta P = G_f \left(\frac{Q}{N_1 F_R C_v}\right)^2 \qquad\text{（方程式 6-37）}$$

表 6-8 過渡流的雷諾數因數 $F_R$

| $F_R$* | 閥門雷諾數 $Re_v$* | | |
|---|---|---|---|
| | 閥門尺寸選擇 | 流動率預測 | 壓降預測 |
| 0.284 | 56 | 106 | 30 |
| 0.32 | 66 | 117 | 38 |
| 0.36 | 79 | 132 | 48 |
| 0.40 | 94 | 149 | 59 |
| 0.44 | 110 | 167 | 74 |
| 0.48 | 130 | 188 | 90 |
| 0.52 | 154 | 215 | 113 |
| 0.56 | 188 | 253 | 142 |
| 0.60 | 230 | 298 | 179 |
| 0.64 | 278 | 351 | 224 |
| 0.68 | 340 | 416 | 280 |
| 0.72 | 471 | 556 | 400 |
| 0.76 | 620 | 720 | 540 |
| 0.80 | 980 | 1100 | 870 |
| 0.84 | 1560 | 1690 | 1430 |
| 0.88 | 2470 | 2660 | 2300 |
| 0.92 | 4600 | 4800 | 4400 |
| 0.96 | 10200 | 10400 | 10000 |
| 1.00 | 40000 | 40000 | 40000 |

*表列值之間可以利用線性插入法求取。
本表資料取自於 ISA "Control Valves"

本節的符號說明如下：

C$_v$ = 閥門流量係數

d = 閥門入口直徑

F$_d$ = 閥門類型的修正因數

C$_{vt}$ = 假設的閥門流量係數

F$_S$ = 層流或線流流動因數，無單位。

F$_L$ = 無配屬配件的閥門液體壓力回復因數，無單位。

X$_T$ = 壓降比，無單位。

Q = 流動率

G$_f$ = 15.6°C/60°F 流動溫度(水 = 1)的液體比重。(流動溫度下，液體密度對 15.6°C/60°F 水的密度之比率)。

Q$_t$ = 假設的流動率

F$_R$ = 雷諾數因數

Re$_v$ = 閥門的雷諾數

$\nu$ = 動黏度，單位：釐泊(centistokes)

$\Delta$P = 閥門入口和出口之間的壓力差

N$_1$、N$_2$、N$_4$ = 數字常數

　　製程系統內的控制閥，大部分液體的流動是擾流的，具有超過 $10^4$ 的閥門雷諾數，此處的雷諾數因數是 F$_R$ = 1.0。當對流動形式有疑問時，方程式 6-29 被用來尋找 Re$_v$。

### 6.1.7 塞流(Choked Flow)

　　對於一個已知的閥門而言，方程式 6-16 的流動率(Q)和$\sqrt{\Delta P}$ 的比率能夠以 C$_v$ 為斜率的一條斜線如圖 6-27 來表示。此斜線暗示藉由逐漸增加的壓力差通過閥門，可以連續增加流量。實際上，當壓力差達到一個範圍時，流量的增加開始少於預期的增加，這個現象持續到不再有額外的流量增加時，儘管壓差再增加，流量還是保持一定。這個限制最大流量的條件，被稱為塞流。

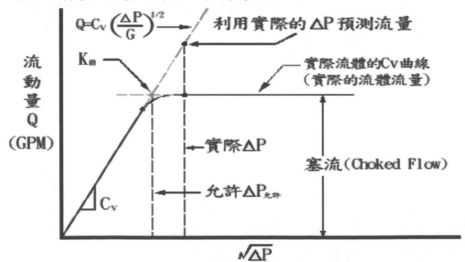

圖 6-27 允許的$\sqrt{\Delta P}$預測全塞流的發生

　　塞流是一個極限，或最大的流動率，具有一定流體進入閥門入口的條件下，依據漸減的下游壓力對增加流動率的失效產生的現象。對液體水流而言，當閥門壓力落到液體蒸汽壓之下時，阻塞的發生是由於液體的汽化。為了瞭解有關塞流的發生及如何改正，需要討論流體流動的基本要求。

　　重新回到液體通過一個節流口，並使液體縮小的橫截面(圖 6-23) ，流速增加到

最大，壓力降到最小(圖 6-24)。當流體通過節流口之後，流速回到它的入口速度，但僅有部分壓力被恢復，因此建立了一個通過節流口的壓力差。當增加這個壓力差時，通過節流口的流速增加，因此流量也逐漸增加，而縮流處的壓力減少了。假如有一個足夠大的壓力差強加於此節流口，在這種條件下，最小的壓力可能降到液體的蒸汽壓或低於液體的蒸汽壓。當這種狀況發生時，液體變的不穩定，且部分汽化。流體現在是由液體和蒸汽混合組成的，此流體不再是不可壓縮。

當液體在流動的水流中，產生蒸氣並形成氣泡時，在縮流壓力下引起一個排擠的現象，此種現象傾向於限制水流通過閥門。假如閥門的壓力降開始增加，晚於氣泡開始形成的時候，達成了一個塞流的條件。隨著不變的上游水頭壓力，藉著減少下游水流的壓力，壓力降進一步的增加，將不會產生流量的增加。這個限制的壓力差被稱為允許的 $\sqrt{\Delta P}_{允許}$。

另一種說明塞流現象是流體的流動速度。在氣體流動中，當流速等於流體中的音速時，流動達到了臨界(阻塞)。不可壓縮的流體有非常高的臨界速度，因此實際上來說，它們是不會阻塞的。然而為了避免流體通過節流口，造成流體壓力在蒸汽壓之下，產生孔蝕作用或閃化作用，損傷了閥門或管線，通常對會限制液體的流速在 550 m/分(30 ft/s)以下。液體/氣體或液體/蒸汽的混合體，典型上有非常低的臨界速度(而一個純氣體或蒸汽，其臨界速度實際上比混合體低)。混合體的流速等於臨界速度並阻塞流體的流動是可能的。一般而言，閥門出口的流速應被限制在表 6-9 的最大值。

表 6-9 流體流速的限制

| 流體的種類 | 流速的限制 |
|---|---|
| 液體 | 15m/秒 (50 ft/秒) |
| 氣體 | 大約 1 馬赫 (1200 公里/小時) |
| 氣液兩相混合體 | 150m/秒 (500 ft/秒) |

觀察阻塞的另一個方法是考慮縮流處混合體的密度。當壓力下降時，蒸氣相的密度因混合體而下降，最終這個流體密度的減少，補償混合體流速的些微增加，一直到沒有額外的流量被實現為止的階段。

閥門篩選過程中，需要說明塞流可能發生的事，保證防止對一個閥門尺寸可能計算不足。換言之，一個閥門最大的流動率，可以操作在一組給予的條件下，必須是已知的。為了這個目的，發展了一個程序，結合具有流體熱力學性質之控制閥的壓力回復特性，來預測最大可用的壓力差，那就是此處流體的壓力差恰好是阻塞。和塞流有關的其他現象是孔蝕作用和閃化作用，這些流體現象將於專門章節來說明。

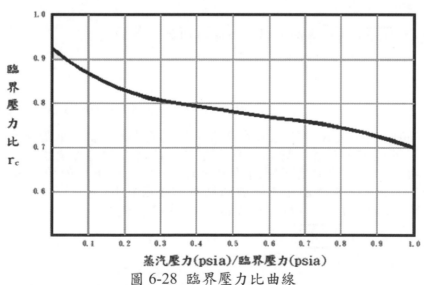

臨界壓力比 $r_c$

蒸汽壓力(psia)/臨界壓力(psia)

圖 6-28 臨界壓力比曲線

## 6.1.8 液體的壓力回復因數 $F_L$(Liquid Pressuse Recovery Factor $F_L$)

液體的壓力回復因數是一個無單位的因數，表示在一個控制閥中壓力回復的比率，它在數學中被定義如下：

$$F_L = \sqrt{\frac{P_1 - P_2}{P_1 - P_{vc}}}$$ （方程式 6-38）

並定義 $K_m$ 為一個壓力回復係數。$K_m$ 值是藉由測試每種閥門的型式來逐個決定的，並說明閥門的壓力回復特性。

$$K_m = \frac{P_1 - P_2}{P_1 - P_{vc}}$$ （方程式 6-39）

這裡表示式中的 $P_{vc}$ 是閥門位於縮流的壓力，$P_1$ 是閥門入口的壓力，而 $P_2$ 是閥門出口的壓力。

塞流條件下，實驗上已經確定：

$$P_{vc} = r_c P_v$$ （方程式 6-40）

由於液體的溫度在入口和縮流之間沒有明顯的變化，$P_v$ 是入口溫度下的蒸汽壓。而 $r_c$ 被稱為臨界壓力比，是另一個流體的熱力學性質。僅管它實際上是各個流體和優勢流體條件的函數，各式各樣流體的數據顯示，依據圖 6-28 可以歸納出 $r_c$。而流體的臨界壓力比是一個計算 $\Delta P$ 允許的需求輸入。基於流體的蒸汽壓力和臨界壓力，利用這個圖面，可以精確的預測臨界壓力比。

重新整理方程式 6-39，可以決定流動量阻塞的壓力差，此被稱為允許的壓力差：

$$(P_1 - P_2)_{允許} = \Delta P_{允許} = K_m (P_1 - r_c P_v)$$ （方程式 6-41）

當這個允許的壓力差被使用在方程式 6-16 時，已知閥門的塞流比率將得到答案。假如塞流比率小於需求的流動率(Q)，選擇的閥門是比一般尺寸小。那麼需要選擇一個較大的閥門，並使用新的 $C_v$ 和 $K_m$ 值重新計算。

$$Q_{max} = N_1 F_L C_v \sqrt{\frac{P_1 - F_F P_v}{G}}$$ （方程式 6-42）

另一個方法是察看計算塞流的大小，來比較 $\Delta P_{實際}$ 和 $\Delta P_{允許}$，使用兩者的小值來解答方程式 6-16 的 $C_v$。加入液體的壓力回復因數 $F_L$，我們得到篩選液態流體控制閥的方程式如下：
此處符號表示：

$F_L$ = 根號 $\sqrt{K_m}$，無配件的液體壓力回復因數。無單位。

$F_F$ = $r_c$，液體的臨界壓力比。無單位。

$N_1$ = 常數值

6.1.9 複合式液體的壓力回復因數 $F_{LP}$(Conbined Liguid Pressuse Recovery Factor $F_{LP}$)

當一個閥門被安裝在一個現場管線系統的配置中，不會像單獨測試閥門般的相同。現場安裝可能需要縮管、彎管、或 T 型管，此將引起前後連接閥門額外的壓力損失，這些的增加造成流體通過閥門的配管效應。前面修正配管的形狀因數 $F_P$ 將因加入管線的附屬配件，再次的修正液體的壓力回復因數 $F_L$ 為複合式液體壓力回復因數 $F_{LP}$。此複合式 $F_L$ 值是 $F_{LP}/F_P$，則方程式 6-38 被取代為：

$$\frac{F_{LP}}{F_P} = \sqrt{\frac{P_1 - P_2}{P_1 - P_{vc}}}$$ （方程式 6-43）

就最大的精確度而言，$F_{LP}$ 必須利用規定在 ANSI/ISA S75.02 的測試程序來決定。當估計值被允許時，利用下列的方程式來決定 $F_{LP}$，可以獲得合理的精確度。

$$F_{LP} = F_L \left( \frac{K_i F_L^2 C_v^2}{N_2 d^4} + 1 \right)^{-1/2} \qquad \text{(方程式 6-44)}$$

這個方程式中，$K_i$ 僅僅是上游取樣壓力接頭到閥門入口面之間，任何配件的水頭壓力損失係數 $K_i = K_1 + K_{B1}$。

重新整理不可壓縮流體和汽化液體塞流的流量方程式如下：

對於不可壓縮流體而言：

$$Q = N_1 F_P C_v \sqrt{\frac{P_1 - P_2}{G_f}}$$

或

$$C_v = \frac{Q}{N_1 F_P} \sqrt{\frac{G_f}{P_1 - P_2}} \qquad \text{(方程式 6-45)}$$

對於汽化液體塞流而言：

$$Q_{max} = N_1 F_L C_v \sqrt{\frac{P_1 - P_{vc}}{G_f}}$$

或

$$C_v = \frac{Q_{max}}{N_1 F_L} \sqrt{\frac{G_f}{P_1 - P_{vc}}} \qquad \text{(方程式 6-46)}$$

此處 $P_{vc} = F_F P_v$

$$q_{max} = N_1 F_L C_v \sqrt{\frac{P_1 - F_F P_v}{G_f}}$$

或

$$C_v = \frac{q_{max}}{N_1 F_L} \sqrt{\frac{G_f}{P_1 - F_F P_v}} \qquad \text{(方程式 6-47)}$$

使用單一的流量方程式，可以精確的預測計算控制閥的大小和流動性能。無論如何，小心的標示方程式，當遭遇到黏性流體、或配管系統是與眾不同、或存在塞流時，這些的狀況可以利用修正因數來處理。

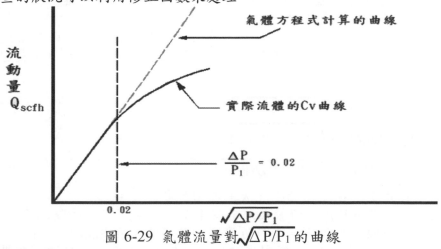

圖 6-29 氣體流量對 $\sqrt{\Delta P / P_1}$ 的曲線

6.2 氣體流量方程式

閥門篩選方程式的發展，早期的努力集中在液體流量的閥門篩選問題。Bernoulli

380

是應用流體流動理論科學的一個早期實驗者，後來對這個理論的修改，產生了一個有用的液體流動方程式 $Q = C_v(\Delta P/G)^{1/2}$。這個方程式被快速的廣泛接受，變成液體應用上篩選閥門的方程式。然而，不可避免的利用這個方程式，用來篩選氣體的流量，結果是非常的不精確。顯然還有其他的因素涉及。

為了使用液體流動方程式作為氣體之用，需要有 2 個修正。第一步是採用一轉換因子來改變單位，從每分鐘加侖(gallon/min)改變成每小時立方英呎($ft^3$/hr)。第二步是以壓力來衡量有關的液體比重，對氣體流量而言是更有意義。加上以 Charles 定律的一個溫度修正，產生下列的方程式。它能夠在任何的溫度上，處理任何的氣體。

$$Q_{scfh} = 59.64C_vP_1\sqrt{\Delta P/P_1}\sqrt{520GT}$$ (方程式 6-48)

"520"在標準條件下是空氣比重和溫度的乘積。比重是 1.0，標準溫度是 520°R(60°F)。G 和 T 代表氣體正在工作的比重和絕對溫度。

簡化的方程式 6-48，從一個簡單的單位換算，隱藏著一個嚴重的問題。因為壓縮效應和臨界流的因素，造成的限制是被忽略的，在這種情況下，它們是非常重要的。

方程式 6-48 的流量對 $\Delta P$ 的曲線，顯示了一個線性關係。閥門的 $C_v$ 越大，斜率越傾斜。不幸的是，測試數據和現場實用呈現的結果，與預測不同。

圖 6-29 一個氣體流量對壓力降的曲線，在低壓力降的條件下，顯示與理論曲線有良好的一致性，但在更高的壓力降下有相當大的偏差發生。而方程式 6-48 是以一個不可壓縮流體的假設為基礎。當壓降比$\sqrt{\Delta P/P_1}$ 超過大約 0.02 時，氣體流過閥門的節流口會遭遇到壓縮，所以實際的流量曲線偏離期望的曲線。

## 6.2.1 臨界流(Critical Flow)

當氣體流動涉及"臨界流"的現象時，就更加嚴重限制方程式 6-48 的使用。有任何流量開度的一個控制閥，可以如同圖 6-23 般在管路中，藉由單一的節流口通過氣態液體。當流體通過這個節流口，有一個頸縮或收縮，這個頸縮發生在節流口下游的一個短距離上，這就是被稱為縮流。同液態流體一樣，這裡有最小的流動面積，而同時流速必定是最大的。

當通過閥門的壓差增大時，流量也增加，且在縮流處的流速也增加。當氣體在縮流處達到了音速時，比音速更快的速度不能夠正常的移動氣體，達到了一個限制流量的條件，這個流動被稱為臨界流。閥門在這個條件下操作，被稱為"阻塞"。

當氣體達到臨界流時，方程式 6-48 對於預測流量而言，絕對毫無價值，因為流量不再隨著壓降的增加而增加。這個已經發展的氣體流量方程式，就壓降比($\sqrt{\Delta P/P_1}$)大於 0.02 來說，對於實際流量的預測，產生相當大的偏差。更進一步，一旦達到了臨界流，這個方程式是完全的錯誤。

方程式 6-48 在臨界流和次臨界流的條件下，使用一個修正的因數給與嘗試預測氣體的行為。下列三個已發展的方程式，在壓降比小於 0.5 上，預測氣體通過標準球體閥的流量。

$$Q = 1360C_v\sqrt{(P_1 - P_2)P_2/GT}$$ (方程式 6-49)

$$Q = 1364C_v\sqrt{(P_1 - P_2)P_1/GT}$$ (方程式 6-50)

$$Q = 1360C_v\sqrt{\Delta P/GT}\sqrt{(P_1 + P_2)/2}$$ (方程式 6-51)

此三個方程式使用在球體閥上，大約在 0.5 壓降比時達到了臨界流。任何一個在低壓降區域中，圖面所標定流量曲線的斜率是相同的。假如壓降比等於 0.5，三個修正方程式的任一個，將預測流量接近實際的臨界流，在此點上，所有三個修正方程式,回復到一個常數乘以 $C_v$ 和絕對入口壓力的形式。這指出一旦達到臨界壓力比，通過閥門的流量，將不再取決於通過閥門的壓降。流量的變化，僅當作一個入口壓力的函數。

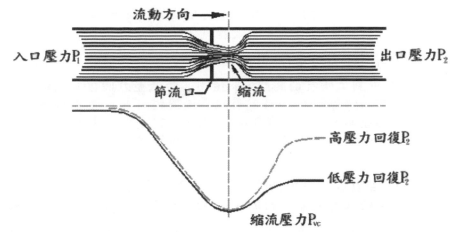

圖 6-30 高壓力回復閥門和低壓力回復閥門的曲線

## 6.3 高壓力回復閥門(High Pressure Recovery Valves)

更廣泛的應用於旋轉式球閥和蝶閥,開始說明方程式的不足之處。由於它們內部結構的形狀,旋轉式的閥門比迂迴路徑通過的球體閥,有非常高效率直接通過閥門的流動量,這些閥門被稱為"高壓力回復"閥門。高壓力回復閥門有一個非常流線型的形狀,讓它更有效率的通過流體。它們比低壓力回復的閥門上,有更小的壓降,通過更多的流量。

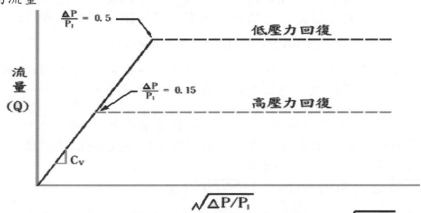

圖 6-31 高和低壓力回復閥門臨界流的壓降比( $\sqrt{\Delta P/P_1}$ )

高壓力回復閥門和低壓力回復閥門在縮流處轉變流速後,回復到閥門下游的壓力。給予這兩種閥門有相等的流動面積,和通過相同的流量。高壓力回復閥門比低壓力回復閥門將產生更少的壓降,這兩種的壓力外型顯示在圖6-30。假如涉及到臨界流,對於高壓力回復閥門而言,臨界壓降比( $\sqrt{\Delta P/P_1}$ )顯然是比低壓力回復閥門少得多。球體閥型式在壓降比為0.5時,表現出臨界流,而當有更高的流量效率時,高壓力回復閥門在0.15的降壓比上,表現出臨界流。

我們更進一步考慮一個閥門篩選計算的例子,牽涉到有相同 $C_v$ 值的一個高壓力回復閥門和一個低壓力回復閥門。一旦流量曲線最初的斜率和 $C_v$ 有關,曲線的這個部份對兩個閥門來說,將是相同的(參閱圖 6-31)。無論如何,我們早已觀察到高壓力回復閥門在壓降比為0.15時,將表現出臨界流。因此方程式敘述流量在臨界壓降條件下,通過高壓力回復閥門。

能夠有足夠的證據,反覆證明這點是很重要的。如同一個低壓力回復閥門那樣,以一個相同 $C_v$ 的條件下,測試一個高壓力回復閥門,將會有少得多的臨界氣體流量。因此,假如目的是為了低壓力回復閥門修正 $C_v$ 的方程式,用來篩選一個高壓力回復閥門,閥門的臨界流量,可以被高估達到300%。

這聽起來像是一個奇怪的事實,但應瞭解對有相同 $C_v$ 的兩類閥門,高壓力回復閥門一定比低壓力回復閥門更小。閥門的形狀大大影響流體的流量。然而氣體的臨界流,主要僅僅是依據閥門的流動面積。因此,一個更小的高壓力回復閥門,將通過較少的臨界氣體流量，但它較大的高壓力回復閥門之流量形狀，同較大的低壓力回復閥門那樣，允許他通過同樣多的液體流量。

## 6.4 氣體篩選係數 $C_g$ (Gas Sizing Coefficent $C_g$)

利用 $C_v$ 在空氣中測試所有的閥門，來預測高和低壓力回復閥門的臨界流。從這些測試中，一個氣體篩選係數 $C_g$，被定義臨界流對絕對入口壓力的關係。由於每一種閥門型式和尺寸的差異，利用實驗來決定 $C_g$ 值，它可以用來準確的預測高和低壓力回復閥門，兩者在臨界條件下的流量，方程式 6-52 為定義 $C_g$ 的方程式。

$$Q_{臨界流} = C_g P_1 \qquad\qquad (方程式\ 6\text{-}52)$$

$60°F(15.6°C)$ 的空氣在臨界流條件下，藉由測試閥門來決定 $C_g$。為了讓方程式可以應用在任何溫度的任何氣體，利用 Charles 定律的一個溫度修正因數，使用於方程式 6-52。

$$Q_{臨界流} = C_g P_1 \sqrt{520/GT} \qquad\qquad (方程式\ 6\text{-}53)$$

目前為止，我們已經發展出兩種氣體篩選方程式。第一種方程式(方程式 6-48)僅能應用到非常低的壓降比上，而另一種方程式(方程式 6-53)是唯一有效預測臨界流。但是在過渡區域相對來說，仍然是不知道的。

每一種已完成測試在不同閥門的類型上，可獲得一個更加瞭解過渡區域的努力成果。對於臨界流正常測試的結果，繪出平面圖。可注意的是，流量曲線斜率的部分所有測試點，可以藉由一個標準的正弦曲線，完全的緊密接近。對於一個新的、有改進的，且現在到處可接受預測的方法而言，這個觀念形成基本原理。

### 6.4.1 通用氣體篩選方程式(Universal Gas Sizing Equation)

為了計算閥門流體流動幾何學之間的差異，合併方程式 6-48 和方程式 6-53 成為一個單一的雙係數方程式。這個方程式在觀念上是通用的，在任何氣體和任何應用條件下，能夠準確的預測高壓力回復和低壓力回復閥門的流量，並引入一個新的因數 $C_1$。$C_1$ 被定義當作氣體篩選係數 $C_g$ 和液體篩選係數 $C_v$ 的比率即 $C_1 = C_g/C_v$，並提供閥門壓力回復能力的數字指標。一般而言，$C_1$ 值能夠根基於閥門獨特的壓力回復特性，大約在 16 至 37 之間變化。

$$Q_{scfh} = \sqrt{520/GT}\ C_g P_1\ SIN[(59.64/C_1)\ \sqrt{\Delta P/P_1}]_{弧度} \qquad (方程式\ 6\text{-}54)$$

此處 $C_1 = C_g/C_v$

我們以下面一個範例來說明澄清 $C_1$ 和閥門壓力回復特性之間的關係。

| 高壓力回復閥門 | | 低壓力回復閥門 | |
|---|---|---|---|
| $C_g$ = | 4680 | $C_g$ = | 4680 |
| $C_v$ = | 254 | $C_v$ = | 135 |
| $C_1$ = | $C_g/C_v$ | $C_1$ = | $C_g/C_v$ |
| = | 4860/254 | = | 4860/135 |
| = | 18.4 | = | 34.7 |

假設兩種閥門有相同的流動面積，一個是高壓力回復閥門，一個是低壓力回復閥門。因為在臨界流條件下決定 $C_g$，它們是相對獨立的閥門壓力回復特性。臨界流主要是閥門唯一的面積函數，因此這兩類閥門擁有相同的 $C_g$。然而，流體流動的幾何形狀，在液體流動上有一個相當大的影響。高壓力回復閥門的更高效率和更佳的流線型，允許它以相同的通口面積，流過幾乎兩倍多的液體流量。因此，$C_v$ 幾乎是低壓力回復閥門的兩倍。

為了準確預測任何閥門型式的氣體流量，需要兩種篩選計算係數。$C_g$ 是以閥門尺寸或流動面積為基礎，幫助預測流量，而 $C_1$ 說明閥門壓力回復特性的不同。通用氣體篩選方程式合併兩者的係數，第一次遭遇這個方程式，可能顯得某種程度上的複雜，但是考慮此方程式的兩種極端，可以澄清某些奧秘。

第一種考慮閥門的壓降比是極端的小，即$\triangle P/P_1 < 0.02$。這個意指正弦函數角度在弧度中，也是十分小的。回憶基本三角學，就小角度而言，弧度中角度本身可以接近角度的正弦。在一個小壓降比假設下，通用氣體方程式簡化到最初的$C_v$方程式(方程式 6-48)。我們已經知道不可壓縮流體的區域中，這個方程式符合流量數據，是壓降比小於 0.02。

通用氣體篩選方程式另一個極端是在臨界流區域中。臨界流在正弦函數第一個1/4 循環終了，達到它最大值之處，首先被確立的。此處正弦函數等於 1，且角度等於$\pi/2$弧度。

在臨界壓降比上，正弦函數變成 1，通用氣體篩選方程式實際上簡化到臨界流方程式(方程式 6-53)。這個通用氣體方程式最初發展是對任何閥門型式來預測臨界流，且以實驗決定氣體篩選係數$C_g$為基礎。

總結通用氣體篩選方程式，一個極端是採取基本的$C_v$方程式，而另一個極端是採用臨界流方程式，並以一個正弦曲線函數，使兩者混合在一起符合實驗的數據，全部兼併成為一個通用方程式。

某些人發現它更適合利用"度"而不是弧度來處理正弦角度。這是容易利用一個簡單的轉換來幫助的。通過角度新的常數變成 3417，而不是 59.64。現在正弦角度在臨界壓降比上將是 90°，而不是$\pi/2$弧度。

$$Q_{scfh} = \sqrt{520/GT}\ C_g P_1 \ \text{SIN}[(3417/C_1)\ \sqrt{\triangle P/P_1}\ ]_{\text{角度}} \qquad \text{(方程式 6-55)}$$

當通過閥門的壓降增加時，正弦角度的增加從零上到 90°。假如容許角度的增加超過90°，方程式一定可以預測一個流量的增加。然而，這不是一個真實的情況，角度必須被限制在最大90°。

顯示在方程式 6-55 通用氣體篩選方程式發展的結果，是以完全氣體定律的使用為基礎。根號$\sqrt{520/GT}$ 的表達式是來自於陳述一個完全氣體的方程式。雖然沒有諸如此類的完全氣體，存在於真實的自然界中，大量應用完全氣體的假設，是一個有用的近似值。

就某些特別應用而言，完全氣體的假設是不足夠的，已經發展一個更普遍通用氣體篩選方程式的形式。

$$Q_{lb/hr} = 1.06\ \sqrt{d_1 P_1}\ C_g\ \text{SIN}[(3417/C_v)\ \sqrt{\triangle P/P_1}\ ]_{\text{角度}} \qquad \text{(方程式 6-56)}$$

此處符號代表：

$Q_{lb/hr}$ = 氣體、水蒸汽、或氣體蒸汽流量，單位 lbs/hr

$d_1$ = 入口的氣體密度，單位 $lbs/ft^3$

方程式 6-56 是一個密度形式，能夠被用於理想氣體和非理想氣體兩方面的應用。應用此方程式需要一個額外的知識條件,那就是以$lb/ft^3$為單位的入口氣體、水蒸汽、或蒸汽密度，這些密度能夠從表上查出。

### 6.4.2 水蒸氣篩選方程式(Steam Sizing Equation)

水蒸汽在發電廠或汽電廠是主要使用的流體，推動渦輪機產生電力來供應工廠及一般民生用電，是在工業城市中最普遍的應用。應用方程式 6-56，水蒸汽密度可以很容易從水蒸汽表中發現。由於水蒸汽的使用是如此的普遍，發展一個通用的特別方程式來簡化計算，但是應用的壓力不得超過 1000 psig。

$$Q_{lb/hr} = [C_s P_1/(1 + 0.00065 T_{sh})]\ \text{SIN}[(3417/C_1)\ \sqrt{\triangle P/P_1}]_{\text{角度}} \qquad \text{(方程式 6-57)}$$

此處符號代表：

$C_s$ = 水蒸汽篩選係數

$T_{sh}$ = 過熱溫度的度數，°F

$P_1$ = 入口壓力

$\Delta P$ = 　入口和出口的壓力差

$C_1$ = 　氣體篩選係數和液體篩選係數的比率，$C_1 = C_g/C_v$

　　方程式 6-57 需要一個水蒸汽密度($d_1$)的知識，在水蒸汽低於 1000 psig 而言，一個常數的關係存在於氣體篩選係數 $C_g$ 和水蒸汽篩選係數 $C_s$ 之間。

$$C_s = C_g/20 \qquad\qquad (方程式 6-58)$$

　　密度的改變發生當水蒸汽變得過熱時，根據過熱修正因數而補償，顯示在方程式 6-57 的分母上，即是 $1 + 0.00065T_{sh}$。利用這個方程式在壓力小於 1000 psig 下，不需要查看水蒸汽表過熱蒸氣密度的需求。

　　壓力大於 1000 psig 時，來自方程式 6-58 所定義的常數關係，水蒸汽開始有相當大程度的偏差，過熱的修正不再是成立的。就準確的結果而言，必須使用方程式 6-56 來求得正確的水蒸汽流量。

## 6.5 $C_2$ 係數和配管形狀因數 $F_P$ ($C_2$ Coefficient and Piping Geometry Factor $F_P$)

　　通用氣體篩選方程式能夠被用來決定通過任何型式閥門的氣體流量，而溫度和壓力的絕對單位，必須使用在這個方程式。當臨界壓降比造成正弦角達到 90° 時，方程式將會預測臨界流之值。對於引起大於 90° 角度的應用條件而言，必須限制方程式到 90°，是為了準確決定臨界流的存在。

　　對於一組已知的應用條件而言，通常使用通用氣體篩選方程式，大部分是用來決定適當的閥門尺寸。首先，第一步是利用通用氣體篩選方程式，計算需求的 $C_g$ 值。第二步是從閥門製造廠商的型錄上，選擇一個 $C_g$ 值等於或超過計算出來的 $C_g$ 值。確認 $C_g$ 計算出的假設 $C_1$ 值，符合從型錄上選擇的閥門 $C_1$ 值。

　　對於氣體需求來說，精確的閥門篩選，已經明顯的使用雙係數，$C_g$ 和 $C_1$。單一的一個係數，已經不足夠描述閥門的容量和回復特性。

　　當進一步考慮閥門上游和下游配管的管線尺寸時，有兩個因數必須被提及，因為它們將會成為通用氣體篩選方程式的一部份。第一個因數是前面已提到的配管形狀因數 $F_P$。加入 $F_P$ 於通用氣體篩選方程式 6-55，將顯示如下：

$$Q_{scfh} = \sqrt{520/GT}\ C_1 C_v F_P P_1\ SIN[(3417/C_1)\sqrt{\Delta P/P_1}]_{角度} \qquad (方程式 6-59)$$

　　插入 $C_2$ 因數於方程式 6-59，此因數的篩選計算依據，是來自於理想氣體計算的縮流壓力之考慮，假設等熵指數等於比熱比。由於發展出來的通用氣體篩選方程式，來自於利用空氣為流體的試驗，本質上是以 1.4 比熱比 K 為基礎，這個值隨著不同的氣體而改變，且可以利用計算 $C_2$ 值快速的導出。

$$Q_{scfh} = \sqrt{520/GT}\ C_1 C_2 C_v F_P P_1\ SIN[(3417/C_1 C_2)\sqrt{\Delta P/P_1}]_{角度} \qquad (方程式 6-60)$$

利用下列方程式可以計算 $C_2$ 因數：

$$C_2 = \frac{\sqrt{[k/k+D][2/(k+1)]^{2/(k-1)}}}{0.4839} \qquad (方程式 6-61)$$

方程式 6-60 和 6-61 符號表示：

$C_v$ 　　= 　閥門的流量係數

$Q_{scfh}$ = 　氣體、水蒸汽、或氣體蒸汽的流動率，單位 scfh。

520 　　= 　標準條件下，空氣比重和溫度的乘積。

G 　　= 　氣體的比重，空氣比重 = 1.0。

T 　　= 　入口氣體的絕對溫度，單位: °R。

$C_1$ 　　= 　氣體篩選係數 $C_g$ 和液體篩選係數 $C_v$ 的比率。$C_1 = C_g/C_v$。

$C_2$ 　　= 　比熱比因數，與 k 值有一個線性關係，ISA 以 $F_K$ 來表示。

| $F_P$ | = | 配管形狀因數 |
|---|---|---|
| $P_1$ | = | 閥門入口壓力 |
| 3417 | = | 以正弦角度來計算氣體流量方程式的常數。 |
| $\Delta P$ | = | 閥門入口和出口的壓力差。 |
| SIN | = | 正弦函數 |
| k | = | 比熱比 |

## 6.6 ANSI/ISA 氣體篩選方程式

除了前面所提到計算氣體或蒸汽的流量方程之外，ANSI/ISA 計算閥門氣體流量方程式是使用最廣泛的標準方程式。依據 ANSI/ISA S75.02 來預測閥門流量係數。其呈現的方程式型式如下：

$$w = N_6 F_P C_v Y \sqrt{x P_1 \gamma_1}$$

$$C_v = \frac{W}{N_6 F_P Y \sqrt{x P_1 \gamma_1}}$$

(方程式 6-62)

或

$$Q = N_7 F_P C_v P_1 Y \sqrt{\frac{X}{G_g T_1 Z}}$$

$$C_v = \frac{Q}{N_7 F_P P_1 Y} \sqrt{\frac{G_g T_1 Z}{x}}$$

(方程式 6-63)

或

$$w = N_8 F_P C_v P_1 Y \sqrt{\frac{xM}{T_1 Z}}$$

$$C_v = \frac{w}{N_8 F_P P_1 Y} \sqrt{\frac{T_1 Z}{xM}}$$

(方程式 6-64)

或

$$q = N_9 F_P C_v P_1 Y \sqrt{\frac{X}{MT_1 Z}}$$

$$C_v = \frac{q}{N_9 F_P P_1 Y} \sqrt{\frac{MT_1 Z}{x}}$$

(方程式 6-65)

此處的符號代表：

| w | = | 重力或質量流動率 |
|---|---|---|
| $F_P$ | = | 配管形狀因數，無單位。 |
| $C_v$ | = | 閥門流量係數。 |
| Y | = | 膨脹因數。在相同雷諾數下，氣體對液體流動係數的比率。無單位。 |
| x | = | 壓差對入口絕對壓力的比率（$\Delta P/P_1$）。 |
| $P_1$ | = | 入口的絕對壓力。 |
| $\gamma_1$ | = | 上游條件下的液體比重。 |
| $G_g$ | = | 氣體的比重。流動的氣體密度對空氣密度在標準條件下的比率。 |

| | | | | | | | |
|---|---|---|---|---|---|---|---|
| $T_1$ | = | 上游的絕對溫度($°K$ 或$°R$)。 | | | | | |
| Z | = | 壓縮因數，無單位。 | | | | | |
| M | = | 分子量，原子質量單位。 | | | | | |
| $F_K$ | = | 比熱比因數 | | | | | |
| Q | = | 流動率 | | | | | |
| $X_T$ | = | 壓降比因數 | | | | | |
| $N_{5~9}$ | = | 不同量度單位的數字常數。表 6-10 顯示其常數的數字及單位。 | | | | | |
| $X_{TP}$ | = | 具有縮管或其他管線配件的壓降比因數。 | | | | | |

上面 ANSI／ISA 方程式的 x 值，必須不超過塞流的限制，$F_{KX_T}$ 或 $F_{KX_{TP}}$。x 為壓差和入口壓力的比率，x＝ $\Delta P/P_1$。假如閥門入口的條件維持著常數，藉由降低下游壓力 $P_2$，增加壓差比 x，質量流動率 w 將增加到一個最大的極限。x 值的流量條件超過這個極限，被稱為塞流。這個阻塞流動發生在壓降比($P_v/P_{vc}$)大於大約 2.0。$P_v$ 是入口條件下的蒸汽壓，$P_{vc}$ 是縮流處的壓力。

阻塞影響方程式 6-62 ~ 6-65 的使用，x 值必須不超過 $F_{KX_T}$ 或 $F_{KX_{TP}}$，則忽略實際的 x 值。

表 6-10 氣體和蒸氣流動方程式的數字常數

| 常數 | | 使用在方程式的單位 | | | | | |
|---|---|---|---|---|---|---|---|
| N | | w | Q* | $P_1\Delta P$ | $\gamma_1$ | $T_1$ | $d_1D$ |
| $N_5$ | 0.00241 | -- | -- | -- | -- | -- | mm |
| | 1000 | -- | -- | -- | -- | -- | in |
| $N_6$ | 2.73 | kg/h | -- | kPa | kg/m³ | -- | -- |
| | 27.3 | kg/h | -- | bar | kg/m³ | -- | -- |
| | 63.3 | lb/h | -- | psia | lb/ft³ | -- | -- |
| $N_7$ | 4.17 | -- | m³/h | kPa | -- | K | -- |
| | 417 | -- | m³/h | bar | -- | K | -- |
| | 1360 | -- | scfh | psia | -- | °R | -- |
| $N_8$ | 0.948 | kg/h | -- | kPa | -- | K | -- |
| | 94.8 | kg/h | -- | bar | -- | K | -- |
| | 19.3 | lb/h | -- | psia | -- | °R | -- |
| $N_9$ | 22.5 | -- | m³/h | kPa | -- | K | -- |
| | 2250 | -- | m³/h | bar | -- | K | -- |
| | 7320 | -- | scfh | psia | -- | °R | -- |

*Q 是在 14.73 psia 和 60°F 測量的立方呎/小時 (ft³/hr)，或是在 101.3 kPa 和 15.6°C 測量的立方米/小時(m³/hr)。

6.7 擴張因數 Y

當氣體通過閥門入口至縮流處，擴張因數說明了密度(比重)的變化，當壓力降改變時，也解釋縮流面積的變化。理論上擴張因數受到全部下列的影響。
(1) 通口面積對閥體入口面積的比率。
(2) 閥門內部流體通過的幾何形狀。
(3) 壓降比 x。
(4) 雷諾數
(5) 比熱比因數 $F_k$

(1)、(2)和(3)項的影響藉由壓降比因數 $x_T$ 來定義。測試資料指出擴張因數可以當作 x 的線性函數而採納，顯示在下列的方程式：

$$Y = 1 - \frac{x}{3F_kx_T} \qquad (限制\ 1.0 \geq Y \geq 0.67) \qquad (方程式\ 6\text{-}66)$$

對於一個有管線配件的閥門而言，$x_{TP}$ 應取代 $x_T$。就所有實際目的來說，在可壓縮流體中，雷諾數效應可以被忽略，需考慮比熱比因數。

6.8 壓降比因數 $x_T$

壓降比因數是用來預測阻塞點，由於流速限制通過縮流處，格外的壓降(更低於下游的壓力)，將不會產生格外的流動率。依據閥門的型式，此因數是閥門內部流體通過的幾何形狀和對液體壓力回復因數 $F_L$ 相似的變化。

6.9 具有縮管或其他管線配件的壓降比因數 $x_{TP}$

一個裝配有縮管或其他管線配件的閥門，其閥門和配件的整個組合體的壓降比因數 $x_{TP}$，是不同於單獨閥門的壓降比 $x_T$。就最大精確度而言，$x_{TP}$ 值必須利用測試來決定其值。但是下列方程式可以允許預估決定 $x_{TP}$ 值：

$$x_{TP} = \frac{x_T}{F_p^2} \left( \frac{x_T K_1 C_v^2}{N_5 d^4} + 1 \right)^{-1} \qquad (方程式\ 6\text{-}67)$$

這個方程式中，$x_T$ 是一個沒有安裝縮管或其他管線配件閥門的壓降比因數。$K_1$ 是入口縮管的損耗係數，而 $K_1 = 0.5\ (1 - d^2/D^2)^2$。假如 d/D 是大於 0.5，且 $C_v/d^2$ 小於 20，對 $x_T$ 這個修正因數而言，通常是可以忽略的，d 單位是英吋。

6.10 比熱比因數 $F_K$(Ratio of specific heats factor $F_K$)

一個可壓縮流體的比熱比，影響通過閥門的流動率，$F_K$ 因數說明這個效應。$F_K$ 對空氣在一般的溫度和壓力條件下，有一個 1.0 之值，而此處其比熱比大約是 1.40，作為閥門篩選目的而言，理論和實驗兩者的證據指出，當與 K 有一個線性關係時，可以獲得 $F_K$，因此：

$$F_K = \frac{K}{1.40} \qquad (方程式\ 6\text{-}68)$$

6.11 壓縮因數 Z (Compressibility Factor Z)

ISA 氣體篩選方程式 6-63，6-64，6-65 不包含一個約定作為上游條件下，流體的實際比重。代替的是，這個約定被推廣以理想氣體定律上的入口壓力和溫度為基礎。某些條件下，實際的氣體行為，可以明顯的脫離理想。這些案例中，壓縮因數 Z 被引入來補償這個差異。就流體問題而言，Z 是一個下降壓力和下降溫度兩者的函數。下降的壓力 $P_r$ 被定義為實際入口絕對壓力對絕對熱力學臨界壓力的比率。下降的溫度也以同樣的方式被定義如下：

$$P_r = \frac{P_1}{P_c} \qquad (方程式\ 6\text{-}69)$$

$$T_r = \frac{T_1}{T_c} \qquad (方程式\ 6\text{-}70)$$

對大部分的流體，絕對熱力學臨界壓力和溫度，來自於可以決定 Z 的曲線，可以被發現在許多物理學的資料文獻手冊中。

7.0 孔蝕作用和閃化作用(Cavitation and Flashing)

孔蝕作用和閃化作用是一種流體動力的現象，此種現象開始得到認知時，是在二十世紀的初期，當時把它當作一個工程技術的問題。那時期，觀察高速推進器運行時，發現其周圍產生氣泡，而這個氣泡是水產生的汽化，這導致推動效力的降低。這種流體的汽化被定義為孔蝕作用。

孔蝕作用和閃化作用在工業應用中，影響閥門的結構，尤其對控制閥內部結構的型式，及如何來消除孔蝕作用產生氣泡的基本方法。孔蝕作用發生在製程流體為液體的系統中，當閥門內液體通過節流口時，發生局部壓力的變動，當其壓力接近液體的蒸汽壓時，引起氣泡的成長和瓦解，產生局部的衝擊波和液體微射流。假如這個衝擊波和微射流發生在泵、閥門或管線的金屬表面，將會發生嚴重的凹陷和浸蝕般的損傷，此能夠降低設備的壁厚，進而損壞設備。

另外孔蝕作用時常產生高分貝的噪音和強烈的振動，其範圍包含著廣大的頻率。過大的振動能夠鬆脫法蘭的螺栓、損壞支撐管線的結構和破壞製程設備，且這些危險及過大的噪音，衝擊著人員和環境。

閃化作用也是一種液體汽化的過程，類似於孔蝕作用。然而閃化作用不同於孔蝕作用，它的氣泡持續存在，並延伸到閥門下游的管線。因為閥門下游液體壓力仍然處在流體的蒸汽壓或低於流體的蒸汽壓。高流速和雙相態的流體，經由液體產生的蒸汽膨脹，可以引起浸蝕和壓力邊界壁厚的變薄。雖然閃化作用的噪音，通常比嚴重的孔蝕作用少得多，但引起過大的振動與高速的流體流動有關聯。降低流速及使用抗浸蝕的材料，是有效的設計策略，把閃化作用的損傷降至最低的限度。

孔蝕作用和閃化作用純粹是一種液體流動的過程，氣體和蒸汽不會形成孔蝕作用和閃化作用。儘管有二種公認孔蝕作用的種類，當應用到控制閥時，最重要的是蒸汽式孔蝕作用(Vaporous Cavitation)。閃化作用和強烈的孔蝕作用降低了閥門的流動量，通常被製程稱為"塞流"。就應用而言，流動容量或閥門的計算篩選，忽略塞流的調整，將會預測高於實際的流動率，或小於需要的閥門尺寸。

## 7.1 孔蝕作用和閃化作用的基本原理

孔蝕作用是一種動力現象，僅僅發生在液態流體的系統中。為了瞭解控制閥能夠引起孔蝕作用和閃化作用的過程，我們再次以一個簡單圖面來顯示閥門的節流口，如圖 6-23 及圖 6-24 所示。

當流體通過縮流處時，此時液體的流動面積最小，而流速是最大。縮流是來自於孔口節流處下游的某些距離上，這個距離隨著壓力條件和實際的節流型式而變化。當壓力達到一個被定義的最小之點，此點稱為縮流壓力 $P_{vc}$ (Vena Contracta Pressure, $P_{vc}$)，過了此點之後，液體的壓力開始回復，但無法回復到入口時的壓力，因為部分的能量因為摩擦、熱等而消耗損失。液體在通過節流口時，在節流口與下游之間，產生了渦流及擾動的層流，此時建立了一個低壓的區域。當低壓點達到了液體的蒸汽壓(Vapor Pressure)時，汽化可能開始。液體通常以小的氣體核和固態-液態的界面開始汽化。分界牆(Boundary Wall)或固態粒子，與液態的界面，表面的不規則造成液體表面張力的弱點，因而產生了蒸汽的氣泡。當環繞在蒸汽氣泡的液體，局部壓力上升超過蒸汽壓，促使氣泡內的蒸汽快速冷凝，引起氣泡崩潰，此過程稱為孔蝕作用。

壓力的波動，同樣地可能釋放溶解在液體內的氣體，造成被稱為氣體式孔蝕作用(Gaseous Cavitation)的結果。然而從液體中釋放出的氣體，再回復到液體內，發生比蒸汽的冷凝慢，使氣體的氣泡持續存在液體中，甚至在液體的局部壓力增加之後。

氣體式孔蝕作用在降低損傷和結合蒸汽式孔蝕作用的振動是有益的。氣體式孔蝕作用傾向於充氣在液體中，增加混合體的壓縮性，並且對蒸汽氣泡的崩潰，提供一個緩衝的效應。然而某些化學和生化製程中，氣體的溶解是不受歡迎的，有時下游的設備，可能在流體中遭受不溶解氣體的不良影響。蒸汽式孔蝕作用更具有破壞性，通常令閥門使用者更擔憂。

壓力的改變引起液體的汽化，產生孔蝕作用的冷凝，可能起源於幾種來源，大多數控制閥內部無可避免的複雜形狀，創造了再循環的流動和漩渦般的擾流區域，造成流動水流從閥體的體壁或調整構件零件分隔的結果，也就是液體從接觸金屬的分界牆分離。控制閥內的孔蝕作用，出現在這個分隔區域，此區域由於擾動的渦流，產生局部的低壓。而相似的層流現象，也能產生局部的壓力下降，足夠在連續流動的水流中，開始孔蝕作用。

當流體通過閥門的節流口時，流速必須增加來補償減少的截面流動面積之效應。就不可壓縮穩流的流體而言，能量的交換可以利用 Bernoulli 方程式(方程式 6-71)來

389

描述。Bernoulli 方程式在入口壓力和縮流處之間，可以描述如下：

$$\frac{\rho \, V_1^2}{2g_c} + P_1 = \frac{\rho \, V_{vc}^2}{2g_c} + P_{vc}$$ (方程式 6-71)

　　此方程式基本上說明動能(流速)、流體能量(靜壓力)和位能(相對的高度)，保持恆定不變的總和。當然，這個關係假定沒有因為摩擦、熱或功的損失。假如平均壓力掉落到液體的蒸汽壓之下，那麼在主要流動水流中蒸汽氣泡將形成。當流體通過節流口時，流體速度減少，減少的速度造成一個能量的交換，從動能回到靜壓。當靜壓增加再次超過蒸汽壓，蒸汽氣泡激烈的崩潰，孔蝕作用就形成了。壓力從最低壓力(縮流壓力)開始增加，此被稱為壓力回復(Pressure Recovery)。壓力回復的程度取決於閥門的設計和閥門內流體摩擦能量的轉移。當壓力回復超過蒸汽壓，則產生孔蝕作用的形態。回復如未超過蒸汽壓，氣泡繼續存在到下游管線，此形態稱為閃化作用。事實上，閃化作用的開始是和孔蝕作用完全相同，僅僅當流體通過節流口時，它的壓力回復位置是不同的。應注意的是，閃化作用是被液體的蒸汽壓和下游壓力所決定，因此閃化作用是一種系統的現象。

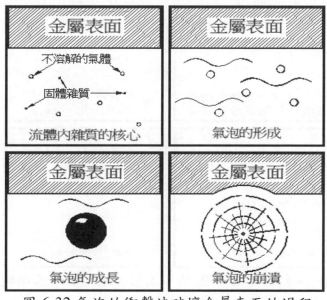

圖 6-32 氣泡的衝擊波破壞金屬表面的過程

### 7.1.1 孔蝕作用損傷的過程和現象

　　當液體通過節流口後，壓力開始回升到超過蒸汽壓，則有發生孔蝕作用損傷的潛在性。當發生孔蝕作用時，節流口下游壓力回升到蒸汽壓之上，蒸汽氣泡立刻轉回到液體，氣泡可能不再存在。由於蒸汽的氣泡比相等的液體有一個大的容量，可以影響整個閥門中的流動率。降低下游的壓力，增加閥門的壓力降，從一個固定的上游壓力而言，流動率不會產生增加，被稱為"塞流"的狀況發生了。孔蝕作用另一個現象就是對材料的損傷，這個損傷涉及兩種因素，且相互作用中互相強化，(一)是機械方面的浸蝕，(二)是化學方面的侵蝕。機械方面的浸蝕發生在氣泡的內爆的形式，內爆產生兩個主要損傷的機械作用。

1. 內爆的氣泡產生一個強烈的衝擊波。球形蒸汽氣泡對稱的崩潰，在一個小於氣泡直徑的距離中，噴出猛烈的衝擊波，可以壓塌或破裂金屬表面。重複的衝擊，造成表面的金屬疲勞和金屬移除。

2. 因為不對稱氣泡的壓力場效應，一個高速的微射流，從崩潰的氣泡中噴出，接近堅硬的金屬表面，以具有破壞性的結果衝擊金屬邊界壁。

　　氣泡成長到崩潰的循環，論及相態的變化，從一個液體到蒸汽再回到液體。這些氣泡的行為有一個直接及將發生負面的副作用有關聯。氣泡的循環歷經 4 種基本形態：集結、成長、崩潰和回復。液體在接近蒸汽壓時，必須有一個地方讓它形成氣泡，通常在這液體中產生可壓縮氣體的氣泡，必須含有一種固定且最低限度大小的"核心"，引起爆炸性的增長或產生孔蝕般的氣泡。這個漸漸開始形成氣泡的過程被稱為"集結"。

　　一旦形成了氣泡，它繼續前進通過減壓區域而成長，並對不斷且漸漸減少的壓力和漸漸增加的液體汽化來反應，這個氣泡循環的部分被稱為"成長"。最後，壓力的回復停止了氣泡的成長，並迫使它"崩潰"，這是氣泡循環的第 3 種形態。而氣泡崩潰之後回復成液體，此回復過程可於縮流點之後回復，或在閥門下游的管線中回復。圖 6-32 說明氣泡成長到崩潰的過程。

　　另一種氣泡的崩潰對於金屬表面的破壞，更甚於衝擊波的破壞，而這種形式的破壞是大部分機械浸蝕的可能型式。圖 6-33 說明一個不對稱的氣泡在崩潰期間，形成一個小的、高速液體的噴出，假如噴出流的方向和接近金屬表面是適當的，一個有破壞性的浸蝕將會發生在金屬表面。此種形式的破壞被高速率的攝影拍錄下來，經過液體微量衝擊型式的比較和各種分析研究所支持。

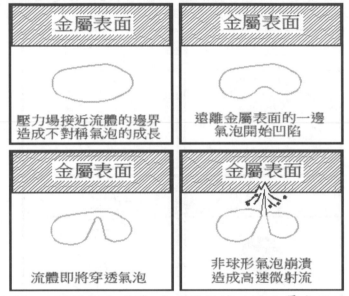

圖 6-33 不對稱氣泡破裂 造成微射流破壞金屬表面的過程

　　結合腐蝕的化學侵蝕是第二次的機械效應，它們在加速金屬孔蝕作用的損傷肯定是相當大。金屬是依靠被動的氧化薄膜作為腐蝕的阻抗，在機械浸蝕之後，許多材料的保護層被物理方式移除，使得基礎的材料更容易受到化學效應侵蝕的損壞，金屬表面受到腐蝕作用之後更容易被機械浸蝕所移除。因此可以推論，孔蝕作用的浸蝕最初是機械的方式，但常常藉由化學的侵蝕強化了它的複合性。電力、磁力和引力的效應是可忽略不計的，熱力學的效應和特殊流體的考慮是很重要的，會在稍後的章節討論。

### 7.1.2 孔蝕作用的壓力回復和阻塞

　　整個氣泡的循環有 4 個負面的副作用：過多的噪音、過多的振動、材料的損壞和流動率的惡化。如同顯示在液體篩選計算方程式那樣，流體通過一個節流口，正常是比例於壓降的平方根，比例常數是節流口液體流量係數 Cv 除以比重 G 的平方根，此方程式顯如下：

$$Q = C_v \sqrt{\frac{P_1 - P_2}{G}}$$
（方程式 6-72）

　　這個方程式暗示藉由漸漸增加通過節流口的壓差，可以不斷的增加流動率。然而，實際上當形成一個足夠蒸汽數量時，這個關係開始被打破(即產生了孔蝕的作用)。對於同樣增加壓差而言，流量的增加比實際預測的少，直到最後流量保持常數不變，儘管存在著一個壓降的增加。

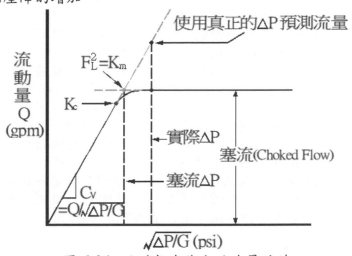

圖 6-34 預測塞流發生的流量曲線

　　液體阻塞真正的機械作用不完全被確認，雖然在氣體的應用中，它和臨界流之間有相似之處。在氣體的流動中，當流動速度等於音速時，流動是阻塞的。就純粹是液體(不可壓縮的流體)而言，音速是非常高的。然而液體中有部分汽化，流體實際上是一個兩相的混合體，典型上有一個非常低的音速，實際上比一個純氣體更低。因此就混合體的流速而言，可能變成相當於氣體的音速，並且阻塞流體。

　　阻塞的行為能夠在流動率的線性圖表上被繪製，當作壓力降平方根的函數。通常測量通過閥門的壓力降是來自於閥門上游和下游的取樣點，在那裡通過的流動水流，其流速分佈是始終一致的。圖 6-34 顯示不可壓縮流體的流動量是壓降平方根的一個線性函數，以每分鐘加崙(gpm)的流量和每平方英吋磅(psi)的壓降來表示，曲線的斜率(無汽化狀態)是等於閥門的流動係數 $C_v$。保持這個線性關係不變，直到孔蝕作用產生足夠汽化的氣泡，從恆定的斜率 $C_v$，引起一個可測量的偏移。對一個明確的閥門開度和不變的上游流體壓力而言，額外增加的壓力降，將造成一個無法超過最大的流動量。從圖 6-34 的流量曲線上說明，壓力降繼續的增加，並不會增加流動量，當到達 $\Delta P_{ch}$ 的壓降時，流動量只是微幅的增加，到最後維持一個恆定的流量，而這個恆定的實際流動量與預測流動量的交點，被定義為閥門回復因數 $F_L$，這是利用 $\Delta P_{ch}$ 來決定的一個液體因數。

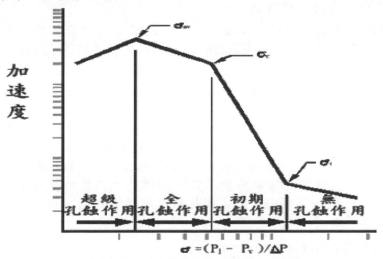

圖 6-35 四種等級的孔蝕作用強度

　　我們定義 $K_m = F_L^2$ 為閥門壓力回復係數，這個值僅僅被用來決定壓降，那就是在塞流的條件下，可以被用來預測流動率。當這個參數被廣泛的發表時，從一個閥門應用觀點來看，它唯一的限定功能是預測完全阻塞之點，但在這點上，大部分的閥門將承受著嚴重且具破壞性的孔蝕作用。高壓力回復閥門，例如蝶閥和球閥(Ball

392

Valve)，在達到 $K_m$ 預測的允許壓降之前，已經顯示經歷完全具破壞性的孔蝕作用。相反地，低壓力回復閥門特殊抗孔蝕作用的調整構件(Trim)，可以使用在全部允許的壓降限制，而沒有損傷現象或吵雜的噪音。從一個應用觀點而言，如此的易變性限制了 $K_m$ 的使用，並導致其他孔蝕作用係數的發展。

圖 6-34 的一個孔蝕作用篩選係數 $K_C$，這個係數是用來決定孔蝕作用將開始發生損傷的壓降。這個損傷的起始點指出孔蝕作用將顯露出內部的噪音和振動。$K_C$ 結合其他在孔蝕作用因數的應用中，是閥門性能最重要的指標。由於 $K_C$ 是強烈地和 $K_m$ 有關，有時表示作為它的一部分，即 $K_C = 0.67K_m$。它也對合併具有 $K_C$ 因數壓降限制的使用很合適，這些限制範圍明白的指出，一個控制閥對抗孔蝕作用效應的固有能力，而這些壓降限制的變化，是閥門型式、尺寸和調整構件型式的函數。

$K_C$ 因數存在其他的定義，在 $\Delta P$ 的操作上典型用來決定一個限制範圍。如同前面所下的定義，這個轉折點顯示可測量蒸汽數量的增加，開始限制流量的增加，而不會測量到孔蝕作用的開始。許多例子上，實際的孔蝕作用發生在阻塞開始之前。

### 7.1.3 孔蝕作用的類型和程度

孔蝕作用損傷的開始，是無法從一個塞流的測試上來可靠的預測，而是採用其他探測的方法來發現孔蝕作用的開始，並利用孔蝕作用的噪音和振動，來定義孔蝕作用猛烈程度的等級。圖 6-35 是已經分辨出 4 種通常重複出現的等級或是液體流動的型式，作為閥門測量孔蝕作用的一種指標，並定義下列孔蝕作用的型式。雖然許多閥門顯示如圖 6-35 的特性，但某些閥門不會表現全部的轉折點，而且一些多階閥門(Multistage Valve)可能不會僅僅利用這種測量方式，提供有意義的資料。

1. 無孔蝕作用(No Cavitation)：特徵是來自於不會產生氣泡擾流流動的噪音和振動。這種型式通常不會產生令人不愉快的振動和噪音。

2. 初期孔蝕作用(Incipient Cavitation)：從一個被稱為初期孔蝕作用的等級開始，並進行直到另一個轉折點的等級，被定義為恆定孔蝕作用(Constant Cavitation)。閥門中這個孔蝕作用的等級，特徵是間歇作用氣泡的形成和崩潰，出現在閥門內部擾動分隔區的漩渦中。這些發生的事情勉強聽見超過背景的噪音；可利用加速度計或有過濾頻率能力的噪聲計來偵測。恆定孔蝕作用是一個初期孔蝕作用的延伸，它通常發生在分隔地區的擾流。無論如何，恆定孔蝕作用產生穩定的氣泡成長和崩潰，因此聲音因間歇而不再顯現，但是卻是很穩定或很恆定的。這個等級同樣地已經被其他人稱為臨界孔蝕作用(Critical Cavitation)。初期或恆定孔蝕作用等級通常對閥門金屬沒有傷害的。

3. 全孔蝕作用(Full Cavitation)：特徵額外增加的振動或聲音強度，因此把此點定名為最大的振動強度(Maximum Vibration Level)。這個等級是孔蝕作用損傷的開始，此又稱為初期損傷，而損傷的現象時常被發現在這種形式。

4. 超級孔蝕作用(Super-Cavitation)：特徵是閥門上振動或聲音的減少，這是由於蒸汽數量影響流體的密度和流體聲音的傳送特性。超級孔蝕作用時常以蒸汽的氣泡袋，延伸到閥門下游流體，並進入管線為特徵。蒸汽通常圍住一個液體的噴射流。在液體的噴射流中，蒸汽袋和氣泡，在壓力回復到大於蒸汽壓值的下游管線猛烈的崩潰。這個型式有時稱做閃化孔蝕作用(Flashing Cavitation)，但不同於真正的閃化作用，在此已恢復正常狀態的下游水流壓力，仍然維持或低於蒸氣壓。在下游管線和配件的振動和侵蝕，是這個孔蝕作用等級共通的徵候。這個形式，塞流通常與孔蝕作用聯合。

### 7.2 孔蝕作用的指標(Cavitation Index)

使用 $\sigma$ 作為孔蝕作用的指標是在 1920 年代被 Thoma 採用，有幾種 $\sigma$ 型式代表抗孔蝕作用的力量相對造成孔蝕作用的比率。下列是有關於 $\sigma$ 的定義：

$$\sigma = \frac{P_1 - P_v}{P_1 - P_2} \qquad \text{(方程式 6-73)}$$

K 和 $x_F$ 也是被使用的其他孔蝕作用參數。閥門係數 $K_c$ 和 $x_{FZ}$ 有時候被用來顯示出期的孔蝕作用，但定義上它們本質是互不相同，而 $\sigma_i$ 的定義如下：

$$\frac{1}{\sigma_i} = K = x_F = \frac{P_1 - P_2}{P_1 - P_v}$$（方程式 6-74）

此處符號代表：

$P_v$ = 絕對熱力學蒸汽壓

$P_1$ = 上游流體絕對壓力

$P_2$ = 下游流體絕對壓力

$K_c$ 和 $x_{FZ}$ 有不同的定義，雖然它們時常被稱為"初期孔蝕作用係數"。$K_c$ 是來自於一個容量的測試，是以阻塞的開始為基礎，被稱為"初期阻塞係數"。$x_{FZ}$ 是以一個噪音曲線的轉折點為基礎，而 $\sigma_i$ 是以一個振動曲線轉折點為基礎。

孔蝕作用係數 $\sigma_i$、$\sigma_c$ 和 $\sigma_{id}$ 分別代表初期強度孔蝕作用、恆定強度孔蝕作用和初期損傷孔蝕作用，這些都是以測試為基礎來定義的孔蝕作用係數。而 $\sigma_{mr}$ 是製造廠商建議的孔蝕作用限制的參數，是以測試的結果為基礎，也代表製造廠商在閥門應用上一個實際的經驗值。

表 6-11 壓力標度效應指數

| 閥門型式 | 孔蝕作用程度 | 指數 a |
|---|---|---|
| 90°轉動閥門<br>(即球閥、蝶閥) | 初期孔蝕作用 | 0.22 ~ 0.20 |
| | 恆定孔蝕作用 | 0.22 ~ 0.30 |
| | 初期損傷孔蝕作用 | 0.10 ~ 0.18 |
| | 阻塞 | 0 |
| 扇形球閥和偏心閥塞閥 | 初期孔蝕作用 | 0.30 ~ 0.40 |
| | 恆定孔蝕作用 | 0.30 ~ 0.40 |
| | 初期損傷孔蝕作用 | N/A |
| | 阻塞 | 0 |
| 單階球體閥 | 初期孔蝕作用 | 0.10 ~ 0.14 |
| | 恆定孔蝕作用 | 0.10 ~ 0.14 |
| | 初期損傷孔蝕作用 | 0.08 ~ 0.11 |
| | 阻塞 | 0 |
| 多階球體閥 | 初期孔蝕作用 | 0.00 ~ 0.10 |
| | 恆定孔蝕作用 | 0.00 ~ 0.10 |
| | 初期損傷孔蝕作用 | N/A |
| | 阻塞 | 0 |
| 孔口式閥門 | 初期孔蝕作用 | 0 |
| | 恆定孔蝕作用 | 0 |
| | 初期損傷孔蝕作用 | 0.20 |
| | 阻塞 | 0 |
| N/A = 不採用 | | |

### 7.2.1 閥門標度效應和孔蝕作用參數

當使用不同的測試壓力或使用形狀相似閥門的不同尺寸。這些壓力和尺寸效應被稱為標度效應(Scale Effects)。依據 ISA RP75.23 建議的方法，使用孔蝕作用指標 $\sigma$ 和孔蝕作用係數 $\sigma_v$ 來決定閥門在一個給予應用環境的合適性。許多研究已經發現初期孔蝕作用、恆定孔蝕作用和初期損傷孔蝕作用的係數，不會保持恆定不變，而這些係數依據發展的經驗有相互的關係，這些關係可利用 $\sigma$ 來反應這些現象。

閥門孔蝕作用係數值的變化，結合壓力的變化被稱為壓力標度效應(PSE)。同樣地，閥門在孔蝕作用係數值的變化，結合不同閥門尺寸的變化，被稱為尺寸標度效應(SSE)。管線縮管和擴管的存在，也影響係數的數值。方程式 6-75 給予的關係是依據來自於前面的測試參考係數 $\sigma_R$ 計算出來的一個閥門係數 $\sigma_v$。$\sigma_R$ 值是當作任一個孔蝕作用係數值($\sigma_i$、$\sigma_c$、$\sigma_{id}$)或製造商選擇的限制參數 $\sigma_{mr}$。

$$\sigma_v \ = \ (\sigma_R \, SSE - 1) \, PSE + 1 \qquad\qquad\qquad\text{(方程式 6-75)}$$

對於閥門而言，計算 $\sigma_v$ 之後和實際的應用方程式 6-73 的 $\sigma$ 比較，如果 $\sigma \geqq \sigma_v$ 之結果，則指閥門操作在比選擇 $\sigma_R$ 值參考係數強度的閥門上，其孔蝕作用的強度較不嚴重。假如閥門安裝在大直徑的管線中，那麼必須利用方程式 6-80 的 $\sigma_p$ 來計算 $\sigma_v$，然後與 $\sigma$ 來比較。

### 7.2.2 壓力標度效應 (PSE)

孔蝕作用猛烈的程度以漸增的 $P_1 - P_v$ 增加來當做一個常數 $\sigma$。壓力標度效應 PSE 可以利用方程式 6-75 來計算：

$$PSE \ = \ \left( \frac{P_1 - P_v}{(P_1 - P_v)_R} \right)^a \qquad\qquad\qquad\text{(方程式 6-76)}$$

方程式 6-76 下標 R 的標示為參考壓力(即測試壓力)。許多案例中，廠商實際測試閥門的壓力，將是小於 100 psi。離開閥門一定距離的上游和下游之特定地點，作為閥門具有一個 $C_v/N_{C1}d^2 > 20$ 的相對容量。

方程式 6-76 的指數 a，可藉由測量孔蝕作用係數($\sigma_i$、$\sigma_c$、$\sigma_{id}$)對 $P_1 - P_v$ 雙對數座標圖的斜率找出來。表 6-11 對不同閥門型式和不同的孔蝕作用強度，顯示指數 a 值的範圍。指數 a 為零的數值，指出在塞流或在初期形式中一個單一通口，沒有壓力標度效應。對一個特有的孔蝕作用標度而言，壓力標度指數 a，可以從一個($P_1 - P_v$)數值範圍，和方程式 6-76 之已測量係數資料來計算。

### 7.2.3 尺寸標度效應 (SSE)

尺寸標度效應 SSE 能夠從方程式 6-77 來估算。方程式 6-78 的指數 b，是來自初期孔蝕作用、恆定孔蝕作用和初期損傷孔蝕作用係數的尺寸標度效應之有限的測試。特別注意的是，完全塞流是沒有尺寸標度效應。孔口式閥門也顯示出尺寸標度效應。

$$SSE = \left( \frac{d}{d_R} \right)^b \qquad\qquad\qquad\text{(方程式 6-77)}$$

$$b \ = \ 0.068 \left( \frac{C_{VR}}{N_{C1} \, d_R^2} \right)^{1/4} \qquad\qquad\qquad\text{(方程式 6-78)}$$

$C_{VR}$ 和 $d_R$ 參閱已測試的基準閥門。($C_{VR}/N_{C1}d_R^2$)的表示式稱為相對容量或 $C_d$。尺寸標度的孔蝕作用係數方程式 6-77 和 6-78，僅僅是作為有相似形狀的閥門之應用。測試建議這些可能被使用的方程式，當兩個閥門是由相同型式製造成的(即球體閥、蝶閥、球閥等)，及它們相對容量是相同的，如同方程式 6-79 顯示一樣。

$$\frac{C_v}{N_{C1}d^2} \ = \ \frac{C_{VR}}{N_{C1}d_R^2} \qquad 或 \qquad C_d = C_{dR} \qquad\qquad\text{(方程式 6-79)}$$

d　＝　閥門入口內徑

$d_R$　＝　參考的閥門入口內徑

$C_{VR}$　＝　參考閥門的閥門流動係數

$N_{C1}$　＝　測量單位的數字常數，可參閱表 6-12。

特別注意，假如系統設計者，計算 $\sigma$ 在閥門入口和出口壓力，已經包含縮管的效應，那麼就不會應用到 $\sigma_p$。這個案例中，簡單比較 $\sigma$ 和 $\sigma_v$；閥門的選擇應符合標準 $\sigma \geqq \sigma_p$。

一個上游管線縮管和下游管線擴管，引起孔蝕作用強度和係數中的一種變化。方程式 6-80 可以被用來計算校正的孔蝕作用係數 $\sigma_p$，在一個大尺寸管線中，作為一個更小尺寸閥門的組合安裝。係數 $\sigma_P$(對於具有縮管的閥門而言)是和系統的 $\sigma$(方程式 6-73)比較。接受的標準是 $\sigma \geqq \sigma_P$。

$$\sigma_P = F_P^2 \left( \frac{\sigma_v + (K_1 + K_{B1}) C_v^2}{N_{C2} \, d^4} \right) \qquad \text{(方程式 6-80)}$$

此處的係數表示

$$F_P = \left[ \frac{1 + (\sum K)C_v^2}{N_{C2}d^4} \right]^{-1/2} \qquad \text{(方程式 6-81)}$$

$$K_{B1} = \frac{1 - d^4}{D_1^4} \qquad \text{(方程式 6-82)}$$

$$K_{B2} = \frac{1 - d^4}{D_2^4} \qquad \text{(方程式 6-83)}$$

$$K_1 = 0.5 \left( \frac{1 - d^2}{D_1^2} \right)^2 \qquad \text{(方程式 6-84)}$$

$$K_2 = 1.0 \left( \frac{1 - d^2}{D_2^2} \right)^2 \qquad \text{(方程式 6-85)}$$

$$\sum K = K_{B1} - K_{B2} + K_1 + K_2 \qquad \text{(方程式 6-86)}$$

此處符號代表：

$C_v$ = 閥門流動係數 $= q(G_f / \Delta P)^{1/2}$

$d$ = 閥門入口內徑，in (mm)

$D_1$ = 上游管線內徑，in (mm)

$D_2$ = 下游管線內徑，in (mm)

$F_p$ = 配管因數

$K_1$ = 上游管線縮管的水頭壓力損失係數

$K_2$ = 下游管線擴管的水頭壓力損失係數

$K_{B1}$ = 上游管線縮管的 Bernoulli 係數

$K_{B2}$ = 下游管線擴管的 Bernoulli 係數

$N_{C2}$ = 測量單位的數字常數，可參閱表 6-12。

$\sigma_p$ = 調整的孔蝕作用指標，一個比管線尺寸更小具有縮管的安裝效應。

$\sigma_v$ = 孔蝕作用參數，比例於一個閥門尺寸和壓力。

## 7.2.4 淨壓降的修正

　　利用測試閥門相對於規範閥門的具體壓降，當利用它們在一個孔蝕作用應用中，可以是重要的。通常而言，使用在閥門流量測試中的壓力降，是測試部分的範圍內，上游和下游壓力抽取頭之間的壓差。無論如何，當篩選一個控制閥時，上游及下游壓力時常各別的規範閥門的上游和下游承壓面。失效被認為可能導致意想不到的結果。

　　對淨壓降相對於全部(或測量)壓降的概念，僅描述給予上升的差異。淨壓降是安裝控制閥進入配管的系統壓力之淨效應。測定的壓降是計算淨下降和被認為在壓力抽取頭之間管線長度的額外損失之總和。來自於測量壓力降所計算出的流量係數 $C_v$ 和孔蝕作用指標 $\sigma$，與來自於淨壓降($C_{v\,net}$ 和 $\sigma_{net}$)所計算出 $C_v$ 和 $\sigma$ 值，在相當大的程度上可能不同的。

表 6-12 孔蝕作用方程式的數字常數

| 常數 | 數值 | 使用在方程式的單位 |
|---|---|---|
| N | | d, D |
| $N_{C1}$ | 1.00<br>0.00155 | In.<br>mm |
| $N_{C2}$ | 890<br>0.00214 | In.<br>mm |

計算 $C_v$、閥門開度、和 $\sigma$ 值的差異，就低壓力回復閥門而言，通常是在方法本身精確度的範圍內，因此可忽略的。典型上被考慮的低壓力回復閥門，在此相對容量 $C_d < 20$ 的閥門，如同許多球體閥範例那樣。

就更高壓力回復閥門(即，當 $C_d > 20$ 的時候)而言，壓差可能是相當大的，而它變成必定要保證測試方法和應用實踐之間的一致性。測量的壓降和淨壓降之間的差異，對低壓損或高壓力回復的閥門來說，可以是如同 50% 一樣大。測量值和淨值之間的差異，對孔蝕作用的計算而言是重要的，因為孔蝕作用指標隨著閥門開度而改變，可能有相當大的變化。使用不同 $C_v$ 和壓力降之值，對計算閥門開度、驅動器需要、和閥門孔蝕作用的係數，可能產生相當大不同的結果。

$C_v$ 和孔蝕作用係數的應用，必須和測試它們的方式一致。現有的 ISA 標準，在決定 $C_v$ 和 $\sigma$ 係數中，包含測試部分的壓力損失。假如測試的部分損失(壓力抽取頭之間八倍管線的直徑)，就已安裝的閥門而言，包含在系統壓力降允許的誤差內，不需要轉變係數成為"淨"值。

假如淨測量壓降直接來自於試驗決定，下游壓力抽取頭可以設置在 10 倍管徑的下游長度(取代 6 倍)，保證更完全的壓力回復。控制閥具有一個 $C_d$ 大於 20 的下游壓力，依據 ANSI/ISA S75.02 所規定的，在 6 倍直徑的距離，可能不完全回復。

下列方程式在總數(測量的)和淨值之間，轉換各式各樣的係數，建議控制閥應具有 $C_d > 20$。這個技術應用仍然是逐步形成，而方程式理論上僅僅對直管安裝有效。應謹慎及利用良好的判斷，假如這些方程是被用來評估配管系統的效果，作為更複雜的配管系統的使用，應考慮來自於肘管和其他的配件，造成不均勻速度分佈的效應。當它們在扭矩需求、流動容量、和孔蝕作用係數上實質的效應。這些方程式能夠用來轉換從測量值到淨值的壓降、$C_v$ 和 $\sigma$。"meas"和"net"下標符號，各自參照為測量值和淨值。方程式 6-87 和 6-88 起初被 Rahmeyer 和 Driskell 發表，用來轉換 $C_v$ 值。方程式 6-89 到 6-92 來自於原方程式。

$$\frac{C_{v\,net}}{N_{C1}d^2} = \left(\left(\frac{C_{v\,meas}}{N_{C1}d^2}\right)^{-2} - 0.008986fG_f\right)^{-1/2} \quad\text{(方程式 6-87)}$$

$$\frac{C_{v\,meas}}{N_{C1}d^2} = \left(\left(\frac{C_{v\,net}}{N_{C1}d^2}\right)^{-2} + 0.008986fG_f\right)^{-1/2} \quad\text{(方程式 6-88)}$$

$$\Delta P_{net} = \Delta P_{meas}\left(1 - 0.008986fG_f\left(\frac{C_{v\,meas}}{N_{C1}d^2}\right)\right)^2 \quad\text{(方程式 6-89)}$$

$$\Delta P_{meas} = \Delta P_{net}\left(1 + 0.008986fG_f\left(\frac{C_{v\,net}}{N_{C1}d^2}\right)\right)^2 \quad\text{(方程式 6-90)}$$

$$\sigma_{net} = \frac{\sigma_{meas}}{\left[1 - 0.008986fG_f\left(\frac{C_{v\,meas}}{N_{C1}d^2}\right)^2\right]}$$ (方程式 6-91)

$$\sigma_{meas} = \frac{\sigma_{net}}{\left[1 + 0.008986fG_f\left(\frac{C_{v\,net}}{N_{C1}d^2}\right)^2\right]}$$ (方程式 6-92)

此處符號代表：

d　　=　　閥門入口內徑，in (mm)

f　　=　　Darcy-Weisbach 管線摩擦因數

$G_f$　　=　　入口流動條件下液體的比重

$N_{C1}$　=　　測量單位的數字常數，可參閱表 6-12。

### 7.2.5 來自於振動測試的孔蝕作用係數

$\sigma$(Sigma)數值是作為應用條件的一個指標及決定閥門孔蝕作用的係數。閥門的計算值是利用孔蝕作用相關聯加速度的數值，以圖 6-35 孔蝕作用為基礎。大部分閥門表現出具有分離的轉折點，建立了無孔蝕作用、初期孔蝕作用、全孔蝕作用和超級孔蝕作用的形式，而 $\sigma_i$、$\sigma_c$ 和 $\sigma_{mv}$ 孔蝕作用係數，顯示發生在閥門內孔蝕作用相對的強度。另一個使人感興趣的係數是初期損傷 $\sigma_{id}$ 的孔蝕作用係數，然而僅僅知道這些數值，是不可能單獨決定閥門抗拒孔蝕作用效應的效果，換句話說，可以根據 $\sigma$ 孔蝕作用強度係數，選擇能夠合理操作在一種超出恆定孔蝕作用 $\sigma_c$ 強度的閥門型式，或選擇另一種被設計在 $\sigma_{id}$ 以上的閥門型式，有效的長期操作，或選擇可以承受塞流閥門型式的設計。這些閥門選擇應請教閥門製造的廠商，提供建議來決定在孔蝕應用的閥門型式。

孔蝕作用的應用中，決定一個建議的操作強度，閥門設計和材料選擇是重要的考慮事項。閥門的孔蝕作用係數($\sigma_i$、$\sigma_c$、$\sigma_{mv}$、$\sigma_{id}$、$\sigma_{mr}$、$K_c$ 和 $x_{FZ}$)和壓力回復因數 $F_L$，本質上隨著閥門的開度而變化。應執行幾種開度的測試，以便建立在係數上閥門開度的效應。當計算 $\sigma_v$ 時，選擇閥門開度的參考係數是很重要的，與需求的 $C_v$ 相符合作為應用的條件。

一般而言，$\sigma$ 係數傾向於閥門開度的增加而增加，而 $F_L$、$K_c$ 和 $x_{FZ}$ 值隨著閥門開度的增加，通常是減少的。某些典型的閥門型式，估算 $\sigma_c$ 在 50% 和 100% 容量的典型值。由於各種的閥門型式、流體流動方向、製造廠商、和某些案件中不同的尺寸，測試曲線的形狀，本質上是不同的。閥門孔蝕作用係數的專有數值，在全部的操作點上，無論如何總要請教製造廠商。

閥門使用者和製造廠商之間，需分享完整的製程條件和閥門設計，才能夠把成本和不安全的誤用減到最低限度。

### 7.3 抗孔蝕作用和閃化作用的閥門

控制閥中有三種主要的因素影響孔蝕作用和閃化作用所造成閥門的損傷：

1. 閥門的設計
2. 材料的結構
3. 系統的設計

我們將會在下列的章節中詳細的討論這三種因素，來降低閥門的損傷，甚而避免系統失去功能，造成整廠的停機。

### 7.3.1 閥門的設計

一個控制閥的設計可以大大的影響閥門控制孔蝕作用和閃化作用的能力，而調整構件(Trim)是控制閥內控制的重心，其設計的理論或想法，支持著不同調整構件的設計，這些技術的組合可以降低或消除孔蝕作用及閃化作用的可能性，這些技術包含如下：

1. 彎彎曲曲的路徑。
2. 多重降階式的降低壓力。
3. 擴大流動面積降低壓力。
4. 鑽不同孔洞形狀的設計。
5. 氣泡崩潰於液體池。
6. 閥座坐落和節流口位置的分開。
7. 串聯兩個閥門，每個閥門都獲得沒有孔蝕作用的壓降。
8. 注入空氣來緩衝氣泡崩潰的衝擊波。

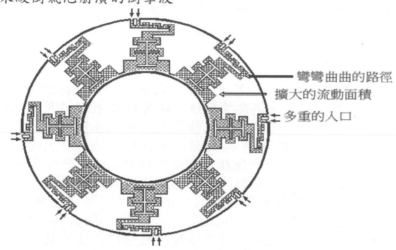

圖 6-36 迷宮式調整構件的結構

圖 6-37 迷宮式的閥瓣(圖片取自 CCI DRAG 閥門)

7.3.1.1 彎彎曲曲的路徑(Tortuous Path)

對於流體通過調整構件而言，提供彎彎曲曲的路徑是用來降低壓力回復，利用每一個轉彎獲得一個極小的壓力回復，累積這些小壓力回復的總量，有效的避免孔蝕作用的產生，如圖 6-36 及圖 6-37。

7.3.1.2 多重降階式的降低壓力

這種控制路徑的處理方式,和單一的節流口對照下,一系列的流過幾個節流口,每一個節流口耗散一個固定可利用能量的數量,且對下一段顯露一個更低的入口壓力,這種有效降低壓力回復的效率,可以獲得更低的總壓力回復。因此在一個良好設計的調整構件中,閥門將能夠獲得一個巨大的壓力差,仍然可以維持縮流壓力超過液體的蒸汽壓,如此防止了液體產生孔蝕作用。這種消散可用能量的方式有一個附加的益處。假如能量消耗超出設計的壓力差,孔蝕作用不會發生,或是孔蝕作用的強度將是更小的,且引起氣泡崩潰的壓力將是更小的。

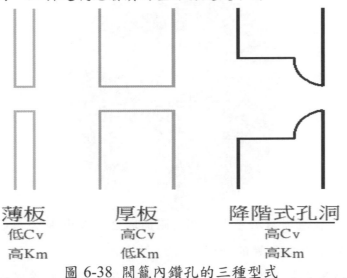

**薄板**
低Cv
高Km

**厚板**
高Cv
低Km

**降階式孔洞**
高Cv
高Km

圖 6-38 閥籠內鑽孔的三種型式

### 7.3.1.3 擴大流動面積降低壓力

擴大流動面積也是降低壓力的一種方式,和降階式的壓降概念有緊密的關係,常常和彎彎曲曲路徑的理念相互搭配,更進一步的降低壓力。最典型的例子是迷宮式的調整構件,圖 6-36 顯示此種調整構件的結構,在每一處轉彎的節流口面積,比先前的節流口更大,連續通過多個降階的轉彎而降低壓力,孔蝕作用最有可能發生的最後一個節流口,壓降僅僅是全部壓降的一個小比率,因此本質上壓力回復是較低的。假設通過每一個轉彎的壓降是相等的,需要十個降階的轉彎來提供全部的壓降,則最後階段的壓降僅僅是全部壓降的 10%。圖 6-37 可以看到一個迷宮式調整構件內部的通道,而層層堆疊的閥盤組成的閥瓣,控制流體的流量並消除可能具有破壞性的孔蝕作用。

總結來說,擴大流動面積,使每一降階有相等壓降的概念,允許更少降階的壓降來提供防止孔蝕作用相同的保護。因為最後降階的壓降,比起全部的壓降是相當低的,縱使發生孔蝕作用,強度及因孔蝕作用產生的損傷將是更小的。

### 7.3.1.4 鑽不同孔洞形狀的設計

調整構件鑽孔的設計也是提供一種彎曲的路徑、降階式的壓降、流速的限制及擴大的流動面積。而鑽孔型式的設計,在閥門設計的總壓力回復,有一個相當大的影響。圖 6-38 顯示使用於控制孔蝕作用的閥籠中,鑽孔三種型式的橫截面。從流體流動觀點來看,薄板設計是非常無效率的,但它可以提供一個高壓力回復係數 $K_m$ 和低壓力回復。厚板設計提供一個流動效率高的設計,但也提供一個高的壓力回復。階梯式鑽孔型式的設計是在厚板和薄板孔洞設計之間,取得一個平衡方式,提供一個相對高的效率,但仍然維持一個高的 $K_m$ 值及低的壓力回復。這種設計型式代表容量和控制孔蝕作用可選擇的組合。

這種鑽孔型式的設計,當比較流體直接通過鑽孔時的另一個好處,是縮流點離孔洞出口更遠。因此,假如壓力回復發生超過蒸汽壓時,將帶來離開調整構件邊緣金屬壁更遠之處,以及更小的損壞總量。

### 7.3.1.5 氣泡崩潰於液體池

不同閥門的設計以不同的方式影響孔蝕作用的效應。我們知道氣泡崩潰在金屬邊界牆是造成孔蝕作用損壞的原因，如果導引氣泡在遠離金屬邊界牆處再崩潰，材料可以不受影響。使用圓形護板或閥籠，在其上鑽小孔洞，以閥門中心相對方向成雙的排列，藉由對向的水流相互衝擊，造成氣泡在液體池中崩潰，這個方法已經成功的被用在中度的孔蝕作用上。圖 6-39 Valtek VacCotrol 型式的調整構件是結合鑽孔形式及氣泡崩潰於閥門中心處的方式，消除孔蝕作用可能造成的損壞。

圖 6-39 氣泡崩潰於液體池內 (圖面取自於 Valtek 公司的資料)

### 7.3.1.6 閥座坐落和節流口位置的分開

　　閥座坐落的位置和節流口流體流出的位置相互分開，不僅僅可以提供控制孔蝕作用，也提供閥門緊密的關斷。使用這種理論的設計，閥塞坐落閥座的表面是節流口位置的上游，且設計在更高的閥籠上，如此它可以獲得非常小的壓降。因此，由於流速和壓力有相反的關係，閥座坐落的表面承受著相對低的流動速度。如果選用閥座的材料是一個更軟的材質，當閥座坐落時，形成輕微的變形，則提供一個更佳閥塞和閥座的接觸，因此大大的增強關斷能力，能夠提供洩漏等級 V 級的關斷能力，作為金屬閥門材料最嚴格的關斷等級。

### 7.3.1.7 串聯兩個閥門，每個閥門都獲得無孔蝕作用的壓降

　　串聯安裝兩個或更多的控制閥，也可以消除孔蝕作用。這種方式消除孔蝕作用，利用兩個閥門平均分擔全部的壓降，但個別的壓降又不會低於蒸汽壓，孔蝕作用就不會形成。

### 7.3.1.8 注入空氣來緩衝氣泡崩潰的衝擊波

　　另一個減輕孔蝕作用的方法，是採用不會產生化學反應可壓縮氣體或空氣為基礎，進入預期可能產生孔蝕作用的區域。這些可壓縮氣體的存在，當壓力回復到超過蒸汽壓時，在一個崩潰的蒸汽氣泡中，提供一個可壓縮的墊子，降低氣泡崩潰產生衝擊波的嚴重性。

　　波動的壓力在孔蝕作用的期間，能夠釋放溶解在液體中的氣體，或是產生空氣進入增長的蒸汽氣泡。氣體或空氣的溶解返回進入流體，存在著一種比流體氣相的冷凝更慢的速率。某些閥門的應用，藉由故意注射空氣或氣體進入流體，利用來降低氣體式孔蝕作用損傷的原理。然而，決定執行任一應用之前，應考慮這個技術某些下列的缺點。

1. 自由氣體對製程反應可能是有害的，不容易從系統中移除，或可能加速在系統中的腐蝕。

2. 假如大量的空氣或氣體聚集，而空氣遲緩的通過管線，可能影響流量的精確性及限制液體的流動，或建立有關遲緩流動的過渡區域。

3. 許多管線系統中，孔蝕作用發生在壓力大於大氣壓力。當建立低大氣壓力時，絕對很容易允許周圍的空氣被吸入閥門的高流速區域。當流體中這些區域超過大氣

壓力，必定會增加供給空氣的壓力，此大大的增加系統的複雜性和成本。

4. 空氣或氣體必須精細的分散在正確位置中，有效的抑制孔蝕作用的損傷。有效的空氣注入，取決於閥門和配管系統形狀的位置。實驗已產生某些普遍可操作的解決方法。

5. 充氣的方法可能不會完全的消除所有的孔蝕作用，特別是在高壓降。假如應用因數 $\sigma$、$(P_1 - P_v)/\Delta p$，小於未供氣初期損傷的閥門係數 $\sigma_{id}$ 大約 50%到 70%，很可能還是損傷的。換句話說，供氣 $\sigma_{id}$ 僅僅小於未供氣 $\sigma_{id}$ 大約 30%到 50%。在某些例子中，充氣僅降低 $\sigma_{id}$ 10 到 15%。

　　當系統控制範圍允許充氣來抑制孔蝕作用的損傷，通常有一些改善技術成功的建議。

1. 測試顯示至少需要依據水流體容量的 2%空氣流量，才可測量出損傷降低。一般而言，最佳的結果需要一個不超過 6%空氣到水流體容量的流動比。然而，沒有最可靠的方法來預測需要的正確空氣流動比率作為抑制孔蝕作用的損傷，而就最佳空氣量的性能而言，某些實驗是必要的。

2. 注射位置有關鍵性的重要作用。在一個流動分隔部位中的注射口，接近節流作用的縮流處位置，似乎產生良好的結果。在蝶閥中，建議注射口靠近閥軸貫穿位置，且和閥軸平行。蝶閥的設計使用一個空心軸，具有一系列分佈的小孔，在蒸汽空泡形成的區域中散佈氣泡。假如空氣從垂直到閥軸的地方，閥球的下游、和閥球通口開始開啟的對面側，球閥似乎是有利的。

3. 注射的空氣或氣體，應盡可能細密的分散。大氣泡的單一水流，可能無法適當的混入孔蝕作用區域。多重細密注射流或放置在注射流動路徑的擾流產生偏導裝置，已經成功的被使用。

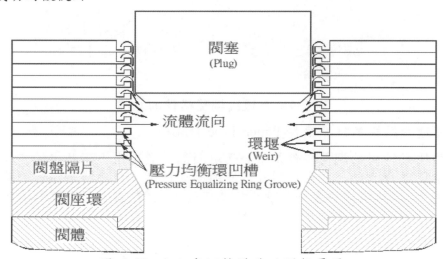

圖 6-40 迷宮式調整構件的閥盤疊層

### 7.3.1.9 抗孔蝕作用的閥門設計

### 7.3.1.9.1 迷宮式結構的調整構件

　　迷宮式結構的調整構件，結合多重入口分散流體、直角轉彎降低流速、和漸漸擴大的流動路徑降低壓力等特性，來消除或降低孔蝕的作用。

　　這個由閥盤堆疊在一起，在整個閥門調整構件中，藉由強迫製程流體通過直角轉彎的彎曲路徑，控制流體流動的速度。

　　這些直角轉彎提供對流體的阻抗力，限制調整構件出口的流速達到一個安全的程度，可消除因流速過大所造成的浸蝕、噪音和振動的問題。通常圍繞閥塞的閥瓣疊層從關到開遍及整個閥門的行程。因此受制的流速遍及閥門，可忽略閥塞的位置。通過閥瓣疊層的速度頭($\rho V_2/2$)被限制到 70 psi (0.48 MPa)來降低噪音和振動達到最低限度。

流體穿過調整構件的路徑，是由一個金屬圓盤內持續放大的溝槽所組成，參閱圖 6-37。利用許多 90°轉彎的路徑，階段的降低壓力，並維持流速的控制。藉著設計不同程度的轉彎數量，來控制有破壞性的流速。

迷宮式調整構件的流動路徑是有意設計非常小的，這是充分利用它壓力降低的性質。但當含有微粒的流體必須通過時，特製的調整構件具有更厚的閥盤，更大且更深的通道，及多重入口來防止阻塞。

迷宮式調整構件在每一個閥盤內的流體通道，很容易改變轉彎的數量、閥盤通道的數量、及整個疊層的閥盤數量，來符合大部分要求的流動特性和量程範圍。藉由疊層閥盤的直角轉彎數量，在疊層下方提供較高阻力和較低流動量的閥盤，及疊層上方提供較低阻力和較高流動量的閥盤，達成流速的要求。許多應用中，直角轉彎的數量可以高達 30 轉。

標準的迷宮式閥盤，在流體出口的內徑上有一個壓力均衡環(PER, Pressure Equalizing Ring)溝槽，參閱圖 6-40，這種設計保證閥門在衝程上的任一點，有相等的壓力作用在閥塞上，消除流體離開閥盤時形成放射狀射出的力量，並維持閥塞的全部負荷都在中心，消除閥塞的振動及伴隨產生的磨損。

閥盤使用碳化鎢製成，這種材料非常堅硬，對於有攜帶粒子的流體比其他的材料有更長的使用壽命，特別是應用在這種有井口般阻塞迷宮式調整構件。

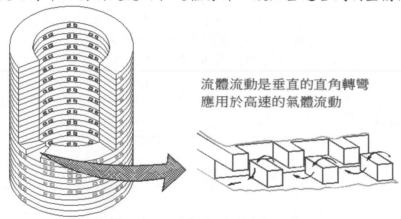

流體流動是垂直的直角轉彎
應用於高速的氣體流動

圖 6-41 穿通式調整構件的結構

### 7.3.1.9.2 穿通式結構的調整構件(Punch Type Trim)

衝壓路徑式結構的調整構件是結合兩塊閥盤，製造出上下凸出的方塊通道，使流體上下垂直彎曲流動，並由內到外慢慢的擴大通道，自然降低流體的流速，也減少噪音的產生。此結構的調整構件使用於高流速的氣體，來降低流體的流速及噪音。參閱圖 6-41 衝壓路徑式調整構件的結構。

### 7.3.1.9.3 虎齒式結構的調整構件(Tiger-tooth Type Trim)

虎齒形式的調整構件，是利用機械切削一系列圓疊閥瓣的前側和後側之同心圓溝槽(或齒狀槽)，形成虎齒般的形狀。流體經由放射狀齒形路徑離開圓盤疊層的中心，像波浪形的方式通到出口，經歷一系列的收縮和膨脹，這個過程具有多重壓降的機械作用，使流體突然放大和收縮、改變流動方向、及表面摩擦等等作用在液體上，逐步降低流體的壓力。它的獨特設計，降低了氣體和流體動力的噪音，及消除有破壞性的孔蝕作用，參閱圖 6-42。

虎齒形式的調整構件，可以解決液體的孔蝕問題和氣體的噪音問題。在氣體方面而言，其獨特的流動路徑，允許氣體呈放射狀的膨脹，於壓力降低時，藉由製造每個齒形在某種程度大於前面的齒形，從內部到外部而達成逐漸增大的容量，保持著可接受的氣體流速，從而降低氣體流動的噪音。

在液體方面，小而多重的壓降，發生在虎齒彎曲路徑的各個點上，阻止孔蝕作用的發生。可以獲得壓降的總量而不會發生孔蝕作用，與局部靜壓和蒸汽壓之間的差異成比例。漸漸擴大的虎齒設計，當流體第一次進入調整構件時，因為流體從閥

403

塞下方流過的形式下，首先在各個通道中，經歷越來越小的齒形，造成一個更高的壓降。當流體前進通過圓盤疊層時，漸漸擴大的齒形，允許壓力在一連串相繼更小的壓降中被減弱，不會影響蒸汽壓。這個設計因此完全避開孔蝕作用。

流速是虎齒控制閥基本原理的設計要考慮事項之一是，當流體通過閥門時，在每一點上建立可接受的流速。在液體中，藉著維持液體流速低於每秒 30 英呎來減輕浸蝕、流體動力噪音和出口的孔蝕作用。在某些應用中，高達每秒 50 英呎的流速是可以被接受的。在氣體中，虎齒閥門被設計來維持最大出口氣體流速低於 0.3 馬赫，或在某種限制的條件下的 0.5 馬赫流速。

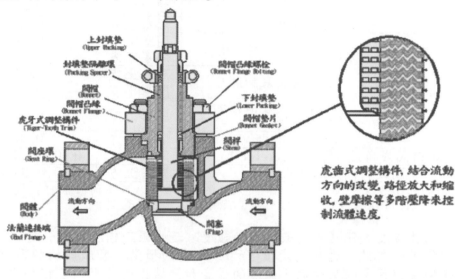

圖 6-42 虎齒式調整構件的控制閥

估算流體在虎齒控制閥閥內的流速，必須考慮下列的條件：

1. 入口通道到閥門的距離。
2. 所有虎齒圓盤疊層內的流動面積。
3. 齒與齒之間的流動面積，包含圓盤疊層入口和出口的面積。
4. 在虎齒閥瓣圓盤疊層的外部直徑和閥體的內部直徑之間，形成的狹長流動面積。
5. 出口通道的流動面積。

高流速流體的應用上，需要有 2 個指標來使用於孔蝕作用和噪音。液體指標為 $\sigma$ (Sigma)，而氣體指標是 $P_1/P_2$。

液體指標 $\sigma$：

$\sigma$ 被定義如下：

$$\sigma = \frac{(P_2 - P_v)}{(P_1 - P_2)} \qquad \text{（方程式 6-93）}$$

$\sigma$ 允許值是能夠藉由一個特定的閥門樣式來可靠處理最低限度的 $\sigma$。經由實驗室和現場測試，$\sigma$ 允許值可以發現已經建立在表 6-13 中。除了 $\sigma$ 之外，當設計虎齒或其他控制孔蝕作用的調整構件時，工程師也考慮閥門尺寸、壓力、溫度和流體形式的影響。

氣體的指標 $P_1/P_2$ 比

氣體製程的配管系統中，能夠產生噪音大部分是來自於控制閥，當製程中遭遇到過多的聲壓強度時，必須使用特殊的調整構件來減弱噪音強度。使用一個 $P_1/P_2$ 比，伴隨其他的因數，決定一個應用中的噪音強度。虎齒調整構件設計的目的是減少噪音強度最少有 15 dBA 的噪音強度，最多可達到 30 dBA 的強度。提供 $P_1/P_2$ 比的應用，必須是小於最大的 $P_1/P_2$ 比。

其他種類調整構件的設計，其液體指標和氣體指標的應用，也是利用 $\sigma$ 和 $P_1/P_2$ 比來使用於控制閥。

表 6-13 Valtek 各種調整構件最小容許操作的 $\sigma$ (Sigma)值

| 閥門型式 | 調整構件型式 | 流動方向 | $\sigma$* 容許值 |
|---|---|---|---|
| Mark One 球體閥 | 316 不鏽鋼調整構件 | 閥塞上方<br>閥塞下方 | 0.73<br>0.52 |
| | 硬化的閥塞和閥座 | 閥塞上方<br>閥塞下方 | 0.60<br>0.45 |
| | CavControl | 閥塞上方 | 0.20 |
| Mark One 角閥 | 316 不鏽鋼調整構件 | 閥塞上方<br>閥塞下方 | 0.68<br>0.52 |
| | 硬化的閥塞和閥座 | 閥塞上方<br>閥塞下方 | 0.40<br>0.45 |
| | 具有文氏管襯裡的硬化調整構件 | 閥塞上方 | 0.30 |
| | CavControl | 閥塞上方 | 0.10 |
| Mark One 球體閥或角閥 | 虎齒(Tiger-Tooth) | 閥塞下方 | 0.30 到 0.001** |
| Mark One 球體閥或角閥 | ChannelStream | 閥塞上方 | 0.30 到 0.001** |

\* 數值是近似的且不會反映尺寸和壓力標度效應的因果關係，或不同於水的流體效應。僅僅使用作為估計的目的。與實際應用的製造廠查閱。

\*\* 0.3 和 0.001 之間，依據設計因數。

高聲響噪音強度，伴隨著高機械振動強度。這些振動強度能夠引起閥門、管線系統或相關設備的失效，造成財產損壞和/或人員的損傷。當激發的頻率與聲響和/或系統的機械自然頻率相配合時，聲響的噪音和機械振動是大大互相加重(高達 50 倍)。控制噪音的調整構件(源頭處理)應永遠被考慮在高能量(高壓力和高流量)和共振噪音以及振動的應用。

$\sigma$ 和 $P_1/P_2$ 符號表示：

$P_1$ = 上游壓力(psia)，閥門入口。

$P_2$ = 下游壓力(psia)，閥門出口。

$P_v$ = 流動溫度下液體的蒸汽壓。

虎齒調整構件的流動特性

虎齒閥門通常被設計具有一個線性的流動特性。在一個與生具有線性特性的圓盤疊層設計(各個閥瓣有不同種類的流動步調)，避免偏離特性是藉由閥塞內機械加工引導流體進入的區域和各個獨特的虎齒閥瓣。這個允許在第一次通過已經達到滿容量之前，下一個流體開始流通。可以和圓盤疊層的一部分提供雙線性或三線性調整構件，與其他調整構件相比有一個不同的流動量，因此允許一個流動特性近似一種等百分比特性。而在圓盤疊層上可以製造具有全開啟面積的虎齒調整構件，提供額外的流量。

7.3.1.9.4 多孔多圈圓柱體式結構的調整構件

多孔多圈圓柱體式結構的調整構件是在不同圓徑的圓柱體上鑽一系列的孔洞，圓柱體與圓柱體之間維持著適當距離，兩兩圓柱體上的孔洞相互交錯(參閱圖 6-43 二層與三層護圈的結構及圖 6-44 Valtek MegaStream 調整構件控制閥)，或是圓柱體緊密排列，圓柱體上的孔洞直接對著下一個圓柱體的孔洞(參閱圖 6-45 多孔多階壓降之平板式及串級式調整構件)，或是孔洞相互交錯一個角度(參閱圖 6-46 多重螺旋孔形式之調整構件)。當流體流過這些圓柱體時，將以曲折的路徑通過層層圓柱體，降低流體的流速。

此種形式的調整構件，一般使用在降低氣體或液體的流速,使流體通過閥門時,其流速低於 0.33 馬赫的音速(氣體)或低於 550 m/分(30 ft/s)(液體)以下，就不會產生相當大的噪音或孔蝕現象。其特色是：

1. 分階段層層降低流體的壓力。
2. 分散流體進入許多小流道，降低擾動的能量。
3. 控制流體速度。
4. 將擾流引導成穩流。
5. 抗孔蝕作用和抗噪音。

**2層護圈結構外觀**　　　　**3層護圈結構外觀**

圖 6-43 二層與三層護圈的結構 (圖面取自於 Valtek 公司的資料)

　　多孔多圈圓柱體式的調整構件中，分散壓力降是不僅僅發生在閥塞和閥座之間的節流點，同樣地發生在從護圈內到外的每一個階層。這個壓力降基本上發生是由於當流體通過調整構件時，每一個小流道的流體發生突然的擴大和縮收，這種設計在每一個階層獲得一個小壓力降，避免高流速發生在單節流點的調整構件。這個逐步的壓力降，藉由設計足夠的降階，保持低流速來達成。

　　流速也是多孔多圈圓柱體式調整構件的基本設計考慮之一，當流體通過閥門時，在每一流道上維持合理且可接受的流速，這個需要小心注意閥門中，各個階層的流動面積和面積比。對氣體而言，過去了解是當流速接近音速時，閥門將是吵雜的，將氣體流速降至 0.33 馬赫作為最大理想的氣體流速，是控制閥減少噪音的必要條件。對大部分關鍵的流動條件上，需小心估計流速，以下是估算流體流速的條件：

1. 閥門的入口通道面積。
2. 護圈在不同閥塞位置的內部流體流動面積。
3. 護圈外邊直徑之間形成的廊道流動面積和閥體的內部直徑。
4. 閥門出口通道的流動面積。對於適當的噪音控制或孔蝕作用而言，下游管線必須等於或大於閥門出口尺寸。

　　孔蝕作用是因為液體通過閥門狹窄的通道，壓力掉落到液體蒸汽壓之下，產生氣泡的內爆而形成金屬表面粒子被撕開，可造成閥塞或閥座的損壞，甚至可造成閥門出口相連管線的損壞。

　　多孔多圈圓柱體平板式護圈的調整構件，是利用步階降壓的層層護圈，使液體維持在蒸汽壓之上，當流體進入圓柱體而限制流體的流動，分布在整個內圓柱體外表的渠道，直通孔被使用作為膨脹區域。連續交叉限制流體的渠道和膨脹孔，建立一系列的膨脹和收縮，造成一系列的壓降。這個階段式的壓降，保證不會發生損傷性的孔蝕作用。

　　流體由護圈內側流經平板式調整構件時，可將經由閥塞的擾流調整成穩流後流出閥門，參閱圖 6-47，將可降低噪音的分貝值。圖 6-48 說明串級調整構件護圈的結構。

### 7.3.1.9.5 線軸式閥塞控制閥

　　4 階壓降的設計線軸式閥塞控制閥，圖 6-49，孔洞與閥套部分相互影響，小孔洞被使用來快速消散擾流，在階與階之間擴大的流動面積造成快速的壓力回復，可提供高達壓力 6000 psi 時，閥門不會遭受孔蝕的作用，由於沒有壓降顯現在閥座上，因而提高了閥座壽命。

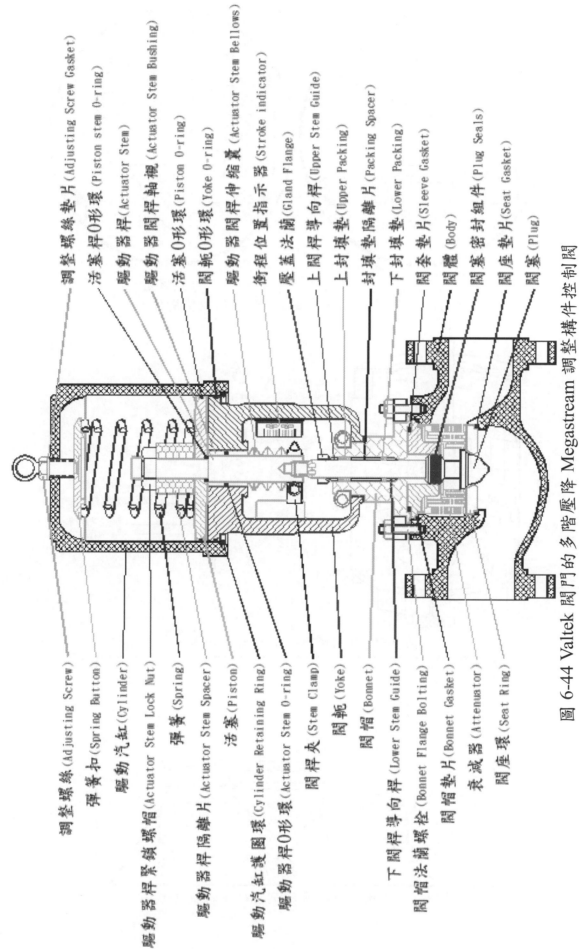

調整螺絲墊片(Adjusting Screw Gasket)
活塞桿O形環(Piston stem O-ring)
驅動器桿(Actuator Stem)
驅動器閥桿軸襯(Actuator Stem Bushing)
活塞O形環(Piston O-ring)
閥軛O形環(Yoke O-ring)
驅動器閥桿伸縮囊(Actuator Stem Bellows)
衝程位置指示器(Stroke indicator)
壓蓋法蘭(Gland Flange)
上閥桿導向桿(Upper Stem Guide)
上封填墊(Upper Packing)
封填墊隔離片(Packing Spacer)
下封填墊(Lower Packing)
閥套墊片(Sleeve Gasket)
閥體(Body)
閥塞密封組件(Plug Seals)
閥座墊片(Seat Gasket)
閥塞(Plug)

調整螺絲(Adjusting Screw)
彈簧扣(Spring Button)
驅動汽缸(Cylinder)
彈簧(Spring)
驅動器桿緊蓋螺帽(Actuator Stem Lock Nut)
驅動器桿隔離片(Actuator Stem Spacer)
活塞(Piston)
驅動汽缸護圈環(Cylinder Retaining Ring)
驅動器桿O形環(Actuator Stem O-ring)
閥桿夾(Stem Clamp)
閥軛(Yoke)
閥帽(Bonnet)
下閥桿導向桿(Lower Stem Guide)
閥帽法蘭螺栓(Bonnet Flange Bolting)
閥帽墊片(Bonnet Gasket)
衰減器(Attenuator)
閥座環(Seat Ring)

圖 6-44 Valtek 閥門的多階壓降 Megastream 調整構件控制閥

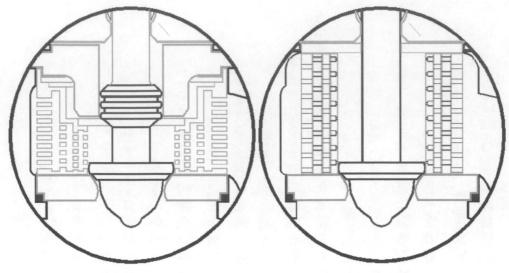

平板護圈　　　　　　　　　　　串級護圈

圖 6-45　多孔多階壓降之兩種不同調整構件

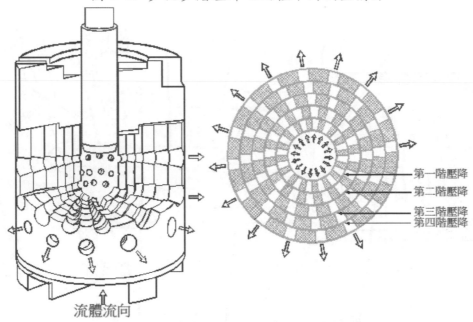

第一階壓降
第二階壓降
第三階壓降
第四階壓降

流體流向

圖 6-46　多重螺旋孔形式之調整構件

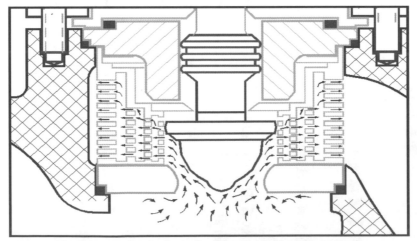

圖 6-47　平板式多孔多階調整構件的流動形式

圖 6-48 串級式調整構件的結構及流體的流向
(取自 Valtek ChannelStream Trim 圖面)

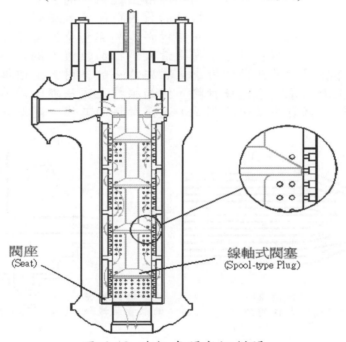

閥座
(Seat)

線軸式閥塞
(Spool-type Plug)

圖 6-49 線軸式閥塞控制閥

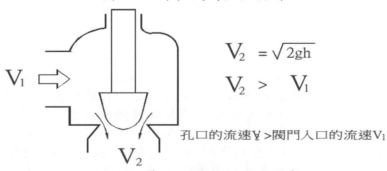

$V_2 = \sqrt{2gh}$

$V_2 > V_1$

孔口的流速$V_2$>閥門入口的流速$V_1$

圖 6-50 單孔口閥門的流速公式

### 7.3.2 單孔口和多孔口的流速

　　根據方程式 6-8 顯示，單一孔口閥門縮流處有最小的橫截面，其流速為最大而壓力是最小的。流體通過閥門孔口的流速是閥門壓降或製程壓差的函數，流速可表示為 $V = \sqrt{2gh}$。閥門入口的流速及閥門孔口縮流處的流速，分別以 $V_1$ 及 $V_2$ 來代表，

其中 $V_2$ 的流速大於 $V_1$，如圖 6-50 所示。

　　控制閥一般會限制液體的流速在 550 m/分鐘或 30 ft/秒以下，如果超出此流速限制，則將產生孔蝕、浸蝕和剝蝕等現象，這些現象能夠快速摧毀閥門。

　　為了避免孔蝕現象的產生，經由單孔口閥門的液體，分開成許多平行的流道，每一個流道由一組明確直角轉彎的數量所構成，形成一個彎彎曲曲的流體路徑，如圖 5-51。每一個轉彎藉由不只一個速度頭，降低了流動介質的壓力，N 數量的轉彎可消散最大預期差壓通過閥門的孔口，即是通過閥門的調整構件。

　　單一轉彎的流速為 $V = \sqrt{2gh}$。而藉由變動孔口的數量，形成一個新的流速方程式，顯示如下：

$$V = \sqrt{2gh/N}$$ (方程式 6-94)

　　藉由方程式 6-94，我們可以計算通過迷宮式調整構件的液體流速，或是計算多孔多圈圓柱體式調整構件的氣體流速，來保持出口流速低到消除液體的孔蝕作用和氣體的浸蝕與噪音。

### 7.3.3 材料的結構

　　孔蝕作用的損傷無疑是大部分控制閥應用上最棘手的負面效應，企圖將損傷降到最低限度是材料的選擇。造成材料損傷的原因前面已經提到，遺憾的是所有已知的材料，對各個等級的孔蝕作用沒有任何材料能夠完全免於傷害，而材料對損傷的抵抗力，無法藉由單一材料的特性來獲得最大選擇的數值，例如選擇硬度的特性。然而允許閥門操作在溫和的孔蝕作用中，實施許多的應用，是依據硬度、剛度、復原力、或腐蝕抗拒力為基礎來選擇材料，假如根據上述基礎，規範抗孔蝕作用材料的可能性，或執行一個資格證明的測試，選擇材料的工作一定是非常的容易。

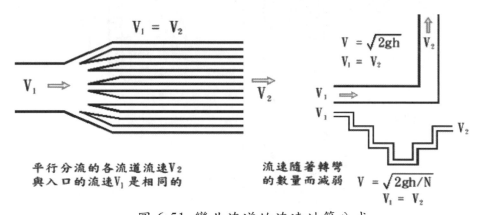

圖 6-51 彎曲流道的流速計算公式

　　使用各種試驗的方法，來測試材料的穿透深度和重量損失。無論如何，不同的測試時常產生材料排列的順序，兩種材料以不同的方式互相比較來定級。大部份損傷率的測試以簡化的幾何裝置來執行，在一個預定的位置上，利用振動或液體流動來產生孔蝕作用。這些測試提供建設性的資料，但是在文獻上沒有一致的意見，顯示在這些試驗中測量氣泡的動力學和損傷率不是類似於那些真正的閥門安裝。這些不確定性在實際製程系統中，依據腐蝕、微粒的浸蝕、溫度、和各種流體性質，擔任的角色而更進一步複雜化。無論如何，能夠形成某些歸納，假如它們的範圍限制不被忽略。材料的排列順序和"經驗法則"必定是限制材料的特有等級。例如，重要的材料性質，即硬度，提供對金屬的損傷抗拒力，但不能夠用來定訂彈性材料或複合材料抗拒力的等級。

### 7.3.3.1 材料選擇的指導方針

　　控制閥的應用中，對於孔蝕作用損傷的抵抗性而言，選擇最佳的材料需要考慮到下列的事項：

411

1. 孔蝕作用造成損傷的強度，提出設計的建議。

2. 閥門那一部分的零組件容易受到孔蝕作用產生浸蝕的攻擊。

3. 處理腐蝕性液體或浸蝕粒子，限制哪些材料的選擇。

4. 下列任何試驗的數據或相似應用中，建議採用的材料。

    a. 材料已成功被使用在相似的應用中。

    b. 損傷的試驗數據來自於閥門的比例模型。

    c. 損傷的試驗數據來自於候選的材料。

5. 較不昂貴材料取代更大抵抗性、更昂貴材料的成本和壽命之比較。

表 6-14 金屬材料相對於抗孔蝕作用的材料分類

| 孔蝕損傷的抗拒能力 | 材料 |
|---|---|
| 極優(最佳抗拒力) | 鉻鈷合金(鑄件，硬化面)<br>工具鋼<br>440-C, 420 不鏽鋼(淬火，回火)<br>鎳基硬化面<br>17Cr-7Ni 焊接疊層 |
| 良好(中級抗拒力) | 高鎳合金(Inconel, Hastelloy 等)<br>410, 416 不鏽鋼(淬火和回火)<br>鑄 12-13 鉻不鏽鋼(淬火和回火)<br>沉澱硬化不鏽鋼<br>奧氏體不鏽鋼(300 系列)<br>雙煉不銹鋼<br>Monel 500<br>鎳鋁青銅合金(鑄件，疊層)<br>鋁青銅合金(鑄件，疊層)<br>12Cr-Ni-Mo 鋼<br>"鉻-鉬"鋼 |
| 普通(有限的抗拒力) | 錳青銅<br>70Ni-30Cu (Monel 400)<br>碳鋼<br>鎳 |
| 差(低抗拒力) | 黃銅<br>鑄鐵<br>鋁 |

註：材料依據一般的族群定級；在個別族群範圍內，依據列表的次序，沒有相對排列順序的企圖。

(表格資料取自於 ISA Control Valve)

### 7.3.3.2 金屬與非金屬材料選擇的方針

#### 7.3.3.2.1 金屬材料

    金屬表面機械的過應力是被孔蝕作用損傷的主要理由。腐蝕和孔蝕作用可能有交互作用的效應，此增加金屬損失的比率。來自於對稱氣泡崩潰，高衝擊的爆炸，在延展金屬上留下球型的凹洞。具有高加工硬化特性的展性金屬，可以因金屬疲勞而失效，假如增加的表面硬度不能提供足夠高的持久力，限制承受來自於重複爆炸的應力。堅硬的金屬和某些加工硬化的金屬，可以抗拒單一衝擊的直接損傷，但它們可能因金屬疲勞或其他多重衝擊力的效應而失效。微射流作用在堅硬、易碎的表面上，可以爆裂小的缺口或初次的微裂縫。微射流和波導效應盡可能已經使人聯想到快速、局部穿透和蟲孔效應的理由。

    對於許多可能的變數來說，解決材料的選擇問題，可能需要獲得一個應用的經驗方法。對工作最得當的路徑經常是優先選取的，當發現最適的材料可能需要消耗時間和昂貴的測試，應該利用適切的材料測試資料。金屬可以被粗略分類為相對的各種抗性族群。大部分抗損傷金屬的高硬度，排除它們的使用當作壓力容器組件(例如閥體)，它們延展性和容易鑄造，沒有浸蝕的抵抗力，通常是限制的因素。表 6-14 是金屬材料相對於抗孔蝕作用的材料分類。

金屬間合成物，例如碳化鎢，已經用來抗拒混合孔蝕作用和閃化作用而成的損傷。這些材料通常由非常堅硬、某種程度上軟金屬基體的金屬碳化粒子所組成。某些案例中，軟基質金屬可被腐蝕或浸蝕，留下碳化物而沒有足夠的束縛力量。這些合成物的某些，可能對熱或機械衝擊很敏感，所以閥門的設計特徵，需要容納這些特性。這種型式的材料通常由專利製程形成的，而某些材料比其他更適合作為抗孔蝕作用。應諮詢製造廠商有關流體的相容性，當考慮這些合成材料時，原型閥門材料應被測試。

表 6-15 合成橡膠及塑料對低強度孔蝕作用造成損傷相對抗拒力

| 損傷的抗拒力 | 材料 |
|---|---|
| 最佳抗拒力 | 尼龍(Nylon)<br>氯丁橡膠(Neoprene)<br>聚氨基甲酸乙酯(Polyurethane)<br>高衝擊力聚乙烯(High-impact polyethylene) |
| 中級抗拒力 | 環氧樹脂塗料(Epoxy coatings)<br>聚碳酸酯(Polycarbonate)<br>聚乙烯(Polyethylene) |
| 低抗拒力 | 鐵氟龍(PTFE)<br>乙烯樹脂(Vinyl)<br>丙烯酸樹脂(Acrylic)<br>填充玻璃聚碳酸酯(Glass-filled polycarbonate) |
| 註：材料依據一般的族群定級；在個別族群範圍內，依據列表的次序，沒有相對排列順序的企圖。 | |

(資料取自於 ISA Control Valve)

### 7.3.3.2.2 合成橡膠和工程塑料

工程塑膠、合成橡膠、和非金屬合成等物質在開發方面的進展，已經成為這些材料作為閥門組件材料的實用選擇。合成橡膠和橡膠對孔蝕作用造成的損傷有抗拒力，因為它們有高延展性和有能力吸收機械的衝擊能量。另一個被觀察到已經假定的機械作用，在不對稱氣泡的崩潰期間，形成微射流的選擇性方向，解釋合成橡膠的抗孔蝕作用是有利的。高度復原的表面，傾向於擊退噴射流離開表面，直到剛性表面似乎"吸引"噴射流。然而，合成橡膠的低彈性模數，限制它們使用到低壓和中級孔蝕作用。但是強烈的孔蝕作用可以造成快速、廣泛失效的結果。這也可能是由於大部分合成橡膠有限的能力，來處理熱能而遠離衝擊的地點，此處利用內部的磨擦將動能轉變成熱能。表 6-15 合成橡膠和塗層材料相對於孔蝕作用損傷的抗拒能力之參考資料，使用時建議以真正的模型或原型來測試。

### 7.3.3.2.3 陶瓷材料

陶瓷製品也獲得眾人喜愛作為抗損傷材料。傳統上來說，陶瓷製品應用作為抗孔蝕作用，大體上不是成功的。陶瓷製品對機械和熱衝擊有相對低的抗拒力，造成碎裂和微裂縫的結果。近來陶瓷製品抗易碎的斷裂、熱衝擊、和機械衝擊穩定進展，增加它們作為閥門材料的可能性。陶瓷製造被精巧的，通常是專利的製程技術所限制，應證明可重複性。當考慮這些材料時，應諮詢陶瓷製品的製造廠商，並以原型來測試。

## 8.0 閥門關閉造成的水錘現象及解決方法

### 8.1 水錘產生的原因

水錘(Water hammer)或稱為流體錘(Fluid hammer)，是當運動中的流體(通常是液體，但有時是氣體)停止或突然改變方向(動量改變)時產生的壓力波動或衝擊波撞擊管線設備所產生的振動聲響，而在工廠運轉中當停止整個系統的操作時，你將會聽到類似鐵鎚敲打金屬的鏗鏘聲音或轟鳴聲，此就是水錘現象。

　　水錘通常發生當泵停止且閥門在管線系統的終端迅速關閉時，在泵停止前送出的動力波還在管線中傳播所造成的。它也稱為液壓衝擊。這種壓力波可能導致從噪音、振動到管線坍塌破裂、支架解體彎曲等主要的問題。

　　工程師 Joukowsky 在 1898 年中最早應用一維波動方程式來解釋觀測到的水錘效應。Joukowsky 正確地預測在配水系統中發生突然關閉閥門的最大管線壓力和擾動傳播時間。Joukowsky 的方程式表示為：

$$\Delta P = \rho a \Delta V \qquad \text{（方程式 6-95）}$$

此處符號表示

$\Delta P$：是由於水錘導致壓力上升(N / m2)

$a$：是脈衝波速度(m / s)

$\Delta V$：是管線液體的速度變化(m / s)

$\rho$：是液體的密度(kg / m3)

此關係也可以寫成

$$\Delta H = a \Delta V / g \qquad \text{（方程式 6-96）}$$

其中符號表示

$\Delta H$：是由於水錘依據水柱的壓力增加以 m 為單位。

$g$：為重力加速度，單位為 m / s$^2$。

　　一般來說，可能影響水錘的衰減、形狀和時間的來源將是管線中的壓力、流量和速度的突然變化。然而，還有其他可能影響的波形，藉由傳統水錘預測的理論包括管壁材料的黏彈性行為、堵塞和洩漏，以及不穩定摩擦、孔蝕作用和流體構造相互作用及蒸汽管線中的蒸汽冷凝水於系統啟動前未排除，啟動時蒸汽帶動水撞擊管線等。這些差異是基於在液體不穩定的管線流之導出的水錘方程式。利用上項的方程式及前人研究結果，可以藉由現代的套裝軟體程式來偵測製程可能產生水錘之處事先予以排除。

8.2 消除水錘的方法

　　水錘除了在製程管線上產生噪音之外，嚴重時還會損害管線、固定管線的支架，甚至還會有危及人員的生命，造成損傷。而消除水錘的方法有下列幾種：

1. 以較低的液體速度為基礎來設計排放管。通過降低流體速度，水錘的作用將被最小化。

2. 增加泵的慣性轉矩可以降低水錘效應。在驅動馬達的旋轉軸上增加飛輪(Flywheel)，將防止轉速急劇下降，從而抑制過大的壓力增加或下降。

3. 可以在管線系統中安裝緩衝罐。這些緩衝罐扮演儲存器來壓制壓力波並安裝在排放管上。當管線中的壓力增加時，液體進入緩衝罐並儲存在那裡。在管線中壓力不正常的時期，液體將流回管線，防止快速變化。

4. 安裝氣室。空氣室基本上是一種能夠以較小尺寸構建的高壓緩衝罐。在這些罐中，加壓空氣位於液體的頂部。腔室的尺寸必須足夠大來補償在正常以下壓力的液體。

5. 增加氣動閥門關閉的時間，氣動閥通常規範上要求須在 5 秒以內完全關閉，且 DCS 和 PLC 系統內邏輯的原始設定也是 5 秒，超過 5 秒後就會有失效的信號送出。將其時間延長至 20 秒以上，前提是不影響製程。這種延長的方法是泵停止前最後一波衝擊波通過後閥門才關閉。

　　本節對消除水錘的方法是採用與閥門有關的方法，且只要修改邏輯或更換閥門的組件即可測試來達成預防水錘效應。下面是說明水錘產生的原因，及現場測試的結果。

　　水錘最常見的原因是閥門關閉太快，在馬達停止前送出最後的動力波尚未通過氣動閥(馬達閥因為開關時間長不會有水錘的問題)時，閥門已經關閉，此動力波形成衝擊波，衝擊閥門造成水錘效應。筆者曾經參與電廠的試車工作，觀察發現在廢水系統測試時，當系統停止指令下達後，瞬間產生水錘的撞擊聲，探究其原因為泵和閥門同時收到停止及關閉的信號而產生的。為了消除水錘，以邏輯來改善水錘現象，泵停止後，閥門延遲10秒後關閉，即不再產生水錘。

　　但當延長閥門關閉時間時，則必須考慮是否影響整個製程，如果答案不影響，則延長時間即可降低水錘發生。另外筆者在除礦水系統觀察到，在泵後面閥門的關閉時間長達20秒以上，這些與泵同時停止及關閉信號，沒有任何水錘發生，但其中有一顆閥門測出其關閉時間在5秒以內，即聽到水錘撞擊聲。由此可見，水錘與閥門關閉的時間有緊密的關係，而前人的研究也指出此是產生水錘的最大原因。

8.3 如何因閥門關閉而防止水錘產生的效應

由於閥門引起的水錘有下列二種解決方法：

1. 於DCS或PLC系統內，加入延長閥門關閉時間的邏輯。

2. 於氣動閥內主管閥門開啟和關閉的電磁閥，將電磁閥結構內讓壓縮空氣通過的孔口(Orifice)，選擇小的孔徑，使空氣填充閥體腔室的時間加長，則閥門關閉的時間即可延長。

　　圖6-52為兩個水儲槽，此兩個儲槽分別位於不同的建築物內，泵抽送水到達閥門的距離約300米遠。傳送泵將水從一個儲槽抽送到另一個儲槽，當系統整個停止運轉時，泵和閥門同時收到停止及關閉的信號，最後一波動力波尚未通過閥門時閥門已經關閉，此動力波撞擊閥門自然產生水錘現象。如果關閉時間延長到20秒以上(可視泵至閥門管線的長短來調整延長的時間)，動力波通過閥門後由槽體吸收，水錘就不會發生。

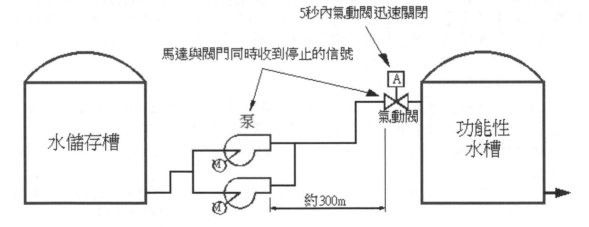

馬達停止前送出最後的動力波尚未到達閥門時，閥門已經關閉，動力波撞到閥門引起水錘。

圖 6-52 水錘效應

# 閥門專用術語英漢對照索引

Blow-out　噴出
Body　閥體
Bolted Bonnet　螺栓閥帽
Bonnet　閥帽
Bonnet Bush　閥帽軸襯
Bonnet Overpressurization　閥帽過度壓力
Boost　上升現象
Booster　增幅器
Booster Relay　空氣增幅器
Bore　孔徑
Boronizing　硼化
Boundary Layer　層流
Boundary Wall　分界牆
Braided Fiber　編織纖維
Braided Filaments　編織單纖維
Breakdown Torque　制動扭矩
Break-torque　關斷扭矩
Bubble-tight　氣密
Built-up backpressure　增量背壓
Bumpless Operation　無擾動操作
Buna-N　丁腈橡膠
Burst Pressure　爆噴壓力
Bushing　軸襯，襯套
Butadiene　丁二烯
Butterfly Valve　蝶閥
Butt welding　對焊
Butyl Rubber　丁基橡膠
Bypass Valve　旁通閥
Cage　閥籠
Cage-Guided Valve　閥籠導桿式閥門
Cage Induction Motors　鼠籠式感應馬達
Cap　閥蓋
Carbon Rings　碳環
Carbon Steel Body　碳鋼閥體
Carburization　滲碳，滲碳作用
Cascade control　串級控制
Cavitate　vt. 產生孔蝕作用
Cavitation　n. 孔蝕作用，空穴作用
Cavitation index　孔蝕指標
Cavity　空穴，空腔
Cell Corrosion　晶胞腐蝕
CEMS (Continuous Emission Monitor System)　鍋爐連續排煙偵測系統
Centipoise　釐泊(黏度單位)
Centistokes　釐泡(動黏度單位)
Chain Scission　斷鏈作用
Chamber　腔室，腔膛
Charge Check Valve　增壓止回閥
Charge Pump　增壓泵
Chatter　震顫
Check Valve　止回閥
Chemical-resistant Alloy　耐化學作用合金
Chlorobutadiene　氯丁二烯
Chloromethyl Oxirane　氯甲基環氧乙烷
Chloroprene Rubber (CR)　氯平橡膠
Choked Flow　塞流
Clack Valve　翼門閥
Clamped-in Seat　夾入式閥座
Clapper Check Valves　鐘瓣式止回閥
Cracking Pressure　開啟壓力，裂開壓力
Chrysotile　纖蛇紋石
Clearance　間隙
Clearance Flow　間隙流
Close-clearance　無間隙
Closed Bonnet　封閉式閥帽
Closure Member　關斷構件
Coal Tar Epoxy　煤焦油環氧基樹脂
Coatings　塗層
Cock Valves　旋塞閥
Cold Flow　常溫流動
Cold-rolled Bar　冷軋金屬棒材
Cold Work　冷作，冷加工
Collar Radius　螺線頸環半徑
Commutator　整流器
Compensating Spring Pack　補償式彈簧匣
Composition Discs　複合式閥盤
Compound-wound Motor　複合繞組馬達
Compression Molding　壓縮模塑
Concentric Butterfly Valves　同心蝶閥
Connector　直通連接器

Dynamic Phenomenon　動態現象
Dynamic Response　動態回應，動態回復
Eccentric Disk　偏心閥瓣
Eccentric Shaft　偏心軸
Elastic Modulus　彈性係數
Elastomer　合成橡膠，彈性材料
Electrical Conductance　電導係數
Electrical Feeder Breaker Trip Settings　電氣饋線斷路器跳脫設定
Electro-hydraulic Actuator　電-液壓驅動器
Electroless　無電鍍鎳
Electroless Nickel Coating　無電鍍鎳包覆
Electropolish　電解拋光
Elongation　伸長率
Empirical Coefficients　經驗係數
EMC (Electro Magnetic Compatibility)　電磁兼容性
EMI (Electromagnetic Interference)　電磁干擾
EMS (Electro Magnetic Susceptibility)　電磁抗擾度
Endcap　終端蓋子
Enthalpy of Evaporation　蒸發焓
Entropy of Evaporation　蒸發熵
EPDM　三元乙丙橡膠
Epichlorohydrin Rubber　環氧氯丙烷橡膠
E/P Positioner　電/氣-定位器，電信號-轉換-氣動壓力之定位器
Epoxy Resin Coatings　環氧基樹脂塗層
Equal-percentage Trim　等百分比調整構件
Erosion　浸蝕
Erosion-corrosion　浸蝕-腐蝕
Ethane　乙烷
Ethylene Glycol　乙烯乙二醇
Ethylene Oxide　環氧乙烷
Ethylene-Propylene Rubber　乙丙橡膠
Expanding Scale　膨脹率
Expanding Seat Plate　擴展閥座金屬板
Expansion Gap　伸縮縫
Expansion Factor　膨脹係數
Extended coupling　延伸聯軸器
Extension Rate　伸長比
Face Seals　面密封
Fail-as-it　失效保持現狀
Fail-close　失效關閉
Fail-down　失效向下
Fail-in-place　失效保持當處
Fail-lock　失效鎖住
Fail-open　失效打開
Failsafe　安全失效
Failure　失效
F.A.T. (Factory Acceptable Test)　工廠可接受之測試
Fault　故障
Feed　饋給
Feedback　反饋
Feed Forward　前饋
FEP　氟化乙烯-丙烷
Ferritic Stainless Steels　鐵素體不鏽鋼
Filament Rings　纖維環
Fillet Weld　角焊，填角焊
Flame-sprayed Coatings　火焰噴灑塗層
Flange Type Butterfly Valves　法蘭式蝶閥
Flap　封蓋
Flapper Valve　擋板閥
Flapper Check Valves　擋板止回閥
Flashing　閃化作用
Flashing Cavitation　閃化孔蝕作用
Flash Vessel　閃化槽
Flat Flanges　平面法蘭
Flexible Diaphragm　撓性隔膜
Flexible Graphite Sheet Laminate　撓性石墨薄片
Flexible Wedge　彈性閥楔，撓性閥楔
Flow Area　流動面積
Flow Coefficient　流量係數
Flow-to-close　流動關閉
Flow-to-open　流動開啟
Flow Over the Seat　流體從閥座上方流過
Flow Rate　流動率
Flow Under the Seat　流體從閥座下方流過
Fluorinated Ethylene-propylene (FEP)　氟化乙烯-丙烷
Fluoro　氟
Fluorocarbon Rubber　碳氟橡膠
Fluoroelastomer　氟合成橡膠
Follower　壓蓋，壓蓋壓件

Follower Arm　從動臂，被動臂
Foot Check Valve　足式止回閥
Fracture Toughness　破碎韌度
Fracture Toughness Values　破碎韌度值
Free Machining Steel　易切削鋼
Freons　氟里昂，冷凍劑
Fugitive Emission　逸散式洩漏
Full Cavitation　全孔蝕作用
Full Lift　全揚程
Full Lift Safety Valve　全揚程安全閥
Full-nozzle Safety Valve　全噴嘴式安全閥
Full Port　全通口
Gage Pressure or Gauge Pressure　標準壓力或錶壓
Galling　表面磨損
Galvanic Corrosion　電蝕
Gas-charged Accumulator　充氣式積累器
Gaseous Cavitation　氣體式孔蝕作用
Gasket　墊片
Gear Ratio　齒輪傳動比
Gear Train　齒輪傳動組
Gland　壓蓋
Globe Valve　球體閥
Grain Boundary Attack　晶界腐蝕
Grain Boundary Corrosion　晶界腐蝕
Gray Cast Iron　灰鑄鐵
Guide　導桿，導向器，導向件
Guide Bushings　導桿軸襯，導桿襯套
Guide Ring　導向環
Halogenated Hydrocarbon　鹵化烴
Hammerblow Effect　錘擊效應
Handwheel　手輪
Hardness Conversion　硬度轉換
Header　水頭(儀器)，主管線(機械)
Header Pressure　主管線壓力
Heat-cured Polyesters　熱塑化聚酯
Heat Treatment　熱處理
Heat Tracing　伴熱線
High-velocity Oxy-fuel Coatings　高速含氧燃料塗層
Holder　保持架，保持器
Hollow shaft　空心軸
Hot-rolled Bar　熱軋金屬棒材
Hot Stand-by　熱待機
Hubbed Flanges　帶頸法蘭
Huddling Chamber　群集腔室
HVOF　高速含氧燃料塗層
Hydraulic Lock-up　液壓閉鎖
Hydrocarbon-resisting Elastomers　抗碳氫化合物合成橡膠
Hydrogen Blistering　氫泡
Hydrogen Embrittlement　氫脆化
Hydrogen-induced Cracking　氫誘導裂化
Hydrogen Stress Cracking　氫應力裂化
Hydro-pneumatic Type Accumulator　液壓-氣動式積累器
Impact-toughness Values　衝擊-韌度值
Inching Control　寸動控制
Incipient Cavitation　初期孔蝕作用
Incipient Damage Cavitation　初期損傷孔蝕作用
Indexing Gears　標度齒輪
Inertial Overthrust　慣性過推力
Inflection Point　轉折點
Inherent Flow Characteristics　固有流動特性
Injection Molding　噴射模塑
In-line Check Valve　線內式止回閥
Inline Piston Pump　同軸活塞泵
Installed Flow Characteristics　安裝流動特性
Integral windup　積分飽和
Interchangeability　互換性能力
Intergranular Corrosion　晶間腐蝕
Intergranular Stress Cracking　晶間應力裂化
Intermediate Gear　中間齒輪
Intermittent Gear　間歇齒輪
I/P Positioner　電流/氣壓 定位器，電流-轉換-空氣壓力之定位器
Jogging　觸動移動
Journal Bearings　軸頸軸承
Kel-F　聚三氟乙烯(Polymerized Trifluoroethylene)
Killed Steels　脫氧鋼
Lantern Ring　燈籠環
Lap Joint Flange　疊套法蘭
Lapped-in Trim　折疊式調整構件
Lead　導程

Leaf Springs　片彈簧
Leakage Flow　洩漏流量
Leak-off　洩漏
Leak-tight Seal　緊密洩漏的密封
Let-down Valve　放落閥
Lift　揚程，揚升
Lift Check Valve　揚升式止回閥
Limiter　限制器
Limit Stop　擋塊，止動器
Limit Switch Compartment　極限開關箱
Linear Guideway　線性滑軌
Linear Piston Actuator　線性式活塞驅動器
Linear Trim　線性調整構件
Linear Variable Differential Transformer (LVDT)　線性可變差動轉換器
Line Pressure　管線壓力
Line Voltage　線路電壓
Linkage　連結機構
Liquation Cracking　熔解裂化，液化裂化
Liquid metal　液化金屬
Liquid-metal　可液化金屬
Liquid-metal Embrittlement　可液化金屬的脆化
Live Load　活負荷，動負荷
Load-Sensing Valve　負荷檢測閥
Load-sensitive Behavior　負荷靈敏行為
Localized Loading　局部負荷
Lock-rotor　鎖定轉子，制動轉子
Lock Nut　緊鎖螺帽
Lock-up Valve　閉鎖閥
Loop Gain　迴路增益
Loose Flange　鬆套法蘭
Lost Motion　無效移動，無效運動
Lost Motion Device　無效移動的裝置
Low-micron Filter　低微米孔徑過濾器
Lubricants　潤滑劑
Lubrication　潤滑，潤滑作用
Lug Type　多耳式，多耳型式
Lug Type Butterfly Valves　多耳型式蝶閥
Magnetic Contactor　電磁接觸器
Manifold　閥組，歧管
Martensitic Stainless Steels　馬氏體不鏽鋼
Mechanical Overload　機械過負荷
Metal Shroud　金屬幕
Metastable Structure　亞穩結構
Meter-in Type　入口節流型式
Microjet　微射流
Mid-stroke Effect　中間衝程效應
Modulating Action Pilot　調節作動式導向閥
Modulating Control　比例式控制
Modulating Pilot Valve　調節式導向閥
Molded Convoluted Rolling Diaphragm　模塑包覆捲動膜片
Molded Ring　模塑環
Monel Metal　蒙乃爾金屬
Motor-gear Actuator　馬達-齒輪驅動器
Motor Reversing Starting Contactors　馬達反向起動接觸器
Motor Stall Torque　馬達失速扭矩
Multi-turn　多圈轉動
Multi-turn actuator　多迴轉驅動器
Multiple Ports　多路通口
Multiple Stages　多階
Multipressure-drop　多段壓力降
Natural Rubber　天然橡膠
Natural Undamped Frequency　自然非阻尼頻率
Neoprene Rubber　氯丁橡膠
Ni-Resist　高鎳耐蝕鑄鐵(含 14%鎳、6%銅、2%鉻、1.5%矽、3.0%碳)
Nipple　螺絲管接頭，接頭，螺紋接頭
Nitrile Rubber　腈橡膠
Nitrobenzene　硝基苯
Nitro Hydrocarbon　硝烴
No-cavitation　無孔蝕作用
No. of Starts　起點數
Nominal Power　額定功率，標稱功率
Non-locking Gear Sets　無自動閉鎖的齒輪組
Non Reclosing Pressure Relief Valves　非重閉式壓力釋放裝置
Non-rising Stem, Double-disc Parallel Seat Gate Valve　閥桿非上升型雙瓣平行閥座閘閥
Non-return Valves　防回閥
Non-rising Stem, Flexible-wedge Gate Valve　閥桿非上升型撓性閥楔閘閥
Non-rising Stem, Solid-wedge Gate Valve　閥桿非上升型實心閥楔閘閥
Non-rising Stem, Split-wedge Gate Valve　閥桿非上升型分瓣閥楔閘閥
Non-slam Check Valves　防猛擊止回閥

Non-slam Feature 防猛擊的性能
Nozzle Ring 噴嘴環
Nucleation 集結
OAR (Overall Ratio) 整體比率，總齒輪比
Online 在線
Offline 離線
Open Bonnet 開放式閥帽
Open Drip-proof Frame 開放防滴式框架
Organic Coating 有機體塗層
O-ring with Two Teflon Back-up Rings 雙 Teflon 支撐環式 O 型環
Overshoot 過衝
Overpressure 過壓
Overseat Flow 流體從閥座上方流過
Overshoot 過衝
Overtravel Seating Design 過行程閥座坐落的設計
Oxidative Wear 氧化磨損
Packing 封填墊
Packing Box 封填墊盒
Part-by-part 一個構件接一個構件的
Part-turn actuator 部分迴轉驅動器
Percentage of Elongation 伸長率百分比
Perfluoroalkyl 全氟烷基
Perfluoroalkoxy 全氟化烷氧
Perfluoro-elastomer 全氟化橡膠
Perfluoro Alkoxy Alkane (PFA) 可溶性聚四氟乙烯
PFA 可溶性聚四氟乙烯
Phenolic Coatings 酚基塗層
PID Controller 比例-積分-微分控制器(PID 控制器)
Pilot-operated Relief Valve 導向操作釋壓閥
Pilot-operated Pressure Reducing Valve 導向操作式減壓閥
Pin 插銷
Pinch Valve 束緊閥
Piping Correction Factor 配管修正因數
Piping Dope 管明膠
Piston Pump 活塞泵
Piston Shoes 活塞金屬圓頭
Pitch 節距
Pitting 點蝕
Plasma Coatings 等離子塗層
Plug 閥塞
Polyaramid 聚醯胺纖維
Polyacrylate Acrylic Rubber，ACM/AEM/ANM 聚丙烯酸酯丙烯酸橡膠
Polyacrylic Rubber 聚丙烯橡膠
Polybenzimidazole 聚苯駢咪唑
Polyisoprene 異戊二烯
Polymer Chain 聚合鏈
Polymeric Liners 聚合體襯裡
Polyester 聚酯
Polytetrafluoroethylene (PTFE) 聚四氟乙烯
Polythionic Acid 多硫磺酸
Polyurethane Rubber 聚胺基甲酸酯橡膠
Polyvinylidiene Fluoride (PVDF) 聚偏二氟乙烯
Pop Action 彈出動作
Poppet 錐閥芯
Poppet Valve 提動閥
Port 通口
Ported Plug 通口閥塞
Port-guided Valve 通口導桿式閥門
Positioner 定位器
Position Transmitter 位置傳送器
Post-guided Valve 後導桿式閥門
Potentiometer 電位計
Pressure Locking 壓力鎖死
Pressure Maintaining Valves 持壓閥
Pressure Recovery Coefficient 壓力回復係數
Pressure Reducing Valve 減壓閥
Pressure Relief Valves 壓力釋放閥
Pressure Seal Bonnet 壓力密封閥帽
Pressure Surge 壓力突波
Pressure Surplussing Valves 過壓閥
Primary controller 初級控制器
Process Gain 製程增益
Profibus PROcess FIeld BUS 的簡稱，程式匯流排網路
Proportional gain 比例增益
Propylene Rubber 丙烯橡膠
PTFE 聚四氟乙烯
Pullout Efficiency 牽出效率
PVDF 聚偏二氟乙烯
Quick Exhaust Valves 快速排洩閥

Radiation Aging 輻射老化
Radial Piston Pump 徑向活塞泵
Raised Face Flanges 凸面法蘭
Raised-weight Type Hydraulic Accumulator 重量提升式液壓積累器
Rangeability 量程範圍
Rate-of-loading Effects 負荷率效應
Reciprocal gain 倒數增益
Reclosing Pressure Relief Valves 重閉式壓力釋放裝置
Reduced-noise Trim 降低噪音式調整構件
Reduced Trim 縮減式調整構件
Reduced Voltage 下降的電壓
Reducer 縮管
Redundant 雙重保護的
Regulator 調節器
Relay 電驛
Relief Valve 釋放閥
Repeater 中繼器
Reseat 閥盤重新坐落閥座
Reservoir 儲存槽
Resulting Cascade Configuration 合成串級配置
Retained Groove 護圈槽
Retainer 護圈
Retainer Ring 護圈環
Retractable Seat Type 伸縮自如的閥座型式
Reynolds Number Factor 雷諾數因數
Reverse-acting 反向作動
Reversing Contactors 可逆接觸器
Reversing Starter 可逆起動器
Ribbon-wound Die-molded Rings 帶狀捲繞衝壓模塑環
Rimmed Steels 沸騰鋼
Ringing artifacts 振盪效應
Ring Joint Facing Flanges 環型接合面法蘭
Rising Stem, Double-disc Parallel Seat Gate Valve 閥桿上升型雙瓣平行閥座閘閥
Rising Stem, Flexible-wedge Gate Valve 閥桿上升型撓性閥楔閘閥
Rising Stem, Solid-wedge Gate Valve 閥桿上升型實心閥楔閘閥
Rising Stem, Split-wedge Gate Valve 閥桿上升型分瓣閥楔閘閥
Rocker Arm 搖臂桿
Rotary Piston Actuator 迴轉式活塞驅動器
Rotomolding 旋轉模塑
Rotor 轉子
Rubber Liners 橡膠襯裡
Running Load 運轉負荷
Saddle Type Diaphragm Valve 鞍座式隔膜閥
Safety Relief Valves 安全釋放閥
Safety Valves 安全閥
SCC (stress corrosion cracking) 應力腐蝕裂化
Screwed Flange 螺牙法蘭
Seamless Tube 無縫管
Seal In Control 自保持控制
Seal Ring 密封環
Seat n.閥座 v.閥盤坐落閥座
Seat Load 閥座負荷
Seat Orifice 閥座孔
Seat Retainers 閥座護圈
Seat Ring 閥座環
Seat Ring Retainer 閥座環護圈
Secondary controller 次級控制器
Segment Valve 弧形閥，扇形閥
Segregation 離析作用
Seismic Simulation 地震模擬
Selective Leaching 選擇性的濾出物
Self-contained Pressure Regulator 獨立自足壓力調節器
Self-locking 自動閉鎖
Semi-nozzle Safety Valves 半噴嘴式安全閥
Semirimmed Steels 半沸騰鋼
Semi-spherical Plugs 半球形閥塞
Sensor Gain 檢測器增益
Series Field-wound Motor 串聯勵磁繞組馬達
Setpoint ramping 設定值斜升走向
Settling time 穩定時間
Shrinkage 熱套
Shunt-wound Motor 並聯繞組馬達
Shuttle Check Valve 梭式止回閥
Shuttle Valve 穿梭閥
Silicone Rubber 矽氧橡膠
Side-mounted Type Motor Operated Valve 側部安裝馬達操作閥
Simmer 徐徐沸騰現象
Simmer Pressure 徐徐沸騰壓力
Sizing 篩選，計算篩選

Slave Loop　從動迴路
Sleeve Bearing　套管軸承
Sliding Wear　滑動磨損
Slip-on Flange　滑套法蘭
Slip Phenomenon　側滑現象
Snap Action　快速作動
Snap Action Pilot　快動式導向閥
Socket Weld Flanges　套焊法蘭
Socket Welding　套焊
Solenoid　電磁閥
Solid Metal-induced Embrittlement　固態金屬誘導的脆化
Solid Wedge　實心閥楔
Spacer　隔離片
Space Heaters　空間加熱器
Spacer Ring　隔片環
Specific Heat Ratio　比熱率
Spindle　軸桿
Spiral Wound Gasket　螺旋形纏繞墊圈
Spline　方栓
Split Disc Check Valve　分瓣圓盤式止回閥
Split Wedge　分瓣閥楔
Spool　滑軸
Sprayed Coatings　噴霧塗層
Spreader　擴展片
Spring-diaphragm Actuator　彈簧-膜片驅動器
Spring-Loaded Accumulator　彈簧負荷式積累器
Spring Pack　彈簧匣
Spring Retainer　彈簧固定器
Square Key　方形楔
Squeeze Film　擠壓薄膜
Squirrel Cage Induction Motor　鼠籠式感應馬達
SSC (Sulfide Stress Cracking)　硫化物應力裂化
Stacks　圓盤疊層
Stage　降階，壓力降低階程
Staged Trim　階層式調整構件
Stall　失速
Start Efficiency　起動效率
Stator　定子
Steady-state error　穩態誤差
Steam-resistant Elastomer　耐蒸汽合成橡膠
Steam Separator　蒸汽分離器
Steam Traps　蒸汽疏水閥
Stem　閥桿
Stem Geometry　閥桿的形狀
Stem Nut　驅動螺帽
Stem Factor　閥桿因數
Stem Wiper　閥桿刮刷器
Step　v. 進行階躍；n. 階躍，步躍
Step Response　階躍響應
Stiffness　剛度
Stops　止動器，擋塊
Stop Check Valve　斷流式止回閥
Stress Corrosion Cracking　應力腐蝕裂化
Stress Rizer　應力提升器
Stroke　衝程
Stub End　短端頭
Stud　螺柱
Stud Bolt　柱頭螺栓
Stuffing Box Lantern Ring　填料匣燈籠環
Sulfide Stress Cracking　硫化物應力裂化
Super-austenitic Stainless Steels　超級奧氏體不鏽鋼
Supercharging Pump　增壓器增壓泵
Surge Tank　緩衝槽
Survivable Thrust　不被破壞的推力
Survivable Torque　不被破壞的扭矩
Susceptibility　敏感性
Swashplate　旋轉斜盤
Swelling　溶脹
Swing Check Valve　旋臂式止回閥
Swing Type Wafer Check Valves　旋臂式圓片止回閥
Tap　活嘴，接頭
Taper Key　錐形楔
Taper Pin　錐形銷
Tee　三通
Temperature-pressure Ratings　溫度-壓力額定值
Tensile Strength　抗拉強度
Tetrafluoroethylene Rubber　四氟乙烯橡膠
The Maximum Developed Thrust　最大展開的推力
Thermal Aging　熱老化

Thermal Binding　熱變形
Thermal Expansion　熱膨脹
Thermal Overload Relay　熱過載繼電器
Thermoswitch　熱敏開關
Thiokol Rubber　硫構橡膠
Threaded Flange　螺牙法蘭
Thread Per Inch　每英吋的螺紋數
Thread Pitch　螺紋節距
Threshold sensitivity　低限靈敏度
Threshold Stress　門檻應力，閾值應力
Throttle Valve　調節閥門
Tongue-and-Groove Facing Flanges　榫舌-和-凹槽面法蘭
Tool Steels　工具鋼
Top-mounted Type Motor Operated Valve　頂部安裝馬達操作閥
Torque　扭矩
Torque Limiter Plate　扭矩限制板
Torque Preload　扭矩預負荷
Torque-seated Valve　以扭矩坐落閥座的閥門
Topology　拓撲學，拓撲結構，位相幾何學
Totally Enclosed Air Over Frame,TEAO　整體包覆通風式框架
Totally Enclosed Fan-cooled Frame　整體包覆風扇冷卻式框架
Totally Enclosed Non-ventilated Frame　整體包覆無通風式框架
Toughness　韌度
TPI　每英吋的螺紋數
Transfer Valve　傳輸閥
Transgranular Stress Corrosion Cracking　穿晶應力腐蝕裂化
Transportation Lag　傳送滯後
Travel　行程
Trim　調整構件
Triple-eccentric Butterfly Valves　三偏心蝶閥
Triple Offset Butterfly Valve　三偏移蝶閥
Trunnion　耳軸
T-slot Connection　T形槽溝連結器
Tuning　調校
Turndown　量程
Turndown Ratio　量程比
Turned Plug　旋轉閥塞
Two Metal Piston Rings　雙金屬活塞環
Two-phase Microstructure　兩相的微結構
Two Teflon Seals　雙 Teflon 密封環
Uncertainty　不確定性
Underseat Flow　流體從閥座下方流過
Undershoot　欠衝
Unseating　離開閥座，未坐落閥座
Unseating Load　離座負荷，未坐落閥座負荷
Unwedging Load　楔離負荷
Unwedging Thrust　楔離推力
UPS (Uninterruptible Power Supply)　不斷電系統
Valve Factor　閥門因數
Valve Gain　閥門增益
Valve Rated Load　閥門額定負荷
Valve Style Modifier　閥門形式因數
Valve Survivable Load　閥門殘存負荷
Vapor Bubble　蒸汽氣泡
Vapor Cavity　蒸汽空穴
Vaporous Cavitation　蒸汽式孔蝕作用
Vapor Pressure　蒸汽壓
Variability　變化能力
Velocity Head　速度頭
Vena Contracta　縮流
Vena Contracta Pressure　縮流壓力
Vertical Cylinder　垂直式汽缸
Vibration Aging　振動老化
VOC Packing　揮發性有機化合物封填墊
Wafer Check Valve　圓片式止回閥
Wafer Type Butterfly Valves　夾式蝶閥
Water Hammer　水錘
Water-resistant Elastomer　耐水合成橡膠
Wear-life　磨損壽命
Wedge　閥楔
Wedging Load　楔入負荷
Weight Loaded Pressure Relief Valves　重物負載式壓力釋放閥
Weight Loaded Valves　重物負載閥
Weight Loaded Vent Valve　重物負載排氣閥
Weighted Pallet Valve　重物托盤閥
Weir Type Valve　堰形式閥門
Weld-end　末端焊接
Welding Deposit　焊接沈積
Welding Neck Flange　焊頸法蘭

Weld-overlays　覆蓋焊接
Wiper　擦拭器
Wire Drawing　線流
Work Hardening Rate　加工硬化率
Worm　蝸桿
Worm Gear　蝸輪
Worm Gear Lug　蝸輪突緣
Y-globe Valves　Y-型球體閥
Yield Strength　屈服強度
Yield Stress　屈服應力
Yoke　閥軛
Zero-emission　零排放

# 參考文獻

[1] 機械工程手冊/電機工程手冊編輯委員會：機械工程手冊 2 鋼材料，2002
[2] MEP Mechinical Engineering Publications Ltd. BRITISH MANUFACTURES' ASSOCIATION – 1980. "VALVE USERS MANUAL" Edited by J. Kemplay Ceng, FIMechE
[3] James B. Arant. Senior Consultant Retired, from E. I. Dupont de Nemours & Co., Newark Delaware "The Pneumatic Actuator Argument: Piston or Diaphragm?"
[4] ANSI/FCI 70-2-1991 "AMERICAN NATIONAL STANDARD" "Control Valve Seat Leakage"
[5] "Control Valve Source book" from Power & Severe Service, FISHER, Fisher Controls International, INC.-1990, Second Edition.
[6] "新世紀化工化學大辭典"-2000 年 2 月第一版，柯清水編著
[7] "Control Valves" by Guy Borden, Jr., Editor ; Paul G. Friedmann, Style Editor. Copyright © 1998
[8] Limitorque® L120-05~40 系列電動操作機使用說明書，互動工業有限公司，Limitorque/Nippon Gear 總代理及維修中心。2005 年 11 月 17 日
[9] "Technical Repair Guidelines for the Limitorque Model SMB-000 Valve Actuator NP-6229"，Research Project 2814-63，Final Report, January 1989，Revision 1, December 1994，Prepared by "LIBERTY TECHNOLOGIES"，Principal Investigator：R. C. Elfstrom。Prepared for "Nuclear Maintenance Application Center"。Operated by：Electric Power Research Institute。Project Manager：V. Varma.
[10] "Technical Repair Guidelines for the Limitorque Model SMB-00 Valve Actuator NP-6631"，Research Project 2814-63，Final Report, December 1989，Revision 1, June 1995，Prepared by "LIBERTY TECHNOLOGIES"，Principal Investigator：R. C. Elfstrom。Prepared for "Nuclear Maintenance Application Center"。Operated by：Electric Power Research Institute。Project Manager：V. Varma.
[11] "Technical Repair Guidelines for the Limitorque Model SMB-0 Valve Actuator NP-7214"，Research Project 2814-68，Final Report, May 1993，Prepared by "POWERSAFETY INTERNATIONAL"，Principal Investigator：C. Reed & B. D. Curry。Prepared for "Nuclear Maintenance Application Center"。Operated by：Electric Power Research Institute。Project Manager：V. Varma.
[12] "Technical Repair Guidelines for Limitorque Gear Operator Models HBC 0 through 10 TR-100539"，Research Project 2814-62，Final Report, December 1993，Prepared by "POWERSAFETY INTERNATIONAL"，Principal Investigator：C. Reed。Prepared for "Nuclear Maintenance Application Center"。Operated by：Electric Power Research Institute。Project Manager：V. Varma.
[13] "Application Guide for Motor-Operated Valves in Nuclear Power Plants"，Volume 1, Revision 1：Gate and Globe Valves TR-106563-V1，Final Report, September 1999，EPRI Project Manager：V. Varma.
[14] "Application Guide for Motor-Operated Valves in Nuclear Power Plants"(Revision of EPRI/NMAC NP-7501。Volume 2：Butterfly Valves TR-106563-V2，Final Report, October 1998。Prepared by：EPRI 。EPRI Project Manager：V. Varma.
[15] LIMITORQUE 控制迴路，互動工業有限公司，Limitorque/Nippon Gear 總代理及維修中心。
[16] AUMA "Multi-turn actuators"，SA 07.1 – SA 16.1，SAR 07.1 – SAR 16.1。AUMA MATIC "Operation Instructions" February 02, 1998
[17] "高溫/高壓閥類簡介"，進輪汽車工業股份有限公司 VALVE DIVISION 設計課編製，Date Nov. 01. 1995
[18] Pressure Regulator Selection"，Bill Menz. Swagelok Co. ，Edited by Dorothy Lozowski，CHEMICAL ENGINEERING　NOVEMBER 2005
[19] SD SEVERE DUTY CONTROL VALVES"，DeZURIK COPES-VULCAN，A unit of SPX Corporation，BULLETIN 1149 OCTOBER 2001
[20] FLUID MECHANICS"CHEMICAL ENGINEERING，FACTS AT YOUR FINGERTIPS，Department Editor：Rebekkah Marshall
[21] "Masoneilan Control Valve Sizing Handbook"，Bulletin OZ1000 7/00，DRESSER VALVE DIVISION
[22] "LIMITORQUE MOTORS"，Bulletin LM-77，Prepared by LIMITORQUE CORPORATION
[23] Masoneilan Bulletin OZ3000 01/02，DRESSER Flow Control "Noise Control Manual"。
[24] "Testing for Cavitation in Low Pressure Recovery Control Valves" Valtek by F. M. Cain and R. W. Barnes, 。
[25] "Valves : Application and Selection" from B.G. LIPTÁK (1970, 1985, 1994)
[26] "Valves: Characteristics and Rangeability from B. G. LIPTÁK (1994)
[27] SAMSON"Control valve design aspects for critical applications in petrochemical plants" by Dipl.-Ing. Holger Siemers
[28] "Valve Trim Retrofits" by Robert E. Katz, Manager of Retrofits, CCI. Rancho Santa Margarita, California. November 1997.
[29] "Multi-stage valve trim retrofits eliminate damaging vibration", by John R. Arnold (Commonwealth Edison Company, USA), Herbert L. Miller and Robert E. Katz (Control Components Inc., USA). February 1997.
[30] "System-medium operated gate valves solve operating & maintenance problems" Authors: Tobias Zieger, Dipl. Ing., Engineering Manager. John Penney, Factory Sales Engineer. May 26 – 28, 1999 at Lake Tahoe.
[31] VALVE MOTOR OPERATOR CALCULATIONS"Prepared by Marc Bouchard, Eng. Revision 2: Issued September 20, 2002. Velan Valve Corporation.
[32] "FUNDAMENTAL PRINCIPLES OF PRESSURE REGULATORS" Presented by Kevin Shaw. 2003 PROCEEDING AMERRICAN SCHOOL OF GAS MEASUREMENT TECHNOLOGY.
[33] "Controlling And Monitoring Control Valve Fugitive Emissions" Written by Stephen M. Wing and Bradley K. Smith. Published on Monday, 06 August 2012 09:09.

[34] "Fugitive Emissions Control" from FLOWSERVE Valtek Control Valves.
[35] "Packing Designs" Fugitive Emissions API607, from DuPont™ Kalrez®
[36] "Self-acting Pressure Controls and Applications" , from Spirax sarco Company.
[37] "Water Pressure Reducing Valves", WATTS Water Technologies Company
[38] "Valves - Pressure Reducing Valves", Posted on April 4, 2012 by John Fuchs.
[39] "Fundamental Principles of Pressure Regulators",   Presented by Kevin Shaw Actaris Metering Systems 970 Hwy. 127 North, Owenton, Kentucky.
[40] "Kinds of Pressure Reducing Valve" from Yoshitake Inc.
[41] "Fisher 655 and 655R Actuators for Self-operated Control" , Product Bulletin 61.9:655 December 2012.
[42] "Pressure Reducing Valves for Steam" from TLV.
[43] "Pressure-Reducing Valves" from Armstrong.
[44] "Pressure and Temperature Controls" from Armstrong.
[45] "Reducing Valves" from Integrated.
[46] "Self-acting Pressure Controls and Applications" from Spirax sarco.
[47] "Valves - Pressure Reducing Valves" Posted on April 4, 2012 by John Fuchs.
[48] "Water Pressure Reducing Valves" from WATTS Water Technologies Company.
[49] "減壓閥裝配說明"偉允閥業股份有限公司.
[50] "Pressure Reducing Valve Series 127 METRIC" from OCV Control Valves.
[51] "Self-operated Pressure Regulators" from SAMSON T 2513 EN.
[52] "Self-operated Pressure Regulators, Universal Pressure Reducing Valve Type 41-23" "Mounting and Operating Instructions EB 2512 EN" from SAMSON, Edition January 2013.
[53] "Film-Type Reducing Valve" from Shanghai Fengqi Industry Development Co., Ltd.
[54] "Type 92B Pressure Reducing Valve" from Fisher Bulletin 71.2:92B, May 2014.
[55] "Instrumentation Handbook , Section 5.6, Regulators-Pressure" by R. L. MOORE(1970), D. M. HANLON(1985), B. G. LIPTÁK(1994).
[56] "Design and Safety Handbook 3001.5" Updated 5th Edition, from Air Liquide America Speciality Gases LLC 800.654.2737.
[57] "PRESSURE RELIEF VALVE SELECTION AND SIZING (ENGINEERING DESIGN GUIDELINES), Process Equipment Design Guidelines Chapter Ten" from KLM Technology Group.
[58] "Introduction to Safety Valves" from spirax sarco.
[59] "Crosby®Engineering Handbook, Technical Publication No. TP-V300" from Crosby.
[60] "Pentair Pressure Relief Valve Engineering Handbook" from Pentair
[61] "Instrumentation Handbook, Section 7.16, Relief Valves-Sizing, Specification, and Installation" by E. JENETT(1969,1982), R.V. BOYD and B. P. GUPTA(1995), B. G. LIPTÁK(2003).
[62] "Installation and Maintenance Manual" from Consolidated.
[63] "Valve Types Selection" from Authors: Daniel Katzman, Jessica Moreno, Jason Noelanders, and Mark inston-Galant; Stewards: Jeff Byrd, Khek Ping Chia, John Cruz, Natalie Duchene, Samantha Lyu; Date Revised: September 5, 2007.
[64] "Purpose and function of Safety valves" from LESER.
[65] "Relief Valves" From Wikipedia, the free encyclopedia.
[66] "Safety valve" From Wikipedia, the free encyclopedia.
[67] "Safety Relief Valves Technical" from flowstar.
[68] "SAFETY RELIEF VALVES" from W&O.
[69] "Types of Safety Valve" From spirax sarco.
[70] "Check Valve" from spirax sarco.
[71] "Check valve" from Wikipedia, the free encyclopedia.
[72] "Check Valves" from Arabia.
[73] "Check Valves Function" July 8, 2014 by Beyond the Flange Staff Editor.
[74] "Check Valves Information" from IHS GlobalSpec.
[75] "Check Valves" By William O'Keefe, Associate Editor.
[76] "Liquid Fuel Check Valves" from Chemical & Process Technology.
[77] "Non-slam Check Valve (Butterfly type)" from ACE VALVE CORPORATION.
[78] "Piston Check Valves" from iQ Valves Co.
[79] "Piston Check Valve" by Linkwithin.
[80] "Piston Check Valves" from Integrated.
[81] "Swing Check Valves" from FLOMATIC VALVES.
[82] "TILTING DISC CHECK VALVE" from ALLAGASH International Inc.,
[83] "TYPES OF CHECK VALVES AND DESCRIPTION" from Piping Info, Designed By ZuLThinK And Free Responsive Themes.
[84] "Check Valves (Non Return Valve)" from Flosteer Engineers Pvt. Ltd.
[85] "Needle valve" from Wikipedia, the free encyclopedia.
[86] "Needle Valves Information" from IHS GlobalSpec.
[87] "Needle Valves" from Ve-Lock.
[88] "The Most Unique Needle Valve on the Market Today" from TEE BAR.
[89] "Pinch valve" from Wikipedia, the free encyclopedia.
[90] "Pinch Valves" from AKO Armaturen & Separationstechnik GmbH.
[91] "Pinch Valves vs. Traditional Valves" "Five Must-Know Reasons for Success with Pinch Valves" from AKO Armaturen & Separationstechnik GmbH.
[92] "What Is a Pinch Valve?" from wiseGEEK.
[93] "Pinch Valve Operation and Applications" Posted by Pakblogger.
[94] "Inline Shuttle Valves" from KEPNER PRODUCTS COMPANY.
[95] "Shuttle Valves" from ESG-USA Inc.
[96] "Shuttle Valves" from ECLIPSE VALVES LTD.
[97] "What Is a Shuttle Valve?" from wiseGEEK.
[98] "CCI's DRAG® lOOD control valve" from CCI Valve Products Catalog.
[99] "CCI Drag Control Valves for Critical Service Application" from CCI Valve Products Catalog.
[100] "DRAG® 800D Control Valves for Severe Service applications" from CCI Valve Products Catalog.
[101] "CCI 201" and "CCI Drag Control Valve 110D 201" from CCI Data.
[102] "Technical Repair Guide for Rotork valve Actuators 'NA' Range Models", TR-104884, Prepared by Duke

Engineering & Services, Inc. December 1995.

[103] "Rotork Actuators on Black Liquor Recovery Boilers" Doc 1572 Rev.6, 11/18/05

[104] "Rotork 'A' Range" "Double Sealed 3-phase Electric Valve Actuators" Publication E210E issue 4/01.

[105] "Nuclear Actuators" "Electric Actuators for Nuclear Power Plants" Publication E250 issue 05/05.

[106] "AWT Range" "Watertight 3-phase Electric Valve Actuator" Publication E310E issue 09/04.

[107] "Maintenance manual for Rotork NA1 electric actuators for nuclear power plants" 哲鼎股份有限公司。

[108] "Design Basis Evaluations for the safety- related motor operated valve (MOV)" from Teledyne Brown Engineering.

[109] "Valve Motor Operator Calculations" from VELAN Inc. Prepared by Marc Bouchard Eng. Revision 2: issued September 20, 2002.

[110] "Sizing & Selection Accessories" from Valtek.

[111] "Valtek ChannelStream control valve" from FLOWSERVE Corporation.

[112] "Valtek CavControl control valve" from FLOWSERVE Corporation.

[113] "Control Valve Accessories" from Valtek.

[114] "Valtek MegaStream control valve" from FLOWSERVE Corporation.

[115] "Valtek Mark One control valve" from FLOWSERVE Corporation.

[116] "Control Valve Sizing" from Valtek.

[117] "Unbalanced and Pressure-Balanced Trim" fromValtek.

[118] "Valtek Tiger-Tooth control valve" from FLOWSERVE Corporation.

[119] "Valtek Beta Positioners for Control Valves" from FLOWSERVE Corporation.

[120] "Valtek SS_01 Indroduction" from Valtek.

[121] "Valtek SS_02 Models and Specifications" from Valtek.

[122] "Valtek SS_09 Flow Characteristics" from Valtek.

[123] "Valtek SS_10 Trim Materials" from Valtek.

[124] "Valtek SS_12 Bonnets Packing and Guides" from Valtek.

[125] "Valtek SS_17 Positioners" from Valtek.

[126] "Investigation of Water Hammer Effect Through Pipeline System" Available from: Wee Choon Tan, Dec 10, 2014.

[127] "Preventing Water Hammer from Damaging Pumps and Pipes" from Empowering Pumps by Stuart Ord.

[128] "The Causes of Water Hammer" from Pumps & Systems, August 2008 by Joe Evans, Ph.D.

[129] "The Water Hammer Effect Engineering Essay" from UK Essays.

[130] "Water hammer" from Wikipedia.

[131] "Water Hammer Information" from PlumbingMart.

[132] "WATERHAMMER" from OMEGA Engineering inc.

[133] "Actuator controls AUMATIC AC 01.2 hb_ac2_modbus_en"

[134] "Auma Electric Actuator pb_modular_range_en[1]"

[135] "Auma Actuator controls AUMATIC AC 01.1 ACExC 01.1 DeviceNet"

[136] "Auma ba_wsh1_en Limit switching WSH for manually operated valves"

[137] "Auma Electric Actuator SA 07.1 – SA 16.1 with actuator controls AMB 01.1AMB 02.1"

[138] "Auma legend sp_am_leg_en"

[139] "sp_a1_en" by Auma

[140] "sp_a2dp_en" by Auma

[141] "sp_ac1_leg_de_internet" by Auma

[142] "td_ac2_en" by Auma

[143] "3 Way Direct Acting Solenoid Valve" Connexion Developments and Solenoid Valves (UK) Ltd

[144] "M&M INTERNATIONAL TWO-WAY SOLENOID VALVES – PILOT OPERATED" by MGA Controls

[145] "Plunger Type Solenoid Valve" by Electronoics

[146] "Solenoid valve" by Wikipedia

[147] "SOLENOID VALVE TYPES" by SOLENOIDVALVESHOP.CO.UK

[148] "Solenoid Valves Spool Type" by comatrol

[149] "GENERAL INFORMATION ABOUT SOLENOID VALVES" by JAKŠA d.o.o.

[150] "How To Stop Water Hammer" Home & Garden | Plumbing by Fix-It Club

[151] "Investigation of Water Hammer Effect Through Pipeline System" by Advanced Science Engineering Information Technology

[152] "Preventing Water Hammer from Damaging Pumps and Pipes" by Empowering Pumps

[153] "The Causes of Water Hammer" Pumps & Systems, August 2008, by Joe Evans, Ph.D

[154] "The Water Hammer Effect Engineering Essay" by UK Essays

[155] "Water hammer" by Wikipedia

[156] "Water hammer" by Lalonde Systhermique

[157] "WATERHAMMER" by OMEGA Engineering inc.

[158] "What is Water Hammer and How to Prevent it? " by MarineInsight

國家圖書館出版品預行編目資料

氣動與電動控制閥解析及應用／徐益雄 著. ─
初版.─臺中市：白象文化，2018. 7
　　面；　公分.
　ISBN 978-986-358-671-5 (平裝)
1. 閥
446. 878　　　　　　　　　　107007227

# 氣動與電動控制閥解析及應用

作　　者　徐益雄
校　　對　徐益雄
內頁排版　徐益雄
出版編印　徐錦淳、林榮威、吳適意、林孟侃、陳逸儒、黃麗穎
設計創意　張禮南、何佳諠
經銷推廣　李莉吟、莊博亞、劉育姍、李如玉
經紀企劃　張輝潭、洪怡欣
營運管理　黃姿虹、林金郎、曾千熏
發 行 人　張輝潭
出版發行　白象文化事業有限公司
　　　　　402台中市南區美村路二段392號
　　　　　出版、購書專線：（04）2265-2939
　　　　　傳真：（04）2265-1171
印　　刷　基盛印刷工場
初版一刷　2018 年 7 月
定　　價　900 元

白象文化　印書小舖　出版‧經銷‧宣傳‧設計
www·ElephantWhite·com·tw　PRESSSTORE 出版經銷　f 自費出版的領導者　購書 白象文化生活館